MATLAB®&Simulink® 开发实例系列丛书

模式识别与智能计算的 MATLAB 实现
(第 2 版)

许国根　贾　瑛　韩启龙　编著

配套资料(程序源代码+数据)

北京航空航天大学出版社

内容简介

针对各学科数据信息的特点以及科学工作者对信息处理和数据挖掘技术的要求，本书既介绍了模式识别和智能计算的基础知识，又较为详细地介绍了现代模式识别和智能计算在科学研究中的应用方法和各算法的 MATLAB 源程序。本书可以帮助广大的科学工作者掌握模式识别和智能计算方法，并应用于实际的研究中，提高对海量数据信息的处理及挖掘能力，针对性和实用性强，具有较高的理论和实用价值。

本书可作为高等院校计算机工程、信息工程、生物医学工程、智能机器人、工业自动化、地质、水利、化学和环境等专业研究生、本科生的教材或教学参考书，亦可供有关工程技术人员参考。

图书在版编目(CIP)数据

模式识别与智能计算的 MATLAB 实现 / 许国根，贾瑛，韩启龙编著. -- 2 版. -- 北京 ：北京航空航天大学出版社，2017.5

ISBN 978-7-5124-2400-5

Ⅰ. ①模… Ⅱ. ①许… ②贾… ③韩… Ⅲ. ①模式识别-计算机辅助计算-Matlab 软件②人工智能-计算机辅助计算-Matlab 软件 Ⅳ. ①O235-39②TP183

中国版本图书馆 CIP 数据核字(2017)第 086194 号

模式识别与智能计算的 MATLAB 实现(第 2 版)

许国根　贾　瑛　韩启龙　编著

责任编辑　王慕冰

*

北京航空航天大学出版社出版发行

北京市海淀区学院路 37 号(邮编 100191)　http://www.buaapress.com.cn

发行部电话：(010)82317024　传真：(010)82328026

读者信箱：goodtextbook@126.com　邮购电话：(010)82316936

北京兴华昌盛印刷有限公司印装　各地书店经销

*

开本：787×1 092　1/16　印张：24.25　字数：636 千字

2017 年 8 月第 2 版　2017 年 8 月第 1 次印刷　印数：4 000 册

ISBN 978-7-5124-2400-5　定价：49.00 元

若本书有倒页、脱页、缺页等印装质量问题，请与本社发行部联系调换。联系电话：(010)82317024

第 2 版前言

本书理论联系实际，较为全面地介绍了现代模式识别和智能计算方法及其应用技巧。通过大量的实例，讲解了模式识别和智能计算的理论、算法及编程步骤，并提供了 MATLAB 程序的源代码。通过学习本书，读者能够真正掌握模式识别和智能计算方法并应用于实际研究和工程实践。

本书第 1 版面世以来，受到了读者的好评，并提出了许多宝贵的意见。根据读者反馈的意见和建议，本版对第 1 版作了适当的修订，增加了以下内容：第 14 章介绍了人工鱼群算法、进化计算、人工免疫算法等群体智能算法的理论和方法；第 15 章介绍了仿生模式识别的基本原理及应用。这 2 章的内容由韩启龙、曾宝平、冯锐、王坤、王爽、戴津星等人编写。

本次再版对第 1 版的文字及程序中的一些错误作了修改，为了方便读者学习，还提供了完整的各章节习题的文本文件及相应的程序。读者首先将提供的程序安装到 MATLAB 的搜索目录下（work 文件夹），或复制到任意目录，再通过设置 MATLAB 的路径将安装程序的目录设为 MATLAB 搜索目录，学习时将各习题的文本文件复制到 MATLAB 计算窗口，即可进行习题的运算。

MATLAB 的功能非常多，要想完全掌握它的全部功能非常困难，也没有必要。无论 MATLAB 怎样发展，归根结底它只是一个工具，何况 MATLAB 对于许多算法而言给出的是基本算法，不可能非常完美，总有一个适用的范围和场合。因此学习 MATLAB 更为重要的是通过学习掌握它的基本功能，再结合专业知识和实际情况，对 MATLAB 相应的函数进行修改，或者是自编函数进行算法参数优化，或通过与其他算法的结合等研究，从而解决学习和工作中遇到的复杂问题。因此本书中给出的一些自编函数在 MATLAB 中可能有相应的函数，或者会在今后更高的版本中给出，或者在更高的版本中用法不同，但不影响读者对本书内容的学习，相反能进一步加深对方法及 MATLAB 功能的学习和掌握，进而借助于 MATLAB 的基本功能实现任何算法和方法，摆脱“MATLAB 控”。

本书的再版得到了北京航空航天大学出版社的大力支持，编辑陈守平对本书的内容修订提出了许多宝贵的意见，很多读者也给作者提出了各种有益的建议，在此一并表示衷心的感谢！

由于作者水平有限，虽经修订，书中难免仍存在缺点和错误，敬请读者批评斧正。

作　者

2016 年 10 月于西安

第 1 版前言

MATLAB 是功能非常强大的计算机软件，在科学研究和工程实践中得到了广泛的应用。利用它来编制现代模式识别和智能计算等技术的程序，揭开这些在大多数人眼中极为深奥的数学方法的神秘面纱，使每个科学工作者都能非常容易地使用它们来解决实际问题，是作者学习 MATLAB 后，结合实际的科学研究经验产生的一个强烈的愿望。

本书理论联系实际，较为全面地介绍了现代模式识别和智能计算方法及其应用技巧。通过大量实例，讲解了模式识别和智能计算的理论、算法及编程步骤，并提供基于 MATLAB 的源代码。通过本书的学习，读者能够真正掌握模式识别和智能计算并应用于科学研究和工程实践中。

模式识别是当今高科技研究的重要领域之一，它创立于 20 世纪 60 年代，初期属于信息、控制和系统科学领域。模式识别是利用某些特征，对一组对象进行判别或分类，被分类的对象即为模式，分类的过程即为识别。模式识别所涉及的信息往往存在高维、影响因素多、关系复杂等特征，单靠人的思维往往难以有效地确定其规律，需要通过一定的数学方法借助计算机来完成。到了 20 世纪 70 年代后，随着大规模集成电路技术的发展，特别是计算机硬件的飞速发展，无论在理论上，还是在应用上，模式识别技术都有了长足的进步；同时，也推动了以计算机科学为基础的具有智能性质的自动化系统的实际应用，促进了人工智能、专家系统、景物动态分析、图像识别、语音识别等多学科的发展，广泛应用于人工智能、机器人、系统控制、遥感数据分析、生物医学工程、军事目标识别等领域，在国民经济、国防建设、社会发展等各个方面发挥着越来越重要的作用。

在众多学科的科学研究及工程应用中，人们往往通过对研究对象的观察和实验积累了海量的数据信息，并且由于对象的复杂性，使得这些数据具有高维、复杂非线性、强相关性和多噪声等特点。如何从这些数据信息中发现更多、更有价值的关系，找到其内在规律，建立的模型能较好地反映研究对象的实际特征，并具有良好的可理解性，易与先验知识相结合，能适应大规模数据处理的要求，正逐步成为科学工作者关注的焦点。常规数学手段已不能解决这个问题，现代模式识别和智能计算将起到十分重要的核心作用。

现代模式识别和智能计算从已知数据出发，参照相应的数学（或物理、化学）模型或经验规律得到一批特征量，然后进一步进行特征抽取以求得合适的特征量，张成模式空间或特征空间，最后通过模式识别算法进行训练和判别，以揭示已知数据信息中隐含的性质和规律，为研究者提供十分有用的决策信息和过程优化的重要信息。

现代模式识别和智能计算作为一种高效的信息处理技术，解决了众多学科研究和工程应用中的重要问题。例如化学研究中对化合物性质的分类、化合物的构效分析、基于化学方法的疾病诊断、药物的分类、环境质量评价等，都可以通过模式识别和智能计算对一组样本中某些化学组分的分析结果进行分析处理来实现；在机械故障诊断、军事目标识别、遥感数据分析、水利等学科的研究中，模式识别和智能计算也得到了广泛的应用。目前，模式识别和智能计算已经成为科学研究中的一种重要的数据处理手段，应用越来越广泛。

国内外论述模式识别和智能计算的参考书为数不少。由于这一领域涉及深奥的数学理论，而且大部分书籍只是罗列模式识别和智能计算的原理及伪代码，看不到源代码以及算法的实际效果和各种算法的对比结果，往往使大多数科学研究者感到困惑，不知如何下手。对大多数科学工作者而言，目前确实还缺少一本具有较强的系统性、可比性及实用性的模式识别和智能计算的参考书。基于这点考虑，作者撰写了本书，目的是想通过系统的介绍和实例分析，让众多学科的科学工作者不仅具备模式识别和智能计算的理论，而且能掌握模式识别和智能计算的方法，可以在各自的学科实际研究中加以应用。

本书内容基本涵盖了目前模式识别和智能计算的重要理论和方法，包括了最近十几年来刚刚发展起来的并被实践证明有用的新技术、新理论，如支持向量机、神经网络、决策树、粗糙集理论、模糊集理论和遗传算法等。在介绍各种理论和方法的同时，将不同算法应用于科学研究的实际中。对于每一种模式识别方法，本书都通过实际问题，按照理论基础、实现步骤、编程代码三部分进行阐述，避免空洞的理论说教，着重介绍编程步骤及 MATLAB 源代码，具有较强的指导性和实用性，使读者不至于面对如此丰富的理论和方法无所适从，而是通过了解各种算法的实现思路和方法，体会算法源代码的意义，这样即使所举的实例不属于读者从事的学科，通过举一反三，读者也能掌握模式识别和智能计算并应用于自己从事的科学研究中。

由于至今还没有统一的、有效的能够应用于所有的模式识别的理论，当前的一种普遍看法认为，不存在对所有的模式识别问题都适应的单一模型和解决识别问题的单一技术，即存在着所谓的无免费午餐定理(NFL 定理)：若算法 A 在某些函数中的表现超过算法 B，则在这类其他的适应度值函数中，算法 B 的表现就比 A 要好。我们所要做的是把模式识别方法与具体问题结合起来，把模式识别和智能计算与统计学、神经网络、数据挖掘、机器学习、人工智能等学科的先进思想和理论融合在一起，为读者提供一个多种理论和方法的测试平台，并在此基础上，深入掌握各种理论的效能和应用的可能性，互相取长补短，开创模式识别和智能计算在各学科中应用的新局面。

本书的出版得到了张剑、张永勇、崔虎、吴婉娥、郭和军、吕晓猛、李茸、马岚、王焕春、谢拯、慕晓刚、姚汝亮等同仁和研究生的支持，他们在选题确定、章节安排及习题解答等方面给予了很大的帮助；同时，本书的出版也得到了北京航空航天大学出版社的大力支持，编辑陈守平在本书内容编排等许多方面提出了宝贵的意见，在此表示衷心的感谢！

由于作者水平有限，特别是数学知识相对贫乏，书中的错误和不当之处，敬请读者批评斧正。

作　者

2011 年于西安二炮工程大学

配套资料(程序源代码＋数据)

本书所有程序的源代码均可通过 QQ 浏览器扫描二维码免费下载。读者也可以通过以下网址下载全部资料：http://www.buaapress.com.cn/waiyump3/9787512424005/MSSByznjs.rar。

配套资料下载或与本书相关的其他问题，请咨询北京航空航天大学出版社理工图书分社，电话(010)82317036。

目　录

第1章 绪论

模式识别(pattern recognition)是当前科学发展中的一门前沿学科,也是一门典型的交叉学科,它的发展与人工智能、计算机科学、传感技术、信息论等学科的研究水平息息相关,相辅相成。

模式识别在数据挖掘、生物特征识别、自动检测、化学、遥感、文本分类、工业自动化、文档与图像分析等领域的应用越来越广泛,同时,模式识别技术的研究也越来越受到各方面的重视,与之相关的市场也越来越庞大,如智能交通管理系统、文字识别系统等都需要模式识别技术的支撑。

1.1 模式识别的基本概念

1.1.1 模式与模式识别的概念

模式识别是人类天生具备的能力。初生婴儿就能辨认自己的父母;大多数5岁的孩子便能辨认数字和字母,而且不论其大小、方向、手写体、印刷体,甚至这些数字或字母的一部分被遮住……。随着计算机技术和人工智能技术的迅速发展,人们迫切希望计算机能够完成模式的识别工作,诸如听懂人类所说的话,看懂人类所写的文字,而不论它是手写体还是印刷体……。这些愿望促进了模式识别学科的形成和发展。

模式识别研究的目的是利用计算机对物理对象即"模式"进行分类或描述,在错误率最小的条件下,使识别的结果与客观物体相符合。"模式"是一个内涵十分丰富的概念,可以把凡是人类能用其感官直接或间接接受的外界信息都称为模式,而把具有某些共同特性的模式的集合称为模式类。

1.1.2 模式的特征

在模式识别中,被观察的每个对象称为样本(或样品)。对于一个样本来说,必须确定一些与识别有关的因素,作为研究的根据,每一个因素称为一个特征。例如,医生给病人治病,病人就是样本;疾病特征或病人的一些生理指标即为模式识别的特征。

模式的特征集可用处于同一个特征空间(R^n)的特征向量表示。如果一个样本$\boldsymbol{X}$有n个特征,则$\boldsymbol{X}$可以看作是一个n维的列向量,其中的每个元素称为特征,该向量也因此称为特征向量:

$$\boldsymbol{X}=\begin{bmatrix} x_1 \\ x_2 \\ \vdots \\ x_n \end{bmatrix}=(x_1,x_2,\cdots,x_n)^{\mathrm{T}}$$

若有N个样本,每个样本具有n个特征,则样本集的特征可以用一个n行N列的矩阵表示。待识别的不同模式都在同一特征空间中考察，但由于性质上的差异，即各特征取值的不同，它们会在特征空间的不同区域(类)中出现。模式识别就是根据 $\boldsymbol{X}$ 的 n 个特征来判别模式 $\boldsymbol{X}$ 属于 $\omega_1,\omega_2,\cdots,\omega_M$ 中的哪一类。

1.1.3 模式识别系统

模式识别的整个过程大致要经历数据采集、数据预处理、特征提取与特征选择及模式识别4个阶段，实际上就是将预处理后的原始数据所在的数据空间经特征空间到类别空间的映射过程，如图1.1所示。

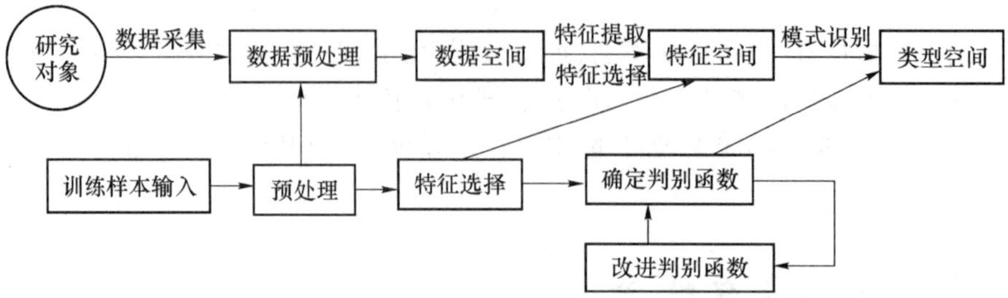

图1.1 模式识别过程

(1) 数据采集

一般获取的数据类型有以下几种：

- 二维图像，如文字、指纹、地图、照片等；
- 一维波形，如脑电图、心电图、时间序列等；
- 物理、化学等参数和逻辑值，如体温、水质化验数据、参量正常与否的描述等。

(2) 预处理

对测量数据进行去噪、复原、归一化和标准化等处理。

(3) 特征提取和选择

对原始数据进行分析，去掉对分类无效或易造成混淆的那些特征，得到最能反映模式本质的特征；有时还采用变换技术，将高维的特征空间转变为低维的特征空间。

(4) 模式识别

首先按设想的分类判决数学模型对训练样本模式进行训练，得到分类的判决规则；然后利用判决规则对待识别模式的特征进行识别，输出识别结果；最后将已识别的分类结果与已知类别的输入模式作对比，不断改进判决规则和特征选择与提取方法，制定出使错误率(风险率)最小的判决规则和特征选择与提取策略，即再学习过程。

1.2 模式识别的主要方法

目前，常用的模式识别方法包括三大类，即模板匹配方法、结构模式识别和统计模式识别。

模板匹配模式识别是应用最早且最简单的模式识别形式，它通过比较待识别模式和已有模式的相似程度来实现模式识别的目的。

在一些模式识别问题中，研究的模式或者非常复杂，或者类别很多，不能用简单的分类就能解决。例如在对一幅画进行识别时，不仅要识别画中的简单物品（如桌子、杯子等），而且要对画有更完整的描述（如这些物体间的相互关系），并且产生出一个模式的结构的描述，这种描述一般采用形式语言的形式，这就是结构模式识别。

统计模式识别是研究得最多也最为深入的一种模式识别方法。在此模式中，每一个模式采用 n 维特征或测量值来表示，最终的目的是在由这些特征构成的空间中能将各模式有效地分开。

1.3　模式识别的主要研究内容

模式识别的主要研究内容包括三部分：模式分类、模式聚类、特征提取和选择。

模式分类是模式识别的主要内容，即将某个模式分到某个模式类中。在这个过程中首先需要建立样本库，然后根据样本库建立判别函数，这一过程由机器来实现，称为学习过程。然后对一个未知的新对象分析它的特征，并根据判别函数决定它属于哪一类。模式分类是一种监督学习的方法。可用于模式分类的方法有很多，经典的方法有贝叶斯分类、Fisher 判据和近邻法等，现代的方法有模糊模式识别、人工神经网络模式识别、支持向量机和基于核的分类方法等。

聚类分析是统计模式识别的另一重要工具。模式聚类时遵循"同一个聚合类的模式比不同聚合类中的模式更相近"的原则。它的基本原理就是在没有先验知识的情况下，基于"物以类聚"的观点，用数学方法分析各模式向量之间的距离及分散情况，按照样本的距离远近划分类别。聚类分析是一种无监督学习的方法。

如何确定合适的特征空间是设计模式识别系统一个十分重要的问题。如果所选用的特征空间能使同类物体分布具有紧密性，即各类样本能分布在该特征空间中彼此分割开的区域内，这就为模式识别成功地提供了良好的基础。当识别对象是波形或数学图像时，模式的特征是通过计算而得到的；当识别对象是实物或某种过程时，模式的特征则是由仪器设备测量而来的。这样产生的特征称为原始特征。一般需要对原始特征进行预处理，有时还需要转换。预处理是为了除去原始特征的噪声等影响模式识别的因素；转换是为了将高维的特征空间降为低维的特征空间而有利于后续的分类计算。

1.4　模式识别在科学研究中的应用

数十年来，模式识别研究取得了大量的成果，新理论及算法不断出现，并在许多领域得到了成功的应用，很难用一节篇幅作无遗漏的叙述，下面只作一些简单的介绍。

1.4.1　化合物的构效分析

据 1978 年估计，全世界用于找新药的费用每年达 20 亿美元左右，每发明一种重要的新药耗资为 4 000 万美元。为了更快更省地开发新药，迫切需要总结化合物分子结构和性能的关系，以提高探索的命中率。这种构效关系（Structure-Activity Relationship，SAR）研究可有演绎法、归纳法两种途径。演绎法是从量子生物学角度查明药物活性的机理，从而确定何种结构最有效。但目前的知识水平距这一目标尚十分遥远。归纳法则是利用模式识别等方法从大量实验结果中总结规律。这一方法虽然是纯经验性质或半经验性质，但切实可行。由于新药研究合成和药理试验工作量大，费用也相当高，即使是误报率相当大的模式识别方法，也能产生一定的效益。

模式识别方法也是研究化合物结构与性能关系的有效工具。例如许多化合物具有致癌性或者抗癌活性,研究这些化合物的结构特点,对于人类预防及治疗癌症具有重要的意义。例如在对200个化合物(其中87个有抗癌活性)的抗癌活性与结构间的关系研究时,利用20个结构参数,用线性判别函数法和K-近邻法判别各化合物的抗癌活性,分类率可达90左右,并发现下列结构特征(特征参数)与化合物抗癌活性关系较大:硫原子/总原子数;C—S键数/碳原子数;S—H键数;C=C键数/碳原子数;碳原子数/总原子数。

多环芳烃是含有多个芳烃环的化合物,多种多环芳烃是强致癌物质。人们通过大量实验和句法模式识别技术,发现多环芳烃的分子图形和致癌活性有很大关系。鉴于图像和图形信息在化学中的用途,特别是有机化学结构中图形信息尤其丰富,句法模式识别有可能在有机分子设计、药物设计等方面得到广泛的应用。

1.4.2 谱图解析

随着各种物理方法和物理化学方法在化学分析中的推广应用,获取质谱、光谱、色谱和电子能谱等谱图已成了专门的学问。各种谱图包含大量的化学信息,不但可以用来鉴定未知物的成分,测定某些成分的含量,而且可以用来探讨或确定分子或固体的结构、化学键的特征等。理想的做法应当是彻底弄清各种谱图产生的机理,从而从理论上完成从实测谱图到化学成分、分子结构、化学键特征等化学信息的交换。但实际上很难完全做到这一点。以最简单的光谱——原子光谱为例,重原子的原子光谱中迄今为止多数谱线不能从理论上解释。这就不能不用经验方法对谱图做鉴别和解析工作,以达到化学分析和结构分析的目的。由于化合物种类庞杂,谱图的数据亦急剧增加,单凭少数有经验的专家来做谱图解析已不能满足需要。随着计算机人工智能、模式识别和数据库技术的发展,用计算机做谱图解析的各种方法应运而生。其中有一类方法是数据库谱图显示方法,即将大量已知化合物的谱图保存在数据库中,通过检索的方法来识别谱图。另一类方法是模式识别方法,它利用已知谱图作训练点,对未知物的谱图作分类、鉴别以及结构测定等。由于化合物种类庞杂、数目很多且每年都大量增加,单纯依靠已知谱图的存储和检索不能完全解决谱图解析问题。由于模式识别方法有某种"举一反三"的功能,能从大量已知化合物的谱图做分类工作,所以模式识别方法在谱图解析、分析化学、结构确定等方面有重要的实际意义。迄今为止,质谱、原子光谱、红外光谱、拉曼光谱、核磁共振谱、γ-射线谱、色谱、极谱等的谱图识别都已用了模式识别方法,不同程度地收到效果,这方面的研究工作是现代分析化学的前沿课题。

1.4.3 材料研究

金属等各种材料具有不同的性质,人们往往根据其性能确定它的用途。但是寻找一种新材料的工作是十分艰苦的。一般要通过大量的"配方炒菜"式的实验工作,才能筛选出较好的材料。以高温合金为例,试制一种新的高温合金要初筛千百种配方,初选后还要做成千小时的高温长期性能测试。这一类先搞大批"配方炒菜",再逐一测试性能的工作方法需要消耗大量的人力、物力和时间。如何利用计算机信息处理方法使寻找新材料的工作方式有所改进,以收到事半功倍的效果,是近数十年来许多科学家努力研究的课题。

瑞典钢铁公司试制了15种新钢种,在新钢种的钢材加工过程中,有9种钢材开裂,另6种不开裂。为了查明钢中微量元素对钢材开裂的影响,他们分析了这15种钢材中的17种微量元素，并用模式识别的 SIMCA 算法寻找规律。结果发现："好钢"的成分代表点集中在一个较小的区域，可包括在一个高维空间的包络面内；"坏钢"的数据点则很分散。这是因为引起开裂的原因不止一种，所以"坏钢"区事实上是多个区域的叠加。

模式识别将成为材料研究工作者不可缺少的工具。实验工作者将利用它整理实验数据，从中最大限度地提取信息，使人变得"聪明"些，少走弯路，快些获得成功。理论工作者将利用它找经验规律，从中得到新的启发。工程技术人员可以用它总结生产控制、分析检验中获得的数据和经验，有利于改进生产和技术管理。另外，各种材料的数据库也会对材料的研究、设计、生产起越来越大的作用。带有模式识别技术软件的数据库将不仅能对已知材料作咨询服务，还能对未曾实验过的新材料、新物性进行预报，这对材料的开发也将起巨大的作用。

1.4.4 催化剂研究

催化问题是化工生产最重要的问题之一。百分之九十以上的化工生产都要催化剂。催化剂的研制往往是一个化工流程成败的关键。催化现象很复杂，广泛应用的多相催化尤其如此，从分子水平看，催化剂表面的原子排列和电子结构是催化作用的基础。由于催化剂成分常常很复杂，多为复相，表面结构和成分既无法或很难查明，更不能用"原子级加工"来控制表面结构。而催化剂的活性中心往往由局部表面结构决定。另一方面，催化剂表面结构和反应机理的关系是很难彻底查清的事，宏观的化学反应还涉及传热、传质和流体流动问题，这又与催化剂的显微结构有关；催化剂的制备方法、条件和显微结构有着复杂的联系……所有这一切都决定着催化剂研究的复杂性。近年来，由于计算量子化学和表面分析技术的长足进展，为我们提供了有关催化剂的大量信息，为从更深入的理论上解决催化剂问题开启了一丝曙光，但真正用量子化学和表面分析技术彻底弄清和掌握催化剂问题还很遥远。在这种条件下，自然给模式识别方法的应用提供了一个机会。例如，乙炔与氯化氢合成是基本有机合成的重要反应之一。用氯化物所含金属的电荷-半径比和电负性为纵坐标、横坐标作图，二十余种氯化物的催化活性在图上呈规律性分布。又如，在一氧化碳氧化催化剂的研究中，取 26 种金属氧化物的催化数据，用 22 种参数构筑高维空间，并对高活性和低活性的氧化物催化剂进行模式识别分类，取得规律后再对另外的 15 种氧化物的催化活性进行预报，预报结果与实验测定大致符合。

应用模式识别方法配合催化剂实验研究，可在催化剂成分筛选、助剂选择、载体制备、催化反应条件选定等方面发挥重要的作用，可从实验数据中更有效地提取信息，看出趋势，使研究工作收到事半功倍之效。

1.4.5 机械故障诊断与监测

机械设备运行状态监测和故障诊断最本质的工作是：如何通过对机器外部征兆的监测取得特征参数的正确信息，并进行分析和识别。很明显从本质上讲，机械设备故障诊断与监测就是模式识别的应用过程。

与文字识别等普通的模式识别问题相比，模式故障诊断与监测模式识别问题具有以下几个特点：

- 学习样本集中，正常运行模式样本多而故障运行模式少；
- 两类误判会产生不同程度的损失，一般情况下将正常运行模式判为故障运行模式(即错判)所造成的损失远比故障模式判为正常运行模式(即漏判)所造成的损失小；
- 生产设备投产运行一段时间内所表现出的状态一般仅有正常运行模式一种，随着时间的推移，其他运行模式才可能相继出现；

- 随着生产设备的长时间使用和其他一些因素的出现，设备的运行参数会发生改变，因此各运行模式之间的划分标准可能改变；
- 设备运行状态监测和故障诊断中存在较强的模糊性；
- 诊断理论具有广泛的通用性而具体样本数据和各种参数适用面却很窄。

因此，在将一般模式识别理论和方法应用于故障诊断时必须进行一定的调整，才能符合监测与诊断的要求。

1.4.6 化学物质源产地判断

在生产、运输等经济活动中，有可能会发生化学物质等环境污染物的泄漏或任意排放，造成生态环境等方面的极大损失。为了查明事故真相，明确责任，需要判别污染物的源头。

要用化学分析方法直接判断污染物的源头常常很困难，因为污染物的成分在气象变化、外物混杂过程中已有所改变。但由于不同来源的同一类污染物具有不同的特征，如有不同的元素种类及含量，因此可采用模式识别方法处理实测数据以提高判别能力。

例如，对湖泊等水体中的油样进行气相色谱分析，并从气相色谱曲线中选出19个特征峰，以其峰值构成19维特征空间，用线性判别函数和K近邻法对样品的气相色谱图作判别，预报能力可达87%～100%。红外光谱也是判别石油污染源的常用工具。取油样红外光谱的7个波长的吸收率的42个比值为特征量，用模式识别方法对194个油样作判别，预报能力可达100%。大气中的尘埃来源也可以根据尘埃的元素成分数据，用模式识别方法判别和确定。

还可以根据气象条件，用模式识别方法估计大气中SO_2等多种污染物在不同环境介质中的浓度。

模式识别与各种现代分析技术相结合，可以为公安侦察破案和法院判决提供线索和依据。某些样品的来源可根据微量元素分析和模式识别确定。曾对119张纸片样品用中子活化分析测定了钠、铝、氯、钙、钛、铬、锰、锌、锑、钽10种元素的含量，与各种已知生产厂和牌号的纸张分析结果一起进行聚类分析，可以查明未知纸张的生产工厂名称和产品牌号。

1.4.7 疾病的诊断与预测

模式识别应用于医学问题已取得了不少成绩，如心电图和心电向量图的分析、脑电图的分析、染色体的自动分类、癌细胞的分类、疾病诊断等专家系统、血象分析及医学图片(包括X光片、CT片等图像)的分析等。

模式识别在医学上的应用很多，前景广阔。通过模式识别不仅可以对疾病进行诊断，而且还可以进行疾病的预测。随着卫生保健事业的发展和人们生活水平的提高，健康普查将越来越普遍而且更加常态化，普查的内容也越来越丰富，单纯依靠人工分析和判断普查结果显然不能满足要求，模式识别技术将发挥更大的作用。

微量元素的比例失衡是许多病(尤其是地方病)的病因或发病的重要因素。微量元素硒的防癌作用近年来受到广泛关注，同时也发现其他几种元素对硒有拮抗作用。为了查明多种微量元素对癌症发病率的影响，曾以25个国家和2个地区的居民(通过饮食)对硒、锌、镉、铜、铬、砷的平均摄入量为特征量构成多维空间，将这些国家或地区的癌症死亡率记入其中，作模式识别，可以看出乳癌高发病国家和乳癌低发病国家分布在不同区域，其间有明显的分界线。

用模式识别方法研究肺癌早期诊断问题，也获得显著成果。取117人的头发分析硒、锌、镉、铜、铬、砷、铅、锡 8 种微量元素，考查其中与肺癌有关的信息并用模式识别方法处理，发现其中硒、锌、镉、铬、砷 5 种元素与肺癌有关。

除癌症诊断外，模式识别还可应用于其他临床化学课题。许多疾病都是靠多种化验数据诊断的，模式识别可用于化验数据的自动化解释工作。例如用模式识别区别甲状腺功能的三种情况，证明只用两组实验即可区别，而不是如同以前人们认为的那样，需要多种实验才能判断。

1.4.8 矿藏勘探

鉴于化学探矿一般都涉及多因子问题，模式识别技术应能成为化学探矿数据处理的有效手段。

用深层和浅层地下水的化学成分指示来普查、勘探石油的方法称为水化学方法。早在 20 世纪 20 年代，苏联就根据找油的实践，提出地下水中 SO_4^{2-}、Ca^{2+}、Mg^{2+}、Cl^- 等离子浓度和地层含油有一定联系。我国的油田水常规分析项目包括 Na^+、Ca^{2+}、Mg^{2+}、SO_4^{2-}、HCO_3^-、Cl^-、CO_3^{2-} 和矿化度等，根据这些数据对油田水进行分类，实质上是一个多维空间信息处理问题，适合用模式识别技术研究。通过模式识别技术对我国东部九个油区的油田水化学分析数据进行处理，发现其中大多数有明显的规律性：含油地层的地下水和不含油地层的地下水成分的代表点大致分布在不同区域，其间可作明显的分界线。

利用地质数据作为训练点，采用模式识别勘探铀矿取得好结果，对于地质数据未列入训练点集的“未知”地区预报能力达 74%～83%。

曾对 79 个湖水沉积物样品的 32 种特征(包括 15 种元素的浓度、有机物含量、粒度分布表征参数等)进行测定，数据的聚类分析表明：湖泊中心区域的沉积物代表点聚成一团，靠岸区域沉积物则有三种类型，聚成三团。

1.4.9 考古及食品工业中的应用

模式识别方法和化学分析(特别是微量元素)相结合，是考古学的有力工具。德国北部古代海盗活动的一个地区发现一批冻石碎片。用质谱分析其微量元素成分，并用聚类分析查明它们来自挪威南部的一个冻石采石场。若干考古学家曾认为这些冻石来自冻石产地，但被模式识别的结果所否定。美国考古学家发现了 27 块由黑曜石制成的古代石器，并与 42 块加里弗利亚州北部的黑曜石矿产样品相对比，根据对铁、钛、钡、钾、锰、镭、锶、钇、锆等多种元素含量的 X 射线荧光分析结果，通过非线性映射、K 最近邻法和线性判别函数法分类，每一块石器所有黑曜石的产地均被认出。

食品工业中一个长期不能解决的难题是，如何将食品的理化检验指标和食品味道品尝的结果联系起来，使食品质量管理有一个客观的标准，进而使美味食品的生产试制能建立在严密的科学理论基础上。模式识别方法和各种现代分析技术相结合，已使这一难题的解决成为可能。已发现某种食品的气相色谱图和食品的风味之间可通过多维空间信息处理找到对应关系。例如啤酒生产要求产品酒精含量、色度、双醯含量等理化检验指标合格，但合格的啤酒要通过人的品尝才能决定其等级。在用模式识别分析啤酒的六个理化检验指标为坐标的多维空间中，一级啤酒的代表点和二级啤酒的代表点分布在不同区域，这就为啤酒的质量管理提供了新的可能途径。猪心各部位微量元素的含量略有出入，在用猪心各部位样品的微量元素含量为坐标构筑多维空间中，各代表点的聚类情况与解剖学的部位大体对应。

第 2 章 统计模式识别技术

与其他模式识别技术相比，统计模式识别是研究得最为广泛也最为深入的一种模式识别方法，现已形成一个完整的理论体系，涉及的识别技术也较为完善。

2.1 基于概率统计的贝叶斯分类方法

统计模式识别中的分类问题就是根据待识别样本的特征向量值及其他约束条件将其分到某个类别中去。采用贝叶斯(Bayes)分类器必须满足下列两个先决条件：

① 要决策分类的类别数是已知的；

② 各类别总体的概率分布是已知的。

在条件①中，假设要研究的分类问题有 c 个模式类，分别用 $\omega_i(i=1,2,\cdots,c)$表示。在条件②中，假设待识别样本的特征向量值 $\boldsymbol{X}$ 所对应的状态后概率 $P(\omega_i|\boldsymbol{X})$是已知的；或者对应于各个类别 ω_i 出现的先验概率 $P(\omega_i)$和类条件概率密度函数 $P(\boldsymbol{X}|\omega_i)$是已知的。

先验概率是针对 M 个事件出现的可能性而言的，不考虑其他任何条件。例如，由统计资料表明总样本数为 N，其中正常样本数为 N_1，异常样本数为 N_2，则

$$P(\omega_1)=\frac{N_1}{N},\quad P(\omega_2)=\frac{N_2}{N}$$

虽然在一般情况下，$P(\omega_1)>P(\omega_2)$，但若仅按此规则决策，则会把所有的样本都归属到正常样本数中。这说明由先验概率所提供的信息太少。

若已知各类别的先验概率 $P(\omega_i)$及类条件概率密度函数 $P(\boldsymbol{X}|\omega_i)$，则根据下面的贝叶斯公式可以计算出该样本分属于各类别的概率，即后验概率，它表示在 $\boldsymbol{X}$ 出现条件下，样本为 ω_i 类的概率。

$$P(\omega_i \mid \boldsymbol{X})=\frac{P(\boldsymbol{X} \mid \omega_i)P(\omega_i)}{\sum_{j=1}^{c}P(\boldsymbol{X} \mid \omega_j)P(\omega_j)}$$

类别的状态是一个随机变量，而某种状态出现的概率是可以估计的。贝叶斯公式体现了先验概率、类条件概率密度函数和后验概率三者间的关系。

类条件概率密度函数 $P(\boldsymbol{X}|\omega_i)$是指在已知某类别的特征空间中，出现特征值 $\boldsymbol{X}$ 的概率，也即第 ω_i 类样本的属性 $\boldsymbol{X}$ 是如何分布的。

在实际应用的许多问题中，统计数据往往满足正态分布规律。正态分布简单，分析方便，参量少，是一种适宜的数学模型。如果采用正态密度函数作为类条件概率密度的函数形式，则只要利用大量样本估计出方差、期望等参数，类条件概率密度 $P(\boldsymbol{X}|\omega_i)$也就确定了。

单变量正态密度函数为

$$P(x)=\frac{1}{\sqrt{2\pi\sigma}}\exp\left[-\frac{1}{2}\left(\frac{x-\mu}{\sigma}\right)^2\right]$$

其中，μ 为数学期望（均值）

$$\mu = E(x) = \int_{-\infty}^{+\infty} xP(x)\mathrm{d}x$$

σ^2 为方差

$$\sigma^2 = E[(x-\mu)^2] = \int_{-\infty}^{+\infty} (x-\mu)^2 P(x)\mathrm{d}x$$

多维正态密度函数为

$$P(\boldsymbol{X}) = \frac{1}{(2\pi)^{n/2} \mid \boldsymbol{S} \mid^{1/2}} \exp\left[-\frac{1}{2}(\boldsymbol{X}-\overline{\boldsymbol{\mu}})^{\mathrm{T}} \boldsymbol{S}^{-1} (\boldsymbol{X}-\overline{\boldsymbol{\mu}})\right]$$

在大多数情况下，类条件概率密度可以采用多维变量的正态密度函数来模拟。

$$P(\boldsymbol{X} \mid \omega_i) = \ln\left\{\frac{1}{(2\pi)^{n/2} \mid \boldsymbol{S}_i \mid^{1/2}} \exp\left[-\frac{1}{2}(\boldsymbol{X}-\overline{\boldsymbol{X}^{\omega_i}})^{\mathrm{T}} \boldsymbol{S}_i^{-1} (\boldsymbol{X}-\overline{\boldsymbol{X}^{\omega_i}})\right]\right\} =$$

$$-\frac{1}{2}(\boldsymbol{X}-\overline{\boldsymbol{X}^{\omega_i}})^{\mathrm{T}} \boldsymbol{S}_i^{-1} (\boldsymbol{X}-\overline{\boldsymbol{X}^{\omega_i}}) - \frac{n}{2}\ln 2\pi - \frac{1}{2}\ln \mid \boldsymbol{S}_i \mid$$

其中，$\boldsymbol{X} = (x_1, x_2, \cdots, x_n)$ 为 n 维特征向量；

$\boldsymbol{S} = \boldsymbol{E}[(\boldsymbol{X}-\overline{\boldsymbol{\mu}})(\boldsymbol{X}-\overline{\boldsymbol{\mu}})^{\mathrm{T}}]$ 为 n 维协方差矩阵，其中 $\overline{\boldsymbol{\mu}} = (\mu_1, \mu_2, \cdots, \mu_n)$ 为 n 维均值向量；

$\boldsymbol{S}^{-1}$ 是 $\boldsymbol{S}$ 的逆矩阵，$|\boldsymbol{S}|$ 是 $\boldsymbol{S}$ 的行列式；

$\overline{\boldsymbol{X}^{\omega_i}}$ 为 ω_i 类的均值向量。

2.1.1　最小错误率贝叶斯分类

假设得到一个待识别量的特征 $\boldsymbol{X} = (x_1, x_2, \cdots, x_n)^{\mathrm{T}}$ 后，通过样本库可以计算先验概率 $P(\omega_i)$ 及类别条件概率密度函数 $P(\boldsymbol{X} \mid \omega_i)$，得到呈现状态 $\boldsymbol{X}$ 时，该样本分属各类别的概率。显然这个概率值可以作为识别对象判属的依据。基于最小错误概率的贝叶斯决策就是按后验概率的大小判决的。

对于两类分类问题，最小错误率贝叶斯分类的指导思想是：对于模式 $\boldsymbol{X}$，如果它属于模式类 ω_1 的概率大于模式类 ω_2 的概率，则决策模式 $\boldsymbol{X}$ 属于模式类 ω_1；反之，决策模式 $\boldsymbol{X}$ 属于模式类 ω_2。用数学语言描述为

$$\text{若 } P(\omega_1 \mid \boldsymbol{X}) > P(\omega_2 \mid \boldsymbol{X}), \quad \text{则 } \boldsymbol{X} \in \omega_1$$

$$\text{若 } P(\omega_1 \mid \boldsymbol{X}) < P(\omega_2 \mid \boldsymbol{X}), \quad \text{则 } \boldsymbol{X} \in \omega_2$$

其中，$P(\omega_i \mid \boldsymbol{X})$ 为状态的后验概率。

由贝叶斯公式，并且考虑到 $P(\boldsymbol{X}) > 0$，则上述决策规则可写成依据类条件概率密度的形式

$$\text{若 } P(\boldsymbol{X} \mid \omega_1)P(\omega_1) > P(\boldsymbol{X} \mid \omega_2)P(\omega_2), \quad \text{则 } \boldsymbol{X} \in \omega_1$$

$$\text{若 } P(\boldsymbol{X} \mid \omega_1)P(\omega_1) < P(\boldsymbol{X} \mid \omega_2)P(\omega_2), \quad \text{则 } \boldsymbol{X} \in \omega_2$$

若两类样本都满足正态分布，则最小错误概率的贝叶斯分类器判别函数为

$$h(\boldsymbol{X}) = -\frac{1}{2}(\boldsymbol{X}-\overline{\boldsymbol{X}^{\omega_1}})^{\mathrm{T}} \boldsymbol{S}_1^{-1} (\boldsymbol{X}-\overline{\boldsymbol{X}^{\omega_1}}) - \frac{1}{2}(\boldsymbol{X}-\overline{\boldsymbol{X}^{\omega_2}})^{\mathrm{T}} \boldsymbol{S}_2^{-1} (\boldsymbol{X}-\overline{\boldsymbol{X}^{\omega_2}}) +$$

$$\frac{1}{2}\ln\frac{|\boldsymbol{S}_1|}{|\boldsymbol{S}_2|} - \ln\frac{P(\omega_1)}{P(\omega_2)}$$

$$h(\boldsymbol{X}) \begin{cases} <0 \\ >0 \end{cases} \Rightarrow \boldsymbol{X} \in \begin{cases} \omega_1 \\ \omega_2 \end{cases}$$

若两类样本不仅呈正态分布，而且协方差矩阵相等，即 $\boldsymbol{S}_1=\boldsymbol{S}_2=\boldsymbol{S}$，则贝叶斯分类器可进一步简化为

$$h(\boldsymbol{X})=(\overline{\boldsymbol{X}^{\omega_2}}-\overline{\boldsymbol{X}^{\omega_1}})^{\mathrm{T}}\boldsymbol{S}^{-1}\boldsymbol{X}+\frac{1}{2}(\overline{\boldsymbol{X}^{\omega_1}}^{\mathrm{T}}\boldsymbol{S}^{-1}\overline{\boldsymbol{X}^{\omega_1}}-\overline{\boldsymbol{X}^{\omega_2}}^{\mathrm{T}}\boldsymbol{S}^{-1}\overline{\boldsymbol{X}^{\omega_2}})-\ln\frac{P(\omega_1)}{P(\omega_2)}\begin{cases}<0\\>0\end{cases}\Rightarrow\boldsymbol{X}\in\begin{cases}\omega_1\\\omega_2\end{cases}$$

而对于多类分类问题，若样本分为 M 类 $\omega_1,\omega_2,\cdots,\omega_M$，各类的先验概率分别为 $P(\omega_1)$，$P(\omega_2)$，…，$P(\omega_M)$，各类的类条件概率密度分别为 $P(\boldsymbol{X}|\omega_1)$，$P(\boldsymbol{X}|\omega_2)$，…，$P(\boldsymbol{X}|\omega_M)$，$M$ 个判别函数，在取得一个特征 $\boldsymbol{X}$ 后，可以通过比较各个判别函数来确定 $\boldsymbol{X}$ 的类别。

$$P(\omega_i)P(\boldsymbol{X}|\omega_i)=\max_{1\leqslant j\leqslant M}\{P(\omega_j)P(\boldsymbol{X}|\omega_j)\}\Rightarrow\boldsymbol{X}\in\omega_i,\qquad i=1,2,\cdots,M$$

由于先验概率通常是非常容易求出的，贝叶斯分类器的核心问题就是求出类条件概率密度函数。在大多数情况下，类条件概率密度函数可以采用多维变量的正态密度函数来模拟，此时正态分布的贝叶斯分类器判别函数为

$$h_i(\boldsymbol{X})=P(\boldsymbol{X}|\omega_i)P(\omega)=\ln\left\{\frac{1}{(2\pi)^{n/2}|\boldsymbol{S}_i|^{1/2}}\exp\left[-\frac{1}{2}(\boldsymbol{X}-\overline{\boldsymbol{X}^{\omega_i}})^{\mathrm{T}}\boldsymbol{S}_i^{-1}(\boldsymbol{X}-\overline{\boldsymbol{X}^{\omega_i}})\right]P(\omega_i)\right\}=$$

$$-\frac{1}{2}(\boldsymbol{X}-\overline{\boldsymbol{X}^{\omega_i}})^{\mathrm{T}}\boldsymbol{S}_i^{-1}(\boldsymbol{X}-\overline{\boldsymbol{X}^{\omega_i}})-\frac{n}{2}\ln 2\pi-\frac{1}{2}\ln|\boldsymbol{S}_i|+\ln P(\omega_i)$$

若 $\omega_1,\omega_2,\cdots,\omega_M$ 均服从正态分布，则判别函数可以写成

$$h_i(\boldsymbol{X})=-\frac{1}{2}(\boldsymbol{X}-\overline{\boldsymbol{X}^{\omega_i}})^{\mathrm{T}}\boldsymbol{S}_i^{-1}(\boldsymbol{X}-\overline{\boldsymbol{X}^{\omega_i}})-\frac{1}{2}\ln|\boldsymbol{S}_i|+\ln P(\omega_i)=$$

$$\max_{1\leqslant l\leqslant M}\left\{-\frac{1}{2}(\boldsymbol{X}-\overline{\boldsymbol{X}^{\omega_l}})^{\mathrm{T}}\boldsymbol{S}_l^{-1}(\boldsymbol{X}-\overline{\boldsymbol{X}^{\omega_l}})-\frac{1}{2}\ln|\boldsymbol{S}_l|+\ln P(\omega_l)\right\}$$

若 $\omega_1,\omega_2,\cdots,\omega_M$ 不仅服从正态分布，而且协方差矩阵相等，则判别函数可以简化为

$$h_i(\boldsymbol{X})=-\frac{1}{2}(\boldsymbol{X}-\overline{\boldsymbol{X}^{\omega_i}})^{\mathrm{T}}\boldsymbol{S}^{-1}(\boldsymbol{X}-\overline{\boldsymbol{X}^{\omega_i}})-\frac{1}{2}\ln|\boldsymbol{S}|+\ln P(\omega_i)=$$

$$-\frac{1}{2}(\boldsymbol{X}^{\mathrm{T}}\boldsymbol{S}^{-1}\boldsymbol{X}-\boldsymbol{X}^{\mathrm{T}}\boldsymbol{S}^{-1}\overline{\boldsymbol{X}^{\omega_i}}-\overline{\boldsymbol{X}^{\omega_i}}\boldsymbol{S}^{-1}\boldsymbol{X}+\overline{\boldsymbol{X}^{\omega_i}}^{\mathrm{T}}\boldsymbol{S}^{-1}\overline{\boldsymbol{X}^{\omega_i}})+\ln P(\omega_i)=$$

$$\boldsymbol{X}^{\mathrm{T}}\boldsymbol{S}^{-1}\overline{\boldsymbol{X}^{\omega_i}}-\frac{1}{2}\overline{\boldsymbol{X}^{\omega_i}}^{\mathrm{T}}\boldsymbol{S}^{-1}\overline{\boldsymbol{X}^{\omega_i}}+\ln P(\omega_i)$$

2.1.2 最小风险率贝叶斯分类

在处理实际问题时，可以发现使错误率最小并不一定是一个普遍适用的最佳选择。例如，在对细胞进行分类时不仅要考虑到尽可能作出正确的判断，而且还要考虑到作出错误判断时会带来什么后果。诊断中如果把正常细胞判为异常固然会给病人带来精神上的负担，而如果本来就是异常情况却错判为正常，就会使早期的癌变患者失去进一步检查的机会，造成严重的后果。显然，这两种不同的错误判断所造成损失的严重程度是有显著区别的，后者的损失比前者更严重。基于最小风险率贝叶斯决策正是考虑各种因素造成不同损失而提出的一种决策规则。

基于最小错误概率，在分类时取决于观测值 $\boldsymbol{X}$ 对各类后验概率中的最大值，因而也就无法估计作出错误决策所带来的损失。为此，将作出决策的依据，从单纯考虑后验概率最大值改为对该观测值 $\boldsymbol{X}$ 条件下各状态后验概率求加权和的方式，即

$$R_i(\boldsymbol{X})=\sum_{j=1}^{M}\lambda(\alpha_i,\omega_j)P(\omega_j\mid\boldsymbol{X})$$

其中，α_i 代表将 $\boldsymbol{X}$ 判为 ω_i 类的决策；$\lambda(\alpha_i,\omega_j)$ 表示观察样本 $\boldsymbol{X}$ 实际上属于 ω_j，但由于采用 α_i 决策而被判为 ω_i 时所造成的损失函数；$R_i(\boldsymbol{X})$ 则表示观测值 $\boldsymbol{X}$ 被判为 i 类时损失的均值。

设观测值 $\boldsymbol{X}$ 是 d 维随机向量 $\boldsymbol{X}=(x_1,x_2,\cdots,x_d)^{\mathrm{T}}$，分为 M 类 $\omega_1,\omega_2,\cdots,\omega_M$，而决策由 a 个决策 $\alpha_i(i=1,2,\cdots,a)$ 组成，损失函数为 $\lambda(\alpha_i,\omega_j)(i=1,2,\cdots,a;j=1,2,\cdots,M)$，并且已知先验概率 $P(\omega_j)$ 及类条件概率密度 $P(\boldsymbol{X}|\omega_j)$。

根据贝叶斯公式，后验概率为

$$P(\omega_i \mid \boldsymbol{X})=\frac{P(\boldsymbol{X} \mid \omega_i)P(\omega_i)}{\sum_{j=1}^{\sigma}P(\boldsymbol{X} \mid \omega_j)P(\omega_j)}$$

由于引入了“损失”的概念，在考虑错判所造成的损失时，就不能只考虑后验概率的大小来决策，而必须考虑所采取的决策是否使损失最小。对于给定的 $\boldsymbol{X}$，如果采取决策 α_i，因为对应于决策 α_i，损失函数 λ 可以在决策表中的 M 个 $\lambda(\alpha_i,\omega_j)$ 值中任取一个，其相应概率为 $P(\omega_j|\boldsymbol{X})$，因此在采取决策 α_i 情况下的条件期望损失或条件风险 $R_i(\alpha_i|\boldsymbol{X})$ 为

$$R_i(\alpha_i \mid \boldsymbol{X})=\sum_{j=1}^{M}\lambda(\alpha_i,\omega_j)P(\omega_j \mid \boldsymbol{X})$$

由于 $\boldsymbol{X}$ 是随机向量的观测值，对于 $\boldsymbol{X}$ 的不同观测值，采取决策 α_i 时，其条件风险是不同的，因此究竟采取哪一种决策将随 $\boldsymbol{X}$ 的取值而定。这样决策 α 可以看成是 $\boldsymbol{X}$ 的函数，记为 $\alpha(\boldsymbol{X})$。它本身也是一个随机变量，可以定义期望风险 R 为

$$R=\int R(\alpha(\boldsymbol{X}) \mid \boldsymbol{X})P(\boldsymbol{X})\mathrm{d}\boldsymbol{X}$$

期望风险 R 反映了对整个特征空间上所有 $\boldsymbol{X}$ 的取值采取相应的决策 $\alpha(\boldsymbol{X})$ 所带来的平均风险，而条件风险 $R_i(\alpha_i|\boldsymbol{X})$ 只是反映了对某一 $\boldsymbol{X}$ 的取值采取决策 α_i 所带来的风险。显然，要求采取的一系列决策 $\alpha(\boldsymbol{X})$ 应使期望风险 R 最小。

在考虑错判带来的损失时，我们希望损失最小。如果在采取每一个决策或行动时，都使其条件风险最小，则对所有的 $\boldsymbol{X}$ 作出决策时，其期望风险也必然最小。这样的决策就是最小风险贝叶斯决策。

最小风险率贝叶斯决策规则为

$$\text{若 } R(\alpha_k|\boldsymbol{X})=\min_{i=1,2,\cdots,a} R(\alpha_i|\boldsymbol{X}),\quad \text{则 } \alpha=\alpha_k$$

对于实际问题，最小风险贝叶斯决策可按下列步骤进行：

① 在已知 $P(\omega_j)$，$P(\boldsymbol{X}|\omega_j)$ 及给出待识别的 $\boldsymbol{X}$ 的情况下，根据贝叶斯公式计算出后验概率 $P(\omega_i|\boldsymbol{X})$

$$P(\omega_i \mid \boldsymbol{X})=\frac{P(\boldsymbol{X} \mid \omega_i)P(\omega_i)}{\sum_{j=1}^{M}P(\boldsymbol{X} \mid \omega_j)P(\omega_j)},\qquad i=1,2,\cdots,M$$

② 利用计算出的后验概率及决策表，计算条件期望损失 $R_i(\alpha_i|\boldsymbol{X})(i=1,2,\cdots,M)$。

③ 将得到的 M 个条件风险值 $R(\alpha_i|\boldsymbol{X})$ 进行比较，找出使条件风险最小的决策 α_k，则 α_k 就是最小风险贝叶斯决策。

需要指出的是，在实际工作中要列出合适的决策表很不容易，往往要根据所研究的具体问题，分析错误决策造成损失的严重程度，与有关专家共同商讨来确定。

2.2 线性分类器

在许多实际问题中,由于样本特征空间的类条件密度函数常常很难确定,利用 Parzen 窗等非参数方法估计分布又往往需要大量样本,而且随着特征空间维数的增加所需样本数急剧增加,因此在实际问题中,往往不去求类条件概率密度,而是利用样本集直接设计分类器。具体说就是首先给定某个判别函数,然后利用样本集确定判别函数中的未知参数。这种方法称为判别函数法,并且根据其中判别函数的形式,可分为线性分类器和非线性分类器。线性分类器较为简单,在计算机上容易实现,在模式识别中应用非常广泛。

2.2.1 线性判别函数

在 n 维特征空间中,特征向量 $\boldsymbol{x}=(x_1,x_2,\cdots,x_n)^{\mathrm{T}}$,线性判别函数的一般形式为

$$d(\boldsymbol{x})=w_1x_1+w_2x_2+\cdots+w_nx_n+w_{n+1}=\boldsymbol{w}_0^{\mathrm{T}}\boldsymbol{x}+w_{n+1}=\boldsymbol{w}^{\mathrm{T}}\boldsymbol{x}'$$

其中,$\boldsymbol{w}_0$ 称为权矢量或系数矢量;w_{n+1} 是一个常数,称为阈值权;$\boldsymbol{w}=(w_1,w_2,\cdots,w_{n+1})$ 称为增广权矢量,$\boldsymbol{x}'=(x_1,x_2,\cdots,x_{n,}1)^{\mathrm{T}}$ 称为增广特征矢量。

对于两类问题的线性分类器可以采用以下决策规则:

$$d(\boldsymbol{x})=\begin{cases}>0, & \text{决策 } \boldsymbol{x}\in\omega_1\\ <0, & \text{决策 } \boldsymbol{x}\in\omega_2\\ =0, & \boldsymbol{x} \text{ 可归属于任一类,或拒绝}\end{cases}$$

方程在 $d(\boldsymbol{x})=0$ 时定义了一个决策面,它把归类于 ω_1 类的点与归类于 ω_2 类的点分割开来,当为线性函数时,这个决策面便是超平面。

对于多类问题,可以通过以下三种途径进行分类。

(1) $\omega_i/\overline{\omega_i}$ 两分法

所确定的判别函数将属于模式 $\boldsymbol{w}_i$ 和不属于模式 $\boldsymbol{w}_i$ 分开是此方法的基本思想。如果模式是线性可分的,则有 $M-1$ 个独立的判别函数,其中 M 为类别数。

$$d_i(\boldsymbol{x})=\boldsymbol{w}_i^{\mathrm{T}}\boldsymbol{x}, \qquad i=1,2,\cdots,M$$

通过训练,其中每个判别函数都具有以下的性质:

$$d_i(\boldsymbol{x})=\begin{cases}>0, & \text{若 } \boldsymbol{x}\in\omega_i\\ <0, & \text{若 } \boldsymbol{x}\notin\omega_i \quad \text{即 } \boldsymbol{x}\in\overline{\omega_i}\end{cases}$$

判别界面 $d_i(\boldsymbol{x})=0$ 将特征空间划分成两个子区域,其中一个子区域包含 ω_i 的类域,另一个子区域包含$\overline{\omega_i}$的类域;同样,另一个判别界面 $d_j(\boldsymbol{x})=0$ 也将特征空间分划成两个子区域,其中一个子区域包含ω_j 的类域,另一个子区域包含$\overline{\omega_j}$的类域。很明显,由两个界面 $d_i(\boldsymbol{x})=0$ 和$d_j(\boldsymbol{x})=0$ 所划分的分别包含 ω_i 和 ω_j 的两个子区域可能会有部分重叠,落在这个重叠子区域中的点不能由这两个判别函数确定类别,这样的区域称为不确定区。

考虑到不确定区的存在,对于 M 类问题,判决规则为

$$\text{若}\begin{cases}d_i(\boldsymbol{x})>0\\ d_j(\boldsymbol{x})\leqslant 0,\ \forall j\neq i\end{cases}, \quad \text{则 } \boldsymbol{x}\in\omega_i$$

(2) ω_i/ω_j 两分法

对 M 类中的任意两类 ω_i 和 ω_j 都分别建立一个判别函数,这个判别函数将属于 ω_i 类的

模式与属于 ω_j 类的模式区分开，该判别函数对其他类模式分类是否正确不提供信息。要分开 M 类，这样的函数需要 $M(M-1)/2$ 个。

通过训练得到区分两类 ω_i 和 ω_j 的判别函数为

$$d_{ij}=\boldsymbol{w}_{ij}^{\mathrm{T}}\boldsymbol{x},\qquad i,j=1,2,\cdots,M,i\neq j$$

它具有性质

$$d_{ij}(\boldsymbol{x})=\boldsymbol{w}_{ij}^{\mathrm{T}}\boldsymbol{x}\begin{cases}>0, & 若\ \boldsymbol{x}\in\omega_i\\ <0, & 若\ \boldsymbol{x}\in\omega_j\end{cases}$$

$$d_{ij}(\boldsymbol{x})=-d_{ji}(\boldsymbol{x})$$

同样，该方法仍然有不确定区。

考虑到不确定区的存在，对于 M 类问题，判决规则为

$$若\ d_{ij}(\boldsymbol{x})>0,\forall j\neq i,则\ \boldsymbol{x}\in\omega_i$$

(3) 没有不确定区的 ω_i/ω_j 两分法

对(2)中的判别函数作如下处理，令

$$d_{ij}(\boldsymbol{x})=d_i(\boldsymbol{x})-d_j(\boldsymbol{x})=(\boldsymbol{w}_i^{\mathrm{T}}-\boldsymbol{w}_j^{\mathrm{T}})\boldsymbol{x}$$

则 $d_{ij}(\boldsymbol{x})>0$ 等价于 $d_i(\boldsymbol{x})>d_j(\boldsymbol{x})$，于是对每一类 ω_i 均建立一个判别函数 $d_i(\boldsymbol{x})$，M 类问题有 M 个判别函数

$$d_i(\boldsymbol{x})=\boldsymbol{w}_i^{\mathrm{T}}\boldsymbol{x},\qquad i=1,2,\cdots,M$$

此种情况下，判别规则为

$$若\ d_i(\boldsymbol{x})>d_j(\boldsymbol{x}),\forall j\neq i,\quad 则\ \boldsymbol{x}\in\omega_i$$

这种判别规则的另一种表述形式为

$$若\ d_i(\boldsymbol{x})=\max_j d_j(\boldsymbol{x}),\quad 则\ \boldsymbol{x}\in\omega_i$$

线性判别函数因为方程的数量、维数和形式已定，所以对它的设计就是确定函数的各系数，即线性方程的各个权值。此过程首先要确定一个准则函数 J，如 Fisher 准则、感知器算法、增量校正算法等，然后利用一批已分类的训练样本，确定准则函数 J 达到极值时的 $\boldsymbol{w}^*$ 及 $\boldsymbol{w}_0^*$ 的具体数值，从而确定判别函数，完成分类器设计。

2.2.2 Fisher 线性判别函数

应用统计方法解决模式识别问题时，一再碰到的问题之一是维数问题。在低维空间里解析上或计算上可行的方法，在高维空间里往往行不通，因此降低维数有时就成为处理实际问题的关键。

可以考虑把 d 维空间的样本投影到一直线上，形成一维空间，即把维数压缩到一维，这在数学上总是容易办到的。然而，即使样本在 d 维空间里形成若干紧凑的互相分得开的集群，若把它们投影到一条任意的直线上，也可能使几类样本混在一起而变得无法识别。但在一般情况下，总可以找到某个方向，使在这个方向的直线上，样本的投影能分开最好。问题是如何根据实际情况找到这条最好的、最易于分类的投影线。这就是 Fisher 法所要解决的基本问题。

对于两类问题的 Fisher 法的具体方法如下：

① 计算各类样本均值向量 $\boldsymbol{m}_i$，N_i 是 ω_i 类的样本个数。

$$\boldsymbol{m}_i=\frac{1}{N_i}\sum_{\boldsymbol{X}\in\omega_i}\boldsymbol{X},\qquad i=1,2$$

② 计算样本类内离散度矩阵 $\boldsymbol{S}_i$ 和总类内离散度矩阵 $\boldsymbol{S}_{\mathrm{w}}$。

$$\boldsymbol{S}_i=\sum_{\boldsymbol{X}\in\omega_i}(\boldsymbol{X}-\boldsymbol{m}_i)(\boldsymbol{X}-\boldsymbol{m}_i)^{\mathrm{T}},\qquad i=1,2$$

$$\boldsymbol{S}_{\mathrm{w}}=\boldsymbol{S}_1+\boldsymbol{S}_2$$

③ 计算样本类间离散度矩阵 $\boldsymbol{S}_{\mathrm{b}}$。

$$\boldsymbol{S}_{\mathrm{b}}=(\boldsymbol{m}_1-\boldsymbol{m}_2)(\boldsymbol{m}_1-\boldsymbol{m}_2)^{\mathrm{T}}$$

④ 求向量 $\boldsymbol{w}^*$。为此定义 Fisher 准则函数

$$J_{\mathrm{F}}(\boldsymbol{w})=\frac{\boldsymbol{w}^{\mathrm{T}}\boldsymbol{S}_{\mathrm{b}}\boldsymbol{w}}{\boldsymbol{w}^{\mathrm{T}}\boldsymbol{S}_{\mathrm{w}}\boldsymbol{w}}$$

使得 $J_{\mathrm{F}}(\boldsymbol{w})$ 取得最大值的 $\boldsymbol{w}^*$ 为

$$\boldsymbol{w}^*=\boldsymbol{S}_{\mathrm{w}}^{-1}(\boldsymbol{m}_1-\boldsymbol{m}_2)$$

⑤ 将训练集内所有样本进行投影。

$$y=(\boldsymbol{w}^*)^{\mathrm{T}}\boldsymbol{X}$$

⑥ 计算在投影空间上的分割阈值 y_0。阈值的选取可以有不同的方案,较常用的一种为

$$y_0=\frac{N_1\widetilde{\boldsymbol{m}_1}+N_2\widetilde{\boldsymbol{m}_2}}{N_1+N_2}$$

另一种为

$$y_0=\frac{\widetilde{\boldsymbol{m}_1}+\widetilde{\boldsymbol{m}_2}}{2}+\frac{\ln[P(\omega_1)/P(\omega_2)]}{N_1+N_2-2}$$

其中,$\widetilde{\boldsymbol{m}_i}$ 为在一维空间中各类样本的均值:$\widetilde{\boldsymbol{m}_i}=\frac{1}{N_i}\sum_{y\in\omega_i}y$。

样本类内离散度 $\widetilde{s_i^2}$ 和总类内离散度 $\widetilde{s_{\mathrm{w}}}$ 为

$$\widetilde{s_i^2}=\sum_{y\in\omega_i}(y-\widetilde{\boldsymbol{m}_i}),\qquad i=1,2$$

$$\widetilde{s_{\mathrm{w}}}=\widetilde{s_1^2}+\widetilde{s_2^2}$$

⑦ 对于给定的 $\boldsymbol{X}$,计算它在 $\boldsymbol{w}^*$ 上的投影点 $\boldsymbol{y}$。

$$y=(\boldsymbol{w}^*)^{\mathrm{T}}\boldsymbol{X}$$

⑧ 根据决策规则分类,有

$$\begin{cases}y>y_0\Rightarrow\boldsymbol{X}\in\omega_1\\ y<y_0\Rightarrow\boldsymbol{X}\in\omega_2\end{cases}$$

用 Fisher 函数解决多类问题时,首先实现两类 Fisher 分类,然后根据返回的类别与新的类别再做两类 Fisher 分类,又能够得到比较接近的类别,以此类推,直至所有的类别,最后得出未知样本的类别。

2.2.3 感知器算法

对于两类问题,设有判别函数

$$d(\boldsymbol{X})=w_1x_1+w_2x_2+w_3=0$$

并已知训练集 $\boldsymbol{X}_{\mathrm{A}},\boldsymbol{X}_{\mathrm{B}},\boldsymbol{X}_{\mathrm{C}},\boldsymbol{X}_{\mathrm{D}}$ 均属二维特征空间,且 $\{\boldsymbol{X}_{\mathrm{A}},\boldsymbol{X}_{\mathrm{B}}\}\in\omega_1$,$\{\boldsymbol{X}_{\mathrm{C}},\boldsymbol{X}_{\mathrm{D}}\}\in\omega_2$,则有

$$\begin{cases}x_{1\mathrm{A}}w_1+x_{2\mathrm{A}}w_2+w_3>0\\ x_{1\mathrm{B}}w_1+x_{2\mathrm{B}}w_2+w_3>0\\ -x_{1\mathrm{C}}w_1-x_{2\mathrm{C}}w_2-w_3>0\\ -x_{1\mathrm{D}}w_1-x_{2\mathrm{D}}w_2-w_3>0\end{cases}$$

写成一般的方程形式为

$$\boldsymbol{X}\boldsymbol{w}>0$$

其中，$\boldsymbol{w}$ 为权矢量，$\boldsymbol{w}=(w_1,w_2,w_3)^{\mathrm{T}}$，$\boldsymbol{X}$ 为样本的增广特征矢量，即

$$\boldsymbol{X}=\begin{bmatrix} x_{1\mathrm{A}} & x_{2\mathrm{A}} & 1 \\ x_{1\mathrm{B}} & x_{2\mathrm{B}} & 1 \\ -x_{1\mathrm{C}} & -x_{2\mathrm{C}} & -1 \\ -x_{1\mathrm{D}} & -x_{2\mathrm{D}} & -1 \end{bmatrix}$$

训练过程就是对判断好的样本集求解权矢量 $\boldsymbol{w}$。这实际上是一个线性联立不等式的求解问题。显然，只有当为线性可分问题时才有解，并且如果有解，其解也不一定是单值，因而就有一个按不同条件取得最优解的问题。可以有不同的求解算法，梯度下降法即是其中的一种。

设准则函数 J

$$J(\boldsymbol{w},\boldsymbol{X})=\alpha(|\boldsymbol{w}^{\mathrm{T}}\boldsymbol{X}|-\boldsymbol{w}^{\mathrm{T}}\boldsymbol{X})$$

迭代公式

$$\boldsymbol{w}(k+1)=\boldsymbol{w}(k)-C\cdot\Delta J(\boldsymbol{w}(k))$$

其中，$-\Delta J(\boldsymbol{w}(k))$ 即为负梯度向量，它指出了 $\boldsymbol{w}$ 的最陡下降方向，当为 0 时，达到了函数的极值。

当 α 为 1/2 时，根据梯度的定义可求出迭代算法的具体关系

$$\boldsymbol{w}(k+1)=\begin{cases}\boldsymbol{w}(k), & 若\ \boldsymbol{w}^{\mathrm{T}}(k)\boldsymbol{X}(k)>0 \\ \boldsymbol{w}(k)+C\boldsymbol{X}(k), & 其他\end{cases}$$

即当样本正确分类时，不作修正；反之，当样本被错误分类时，应添加一修正项 $C\boldsymbol{X}(k)$，这就是感知器算法的基本形式。

具体算法如下：

① 设各个权重矢量的初值为 0，即 $\boldsymbol{w}_1=\boldsymbol{w}_2=\cdots=\boldsymbol{w}_M=0$，$M$ 为类别数。

② 第 k 次输入一个样本 $\boldsymbol{X}(k)$，计算第 k 次迭代计算的结果为

$$d_i[\boldsymbol{X}(k)]=\boldsymbol{w}_i^{\mathrm{T}}(k)\boldsymbol{X}(k),\qquad i=1,2,\cdots,M$$

③ 若 $\boldsymbol{X}(k)\in\omega_i$，$i=1,2,\cdots,M$，则判断 $d_i[\boldsymbol{X}(k)]$是否为最大值。若是，则各个权值不需要修正，否则各权值需要修正：

$$\boldsymbol{w}_i(k+1)=\boldsymbol{w}_i(k)+\boldsymbol{X}(k),\ \boldsymbol{w}_j(k+1)=\boldsymbol{w}_j(k)-\boldsymbol{X}(k),\qquad j=1,2,\cdots,M,\qquad j\neq i$$

④ 循环执行第②步，直到输入所有的样本，权重都不需要修正为止。

2.3 非线性分类器

在实际中有很多模式识别问题并不是线性可分的，这时就需要采用非线性分类器。

2.3.1 分段线性判别函数

分段线性判别函数是一种特殊的非线性函数，它确定的决策面是由若干超平面组成的。由于它的基本组成仍然是超平面，因此与一般超平面（例如贝叶斯决策面）相比，仍然是简单的，但又能逼近各种形状的超平面，具有很强的适应能力，见图 2.1。

一般来说，如果对于 ω_i 类取 l_i 个代表点，或者说，把属于 ω_i 类的样本区域 R_i 分成 l_i 个

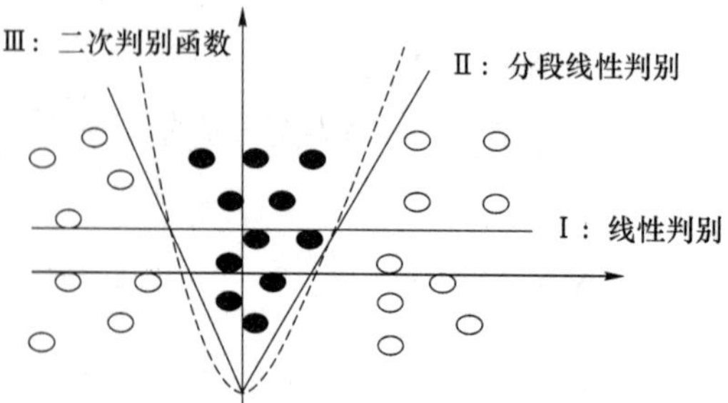

图 2.1 线性和非线性分类器示意图

子区域，即 $R_i=\{R_i^1,R_i^2,\cdots,R_i^{l_i}\}$，其中 R_i^l 表示第 i 类的第 l 个子区域，用 $\boldsymbol{m}_i^l$ 表示该子区域中样本的均值向量，并以此作为该子区域的代表点，这样可定义如下判别函数

$$d_i(\boldsymbol{X})=\min_{l=1,2,\cdots,l_i}\{\|\boldsymbol{X}-\boldsymbol{m}_i^l\|\}$$

若有

$$d_i(\boldsymbol{X})=\min_{j=1,2,\cdots,M}\{d_j(\boldsymbol{X})\}\Rightarrow\boldsymbol{X}\in\omega_i$$

则这样的分类器称为分段线性距离分类器，这时的决策面是两类期望连线的垂直平分面。

由于将均值向量作为代表点来设计最小距离分类器只有在某些特殊情况下才能得到较好的分类结果，因此在很多情况下并不适用。但如果把每一类分成若干个子类，即令 $\omega_i=\{\omega_i^1,\omega_i^2,\cdots,\omega_i^{l_i}\}$，同时不是选择各子类的均值作为代表点设计最小距离分类器，而是对于每个子类定义一个线性判别函数

$$d_i^l(\boldsymbol{X})=(\boldsymbol{w}_i^l)^{\mathrm{T}}\boldsymbol{X}+w_{i0}^l,\quad l=1,2,\cdots,l_i;\quad i=1,2,\cdots,M$$

其中，$\boldsymbol{w}_i^l$、ω_{i0}^l 分别称为对子类的权向量和阈值权。

再定义 ω_i 类的线性判别函数为

$$d_i(\boldsymbol{X})=\max_{j=1,2,\cdots,l_i}d_j^l(\boldsymbol{X})$$

则对于 M 类问题，有 M 个判别函数 $d_i(\boldsymbol{X})$，并得到决策规则

$$d_i(\boldsymbol{X})=\max_{j=1,2,\cdots,M}\{d_j(\boldsymbol{X})\}\Rightarrow\boldsymbol{X}\in\omega_i$$

现在的关键问题是如何利用样本集确定子类数目以及如何求得各子类的权向量和阈值权。

(1) 已知子类数目，不知子类划分情况

当已知子类数目但不知子类划分情况时，可利用错误修正算法设计分段线性分类器。

① 首先给定各子类的初始权向量。假设 ω_i 类中有 l_i 个子类，则任意给定

$$\boldsymbol{w}_i^1(1),\boldsymbol{w}_i^2(1),\cdots,\boldsymbol{w}_i^{l_i}(1),\qquad i=1,2,\cdots,M$$

② 利用训练集进行迭代，并按下列规则修改权向量：

若在第 k 次迭代时，ω_i 类中的样本 $\boldsymbol{y}_j$ 与 ω_i 类的某个权向量 $\boldsymbol{w}_j^m(k)$ 的内积为最大，即

$$[\boldsymbol{w}_j^m(k)]^{\mathrm{T}}\boldsymbol{y}_j=\max_{l=1,2,\cdots,l_j}\{[\boldsymbol{w}_j^l(k)]^{\mathrm{T}}\boldsymbol{y}_j\}$$

而且满足这个内积在所有其他类中也是最大的，即

$$[\boldsymbol{w}_j^m(k)]^{\mathrm{T}}\boldsymbol{y}_j>[\boldsymbol{w}_i^l(k)]^{\mathrm{T}}\boldsymbol{y}_j,\qquad i=1,2,\cdots,M,\quad i\neq j,\quad l=1,2,\cdots,l_i$$

则说明权向量组

$$\boldsymbol{w}_i^1(k), \boldsymbol{w}_i^2(k), \cdots, \boldsymbol{w}_i^{l_i}(k)$$

不影响 $\boldsymbol{y}_j$ 正确分类，因此各权向量保持不变。如果存在某个或几个子类不满足上述条件，即存在 ω_i^n，使得

$$[\boldsymbol{w}_j^m(k)]^{\mathrm{T}}\boldsymbol{y}_j \leqslant [\boldsymbol{w}_i^n(k)]^{\mathrm{T}}\boldsymbol{y}_j, \qquad i \neq j$$

则说明 $\boldsymbol{y}_j$ 被错误分类，需要对权向量进行修正，修正算法为

如果
$$[\boldsymbol{w}_{i'}^{n'}(k)]^{\mathrm{T}}\boldsymbol{y}_i = \max_{i,n}\{[\boldsymbol{w}_i^n(k)]^{\mathrm{T}}\boldsymbol{y}_i\}$$

则
$$\begin{cases} \boldsymbol{w}_j^m(k+1) = \boldsymbol{w}_j^m(k) + \rho_k \boldsymbol{y}_j \\ \boldsymbol{w}_{i'}^{n'}(k+1) = \boldsymbol{w}_{i'}^{n'}(k) - \rho_k \boldsymbol{y}_j \end{cases}$$

③ 重复上述的迭代过程，直到算法收敛或达到规定的迭代次数为止。

ρ_k 的选择应使修正后的权值满足条件：

$$[\boldsymbol{w}_j^m(k)]^{\mathrm{T}}\boldsymbol{y}_j > [\boldsymbol{w}_{i'}^{n'}(k)]^{\mathrm{T}}\boldsymbol{y}_i, \qquad i' \neq j$$

当样本集对于给定的子类数目能用分段线性判别函数完全正确分类时，算法将在有限步内收敛，否则算法不收敛。可以考虑用递减的 ρ_k 序列令算法收敛。

(2) 未知子类数目

当每类应分成的子类数目也未知时，这是最一般的情况。在这种情况下，设计分段线性分类器的方法很多，树状分段线性分类器即是其中的一种。

对于图 2.2 所示的两类情况，可先用两类线性判别函数算法找一个权向量 $\boldsymbol{w}_1$，它所对应的超平面 A 把整个样本集分成两部分，称之为样本子集。由于样本集不是线性可分的，因此每一部分仍包含两类样本。

接着再利用算法找出第二个权向量 $\boldsymbol{w}_2$、第三个权向量 $\boldsymbol{w}_3$，超平面 B、C 分别把相应的样本子集分成两部分。若每一部分仍包含两类样本，则继续上述过程，直到某一权向量把两类样本完全分开为止。

这样得到的分类器也是分段线性的，其决策面如图中虚线表示，箭头表示权向量的方向，它指向超平面的正侧，它的识别过程是一个树状结构，如图 2.2 所示。

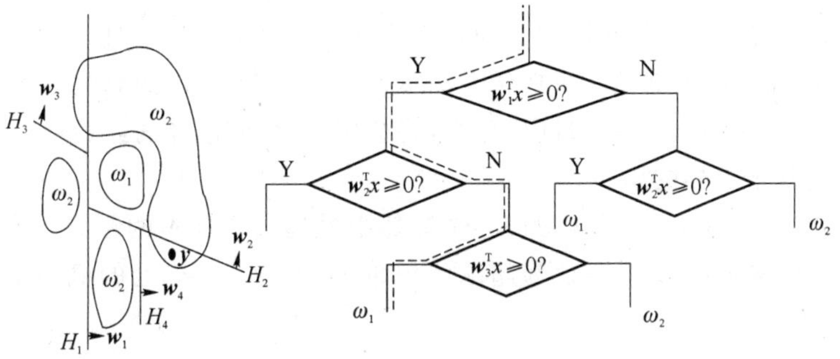

图 2.2　树状决策过程

2.3.2　近邻法

近邻法是一种非参数识别方法，不需要事先给出先验概率和类条件概率密度函数等知识，而是直接对样本进行操作。

假设有 M 个 $\omega_1, \omega_2, \cdots, \omega_M$ 类别的模式识别问题，每类有标明类别的样本 N_i 个（$i=1$，

2,…,M),可以规定 ω_i 类的判别函数为

$$d_i(\boldsymbol{X})=\min_k \|\boldsymbol{X}-\boldsymbol{X}_i^k\|$$

其中,$\boldsymbol{X}_i^k$ 的角标 i 表示 ω_i 类,k 表示 ω_i 类 N_i 个样本中的第 k 个。决策规则可以写为

$$d_j(\boldsymbol{X})=\min_{i=1,2,\cdots,M} d_i(\boldsymbol{X})\Rightarrow \boldsymbol{X}\in\omega_j$$

这一决策称为最近邻法,也即对未知样本,只要比较与 $N=\sum_{i=1}^{M}N_i$ 个已知类别的样本间的欧氏距离,并决策与离它最近的样本同类。

上述方法只根据离待识别模式最近的一个样本的类别而决定其类别,通常称为 1NN 方法。为了克服单个样本类别的偶然性以增加分类的可靠性,可以采用 K-近邻法(K-Nearest Neighbors,KNN),即考察待识别模式的 K 个最近邻样本,这 K 个最近邻中哪一类的样本最多,就将 $\boldsymbol{X}$ 判属哪一类。为了避免近邻数相等,一般 K 采用奇数。另外,最近邻样本对于"选票"所起的作用,可以用相应的距离将之赋权

$$V_{总}=\sum_{i=1}^{K}\frac{V_i}{D_i}\quad 或\quad V_{总}=\sum_{i=1}^{K}\frac{V_i}{D_i^2}$$

其中,V_i 表示对于两类问题,当其邻属于第一类时,为"+1",属于第二类时为"−1";D_i 为未知样本与第 i 个近邻的距离;K 为最近邻数。若"选票"$V_{总}>0$,则未知样本归入类 1;否则未知样本归入类 2。

为了测试 K 个最近邻样本的风险值,可用下式计算:

$$R_i^k=\left[1+\frac{1}{k}+a\delta^2(k)\right]R^*$$

其中,a 为常数;$\delta(k)$ 为 K 个未知试样最近邻的已知试样的平均距离;R^* 为期望 Bayes 值。

KNN 法不要求对不同类的代表点线性可分,只要用每个未知点的近邻类来判别即可,也不需要作训练过程。但它的缺点是没有对训练点作信息压缩,因此每判别一个新的未知点都需要把它和所有已知代表点的距离全部算一遍,因此计算工作量大,对已知代表点太多的情况不太合适。但正是因为没有作信息压缩,而用全体已知点的原始信息作判据,所以有时可得到极好的预报准确率,其效果一般优于或等于其他模式识别方法。

KNN 法中对所有的类选取相同的 K 值,且其选择有一定的经验性。如果能根据每类中样本的数目和分散程度选择 K 值,并当各类的 K_i 选定后,用一定的算法对类中样本的概率进行估计,并且根据概率大小对它们进行分类,将会影响 K 值选择的经验性。AKNN(Alternative KNN)正是基于这样的思想。

在 AKNN 方法中,以 $\boldsymbol{x}_i$ 与类 g_i 的 K_i 个近邻中最远一个样本的距离 r 为半径,以 $\boldsymbol{x}_i$ 为中心,计算相应的超球的体积,并且认为超球体积越小,类 g_i 在 $\boldsymbol{x}_i$ 处的概率密度越大。其概率密度可用下式计算

$$P(\boldsymbol{x}_i/g_i)=\frac{K_i-1}{n[V(\boldsymbol{x}_i/g_i)]}$$

其中,$V(\boldsymbol{x}_i/g_i)$为类 g_i 的超球体积,该超球中心为 $\boldsymbol{x}_i$,半径为 r。为了选择 K_i 和相应 r 的计算,可采用欧氏距离,m 维超球体积的一般表达式为

$$V(\boldsymbol{x}_i/g_i)=(2\pi)^{m/2}r^m/[m\Gamma(m/2)]$$

其中,Γ 为 gamma 函数。

在实际计算中,上述方程根据 m 的奇偶性可以写成下列两种形式:

当 m 为偶数时，有

$$V(\boldsymbol{x}_i/g_i)=(2\pi)^{m/2}r^m/[m(m-2)(m-4)\cdots 2]$$

当 m 为奇数时，有

$$V(\boldsymbol{x}_i/g_i)=2(2\pi)^{(m-1)/2}r^m/[m(m-2)(m-4)\cdots 1]$$

计算时必须对 K_i 进行优化，这样才能对各类概率密度的测试相一致。K_i 值的优化公式可采用下列公式

$$g(K_i)=\sum_{t=1}^{n}\ln P(\boldsymbol{x}_{it}/g_i)$$

即选取使 $g(K_i)$ 为极大值的 K_i。

对样本的分类采用后验概率，其计算公式为

$$P(g_i \mid \boldsymbol{x})=P(\boldsymbol{x} \mid g_i)\Big/\sum_{i=1}^{G}[P(\boldsymbol{x} \mid g_i)]$$

即样本划归到具有最大后验概率的类中。

2.3.3　势函数法

势函数法是近邻法的一种变种。它是利用物理概念，通过训练模式对特征空间中的积累位势函数修正，使积累位势函数具有正确分类的作用，从而以其作为判别函数。由于位势函数是非线性的，所以由位势函数训练算法产生的判别函数是非线性的。该方法可用于非线性可分情况，也可用于线性可分情况。位势函数选取的灵活性使位势法有很强的分类能力。

现有分属两类 ω_1 和 ω_2 的模式集 $\{\boldsymbol{x}_j\}$，可以设想每个特征点上都具有某种形式的相同的能量（如电位）。令属于 ω_1 类的模式特征点具有正的位能，于是在该点处能量达其最大值，随着与该点距离的增加，其周围空间中的能量分布逐渐减少，位能逐渐变低；令属于 ω_2 的模式特征点具有负的位能，在该点处位能达其负的最大值，随着与该点距离的增加，负位能逐渐升高。特征点 $\boldsymbol{x}_j$ 及其周围的位能分布可以用一个位势函数 $K(\boldsymbol{x},\boldsymbol{x}_j)$ 表示，位势函数为零的等值面即为两类的阈值界面。

选择位势函数应满足三个条件：

① $K(\boldsymbol{x},\boldsymbol{x}_j)=K(\boldsymbol{x}_j,\boldsymbol{x})$。

② $K(\boldsymbol{x},\boldsymbol{x}_j)$ 是连续光滑函数。

③ $K(\boldsymbol{x},\boldsymbol{x}_j)$ 是 $\boldsymbol{x}$ 与 $\boldsymbol{x}_j$ 间距离的单值下降函数，当且仅当 $\boldsymbol{x}=\boldsymbol{x}_j$ 时，$K(\boldsymbol{x},\boldsymbol{x}_j)$ 达其最大值。当 $\boldsymbol{x}$ 与 $\boldsymbol{x}_j$ 之间的距离趋于无穷大时，$K(\boldsymbol{x},\boldsymbol{x}_j)$ 趋于零。

通常选择的位势函数有

$$K(\boldsymbol{x},\boldsymbol{x}_j)=\exp(-\alpha\,\|\boldsymbol{x}-\boldsymbol{x}_j\|^2)$$

$$K(\boldsymbol{x},\boldsymbol{x}_j)=\frac{1}{1+\alpha\,\|\boldsymbol{x}-\boldsymbol{x}_j\|^2}$$

$$K(\boldsymbol{x},\boldsymbol{x}_j)=\left|\frac{\sin\alpha\,\|\boldsymbol{x}-\boldsymbol{x}_j\|^2}{\alpha\,\|\boldsymbol{x}-\boldsymbol{x}_j\|^2}\right|$$

其中，α 为常数，其作用是控制位势函数衰减的速度。当类间的界面越复杂时，α 的选择应使位势函数衰减得越快。

下面给出产生具有分类能力的积累位势函数的算法。

设训练模式集 $\{\boldsymbol{x}_1,\boldsymbol{x}_2,\cdots,\boldsymbol{x}_N\}$，分属 ω_1 和 ω_2 类；定义一个位势函数 $K(\boldsymbol{x},\boldsymbol{x}_j)$。

① 初始化。令特征空间中各点处的初始积累位势函数 $K_0(\boldsymbol{x})=0$，判错计数 $m=0$。

② 令 $j=1$，输入训练模式 $\boldsymbol{x}_1$，使积累位势函数

$$K_1(\boldsymbol{x})=\begin{cases}K_0(\boldsymbol{x})+K(\boldsymbol{x},\boldsymbol{x}_1)>0, & 若\ \boldsymbol{x}_1\in\omega_1\\ K_1(\boldsymbol{x})-K(\boldsymbol{x},\boldsymbol{x}_1)>0, & 若\ \boldsymbol{x}_2\in\omega_2\end{cases}$$

③ 令 $j=j+1$，输入 $\boldsymbol{x}_j$，计算积累位势函数

$$K_j(\boldsymbol{x})=K_{j-1}(\boldsymbol{x})+\alpha_j K(\boldsymbol{x},\boldsymbol{x}_j)$$

积累位势函数的调整规则为

$$\alpha_j=\begin{cases}0, & 若\ \boldsymbol{x}_j\in\omega_1\ 和\ K_{j-1}(\boldsymbol{x}_j)>0\\ 0, & 若\ \boldsymbol{x}_j\in\omega_2\ 和\ K_{j-1}(\boldsymbol{x}_j)<0\\ 1, & 若\ \boldsymbol{x}_j\in\omega_1\ 和\ K_{j-1}(\boldsymbol{x}_j)\leqslant 0\\ -1, & 若\ \boldsymbol{x}_j\in\omega_2\ 和\ K_{j-1}(\boldsymbol{x}_j)\geqslant 0\end{cases}$$

$$m=m+|\alpha_j|$$

④ 若 $j<N$，则返至③；若 $j=N$，则检查是否有模式判错。若 $m=0$，则结束，$d(x)=K_j(x)$；若 $m\neq 0$，则令 $j=0,m=0$，返回③。

用于多类问题的技术要点是：

① 初始化。令初始积累位势函数 $K_0^i=0,i=1,2,\cdots,M$，表示类别。

② 当 $\boldsymbol{x}_{j+1}\in\omega_i$ 时，迭代规则是

若 $K_j^{(i)}(\boldsymbol{x}_{j+1})>K_j^{(l)}(\boldsymbol{x}_{j+1})\quad(\forall l\neq i)$，　　则 $K_j^{(i)}(\boldsymbol{x})=K_j^{(i)}(\boldsymbol{x})\quad(\forall i)$

若 $K_j^{(i)}(\boldsymbol{x}_{j+1})<K_j^{(l)}(\boldsymbol{x}_{j+1})\quad(m\neq i)$，　　则

$$K_{j+1}^{(i)}(\boldsymbol{x})=K_j^{(i)}(\boldsymbol{x})+\alpha_j K(\boldsymbol{x},\boldsymbol{x}_{j+1}),K_{j+1}^{(m)}(\boldsymbol{x})=K_j^{(m)}(\boldsymbol{x})-\alpha_j K(\boldsymbol{x},\boldsymbol{x}_{j+1}),K_{j+1}^{(l)}(\boldsymbol{x})=K_j^{(l)}(\boldsymbol{x})\quad(\forall l\neq i,m)$$

③ 在全部训练模式均满足当 $\boldsymbol{x}\in\omega_i$ 时，有 $K_{j+1}^{(i)}(\boldsymbol{x})>K_{j+1}^{(l)}(\boldsymbol{x})$，$(\forall l\neq i)$，算法结束。

2.3.4 SIMCA 方法

SIMCA(Soft Independent Modelling of Class Analogy)属于类模型方法，即对每类构造一主成分回归模型的数学模型，并在此基础上进行样品的分类。

有如下的数据矩阵：

样本 / 变量	1	2	…	k	…	n
1	y_{11}	y_{12}	…	y_{1k}	…	y_{1n}
2	y_{21}	y_{22}	…	y_{2k}	…	y_{2n}
⋮	⋮	⋮	⋮	⋮	⋮	⋮
i	y_{m1}	y_{m2}	…	y_{mk}	…	y_{mn}
⋮	⋮	⋮	⋮	⋮	⋮	⋮

类 1　　　类 q　　　未分类样本

训练集　　　测试集

其中，n 为样本数；m 为变量，即维数；q 为类数。

对于某一类样本，主成分回归模型为

$$y_{ik}=a_i+\sum_{a=1}^{A}\beta_{ia}\theta_{ak}+\varepsilon_{ik}$$

其中，a 为变量 i 的均值；A 为主成分数；β_{ia} 是变量 i 在主成分 a 上的载荷；θ_{ak} 是试样 k 关于主成分 a 的得分；ε_{ik} 为偏差。

对于多类样本，则主成分回归模型为

$$y_{ik}^{(q)}=\alpha_i^{(q)}+\sum_{a=1}^{A}\beta_{ia}^{(q)}\theta_{ak}^{(q)}+\varepsilon_{ik}^{(q)}$$

其中，q 表示类。

SIMCA 方法的计算步骤如下：

① 数据标准化。

② 主成分数 A 的确定。确定 A 值的最有效的方法为交叉验证法。这种方法的操作过程如下：

Ⅰ. 将训练集的某类分成 T 组，在分组中要尽可能考虑到试样的代表性。

Ⅱ. 首先将第一组试样从训练集中除去，并设降维的数据矩阵 $\boldsymbol{Y}^-$，试样数为 n。

Ⅲ. 对于 $\boldsymbol{Y}^-$，应用主成分回归模式去拟合。拟合中依次令 $A=0,1,2,\cdots$，直到 $M-2$ 或 $n-2$（取决于二者中小者）。

Ⅳ. 运用在（Ⅲ）中建立的数学模型去拟合所除去的试样。此步中，$A=0,1,2,\cdots$，并且 α，β 固定不变。相应于每一个 A 值，计算试样的偏差 ε_{ik}，由此得到这些偏差平方的加和 Δ_A。

Ⅴ. 将所除去的那组试样重新放回数据阵 $\boldsymbol{Y}$。

Ⅵ. 由数据阵 $\boldsymbol{Y}$ 是除去下一组试样，从而得到一新的降维数据阵 $\boldsymbol{Y}^-$，回到步骤（Ⅲ）。若每一组均被除去一次，则到第（Ⅶ）步。

Ⅶ. 对于每一个 A 值，将 Δ_A 加和得到 D_A，由 $(D_{A-1}-D_A)/n$ 对 $D_A/[n(M-A-1)]$ 作 F 检验来判断 A 的重要性，从而确定 A 值。一旦每类 A 值确定之后，则可使多类主成分模型对于试样的判别能力达到极大。

③ 主成分模型中 β 和 θ 等参数的确定。这两个参数可以由矩阵 $\boldsymbol{Z}^{(q)\prime}\boldsymbol{Z}^{(q)}$ 对角化求得。$\boldsymbol{Z}^{(q)}$ 矩阵为第 q 类训练集中每一个变量减去平均值后所形成的数据阵，$\boldsymbol{Z}^{(q)\prime}$ 为其转置矩阵，$\varepsilon_{ik}^{(q)}$ 可由 $\boldsymbol{Z}$ 值减去公式中 β、θ 和乘积项得到，则方差可由下式求得：

$$S_0^{(q)}=\sum_{k=1}^{ng}\sum_{i=1}^{M}(\varepsilon_{ik}^{(q)})^2/[(n_q-A_q-1)(M-A_q)]$$

一旦每一类中上述参数求出之后，即可运用主成分回归模式去预测未知样本。

④ 未知样本预测。用主成分回归模式去拟合未知样本，拟合方法与一般多元回归相同。此时 $Z_i=y_{ip}-\alpha_i^{(q)}$ 为因变量，$\beta_{ia}^{(q)}(a=1,2,\cdots,A)$ 为自变量，即

$$Z_i=y_{ip}-\alpha_i^{(q)}=\sum_{a=1}^{A_g}\theta_{ia}^{(q)}+\varepsilon_{ip}^{(q)}$$

其中，$\theta_{ia}^{(q)}$ 为第 q 类样本 x_i 在第 a 个主成分上的得分值；$\beta_{ia}^{(q)}$ 为第 q 类中变量 i 在第 a 个主成分上的载荷值。

于是可以计算样本 x_i 到第 q 类主成分回归模型的距离，常用其残余偏差的方差来表示，即

$$S_p^{(q)}=\sum_{i=1}^{M}(\varepsilon_{ip})^2/(M-A_q)$$

判别样本 P 是否为 q 类,可用 F 显著性检验,其公式为

$$F=[n_q/(n_q-A_q-1)]S_p^{(q)2}/S_0^{(q)2}$$

将 F 值的计算值与临界值(自由度分别为$(M-A_q)$和$(n_q-A_q-1)(M-A_q)$)相比较,若 $F<F_{临界}$,则样本 P 归入 q 类;否则将拟合于其他类,此时 F 检验性公式为

$$F=S_p^{(q)2}/S_0^{(q)2}$$

⑤ 两类间相似度。用类 r 中的所有样本去拟合类 q 主成分模型,则可以得到类间的相似度测量。类 r 和类 q 间的方差为

$$S_0^{(r,q)^2}=\sum_{k=1}^{n_g}\sum_{k=1}^{M}(\varepsilon_{ik}^{(q)})^2/[n_r(M-A_g)]$$

将计算得到的方差与步骤③中计算得到的方差相比较,可以得到两类间相似度的测量。

⑥ 变量重要性的测量。变量在判别中的重要性可由残余方差与原始数据的方差相比较而得到。

若原始数据经过标准化处理,则所有变量 i 的方差相同,即

$$S_{y,i}^2=\sum_{q=1}^{Q}\sum_{k=1}^{n_g}(y_{ik}^{(q)}-\overline{\overline{y_i}})^2\Big/\Big[\sum_q(n_q)-1\Big]$$

$$\overline{\overline{y_i}}=\sum_{q=1}^{Q}\sum_{k=1}^{n_g}y_{ik}^{(q)}\Big/\sum_q n_q$$

$$S_{\varepsilon,i}^2=\sum_{q=1}^{Q}\sum_{k=1}^{n_g}(\varepsilon_{ik}^{(q)})^2\Big/\sum_q(n_q-A_q-1)$$

由此可得

$$U_i=1-\frac{S_{\varepsilon,i}^2}{S_{y,i}^2}$$

U_i 值越大,即残余方差与原始数据方差的比值越小,该变量在主成分模型中的作用就越大。

⑦ 样本相关性测量。与变量相同类,即将样本的残余方差计算式(④中)与某一类的整个方差计算式(③中)相比较(F 检验),其残余方差越小,该样本与此类的相关性越大。

2.4 聚类分析

聚类分析是数理统计中的一种方法,特别适合于样本归属不清楚的情况。它所基于的主要思想是:在多维空间中,同类样本应靠得近些,彼此间的距离小些;相反,不同类的样本应离得远些,彼此间的距离大些。聚类分析即为如何使相似的样本聚在一起,从而达到分类的目的。

聚类分析首先要解决两个问题:一是如何衡量两个样本的相似程度;二是相似到什么程度归为一类。

2.4.1 模式相似度

相似度用于衡量同类样本的类似性和不同类样本的差异性。常用的有:

1. 距 离

(1) 欧氏距离

对每个样品,把它的第 K 个因素(变量)的值看作 K 维空间中的一个点,则 n 个样品就是

K 维空间中 n 个点，那么第 i 个样品与第 j 个样品之间的距离为

$$D_{ij}=(\boldsymbol{X}_i-\boldsymbol{X}_j)^{\mathrm{T}}(\boldsymbol{X}_i-\boldsymbol{X}_j)=\sqrt{\sum_{k=1}^{n}(x_{ik}-x_{jk})^2}$$

显然有 $-1\leqslant D_{ij}\leqslant 1$，距离 D 越小表示两个样品越相似，反之则越疏远。

（2）明考斯基（*Minkoski*）距离

$$D_{ij}=\left[\sum_{k=1}^{n}|x_{ik}-x_{jk}|^{q}\right]^{\frac{1}{q}}$$

很明显，当 $q=2$ 时，此距离即为欧氏距离。

（3）马氏距离

$$D_{ij}^2=(\boldsymbol{X}_i-\boldsymbol{X}_j)^{\mathrm{T}}\boldsymbol{S}^{-1}(\boldsymbol{X}_i-\boldsymbol{X}_j)$$

$$S=\frac{1}{n-1}\sum_{i=1}^{n}(\boldsymbol{X}_i-\overline{\boldsymbol{X}})(\boldsymbol{X}_i-\overline{\boldsymbol{X}})^{\mathrm{T}}$$

$$\overline{\boldsymbol{X}}=\frac{1}{n}\sum_{i=1}^{n}\boldsymbol{X}_i$$

（4）切比雪夫距离

$$D_{ij}(\infty)=\max_{1\leqslant i\leqslant d}|\boldsymbol{X}_i-\boldsymbol{X}_j|$$

（5）斜交空间距离

由于变量往往存在程度不同的相关关系，以欧氏距离计算距离会使结果发生偏差，因而对样品 i,j 之间的距离可用更广泛的斜交空间距离作为分类尺度，即

$$D_{ij}=\sqrt{\frac{1}{K^2}\sum_{t=1}^{n}\sum_{p=1}^{n}(x_{ti}-x_{tj})(x_{pi}-x_{pj})R_{tp}}$$

其中，R_{tp} 为变量 t,p 间的相关系数；K 为变量数。

2. 相似性系数

（1）相关系数

$$R_{ij}=\frac{\sum_{k=1}^{n}(x_{ik}-\overline{x}_i)(x_{jk}-\overline{x}_j)}{\sqrt{\sum_{k=1}^{n}(x_{ik}-\overline{x}_i)^2\sum_{k=1}^{n}(x_{jk}-\overline{x}_j)^2}}$$

其中，$\overline{x}_i$ 和 $\overline{x}_j$ 分别表示第 i 个和第 j 个样本的均值。R_{ij} 越接近 1，则此两个变量越相似；R_{ij} 越接近 -1，则关系越疏远。

（2）相似系数

第 i 个样品与第 j 个样品之间的相似系数是用两个向量间的夹角余弦来定义的，即

$$\cos\alpha_{ij}=\frac{\sum_{k=1}^{n}x_{ik}x_{jk}}{\sqrt{\sum_{k=1}^{n}x_{ik}^2\sum_{k=1}^{n}x_{jk}^2}}$$

有 $-1\leqslant\cos\alpha_{ij}\leqslant 1$，且 $\cos\alpha_{ij}$ 的值越大，越接近于 1，则表示两个样品的关系越相似，当等于 1 时，表示两样完全相同。

2.4.2 聚类准则

在模式分类中,可以有多种不同的聚类方式,将未知类别的样本分类到对应的类中。在这个过程中,需要确定一种聚类准则来评价各种聚类方法的优劣。事实上,各种聚类方法的优劣只是就某种评价准则而言的,任何一种聚类方法要满足各种聚类准则是非常困难的。

聚类准则的确定主要有两种方式。

1. 试探方式

凭直觉和经验,针对实际问题给定一种模式相似性测度的阈值,按最近邻规则指定待分类样本属于某一类。例如在以“距离”为相似性测度时,规定一个阈值,如果待测样本与某一类的距离小于阈值,则归入该类。

2. 聚类准则函数法

定义一种聚类准则函数,其函数值与样本的划分有关,当此值达到极值时,就认为样本得到了最佳的划分。常用的聚类函数有误差平方和准则及类间距离和准则。

(1) 误差平方和准则

误差平方和也称为类内距离和准则,是一种简单而又应用广泛的聚类准则,其表达式为

$$J=\sum_{i=1}^{m}\sum_{\boldsymbol{X}^j\in\omega_i}\|\boldsymbol{X}-\boldsymbol{\mu}_i\|^2$$

其中,$\boldsymbol{\mu}_i$ 为类 ω_i 的均值;J 为样本与聚类中心的函数,表示各样本到其被划分类别的中心的距离之平方和。最佳的划分就是使 J 最小的那种划分。

该准则适用于同类样本比较密集,各类样本数目相差不大,而且类间距离较大时的情况。当各类样本数相差很大且类间距离较小时,采用该准则就有可能将样本数多的类拆成两类或多类,从而出现错误聚类。

(2) 类间距离和准则或离散度准则

类间距离和定义为

$$J=\sum_{i=1}^{m}(\boldsymbol{\mu}_i-\boldsymbol{\mu})^{\mathrm{T}}(\boldsymbol{\mu}_i-\boldsymbol{\mu})$$

其中,$\boldsymbol{\mu}_i$、$\boldsymbol{\mu}$ 分别为类 ω_i 和全部样本的均值。

加权的类间距离和定义为

$$J=\sum_{i=1}^{m}\frac{N_i}{N}(\boldsymbol{\mu}_i-\boldsymbol{\mu})^{\mathrm{T}}(\boldsymbol{\mu}_i-\boldsymbol{\mu})$$

对应一种划分,可求得一个类间距离和。类间距离和准则是找到使类间距离和最大的那种划分。

事实上,类间距离和及类内距离和的统称为离散度矩阵。

类内离散度矩阵 S_i 和总类内离散度矩阵 S_{w} 分别为

$$\boldsymbol{S}_i=\sum_{x\in\omega i}(\boldsymbol{x}-\boldsymbol{\mu}_i)(\boldsymbol{x}-\boldsymbol{\mu}_i)^{\mathrm{T}}$$

$$\boldsymbol{S}_{\mathrm{w}}=\sum_{i=1}^{c}\boldsymbol{S}_i$$

类间离散度矩阵为

$$\boldsymbol{S}_{\mathrm{b}}=\sum_{i=1}^{c}n_i(\boldsymbol{\mu}_i-\boldsymbol{\mu})(\boldsymbol{\mu}_i-\boldsymbol{\mu})^{\mathrm{T}}$$

总离散度矩阵为

$$\boldsymbol{S}_{\mathrm{T}}=\sum_{x\in \boldsymbol{X}}(\boldsymbol{x}-\boldsymbol{\mu})(\boldsymbol{x}-\boldsymbol{\mu})^{\mathrm{T}}=\boldsymbol{S}_{\mathrm{w}}+\boldsymbol{S}_{\mathrm{b}}$$

如果采用最小化类内离散度矩阵的迹(方阵的主对角线元素之和)作为准则函数,则可以同时最小化类内离散度迹和最大化类间离散度迹。

2.4.3 层次聚类法

层次聚类法(或系统聚类法)的基本思想是首先定义样本之间和类与类之间的距离,在各自成类的样本中,将距离最近的两类合并,重新计算新类与其他类间的距离,并按最小距离归类。重复此过程,每次减少一类,直到所有的样本成为一类为止。其聚类过程用图表示,称为聚类图。层次聚类法具有如下的性质:在某一级划分时归入同一类的样本,在此后的划分中,永远属于同一类。

定义类与类间距离有多种方法,不同的定义就产生了不同的层次聚类分析方法,常用的方法有:最短距离法、最长距离法、中间距离法、重心法、类平均法、可变类平均法、可变法及方差平方和法等。这些方法总的递推公式为

$$D_{ir}^2=\alpha_p D_{ip}^2+\alpha_q D_{ip}^2+\beta D_{pq}^2+\gamma\left|D_{ip}^2-D_{iq}^2\right|$$

式中,D_{ij} 为类 ω_i 和 ω_j 之间的距离,各类方法 α_p,α_q,β 和 γ 四个参数见表 2.1。

表 2.1　系统聚类法参数表

方　法	α_p	α_q	β	γ
最短距离法	1/2	1/2	0	−1/2
最长距离法	1/2	1/2	0	1/2
中间距离法	1/2	1/2	$-1/4\leqslant\beta\leqslant 0$	0
重心法	n_p/n_{pq}	n_g/n_{pq}	$-\alpha_p\alpha_q$	0
类平均法	n_p/n_{pq}	n_g/n_{pq}	0	0
可变法	$(1-\beta)/2$	$(1-\beta)/2$	<1	0
可变类平均法	$(1-\beta)n_p/n_{pq}$	$(1-\beta)n_q/n_{pq}$	<1	0
方差平方和法	$(n_i+n_p)/(n_i+n_{pq})$	$(n_i+n_q)/(n_i+n_{pq})$	$-n_i/(n_i+n_{pq})$	0

2.4.4 动态聚类法

动态聚类法选择若干样本作为聚类中心,再按照某种聚类规则,如最短距离准则,将其余样本归入最近的中心,得到最初的分类。然后判断初始分类是否合理,若不合理,则按照特定规则重新修改不合理的分类,如此反复迭代,直到分类合理。

(1) c - 均值算法(或 K - 均值法)

c - 均值算法的指导思想是,假设样本集中的全体样本可分为 c 类,并选定 c 个初始聚类中心,然后按照最小距离原则将每个样本分配到某一类中,之后不断地迭代计算各类的聚类中心并依新的聚类中心调整聚类情况,直到迭代收敛。

设样本集为$\{\boldsymbol{X}^1,\boldsymbol{X}^2,\cdots,\boldsymbol{X}^N\}$,类别数为 $\omega_1,\omega_2,\cdots,\omega_c$,各类中心分别为 $\boldsymbol{m}_1,\boldsymbol{m}_2,\cdots,\boldsymbol{m}_c$,则该方法采用的准则函数为

$$J=\sum_{i=1}^{c}\sum_{X^j\in\omega_i}\|X^j-m_i\|^2$$

如果类别数 c 不能通过先验知识确定，则可采用作图法近似求出。对 c 从小到大应用 c－均值算法进行聚类，在不同的 c 下取得不同的 J 值，然后作 $J-c$ 曲线。若曲线上存在一个拐点，则拐点对应的类别数即为欲求的最佳类别数；若拐点不明显，则该方法失效。

K－均值算法的分类结果与所选聚类中心的个数 K 和初始聚类中心选择有关，因此在实际应用中需试探不同的 K 值和选择不同的初始聚类中心。初始聚类中心的选取方法一般有如下几种：

① 用样本集的前 K 个样本作为初始聚类中心。

② 将全部样本随机分成 K 类，计算每类重心，把这些重心作为每类的初始聚类中心。

③ 凭经验选初始聚类中心。根据问题的性质、数据分布，选择从直观上看来较合理的 K 个初始聚类中心。

④ 按密度大小选代表点。以每个样本作为球心，以 d 为半径作球形，落在球内的样本数称为该点的密度，并按密度大小排序。首先选密度最大的样本点作为第一个代表点，即第一个初始聚类中心。再考虑第二大密度点，若第二大密度点距第一个代表点的距离大于 d_1(预先规定的一个正数)，则把第二大密度点作为第二个密度点，否则不能作为代表点。这样按密度大小依次考察下去，选择 K 个样本作为初始聚类中心。

⑤ 将相距最远的 K 个样本作为初始聚类中心。

(2) ISODATA 算法

ISODATA 算法(Iterative Self-Organizing Data Analysis Techniques Algorithm)的基本思想见图 2.3。

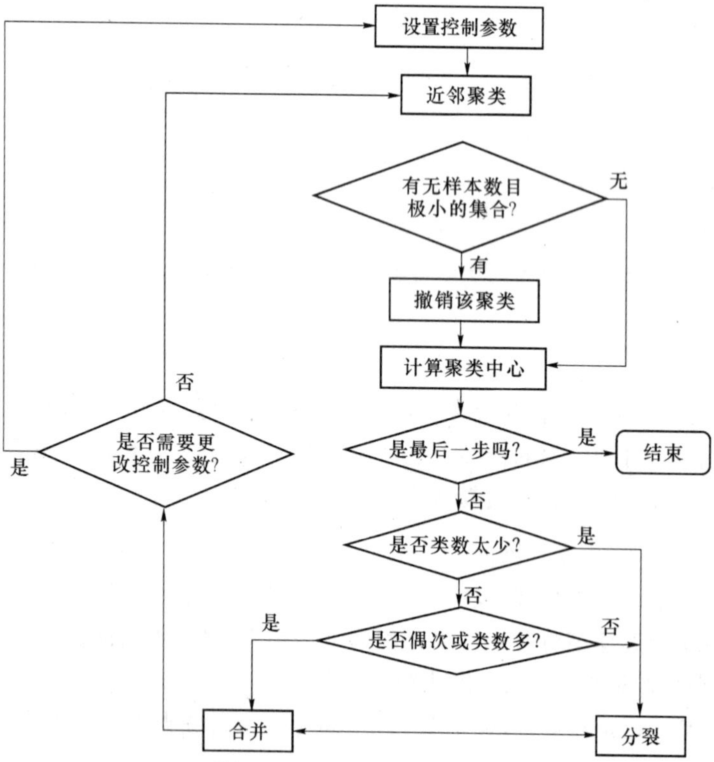

图 2.3　ISODATA 算法框架

具体算法的步骤如下：

① 规定下列控制参数：

K——期望得到的聚类数；

θ_N——一个聚类中的最小样本数，若少于此数，则不能单独成为一类；

θ_S——标准偏差，若大于此数，则对应的聚类就要分裂；

θ_c——两聚类中心的最小距离，若小于此数，则相应的两个聚类进行合并；

L——每次迭代允许合并的最大聚类对数；

I——允许迭代的次数。

设初始的聚类数为 c 和初始的聚类中心为 $\boldsymbol{m}_i(i=1,2,\cdots,c)$。

② 按照下述关系：

若 $\|\boldsymbol{X}-\boldsymbol{m}_i\|<\|\boldsymbol{X}-\boldsymbol{m}_j\|(j=1,2,\cdots,c;i\neq j)$，则 $\boldsymbol{X}\in\omega_i$。将所有样本分到对应的各个类中。

③ 若有任何一个聚类中心，其基数 $N_i<\theta_N$，则舍去 ω_i，并令 $c=c-1$。

④ 按照关系

$$\boldsymbol{m}_i=\frac{1}{N_i}\sum_{\boldsymbol{X}\in\omega_i}\boldsymbol{X},\qquad i=1,2,\cdots,c$$

计算更新的均值向量。

⑤ 计算 ω_i 中的所有样本距其相应的聚类中心 $\boldsymbol{m}_i$ 的平均距离 $\overline{D_i}$ 为

$$\overline{D_i}=\frac{1}{N_i}\sum_{\boldsymbol{X}\in\omega_i}\|\boldsymbol{X}-\boldsymbol{m}_i\|,\qquad i=1,2,\cdots,c$$

⑥ 计算所有样本距其相应的聚类中心的平均距离 $\overline{D}$ 为

$$\overline{D}=\frac{1}{N}\sum_{i=1}^{c}N_i\overline{D_i}$$

⑦ 判断分裂、合并及迭代运算等步骤如下：

(a) 若这是最后一次迭代(由参数 I 确定)，则置 $\theta_c=0$，转第⑪步；

(b) 若 $c\leqslant K/2$，转第⑧步；

(c) 若是偶数迭代，或若 $c\geqslant 2K$，则转第⑪步，否则往下进行。

⑧ 对每一聚类 ω_i，求标准偏差 σ_{ij} 公式为

$$\sigma_i=(\sigma_{1i},\sigma_{2i},\cdots,\sigma_{ni}),\quad 其中\ \sigma_{ij}=\sqrt{\frac{1}{N_i}\sum_{X^k\in\omega_i}(X_j^k-m_{ij})^2},\quad i=1,2,\cdots,d_{ij}=1,2,\cdots,c$$

式中，X_j^k 是第 k 个样本的第 j 个分量；m_{ij} 是第 i 个聚类中心的第 j 个分量；σ_{ij} 是第 i 个聚类的标准偏差的第 j 个分量；n 是样本 $\boldsymbol{X}$ 的维数。

⑨ 对每一个聚类，求出具有最大标准偏差的分量 $\sigma_{i\max}(i=1,2,\cdots,c)$。

⑩ 若对任一个 $\sigma_{i\max}(i=1,2,\cdots,c)$，存在 $\sigma_{i\max}>\theta_S$，并且有

$$\overline{D_i}>\overline{D}\quad 且\quad N_i>2(\theta_N+1)\quad 或\quad c\leqslant K/2$$

则把 ω_i 分裂成两个聚类，其中心相应为 $\boldsymbol{m}_i^+$ 和 $\boldsymbol{m}_i^-$，把原来的 $\boldsymbol{m}_i$ 取消，且令 $c=c+1$。$\boldsymbol{m}_i^+$ 和 $\boldsymbol{m}_i^-$ 的计算如下：

给定一个 $\alpha(0<\alpha\leqslant 1)$ 值，令 $\gamma_i=\alpha\sigma_{i\max}$，则

$$\boldsymbol{m}_i^+=\boldsymbol{m}_i+\gamma_i,\quad \boldsymbol{m}_i^+=\boldsymbol{m}_i-\gamma_i$$

式中，α 的值应选得使 ω_i 中的样本到 $\boldsymbol{m}_i^+$ 和 $\boldsymbol{m}_i^-$ 的距离不同，但又应使 ω_i 中的样本仍然在这两个新的集中。

⑪ 对于所有的聚类中心,计算两两之间的距离公式为

$$D_{ij}=\|\boldsymbol{m}_i-\boldsymbol{m}_j\|,\quad i=1,2,\cdots,c-1;\quad j=i+1,i+2,\cdots,c$$

⑫ 比较 D_{ij} 和 θ_c,将 $D_{ij}<\theta_c$ 的值按上升次序排列为

$$D_{i_1j_1}<D_{i_2j_2}<\cdots<D_{i_lj_l},\quad l\leqslant L$$

⑬ 从最小的 $D_{i_1j_1}$ 开始,将距离为 $D_{i_lj_l}$ 的两类聚类中心 $\boldsymbol{m}_{i_l}$ 和 $\boldsymbol{m}_{j_l}$ 合并,得新的聚类中心为

$$\boldsymbol{m}_l=\frac{1}{N_{i_l}+N_{j_l}}(N_{i_l}\boldsymbol{m}_{i_l}+N_{j_l}\boldsymbol{m}_{j_l})$$

并令 $c=c-1$。

⑭ 若这是最后一次迭代,则算法终止;否则,若根据经验需要改变参数,则转第①步;若不需要改变参数,则转第②步,并将迭代计数器加 1。

2.4.5 决策树分类器

决策树又称判定树,是用于分类和预测的一种树结构。决策树学习是以实例为基础的归纳学习算法。它着眼于从一组无次序、无规则的实例中推理出决策树表示形式的分类规则。它采用自顶向下的递归方式,在决策树的内部结点进行属性值的比较并根据不同属性判断从该结点向下的分支,在决策树的叶结点得到结论。所以从根结点就对应着一条合取规则,整棵树就对应一组析取表达式规则。

图 2.4 就表示一个决策树例子,从中可看出一位用户是否买汽车。决策树中样品向量为年龄、月薪、健康情况、买车意向;待测样品向量为年龄、月薪、健康情况,输入新的待测样品向量,就可以预测该样品隶属于哪个类。

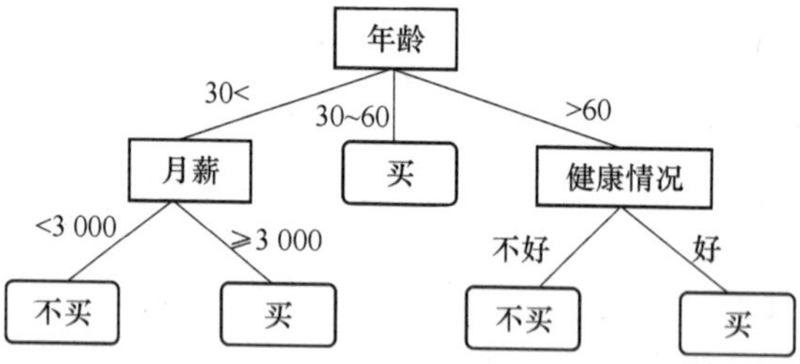

图 2.4 买车问题的决策树

决策树的分类算法起源于概念学习系统,然后发展到 ID3 方法而成为高潮,最后又演变为能处理连续性能属性的 C4.5 等方法。

使用决策树进行分类分为两步:

① 利用训练集建立并精化一棵决策树,建立决策树模型。这个过程实际上是一个从数据中获取知识,进行机器学习的过程,这个过程通常又可以分为两个阶段:一是建树,这是一个递归过程,最终得到一棵树;二是剪枝,通过该过程降低由于训练集存在噪声而产生的起伏。

② 利用生成后的决策树对输入数据进行分类。对输入的待测样品,从根结点依次测试记录待测样品的属性,直到到达某个叶结点,从而找到该待测样品所在的类。

决策树分类具有分类速度快、计算量相对小、容易转化成分类规则、分类准确度高等优点。当然,此方法也存在缺乏伸缩性,处理大训练集时算法的额外开销大,降低了分类的准确性。

在 MATLAB 中,有专门的决策树分类器函数。

2.5　统计模式识别在科学研究中的应用

例 2.1　假设细胞识别中正常(ω_1)和异常(ω_2)两类的先验概率分别为 0.9 和 0.1。现有一待识别的细胞，其观测值为 $\boldsymbol{X}$，从类条件概率密度分布曲线上查得 $P(\boldsymbol{X}|\omega_1)=0.2$，$P(\boldsymbol{X}|\omega_2)=0.4$，并且有表 2.2 的决策表。试利用最小错误率贝叶斯决策和最小风险贝叶斯决策进行分类。

表 2.2　决策表

状态 / 损失 / 决策	ω_1	ω_2
α_1	0	6
α_2	1	0

解：

(1) 利用贝叶斯公式计算后验概率

$$P(\omega_1|\boldsymbol{X})=\frac{0.2\times0.9}{0.2\times0.9+0.4\times0.1}=0.818$$

$$P(\omega_2|\boldsymbol{X})=1-P(\omega_1|\boldsymbol{X})=0.182$$

根据最小错误率贝叶斯决策，判定该细胞为正常。

(2) 计算条件风险

$$R(\alpha_1 \mid \boldsymbol{X})=\sum_{j=1}^{2}\lambda_{1j}P(\omega_j \mid \boldsymbol{X})=\lambda_{12}P(\omega_2 \mid \boldsymbol{X})=1.092$$

$$R(\alpha_2 \mid \boldsymbol{X})=\lambda_{21}P(\omega_1 \mid \boldsymbol{X})=0.818$$

由最小风险贝叶斯决策判定该细胞为异常。

例 2.2　对下列数据 X =[0 0; 0 1;1 0; 0.5 4;1 3;1 5;1.5 4.5;6 4;6.5 5;7 4;7.5 7; 8 6; 8 7]，用 ISODATA 算法进行聚类。

解：

```
>> x=[ 0 0; 0 1;1 0; 0.5 4;1 3;1 5;1.5 4.5;6 4;6.5 5;7 4;7.5 7; 8 6;8 7];
>> K=2;iter_max=80;sita_c=1;sita_s=0.7;sita_N=1;          %各参数
>> [y,z]=ISODATA(x,2,sita_N,sita_s,sita_c,iter_max)         %算法函数
y = 2  2  2  2  2  2  2  1  1  1  1  1  1                    %各样本对应的类别
```

以下为 ISODATA 函数。

```
z =7.1667   5.5000                                          %聚类中心
   0.7143   2.5000
>> K=4;
>> y=ISODATA(x,4,sita_N,sita_s,sita_c,iter_max)
y = 4  4  4  3  3  3  3  2  2  2  1  1  1                    %各样本对应的类别

function [y,z]=ISODATA(x,K,sita_N,sita_s,sita_c,iter_max)
%ISODATA算法,x为原始矩阵,K为聚类中心数
%sita_N为每一类中至少要具有的样本数,sita_s为类内的样本标准差阈值
%L在一次迭代中可合并的最多对数,默认为2
%sita_c为类间最小距离,I为最大迭代数
[r,c1]=size(x);if r < sita_N; error('样本数太少');return;end
c=1;z=mean(x);
```

```
    for iterm = 1:iter_max
      for j = 1:r; [aa,d_x(j)] = min(samp_center(x(j,:),z)); end    % 求各样本的类别函数
      d_mean = 0;
      for i = 1:c
         a = x(find(d_x == i),:); class(i).x = a;class_n(i) = size(a,1);z(i,:) = mean(class(i).x);
                                                                      % 聚类中心
         for k = 1:class_n(i); d1(k) = samp_center(class(i).x(k,:),z(i,:));end
         d(i) = sum(d1(1:length(a)))/length(a);d_mean = d_mean + d(i) * length(a)/r;
                                                                      % 总体平均距离
       end
      if iterm == iter_max
           sita_c = 0;[z,c] = hebi(z,sita_c,c,class_n);break          % 合并函数(限于篇幅没有列出程序)
       elseif  c <= K/2                                               % 分裂
           z_temp = z;num = 0;
    for i = 1:c                                                       % 分裂函数(限于篇幅没有列出程序)
           [flag, z _ new ( i). z, c] = fengli ( class ( i). x, z _ temp ( i,:), c, K, sita _ s, d ( i),
d_mean,class_n(i),sita_N);
           if flag~ = 0;z(i,:) = zeros(1,c1); num = num + 1;z = [z;z_new(i).z];end
         end
         z = del_zeros(z);                                            % 除去矩阵中的零元素行的函数
         if num~ = 0;iterm = iterm + 1; else;[z,c] = hebi(z,sita_c,c,class_n);iterm = iterm + 1;end

       elseif c> = 2 * K||rem(iterm,2) == 0                           % 合并
           [z,c] = hebi(z,sita_c,c,class_n);iterm = iterm + 1;
       end
    end
    for i = 1:r;[aa,y(i)] = min(samp_center(x(i,:),z));end
```

例 2.3 对例 2.2 的结果用 K - 均值法进行分类,取 $K=2$。

解:

```
>> x = [ 0 0; 0 1;1 0; 0.5 4;1 3;1 5;1.5 4.5;6 4;6.5 5;7 4;7.5 7; 8 6;8 7];
>> [a,b] = kmeans(x,2);                          % MATLAB 中 K - 均值法函数,K 为聚类中心数
>> a = 2  2  2  2  2  2  2  1  1  1  1  1  1     % 各样本对应的类别
   b = 7.1667   5.5000                           % 聚类中心
   0.7143   2.5000
```

例 2.4 为了解某河段 As、Pb 污染状况,设在甲、乙两地监测,采样测得这两种元素在水中和底泥中的浓度(见表 2.3)。依据这些数据判别未知样本是从哪个区域采得的。

表 2.3 两组已知样品原始数据 mg/kg

地 点	样品号	水 体		底 泥	
		As	Pb	As	Pb
甲地	1	2.79	7.80	13.85	49.60
	2	4.67	12.31	22.31	47.80
	3	4.63	16.81	28.82	62.15
	4	3.54	7.58	15.29	43.20
	5	4.90	16.12	28.29	58.70

续表 2.3

地　点	样品号	水　体		底　泥	
		As	Pb	As	Pb
乙地	1	1.06	1.22	2.18	20.60
	2	0.80	4.06	3.85	27.10
	3	0.00	3.50	11.40	0.00
	4	2.42	2.14	3.66	15.00
	5	0.00	5.68	12.10	0.00
未知样本	1	2.40	14.30	7.90	33.20
	2	5.10	4.43	22.40	54.60

解：

```
>> load x; y = fisher(x(1:5,:),x(6:10,:),x(11:12,:))
y =  2    1 即未知样来自乙地和甲地
```

限于篇幅，只列出两类问题的 Fisher 分类函数，多类分类可以采用多个两类分类器完成。

```
function y = fisher(x1,x2,sample)                          % Fisher 函数
% x1,x2,sample 分别为两类训练集及待测数据集，其中行为样本数，列为特征数
r1 = size(x1,1);r2 = size(x2,1);a1 = mean(x1)';a2 = mean(x2)'; r3 = size(sample,1);
s1 = cov(x1) * (r1 - 1);s2 = cov(x2) * (r2 - 1);sw = s1 + s2;    % 协方差矩阵
w = inv(sw) * (a1 - a2) * (r1 + r2 - 2); y1 = mean(w' * a1);y2 = mean(w' * a2);y0 = (r1 * y1 + r2 * y2)/(r1 + r2);
for i = 1:r3
   y(i) = w' * sample(i,:)';if y(i)>y0; y(i) = 0;else;y(i) = 1;end
end
```

例 2.5　胃病病人和非胃病病人的生化指标测量值如表 2.4 所列。试用 SIMCA 法对某未知样进行判别。

表 2.4　胃病病人和非胃病病人生化指标的测量值

胃病类型	铜蓝蛋白(x_1)	蓝色反应(x_2)	吲哚乙酸(x_3)	中性硫化物(x_4)	归　类
胃　病	228	134	20	11	1
	245	134	10	40	1
	200	167	12	27	1
	170	150	7	8	1
	100	167	20	14	1

续表 2.4

胃病类型	铜蓝蛋白(x_1)	蓝色反应(x_2)	吲哚乙酸(x_3)	中性硫化物(x_4)	归　类
非胃病	150	117	7	6	2
	120	133	10	26	2
	160	100	5	10	2
	185	115	5	19	2
	170	125	6	4	2
	165	142	5	3	2
	185	108	2	12	2
未知样	225	125	7	14	
	200	147	10	2	
	165	120	5	4	

解:

根据SIMCA方法的原理,编程进行计算:

```
>> clear;load mydata;
>> xx = guiyi(xx);            % 样品进行归一化
>> x1 = xx(1:5,:);x2 = xx(6:12,:);x3 = xx(13:15,:);
>> y = simca(x1,x2,x3);     % SIMCA 函数
```

从计算结果中看出,未知样本中第1个样本和第2个样本属于第1类,第3个样本属于第2类。程序中sum1为自编求平方和的函数:

```
function y = sum1(x,ndim)
if nargin<2;ndim = 1;end
[r,c] = size(x);
if r == 1
    y = 0;
    for i = 1:c;y = y + x(i)^2;end
elseif ndim == 1      % 按列计算
      y = zeros(c,1);
      for j = 1:c
         for i = 1:r;y(j) = y(j) + x(i,j)^2;end
      end
elseif ndim == 2      % 按行计算
    y = zeros(r,1);
    for i = 1:r
        for j = 1:c;y(i) = y(i) + x(i,j)^2;end
    end
end
```

也可以利用MATLAB中的分类函数进行分类:

```
>> clear;load mydata;xx = guiyi(xx);
>> x3 = xx(13:15,:);                        % 测试样本
>> g = [1 1 1 1 1 2 2 2 2 2 2 2];
>> class = classify(x3,xx(1:12,:),g);       % 分类函数
   Class = 1   1   2                        % 分别属于第 1、2、2 类
```

例 2.6 对例 2.4 中的数据用 K - 近邻法进行分类。

解:

MATLAB 中有专门的 K - 近邻法分类函数,其调用方式为

```
class = knnclassify (sample,training,group);
class = knnclassify(sample,training,group,k);
class = knnclassify(sample,training,group,k,distance);
class = knnclassify(sample,training,group,k,distance,rule);
```

其中,sample、training、group 分别为测试样本、训练样本及训练样本对应的类别号;k 为近邻法,默认值为 1;distance 为距离,可以选 euclidean、cityblock、cosine、Correlation、Hamming;rule 为表决规则,可以选 nearest、random、consensus。

```
>> load x; y = knnclassify(x(11:12,:),x(1:10,:),[0 0 0 0 0 1 1 1 1 1],2,'cityblock','nearest');
y = 1   0
```

例 2.7 对例 2.4 的数据用决策树分类器进行分类。

解:

MATLAB 中有专门的决策树分类器函数。

```
>> load x;T = treefit(x(1:10,:),[0 0 0 0 0 1 1 1 1 1]');          % 训练
>> y = treeval(T,x(11:12,:))                                       % 预测
y = 1   0
```

例 2.8 利用例 2.4 中的训练集数据,用 AKNN 法对样品 $x=[1.40\quad 4.80\quad 7.30\quad 23.20]$ 进行判别。

解:

```
>> load x; y1 = aknn(x(1:5,:),x(6:10,:),sample)
y1  = 1   即来自乙地
```

以下为 AKNN 函数。

```
function y = aknn(x1,y1,sample)                                    % AKNN 法函数
d1 = squareform(pdist(x1));d2 = squareform(pdist(y1));a1 = sort(d1,2);a2 = sort(d2,2);
[r1,c1] = size(x1);r2 = size(y1,1);r3 = size(sample,1);m = c1;
for i = 2:r1 - 1; g_k1(i - 1) = 0;
  for j = 1:r1
    r = a1(j,i + 1); v1 = 2 * pi^(m/2) * r^m/(m * mfun('gamma',m/2)); p1(i,j) = (i - 1)/((r1 - 1) * v1);
    g_k1(i - 1) = g_k1(i - 1) + log(p1(i,j));
```

```
    end
      g_k2(i-1) = 0;
    for j = 1:r2-1
          r = a2(j,i+1);v1 = 2 * (2 * pi)^(m/2) * r^m/(m * mfun('gamma',m/2));
          p2(i,j) = (i-1)/((r2-1) * v1);k2(i-1) = g_k2(i-1) + log(p2(i,j));
    end
  end
  [g_max1,k1] = max(g_k1);k1 = k1 + 1; [g_max2,k2] = max(g_k2);k2 = k2 + 1;   % 对各类求K值
  for i = 1:r3
  a_sample = [sample(i,:);x1]; d1 = squareform(pdist(a_sample));a_sample1 = sort(d1,2);
  r_1 = a_sample1(1,k1 + 1);v1 = 2 * pi^(m/2) * r_1^m/(m * mfun('gamma',m/2));
  p1(i) = (k1-1)/((r1) * v1);b_sample = [sample(i,:);y1];d2 = squareform(pdist(b_sample));
  b_sample1 = sort(d2,2);r_2 = b_sample1(1,k2 + 1);
  v2 = 2 * pi^(m/2) * r_2^m/(m * mfun('gamma',m/2));p2(i) = (k2-1)/((r2) * v2);
  y(i) = p1(i)/(p1(i) + p2(i));
  if y(i)>0.5;y(i) = 0; else;y(i) = 1;end
  end
```

例 2.9 欲将某河流上游8个小分支水系分类，从这几条小河采集水样，每个样品测两个同量纲指标(x_1为无机物指标，x_2为有机物指标)，测量结果如表2.5所列。请对其进行系统聚类分析。

表 2.5 测试数据

指标 \ 河流	1	2	3	4	5	6	7	8
x_1	2	2	4	4	−4	−2	−3	−1
x_2	5	3	4	3	3	2	2	−3

解：

(1) 利用MATLAB中的相关函数进行分类

```
>> x1 = [2  2  4  4  -4  -2  -3  -1;5  3  4  3  3  2  2  -3];
>> y = pdist(x1'); z = linkage(y,'single');     % 创建系数聚类树,方法为最短距离法或其他方法
>> h = dendrogram(z);                           % 输出冰柱见图2.5
```

从图2.5中可明显看出样品的聚类情况。

(2) 利用自编的系统聚类函数进行分类

```
>> x1 = [2  2  4  4  -4  -2  -3  -1;5  3  4  3  3  2  2  -3];
>> y = syscluster(x,1,'single')
y = 1   2   3   3   4   5   5   6                  % 即每个样品对应的类别
```

限于篇幅，不列出所有的自编系统聚类程序，只列出其中的"最小距离法"部分的程序，其中 pattern_dis 为自编的求距离函数。

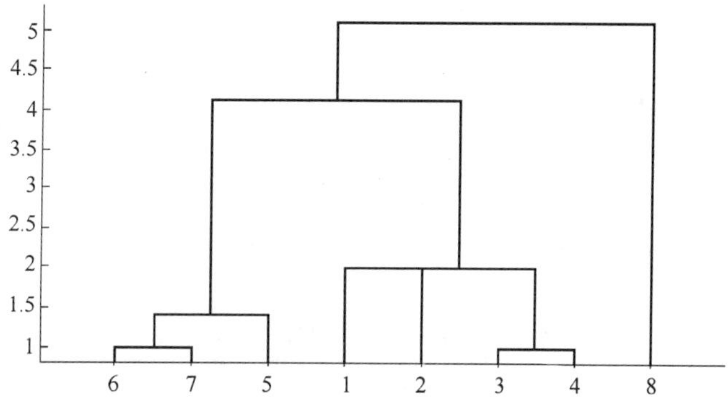

图 2.5 样品冰柱图

```
function y = syscluster(x,t,type,distype)                 %系统聚类函数
if nargin < 4;distype = 'euclidean';end;r = size(x,1);patternum = r;
for i = 1:r; patter(i).num = [i x(i,:)];end                %每个样品分为一类
switch type
case 'single'                                              %最小距离法
while true
mindis = inf;
for i = 1:patternum - 1;                                   %求最小距离
for j = i + 1:patternum
    d(i,j) = min(min(pattern_dis(patter(i).num(1:end,2:end),patter(j).num(1:end,2:end),distype)));
if d(i,j) < mindis;mindis = d(i,j);idex_i = i;idex_j = j;end
end
end
if mindis <= t                                             %如果小于阈值,则将小类合并于大类中
    if idex_i>idex_j
patter(idex_j).num = [patter(idex_j).num;patter(idex_i).num]; patter(idex_i).num = [];
patternum = patternum - 1;
    else
      patter(idex_i).num = [patter(idex_i).num;patter(idex_j).num];
      patter(idex_j).num = [];patternum = patternum - 1;
    end
    for i = 1:r                                            %重新编号
      if i>patternum;patter(i).num = [];break;
elseif isempty(patter(i).num);
   patter(i).num = patter(i + 1).num; patter(i + 1).num = [];
      end
    end
  else
      break
  end
end
%输出结果
for i = 1:patternum;r1 = size(patter(i).num,1);for k = 1:r1;y(patter(i).num(k,1)) = i; end;end
```

例 2.10 利用势函数法对两类样本数据 $x_1=[1\ 0;0\ -1]$,$x_2=[-1\ 0;0\ 1]$进行分类。

解：

```
>> x1 = [1 0;0 -1];x2 = [-1 0;0 1];
>> y = clus_potential(x1,x2,x2)                    % 势函数法分类函数
y = 2     2
```

限于篇幅，只列出两类问题的分类函数，对于多类问题，可利用多个两类分类器进行分类。

```
function y = f(x1,x2)          % 两类分类函数,返回分类函数系数
r1 = size(x1,1);r2 = size(x2,1);xx = [x1;x2];y = [x1(1,:) 1];k1 = 0;c = size(y,1);flag = 1;
while  k1 < (r1 + r2)
   if flag == 1; s = 2;else;s = 1;end
   for i = s:r1 + r2
      t = 0;
      for j = 1:c; m = k(y(j,1:end - 1),xx(i,:));t = t + y(j,end) * m;end     % 分类函数值
      if i <= r1 ;if t>0;k1 = k1 + 1;else; y = [y;xx(i,:) 1];k1 = 0;end      % 第一类样本
      else
       if t < 0;k1 = k1 + 1;else;y = [y;xx(i,:) - 1];k1 = 0;end             % 第二类样本
      end
      c = size(y,1);
   end
   flag = 2;
end
function y = k(x1,x2)                                                       % 势函数
y = exp( - sum((x1 - x2).^2));
```

例 2.11 利用感知器算法对例 2.5 中的数据进行模式识别。

解：

```
>> load mydata
>> s = [224 125 7 14;100 117 7 2;130 100 6 12];            % 测试样本
>> y = clus_perceptron(x(1:5,:),x(6:end,:),s)              % 分别属于第 1、2、2 类
y = 1  2  2
```

以下为感知器算法函数。

```
function y = clus_perceptron(varargin)                             % 感知器聚类函数
r1 = length(varargin) - 1; test = [varargin{end} ones(size(varargin{end},1),1)];c = size(varargin{1},
2); for i = 1:r1; r(i) = size(varargin{i},1); varargin{i} = [varargin{i} ones(r(i),1)];end
                                                                   % 增广矩阵
w = zeros(c + 1,r1);k1 = 0;num = 0;
while  k1 < sum(r)&&nu = 1000
num = num + 1;
  for i = 1:r1                                                     % r1 为类别数
    for j = 1:r(i)                                                 % r(i)为每个类别的样本数
      d = w' * varargin{i}(j,:)'; [a,b] = max(d);
      if length(find(a == d))>1                                    % 分类错误
       for k = 1:r1
       if k == i;w(:,k) = w(:,k) + varargin{i}(j,:)';else; w(:,k) = w(:,k) - varargin{i}(j,:)';end;end
       k1 = 0;
      elseif b~ = i                                                % 分类错误
       for k = 1:r1
```

```
        if k == i;w(:,k) = w(:,k) + varargin{i}(j,:)'; else; w(:,k) = w(:,k) - varargin{i}(j,:)';end;end
          k1 = 0;
       else
          k1 = k1 + 1;                                              % 分类正确
       end
     end
   end
end
for i = 1:size(test,1);d = w'* test(i,:)';[a,y(i)] = max(d);end     % 未知样的类别
```

例 2.12　为了解某材料的性能，利用 3 种合成方法各制备了 5 个样品，每个样品均作了强度等 4 个变量的分析，原始数据见表 2.6。试用相似度分类法确定 3 个待判样品所属组别。

表 2.6　原始数据

类　别	序　号	x_1	x_2	x_3	x_4
第一组	1	11.853	0.480	14.360	25.210
	2	45.596	0.526	13.850	24.040
	3	3.525	0.086	24.400	49.300
	4	3.681	0.327	13.570	25.120
	5	48.287	0.386	14.500	25.900
第二组	1	4.741	0.140	6.900	15.700
	2	4.223	0.340	3.800	7.100
	3	6.442	0.190	4.700	9.100
	4	16.234	0.390	3.400	5.400
	5	10.585	0.420	2.400	4.700
第三组	1	48.621	0.182	2.057	3.847
	2	28.149	0.148	1.763	2.968
	3	31.604	0.317	1.453	2.432
	4	30.310	0.173	1.627	2.729
	5	82.170	0.105	1.217	2.188
待判样品	1	3.777	0.870	15.400	28.200
	2	62.856	0.340	5.200	9.000
	3	3.299	0.180	3.000	5.200

解：相似度聚类法是利用模式相似度参数进行聚类的一种方法。

```
>> load mydata;
>> y = analogical(mydata(1:5,:), mydata(6:10,:), mydata(11:15,:), mydata(16:18,:),'dis')
y =1   3   2
```

限于篇幅，只列出相似度聚类的一部分：

```
function y = analogical(varargin)                                    % 相似度聚类函数
r = length(varargin) - 2;test = varargin{end - 1};r1 = size(test,1);type = varargin{end};
switch type
    case 'dis'                                                       % 最小距离模板匹配法
      for i = 1:r1
          for j = 1:r
            d(i,j) = min(pattern_dis(test(i,:),varargin{j},'euclidean'));   % 求距离函数
          end
            [a,y] = min(d,[],2);
      end
end
y = y';
```

例 2.13　利用最小均方误差算法(LMSE 或 H - K 算法)求解例 2.12 的数据。

解:

```
>> load mydata;
>> y = H_k (mydata(1:5,:), mydata(6:10,:), mydata(11:15,:), mydata(16:18,:),'cr')
y =1  3  2
```

分类结果与例 2.11 求出的结果相同。

```
function results = H_k(varargin)                         % LMSE 分类函数
r1 = length(varargin) - 2;test = [varargin{end - 1} ones(size(varargin{end - 1},1),1)];
type = varargin{end};
for i = 1:r1;[r2(i),c] = size(varargin{i}); varargin{i} = [varargin{i} ones(r2(i),1)];end
w = zeros(c + 1,r1);num1 = 0;flag = 1;num2 = 0;
while flag
flag = 0;num2 = num2 + 1;
for i = 1:r1                                             % 类别
  for j = 1:r2(i)                                        % 各类的样本数
   num1 = num1 + 1;r = zeros(1,r1);r(i) = 1;for k = 1:r1;d(k) = w(:,k)' * varargin{i}(j,:)';end
     for k = 1:r1; if k~ = i; if d(k) <= d(k); flag = 1; end; end; end
      switch type
        case 'lm'                                        % LMSE 算法
         for k = 1:r1; w(:,k) = w(:,k) + varargin{i}(j,:)' * (r(k) - d(k))/num1;end
        case 'cr'                                        % 增量校正算法
         for k = 1:r1
         if r(k)>d(k); w(:,k) = w(:,k) + varargin{i}(j,:)'/num1;
else;w(:,k) = w(:,k) - varargin{i}(j,:)'/num1;end;end;end
     end
   end
   if num2>800;flag = 0;end
end
for k = 1:size(test,1);y = w' * test(k,:)';[a,results(k)] = max(y);end
```

例 2.14　测定了冠心病人和正常人血中微量元素的含量(见表 2.7),试用 Bayes 法进行分类。

表 2.7　冠心病人及正常人血中 4 种微量元素的测定结果　μg/ml

样本号	测定结果				原归类
	x_1	x_2	x_3	x_4	
1	0.039	0.980	46.2	6.32	1
2	0.051	0.580	32.9	4.85	1
3	0.009	0.800	50.9	6.48	1
4	0.042	0.920	55.5	6.27	1
5	0.026	1.56	43.2	5.45	1
6	0.034	0.74	59.2	7.13	1
7	0.016	0.75	41.6	4.56	1
8	0.019	0.82	33.2	7.06	1
9	0.037	0.94	36.8	6.21	1
10	0.051	0.87	33.7	6.17	1
11	0.071	1.13	31.4	7.19	1
12	0.055	0.870	35.9	5.53	1
13	0.099	1.100	33.6	7.18	1
14	0.031	0.53	31.9	4.07	2
15	0.030	0.750	53.1	6.48	2
16	0.050	0.790	36.4	4.53	2
17	0.040	0.720	50.0	4.07	2
18	0.043	0.81	65.4	6.18	2
19	0.047	0.640	53.6	4.23	2
20	0.076	0.60	63.5	6.0	2
21	0.072	0.610	44.6	4.49	2
22	0.103	0.75	68.4	7.11	2
23	0.062	0.65	62.1	7.34	2
24	0.087	0.88	70.8	7.78	2
25	0.091	0.73	70.1	6.94	2
26	0.040	0.570	36.7	3.74	2

解：

```
>> load mydata;
>> y = bayes(mydata(1:13,:),mydata(14:26,:),mydata(1:13,:),1);
y =1     2     1     1     1     2     2     1     1     1     1     1     1
```

结果表明,第 2、6、7 号样品分类与原归类不一致。

```
function result = bayes(varargin)                           % bayes 分类函数
type = varargin{end};                                       % 1 为基于最小错误率,2 为基于最小风险率
r1 = length(varargin) - 2; loss = ones(r1) - diag(diag(ones(r1))); test = varargin{end - 1};x = [];
for i = 1:r1;x = [x;varargin{i}]; r(i) = size(varargin{i},1);end
s = input('降维吗?,y/n','s');
  if strcmp(s,'y')
    [y1,y2] = mypcacov(x,test);
else
    y1 = x;y2 = test;
end
for k = 1:size(test,1)
  temp = 0;
  for i = 1:r1;y = y1(temp + 1:temp + r(i),:);temp = temp + r(i);y_cov = cov(y);y_inv = inv(y_cov);
   y_det = det(y_cov);
    if r(i) == 1;y_mean = y;else;y_mean = mean(y);end
    p = r(i)/sum(r);h(i) = - (y2(k,:) - y_mean)' * y_inv * (y2(k,:) - y_mean)/2 + log(p) - log(abs
(y_det))/2;
  end
  switch type
    case 1
      [a,result(k)] = max(h);                               % 基于最小错误率的分类
    case 2
      for j = 1:r1; risk(j) = loss(j,:) * h';end;[a,result(k)] = min(risk);
                                                            % 基于最小风险率的分类
  end
end
```

例 2.15 在许多问题中样品是依次排列的(如以时间、地理位置或优劣为序),在它们分类时,不能打乱样品的次序,称为有序样品的聚类,其中最常用的方法称最优分割法。例如对动植物按生长的年龄段进行分类,年龄的顺序是不能改变的,否则就没有实际意义。

为了了解儿童的生长发育规律,随机抽样统计了男孩从出生到 11 岁每年平均增长体重的重量数据,如表 2.8 所列,试问男孩发育可分为几个阶段?

表 2.8 1~11 岁男孩每年平均增长的体重

年龄/岁	1	2	3	4	5	6	7	8	9	10	11
增重/kg	9.3	1.8	1.9	1.7	1.5	1.3	1.4	2.0	1.9	2.3	2.1

解:

设 $x_1,x_2,\cdots,x_n$ 为有序样品,希望在不改变下标的条件下将它们分成类,即

$$G_1=\{x_1,\cdots,x_{i_1}\},\quad G_2=\{x_{i_1+1},\cdots,x_{i_2}\},\cdots,G_k=\{x_{i_{k-1}+1},\cdots,x_n\}$$

其中,$0<i_1<i_2<i_{k-1}<n$,并称 $G_1,G_2,\cdots,G_k$ 为其中 G 的一个 k 分割。对于这样的分割,共有 C_{n-1}^{k-1}个。

对于给定的 $0<i_1<\cdots<i_{k-1}<n$,则 $i_1,\cdots,i_{k-1}$代表一种 k 分割,即令

$$S_n(k;i_1,\cdots,i_{k-1})=D_{0,i_1}+D_{i_1,i_2}+\cdots+D_{i_{k-1},n}$$

为对应 k 分割的总变差,其中 $D_{i,j}$ 为类 $G_{i,j}=\{x_{i+1},\cdots,x_j\}(i<j)$的距离。

显然，S_n 越小，各类间的距离也越小，分类也越合理。因此，只要能使

$$S_n(k;i_1,\cdots,i_{k-1})=\min_{0<j_1<\cdots<j_{k-1}<n} S_n(k;j_1,\cdots,j_{k-1})$$

便可以得到最优的分割。

最优分割可以采用穷举法，即将 C_{n-1}^{k-1} 种分割方法穷举出来，然后找到最小总变差的分割，也可以采用动态规划的方法进行求解，即 Fisher 最优求解法，下面是求解过程。

① 对于给定的有序样本集，可计算如下的距离表：

$$\begin{matrix} D_{0,1} & D_{0,2} & D_{0,3} & \cdots & D_{0,n} \\ & D_{1,2} & D_{1,3} & \cdots & D_{1,n} \\ & & D_{2,3} & \cdots & D_{2,n} \\ & & & \ddots & \vdots \\ & & & & D_{n-1,n} \end{matrix}$$

② 求最优二分割的方法。首先将有序样本作 $n-1$ 种的二分割法，即

$\{\{\{x_1,\cdots,x_{n-1}\},\{x_n\}\};\{\{x_1,\cdots,x_{n-2}\},\{x_{n-1},x_n\}\},\cdots,\{\{x_1,x_2\},\{x_3,x_n\}\},\{\{x_1\},\{x_2,\cdots,x_n\}\}\}$

每种分法各对应一个总变差，即

$$S(2,2)=D_{0,1}+D_{1,2}$$
$$S(3,2)=\min(D_{0,1}+D_{1,3},D_{0,2}+D_{2,3})$$
$$\vdots$$
$$S(n,2)=\min_{2\leqslant j\leqslant n}\{D_{0,j}+D_{j,n}\}$$

同时，记录最优划分的位置 $p(i,2)$，$2\leqslant i\leqslant n$。

③ 求最优三分割的方法。用类似的方法求出最优 3 分割、4 分割…一直到 k 分割。

④ 分类个数(k)的确定。如果能从实际问题中事先确定 k 当然最好；如果不能，则可以从 $S(n,k)$ 随 k 的变化趋势图中找到拐点处，作为确定 k 的依据。当曲线拐点很平缓时，可选择的 k 较多，这时需要用其他的方法来确定，如均方比法和特征根法。

编制相应的程序，求出 $S(n,k)$ 及对应的分类位置。

```
function y = order(x)                    % 分类函数
r = length(x);
for i = 1:r - 1;for j = i + 1:r;xx = [];xx = [xx x(i:j)];y(j,i) = f(xx);end;end
y(end,r) = 0;s = zeros(r - 2,r - 2);
for k = 2:r - 1
    for l = k + 1:r
        for j = k:l;if k == 2;d1(j) = y(j - 1,1) + y(l,j);else;d1(j) = s(j - 1,k - 1) + y(l,j);end;end
         d1(1:k - 1) = [];[s(l,k) g(l,k)] = min(d1);g(l,k) = g(l,k) + k - 1;
    end
end
s(1:2,:) = [];s(:,1) = [];g(1:2,:) = [];g(:,1) = [];
for i = p - 1: - 1:1
  if i == p - 1;g_order = g(end,i);for k = g_order:r;result(k) = i + 1;end
  else
     [a,b] = min(s(i + 1:end,i));g_order1 = g(b + 2,i);for k = g_order1:g_order - 1;result(k) = i + 1;end
     g_order = g_order1;
  end
end
```

```
for k = 1:g_order - 1;result(k) = k;end
function y = f(x)    % 求直径函数
r = length(x); x_mean = mean(x); y = 0; for k = 1:r;y = y + (x(k) - x_mean)^2; end
```

得到如下 S 的结果,其中 k 为 2～10,l 为 3～11,括号中的数字为 g 值,表示分类的位置。

```
s = [0.0050(2)
0.0200(2)0.0050(4)
0.0875(2)0.0200(5) 0.0050(5)
0.2320(2)0.0400(5) 0.0200(6) 0.0050(6)
0.2800(2)0.0400(5) 0.0250(6) 0.0100(6) 0.0050(6)
0.4171(2)0.2800(8) 0.0400(8) 0.0250(8) 0.0100(8) 0.0050(8)
0.4688(2)0.2850(8) 0.0450(8) 0.0300(8) 0.0150(10)0.0100(8)0.0050(8)
0.8022(2)0.3667(8) 0.1267(8) 0.0450(10)0.0300(10)0.0150(10)0.0100(10) 0.0050(10)
0.9090(2)0.3675(8) 0.1275(8) 0.0650(10)0.0450(11)0.0300(11)0.0150(11)0.0100(10) 0.0050(11)]
```

根据 $S(n,k)$与 k 的曲线,选 $k=4$,即儿童生长可分成 4 个阶段。根据 $S(11,4)=0.1275(8)$,可知最优损失函数值为 0.127 5,最后的分割在第 8 个元素处,因此 G_4 包含的样本为{8～11},然后根据求 S 最小值可得 $S(5,3)=0.020(5)$,即 G_3 包含的样本为{5～7},类似地,$S(4,2)=0.020(2)$,G_2 中的样本为{2,3,4},$G_1=\{1\}$。

```
>> y = order(x,4)
y =1  2  2  2  3  3  3  4  4  4  4
```

即样本的最优有序分类为:{9.3},{1.8,1.9,1.7},{1.5,1.3,1.4},{2.0,1.9,2.3,2.1}。

第 3 章

人工神经网络及模式识别

人工神经网络(Artificial Neural Networks,ANN)自从 20 世纪 40 年代提出基本概念以来得到了迅速的发展,以其具有大规模并行处理能力、分布式存储能力、自适应能力以及适合于求解非线性、容错性和冗余性等问题而引起众多领域科学工作者的关注。

3.1 人工神经网络的基本概念

人工神经网络是在人类对其大脑神经网络认识理解的基础上,人工构造的能够实现某种功能的网络系统。它对人脑进行了简化、抽象和模拟,是大脑生物结构的数学模型。人工神经网络是由大量功能简单而具有自适应能力的信息处理单元即人工神经元按照大规模并行的方式,通过拓扑结构连接而成的。

3.1.1 人工神经元

人工神经元是对生物神经元的模拟。在生物神经元上,来自轴突的输入信号神经元终结于突触上。信息沿着树突传输并发送到另一个神经元;对于人工神经元,这种信号传输由输入信号 x、突触权重 w、内部阈值 θ 和输出信号 y 来模拟,如图 3.1 所示。

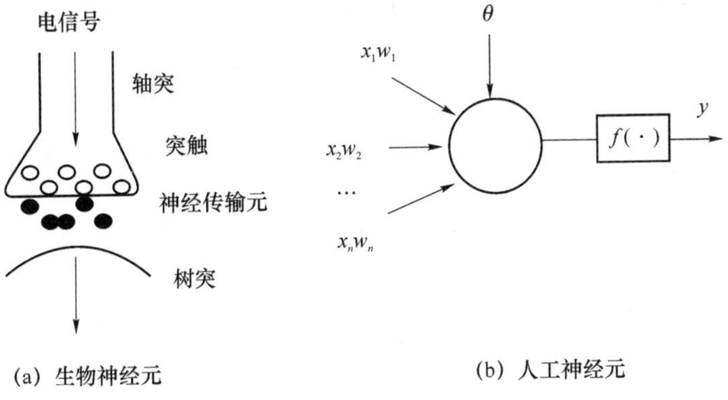

图 3.1 生物神经元和人工神经元结构示意图

3.1.2 传递函数

在人工神经元系统中,其输出是通过传递函数 $f(\cdot)$来完成的。传递函数的作用是控制输入对输出的激活作用,把可能的无限域变换到给定范围的输出,对输入、输出进行函数转换,以模拟生物神经元线性或非线性转移特性。

由图 3.1 可见,简单神经元主要由权值、阈值和 $f(\cdot)$的形式定义,其数学表达式为

$$y=f\left(\sum_{i=1}^{n}w_i\cdot x_i-\theta\right)$$

其中,x_i 为输入信号,w_i 是对应于输入的连接权值,θ 是一个阈值,$f()$ 为传递函数,也称激活函数,表示神经元的输出。

可以选择传递函数为所希望的函数形式,例如平方根、乘积、log、e^x 等,表 3.1 为一些常用的传递函数。除线性传递函数外,其他变换给出的均是累积信号的非线性变换。因此,人工神经网络特别适合于解决非线性问题。

表 3.1 神经网络传递函数

类 型	函 数
阈值函数(阶跃函数)	$f(x)=\begin{cases}1(x\geqslant s)\\0(x<s)\end{cases}$
阈值函数(符号函数)	$f(x)=\begin{cases}1(x\geqslant s)\\-1(x<s)\end{cases}$
线性传递函数	$f(x)=c\cdot x$
线性阈值函数	$f(x)=\begin{cases}1(x\geqslant s)\\0(x<s)\\c(\text{其他})\end{cases}$
Sigmoid 函数	$f(x)=\dfrac{1}{1+e^{-c\cdot x}}$
双曲线-正切函数	$f(x)=\dfrac{e^{cx}-e^{-cx}}{e^{cx}+e^{-cx}}$

3.1.3 人工神经网络分类和特点

人工神经网络模型有多种形式,它取决于网络的拓扑结构、神经元传递函数、学习算法和系统特点。一般可分为以下几类:

- 按结构方式分有前馈网络(如 BP 网络)和反馈网络(如 Hopfield 网络)。
- 按状态方式分有离散型网络(如离散型 Hopfield 网络)和连续型网络(如连续型 Hopfield 网络)。
- 按学习方式分有监督学习网络(如 BP、RBF 网络)和无监督学习网络(如自组织网络)。

人工神经网络具有一系列不同于其他计算方法的性质和特点:

- 神经网络将信息分布存储在大量的神经元中,且具有内在的知识索引功能,也即具有将大量信息存储起来并以一种更为简便的方式对其访问的能力。
- 人工神经网络具有对周围环境自学习、自适应功能,可用于处理带噪声的、不完整的数据集。
- 人工神经网络能模拟人类的学习过程,并且有很强的容错能力,可以对不完善的数据和图形进行学习和作出决定。一旦训练完成,就能从给定的输入模式快速计算出结果。

正是具有这些特点,人工神经网络在人工智能、自动控制、计算机科学、信息处理、模式识别等领域得到了广泛的应用。

3.2 BP 人工神经网络

1985 年,Rumelhart 提出的 Error Back Propagation 算法(简称 BP 算法),系统地解决了多层网络中隐单元层连接权的学习问题。目前 BP 模型已成为人工神经网络的重要模型之一,并得到了广泛的应用。

3.2.1 BP 人工神经网络学习算法

BP 神经网络是一种具有三层或三层以上的多层前馈神经网络,每一层都由若干个神经元组成,其网络结构如图 3.2 所示。BP 神经网络的学习规则采用梯度下降法。在网络学习过程中,把输出层节点的期望输出(目标输出)与实际输出(计算输出)的均方误差,逐层向输入层反射传播,分配给各连接节点,并计算出各连接节点的参考误差,在此基础上调整各连接权值,使得网络的期望输出与实际输出的均方误差达到最小。

BP 人工神经网络的学习算法包含以下 6 步：

① 初始化。为了加快网络的学习效率，一般需要对原始数据的输入、输出样本进行规范化处理。

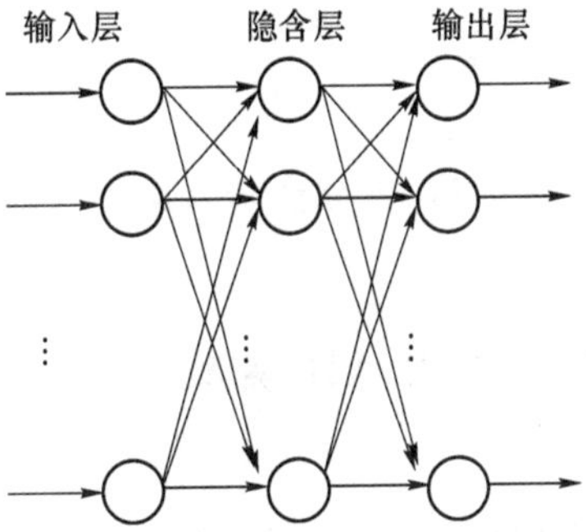

图 3.2　BP 人工神经网络结构

$$a_k^{\text{new}}=\frac{0.002+0.996\times(a_k^{\text{old}}-\min a_k^{\text{old}})}{\max a_k^{\text{old}}-\min a_k^{\text{old}}}$$

$$y_k^{\text{new}}=\frac{0.002+0.996\times(y_k^{\text{old}}-\min y_k^{\text{old}})}{\max y_k^{\text{old}}-\min y_k^{\text{old}}}\qquad k=1,2,\cdots,m(\text{样本数})$$

其中，$x_k{}^{\text{old}}$、$x_k{}^{\text{new}}$、$y_k{}^{\text{old}}$、$y_k{}^{\text{new}}$分别为处理前后的网络输入和输出。

给输入层至隐含层的连接权值 w_j，隐含层至输出层的连接权值 v_k 及阈值赋予(−1,1)区间的随机值。

② 进入循环，计算网络的输出和输出值。

隐含层各节点的输入、输出分别为

$$s_j^k=\sum_{i=1}^{n}a_i^k w_{ij}-\theta_j,\qquad b_j^k=\frac{1}{1+\mathrm{e}^{-s_j^k}},\qquad j=1,2,\cdots,p(p\ \text{为隐含层神经元数})$$

输出层各节点的输入、输出分别为

$$l_t^k=\sum_{j=1}^{p}b_j^k v_{jt},\qquad c_t^k=\frac{1}{1+\mathrm{e}^{-l_t^k}},\qquad t=1,2,\cdots,q(q\ \text{为输出神经元数})$$

③ 误差逆传播。各层连接层及阈值的调整，按梯度下降法的原则进行。

设网络的计算输出为 c_t^k，则网络的希望输出 y_t^k 与计算输出 c_t^k 的偏差的均方值 E_k 为

$$E_k=\sum_{t=1}^{q}\frac{(y_t^k-c_t^k)^2}{2}$$

计算输出层各节点的误差 d_t^k 为

$$d_t^k=(y_t^k-c_t^k)c_t^k(1-c_t^k),\qquad t=1,2,\cdots,q$$

隐含层各节点的误差 h_j^k 为

$$h_j^k=\Big[\sum_{t=1}^{q}d_t^k v_{jt}\Big]b_j^k(1-b_j^k),\qquad j=1,2,\cdots,q$$

④ 修正权值和阈值。用输出层、隐含层各节点的误差修正各层的连接权值及阈值为

$$v_{jt}(N+1)=v_{jt}(N)+\alpha d_t^k b_j^k$$
$$\theta_t(N+1)=\theta_t(N)-\alpha d_t^k$$
$$w_{ij}(N+1)=w_{ij}(N)+\beta h_j^k a_i^k$$
$$\theta_j(N+1)=\theta_j(N)-\beta h_j^k$$

其中,N 为修正次数;α、β 为学习系数。

以上循环执行 m 次。

⑤ 若网络的全局误差小于指定的值,则算法转入第⑥步;否则转入第②步。

⑥ 计算输出层。

3.2.2 BP人工神经网络MATLAB实现

1. 结构设计

BP人工神经网络一般由三层组成,可以由下列语句生成:

```
net = newff(P,T,S,TF)
```

其中,***P*** 为样本数据组成的矩阵,由其中最小值和最大值组成;*T* 为每层神经元的个数;*S* 为隐含层神经元的个数;TF为神经元传递函数。

2. 网络训练

人工神经网络的训练通过下列语句由训练样本集,即已知输入和输出的数据矩阵来完成:

```
[net,tr] = train(NET,X,T,Pi,Ai)
```

其中,net表示新的神经网络;tr表示训练记录;NET表示输入神经网络;X表示神经网络的输入;T表示神经网络的输出;Pi是初始输入延迟条件;Ai是初始层延迟时间。X、Pi和Ai的默认值为0。

网络权值和阈值的调整,在MATLAB中是由网络设计中的newff函数完成的,用该函数的最后一个参数表示。当它设置为traingd时代表用梯度下降法调整BP网络。其他参数如表3.2所列。

表3.2 BP神经网络调整参数含义

调整参数方式的含义	标志码
梯度下降法	traingd
有动量的梯度下降法	traindm
有自适应lr的梯度下降法	trainda
有动量加自适应lr的梯度下降法	traindx
弹性梯度下降法	trainrp
Fletcher-Reeves共轭度法	traingf
Polak-Ribiere共轭梯度法	traingp
Powell-Beale共轭梯度法	traingb
量化共轭梯度法	traincg

与训练有关的参数设置如下:

- 最大训练次数为 net.trainparam.epochs，默认值为 10；
- 训练要求精度为 net.trainparam.goal，默认值为 0；
- 学习速率为 net.trainparam.lr，默认值为 0.01；
- 最大失败次数为 net.trainparam.max_fail，默认值为 5；
- 最小梯度要求为 net.trainparam.min_grad，默认值为 1e-10；
- 显示训练迭代过程为 net.trainparam.show，默认值为 25，NaN 表示不显示；
- 最大训练时间为 net.trainparam.time，默认值为 inf。

BP 网络的优点是学习精度高，可用作一个通用的函数模拟器；从理论上讲，用 BP 网络可以逼近任何非线性函数，经过训练后的 BP 网络运行速度极快，可用于实时处理。但它也存在以下的问题：

- 可能陷入局部极小；
- 学习算法收敛较慢。

3.3　径向基函数神经网络 RBF

RBF 网络是 20 世纪 80 年代提出的一种人工神经网络结构，是具有单隐含层的前向网络。它不仅可以用来进行函数逼近，也可以进行预测。

3.3.1　RBF 的结构与学习算法

RBF 网络由两层组成，第一层为隐含的径向基层，第二层为输出线性层，其网络结构如图 3.3 所示。

径向基函数是径向对称的，最常用的是高斯函数。

$$R_i(\boldsymbol{x})=\exp\left(-\frac{\|\boldsymbol{x}-c_i\|^2}{2\sigma_i^2}\right),\qquad i=1,2,\cdots,p$$

其中，$\boldsymbol{x}$ 是 m 维输入向量；c_i 是第 i 个基函数的中心；σ_i 是第 i 个基函数的方差；p 是感知单元的个数；$\|\boldsymbol{x}-c_i\|^2$ 是向量 $\boldsymbol{x}-c_i$ 的范数。

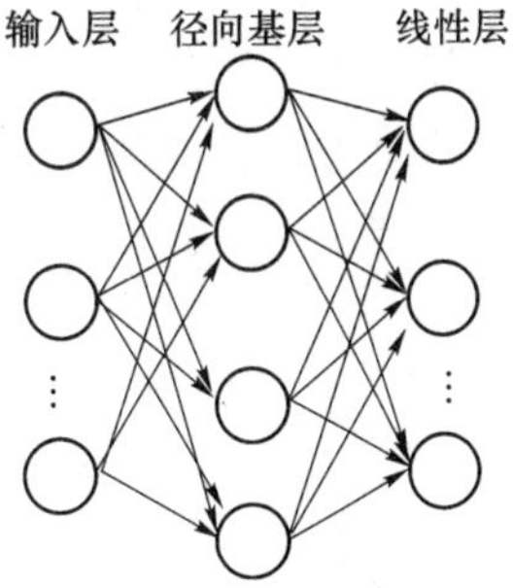

图 3.3　RBF 网络结构

从图中可看出，RBF 网络的输入层实现从 $\boldsymbol{x}\to R_i(\boldsymbol{x})$ 的非线性映射，输出层实现从 $R_i(\boldsymbol{x})\to y_k$ 的线性映射，即

$$y_k=\sum_{i=1}^{p}w_{ki}R_i(\boldsymbol{x}),\qquad k=1,2,\cdots,q$$

其中，q 是输出节点数，w_{ki} 为第 k 个输出层与第 i 个隐含层神经之间的调节权重。

从理论上讲，RBF 网络可以逼近任何非线性函数。

RBF 人工神经网络的学习算法包含以下几步：

① 初始化。对连接权重 $\boldsymbol{w}$、各神经元的中心参数 $\boldsymbol{c}$、宽度向量 $\boldsymbol{\sigma}$ 等参数按一定的方式进行初始化，并给定 α 和 η 的取值。

② 计算隐含层的输出。利用高斯函数计算隐含层的输出。

③ 计算输出层神经元的输出。利用下式求出输出层神经元的输出，即

$$y_k=\sum_{i=1}^{p}w_{ki}R_i(\boldsymbol{x})$$

④ 误差调整。对各初始化值，根据下列公式进行迭代计算，以自适应调节到最佳值，即

$$w_{kj}(t)=w_{kj}(t-1)-\eta\frac{\partial E}{\partial w_{kj}(t-1)}+\alpha[w_{kj}(t-1)-w_{kj}(t-2)]$$

$$c_{ji}(t)=c_{ji}(t-1)-\eta\frac{\partial E}{\partial c_{ji}(t-1)}+\alpha[c_{ji}(t-1)-c_{ji}(t-2)]$$

$$\sigma_{ji}(t)=\sigma_{ji}(t-1)-\eta\frac{\partial E}{\partial \sigma_{ji}(t-1)}+\alpha[\sigma_{ji}(t-1)-\sigma_{ji}(t-2)]$$

其中，$w_{kj}(t)$为第k个输出层神经元与第j个隐含层神经元之间在第t次的迭代计算时的调节权重；$c_{ji}(t)$为第j个隐含层对应于第i个输入层神经元在第t次迭代计算时的中心分量；$\sigma_{ji}(t)$为与中心$c_{ji}(t)$对应的宽度；η为学习因子；E为RBF神经网络误差函数，计算公式为

$$E=\frac{1}{2}\sum_{l=1}^{N}\sum_{k=1}^{q}(y_{lk}-O_{lk})^2$$

其中，O_{lk}为第k个输出层神经元在第l个输入样本时的期望输出值；y_{lk}为第k个输出层神经元在第l个输入样本时的网络输出值。

⑤ 当误差达到最小时，迭代结束，计算输出，否则转到第②步。

3.3.2 RBF的MATLAB实现

RBF神经网络在MATLAB中的实现是非常简单的，并且所需调节的参数也比较少。它是由函数newrbe完成网络的构建并训练的。

```
net = newrbe(P,T,spread)
```

其中，$\boldsymbol{P}$为输入向量；$\boldsymbol{T}$为输出向量；spread为径向基函数分布密度。网络的训练还是需要训练集。为了得到一个较好的结果，一般可以设定不同的spread值进行训练，最后取误差最小时的值为最终的值。

训练结束后，就可以应用sim函数对未知样本进行仿真计算。

3.4 自组织竞争人工神经网络

3.4.1 自组织竞争人工神经网络的基本概念

在生物神经系统中，存在着一种“侧抑制”现象，即一个神经细胞兴奋后，通过它的分支会对周围其他神经细胞产生抑制。由于这种现象的作用，各个细胞之间会相互竞争，其最终的结果是兴奋作用最强的神经元所产生的抑制作用消除了周围其他细胞的作用。

自组织人工神经网络(Kohonen网络)竞争人工神经网络就是模拟上述的生物结构和现象的一种人工神经网络。它以无导师学习方式进行网络训练，具有自组织能力。它能够对输入模式进行自组织训练和判断，并将其最终分为不同的类型。

在网络结构上，自组织竞争人工神经网络一般由输入层和竞争层两层网络构成，如图3.4所示。输入层和竞争层之间的神经单元实现双向连接，同时竞争层各个神经元之间还存在着横向连接。

从图可看出，自组织竞争网络的输出不但能判断输入模式所属的类别并使输出节点代表

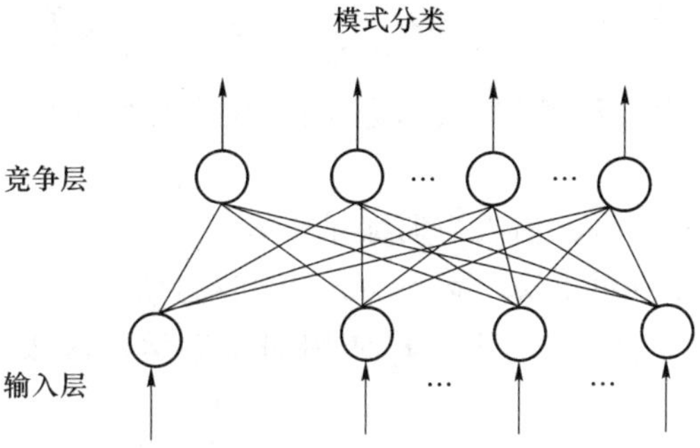

图 3.4　自组织竞争网络结构图

某一模式，还能够得到整个数据区域的大体分布情况，即从样本数据中找到所有数据分布的大体分布特征。

3.4.2　自组织竞争神经网络的学习算法

根据网络的特点，自组织竞争神经网络在训练的初始阶段，不但对获胜的节点进行调整，也对其较大范围内的几何邻近节点权重作相应的调整，而随着训练过程的进行，与输出节点相连接的权向量越来越接近其代表的模式。这时，对获胜节点的权重只作细微的调整，并对几何较邻近的节点进行相应的调整。直至最后，只对获胜节点的权重进行调整。训练结束后，几何上相近的输出节点所连接的权重向量既有联系又有区别，保证了对于某一类输入模式，获胜节点能作出最大响应，而相邻节点作出较大响应。

自组织竞争神经网络的学习算法如下：

① 连接权重初始化。初始化从 n 个输入节点到 m 个输出节点的连接权重进行随机的赋值，取值为小的随机数。读数器 $t=0$。

② 网络输入。对网络进行模式的输入，$\boldsymbol{x}^k=(x_1,x_2,\cdots,x_n)$。

③ 调整权重。计算输入与全部输出节点连接权重的距离为

$$d_j=\sum_{i=1}^{n}(x_i^k-w_{ij})^2,\qquad j=1,2,\cdots,m$$

其中，x_{ik} 为网络的输入，w_{ij} 各节点的权重。n 是样本的维数，m 是节点数。

④ 具有最小距离的节点 N_j^* 竞争获胜，即

$$d_j^*=\arg\min_{j\in\{1,2,\cdots,m\}}\{d_j\}$$

⑤ 调整输出节点 N_j^* 所连接的权向量及 N_j^* 几何邻域 $NE_j^*(t)$ 内的节点连接权值，即

$$\Delta w_{ij}=\eta(t)(x_i^k-w_{ij}),\qquad i=1,2,\cdots,n,\quad j\in NE_j^*(t)$$

其中，η 是一种可变学习速度，随时间推移而衰减，这意味着随着训练过程的进行，权重调整幅度越来越小，以使竞争获胜点所连接的权向量能代表模式的本质属性。$NE_j^*(t)$ 也随时间而收缩。最后在 t 充分大时，$NE_j^*(t)=\{N_j^*\}$，即只训练获胜节点本身得以实现权值的变化。

⑤ 若还有输入样本数据，则由 $t=t+1$，转入第②步。

3.4.3　自组织竞争网络的 MATLAB 实现

在 MATLAB 中，自组织竞争网络的构建由函数 newc 完成。

```
net = newc(P,S,K_LR)
```

其中，$\boldsymbol{P}$ 为输入矢量矩阵，且指明最大和最小值；S 为神经元的个数；K_{LR} 为学习率，默认值为 0.01。

网络的训练由函数 train 完成，输入为训练样品集。

利用训练好的网络就可以对未知样本用 sim 函数进行仿真计算。

如果想对网络结构进一步调整，则可以调用如权值学习函数 learnk、训练竞争层函数 trainc 等其他各种函数。

3.5 对向传播神经网络 CPN

3.5.1 CPN 的基本概念

对向传播网络(Counter Propagation Network,CPN)是将自组织竞争网络与 Grossberg 基本竞争型网络相结合，发挥各自特长的一种新型特征映射网络。这一网络是美国计算机专家 Robert Hecht - Nielsen 于 1987 年提出的。这种网络广泛应用于模式分类、函数近似、统计分析和数据压缩等领域。

CPN 的网络结构如图 3.5 所示。网络分为输入层、竞争层和输出层。输入层与竞争层构成 SOM 网络，竞争层与输出层构成基本竞争型网络。从整体上看，网络属于有导师型的网络，而由输入层和竞争层构成的 SOM 网络又是一种典型的无导师型的神经网络。其基本思想是由输入层到竞争层，网络按照 SOM 学习规则产生竞争层的获胜神经元，并按照这一规则调整相应的输入层到竞争层的连接权。由竞争层到输出层，网络按照基本竞争型网络学习规则，得到各输出神经元的实际输出值，并按照在导师型的误差方法，修正由竞争层到输出层的连接权。经过这样的反复学习，可以将任意的输入映射为输出模式。

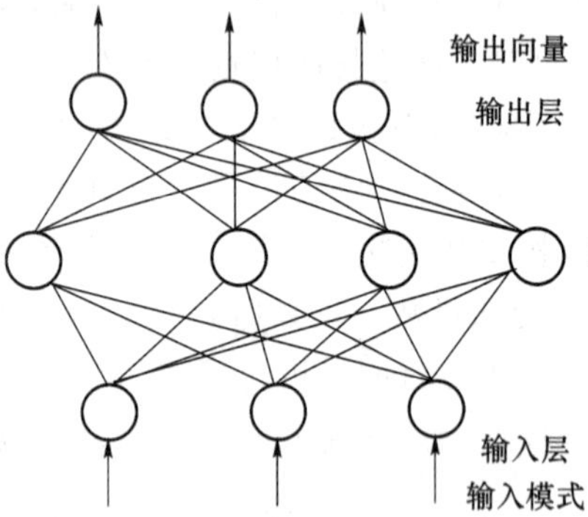

图 3.5 CPN 网络结构

因此，这一网络既涉及了无导师网络分类灵活、算法简练的优点，又采纳了有导师型网络分类精细、准确的长处，使两种不同类型的网络有机地结合起来。

3.5.2 CPN 网络的学习算法

CPN 网络的学习算法如下：

① 初始化及确定参数。确定输入层神经元数 n，并对输入向量 $\boldsymbol{X}$ 进行归一化处理：

$$x_i^* = \frac{x_i}{\sqrt{\sum_{i=1}^{n} x_i^2}}, \qquad i=1,2,\cdots,n$$

确定竞争层神经元 p，对应的二值输出向量 $\boldsymbol{B}=[b_1,b_2,\cdots b_p]^{\mathrm{T}}$，输出层输出向量 $\boldsymbol{Y}=[y_1,y_2,\cdots,y_q]^{\mathrm{T}}$，目标输出向量 $\boldsymbol{O}=[o_1,o_2,\cdots,o_q]^{\mathrm{T}}$，读数器 $t=0$。

初始化输入层到竞争层的连接权值 $\boldsymbol{W}_j=[w_{j1},w_{j2},\cdots,w_{jn}]$ $(j=1,2,\cdots,p)$ 和由竞争层到输出层的连接权重 $\boldsymbol{V}_k=[v_{k1},v_{k2},\cdots,v_{kn}]$ $(k=1,2,\cdots,q)$，并对 $\boldsymbol{W}_j$ 进行归一化处理。

② 计算竞争层的输入。按下列公式求竞争层每个神经元的输入：

$$\boldsymbol{S}_j=\sum_{i=1}^{n}x_i w_{ji},\qquad j=1,2,\cdots,p$$

③ 计算连接权重 $\boldsymbol{W}_j$ 与 $\boldsymbol{X}$ 距离最近的向量。按下列公式计算：

$$\boldsymbol{W}_g=\max_{j=1,2,\cdots,p}\sum_{i=1}^{n}x_i w_{ji}$$

④ 将神经元 g 的输出设定为 1，其余神经元输出设定为 0，即

$$b_j=\begin{cases}1, & j=g\\0, & j\neq g\end{cases}$$

⑤ 修正连接权值 $\boldsymbol{W}_g$。按下列公式进行修正并进行归一化：

$$w_{gi}(t+1)=w_{gi}(t)+\alpha[x_i-w_{gi}(t)],\qquad i=1,2,\cdots,n,\quad 0<\alpha<1$$

⑥ 计算输出。按下式计算输出神经元的实际输出值：

$$y_k=\sum_{j=1}^{p}v_{kj}b_j,\qquad k=1,2,\cdots,q$$

⑦ 修正连接权重 $\boldsymbol{V}_g$。按下式修正权重 $\boldsymbol{V}_g$：

$$v_{kg}(t+1)=v_{kg}(t)+\beta b_j(y_k-o_k),\qquad k=1,2,\cdots,q,\quad 0<\beta<1\text{（学习速率）}$$

⑧ 返回第②步，直到将 N 个输入模式全部输入。

⑨ 置 $t=t+1$，将输入模式 $\boldsymbol{X}$ 重新提供给网络学习，直到 $t=T$ 为止，其中 T 为预先设定的学习总次数，一般大于 500。

3.6 反馈型神经网络 Hopfield

3.6.1 Hopfield 网络的基本概念

Hopfield 网络是最典型的反馈网络模型，是目前人们研究最多的模型之一。

Hopfield 网络是由相同的神经网络元构成的单层，并且具有学习功能的自联想网络，可以完成制约优化和联想记忆等功能。

Hopfield 网络的拓扑结构如图 3.6 所示。其中第一层仅作为网络的输入，它不是实际的神经元，没有计算功能。第二层是实际神经元，因而执行对输入信息与系数相乘的积再求累加，并由非线性函数 f 处理后产生输出信息。f 是一个简单的阈值函数，若神经元的输出信息大于阈值 θ，则神经元的输出就取值为 1；若小于阈值 θ，则神经元的输出就取值为 −1。

从图中也可看出，Hopfield 网络是一种循环神经网络，从输出到输入有反馈连接。它具有两个神经网络模型，一个是离散的，另一个是连续的。反馈神经网络由于其输出端有反馈到其输入端，所以 Hopfield 网络在输入的激励下，会产生不断的状态变化。当有输入之后，可以求得 Hopfield 的输出。这个输出反馈到输入从而产生新的输出，这个反馈过程一直进行下去。如果 Hopfield 网络是一个能收敛的稳定网络，则这个反馈和迭代的计算过程所产生的变化越来越小。一旦到达了稳定平衡状态，那么 Hopfield 网络就会输出一个稳定的恒值。

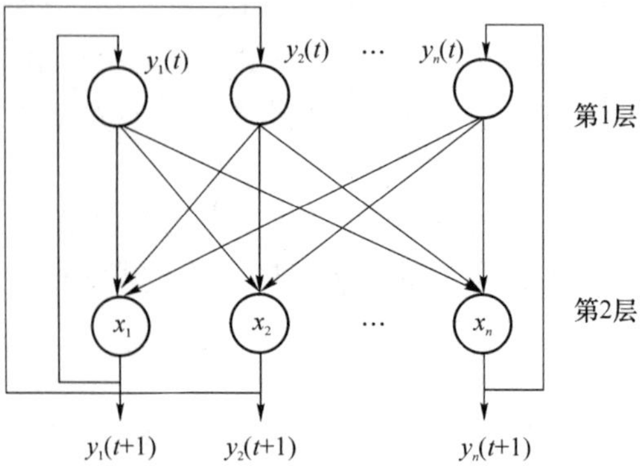

图 3.6 Hopfield 网络结构

3.6.2 Hopfield 网络的学习算法

Hopfield 网络的训练和分类利用的是 Hopfield 网络的联想记忆功能。当它进行联想记忆时,首先通过一个学习训练过程确定网络中的权重,使所记忆的信息在网络的 n 维超立方体的某一个顶角的能量最小。当网络的权值被确定之后,只要向网络给出输入向量,即使这个向量是不完全或部分不正确的数据,但网络仍然产生所记忆的信息的完整输出。

Hopfield 网络的学习算法如下:

① 确定参数。将输入向量 $\boldsymbol{X}=[x_{i1},x_{i2},\cdots,x_{in}]^{\mathrm{T}}$ 存入 Hopfield 网络中,则在网络中第 i,j 两个结点间的权重系数按下列公式计算:

$$w_{ij}=\begin{cases}\sum\limits_{k=1}^{N}x_{ki}x_{kj}, & i\neq j\\ 0, & i=j\end{cases},\qquad i,j=1,2,\cdots,n$$

确定输出向量 $\boldsymbol{Y}=[y_1,y_2,\cdots y_n]^{\mathrm{T}}$。

② 对待测样本进行分类。对于待测样本,通过对 Hopfield 网络构成的联想存储器进行联想检索过程实现分类。

(a) 将 $\boldsymbol{X}$ 中各个分量的 $x_1,x_2,\cdots,x_n$ 分别作为第一层网络 n 结点的输入,则结点有相应的初始状态 $\boldsymbol{Y}(t=0)$,即 $y_j(0)=x_j, j=1,2,\cdots,n$。

(b) 对于二值神经元,计算当前 Hopfield 网络输出:

$$U_j(t+1)=\sum_{i=1}^{n}w_{ji}y_i(t)+x_j-\theta_j,\qquad j=1,2,\cdots,n$$

$$y_j(t+1)=f(U_j(t+1)),\qquad j=1,2,\cdots,n$$

其中,x_j 为外部输入;f 是非线性函数,可以选择阶跃函数;θ_j 为阈值函数。

$$f(U_j(t+1))=\begin{cases}-1, & U_j(t+1)<0\\ 1, & U_j(t+1)\geqslant 0\end{cases}$$

(c) 对于一个网络来说,稳定性是一个重要的性能指标。对于离散的 Hopfield 网络,其状态为 $\boldsymbol{Y}(t)$,如果对于任何 $\Delta t>0$,当网络从 $t=0$ 开始时,有初始状态 $\boldsymbol{Y}(0)$,经过有限时间 t,有 $\boldsymbol{Y}(t+\Delta t)=\boldsymbol{Y}(t)$,则称网络是稳定的,此时的状态称为稳定状态。通过网络状态的不断变化,最后状态会稳定下来,最终的状态是与待测样本向量 $\boldsymbol{X}$ 最接近的训练样本向量。所以,Hopfield 网络的最终输出,也就是待测样本向量联想检索结果。

(d) 利用最终输出与训练样本进行匹配,找出最相近的训练样本向量,其类别即是待测样本类别。所以,即使待测样本并不完全或部分不正确,也能找到正确的结果。

3.6.3 Hopfield 网络的 MATLAB 实现

Hopfield 网络的计算在 MATLAB 中也非常容易实现,调用函数 newhop 即可。

```
net = newhop(T)
```

其中,$\boldsymbol{T}$ 为训练样本集合;net 为训练后的 Hopfield 网络结构名。

对于训练后的网络,则可调用 sim 函数进行仿真计算。

3.7 人工神经网络技术在科学研究中的应用

人工神经网络在故障的诊断、特征的提取和预测以及非线性系统的自适应控制以及不能用规则或公式描述的大量原始数据的处理等方面具有比经典计算方法优越的性能,并且有极强的灵活性和自适应性。

在实际应用中,面对一个实际问题,如要用人工神经网络求解,首先应根据问题的特点,确定网络模型,再通过网络仿真分析,分析确定网络是否适合实际问题的特点。

(1) 信息表达方式

各种应用领域的信息有不同的物理意义和表示方法,为此要将这些不同物理意义和表示方法的信息转化为网络所能表达并能处理的形式。不同应用领域的各种数据形式一般有以下几种:

- 已知数据样本;
- 已知一些相互关系不明的数据样本;
- 输入-输出模式为连续量、离散量;
- 具有平移、旋转、伸缩等变化模式。

(2) 网络模型选择

也即确定激活函数、连接方式、各神经元的相互作用等;当然也可以针对问题的特点,对原始网络模型进行变形、扩充等处理。

(3) 网络参数选择

确定输入、输出神经元的数目以及多层网的层数和隐含层神经元的数目等。

(4) 学习训练算法选择

确定网络学习时的学习规则及改进学习规则。在训练时,还要结合实际问题考虑网络的初始化。

(5) 系统仿真的性能对比

将应用神经网络解决的领域问题与其他采用不同方法的仿真系统的效果进行比较,以检验方法的准确度和解决问题的精度。

例 3.1 新疆伊犁河雅马渡 23 年实测年径流 y 与其相应的 4 个预测因子数据见表 3.3,现对该站的年径流进行预测。

表中 a_1、a_2、a_3、a_4 四个预测因子,分别为前一年 11 月到当年 3 月伊犁气象站的降雨量(mm)、前一年 8 月欧亚地区月平均纬向环流指数、前一年 5 月欧亚地区径向环流指数和前一年 6 月 2 800 MHz 的太阳射电流量(10^{-22} W/m^2 Hz)。

解：利用 BP 神经网络进行预测。

在进行 BP 神经网络的设计时，应注意以下几个问题：

① 网络的层数。一般三层网络结构就可以逼近任何有理函数。增加网络层数虽然可以提高计算精度，减少误差，但同时也使网络复杂化，增加网络的训练时间。如果实在想增加层数，也应优先增加隐含层的神经元数。

② 隐含层的神经单元数。网络训练精度的提高，可以通过采用一个隐含层而增加神经元数的方法来获得。这在结构上比增加更多的隐含层简单得多。在具体设计上可以使隐含层是输入层的 2 倍，然后再适当加一点余量。

③ 初始权值的选取。一般取初始权值是(−1,1)的随机数。

④ 学习速率。学习速率决定每一次循环训练所产生的权值变化量。高的学习速率可能导致系统的不稳定性，但低的学习速率导致较长的训练时间，可能收敛较慢。一般取 0.01～0.8。可以通过比较不同的速率所得到误差选择合适的值。

⑤ 误差的选取。在网络的训练过程中，误差的选取也应当通过对比训练后确定一个合适的值，也即相对于所需要的隐含层的结点数来确定。

表 3.3 新疆伊犁河雅马渡实测年径流

a_1	a_2	a_3	a_4	y	a_1	a_2	a_3	a_4	y
114.6	1.1	0.71	85.0	346	55.3	0.96	0.4	69.0	300
132.4	0.97	0.54	73.0	410	152.1	1.04	0.49	77.0	433
103.5	0.96	0.66	67.0	385	81.0	1.08	0.54	96.0	336
179.3	0.88	0.59	89.0	446	29.8	0.83	0.49	120.0	289
92.7	1.15	0.44	154.0	300	248.6	0.79	0.5	147.0	483
115.0	0.74	0.65	252.0	453	64.9	0.59	0.5	167.0	402
163.6	0.85	0.58	220.0	495	95.7	1.02	0.48	160.0	384
139.5	0.70	0.59	217.0	478	89.9	0.96	0.39	105.0	314
76.7	0.95	0.51	162.0	341	121.8	0.83	0.60	140.0	401
42.1	1.08	0.47	110.0	326	78.5	0.89	0.44	94.0	280
77.8	1.19	0.57	91.0	364	90.0	0.95	0.43	89.0	301
100.6	0.82	0.59	83.0	456					

```
>> load xy;x1 = xy(:,1:4);y1 = xy(:,5);r = size(x1,1);
>> m = randperm(r);                                          % 产生 1～23 之间的随机自然数
>> in_train = x1(m(1:r - 4),:)';out_train = y1(m(1:r - 4),:)';
>> in_test = x1(m(r - 3:end),:)';out_test = y1(m(r - 3:end),:)';  % 其余作为测试集
>> [inputn,inputs] = mapminmax(in_train);       % 归一化
>> [outputn,outputs] = mapminmax(out_train);
>> net = newff(inputn,outputn,40);
>> net.trainparam.epochs = 10000;net.trainparam.lr = 0.1;       % 网络训练参数
>> net.trainparam.goal = 1e - 10;
>> net = train(net,inputn,outputn);
```

```
>> in_testn = mapminmax('apply',in_test,inputs);        % 测试样本归一化
>> y = sim(net,in_testn);                               % 预测测试样本
>> out = mapminmax('reverse',y,outputs);                % 结果反归一化
>> [y,xf,af,e] = sim(net,inputn);                       % 预测训练样本
>> outy = mapminmax('reverse',y,outputs);
```

自己可以调节不同的参数,看误差的大小。本次的预测结果如图 3.7 所示。

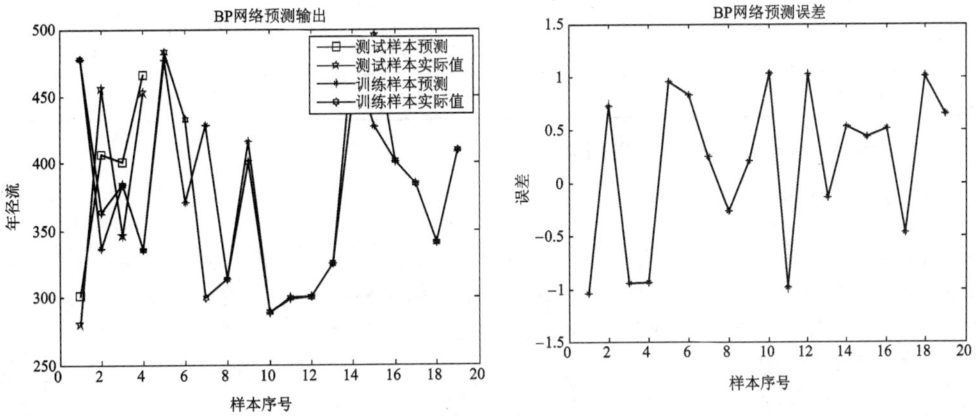

图 3.7 计算结果图

因为在本题中只有一个输出,19 个训练样本,所以设隐含层为 40,输出层为 1。另外要注意的是,数据矩阵是以 $n\times m$ 格式输入的,其中 n 是特征值,m 是样本数。

例 3.2 测定了 18 个芳香腈化合物对发光菌毒性的大小及某些理化性能参数,如表 3.4 所列。请根据结构性能关系,预测三个未知毒性化合物的类别。

表 3.4 芳香腈类化合物的生物活性测定值与理化参数

编号	半致死量 $\log(1/EC_{50})$	正辛醇/水分配系数 $\log k_{ow}$	π 参数	共轭场效应 P	立体效应 E_S	克分子折射 MR	Veeloop 参数 L	毒性分类
1	−2.397	1.77	4.279	−4.482	−1.63	19.83	8.36	1
2	−2.383	1.23	3.691	−4.796	−1.56	15.23	7.42	1
3	−2.330	1.49	3.289	−2.214	−0.55	7.87	3.98	1
4	−2.297	1.42	3.766	−4.428	−1.10	15.74	7.96	1
5	−2.179	0.91	3.687	−2.048	−2.68	11.14	3.20	1
6	−1.927	0.82	3.570	−4.889	−1.10	10.72	6.72	2
7	−1.812	2.42	3.791	−4.586	−1.16	8.88	3.83	2
8	−1.810	1.10	3.762	−1.680	−2.22	11.65	3.74	2
9	−1.702	1.17	2.893	0.534	−1.67	3.78	−0.24	2
10	−1.570	2.63	5.035	−2.048	−4.39	26.12	7.31	2
11	−1.052	2.06	4.354	−4.114	−0.55	7.87	3.98	3
12	−1.032	2.89	4.650	0.534	−3.38	18.78	3.87	3

续表 3.4

编 号	半致死量 $\log(1/EC_{50})$	正辛醇/水分配系数 $\log k_{ow}$	π 参数	共轭场效应 P	立体效应 E_S	克分子折射 MR	Veeloop 参数 L	毒性分类
13	−1.018	3.60	5.161	−1.583	−2.61	24.79	7.39	3
14	−1.008	2.35	4.268	−4.507	−1.71	16.75	7.81	3
15	−0.979	1.75	3.882	−4.967	−1.71	11.73	6.57	3
16	−2.091	1.30	3.214	−2.582	−1.01	7.36	3.44	—
17	−1.554	2.03	3.877	−1.9	−0.62	12.47	4.92	—

解：可以用多种神经网络方法求解。

(1) 利用 BP 网络

```
>> clear;
>> load p                                  % 输入归一化后的化合物结构参数矩阵
>> t = [1 1 1 1 1 2 2 2 2 2 3 3 3 3 3];
>> [p,s] = mapminmax(p');
>> net = newff(p,t,10);
>> net.trainParam.epochs = 8000;net.trainParam.goal = 1e-6;
>> net = train(net,p,t);
>> p1 = [-2.091 1.3 3.214 -2.582 -1.01 7.36 3.44 -1.554 2.03 3.877
-1.9 -0.62 12.47 4.92]';
>> p2 = mapminmax('apply',p1,s);
>> a = sim(net,p2);                        % 求未知样的类别
a = 1.3268     2.5735
```

即毒性等级为一、二类。很明显,BP 网络的误差与训练样本的代表性有关。训练样本值越均匀分布,数量越多,越有利于提高预测精度。

(2) 利用概率神经网络

```
>> t = [1 1 1 1 1 2 2 2 2 2 3 3 3 3 3];t = ind2vec(t);    % 转变为矢量形式
>> net = newpnn(p,t);                                      % 设计概率神经网络
>> a = sim(net,p1);
>> Yc = vec2ind(a)                                         % 分类情况
        Yc = 1   2
```

限于篇幅,其他神经网络的计算就不再列出。

例 3.3 设计一个自适应线性网络,并对输入信号进行预测。输入为一线性调频信号,信号的采样时间为 2 s,采样频率为 1 000 Hz,起始到信号的瞬时为 0 Hz,1 s 时的瞬时频率为 150 Hz。

解：

```
>> t = 0:0.001:2;time = 0:0.001:2;t = chirp(time,0,1,150);   % 产生线性调频信号
>> plot(time,t);axis([0 0.5 -1 1]); hold on;xlabel('时间/s');ylabel('幅值')
>> T = con2seq([t]);                                          % 将矩阵转换为向量
>> P = T;                                                     % 用延迟的信号作为样本的输入
```

```
>> title('signal to be Predicted');
>> lr = 0.1;                                              % 神经网络的学习率
>> delays = [1 2 3 4 5];                                  % 5 个延迟信号作为输入
>> net = newlin(minmax(cat(2,P{:})),1,delays,lr);         % 设计神经网络
>> [net,y,e] = adapt(net,P,T);                            % 网络的自适应
>> plot(time,cat(2,y{:}),'r:',time,cat(2,T{:}),'g')       % 显示预测结果,见图 3.8
```

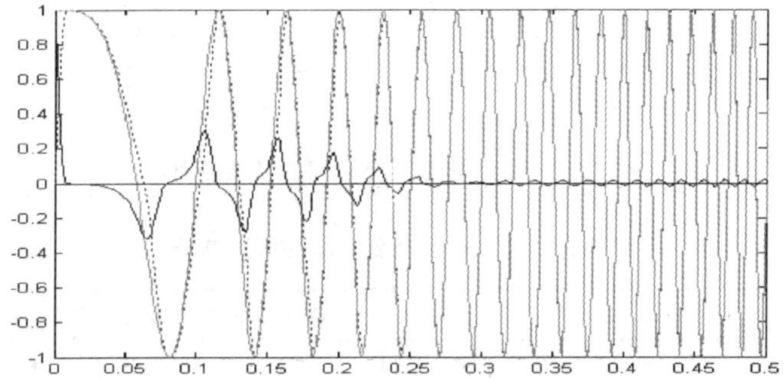

图 3.8　信号与网络预测及误差图

从图中的误差曲线可见，在预测的初始阶段，误差较大，但经过一段时间(5 个信号)后，误差几乎趋于零，这是因为在初始阶段，网络的输入需要 5 个延迟信号，输入不完整，因此不可避免地出现初始误差。

例 3.4　探寻自变量和因变量间的关系是科学研究经常会遇到的问题。但有时由于这两者的关系比较复杂，常常不能用合适的数学解析式表示，而只能描绘出它们之间的关系曲线，此时可以利用人工神经网络技术对函数进行逼近以代替拟合回归分析。例如，某自变量与因变量间有如下的关系，试求 x 为 1.7 时的因变量的值。

x=[0 0.5 1.0 1.5 3.0 4.0 7.0 9.0 10.0 15.0 20.0 25.0];

y=[7.0 6.8 6.3 5.8 5.2 4.8 4.6 4.7 5.2 6.3 6.9 7.1]

解：

```
>> x = [0 0.5 1.0 1.5 3.0 4.0 7.0 9.0 10.0 15.0 20.0 25.0];
>> y = [7.0 6.8 6.3 5.8 5.2 4.8 4.6 4.7 5.2 6.3 6.9 7.2];
>> net =  newrbe(x,y,0.8);          % 径向基函数神经网络
>> a = sim(net,1.7)
  a  = 5.7101
```

对结果可绘制出图 3.9，从中可看出计算值非常接近函数曲线。

例 3.5　利用滴定法测定酸或碱的含量是一种常用的化学分析方法。但如果酸或碱的强度太低，会导致终点时指示剂变化不明显，从而引起较大的误差。例如，某一产品是由三种化合物混合而成的，其质量检验操作规程采用酸碱滴定法。但由于指示剂在终点附近的变化不明显，且各化合物的酸碱强度相差不大，所以此法的测定误差较大。现拟采用 BP 人工神经网络法测定。用精密的酸度计测定不同浓度的标准样品的酸碱滴定曲线，提取曲线的特征值和样品的标准浓度作为网络的输入，如有表 3.5 所列的实验结果，据此求未知样品的浓度。

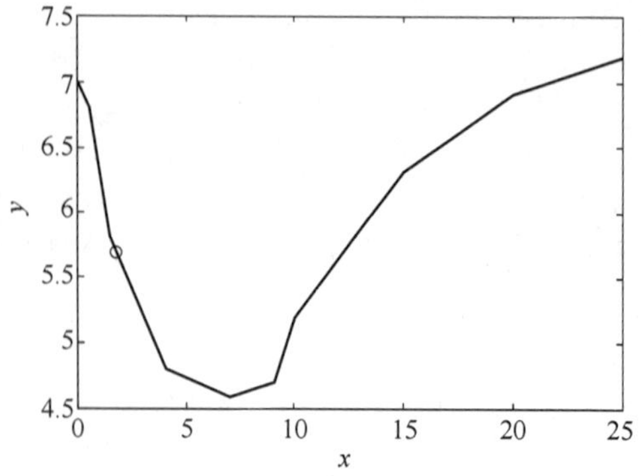

图 3.9　自变量与因变量间的关系曲线

表 3.5　不同浓度标准样品的滴定曲线

样品编号	浓度/%			滴定曲线(返滴定剂体积/ml)				
	A	B	C	pH4	pH6.3	pH7	pH8	pH10
1	66.5	23.5	9.2	2.00	3.24	5.78	10.26	20.14
2	64.8	21.8	10.0	2.31	3.89	6.04	11.73	21.65
3	67.8	22.6	9.0	1.89	3.10	5.47	10.04	19.84
4	65.9	24.2	8.7	1.94	3.13	6.00	12.03	18.93
5	68.0	24.5	8.0	2.17	2.95	6.22	11.35	19.35
6	64.0	21.5	9.8	2.37	3.12	5.83	10.86	20.18
7	66.0	23.0	9.0	2.28	3.10	6.01	10.33	20.29
未知样	—	—	—	2.15	2.93	6.13	10.92	20.34

解：用 BP 网络求解。

```
>> p =[ 2.0000 2.3100 1.8900 1.9400 2.1700 2.3700 2.2800;
     3.2400 3.8900 3.1000 3.1300 2.9500 3.1200 3.1000;
     5.7800 6.0400 5.4700 6.0000 6.2200 5.8300 6.0100;
     10.2600 11.7300 10.0400 12.0300 11.3500 10.8600 10.3300;
     20.1400 21.6500 19.8400 18.9300 19.3500 20.1800 20.2900];
>> t =[66.5000 64.8000 67.8000 65.9000 68.0000 64.0000 66.0000;
    23.5000 21.8000 22.6000 24.2000 24.5000 21.5000 23.0000;
    9.2000 10.0000 9.0000 8.7000 8.0000 9.8000 9.0000];
>> [p1,s1] = mapminmax(p);[p2,s2] = mapminmax(t);
>> net = newff(p1,p2,[40 3]);
>> net.trainParam.epochs = 8000;net.trainParam.goal = 1e-8;
>> [net,tr] = train(net,p1,p2);
>> p3 =[2.15;2.93;6.13;10.92;20.34];
>> p3 = mapminmax('apply',p3,s1);
>> a = sim(net,p3);       %求未知样三种物质的含量
a = 66.3896   24.3236   8.3694
```

例 3.6　如某产品的工艺流程由工艺 A、工艺 B、工艺 C 和工艺 D 串联而成，其中，工艺 A 是必备设备，而其他工艺根据具体情况确定取舍。调查 6 家工厂，其工艺组合情况如表 3.6 所

列。据此建立投资费用的数学模型。

表 3.6　废水处理工艺组合情况

工厂编号	产量/($m^3 \cdot d^{-1}$)	工艺 A	工艺 B	工艺 C	工艺 D	投资费用/万元
1	60	无	有	有	有	3
2	320	有	有	无	有	17
3	20	有	有	无	有	1.75
4	150	有	有	无	有	4.6
5	200	无	有	无	有	26
6	180	无	有	无	有	15.2

解：可以用多种方法求解，现利用人工神经网络求解。

首先对表中数据进行处理，以适应人工神经网络处理。

设 1＝“有”，0＝“无”，并对处理量标准化处理后，作为神经网络输入和输出参数。

```
>> t=[3 17 1.75 4.6 26 15.2];
>> p=[60.0000 320.0000 20.0000  150.0000  200.0000  180.0000
  0.0000  1.0000  1.0000  1.0000  0.0000  0.0000
  1.0001  1.0000  1.0000  1.0000  1.0000  1.0000
  1.0000  0.0000  0.0000  0.0000  0.0000  0.0000
  1.0000  1.0000  1.0000  1.0000  1.0000  1.0001]; % 因最大最小相同时无效，改为 1.0001
   >> p = mapminmax(p);
   >> net = newff(p,t,20);
   >> net.trainParam.goal = 0.001;net.trainParam.epochs = 5000;
   >> [net,tr] = train(net,p,t);
   >> a = sim(net,p)
      a = 3.0000   17.0003    1.7499    7.5577   12.5014   15.2003
```

预测结果可以接受。当数据更多，预测精度会有所提高。

例 3.7　BP 人工神经网络是用途最广泛的一种网络，但网络的学习算法存在训练速度慢，易陷入局域极小值和全局搜索能力弱等缺点；而遗传算法不要求目标函数具有连续性，而且它的搜索具有全局性，因此，容易得到全局最优解，或性能很好的次优解。因此，与遗传算法结合，可以改善人工神经网络方法的精度。

现应用遗传算法优化人工神经网络的权值。其基本过程是，首先随机产生神经网络的连接权重矩阵并表示为遗传算法的基因串，然后根据实际输出和期望输出对目前的权重进行评价，计算评价值，再进行遗传算法的基因交换和变异操作，产生新的权重，直到实际输出与期望值之间的误差达到满意的结果。

现有一两层网络，其网络的隐含层各神经元的激活函数为双曲正切型，输出层各神经元的激活函数为线性函数，隐含层有 5 个神经元，并且有如下 21 组单输入矢量和相对应的目标矢量，试用遗传算法对其权重进行优化。

```
p=-1:0.1:1;
t=[-0.96 -0.577 -0.0729 0.377 0.641 0.66 0.461 0.1336 -0.201 -0.434...
   -0.5 -0.393 -0.1647 0.0988 0.3072 0.396 0.3449 0.1816 -0.01312...
   -0.2183 -0.3201];
```

解：首先编写目标函数并以文件名 myf_3 存盘。

```
function y = myf_3(x)
p = -1:0.1:1;
t = [-0.96 -0.577 -0.0729 0.377 0.641 0.66 0.461 0.1336 -0.201 -0.434...
     -0.5 -0.393 -0.1647 0.0988 0.3072 0.396 0.3449 0.1816 -0.0312...
     -0.2183 -0.3201];
[R,Q] = size(p);[S2,Q] = size(t);                    %求矩阵大小
s1 = 5;                                              %隐含层神经元个数
[w1,b1] = rands(s1,R);[w2,b2] = rands(S2,s1);        %求权重及阈值矩阵
[c1,d1] = size(w1);[c2,d2] = size(b1);[c3,d3] = size(w2);[c4,d4] = size(b2);
                                                     %求这两个矩阵的大小
y = sumsqr(t - purelin(netsum(x(:,c1 + c2 + 1:c1 + c2 + d3)...
   * tansig(netsum(x(:,1:c1)' * p,concur(x(:,c1 + 1:c1 + c2)',Q))),x(:,c1 + c2 + d3 + d4) * ones(1,Q))));
   %目标函数,即网络实际输出与期望值之间的误差平方和
```

然后打开优化工具的 GUI：

```
>> optimtool
```

在 GUI 的 Solver 窗口选择“ga-Genetic Algorithm”，在 GUI 的 fitness function 窗口输入 @myf_3，在 number of variables 窗口输入变量数目 16(根据各矩阵的大小而定)，Stopping criteria 选项中设置 generations 为 5 000，fitness limit 为 0.01，stall generationd 为 350，stall time limit 为 150，其他参数选缺省值，然后单击 Start 运行遗传算法，得到如图 3.10 所示的结果。

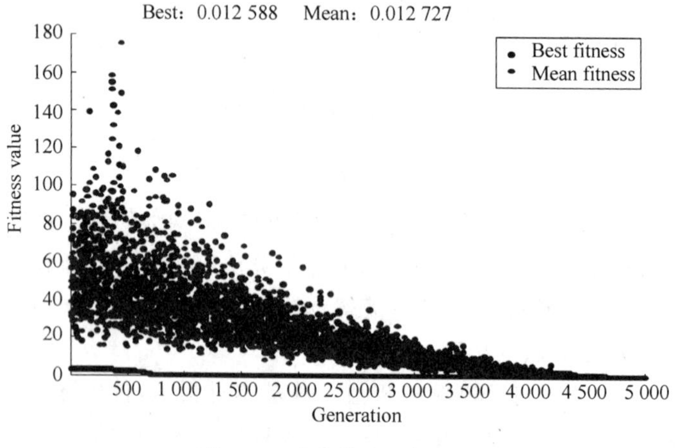

图 3.10 遗传算法运行结果

```
x:[4.3946 -5.0232 2.0682 0.6465 -4.6150 3.6012 -1.4941 -1.5517 1.2845 1.1020 1.2878
   0.7625 -0.7989 -1.1747 -0.8293 -0.1500];   %最佳点
```

其中，第 1～5 个为 w_1，第 6～10 个为 w_2，第 11～15 个为 b_1，第 16 个为 b_2。

从运行结果可看出，与单纯神经网络方法相比，遗传算法的运行时间要短得多，其收敛速率由快到慢，在 generations(遗传代数)为 2 000 以后，函数的变化较小，所以运行时其值及可设置较小些，并且如果初始种群用权重和阈值初始矩阵代替，收敛速率会更快。遗传算法和神经网络计算结果的曲线如图 3.11 所示。

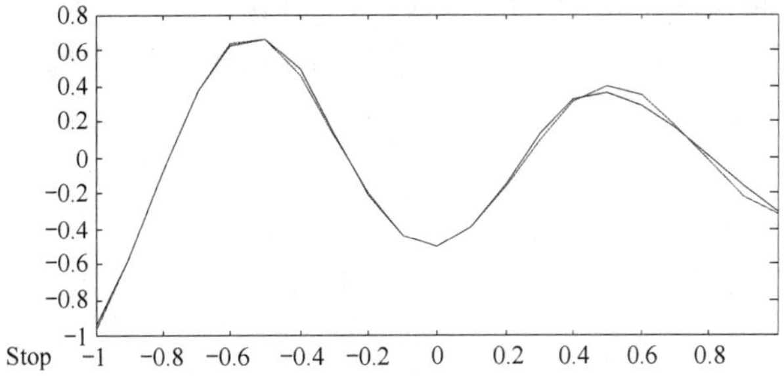

(a) 遗传算法权值优化结果与原始曲线

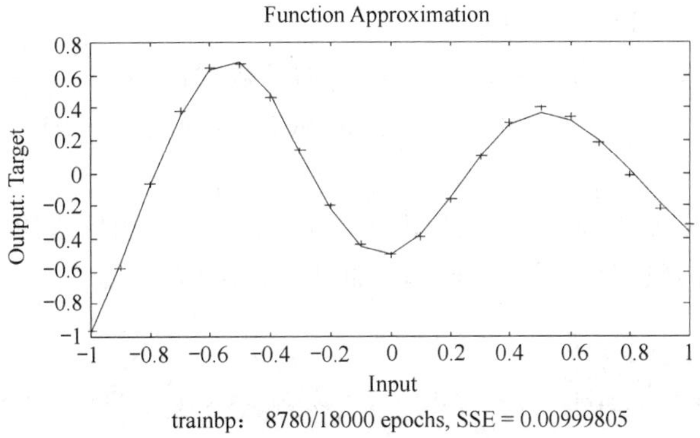

(b) BP神经网络学习函数trainbp优化结果与原始曲线

图 3.11　遗传算法和神经网络结果曲线

例 3.8　对表 3.7 的某海洋冰情等级序列用 RBF 网络进行预测。

表 3.7　某海洋冰情等级序列实测值

年　份	1966	1967	1968	1969	1970	1971	1972	1973	1974	1975	1976	1977
等　级	3.00	4.50	5.00	3.00	3.50	3.00	1.00	3.00	1.50	1.50	4.50	2.50
年　份	1978	1979	1980	1981	1982	1983	1984	1985	1986	1987	1988	1989
等　级	2.50	3.00	2.50	2.50	2.00	3.00	3.50	3.00	3.00	2.00	1.50	3.00
年　份	1990	1991	1992	1993								
等　级	1.50	1.50	1.50	1.50								

解：首先用自相关分析技术确定 RBF 网络模型的输入、输出向量。设冰情等级序列 $\{x^*(i)\}$ 延迟 k 步的自相关系数 $R(k)$ 为

$$R(k)=\frac{\sum_{i=k+1}^{n}[x^*(i)-h_x][x^*(i-k)-h_x]}{\sum_{i=1}^{n}[x^*(i)-h_x]^2},\qquad h=\frac{\sum_{i=1}^{n}x^*(i)}{n}$$

其中，n 为时间序列的容量，$k=1,2,\cdots,n_k<[n/10]$ 或 $[n/4]$。$R(n_k)$ 的估计精度随 n_k 的增加而降低，因此 n_k 应取较小的数值。

当自相关系数

$$R(k)\notin\left[\frac{(-1-u_{\alpha/2})(n-k-1)^{0.5}}{n-k},\frac{(-1+u_{\alpha/2})(n-k-1)^{0.5}}{n-k}\right]$$

时，推断时序延迟 k 步相关性显著，否则不显著，其中分位值 $u_{\alpha/2}$ 可从正态分布表中查得。

设最大相关性延迟步数为 m，则对于 n 个容量的时间序列，其 RBF 网络训练样本的输入、输出向量为以下 $n-m$ 组：

$$\bar{\boldsymbol{x}}=[x^{m+1},x^{m+2},\cdots,x^{n}],\qquad \bar{\boldsymbol{y}}=[y^{m+1},y^{m+2},\cdots,y^{n}]$$

其中，$\boldsymbol{x}^i=[x^*(i-m),\cdots,x^*(i-1)]^{\mathrm{T}}$，$\boldsymbol{y}^i=x^*(i)$。

然后用 newrb 函数设计一个满足一定精度要求的 RBF 网络：

```
net = newrb(x̄,ȳ,g,s)
```

其中，g、s 分别为均方误差和 RBF 的分布。

对表 3.7 中数据计算各阶自相关系数，可得到如下数据：

$R(1)=0.251$　$R(2)=0.105$　$R(3)=0.217$　$R(4)=-0.278$　$R(5)=-0.100$

$R(6)=-0.110$

即只有 $R(1)$、$R(3)$和 $R(4)$是显著的，所以取 $m=4$。据此可得出网络的输入及输出向量。

取 1996—1992 年的数据作为训练样本，预测 1993 年的冰情等级。

```
>> m = 4;n = length(x);
>> for i = m + 1:n;for j = 1:m;x1(i,j) = x(i - (m - j + 1));end;end;x1 = x1(m + 1:end,:);   % 输入向量
>> y = x(m + 1:end);                                                                        % 输出向量
>> net = newrb(x1',y,1e - 5,1);                                                             % 设计网络
>> y1 = sim(net,x1');
>> for i = 1:m;a(1,i) = x(n - m + i);end                                                    % 预测向量
>> b = sim(net,a');                                                                         % 预测结果
```

b =1.756 6，实际值为 1.5，能满足预测要求。

例 3.9　环境质量综合评价的方法有很多，如多目标决策-理想区间法、层次分析法、模糊综合评价法等，每一种方法都有各自的特点。现利用 RBF 网络对某地区的大气环境质量进行综合评价，所有的数据见表 3.8 和表 3.9。

表 3.8　评价标准

指　标	Ⅰ级	Ⅱ级	Ⅲ级	Ⅳ级
$SO_2/(mg\cdot m^{-3})$	0.05	0.15	0.25	0.85
$NO_x/(mg\cdot m^{-3})$	0.05	0.10	0.15	0.50
$TSP/(mg\cdot m^{-3})$	0.15	0.30	0.50	1.70

表 3.9　各季度单元中各评价指标实测浓度值

指　标	第 1 季度	第 2 季度	第 3 季度	第 4 季度
$SO_2/(mg\cdot m^{-3})$	0.046	0.139	0.032	0.056
$NO_x/(mg\cdot m^{-3})$	0.036	0.044	0.014	0.016
$TSP/(mg\cdot m^{-3})$	0.086	0.152	0.159	0.183

解：由评价标准表中的数据，建立网络训练样本的输入、输出向量。对于 n 个评价等级

(或评价单元、备选方案)、m 评价指标的综合评价问题,其输入、输出向量为

$$\boldsymbol{x}=[x_1,x_2,\cdots,x_n],\qquad \boldsymbol{y}=[1,2,\cdots,n]$$

其中,$\boldsymbol{x}_i=[a_{i1},a_{i2},\cdots,a_{im}]^{\mathrm{T}}$,$a_{ij}=\bar{a}_{ij}/f_{\max}(j)$。$f_{\max}(j)$为第 j 个指标的最大值,$\bar{a}_{ij}=f_j(x_i)$表示第 i 个评价等级的第 j 个评价指标值。a_{ij} 为 $\bar{a}_{ij}=f_j(x_i)$的归一化值。$i=1,2,\cdots,n$;$j=1,2,\cdots,m$。

```
>> x1 = [0.05 0.15 0.25 0.85;0.05 0.10 0.15 0.50;0.15 0.30 0.50 1.70];
>> x2 = [0.046 0.036 0.086;0.139 0.044 0.152;0.032 0.014 0.159;0.056 0.016 0.183]';
>> [n1,c1] = size(x1);a1 = max(x1,[],2);                   % 指标的最大值
>> for i = 1:n1;x1(i,:) = x1(i,:)/a1(i);end                % 归一化
>> for i = 1:n1;x2(:,i) = x2(:,i)/a1(i);end
>> net = newrb(x1,[1 2 3 4],1e - 6,1);                     % 设计网络
>> a = sim(net,x2);
  a = 0.8318   2.2333   0.5656   0.9689,即为 I、II、I、I 级。
```

例 3.10　为了解某河段 As、Pb 污染状况,设在甲、乙两地监测,采样测得这两种元素在水中和底泥中的浓度(见表 3.10)。依据这些数据利用对向传播网络(Counter Propagation Network,CPN)判别下列未知样本是从哪个区域采得的。

表 3.10　两组已知样品原始数据　　mg/kg

类　别	样品号	水　体		底　泥	
		As	Pb	As	Pb
甲地	1	2.79	7.80	13.85	49.60
	2	4.67	12.31	22.31	47.80
	3	4.63	16.81	28.82	62.15
	4	3.54	7.58	15.29	43.20
	5	4.90	16.12	28.29	58.70
乙地	1	1.06	1.22	2.18	20.60
	2	0.80	4.06	3.85	27.10
	3	0.00	3.50	11.40	0.00
	4	2.42	2.14	3.66	15.00
	5	0.00	5.68	12.10	0.00
未知样本	1	3.40	14.30	20.90	53.20
	2	1.10	4.43	7.40	10.60

解: 在 MATLAB 中,没有关于 CPN 网络的函数,需要自己编写。

```
>> load mydata;
>> x = guiyi(mydata);y = [0;0;0;0;0;1;1;1;1;1];
>> y1 = netcpn_sim(x1(1:10,:),y,x1(12,:))                   % 来自乙地
   y1 = 1
>> y1 = netcpn_sim(x1(1:10,:),y,x1(11,:))                   % 来自甲地
   y1 = 0
```

以下为 CPN 函数。

```
function y = netcpn_sim(x_test,y_test,sample)                    % 网络仿真函数
[w,v] = netcpn_train(x_test,y_test);                             % 网络训练函数
[m1,n1] = size(x_test);[m3,n3] = size(y_test);p = 10 * n1;
out_sa = zeros(1,n3);m = size(sample,1);
for k = 1:m
  sample(k,:) = sample(k,:)/norm(sample(k,:));
  for i = 1:p;sc(i) = sample(k,:) * w(i,:)';end
  tempc = max(sc);
    for i = 1:p
      if tempc == sc(i);num = i;end
      sc(i) = 0;
    end
    sc(num) = 1;out_sa(1,:) = v(:,num)';out_sam = round(out_sa');  out_same = num2str(out_sam);
  for i = 1:n3
     out_sample(i) = bin2dec(out_same(i)');y(k,i) = out_sample(i);
  end
end

function [w,v] = netcpn_train(x_test,y_test)                    % 训练函数
[m1,n1] = size(x_test);[m3,n3] = size(y_test);
for i = 1:m1;x_test(i,:) = x_test(i,:)/norm(x_test(i,:));end
maxiterm = 6000;t = 1;p = 10 * n1;w = rands(p,n1)/2 + 0.5;v = rands(n3,p)/2 + 0.5;
                                                                 % p为竞争层单元数
T = y_test;
while t < maxiterm
     for j = 1:m1   %
        for i = 1:p;w(i,:) = w(i,:)/norm(w(i,:));s(i) = x_test(j,:) * w(i,:)';end
      temp = max(s);                                             % 距离最近的向量
      for i = 1:p
        if temp == s(i);count = i;end
        s(i) = 0;
      end
      s(count) = 1;
       w(num,:) = w(num,:) + 0.1 * (x_test(j,:) - w(num,:));    % 修正
       w(num,:) = w(num,:)/norm(w(num,:));
       v(:,num) = v(:,num) + 0.1 * (y_test(j,:)' - T(j,:)');
       T(j,:) = v(:,num)';
     end
    t = t + 1;
end
```

例 3.11 在实际研究中,自变量的筛选是一个非常重要的问题。试用神经网络方法对表 3.11数据中的自变量进行筛选,以便更好地进行结构-活性分析。

解:利用神经网络筛选自变量,是通过平均影响值(Mean Impact Value,MIV)指标完成的。MIV 指标是用来确定输入神经元对输出神经元影响大小的一个指标,其符号代表相关的方向,绝对值大小代表影响的相对重要性。具体计算过程如下:在网络训练结束后,将训练样本 P 中的每一变量特征在其原值的基础上分别加 10%/减 10%,构成新的两个训练样本 P_1 和 P_2,将 P_1 和 P_2 分别作为仿真样本利用已建成的网络进行仿真,得到两个仿真结果 A_1 和 A_2,并求出它们的差值,即为变动该自变量后对输出产生的影响变化值(即 MIV)。最后将 MIV 按观察例数平均得出该自变量对于应变量-网络输出的 MIV。按照相同的步骤,依次计算出各个自变量的 MIV 值,然后根据 MIV 绝对值的大小为各自变量排序,得到各自变量对网

络输出影响相对重要性的位次表，从而判断出输入特征对于网络结果的影响程度，即实现变量的筛选。

```
>> load mydata                                    % 输入数据
>> p = mydata(:,2:end);p = guiyi(p);              % 自编的归一化函数
>> t = mydata(:,1)';
>> y = bpselect_num(p,t);                         % 变量筛选函数
y = 30.7223    0.0005    28.7262    28.5135    - 0.0006    - 28.7257    0.0179    - 76.7274
```

即可以选第 1、3、4、6、8 个变量。

```
function MIV = bpselect_num(p,t)                                          % 变量筛选
nntwarn off;                                                              % 为了更好地运行各种神经网络函数
net = newff(minmax(p'),[50,1],{'tansig','purelin'},'traingdm');           % 设计 BP 网络
net.trainParam.show = NaN;net.trainParam.lr = 0.05;net.trainParam.epochs = 2000;   % 网络参数
net = train(net,p',t);                                                    % 网络训练
[m,n] = size(p);temp = p;
for i = 1:n                                                               % 每个变量值增加 10 % 后的矩阵仿真结果
    pX = p(:,i);pa = pX * 1.1;p(:,i) = pa;b1(i,:) = sim(net,p');p = temp;
end
for i = 1:n                                                               % 每个变量减少 10 % 后的矩阵仿真结果
   pX = p(i,:);pa = pX * 0.9;p(i,:) = pa;b2(i,:) = sim(net,p');p = temp;
end
MIV = mean((b1 - b2),2)';
```

表 3.11 烷烃的色谱保留时间与结构参数的关系

序 号	化合物	保留时间	W 指数	MTI	${}^0\chi_p$	${}^1\chi_p$	${}^2\chi_p$	${}^3\chi_p$	${}^3\chi_c$	${}^4\chi_p$
1	2,2,3,3,4 - pentmethylpentane	953.4	108.00	390	8.5774	4.1934	5.1264	3.3764	2.366	0.866
2	2,2,3,3 - tetramethylbutane	728.69	58	214	7	3.25	4.5	2.25	2.5	0
3	2,2,3,3 - tetramethylhexane	928.8	115	416	8.4142	4.3107	4.8839	2.9053	2.2071	1
4	2,2,3,3 - tetramethylpentane	855.13	82	298	7.7071	3.8107	4.4874	2.9142	2.2071	0.5303
5	2,2,3,4,4 - pentmethylpentane	921.7	111	402	8.5774	4.1547	5.4537	2.5981	2.8764	1.299
6	2,2,3,4 - tetramethylpentane	822.07	86	312	7.6547	3.8541	4.3987	2.366	1.866	1
7	2,2,3,5 - tetramethylhexane	873.3	123	446	8.3618	4.3372	4.8966	2.3034	1.9784	1.0607
8	2,2,3 - trimethyl - 3 - ethylpentane	965.7	110	396	8.4142	4.3713	4.5178	3.3713	1.9786	1.3107
9	2,2,3 - trimethylbutane	641.46	42	156	6.0774	2.9434	3.5207	1.7321	1.6547	0

续表 3.11

序号	化合物	保留时间	W 指数	MTI	${}^0\chi_p$	${}^1\chi_p$	${}^2\chi_p$	${}^3\chi_p$	${}^3\chi_c$	${}^4\chi_p$
10	2,2,3 - trimethyl-heptane	914.4	130	472	8.1987	4.4814	4.4093	2.4691	1.5701	0.9433
11	2,2,3 - trimethyl-hexane	823.18	92	334	7.4916	3.9814	4.0557	2.2001	1.5701	0.866
12	2,2,3 - trimethyl-pentane	738.98	63	230	6.7845	3.4814	3.6753	2.0908	1.5701	0.6124
13	2,2,4,4 - tetram-ethylhexane	888.6	119	432	8.4142	4.2678	5.2552	1.966	2.7678	1.5607
14	2,2,4,4 - tetram-ethylpentane	774.77	88	322	7.7071	3.7071	5.2981	1.0607	3.1213	1.591
15	2,2,4,5 - tetram-ethylhexane	872.1	124	450	8.3618	4.3272	4.9861	2.0724	1.1297	1.2016
16	2,2,4 - trimethyl - 3 - ethylpentane	903.9	115	414	8.3618	4.3921	4.6248	2.3569	1.8172	2.0838
17	2,2,4 - trimethyl-heptane	875.7	131	476	8.1987	4.4545	4.6586	1.7423	1.8493	1.6402
18	2,2,4 - trimethyl-hexane	790.6	94	342	7.4916	3.9545	4.2782	1.6578	1.8493	1.1897
19	2,2,4 - trimethyl-pentane	691.55	66	242	6.7845	3.4165	4.1586	1.0206	1.9689	1.2247
20	2,2,5,5 - tetram-ethylhexane	820.2	127	464	8.4142	4.3071	5.6213	1.625	3.1213	0.75

例 3.12 小波神经网络(Wavelet Neural Network,WNN)是20世纪90年代兴起的一种数学建模分析方法,是结合小波变换与人工神经网络的思想形成的,即用非线性小波基取代了通常的非线性Sigmoid函数,已有效地应用于信号处理、数据压缩、故障诊断等众多领域。

小波神经网络具有比小波更多的自由度,使其具有更灵活有效的函数逼近能力,并且由于其建模算法不同于普通神经网络模型的BP算法,所以可以有效地克服普通人工神经网络模型所固有的缺陷,用其所建预测模型可以取得更好的预测效果。

试用小波神经网络预测下列时间序列:

ydata=[211 235 258 245 289 321 356 398 375 412]

解: 由于该序列信息较少,所以设计单输入/单输出的连续小波神经网络图,即用小波级数的有限项目来拟合时间序列函数:

$$\hat{y}(t)=\sum_{k=1}^{L}w_k\varphi\left(\frac{t-b_k}{a_k}\right)$$

其中,$\hat{y}(t)$为拟合的时间序列;w_k、b_k、a_k分别为权重系数、小波基的平移因子和伸缩因子;L为小波基的个数。

用遗传算法或其他优化方法,确定最佳的w_k、b_k、a_k和L值,其中小波基函数采用Morlet母小波函数。图3.12为分别用2个和3个小波基函数拟合的结果。可以看出,用2个小波基函数就可以取得较好的结果,而且也可以看出前几个时间点的拟合效果差,有延迟效应。

各参数值分别为：$w_1=196.3378$,$w_2=227.7606$,$b_1=12.4169$,$b_2=12.9191$,$a_1=-13.4431$,$a_2=-34.5013$。

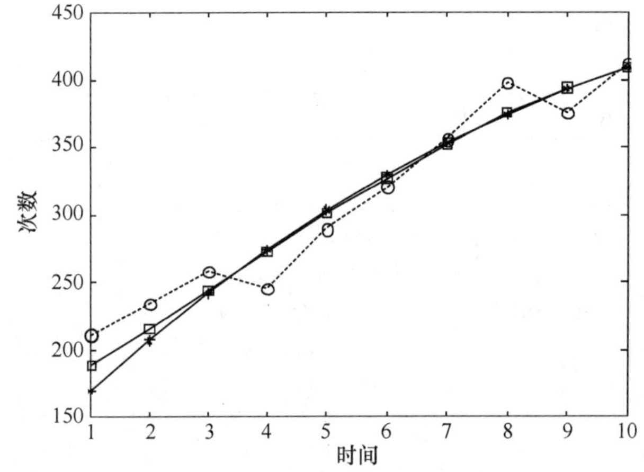

图 3.12　小波神经网络拟合结果

例 3.13　品种区域试验是作物育种过程中的一个重要环节,其评价结果是否准确可靠,往往决定着育种工作的成败。因此,长期以来,为了寻求科学合理的评价方法,人们提出了不少富有新意的好方法,例如方差分析法、联合方差分析法、稳定性分析法、品种分级分析法、非平衡资料的参数统计法、秩次分析法,等等。然而,由于它们均局限于对产量一个性状的分析,因此当时代发展对作物品种提出高产、优质、抗病、抗虫等多目标的需求时,上述方法便显得不足。试利用 Hopfiled 神经网络法对其进行分类。数据见表 3.12。

表 3.12　2001－2002 年度河南省小麦高肥冬水组区域试验结果(安阳点)

品　种	产　量	耐寒性	抗倒性	条　锈	叶　锈	白　粉	叶　枯	容　重	粒　质	饱满度	等　级
科优 1 号	424.7	0.4	0.22	1.0	0.29	0.29	0.5	795	1.00	0.33	较差
原泛 3 号	521.5	0.4	0.33	1.0	0.29	0.33	0.5	792	1.00	0.33	较差
驻 4	506.3	0.4	0.33	1.0	0.22	0.33	0.5	817	0.20	0.50	较差
新 9408	509.3	0.4	0.29	1.0	1.00	0.50	0.5	810	0.33	0.33	较差
豫麦 9901	503.3	0.67	1.00	1.0	0.67	0.4 0	0.5	819	1.00	0.50	优良
安麦 5 号	571.2	0.4 0	1.00	0.2	0.20	0.4 0	0.5	812	1.00	0.33	优良
济麦 3 号	537.2	0.50	1.00	1.0	0.67	0.40	0.4	803	1.00	0.33	优良
00 中 13	513.3	0.4 0	0.50	1.0	0.67	0.67	0.5	790	0.33	0.25	较好
豫麦 47	521.0	0.40	1.00	1.0	0.67	0.4 0	0.4	777	1.00	0.25	优良
豫麦 49	498.3	0.4 0	1.00	1.0	0.33	0.29	0.4	798	0.33	0.50	较差

(数据来源：郭瑞林，张进忠，张爱芹.作物品种多维物元分析法[J].数学的实践与认识,2006,36(1):116－121)

解：由于离散型 Hopfiled 神经网络神经元的状态只有 1 和－1 两种情况,所以将评价指标映射为神经元的状态时,需要将其进行编码。其规则是：当大于或等于某个等级的指标值时,对应的神经元状态设为 1,否则为－1。

在本例中,用前 9 个样品组成三个等级的评价标准集,后一个样品作为测试。将前 9 个样品的指标进行平均,得到表3.13所列的3个等级评价指标。

表 3.13 等级评价指标

等 级	产 量	耐寒性	抗倒性	条 锈	叶 锈	白 粉	叶 枯	容 重	粒 质	饱满度
优良	533.2	0.49	1.00	0.8	0.55	0.40	0.45	803	1.00	0.35
较好	513.3	0.40	0.50	1.0	0.67	0.67	0.50	790	0.33	0.25
较差	490.4	0.40	0.29	1.0	0.45	0.36	0.50	804	0.63	0.37

```
>> x1 = - ones(10,3);x1 = [ - 1. * x1(:,1) x1(:,2) x1(:,3)];
>> x2 = - ones(10,3);x2 = [x2(:,1) - 1. * x1(:,2) x2(:,3)];
>> x3 = - ones(10,3);x3 = [x3(:,1) x3(:,2) - 1. * x3(:,3)];
>> T = [x1 x2 x3];net = newhop(T);              % 设计 Hopfield 网络
>> sim(net,3,[],x1)                              % 对优良标准样本进行仿真,符合
>> x4 = [-1  -1  1;-1  -1  1;1  -1  -1;-1  -1  1;-1  -1  -1;-1  -1  -1;
         -1  -1  -1;-1  1  -1;-1  1  -1;-1  -1  1];    % 豫麦 49 样本值
>> sim(net,3,[],x4)                                    % 豫麦 49 样本仿真
ans =
   - 0.9741   - 0.7864    0.0354
   - 0.9741   - 0.7864    0.0354
   - 0.5278   - 0.7864  - 0.4109
   - 0.9741   - 0.7864    0.0354
   - 0.9741   - 0.7864  - 0.4109
   - 0.9741   - 0.7864  - 0.4109
   - 0.9741   - 0.7864  - 0.4109
   - 0.9741   - 0.3401  - 0.4109
   - 0.9741   - 0.3401  - 0.4109
   - 0.9741   - 0.7864    0.0354
```

从结果看,虽然没有稳定在1和−1这些点上,但也可以基本肯定为较差。网络稳定性差,主要是因为标准样本太少,特别是较好的样本只有一个,所以测试样本的第8、9个指标值与较好的标准较为接近。

例 3.14 为了方便用户快速地利用神经网络解决各种实际问题,较高版本的MATLAB提供了一个神经网络图形用户界面(GUI)。试利用此GUI对表3.14中的数据进行模式识别。

表 3.14 煤样各指标的实测数据

煤样样本分类及编号	特性指标									
	碳	氢	硫	氧	镜质组分	丝质组分	块状微粒体	粒状微粒体	壳质树脂体	平均最大反射率
无烟煤	92.21	2.74	0.84	3.58	86.70	13.30	0.00	0.00	0.00	4.92
	92.58	2.80	1.00	2.98	90.01	9.70	0.20	0.00	0.00	3.98
	92.63	3.04	0.74	2.64	89.10	10.60	0.30	0.00	0.00	4.12
	93.01	1.98	0.55	3.46	89.00	9.40	0.80	0.00	0.00	6.05
	93.01	2.79	0.79	2.67	88.30	11.70	0.00	0.00	0.00	4.50

续表 3.14

煤样样本分类及编号	特性指标									
	碳	氢	硫	氧	镜质组分	丝质组分	块状微粒体	粒状微粒体	壳质树脂体	平均最大反射率
烟煤	84.62	5.61	0.76	7.30	69.10	13.10	1.4 0	4.10	12.50	0.90
	84.53	5.55	0.70	7.36	64.60	8.10	3.00	11.3	11.00	0.85
	83.82	5.78	0.90	7.80	84.10	2.70	1.20	7.4 0	4.50	0.93
	82.65	5.57	2.48	7.19	77.20	9.10	2.70	3.20	7.80	0.83
	82.43	5.77	1.61	8.53	84.90	3.80	2.30	5.00	4.10	0.84
	81.88	5.87	2.94	7.39	80.30	4.30	3.30	7.80	4.30	0.71
褐煤	72.49	5.31	2.11	20.23	85.72	7.90	3.54	3.12	3.73	0.30
	72.29	5.26	1.02	20.43	85.60	4.60	3.30	2.80	3.70	0.31
	71.39	5.33	1.07	21.03	84.70	5.90	2.80	3.00	3.60	0.32
	70.95	5.04	1.50	21.10	81.85	7.25	2.75	2.94	3.21	0.33
	71.85	5.17	1.14	20.95	85.10	7.21	3.54	2.77	3.54	0.32

解：基于神经网络的 GUI 有神经网络拟合工具图形界面(nftool)、神经网络模式识别工具箱图形界面(nprtool)和神经网络聚类工具箱图形界面(nctool)。本题先用 nctool 对数据进行聚类，然后再利用 nprtool 进行分析。

① 打开神经网络聚类工具箱图形界面：

```
>> nctool
```

出现如图 3.13 所示的对话框。在此界面中，MATLAB 利用自组织特征映射网络(SOM)进行数据的聚类，它使用了 batch 算法，使用的是 trainubwb 和 learnsomb 函数。

单击 Next 按钮，进行数据导入界面，在此可以从文件或命令窗口中导入所要分析的数据，注意数据导入格式要符合神经网络计算的要求。由于 SOM 网络是无导师、无监督的分类网络，不需要输入目标输出。单击数据导入界面中的 Next 按钮，进入网络选择界面。

需要选择竞争层相关参数，默认值为 10，说明竞争层有 10×10 个神经单元。单击此对话框中的 Next 按钮，进入网络训练界面。单击 Train 便对网络进行训练。

在网络训练后，进入网络再训练及查看结果界面，可以使用对话框右侧的 Plot SOM Neighbor Distance/Plot SOM Weight Planes/Plot SOM Sample Hits/Plot SOM Weight Positions 按钮查看聚类的效果。由于每次训练次数固定 200 次，所以有可能训练效果不佳，可以单击 Retrain 对网络再进行训练。如果对结果满意，则单击界面中的 Next 按钮，进入网络评估界面。通过单击此界面中相应的按钮，可以再进入训练或网络参数界面。

单击 Next 按钮，进入网络保存界面。在此可以保存计算结果，并将结果以相应的名字存入命令窗口中。

对于本题，竞争层采用 12 个神经元，训练 600 次，可以得到如图 3.14 所示的结果。可以看出样品可以分成 6 类，比实际情况要分得细。

② 用来进行模式识别的是一个两层的前向型神经网络，隐含层和输出层神经元使用的是 Sigmoid 函数，训练使用的是 trainscg 算法。

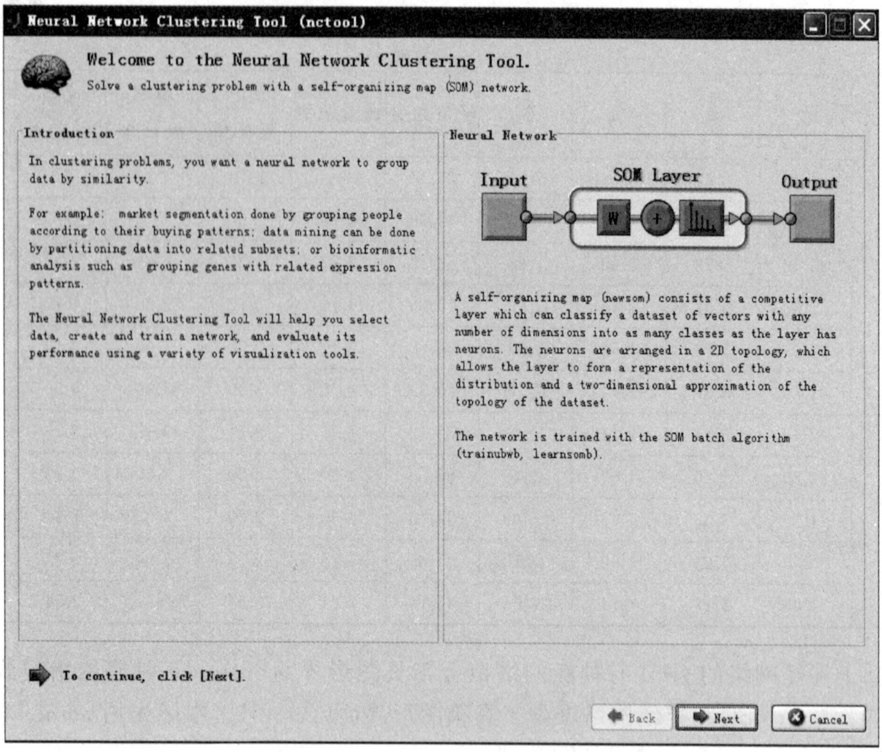

图 3.13　神经网络聚类工具箱

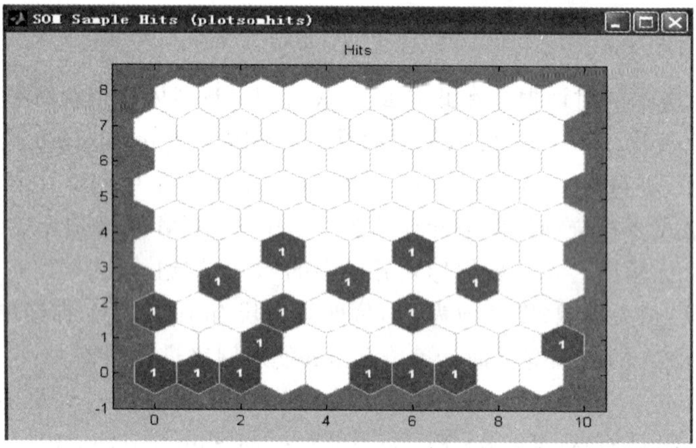

图 3.14　分类情况

打开模式识别工具箱图形界面：

```
>> nprtool
```

出现如图 3.15 所示的图形。

单击 Next 按钮，进入数据导入界面，导入输入数据及目标数据。要注意目标数值应是二值类型，对于本例为 $y=[0\ 0\ 0\ 0\ 0\ 0\ 0\ 0\ 0\ 0\ 0\ 0\ 1\ 1\ 1\ 1\ 1;0\ 0\ 0\ 0\ 0\ 1\ 1\ 1\ 1\ 1\ 1\ 1\ 1\ 1\ 1\ 1\ 1]$，分别代表 1、2 和 3 类。并且输入数据和目标数据的格式相同时，才能进入验证和测试样本。在此界

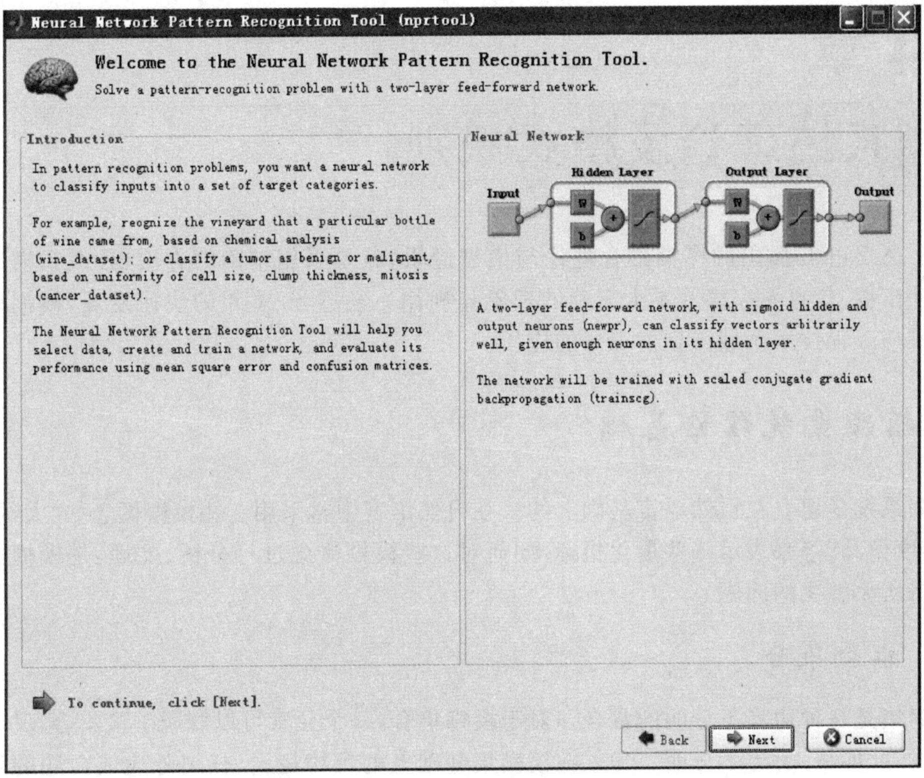

图 3.15　神经网络模式识别工具箱图形界面

面对输入的样本进行训练、验证和测试样本选择，可以选择不同的比例。然后单击 Next 按钮，进入网络选择界面，在此设置隐含层数目，默认为 20。

单击 Next 按钮，进入网络训练界面。单击 Retrain 按钮，便可以对网络进行训练和查看训练结果。单击 Next 按钮，进入网络评估界面，在此可以再训练或进入下一界面进行网络保存。以相应名字将结果输入到命令窗口，便可以查看分类结果及对未知样本进行预测。对于本例为

output =[0.0000　0.0000　0.0000　0.0000　0.0000　0.0001　0.0002　0.0001　0.0008
0.0002　0.0005　0.0005　0.0000　0.0003　0.9995　0.9998　0.9994　1.0000
0.0003　0.0181　0.9998　0.9990　0.9991　0.9992　0.9996
0.9999　1.0000　0.9999　0.9999　0.9999　0.9999　0.9999]

第 4 章

模糊系统理论及模式识别

由 L.A.Zadeh 提出的模糊集合理论与模糊逻辑，就是采用精确的方法、公式和模型来度量和处理模糊、信息不完整或不太正确的现象与规律。经过 40 多年的快速发展，模糊理论在诸多学科与工程技术领域得到了很好的应用。

4.1 模糊系统理论基础

模糊系统是建立在自然语言基础上的。在自然语言中常采用一些模糊概念如"大约"、"左右"、"温度偏高"等来表示一些量化指标，如何对这些模糊概念进行分析、推理，是模糊集合与模糊逻辑所要解决的问题。

4.1.1 模糊集合

模糊集是一种边界不分明的集合。对于模糊集合，一个元素可以既属于该集合，又不属于该集合，亦此亦彼，边界不分明。建立在模糊集基础上的模糊逻辑，任何陈述或命题的真实性只是一定程度的真实性。

如果集合 X 包含了所有的事件 x，A 是其中的一个子集，那么元素 x 与集合 X 的关系可用一个特征函数来描述，这个函数称为隶属度函数 $\mu(x)$。对于经典的数据集合理论，若 x 包含于 A 中，则 $\mu(x)$ 取值为 1；若 x 不是 A 的元素，则 $\mu(x)$ 取值为 0；而对于模糊集合而言，则允许隶属度函数可取[0,1]上的任何值。模糊集常被归一化到区间[0,1]上，模糊集的隶属度函数既可以离散表示，又可以借助于函数式来表示。

1. 隶属度函数

隶属度函数的表示方法大致有三种：

① 如果 $\underset{\sim}{A}$ 为模糊集，则一般情况下可表示为

$$\underset{\sim}{A}=\{(u,\mu_{\underset{\sim}{A}}(u))\mid u\in U\}$$

② 如果 U 是有限集或可数集，则可表示为

$$\underset{\sim}{A}=\sum_i \frac{\mu_{\underset{\sim}{A}}(u_i)}{u_i}$$

此时式子的右端并非代表分式求和，它仅仅是一种符号，表示模糊集中$\underset{\sim}{A}$中各元素与隶属度的对应关系，分母的位置放的是论域中的元素，分子的位置放的是相应元素的隶属度。当某一元素的隶属度为 0 时，这一项可以省略。

或表示为向量形式

$$\underset{\sim}{A}=(\mu_{\underset{\sim}{A}}(u_1),\mu_{\underset{\sim}{A}}(u_2),\cdots,\mu_{\underset{\sim}{A}}(u_n))$$

但要注意，在此形式中，要求集合中各元素的顺序已确定。

当 $\mu_{\underset{\sim}{A}}(u_i)$的值域为[0,1]时，$\mu_{\underset{\sim}{A}}(u_i)$退化为一个普通子集的特征函数，$\underset{\sim}{A}$便退化成一个普通子集，因此，普通子集是模糊子集的特殊形态。

③ 如果 U 是无限集，则可以表示为

$$\underline{A}=\int\frac{\mu_{\underline{A}}(u)}{u}$$

隶属度函数可以是任意形状的曲线，取什么形状主要取决于使用是否方便、简单、快速和有效，唯一的约束条件是隶属度的值域为[0,1]。

模糊系统中常用的隶属度函数有 11 种，下面介绍常见的几种。

① 高斯型。该函数有 2 个特征参数 σ 和 c，其函数形式为

$$\mu(x,\sigma,c)=\mathrm{e}^{-\frac{(x-c)^2}{2\sigma^2}}$$

两个高斯型隶属度函数的组合可形成双侧高斯型隶属度函数。

② 钟形隶属度函数。该函数有 3 个特征参数 a、b 和 c，其函数形式为

$$\mu(x,a,b,c)=\frac{1}{1+\left(\frac{x-c}{a}\right)^{2b}}$$

③ sigmoid 函数型隶属度函数。该函数有 2 个特征参数 a 和 c，其函数形式为

$$\mu(x,a,b)=\frac{1}{1+\mathrm{e}^{-a(x-c)}}$$

④ S 型隶属度函数。该函数有 2 个特征参数 a、b，其函数形式与 sigmoid 函数形式相同，只是参数 a 和 b 的取值不同。

⑤ 梯形隶属度函数。该函数有 4 个特征参数 a、b、c 和 d，其函数形式为

$$\mu(x,a,b,c,d)=\begin{cases}0, & x<a\\ \frac{x-a}{b-a}, & a\leqslant x<b\\ 1, & b\leqslant x<c\\ \frac{d-x}{d-c}, & c\leqslant x<d\\ 0, & x\geqslant d\end{cases}$$

隶属度函数是模糊集合赖以建立的基石。要确定恰当的隶属度函数并不容易，迄今仍无一个统一的标准。对实际问题建立一个隶属度函数需要充分了解描述的概念，并掌握一定的数学技巧。

在某种场合，隶属度可用模糊统计的方法来确定：

① 确定论域 U，如年龄。

② 确定论域中的一个元素 U_0，如年龄为 35 岁的人。

③ 确定论域中边界可变的普通集合 A，如“年青人”，A 联系于一个模糊集及相应的模糊概念。

④ 判断条件，即对普通集合 A 判断的依据条件。它联系着按模糊概念所进行的划分过程的全部主客观因素，它制约着边界的改变。例如，不同的实验者对“年龄为 35 岁的人”的理解，有的认为是年青人，有的人则认为不是年青人。

⑤ 模糊统计实验。其基本要求是，在每一次实验中，要对 U_0 是否属于 A 作出一个确切的判断，做 N 次实验，就可以算出属于 A 的隶属频率：

$$隶属频率=\frac{“U_0 \in A”的次数}{N}$$

其他确定隶属度函数的方法还有二元对比排序法、推进法和专家评分法等。

2. 模糊集运算

与经典的集合理论一样，模糊集也可以通过一定的规则进行运算，运算过程是通过对两个隶属度作逐点的运算实现的。实际上，模糊集的运算衍源于经典的集合理论。

(1) 交集(逻辑“与”)

两模糊集的交集 $\underline{A}\cap\underline{B}$，为两隶属度 $\mu_{\underline{A}}(x)$ 和 $\mu_{\underline{B}}(x)$ 的最小者：

$$f_{\underline{A}\cap\underline{B}}(x)=\mu_{\underline{A}}(x)\wedge\mu_{\underline{B}}(x)=\min|\mu_{\underline{A}}(x),\mu_{\underline{B}}(x)|$$

(2) 合集(逻辑“或”)

两模糊集的合集 $\underline{A}\cup\underline{B}$，为两隶属度 $\mu_{\underline{A}}(x)$ 和 $\mu_{\underline{B}}(x)$ 的最大者：

$$f_{\underline{A}\cup\underline{B}}(x)=\mu_{\underline{A}}(x)\vee\mu_{\underline{B}}(x)=\max|\mu_{\underline{A}}(x),\mu_{\underline{B}}(x)|$$

(3) 逻辑“非”

$$\mu_{\overline{A}}(x)=1-\mu_{\underline{A}}(x)$$

(4) 模糊集的基

模糊集的基为隶属度函数的积分或求和：

$$\mathrm{card}(A)=\sum_i\mu(x)$$

$$\mathrm{card}(A)=\int_x\mu(x)\mathrm{d}x$$

(5) 相　等

$$\underline{A}=\underline{B}\Leftrightarrow\mu_{\underline{A}}(x)=\mu_{\underline{B}}(x)$$

(6) 包　含

$$\underline{A}\subseteq\underline{B}\Leftrightarrow\mu_{\underline{A}}(x)\leqslant\mu_{\underline{B}}(x)$$

(7) 空　集

$$\underline{A}=\varnothing\Leftrightarrow\mu_{\underline{A}}(x)=0$$

(8) 全　集

$$\underline{A}=\Omega\Leftrightarrow\mu_{\underline{A}}(x)=1$$

3. λ 截集

截集描述了模糊集合与普通集合之间的转换关系。

设 $\underline{A}\in F(U)$，对任意 $\lambda\in[0,1]$，集合

$$A_\lambda=\{u|u\in U,\quad \mu_{\underline{A}}(u)\geqslant\lambda\}$$

称为集合 $\underline{A}$ 的 λ 截集，λ 称为阈值或置信水平。

由定义可知，$\underline{A}$ 集合为模糊集，A_λ 为普通集，通过阈值实现了模糊集到普通集的转换。

例如，表 4.1 就为在不同阈值情况下模糊集与截集间的关系。

表 4.1 模糊集与截集的关系

编 号	年 龄	$\underset{\sim}{A}(u)$	$A_{0.6098}(u)$	$A_{0.22}(u)$
S_1	20	1	1	1
S_2	27	0.862 1	1	1
S_3	29	0.609 8	1	1
S_4	35	0.200 0	0	1
S_5	40	0.100 0	0	0

4.1.2 模糊关系

一般情况下，对于有限论域 $U=\{u_1,u_2,\cdots,u_n\}$，$V=\{v_1,v_2,\cdots,v_n\}$之间的模糊关系可用 n 行 m 列的模糊矩阵 $\underset{\sim}{\boldsymbol{R}}$ 表示：

$$\underset{\sim}{\boldsymbol{R}}=(r_{ij})_{n\times m}$$

其中，$r_{ij}=\mu_{\underset{\sim}{R}}(u_i,v_j)$。特别地，当 $r_{ij}\in\{0,1\}$时，模糊矩阵 $\underset{\sim}{R}$ 转化为布尔矩阵。

根据模糊关系的定义，可以得到模糊关系的合成运算，即由 $\underset{\sim}{Q}$ 和 $\underset{\sim}{R}$ 构成的新的模糊关系 $\underset{\sim}{Q}\circ\underset{\sim}{R}$ 称为合成模糊关系：

$$\mu_{\underset{\sim}{Q}\circ\underset{\sim}{R}}(u,w)=\bigvee_{v\in V}(u_{\underset{\sim}{Q}}(u,v)\wedge\mu_{\underset{\sim}{R}}(v,m))$$

当U,V,W 均为有限论域时，即 $\boldsymbol{U}=\{u_1,u_2,\cdots,u_n\}$，$\boldsymbol{V}=\{v_1,v_2,\cdots,v_n\}$，$\boldsymbol{W}=\{w_1,w_2,\cdots,w_n\}$，$\underset{\sim}{\boldsymbol{Q}}$，$\underset{\sim}{\boldsymbol{R}}$ 和 $\underset{\sim}{\boldsymbol{S}}=\underset{\sim}{\boldsymbol{Q}}\circ\underset{\sim}{\boldsymbol{R}}$ 均可表示为矩阵形式：

$$\underset{\sim}{\boldsymbol{Q}}=(q_{ij})_{n\times m},\quad \underset{\sim}{\boldsymbol{R}}=(r_{jk})_{m\times l},\quad \underset{\sim}{\boldsymbol{S}}=(s_{ik})_{n\times l}$$

其中，$s_{ik}=\bigvee_{j=1}^{m}(q_{ij}\wedge r_{jk})$。

如果$\underset{\sim}{\boldsymbol{R}}$满足以下条件，则称 $\underset{\sim}{\boldsymbol{R}}$ 为论域 U 上的一个模糊等价关系：

① 自反性，即 $\boldsymbol{R}\subset\boldsymbol{I}$；

② 对称性，即 $\boldsymbol{R}^{\mathrm{T}}=\boldsymbol{R}$；

③ 传递性，即 $\boldsymbol{R}\circ\boldsymbol{R}\subset\boldsymbol{R}$。

如果 R 满足以下条件，则称 $\underset{\sim}{\boldsymbol{R}}$ 为 U 上的模糊相似关系：

① 自发性，即 $\boldsymbol{R}\subset\boldsymbol{I}$；

② 对称性，即 $\boldsymbol{R}^{\mathrm{T}}=\boldsymbol{R}$。

从以上的定义可看出，为了从模糊相似关系得到模糊等价关系，可将模糊相似矩阵自乘，即 $\boldsymbol{R}\circ\boldsymbol{R}\triangleq\boldsymbol{R}^2$，$\boldsymbol{R}^2\circ\boldsymbol{R}^2\triangleq\boldsymbol{R}^4$，直到 $\boldsymbol{R}^{2k}=\boldsymbol{R}^k$。至此，$\boldsymbol{R}^k$ 便是模糊等价矩阵，它所对应的模糊关系便为模糊等价关系。

建立等价关系的目的是将集合划分为若干等价类。

设 $\underset{\sim}{\boldsymbol{R}}$ 是论域 U 上的等价关系，λ 从 1 下降到 0，依次截得等价关系 R_λ，它们都将 U 作了分类。由于满足条件

$$\lambda_2\leqslant\lambda_1\Rightarrow R_{\lambda 2}\supset R_{\lambda 1}$$

因此，$\forall u,v\in U$，若 u 与 v 相对于 $R_{\lambda 1}$ 来说是属于同一类，$(u,v)\in R_{\lambda 1}$，则 $(u,v)\in R_{\lambda 2}$，即 u 与 v 相对于 $R_{\lambda 2}$ 来说也属于同一类，这意味着由 $R_{\lambda 2}$ 所得到的分类是由 $R_{\lambda 1}$ 所得到的分类的加粗。

当 λ 从 1 下降到 0 时，分类由细变粗，逐渐归并，形成一个分级聚类树。

例 4.1 设 $U=\{u_1,u_2,u_3,u_4,u_5\}$，给定 U 上一个模糊等价关系

$$\underset{\sim}{\boldsymbol{R}}=\begin{bmatrix}1 & 0.4 & 0.8 & 0.5 & 0.5\\0.4 & 1 & 0.4 & 0.4 & 0.4\\0.8 & 0.4 & 1 & 0.5 & 0.5\\0.5 & 0.4 & 0.5 & 1 & 0.6\\0.5 & 0.4 & 0.5 & 0.6 & 1\end{bmatrix}$$

让 λ 从 1 变到 0，写出 $\boldsymbol{R}_\lambda$，再按 $\boldsymbol{R}_\lambda$ 分类，这里 u_i 与 u_j 归为同一类，是指 $\lambda_{rij}=1$。

解:

$$\boldsymbol{R}_1=\begin{bmatrix}1 & 0 & 0 & 0 & 0\\0 & 1 & 0 & 0 & 0\\0 & 0 & 1 & 0 & 0\\0 & 0 & 0 & 1 & 0\\0 & 0 & 0 & 0 & 1\end{bmatrix}\text{相应的分类为}\{u_1\},\{u_2\},\{u_3\},\{u_4\},\{u_5\}$$

$$\boldsymbol{R}_{0.8}=\begin{bmatrix}1 & 0 & 1 & 0 & 0\\0 & 1 & 0 & 0 & 0\\1 & 0 & 1 & 0 & 0\\0 & 0 & 0 & 1 & 0\\0 & 0 & 0 & 0 & 1\end{bmatrix}\text{相应的分类为}\{u_1,u_3\},\{u_2\},\{u_4\},\{u_5\}$$

$$\boldsymbol{R}_{0.6}=\begin{bmatrix}1 & 0 & 1 & 0 & 0\\0 & 1 & 0 & 0 & 0\\1 & 0 & 1 & 0 & 0\\0 & 0 & 0 & 1 & 1\\0 & 0 & 0 & 1 & 1\end{bmatrix}\text{相应的分类为}\{u_1,u_3\},\{u_2\},\{u_4,u_5\}$$

$$\boldsymbol{R}_{0.5}=\begin{bmatrix}1 & 0 & 1 & 1 & 1\\0 & 1 & 0 & 0 & 0\\1 & 0 & 1 & 1 & 1\\1 & 0 & 1 & 1 & 1\\1 & 0 & 1 & 1 & 1\end{bmatrix}\text{相应的分类为}\{u_1,u_3,u_4,u_5\},\{u_2\}$$

于是可得出如图 4.1 所示的分级聚类树。

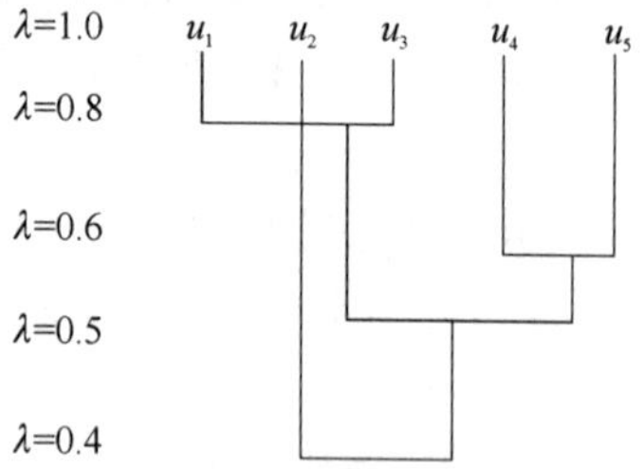

图 4.1 分级聚类树

4.1.3　模糊变换与模糊综合评判

设 $\underset{\sim}{A}=\{\mu_{\underset{\sim}{A}}(u_1),\ \mu_{\underset{\sim}{A}}(u_2),\cdots,\ \mu_{\underset{\sim}{A}}(u_n)\}$是论域 U 上的模糊集，$\underset{\sim}{B}=\{\mu_{\underset{\sim}{B}}(v_1),\ \mu_{\underset{\sim}{B}}(v_2),\cdots,\ \mu_{\underset{\sim}{A}}(v_n)\}$是论域 V 上的模糊集，$\underset{\sim}{R}$ 是 $U\times V$ 的模糊关系，则

$$\underset{\sim}{B}=\underset{\sim}{A}\circ\underset{\sim}{R}$$

称为模糊变换。

模糊变换可应用于模糊综合评判，此时 $\underset{\sim}{A}$ 对应评判问题的因素集，$\underset{\sim}{B}$ 对应评判中的评语集，$\underset{\sim}{R}=(r_{ij})_{n\times m}$对应评判矩阵。

例 4.2　设对某一件衣服进行评价，评判的因素是：色彩$\{u_1\}$、做工$\{u_2\}$、面料$\{u_3\}$、款式$\{u_4\}$，它们构成了论域 U：$U=\{u_1,u_2,u_3,u_4\}$。

评判时由评委对每一个评判因素进行打分，评判的等级是好$\{v_1\}$、较好$\{v_2\}$、一般$\{v_3\}$和差$\{v_4\}$。它们构成了论域 V：$V=\{v_1,v_2,v_3,v_4\}$。

解：

仅对色彩来讲，假设有 70%的评委认为是“好”，20%的评委认为是“较好”，5%的评委认为是“一般”，5%的评委认为是“差”，则对这件衣服“色彩”的评价是：$r_1=\{0.7,0.2,0.05,0.05\}$。

同样，对“做工”的评价是：$r_2=\{0.5,0.1,0.2,0.2\}$。

类似地，对“面料”的评价是：$r_3=\{0.6,0.2,0.1,0.1\}$。

对“款式”的评价是：$r_4=\{0.7,0.2,0.1,0\}$。

这样就可以写出评判矩阵：

$$\underset{\sim}{R}=\begin{bmatrix}0.7 & 0.2 & 0.05 & 0.05\\0.5 & 0.1 & 0.2 & 0.2\\0.6 & 0.2 & 0.1 & 0.1\\0.7 & 0.2 & 0.1 & 0\end{bmatrix}$$

假设四个评判因素在整个评判过程中的权重分别为：“色彩”为 0.3，“做工”为 0.3，“款式”为 0.3，“面料”为 0.1。这四个权重构成了 U 上的一个模糊向量：

$$\underset{\sim}{A}=\{0.3,0.3,0.3,0.1\}$$

由此可得到评委对这件衣服的综合评判为

$$\underset{\sim}{B}=\underset{\sim}{A}\circ\underset{\sim}{R}=[0.3\quad 0.3\quad 0.3\quad 0.1]\circ\begin{bmatrix}0.7 & 0.2 & 0.05 & 0.05\\0.5 & 0.1 & 0.2 & 0.2\\0.6 & 0.2 & 0.1 & 0.1\\0.7 & 0.2 & 0.1 & 0\end{bmatrix}$$

$$=[0.3\quad 0.2\quad 0.2\quad 0.2]$$

因为评判结果中的各项之和为 1，所以它就是最终的评判结果，否则需要进行归一化处理，即各项之和除以每一项。

以下为算子的 MATLAB 函数：

```
function y = fuzzmu(x,y1)
[n,m] = size(x);[m1,n1] = size(y1);
if n~ = 1&&m~ = m1;error('不能运算');end
y = zeros(n,n1);
```

```
    for k = 1:m
        for i = 1:n
          for j = 1:n1;y(i,j) = max(y(i,j),min(x(i,k),y1(k,j)));end
        end
    end
    end
```

4.1.4 If…then 规则

模糊系统理论中的 If…then 规则中 IF 部分是前提或前件,then 部分是结论或后件。解释 If…then 规则包括三个过程:

① 输入模糊化。确定 If…then 规则前提中每个命题或断言为真的程度(即隶属度值)。

② 应用模糊算子。如果规则的前提由几部分组成,则利用模糊算子可以确定出整个前提为真的程度(即整个前提的隶属度)。

③ 应用蕴涵算子。由前提的隶属度和蕴涵算子,可以确定出结论为真的程度(即结论的隶属度)。

4.1.5 模糊推理

模糊推理是采用模糊逻辑由给定的输入到输出的映射过程。模糊推理包括五个方面:

(1) 输入变量模糊化

输入变量是输入变量论域内的某一个确定的数,输入变量模糊化后,变换为由隶属度表示的 0 和 1 之间的某个数。此过程可由隶属度函数或查表求得。

(2) 应用模糊算子

输入变量模糊化后,就可以知道每个规则前提中的每个命题被满足的程度。如果前提不是一个,则需用模糊算子获得该规则前提被满足的程度。

(3) 模糊蕴涵

模糊蕴涵可以看作一种模糊算子,其输入是规则的前提满足的程度,输出是一个模糊集。规则“如果 x 是 A,则 y 是 B”表示了 A 与 B 之间的模糊蕴涵关系,记为 $A \rightarrow B$。

(4) 模糊合成

模糊合成也是一种模糊算子。该算子的输入是每一个规则输出的模糊集,输出是这些模糊集经合成后得到的一个综合输出模糊集。

(5) 反模糊化

反模糊化是把输出的模糊集化为确定数值的输出。常用的反模糊化方法有:

① 中心法。取输出模糊集的隶属度函数曲线与横坐标轴围成区域的中心或对应的论域元素值为输出值。

② 二分法。取输出模糊集的隶属度函数曲线与横坐标轴围成区域的面积均分点对应的元素值为输出值。

输出可以为以下几种中的一种:

- 输出模糊集极大值的平均值;

- 输出模糊集极大值的最大值；
- 输出模糊集极大值的最小值。

4.2　模糊模式识别的基本方法

模糊模式识别大致有两种方法：一种是直接方法，按“最大隶属原则”进行归类；另一种是间接方法，按“择近原则”进行归类。前者主要应用于个体样本的识别；后者一般应用于群体模式的识别。

4.2.1　最大隶属度原则

直接由计算样本的隶属度来判断其归属的方法，即为模式识别的最大隶属度原则。这种分类方式的效果十分依赖于建立已知模式类隶属函数的技巧。

设 $\underset{\sim}{A}_1,\underset{\sim}{A}_2,\cdots,\underset{\sim}{A}_m\in F(U)$，$x$ 是 U 中的一个元素，若

$$\mu_{\underset{\sim}{A}_i}(x)>\mu_{\underset{\sim}{A}_j}(x),\qquad j=1,2,\cdots,m,\quad i\neq j$$

则 x 隶属于 $\underset{\sim}{A}_i$，即将 x 判属于第 i 类。

例 4.3　以人的年龄作为论域 $U=(0,100]$，则“年轻”可以表示为 U 上的模糊集，其隶属度函数为

$$\mu_1(u)=\begin{cases}1, & 0<u\leqslant 0.25\\ \left[1+\left(\dfrac{u-25}{5}\right)^2\right]^{-1}, & 25<u\leqslant 100\end{cases}$$

“年老”也可以表示为 U 上的一个模糊集，其隶属度函数为

$$\mu_1(u)=\begin{cases}0, & 0<u\leqslant 50\\ \left[1+\left(\dfrac{u-25}{5}\right)^2\right]^{-1}, & 50<u\leqslant 100\end{cases}$$

如果某人的年龄为 40 岁，问此人应该属于哪一类？

解： 将 $u=40$ 分别代入上述两个隶属度函数进行计算，可分别得到

$$\mu_1(40)=0.1,\qquad \mu_2(40)=0.2$$

所以应该属于“年老”一类。

4.2.2　择近原则

择近原则就是利用贴近度的概念来实现分类操作。

贴近度是用来衡量两个模糊集 $\underset{\sim}{A}$ 和 $\underset{\sim}{B}$ 的接近程度，用 $N(\underset{\sim}{A},\underset{\sim}{B})$ 表示。贴近度越大，表明这两者越接近。

在模式识别中，论域 U 或者为有限集，即 $U=\{u_1,u_2,\cdots,u_n\}$，或者在一定的区间内，即 $U=[a,b]$。常用的贴近度有以下三种。

(1) 海明贴近度

$$N(\underset{\sim}{A},\underset{\sim}{B})=1-\frac{1}{n}\sum_{i=1}^{n}\left|\underset{\sim}{A}(u_i)-\underset{\sim}{B}(u_i)\right|$$

或
$$N(\underset{\sim}{A},\underset{\sim}{B})=1-\frac{1}{b-a}\int_a^b |A(u_i)-B(u_i)|\,\mathrm{d}u$$

(2) 欧几里德贴近度

$$N(\underset{\sim}{A},\underset{\sim}{B})=1-\frac{1}{\sqrt{n}}\left\{\sum_{i=1}^{n}[\underset{\sim}{A}(u_i)-\underset{\sim}{B}(u_i)]^2\right\}^{\frac{1}{2}}$$

或
$$N(\underset{\sim}{A},\underset{\sim}{B})=1-\frac{1}{\sqrt{b-a}}\left\{\int_a^b [A(u_i)-B(u_i)]^2\mathrm{d}u\right\}^{\frac{1}{2}}$$

(3) 明可夫斯基贴近度

$$N(\underset{\sim}{A},\underset{\sim}{B})=1-\frac{1}{n^{\frac{1}{p}}}\left\{\sum_{i=1}^{n}[\underset{\sim}{A}(u_i)-\underset{\sim}{B}(u_i)]^p\right\}^{\frac{1}{p}}$$

或

$$N(\underset{\sim}{A},\underset{\sim}{B})=1-\frac{1}{(b-a)^{\frac{1}{p}}}\left\{\int_a^b |\underset{\sim}{A}(u_i)-\underset{\sim}{B}(u_i)|^p\mathrm{d}u\right\}^{\frac{1}{p}}$$

(4) 格贴近度

$$N(\underset{\sim}{A},\underset{\sim}{B})=(A\circ B)\wedge(\underset{\sim}{A}^C\circ\underset{\sim}{B}^C)$$

其中,$\underset{\sim}{A}^C$ 为 A 的余,$\underset{\sim}{A}\circ\underset{\sim}{B}$ 为 $\underset{\sim}{A}$,$\underset{\sim}{B}$ 的内积:

$$\underset{\sim}{A}\circ\underset{\sim}{B}=\bigvee_{i=1}^{n}(A(u_i)\wedge B(u_i))$$

例 4.4 设某产品的质量等级分为 5 级,其中每一级有 5 种评判因素 u_1,u_2,u_3,u_4,u_5。每一等级的模糊集为

$$\underset{\sim}{B}_1=\{0.5,0.5,0.6,0.4,0.3\}$$
$$\underset{\sim}{B}_2=\{0.3,0.3,0.4,0.2,0.2\}$$
$$\underset{\sim}{B}_3=\{0.2,0.2,0.3,0.1,0.1\}$$
$$\underset{\sim}{B}_4=\{0.1,0.1,0.2,0.1,0\}$$
$$\underset{\sim}{B}_5=\{0.1,0.1,0.1,0.1,0\}$$

假如某产品各评判因素的值为 $\underset{\sim}{A}=\{0.4,0.3,0.2,0.1,0.2\}$,问该产品属于哪个等级?

解:编写求各种贴近度的 MATLAB 函数。

```
function y = fuz_closing(x,y,type)
n = length(x);
switch type
    case 1
        y = 1 - sum(abs(x - y))/n;                    % 海明贴近度
    case 2
        y = 1 - (sum(x - y).^2)^(1/2)/sqrt(n);        % 欧几里德贴近度
    case 3
        y1 = max(min(fuzinv(x),fuzinv(y)));
        y2 = max(min(x,y));
        y = min(y1,y2);                               % 格贴近度
end
```

可求得样本与各等级的格贴近度分别为 0.5、0.3、0.2、0.1、0.1，所以可认为该产品属于 $\underset{\sim}{B}_1$ 等级。

4.2.3　模糊聚类分析

模糊聚类分析是利用模糊等价关系来实现的。基于模糊等价关系的聚类分析可分为如下三步。

1. 建立模糊相似矩阵

建立模糊相似矩阵前，采用合适的方法先对数据进行标准化，以便分析和比较。

建立模糊相似矩阵是实现模糊聚类的关键。设 $\boldsymbol{S}=\{\boldsymbol{X}^1,\boldsymbol{X}^2,\cdots,\boldsymbol{X}^N\}$ 是待聚类的全部样本，每一个样本都由 n 个特征表示：

$$\boldsymbol{X}^i=(x_1^i,\ x_2^i,\cdots,\ x_n^i)$$

第一步是求样本集中任意两个样本 $\boldsymbol{X}_i$ 与 $\boldsymbol{X}_j$ 之间的相关系数 r_{ij}，进而构造模糊相似矩阵 $\underset{\sim}{\boldsymbol{R}}=(r_{ij})_{N\times N}$。求相关系数的方法有很多，可以根据需要选择其中的一种。

(1) 数量积法

$$r_{ij}=\begin{cases}1, & i=j\\ \dfrac{1}{M}\sum\limits_{k=1} x_{ik}x_{jk}, & i\neq j\end{cases}$$

其中，M 为一适当的正数，满足

$$M\geqslant \max_{i,j}\left(\sum_{i=1}^{n} x_{ik}x_{jk}\right)$$

(2) 相关系数法

$$r_{ij}=\frac{\sum\limits_{k=1}^{n}\left(|x_{ik}-\overline{x_i}|\cdot|x_{jk}-\overline{x_j}|\right)}{\sqrt{\sum\limits_{k=1}^{n}\left(x_{ik}-\overline{x_i}\right)^2}\cdot\sqrt{\sum\limits_{k=1}^{n}\left(x_{jk}-\overline{x_j}\right)^2}}$$

其中，$\overline{x_i}$，$\overline{x_j}$ 分别为样本 i 和 j 的均值。

(3) 绝对值减数法

$$r_{ij}=1-\alpha\sum_{k=1}^{n}|x_{ik}-x_{jk}|$$

其中，α 为适当选取的常数，使 r_{jk} 在[0,1]中且分散。

(4) 夹角余弦法

$$r_{ij}=\frac{(\boldsymbol{x}_j)^{\mathrm{T}}\boldsymbol{x}_j}{\|\boldsymbol{x}_i\|\cdot\|\boldsymbol{x}_j\|}=\frac{\sum\limits_{k=1}^{n}x_{ik}x_{jk}}{\sqrt{\sum\limits_{k=1}^{n}x_{ik}^2\sum\limits_{k=1}^{n}x_{jk}^2}}$$

如果 r_{ij} 出现负值，则需要用下式进行调整：

$$r_{ij}'=\frac{r_{ij}+1}{2}$$

(5) 最大最小法

$$r_{ij}=\frac{\sum_{k=1}^{n}\min(x_{ik},x_{jk})}{\sum_{k=1}^{n}\max(x_{ik},x_{jk})}$$

(6) 算术平均法

$$r_{ij}=\frac{\sum_{k=1}^{n}\min(x_{ik},x_{jk})}{\frac{1}{2}\sum_{k=1}^{n}(x_{ik}+x_{jk})}$$

(7) 几何平均最小法

$$r_{ij}=\frac{\sum_{k=1}^{n}\min(x_{ik},x_{jk})}{\sum_{k=1}^{n}\sqrt{x_{ik}x_{jk}}}$$

(8) 绝对值指数法

$$r_{ij}=\exp\left(-\sum_{k=1}^{n}|x_{ik}-x_{jk}|\right)$$

(9) 绝对值倒数法

$$r_{ij}=\begin{cases}1, & i=j\\ \dfrac{M}{\sum_{k=1}^{n}|x_{ik}-x_{jk}|}, & i\neq j\end{cases}$$

2. 改造相似关系为等价关系

由第一步建立的模糊矩阵,一般情况下是模糊相似矩阵,即只满足对称性和自反性,不满足传递性,还需要将其改造成模糊等价矩阵。

3. 聚　类

对求得的模糊等价矩阵求 λ 截集,即可求得在一定条件下的分类情况。

例 4.5　$X=[\text{Ⅰ},\text{Ⅱ},\text{Ⅲ},\text{Ⅳ},\text{Ⅴ}]$为五个区域的集合,每个区域的环境污染情况由空气、水、土壤、噪声等四类污染物在区域中含量的超限度来描写,污染数据如下:

$$\text{Ⅰ}=(5,5,3,2)$$

$$\text{Ⅱ}=(2,3,4,5)$$

$$\text{Ⅲ}=(5,5,2,3)$$

$$\text{Ⅳ}=(1,5,3,1)$$

$$\text{Ⅴ}=(2,4,5,1)$$

请对这五个区域的污染情况进行聚类分析。

解: 可以用两种方法求解。第一种是根据模糊聚类的原理,自编相应的函数。下面即为作者编写的求各种模糊距离的函数。

```
function y = fuz_distance(x,type)
[r,c] = size(x);
for i = 1:r
    for j = 1:r
      switch type
        case 1                                                    %欧氏距离
            y(i,j) = 0;for k = 1:c; y(i,j) = y(i,j) + (x(i,k) - x(j,k))^2;end
        case 2                                                    %数量积
              if i == j
                  y(i,j) = 1;
              else
                y(i,j) = 0;for k = 1:c; y(i,j) = y(i,j) + x(i,k) * x(j,k);end
              end
        case 3                                                    %相关系数
         m = mean(x);
            a1 = 0;a2 = 0;a3 = 0;
              for k = 1:c
                a1 = a1 + abs((x(i,k) - m(k))) * abs((x(j,k) - m(k)));a2 = a2 + sqrt((x(i,k) - m(k))^2);
                a3 = a3 + sqrt((x(j,k) - m(k))^2); y(i,j) = a1/(a2 * a3);
              end
       case 4                                                     %最大最小法
          a1 = 0;a2 = 0;
          for k = 1:c
              a1 = a1 + min(x(i,k),x(j,k));a2 = a2 + max(x(i,k),x(j,k));y(i,j) = a1/a2;
          end
       case 5                                                     %几何平均法
          a1 = 0;a2 = 0;
            for k = 1:c
              a1 = a1 + min(x(i,k),x(j,k));a2 = a2 + sqrt(x(i,k) * x(j,k));y(i,j) = a1/a2;
            end
         case 6                                                   %绝对指数法
            y(i,j) = exp( - sum(abs(x(i,:) - x(j,:))));
         case 7                                                   %绝对值减数法
            if i == j
                y(i,j) = 1;
            else
                y(i,j) = 1 - 0.1 * sum(abs(x(i,:) - x(j,:)));     %0.1 这个数值可以改变
            end
      end
    end
end
for i = 1:r;for j = 1:r;a = max(max(y));
            switch type
              case 1
                    y(i,j) = 1 - sqrt(y(i,j))/a;
              case 2
                   if i == j;continue;else;y(i,j) = y(i,j)/a;end
            end
      end
end
```

若您对此书内容有任何疑问，可以登录MATLAB中文论坛与作者和同行交流。

根据此函数,可求得按绝对值减数法确定的相关系数,并由此组成相似矩阵如下:

$$\underline{\boldsymbol{R}}=[\begin{matrix}1.0000 & 0.1000 & 0.8000 & 0.5000 & 0.3000\\ 0.1000 & 1.0000 & 0.1000 & 0.2000 & 0.4000\\ 0.8000 & 0.1000 & 1.0000 & 0.3000 & 0.1000\\ 0.5000 & 0.2000 & 0.3000 & 1.0000 & 0.6000\\ 0.3000 & 0.4000 & 0.1000 & 0.6000 & 1.0000\end{matrix}];$$

再根据 fuzzmu 函数(自编)求得 $\underline{\boldsymbol{R}}^8=\underline{\boldsymbol{R}}^4$,即模糊等价矩阵 $\underline{\boldsymbol{R}}^*=\underline{\boldsymbol{R}}^4$。

最后利用 fuzzr(x,a)(自编)求 $\underline{\boldsymbol{R}}^4$ 不同的 λ 截集而进行聚类。

例如,当 $0.6<\lambda<0.8$ 时,可分为四类:$\{x_1,x_3\}$,$\{x_2\}$,$\{x_4\}$,$\{x_5\}$。

对于这类问题,也可以用 MATLAB 函数 fcm 进行求解。此函数采用的是模糊 C 均值聚类方法,调用方式:

[center,***U***,obj_fcn]=fcm(data,cluster_n)

其中,data 是要聚类的数据集合;cluster_n 为聚类数;center 为最终的聚类中心矩阵;***U*** 为最终的模糊分区矩阵(或称为隶属度函数矩阵);obj_fcn 为在迭代过程中的目标函数值。

```
>> data = [5 5 3 2;2 3 4 5;5 5 2 3;1 5 3 1;2 4 5 1];
>> [center,U,obj_fcn] = fcm(data,2);                    % 分两个聚类中心
>> maxU = max(U);
>> index1 = find(U(1,:) == maxU);                       % 第一类
>> index2 = find(U(2,:) == maxU);                       % 第二类
>> data(index1,:)                                       % 第一类中的样本数据
ans =5   5   3   2                                      % Ⅰ、Ⅲ为一类
     5   5   2   3
>> data(index2,:)                                       % 第二类中的样本数据
ans =2   3   4   5                                      % Ⅱ、Ⅳ、Ⅴ为一类
     1   5   3   1
     2   4   5   1
```

如果分成三类聚类中心,则有

```
>> [center,U,obj_fcn] = fcm(data,3);
>> maxU = max(U);index1 = find(U(1,:) == maxU);index2 = find(U(2,:) == maxU);
>> index3 = find(U(3,:) == maxU);
>> data(index1,:)                              % 第一类中的样本数据
ans =1      5      3      1
2      4      5      1
>> data(index2,:)                              % 第二类中的样本数据
ans = 2      3      4      5
>> data(index3,:)                              % 第三类中的样本数据
ans = 5   5   3   2
      5   5   2   3
```

用类似的方法,可以将评价区域分成有四个、五个聚类中心的集合。

4.3　模糊神经网络

作为重要的智能信息处理方法，模糊逻辑和人工神经网络在模拟人脑功能方面各有偏重：模糊逻辑主要模拟人脑的逻辑思维，具有较强的结构性知识表达能力；人工神经网络则主要模仿人脑神经元的功能，具有较强的自学习功能和数据的直接处理能力。

4.3.1　模糊神经网络

对于一般的神经元模型具有如下的信息处理能力：

$$\text{net} = \sum_{i=1}^{n} w_i x_i - \theta$$

$$y = f(\text{net})$$

其中，x_i 为该神经元的输入；w_i 为对应输入 x_i 的连接权值；θ 为该神经元的阈值；y 为输出；$f(\cdot)$为一转换函数。

现将这一神经元模型推广，使之具有更一般的表示形式：

$$\text{net} = \hat{+}_{i=1}^{n} (w_i \hat{\cdot} x_i) - \theta$$

$$y = f(\text{net})$$

此式是以算子($\hat{+}$，$\hat{\cdot}$)代替上式中的算子(+，·)。算子($\hat{+}$，$\hat{\cdot}$)即称为模糊神经元算子。

当 $x_i \in [0,1](i=1,2,\cdots,n-1)$时，采用模糊神经元算子的神经元模型即为模糊神经元模型。

选用不同的模糊神经元算子即可得到不同的模糊神经元模型。表 4.2 列出了其中的几种。从表中也可看出，第一种模糊神经元实际上就是普通神经元，即普通神经元可视为模糊神经元的特例。

表 4.2　6 种模糊神经元模型

模糊神经元序号	算子名称	$\hat{+}$	$\hat{\cdot}$
1	和与积	+	·
2	取小与积	∧	·
3	取大与积	∨	·
4	和与取小	+	∧
5	取小与取小	∧	∧
6	取大与取小	∨	∧

由两个或两个以上的模糊神经元相互连接而形成的网络就是模糊神经网络(Fuzzy Neural Networks，FNN)。它是模糊逻辑与神经网络相融合而成的。构成模糊神经网络的方式有两种：

- 传统神经网络模糊化。这种 FNN 保留原来的神经网络结构，而将神经元进行模糊化处理，使之具有处理模糊信息的能力。
- 基于模糊逻辑的 FNN。这种 FNN 的结构与一个模糊系统相对应。

如果就具体形式而言，FNN 可以分为五大类：

- FNN1——神经元之间的运算与常规的神经元相同，采用 sigmoid 函数，输入值改为模糊量。
- FNN2——神经元之间的运算与常规的神经网络相同，采用 sigmoid 函数，连接权值改为模糊量。
- FNN3——神经元之间的运算与常规的神经网络相同，采用 sigmoid 函数，输入值与连接权值都改为模糊量。
- HNN——输入、权值与常规的神经网络相同，但是用"与"、"或"运算代替 sigmoid 函数。
- HFNN——分别在 FNN1、FNN2、FNN3 的基础上，采用"与"、"或"运算代替 sigmoid 函数。

4.3.2 模糊 BP 神经网络

模糊 BP 网络是最常用的模糊神经网络模型。一个具有两个输入、两个输出的 FNN1 网络具有图 4.2 所示的结构方式。

该网络具有五层。第一层为输入层，它的每一个节点对应一个输入常量，其作用是不加变换地将输入信号传送到下一层；第二层是量化输入层，其作用是将输入变量模糊化；第三层为 BP 网络的隐含层，其作用是与普通 BP 网络基本相同，用于实现输入变量模糊值到输入变量模糊值之间的映射；第四层为量化输出层，其输出的是模糊化数值；第五层是加权输出层，实现输出的清晰化。

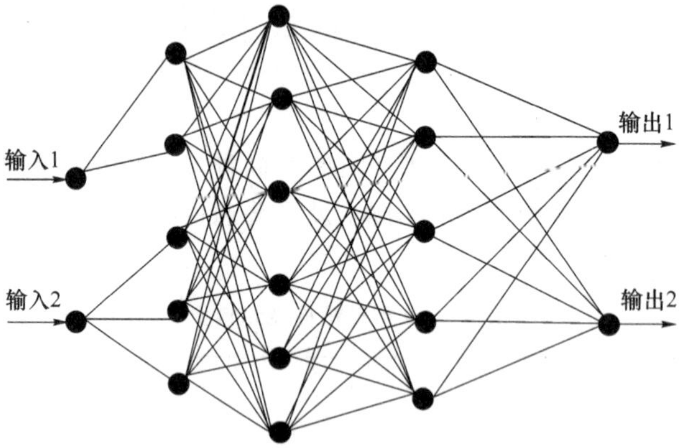

图 4.2 模糊 BP 结构示意图

4.4 模糊逻辑系统及其在科学研究中的应用

例 4.6 在模糊系统的应用研究中，构建隶属度函数是一个比较关键的步骤。隶属度函数的构建可以有多种方法，如例化法、统计法、样板法等。但必须指出，迄今还没有一个一般的、普遍的法则，其构建多少还带有主观性和经验性的成分。

在环境保护中，环境质量评价是一个重要的方面，质量评价是一个模糊评判过程。试构建各级标准水的隶属度函数。

解： 根据 GB3838—88《地面水环境质量标准》，一般将水质污染程度分为五类，即

B=[Ⅰ,Ⅱ,Ⅲ,Ⅳ,Ⅴ]

其中Ⅰ、Ⅱ、Ⅲ、Ⅳ和Ⅴ分级标准采用《地面水环境质量标准》中的值，据此，可构成以下的隶属度函数（以三级水中的 NO_3-N 为例）。

首先编写一个隶属度函数表达式的 M 文件 NO_3mf：

```
function y = NO_3mf(x,params)
a = params(1); b = params(2); c = params(3); %a为二级标准值,b为三级标准值,c为四级标准值
y = zeros(size(x));
index = find(x == b);                    % 当测量值等于此级标准值时,y = 1
y(index) = ones(size(index));
index = find(a >= x | x >= c);  % 当测量值小于二级标准或大于四级标准时,y = 0
y(index) = zeros(size(index));
index = find(a < x & x < b);       % 当测量值小于三级标准、大于二级标准时,y = (x - a)/(b - a)
y(index) = (x(index) - a)/(b - a);
index = find(x > b&&x < c);        % 当测量值大于三级标准、小于四级标准时,y = (x - c)/(b - c)
y(index) = (x(index) - c)/(b - c);
```

在 MATLAB 工作空间输入以下命令：

```
>> x = 0:0.1:30;
>> water = newfis('water');
>> water = addvar(water,'input','three_water',[0 30]);
>> mfedit(water);              %编辑隶属度函数
```

执行后，可得到图 4.3 所示的三级标准中“硝酸盐-N”的隶属度函数，对于其他指标，用类似的方法同样得到隶属度函数。

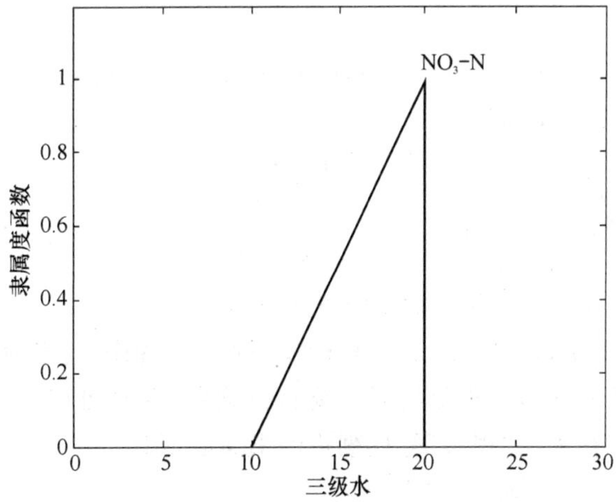

图 4.3　水质三级标准中“硝酸盐-N”的隶属度函数

例 4.7　为了研究气温与降水的关系，定义四个模糊集：

A_1：二月份最低气温（≤5 ℃）的日数“长”。

A_2：冬季极端最低气温“低”。

A_3：极端最低气温出现时间“长”。

A_4：冬季平均气温“低”。

假设四个模糊集的隶属度函数分别如下：

$$f_{A_1}(x)=\begin{cases}0, & x\leqslant 4\\ \left[1+\left(\dfrac{x-4}{2}\right)^{-2}\right]^{-1}, & x>4\end{cases}$$

$$f_{A_2}(x)=\begin{cases}0, & x\leqslant -12\\ \left[1+\left(\dfrac{x+12}{2}\right)^{-2}\right]^{-1}, & x>-12\end{cases}$$

$$f_{A_3}(x)=\begin{cases}0, & x\leqslant 30\\ \dfrac{x-30}{30}, & 30<x<60\\ 1, & x\geqslant 60\end{cases}$$

$$f_{A_4}(x)=\begin{cases}1, & x\leqslant 3\\ 1-\dfrac{x-3}{0.6}, & 3<x<3.6\\ 1, & x\geqslant 3.6\end{cases}$$

根据以上这四个隶属度函数,构建表示冬季低温时间“长”、冬季气温“低”和冬季“冻大”程度的模糊集隶属度函数。

解: 根据题目给出的四个模糊集,可求出表示冬季低温时间“长”的模糊集:

$$B=A_1\cup A_3$$

相应的隶属度函数:

$$f_{A1\cup A3}(x)=\max(\mu_{A_1}(x),\mu_{A_3}(x))$$

表示冬季气温“低”的模糊集:

$$C=A_2\cup A_4$$

相应的隶属度函数:

$$f_{A2\cup A4}(x)=\max(\mu_{A_1}(x),\mu_{A_4}(x))$$

表示冬季“冻大”程度的模糊集:

$$E=B\cap C$$

相应的隶属度函数:

$$f_{B\cap C}(x)=\min(\mu_B(x),\mu_C(x))$$

据此,可画出图 4.4 所示的这些模糊集的隶属度函数:

从上面两个例子中看出,虽然 MATLAB 模糊系统工具箱中的隶属度函数可满足绝大多数的研究,但隶属函数的构建也可根据实际情况自行确定,并且可以利用模糊运算规则,进行“修饰词”的运算而得到“很大”、“很长”等模糊集的隶属度函数。

如果隶属度函数为 $f(x)$,则

- 很高的隶属度函数为 $f^2(x)$;
- 有点高的隶属度函数为 $f^{1/2}(x)$;
- 低的隶属度函数为 $1-f(x)$;
- 很低的隶属度函数为$[1-f(x)]^2$;
- 有点低的隶属度函数为$[1-f(x)]^{1/2}$;
- 中等的隶属度函数为 $\min\{f(x),1-f(x)\}$。

例 4.8 利用模糊理论综合评价污水处理厂运行管理效果。设城市污水处理厂的运行效

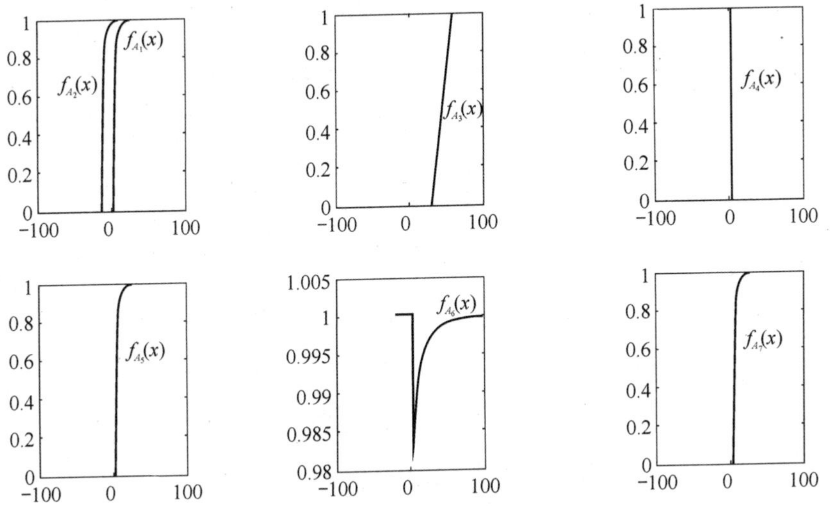

图 4.4　各模糊集的隶属度函数

果主要考虑因素集 $U=[u_1,u_2,u_3,u_4,u_5]$，其中

u_1：产量——每天处理污水量（千吨/日）。

u_2：质量——BOD_5 去除率（%）。

u_3：质量——SS 去除率（%）。

u_4：气水比——处理每吨污水消耗的空气量（m^3/吨）。

u_5：单耗——去除每公斤 BOD_5 耗电量（度/公斤）。

评价结果分为五等级：$V=[$很好，好，中，差，很差$]=[v_1,v_2,v_3,v_4,v_5]$。

其中等级划分标准见表 4.3。

表 4.3　等级划分标准

U \ 标准 \ V	很　好	好	中	差	很　差
u_1	18 以上	17～18	16～17	15～16	15 以下
u_2	93 以上	89～93	85～89	80～85	80 以下
u_3	93 以上	89～93	85～89	80～85	80 以下
u_4	7 以下	7～8	8～9	9～10	10 以上
u_5	0.9 以下	0.9～1.0	1.0～1.1	1.1～1.2	1.2 以上

请根据每天的运行结果，判断管理情况。

解：根据题意，将模糊系统设计成有五个输入，即处理水量、BOD_5 去除率、SS 去除率、气水比和耗电量；一个输出，即评价结果。

五个输入分别设有五个等级，即有五个隶属度函数，具体表达式按等级划分标准所构建的下列隶属度函数进行"修饰词"计算而得到，如"很好"的隶属度函数为 $f^2(x)$。一个输出分五个等级，每一等级用高斯型隶属度函数表示。

$$f_1(x)=\begin{cases}0, & x\leqslant 15\\ \frac{2}{9}(x-15)^2, & 15<x\leqslant 16.5\\ 1, & 18<x\end{cases}$$

$$f_2(x)=f_3(x)=\begin{cases}0, & x\leqslant 80\\ 2\left(\frac{x-80}{13}\right)^2, & 80<x\leqslant 86.5\\ 1-2\left(\frac{x-93}{13}\right)^2, & 86.5<x\leqslant 93\\ 1, & 93<x\end{cases}$$

$$f_4(x)=\begin{cases}1, & x\leqslant 7\\ 1-2\left(\frac{x-7}{3}\right)^2, & 7<x\leqslant 8.5\\ 2\left(\frac{x-10}{3}\right)^2, & 8.5<x\leqslant 10\\ 0, & 10<x\end{cases}$$

$$f_5(x)=\begin{cases}1, & x\leqslant 0.9\\ 1-2\left(\frac{x-0.9}{0.3}\right)^2, & 0.9<x\leqslant 1.05\\ 2\left(\frac{x-1.2}{0.3}\right)^2, & 1.05<x\leqslant 1.7\\ 0, & 1.2<x\end{cases}$$

构建隶属度函数后,就可设计模糊推理系统。

```
>> a = newfis('wa');                          % 设计模糊系统
>> a = addvar(a,'input','water',[0 20]);% 添加输入及输出变量名称及范围
>> a = addvar(a,'input','BOD',[0 100]);a = addvar(a,'input','SS',[0 100]);
>> a = addvar(a,'input','gas',[0 10]);a = addvar(a,'input','ele',[0 1.5]);
>> a = addvar(a,'output','q',[0 1]);
>> % 对每个变量添加隶属度函数,其中输入变量的隶属度函数为自己定义
>> a = addmf(a,'input',1,'mid','mid_1mf',[0 20]); a = addmf(a,'input',1,'good','good_1mf',[0 20]);
>> a = addmf(a,'input',1,'verygood','verygood_1mf',[0 20]);
>> a = addmf(a,'input',1,'bad','bad_1mf',[0 20]);
>> a = addmf(a,'input',1,'verybad','verybad_1mf',[0 20]);
>> a = addmf(a,'input',2,'mid','mid_2mf',[0 100]);
>> a = addmf(a,'input',2,'good','good_2mf',[0 100]);
>> a = addmf(a,'input',2,'verygood','verygood_2mf',[0 100]);
>> a = addmf(a,'input',2,'bad','bad_2mf',[0 100]);
>> a = addmf(a,'input',2,'verybad','verybad_2mf',[0 100]);
>> a = addmf(a,'input',3,'verybad','verybad_3mf',[0 100]);
>> a = addmf(a,'input',3,'bad','bad_3mf',[0 100]);
>> a = addmf(a,'input',3,'verygood','verygood_3mf',[0 100]);
>> a = addmf(a,'input',3,'good','good_3mf',[0 100]);
>> a = addmf(a,'input',3,'mid','mid_3mf',[0 100]);
```

```
>> a = addmf(a,'input',4,'mid','mid_4mf',[0 10]);
>> a = addmf(a,'input',4,'good','good_4mf',[0 10]);
>> a = addmf(a,'input',4,'verygood','verygood_4mf',[0 10]);
>> a = addmf(a,'input',4,'bad','bad_4mf',[0 10]);
>> a = addmf(a,'input',4,'verybad','verybad_4',[0 10]);
>> a = addmf(a,'input',5,'mid','mid_5mf',[0 1.5]);
>> a = addmf(a,'input',5,'good','good_5mf',[0 1.5]);
>> a = addmf(a,'input',5,'verygood','verygood_5'mf,[0 1.5]);
>> a = addmf(a,'input',5,'bad','bad_5mf',[0 1.5]);
>> a = addmf(a,'input',5,'verybad','verybad_5mf',[0 1.5]);
>> a = addmf(a,'output',1,'verygood','gaussmf',[0.1062 1]);
>> a = addmf(a,'output',1,'good','gaussmf',[0.1062 0.75]);
>> a = addmf(a,'output',1,'mid','gaussmf',[0.1062 0.5]);
>> a = addmf(a,'output',1,'bad','gaussmf',[0.1062 0.25]);
>> a = addmf(a,'output',1,'verybad','gaussmf',[0.1062 0]);
>>                                  %设立规则
>> rulelist = [1 1 1 1 1 1 1 1;2 2 2 2 2 2 1 1;3 3 3 3 3 3 1 1;4 4 4 4 4 4 1 1;5 5 5 5 5 5 1 1];
>> a = addrule(a,rulelist);     %添加规则
```

根据设计的模糊系统以及每天的运行数据,就可以判断其运行情况:

```
>> evalfis([12 85 91 8.1 1.0],a)
   ans =
       0.465             %运行情况不十分理想
>> evalfis([17 92 91 7.1 0.9],a)
   ans =
       0.78              %运行情况基本正常
```

- 解题过程中设立的规则只是最简单的,即五个指标的等级都是"很好"时,评价才能是"很好"。如果在实际工作中,能根据具体情况,研究指标间的关系,建立其他规则,则该模型会更精确。
- 构建的隶属度函数是否合适,对结果有着十分重要的影响。解题时所构建的隶属度函数只是众多函数中的一种。图 4.5 为处理水量的五个等级的隶属度函数曲线。

例 4.9　设有三个农业生产方案,各项经济指标如表 4.4 所列。

表 4.4　方案的经济指标值

经济指标	第一方案	第二方案	第三方案
亩产/kg	1 850	1 400	2 150
每百斤产量费用/元	4.8	4.1	6.5
每亩用工/时	35	22	52
每亩纯收入/元	125	115	90
土壤肥力/等级	4	4	2

试评价这三种方案的优劣。

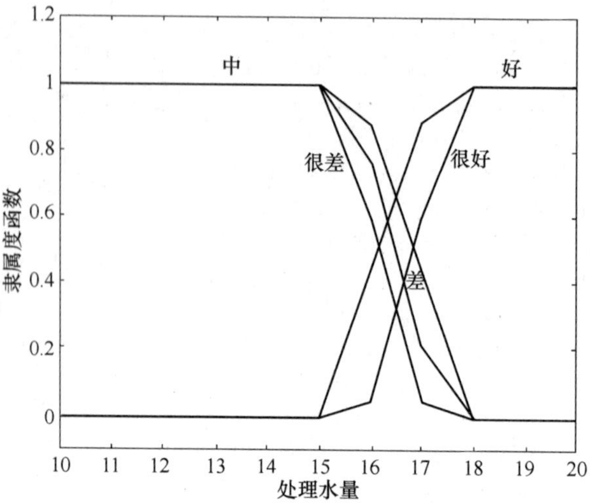

图 4.5 处理水量的隶属度函数

解： 在前一个例子中，介绍了直接利用 MATLAB 函数建立 FIS 系统的过程。在这个例子中将介绍模糊逻辑工具箱的图形用户界面(GUI)建立 FIS 系统。

设计一个模糊系统，有五个输入，即亩产(三个等级)、单位产量费用(三个等级)、每亩用工(三个等级)、每亩纯收入(三个等级)、土壤肥力(两个等级)；一个输出(三个等级)。

首先制定模糊原则：

- if 亩产低 and 费用高 and 用工高 and 收入低 and 肥力低 then 评价差；
- if 亩产中 and 费用低 and 用工低 and 收入中 and 肥力高 then 评价中；
- if 亩产高 and 费用低 and 用工低 and 收入高 and 肥力高 then 评价高；
- if 亩产中 and 费用中 and 用工中 and 收入中 and 肥力高 then 评价中；
- if 亩产高 and 费用高 and 用工高 and 收入低 and 肥力低 then 评价差。

在 MATLAB 工作空间输入命令：

```
>> fuzzy
```

则打开 FIS 编辑器。这时还没有建立 FIS，编辑器默认为 Mamdani 系统(可以在 File 下通过 NEW FIS 选择)，其文件名为 untitled，再进行以下步骤：

① 变量输入

在 Edit 下选择 Add Variable input(或 output)，在右下角的空白处修改输入或输出框的名称，如“产量”等，多次重复单击，便可获得多变量。

在 FIS 编辑器中，单击输入或输出图标以选中变量，然后在 Edit 下选择 Remove variable 以删除指定的输入或输出变量。

② 存 盘

在 File 下选择 Export，将设计好的 FIS 以某个文件名存入工作空间或磁盘，以便下次调用。

至此，已建立初步的模糊推理系统。

③ 给变量添加隶属度函数

在 Edit 下选择 Membership Functions 便进入隶属度函数编辑器。进入隶属度函数编辑器后，可在左上角选择变量，然后在 Edit 下选择 Add MFs 或 Custom MF（自定义隶属度函数），这时出现 Membership Functions 对话框，根据对话框便可进行隶属度函数名称、类型、数量及参数等内容的添加；删除指定的或全体的隶属度函数则在 Edit 下选择 Romove。

④ 规则的编辑

在 FIS 或隶属度函数编辑器中，选择 Edit 下的 Rules，便进入规则编辑器，这时已在 GUI 的下半部给出规则的前件和后件中使用的模糊变量值，这样可以很方便地设计模糊规则：

- 根据设立规则前件之间的关系，在 GUI 的左下角选择 and 或 or，在本例中选择 and。
- 根据设立规则，选择前、后件。如本例的第一条规则，在“亩产”域选择“低”，在“费用”域选择“高”，在“用工”域选择“高”，在“收入”域选择“低”，在“肥力”域选择“低”，在“评价”域选择“差”，然后在 GUI 的中下部单击 Add rule，这样就完成了第一条规则的输入；用同样的方法输入其他规则。
- 在输入过程中，单击 Delete rule 或 Chang rule，进行规则的删除及修改。
- 如果某条规则的权重（Weight）大于 1，则可以通过多次输入该规则的方法改变其权值。

至此已建立了模糊推理系统，在 FIS 编辑器的 File 下选择 Export，将所设计的 FIS 保存到工作空间或磁盘上。

⑤ 计　算

在 FIS、隶属度函数及规则编辑器的 View 下选择 Rules，便可进入规则观测器。在规则观测器 GUI 左下角 Input 框中输入各参数的值，便可在右上角得到输出值。

在 FIS、隶属度函数及规则编辑器的 View 下选择 Surface，便可以看到输出曲面。

在本例中，这三个生产方案的输出值分别为 0.5、0.5 和 0.195，即第三个生产评价较差，而其余两个生产方案评价相差并不大，此结论与用其他方法得出的有些差别。本方法的结果准确性取决于规则设立的合理性及全面性。

例 4.10　模糊聚类可用于目标识别。

设表示新疆十个地区的集：

$$X=[1,2,3,\cdots]$$

其中，1 为阿勒泰，2 为塔城，3 为伊宁，4 为昌吉，5 为奇台，6 为阿克苏，7 为库车，8 为喀什，9 为和田，10 为吐鲁番。

根据专业知识和实践经验，选取影响玉米生长的主要因素有以下几种：

x_1——≥10 ℃积温（即一年中不小于 10 ℃的日平均温度累积）；

x_2——无霜期；

x_3——6～8 月平均气温；

$x4$——5～9 月降水量。

这些因素的实际观测值如表 4.5 所列。

表 4.5 玉米生长的主要影响因素

地区 \ 观测值 \ 因素	x_1/℃	x_2/天	x_3/℃	x_4/mm
1	2 704.7	149	21.3	83.1
2	2 886.2	146	20.9	119.0
3	3 412.1	175	21.8	139.2
4	3 400.2	169	23.3	98.0
5	3 096.4	157	22.3	105.0
6	3 798.2	207	22.6	42.4
7	4 283.6	227	25.3	31.2
8	4 256.3	222	24.5	40.7
9	4 348.8	230	24.5	20.0
10	5 378.3	221	31.4	8.3

请对后 9 个地区进行分类,并求第 1 地区属于哪一类?

解:

```
>> load mydata.dat
>> y1 = mean(x);y2 = std(x);
>> x = [(x(:,1) - y1(1))/y2(1) (x(:,2) - y1(2))/y2(2) (x(:,3) - y1(3))/y2(3) (x(:,4) - y1(4))/y2(4)];
                                                      % 对数据归一化处理
>> [center,U,obj_fcn] = fcm(x,3);                     % 按南疆、北疆及吐鲁番三个地区
>> maxU = max(U);
>> index1 = find(U(1,:) == maxU);
>> index2 = find(U(2,:) == maxU);
>> index3 = find(U(3,:) == maxU);
>> x(index1,1);                                       % 第 6、7、8、9 个数据即南疆地区为一类
>> x(index2,1);                                       % 显示为第 10 个数据即吐鲁番单独为一类
>> x(index3,1);                                       % 第 2、3、4、5 个数据即北疆地区为一类
>> x1 = [ - 1.2823  - 1.2026  - 0.8170 0.3154];       % 新目标值
>> e = ones(3,1) * x1;                                % 使新数据维数与分类值相等
>> f = (center - e)';                                 % 新数据与各聚类中心的值
>> ff = sum(f.^2);                                    % 最小二乘法
>> [min1,index] = min(ff);
>> disp(['新目标为第',num2str(index),'类'])
```

新目标为第 3 类,即归纳于北疆地区。

例 4.11 对例 4.10 题中十个地区的数据采用模糊减法聚类。

解：

```
>> load mydata.dat
>> y1 = mean(x);y2 = std(x);
>> x = [(x(:,1) - y1(1))/y2(1) (x(:,2) - y1(2))/y2(2) (x(:,3) - y1(3))/y2(3) (x(:,4) - y1(4))/y2(4)];
>> figure,hold on
>> plot(x(:,1),x(:,2),'+')                    % 用二维图 4.6 近似表示分类情况
>> radii = 0.3;                               % 半径值
>> [c,s] = subclust(x,radii);
>>                                            % 图中圆圈处代表聚类中心
>> radii = 0.5;
>> [c,s] = subclust(x,radii);
>>                                            % 图中五角星处代表聚类中心
>> plot(c(:,1),c(:,2),'kpentagram','markersize',15,'LineWidth',1.5)
```

从图 4.6 可看出，当半径为 0.3 时得到 8 个聚类中心，而为 0.5 时，只得到了 4 个聚类中心。

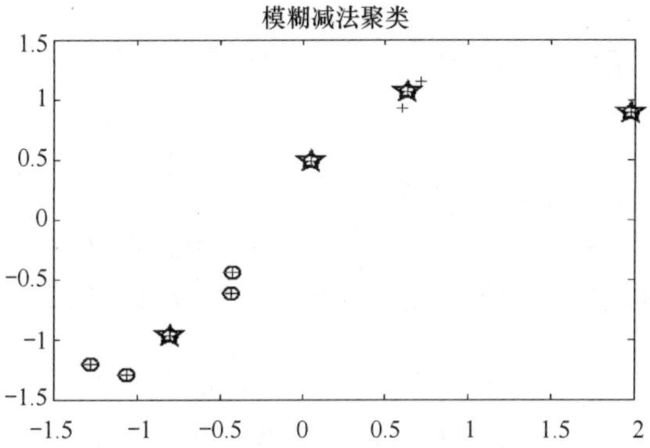

图 4.6　模糊减法聚类结果(radii=0.3 和 0.5)

例 4.12　望江楼 1993—2000 年 1 月份水环境测量值及其相应的标准值如表 4.6、表 4.7 所列，试对此进行模糊评价。

表 4.6　各级环境标准指标值

序　号	指　标	Ⅰ类	Ⅱ类	Ⅲ类	Ⅳ类	Ⅴ类
1	溶解氧	≥7.5	6	5	3	2
2	高锰酸钾指数	≤2	4	6	10	15
3	BOD_5	≤3	3	4	6	10
4	NH_3-N	≤0.15	0.5	1	1.5	2
5	挥发酚	≤0.002	0.002	0.005	0.01	0.1

若您对此书内容有任何疑问，可以登录MATLAB中文论坛与作者和同行交流。

表 4.7 各指标测量值

序 号	溶解氧	高锰酸钾指数	BOD_5	NH_3-N	挥发酚
1993	10.2	1.8	3.5	1.16	0.0
1994	9.2	1.9	7.1	2.33	0.004
1995	8.0	4.1	7.6	0.23	0.004
1996	10.3	1.6	1.5	0.34	0.0
1997	5.8	8.2	6.6	3.91	0.031
1998	3.2	9.4	12.8	6.88	0.00
1999	7.7	4.0	6.6	0.99	0.006
2000	7.4	4.6	7.1	3.67	0.0

解:

首先根据表 4.6 确定各级的隶属度函数。以溶解氧为例,其一、二级隶属度为

$$f_{\mathrm{I}}(x)=\begin{cases}0, & x\leqslant 6\\ \dfrac{x-6}{7.5-6}, & 6<x<7.5\\ 1, & x\geqslant 7.5\end{cases}\qquad f_{\mathrm{II}}(x)=\begin{cases}0, & x\leqslant 5 \text{ 或 } x\geqslant 7.5\\ \dfrac{7.5-x}{7.5-6}, & 6\leqslant x<7.5\\ \dfrac{x-5}{6-5}, & 5<x<6\end{cases}$$

用类似的方法建立其余各级的隶属度的函数。

然后对每一个指标值进行单因素评价,得到综合评判矩阵 $\boldsymbol{R}$。

再确定因素重要程度模糊集即每项指标的权重。权重可以用下式计算:

$$W_i=(c_i/S_i)\Big/\left(\sum\frac{c_i}{S_i}\right)$$

其中,c_i 是测定值;S_i 是某项指标的各分级指标的平均值。要注意的是,因为溶解氧的值越大越好,所以权重取 W_i 的倒数。得到各指标重要程度的模糊集 A。

最后选用模型 M(∧,∨),得模糊评价集:$\boldsymbol{B}=\boldsymbol{A}*\boldsymbol{R}$。

根据计算结果便可以知道评价结果,其中 fuzzmu 函数见例 4.2,water_mu 函数是求每项指标值的各级隶属度。

```
>> load x; m = size(x,1);
>> for k = 1:m;x1 = x(k,:);y = water_mu(x1);y1(k,:) = fuzzmu(y(:,end)',y(:,1:end - 1));end
>> y1
y1 = 0.1841    0.2689    0.4499    0.3200         0    %三级
     0.1120    0.0368    0.0368    0.2992    0.4957    %五级
     0.1962    0.1850    0.0561    0.4881    0.4000    %四级
     0.3534    0.2557         0         0         0    %一级
          0    0.0978    0.1337    0.1572    0.4581    %五级
          0         0    0.1069    0.1236    0.5622    %五级
     0.1680    0.1488    0.2645    0.3493    0.1500    %四级
     0.1027    0.1005    0.1005    0.2207    0.5761    %五级
```

在模糊综合评判中,因素重要程度模糊集 A 的确定是否恰当直接影响评判结果。A 确定

的方法除了本例中介绍的以外，用得最多的是 Delphi 法（专家评议法）。其具体步骤如下：

① 确定各因素 u_i 的重要性序列值 e_i（$i=1,2,\cdots,m$，其中 m 为因素的个数）

邀请专家们凭个人的经验和见解，划定各因素的重要性序列，对最重要的因素取 $e_i=m$，对最次要的因素取 $e_i=1$。共有 n 位专家，这样对每个因素均有 n 个排序值，记第 k 个对因素 u_i 所给定的因素重要性序列值为 $e_i(k)$。

② 编制优先得分表

对专家的评分表进行以下的统计：

$$\text{当}\frac{e_j(k)}{e_i(k)}>1\text{ 时},A_{ij}(k)=1;\quad \text{当}\frac{e_j(k)}{e_i(k)}<1\text{ 时},A_{ij}(k)=0$$

将所有参加评议的专家的 $A_{ij}(k)$ 值累加，即

$$A_{ij}=\sum_{k=1}^{n}A_{ij}(k),\qquad i,j=1,2,\cdots,m$$

由此得到 $m\times m$ 个统计值组成如表 4.8 所列的得分表。此表中 A_{ii} 是没有值的。

表 4.8 得分表

因素序号	u_1	u_2	…	u_m	累积和
u_1	A_{11}	A_{21}	…	A_{1m}	$\sum A_1$
u_2	A_{21}	A_{22}	…	A_{2m}	$\sum A_2$
⋮	⋮	⋮	⋮	⋮	⋮
u_m	A_{m1}	A_{m2}	…	A_{mm}	$\sum A_m$

③ 求 $\sum A_i$

将表 4.8 中各行的 A_{ii} 值相加，得 $\sum A_i$，并求其中最大值和最小值。

④ 计算级差 d

令 $a_{\max}=1, a_{\min}=0.1$，则

$$d=\frac{\sum A_{\max}-\sum A_{\min}}{a_{\max}-a_{\min}}$$

⑤ 计算各因素重要程度系数 a_i

$$a_i=\frac{\sum A_i-\sum A_{\min}}{d}+0.1,\qquad i=1,2,\cdots,m$$

或

$$a_i=1-\frac{\sum A_{\max}-\sum A_i}{d},\qquad i=1,2,\cdots,m$$

例 4.13 在油烧辊道窑的控制器中，重油粘度大，质量波动大，有时甚至堵塞喷嘴，故采用常规控制算法控制的质量不好，甚至无法正常生产。在这种场合，模糊控制算法是比较合适的。请对图 4.7 所示的模糊控制器进行设计。

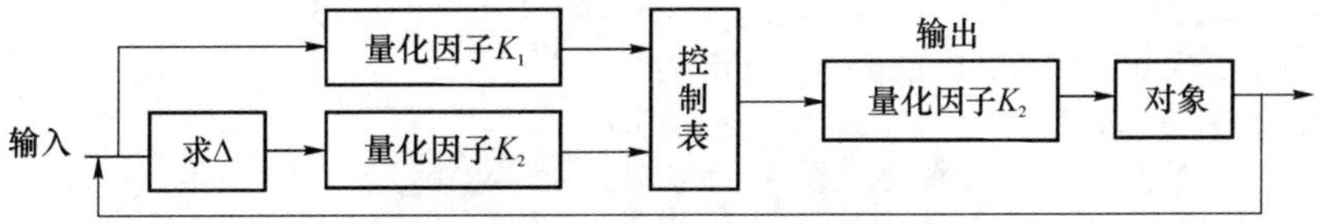

图 4.7 双输入单输出模糊控制系统

辊道温度由热电偶测量,经温度变送器、输入通道转换,得到与实测温度值相应的数字量 Y,计算机将 Y 值与该点温度给定值(数字量)互相比较,得出温度偏差数字量,经计算机处理可以取得偏差变化率的数字量 $\Delta \acute{e}$。Δe 和 $\Delta \acute{e}$ 作为模糊控制器的输入。模糊控制器的输出是应当调节的数字量,对应着执行机构所操纵的喷嘴的开度。

解: 根据题意,此系统为二阶环节的模糊控制器。

定义对应两个输入变量、一个输出变量在[−6,+6]的变化连续量的模糊集:

$$e=[-2,-1,0,1,2]$$

$$\acute{e}=[-2,-1,0,1,2]$$

$$U=[-2,-1,0,1,2]$$

根据窑炉操作人员的经验,可以制定表4.9所列的控制查询表。

表4.9 控制查询表

E / U / C	−2	−1	0	1	2
−2	2	2	2	1	0
−1	2	2	1	0	−1
0	2	1	0	−1	−2
1	1	0	−1	−2	−2
2	0	−1	−2	−2	−2

据此可很方便地编写出MATLAB程序,设计FIS,画出模糊隶属度曲线,计算指定输入时的输出及整个系统的输出曲面。

```
>> a = newfis('a');
>> a = addvar(a,'input','e',[ - 6 6]);a = addvar(a,'input','de',[ - 6 6]);
>> a = addvar(a,'output','u',[ - 6 6]);
>> a = addmf(a,'input',1,'1','trapmf',[ - 6 - 6 - 5 - 3]);
>> a = addmf(a,'input',1,'2','trapmf',[ - 5 - 3 - 2 0]);
>> a = addmf(a,'input',1,'3','trimf',[ - 2 0 2]);
>> a = addmf(a,'input',1,'4','trapmf',[0 2 3 5]);
>> a = addmf(a,'input',1,'5','trapmf',[3 5 6 6]);
>> a = addmf(a,'input',2,'1','trapmf',[ - 6 - 6 - 5 - 3]);
>> a = addmf(a,'input',2,'2','trapmf',[ - 5 - 3 - 2 0]);
>> a = addmf(a,'input',2,'3','trimf',[ - 2 0 2]);
>> a = addmf(a,'input',2,'4','trapmf',[0 2 3 5]);
>> a = addmf(a,'input',2,'5','trapmf',[3 5 6 6]);
>> a = addmf(a,'output',1,'1','trapmf',[ - 3 - 3 - 2 - 1]);
>> a = addmf(a,'output',1,'2','trimf',[ - 2 - 1 0]);
>> a = addmf(a,'output',1,'3','trimf',[ - 1 0 1]);
>> a = addmf(a,'output',1,'4','trimf',[0 1 2]);
>> a = addmf(a,'output',1,'4','trapmf',[1 2 3 3]);
>> r = [2 2 2 1 0;2 2 1 0 - 1;2 1 0 - 1 - 2;1 0 - 1 - 2 - 2;0 - 1 - 2 - 2 - 2];
>> % 根据查询表产生规则
```

```
>> r1 = zeros(prod(size(r)),3);k = 1;       % 规则矩阵的前三列
>> for i = 1:size(r,1)
for j = 1:size(r,2)
r1(k,:) = [i,j,r(i,j)];k = k + 1;
end
end
>> [rr,s] = size(r1);
>> r2 = ones(rr,2);                          % 规则矩阵的后二列
>> rulelist = [r1 r2];
>> a = addrule(a,rulelist);
```

这样就得到了模糊控制器，然后根据输入的量 Δe 和 $\Delta \acute{e}$，便可计算出过程控制的输入。例如：

```
>> evalfis([ - 0.3  - 0.01],a)              % 在实际应用中还要复杂
ans = - 2.0429
```

还可以绘制出当 Δe（或 $\Delta \acute{e}$）不变时的输出，如图 4.8 所示。

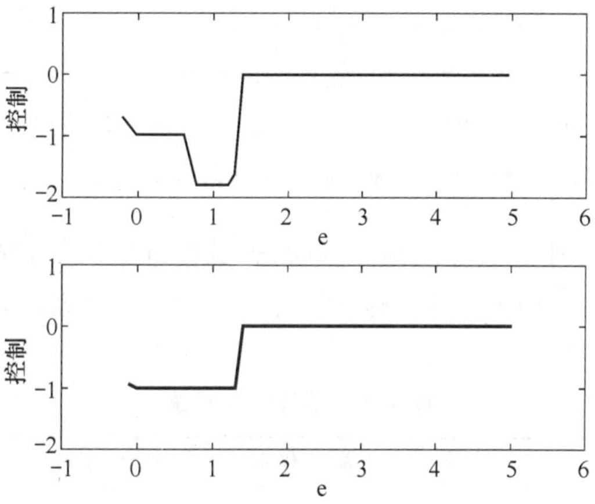

图 4.8　模糊控制器的输入/输出曲线

例 4.14　逼近未知的非性函数有许多方法，如多项式逼近、指数函数逼近、神经网络逼近等。以模糊逻辑系统为基础的模糊模型也可用于非线性动态的建模，并显示出优良的性能。

利用模糊推理系统对非线性函数 $f(x)=2\mathrm{e}^{-x}\sin x$ 进行逼近。

解：设定输入 x 的范围为[0,10]，并将它模糊分割成五个区，即设定一个隶属度函数，其类型采用广义的钟形函数，则有

```
>> x = [0:0.1:10]';y = 2 * exp( - x). * sin(x);data = [x y];
>> mf_type = 'gbellmf';                                  % 训练选项
>> mf_n = 5;
>> fis1 = genfis1(data,mf_n,mf_type);                    % 产生 FIS 结构的初值
>> epoch = 50; errorgoal = 0; step = 0.01;               % 训练参数
>> trnOpt = [epoch errorgoal step NaN NaN];
>> disOpt = [1 1 1 1];
>> chkData = [];
```

```
>> [fis2,error,st,fis3,e2] = anfis(data,fis1,trnOpt,disOpt,chkData);
>> xx = data(:,1);
>> yy = evalfis(xx,fis2);                                %求模拟输出值
>> rmse = norm(yy - data(:,2))/sqrt(size(xx,1));         %求均方误差
```

图 4.9 所示表示训练结果。

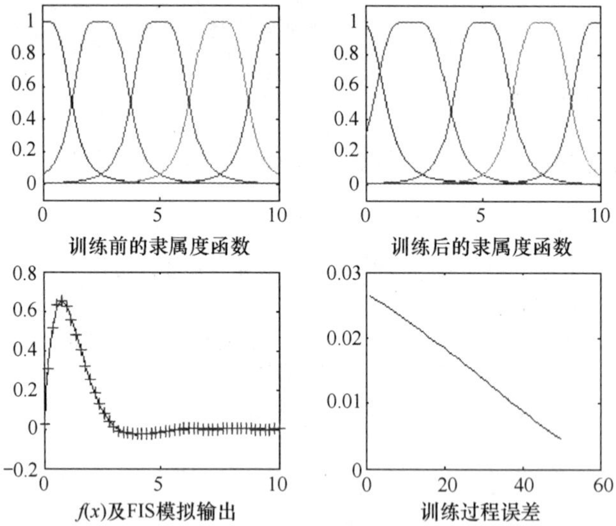

图 4.9 函数逼迫的 ANFIS 训练结果

例 4.15 在利用 genfis1 逼近非线性系统时,若数据维数增加,则很明显计算量将大大增加,此时可利用 genfis2 产生 FIS 初始结构。如有一个故障诊断系统,其故障编码如表 4.10 所列。请对此系统进行模拟逼近。

表 4.10 故障诊断系统

故障序号	测试编码	故障编码
1	11111	00000
2	01000	10000
3	10000	01000
4	11000	00100
5	11000	00010
6	11110	00001

解: 用前五个数据进行训练,最后一个数据用于检验。

```
>> x_in = [1 1 1 1 1;0 1 0 0 0;1 0 0 0 0;1 1 0 0 0;1 1 1 0 0];
>> %anfis 格式只允许 1 列输出,将故障编码改为十进制
>> x_out = [0;16;8;4;2];data = [x_in x_out];
>> fismat = genfis2(x_in,x_out,0.5,minmax(data')');
>> epoch = 50; errorgoal = 0; step = 0.01;          %训练参数
>> trnOpt = [epoch errorgoal step NaN NaN];
```

```
>> disOpt = [1 1 1 1];
>> chkData = [];
>> [fis2,error,st,fis3,e2] = anfis(data,fismat,trnOpt,disOpt,chkData);
>> x1 = [1 1 1 1 0];
>> yy = evalfis(x1,fis2)
    yy =
        1.0000
>> dec2bin('1')                                    % 显示四位,前二位为补位
ans =
110001
```

即故障编码为 00001。

例 4.16 信号检测是影响测量精度的关键。在测量过程中要扣除背景、噪声等因素的影响。此时需要各种各样的滤波技术,模糊滤波技术就是其中的一种。模糊滤波技术是利用 ANFIS 对非线性动态的建模性质,并利用 ANFIS 复现噪声,然后从测量信号中消去噪声而得到有用的测量信号。下面举一个简单的例子说明其方法及步骤。

设有用信号为 $S(t)=\sin(2\pi t)$,有色噪声为白噪声作用于下列非线性函数后产生:

$$\beta(t)=f[n(t),n(t-1)]=n^2(t)\sin[n(t-1)]/[1+n^2(t-1)]$$

解:

```
>> time = (0:0.01:6)';
>> s = sin(2 * pi. * time);                    % 有用信号
>> n = randn(size(time));                      % 产生白噪声 n(t),n(t - 1)
>> n1 = [0;n(1:length(n) - 1)]
>> n2 = n.^2. * sin(n1)./(1 + n1.^2);          % 有色噪声
>> m = s + n2;                                 % 测量信号
>> data = [n n1 m];mf_n = 3;fis1 = genfis1(data,mf_n);
>> epoch = 150; errorgoal = 0; step = 0.01;    % 训练参数
>> trnOpt = [epoch errorgoal step NaN NaN];
>> disOpt = [1 1 1 1];
>> chkData = [];
>> [fis2,error,st,fis3,e2] = anfis(data,fis1,trnOpt,disOpt,chkData);
>> est_n2 = evalfis(data(:,1:2),fis2);         % 噪声估计
>> est_s = m - est_n2;                         % 信号估计
>> figure
>> subplot 221,plot(time,m);title('测量信号')
>> subplot 222,plot(time,est_n2);title('噪声的模糊逼近')
>> subplot 223,plot(time,s);title('信号');axis([ - inf inf  - 4 4])
>> subplot 224,plot(time,est_s);axis([ - inf inf  - 4 4]);title('信号估计')
```

图 4.10 所示为运行结果。

例 4.17 考虑煤炭按成因分类的模糊识别问题。根据成因可将煤炭分为三大类,即无烟煤 A_1、烟煤 A_2 和褐煤 A_3。

设论域 U 为所有煤种的集合,无烟煤 A_1、烟煤 A_2 和褐煤 A_3 是 U 上的模糊子集,对于某

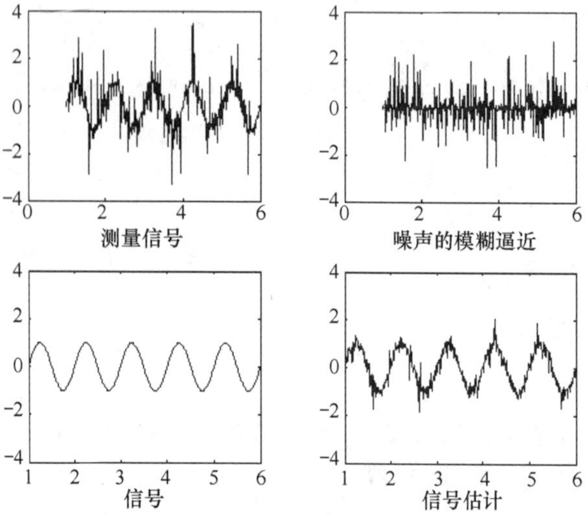

图 4.10　原始信号和经模糊滤波后的信号

一给定的具体煤种 u，试判断其归属。所用数据见表 4.11。

表 4.11　各个煤样特性指标的测量值

煤样样本分类及编号	序号	特性指标(u)									
		碳	氢	硫	氧	镜质组分	丝质组分	块状微粒体	粒状微粒体	壳质树脂体	平均最大反射率
无烟煤(A_1)	1	92.21	2.74	0.84	3.58	86.70	13.30	0.00	0.00	0.00	4.92
	2	92.58	2.80	1.00	2.98	90.01	9.70	0.20	0.00	0.00	3.98
	3	92.63	3.04	0.74	2.64	89.10	10.60	0.30	0.00	0.00	4.12
	4	93.01	1.98	0.55	3.46	89.00	9.40	0.80	0.00	0.00	6.05
	5	93.01	2.79	0.79	2.67	88.30	11.70	0.00	0.00	0.00	4.50
平均值		92.68	2.67	0.78	3.06	88.62	10.94	0.26	0.00	0.00	4.71
烟煤(A_2)	6	84.62	5.61	0.76	7.30	69.10	13.10	1.40	4.10	12.50	0.90
	7	84.53	5.55	0.70	7.36	64.60	8.10	3.00	11.3	11.00	0.85
	8	83.82	5.78	0.90	7.80	84.10	2.70	1.20	7.40	4.50	0.93
	9	82.65	5.57	2.48	7.19	77.20	9.10	2.70	3.20	7.80	0.83
	10	82.43	5.77	1.61	8.53	84.90	3.80	2.30	5.00	4.10	0.84
	11	81.88	5.87	2.94	7.39	80.30	4.30	3.30	7.80	4.30	0.71
平均值		83.32	5.69	1.56	7.59	76.70	6.85	2.31	6.46	7.36	0.84
褐煤(A_3)	12	72.49	5.31	2.11	20.23	85.72	7.90	3.54	3.12	3.73	0.30
	13	72.29	5.26	1.02	20.43	85.60	4.60	3.30	2.80	3.70	0.31
	14	71.39	5.33	1.07	21.03	84.70	5.90	2.80	3.00	3.60	0.32
	15	70.95	5.04	1.50	21.10	81.85	7.25	2.75	2.94	3.21	0.33
	16	71.85	5.17	1.14	20.95	85.10	7.21	3.54	2.77	3.54	0.32
平均值		71.79	5.22	1.36	20.74	84.59	6.57	3.18	2.92	3.55	0.31

解：在模糊模式识别中，构造模糊模式的模糊函数是其关键和难点。下面介绍常用的样板法。

① 设 U 为待识别对象全体的集合，$A_1,A_2,\cdots,A_p$ 为 U 上 p 个模糊模式，每一个识别对象 $u\in U$ 的特性指标向量为 $\boldsymbol{u}=(u_1,u_2,\cdots,u_m)$。

从模糊模式 A_i 中选出个 k_i 样板，设为

$$\boldsymbol{a}_{ij}=(a_{ij1},a_{ij2},\cdots,a_{ijm}),\qquad i=1,2,\cdots,p;\quad j=1,2,\cdots,k_i$$

其中，$\boldsymbol{a}_{ij}$ 表示第 i 个模糊模式 A_i 中的第 j 个样板的特性指标向量；a_{ijk} 表示第 i 个模糊模式 A_i 中的第 j 个样板的第 k 个特性指标的实测数据。

② 计算模糊模式 A_i 中的 k_i 个特性指标向量 $\boldsymbol{a}_{ij}(i=1,2,\cdots,p;j=1,2,\cdots,k_i)$ 的平均值 $\boldsymbol{a}_i$，即

$$\boldsymbol{a}_i=(a_{i1},a_{i2},\cdots,a_{im})$$

其中

$$a_{ik}=\frac{1}{k_i}\sum_{j=1}^{k_i}a_{ijk},\qquad k=1,2,\cdots,m$$

称 $\boldsymbol{a}_i$ 为模糊模式 A_i 的均值样板。

③ 计算模糊模式 A_i 的隶属函数

计算识别对象 $\boldsymbol{u}=(u_1,u_2,\cdots,u_m)$ 与均值样板 $a_i=(a_{i1},a_{i2},\cdots,a_{im})$ 之间的距离 $d_i(\boldsymbol{u},a_i)$，如取欧氏距离，则有

$$d_i(\boldsymbol{u},a_i)=\left[\sum_{j=1}^{m}(\boldsymbol{u}_j-a_{ij})^2\right]^{1/2},\qquad i=1,2,\cdots,p$$

令

$$D=\max\{d_1(\boldsymbol{u},a_1),d_1(\boldsymbol{u},a_2),\cdots,d_p(\boldsymbol{u},a_p)\}$$

则模糊模式的隶属函数为

$$A_i(u)=1-\frac{d_i(\boldsymbol{u},a_i)}{D},\qquad i=1,2,\cdots,p$$

根据以上所述，计算各模式的隶属度值过程如下：

① 用 mean 函数求平均值，即每类的中心。

② 计算待识别煤样与均值的距离（即与每类的距离），可以采用各种距离，如用欧氏距离，则可以用 norm 函数计算。

$$d_1(\boldsymbol{u},a)=\left[\sum_{j=1}^{10}(u_j-\overline{a_j})^2\right]^{1/2},\quad d_2(\boldsymbol{u},b)=\left[\sum_{j=1}^{10}(u_j-\overline{b_j})^2\right]^{1/2},$$

$$d_3(\boldsymbol{u},c)=\left[\sum_{j=1}^{10}(u_j-\overline{c_j})^2\right]^{1/2}$$

令 $D=d_1(\boldsymbol{u},a)+d_2(\boldsymbol{u},b)+d_3(\boldsymbol{u},c)$，则得到三种类型煤的隶属函数为

$$A_1(u)=1-\frac{d_1(\boldsymbol{u},a)}{D},\quad A_2(u)=1-\frac{d_2(\boldsymbol{u},b)}{D},\quad A_3(u)=1-\frac{d_3(\boldsymbol{u},c)}{D}$$

从而可计算出每个煤样隶属于每种类型煤的隶属度值，据此可判断出其属于的类别，计算结果符合实际。

下面以前 5 种煤样的计算为例，列出程序：

```
>> load x;c = mean(x(12:end,:));b = mean(x(6:11,:));a = mean(x(1:5,:));
>> for k = 1:5
    d1(k,1:3) = 0;
    for i = 1:10
      d1(k,1) = d1(k,1) + sqrt((x(k,i) - a(i))^2);d1(k,2) = d1(k,2) + sqrt((x(k,i) - b(i))^2);
```

```
        d1(k,3) = d1(k,3) + sqrt((x(k,i) - c(i))^2);
    end
end
>> D1 = sum(d1')';        %
>> for i = 1:5;for j = 1:3;A1(i,j) = 1 - d1(i,j)/D1(i);end;end
```

例 4.18 胃病病人和非胃病病人的生化指标测量值如表 4.12 所列。试用模糊神经网络方法对某未知样本进行判别。

表 4.12 胃病病人和非胃病病人生化指标的测量值

胃病类型	铜蓝蛋白(x_1)	蓝色反应(x_2)	吲哚乙酸(x_3)	中性硫化物(x_4)	归 类
胃病	228	134	20	11	1
	245	134	10	40	1
	200	167	12	27	1
	170	150	7	8	1
	100	167	20	14	1
非胃病	225	125	7	14	2
	130	100	6	12	2
	150	117	7	6	2
	120	133	10	26	2
	160	100	5	10	2
	185	115	5	19	2
	170	125	6	4	2
	165	142	5	3	2
	185	108	2	12	2
未知样	100	117	7	2	

解：下面介绍模糊神经网络计算的步骤。

① 对于 k 维输入量 $\boldsymbol{x}=[x_1,x_2,\cdots,x_k]$，首先根据模糊规则计算各输入变量 x_j 的隶属度，隶属度函数采用高斯型：

$$\mu_{A_j^i}=\exp[-(x_j-c_j^i)^2/b_j^i],\qquad j=1,2,\cdots,k;\quad i=1,2,\cdots,n$$

其中，c_j^i，b_j^i 分别为隶属度函数的中心和宽度；k 为输入参数的维数(即特征向量数)；n 为模糊子集数。

② 将各隶属度进行模糊计算，模糊算子采用连乘算子：

$$\omega^i=\mu_{A_j^1}(x_1)*\mu_{A_j^2}(x_2)*\cdots*\mu_{A_j^k}(x_k),\qquad i=1,2,\cdots,n$$

③ 根据模糊计算结果计算模糊模型的输出值：

$$y_i=\sum_{i=1}^{n}\omega^i(p_0^i+p_1^ix_1+\cdots+p_k^ix_k)\Big/\sum_{i=1}^{n}\omega^i$$

④ 计算误差：

$$e=\frac{1}{2}(y_d-y_c)^2$$

其中，y_d 是网络期望输出；y 是网络实际输出。

⑤ 系数修正：

$$p_j^i(k)=p_j^i(k-1)-\alpha\frac{\partial e}{\partial p_j^i},\quad \frac{\partial e}{\partial p_j^i}=(y_d-y_c)\omega^i\Big/\sum_{i=1}^{n}\omega^i x_j$$

⑥ 参数修正：

$$c_j^i(k)=c_j^i(k-1)-\beta\frac{\partial e}{\partial c_j^i},\quad b_j^i(k)=b_j^i(k-1)-\beta\frac{\partial e}{\partial b_j^i}$$

本例中参数的修正方法采用遗传算法。由于输入数据为 4 维，输出数据为 1 维，所以模糊神经网络的结构设为 4-8-1，即有 8 个隶属度函数，选择 5×8 个系数 $p_0\sim p_4$，各 c_j^i，b_j^i 为 8×4 的矩阵，所以共有 104 个待优化系数。

编写适应度函数如下：

```
function y = m1(x)
xdata = [228 134 20 11;245 134 10 40;200 167 12 27; 170 150 7 8;
    100 167 20 14;225  125 7 14;130 100 6 12;150 117 7 6;120 133 10 26;
160 100 5 10;185 115 5 19;170 125 6 4;165 142 5 3;185 108 2 12;100 117 7 2]';
xdata = guiyi(xdata);ydata = [1 1 1 1 1 2 2 2 2 2 2 2 2 2 2];
I = 4;M = 8;[n,m] = size(xdata);   %计算待测样本时从这一行开始
p0(1:8) = x(1:8);p1(1:8) = x(9:16);p2(1:8) = x(17:24);p3(1:8) = x(25:32);p4(1:8) = x(33:40);
c = reshape(x(41:72),8,4);b = reshape(x(73:104),8,4);   %将 x 分配给各个参数
y = 0;
for k = 1:m - 1   %计算待测样本时其中的 x 值为测试样本归一化的值
  for i = 1:I;for j = 1:M;u(i,j) = exp( - (xdata(i,k) - c(j,i))^2/b(j,i));end;end   %参数模糊化
  for i = 1:M;w(i) = u(1,i) * u(2,i) * u(3,i) * u(4,i);end         %隶属度计算
  addw = sum(w);
  for i = 1:M
    yi(i) = p0(i) + p1(i) * xdata(1,k) + p2(i) * xdata(2,k) + p3(i) * xdata(3,k) + p4(i) * xdata(4,
k);  %输出
  end
  addyw = 0;addyw = yi * w';yn(k) = addyw/addw;   %预测值,计算待测样本时到此结束
  y = y + (ydata(k) - yn(k))^2/2;
end
```

打开遗传算法工具箱 GUI，并在相应的框中输入各参数就可以进行计算。其中边界约束：Lower 输入 0.01 * ones(1,104)；Upper 输入 10 * ones(1,104)，种群规模选 50。

计算结束后，将结果输出到命令窗口，即可以得到各个参数。利用这些参数和适应度函数的程序从就可以计算未知样的归属，结果为：$y_n=1.9825$，属于第二类。

例 4.19　某地 1985—1995 年期间每年 10 月份的地下水平均值如下所示，试对该地的地下水位情况进行预测。

年份	1985	1986	1987	1988	1989	1990	1991	1992	1993	1994	1995
水位	27.33	26.92	26.40	25.87	25.42	25.12	24.93	24.89	24.73	24.56	24.60

解：对于时间序列预报，希望通过目前时刻 t 为止已知的序列值来预报将来 $t+p$ 时刻的序列值。首先构筑一个输入矩阵，设延迟时间为 3，也即利用时间序列的前 3 个值来预测第 4 个值；然后再利用模糊神经网络进行预测。程序如下：

```
>> x = [27.33 26.92 26.40 25.87 25.42 25.12 24.93 24.89 24.73 24.56 24.60];
>> m = 3;n = length(x); for i = m + 1:n;for j = 1:m;x1(i,j) = x(i - (m - j + 1));end;end
>> x1 = x1(m + 1:end,:);y = x(m + 1:end);yy = [x1 y'];        % 输入向量,即训练数据
>> fis1 = genfis1(yy(1:end,:),3);
>> epoch = 150; errorgoal = 0; step = 0.01;trnOpt = [epoch errorgoal step NaN NaN];disOpt = [1 1 1 1];
>> chkData = [];                                              % 检验数据
>> [fis2,error,st,fis3,e2] = anfis(yy,fis1,trnOpt,disOpt,chkData);
>> pred = evalfis(yy(:,1:3),fis2);                            % 对数列预测
ans = 25.8700   25.4200   25.1200   24.9300   24.8900   24.7300   24.5600   24.6000
```

第5章 核函数方法及应用

核函数方法(Kernel Function Methods,KFM)是一类新的机器学习算法,它与统计学习理论和以此为基础的支持向量机的研究及发展密不可分。随着科学技术的迅速发展和研究对象的日益复杂,高维数据的统计分析方法显得越来越重要。直接对高维数据进行处理会遇到许多困难,特别是“维数灾难”问题,即当维数较高时,即使数据的样本点很多,散布在高维空间中的样本点仍显得很稀疏,许多在低维时应用成功的数据处理方法,在高维中不能应用。因此,在多元统计分析过程中降维是非常重要的。

然而一般常见的降维方法是建立在正态分布这一假设基础上的线性方法,显得过于简化,因而并不能满足现实中的需要,而基于核函数的方法则可以解决这个问题。

作为一种由线性到非线性之间的桥梁,核函数方法的相关研究起源于20世纪初叶,它在模式识别中的应用至少可追溯到1964年。然而直到最近几年,核函数方法的研究才开始受到广泛的重视,各种基于核函数方法的理论与方法相继提出,典型的有支持向量机(Support Vector Machines,SVM)、支持向量回归(Support Vector Regression,SVR)、核主成分分析(Kernel Principal Component Analysis,KPCA)、核 Fisher 判别(Kernel Fisher Discriminant,KFD)等。

5.1 核函数方法

核函数方法是一系列先进非线性数据处理技术的总称,其共同特征是这些数据处理方法都应用了核映射。

从具体操作过程来看,核函数方法首先采用非线性映射将原始数据由数据空间映射到特征空间,进而在特征空间进行对应的线性操作,如图5.1所示。由于运用了非线性映射,且这种非线性映射往往是非常复杂的,从而大大增强了非线性数据的处理能力。

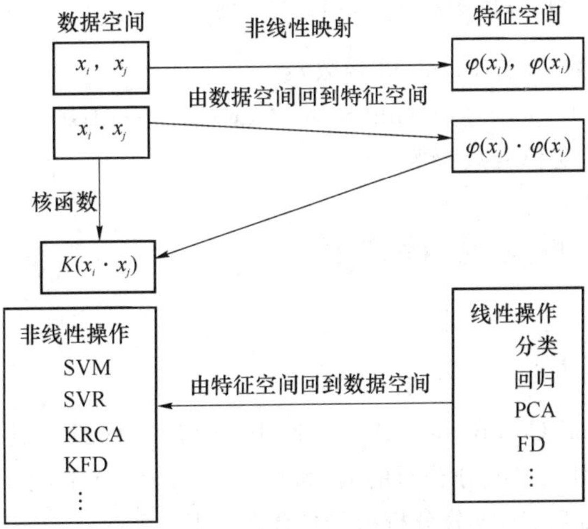

图 5.1 核函数方法框架示意图

从本质上讲,核函数方法实现了数据空间、特征空间和类别空间之间的非线性变换。设 x_i 和 x_j 为数据空间中的样本点,数据空间到特征空间的映射函数为 Φ,核函数方法的基础是实现向量的内积变换:

$$\langle \boldsymbol{x}_i,\boldsymbol{x}_j \rangle \to K(\boldsymbol{x}_i,\boldsymbol{x}_j)=\langle \boldsymbol{\Phi}(\boldsymbol{x}_i)\cdot \boldsymbol{\Phi}(\boldsymbol{x}_j)\rangle$$

通常非线性变换函数 $\Phi(\cdot)$是相当复杂的,而运算过程中实际用到的核函数 $K(\cdot,\cdot)$ 则相对简单得多,这也正是核函数方法最吸引人的地方。

在进行内积变换时,核函数必须满足 Mercer 条件,即对任意给定的对称函数 $K(x,y)$,它是某个特征空间中的内积运算的充分必要条件是,对于任意的不恒为 0 的函数 $g(x)$,且 $\int g(x)^2 \mathrm{d}x < \infty$,有

$$\int K(x,y)g(x)g(y)\mathrm{d}x\,\mathrm{d}y \geqslant 0$$

这一条件并不难满足。假设输入空间数据

$$x_i \in R^{d_L}\ (i=1,2,\cdots,N)$$

对任意对称、连续且满足 Mercer 条件的函数 $K(x_i,x_j)$,存在一个 Hilbert 空间 H,对映射$R^{d_L} \to H$ 有

$$K(x_i,x_j)=\sum_{n=1}^{d_F}\Phi_n(x_i)\Phi_n(x_j)$$

其中,d_F 是 H 空间的维数。

实际上,输入空间的核函数与特征空间的内积等价。在核函数方法的各种实际应用中,只需应用特征空间的内积,而不需要了解映射 Φ 的具体形式。也就是说,在使用核函数方法时只需考虑如何选定一个适当的核函数,而不需要关心与之对应的映射 Φ 可能具有复杂的表达式和很高的维。

在核函数方法的应用中,核函数的选择及相关参数的确定是问题的关键和难点所在,到目前为止,也没有太多的理论作指导。现在获得应用的核函数有以下几种:

① 线性核函数 $K(\boldsymbol{x},\boldsymbol{x}_i)=\langle \boldsymbol{x}\cdot \boldsymbol{x}_i\rangle$。

② p 阶多项式核函数 $K(\boldsymbol{x},\boldsymbol{x}_i)=[\langle \boldsymbol{x}\cdot \boldsymbol{x}_i\rangle + c]^p$,其中 c 为常数,p 为多项式阶数。

③ 高斯径向基函数(RBF)核函数 $K(\boldsymbol{x},\boldsymbol{x}_i)=\exp\left(-\frac{\|\boldsymbol{x}-\boldsymbol{x}_i\|^2}{\sigma^2}\right)$。

④ 多层感知器核函数(又称 Sigmoid 函数):

$$K(\boldsymbol{x},\boldsymbol{x}_i)=\tanh(\text{scale}\times\langle \boldsymbol{x}\cdot \boldsymbol{x}_i\rangle - \text{offset})$$

式中,scale 和 offset 是尺度和衰减参数。

5.2 基于核的主成分分析方法

5.2.1 主成分分析

主成分分析(Principal Component Analysis,PCA)是一种最古老的多元统计分析技术。Pearcon 于 1901 年首次引入主成分分析的概念,Hotelling 在 20 世纪 30 年代对主成分分析进行了发展。在计算机出现后,主成分分析得到广泛的应用。

主成分分析的中心思想是将数据降维,以排除信息共存中相互重叠的部分。它是将原变

量进行转换，使少数几个新变量是原变量的线性组合，同时，这些变量要尽可能多地表征原变量的数据结构特征而不丢失信息。新变量互不相关，即正交。

在二维空间有一组数据点(x_{1i}, y_{1i})，这组数据在二维平面上的分布大致为一椭圆形。若拟将二维降为一维，实际上就是将二维空间的点投影到一维空间中的一条线上。如果没有约束条件，其投影方向将有无穷个。

主成分分析的基本思想是：在一维空间中的这条线必须包含原数据的最大方差。更准确地说，沿着这条线，使方差达到最大；其他方向，使方差达到最小。从几何学的观点看，这条线的方向应沿着椭圆的主轴；从代数学的观点看，这些点的分布可以表达成它们到其重心 O 距离的平方和

$$S^2 = |O_1|^2 + |O_2|^2 + \cdots + |O_n|^2$$

其中，$|O_i|^2$ 为数据点重心到点 i 距离的平方。

现引入一直线 L，6 个数据在 L 上的投影分别为 $1', 2', \cdots, 6'$，如图 5.2 所示，那么 $|O_i|^2$ 可以按下式分解

$$|O_i|^2 = |O_{i'}|^2 + |ii'|^2$$

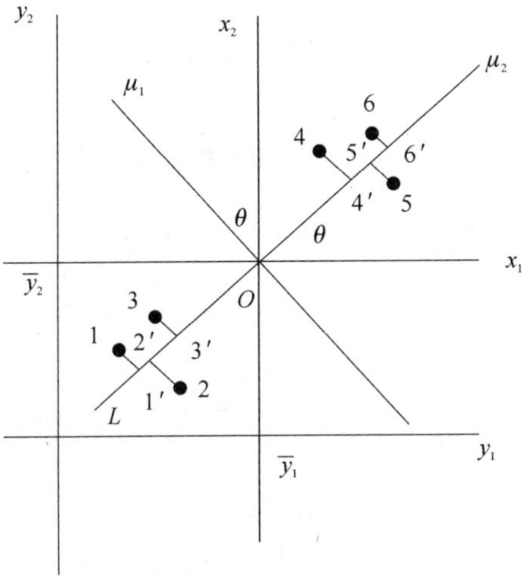

图 5.2　6 个测试点在二维平面上的分布图

即

$$S^2 = |O_{1'}|^2 + |O_{2'}|^2 + \cdots + |O_{6'}|^2 + |11'|^2 + |22'|^2 + \cdots + |66'|^2$$

其中，第一部分即为沿着直线方向的方差，必须使之达到最大；第二部分即为沿着其他方向的方差，必须使之达到最小。

为了标记方便，将原坐标原点放到重心 O 处，它可由一简单的转换来实现：

$$x_{1i} = y_{1i} - \overline{y_1}, \qquad x_{2i} = y_{2i} - \overline{y_2}$$

为了实现上述思想，选定的第一个新变量 μ_1（主成分 1）应沿着直线 L 方向，因为它可以表征最大的偏差量。第二个新变量 μ_2（主成分 2）应与第一个新变量正交，即不相关。

在主成分算法中，将新变量表示为原变量的线性组合，同时二者必须正交。

$$\mu_1 = a(y_{1i} - \overline{y_1}) + b(y_{2i} - \overline{y_2}) = ax_1 + bx_2$$

$$\mu_2 = c(y_{1i} - \overline{y_1}) + d(y_{2i} - \overline{y_2}) = cx_1 + dx_2$$

$$a \cdot c + b \cdot d = 0$$

但是,由于 a,b,c,d 是任意常数,满足条件可有多组解,所以必须对其进行归一化处理,即 $a^2+b^2=1,c^2+d^2=1$。

新坐标实际上是将原坐标旋转一个角度 θ 所得,因此

$$\mu_1=(\cos\theta)x_1+(\sin\theta)x_2$$
$$\mu_2=(-\sin\theta)x_1+(\cos\theta)x_2$$

用矩阵表示即为

$$\begin{bmatrix}\mu_1\\\mu_2\end{bmatrix}=\begin{bmatrix}\cos\theta & \sin\theta\\-\sin\theta & \cos\theta\end{bmatrix}\begin{bmatrix}x_1\\x_2\end{bmatrix}$$

本征矢量(主成分 1 和主成分 2)分别为

$$\begin{bmatrix}a\\b\end{bmatrix}=\begin{bmatrix}\cos\theta\\\sin\theta\end{bmatrix}\qquad\begin{bmatrix}c\\d\end{bmatrix}=\begin{bmatrix}-\sin\theta\\\cos\theta\end{bmatrix}$$

而转换角度 θ 为

$$\theta=\frac{1}{2}\operatorname{arcot}\frac{2\sigma_{x_1x_2}}{\sigma_{x_1}^2-\sigma_{x_2}^2},\qquad\sigma_{x_1}^2>\sigma_{x_2}^2$$

$$\theta=90^\circ+\frac{1}{2}\operatorname{arcot}\frac{2\sigma_{x_1x_2}}{\sigma_{x_2}^2-\sigma_{x_1}^2},\qquad\sigma_{x_1}^2<\sigma_{x_2}^2$$

其中,σ_i 为方差。

类似地,对于 m 维空间中,可得 m 个新变量(主成分),它们是原变量的线性组合,且彼此正交。

$$\mu_1=v_{11}x_1+v_{12}x_2+\cdots+v_{1m}x_m$$
$$\mu_2=v_{21}x_1+v_{22}x_2+\cdots+v_{2m}x_m$$
$$\vdots$$
$$\mu_m=v_{m1}x_1+v_{m2}x_2+\cdots+v_{mm}x_m$$

写成矩阵形式为

$$\boldsymbol{\mu}=\boldsymbol{Vx}$$

对于某一主成分,相应本征矢量的值构成了组合式中原变量的系数。某一变量的载荷(loading)定义为该变量在组合式中的系数乘以相应于该主成分本征值的平方根。在实际中也称系数本身为载荷。载荷越大,说明此变量与那个主成分越"相同",因而载荷可视为变量与主成分的相关性。试样相应于某主成分由组合式计算所得值称为得分(score)。

在 m 维空间中,可得 m 个主成分,在实际应用中一般可取前几个对偏差贡献大的主成分,这样可使高维空间的数据降到低维(如二维或三维)空间,非常利于数据的观察,同时损失的信息量还不会太大。取前 P 个主成分的依据根据下式确定

$$\text{比率}=\left(\sum_{i=1}^{P}\lambda_i\Big/\sum_{i=1}^{m}\lambda_i\right)\times100\%$$

一般推荐比率$\geqslant$80%,并且当数据的来源不一及不同变量间的数值相差较大时,应作标准化处理,即变量与均值之差被标准差来除。

5.2.2 基于核的主成分分析

由于经典的主成分分析是一种线性算法,不能抽取出数据中非线性的结构,即对非线性数据不能降维,此时可用核主成分分析(KPCA)方法。KPCA 用非线性变换将输入数据空间映

射到高维特征空间，使非线性问题转化为线性问题，然后在高维空间中使用 PCA 方法提取主成分，在保持原数据信息量的基础上达到降维的目的。

对于输入空间中的 M 个样本 $\boldsymbol{x}_k(k=1,2,\cdots,M)$，$\boldsymbol{x}_k\in R^N$，使 $\boldsymbol{x}_k$ 中心化，即 $\sum_{k=1}^{M}\boldsymbol{x}_k=0$，则其协方差矩阵为

$$\boldsymbol{C}=\frac{1}{M}\sum_{j=1}^{M}\boldsymbol{x}_j\boldsymbol{x}_j^{\mathrm{T}}$$

对于一般 PCA 方法，即通过求解上述协方差矩阵的特征值和特征向量，获得贡献率大的特征值（对应较大的特征值）及与之对应的特征向量。

现引入线性映射函数 Φ，使输入空间的样本点 $\boldsymbol{x}_1,\boldsymbol{x}_2,\cdots,\boldsymbol{x}_M$ 变换为特征空间中的样本点 $\Phi(\boldsymbol{x}_1),\Phi(\boldsymbol{x}_2),\cdots,\Phi(\boldsymbol{x}_M)$，并假设

$$\sum_{k=1}^{M}\Phi(\boldsymbol{x}_k)=0$$

则在特征空间 F 下的协方差矩阵为

$$\overline{\boldsymbol{C}}=\frac{1}{M}\sum_{j=1}^{M}\Phi(\boldsymbol{x}_j)\Phi(\boldsymbol{x}_j)^{\mathrm{T}}$$

因此，特征空间中的 PCA 是求解方程 $\lambda\boldsymbol{v}=\overline{\boldsymbol{C}}\boldsymbol{v}$ 中的特征值 λ 和特征向量 $\boldsymbol{v}$，进而有

$$\lambda[\Phi(\boldsymbol{x}_k)\cdot\boldsymbol{v}]=\Phi(\boldsymbol{x}_k)\cdot\overline{\boldsymbol{C}}\boldsymbol{v}\qquad(k=1,2,\cdots,M)$$

注意到上式中的 $\boldsymbol{v}$ 可由线性表出，即

$$\boldsymbol{v}=\sum_{i=1}^{M}\alpha_i\Phi(\boldsymbol{x}_i)$$

从而可得

$$\lambda\sum_{i=1}^{M}\alpha_i[\Phi(\boldsymbol{x}_k)\cdot\Phi(\boldsymbol{x}_i)]=\frac{1}{M}\sum_{i=1}^{M}\alpha_i\left[\Phi(\boldsymbol{x}_k)\cdot\sum_{j=1}^{M}\Phi(\boldsymbol{x}_j)\right]\cdot[\Phi(\boldsymbol{x}_j)\cdot\Phi(\boldsymbol{x}_i)]$$

定义 $M\times M$ 矩阵 $\boldsymbol{K}$：$K_{ij}\equiv\Phi(\boldsymbol{x}_i)\cdot\Phi(\boldsymbol{x}_j)$，上式可简化为

$$M\lambda\boldsymbol{K}\alpha=\boldsymbol{K}^2\alpha$$

即

$$M\lambda\boldsymbol{K}=\boldsymbol{K}\alpha$$

通过对上式的求解，即可获得要求的特征值和特征向量。对于测试样本在 F 空间向量 $\boldsymbol{V}^k$ 上的投影为

$$\boldsymbol{V}^k\cdot\Phi(\boldsymbol{x})=\sum_{i=1}^{M}\alpha_i^k[\Phi(\boldsymbol{x}_i)\cdot\Phi(\boldsymbol{x})]$$

应该注意的是，在一般情况下中心化是不成立的，此时 $\boldsymbol{K}$ 可用 $\overline{\boldsymbol{K}_{ij}}$ 代替

$$\overline{\boldsymbol{K}_{ij}}=\boldsymbol{K}_{ij}-\frac{1}{M}\sum_{m=1}^{M}\boldsymbol{l}_{im}\boldsymbol{K}_{mj}-\frac{1}{M}\sum_{n=1}^{M}\boldsymbol{K}_{in}\boldsymbol{l}_{nj}+\frac{1}{M^2}\sum_{m,n=1}^{M}\boldsymbol{l}_{im}\boldsymbol{K}_{mn}\boldsymbol{l}_{nj}$$

其中，$l_{ij}=1$（对所有的 i,j）。

从上面的讨论可以看出，KPCA 实际上与 PCA 具有本质上的区别：PCA 是基于输入向量维数（特征、指标）的，而 KPCA 是基于样本的。

在实际工作中，对样本的数目进行筛选也是非常重要的，其原因有三：一是获取训练样本需要花费大量的时间和费用；二是在一些监督学习领域中，如对 Email 进行分类和过滤，虽然获取样本不需要太多的代价，但标识这些样本要大量时间；三是对于一些机器学习是 NP（Non-deterministic polynimical，多项式复杂程度的非确定性问题）的，如果样本数据太多，会

导致问题的求解无法进行。KPCA 不仅可以用于数据的降维处理,也可用于样本的筛选,此时的算法称为 AKPCA。

而对于样本筛选问题,如果样本数目不是很多,可以通过比较第一特征值对应向量的系数,保留系数大的样本,再在这些样本的基础上进行 KPCA。但是,当样本数目太多时,上述样品筛选的方法变得不可行:一是耗费太多的时间;二是运算需要占用太多的内存。为了解决这个问题,可以对样本数据进行分组训练。设样本总数为 N,现将其分成 M 组,$N=MN_1$,N_1 为每一组中具有的样本数目,设第 i 个($i=1,2,\cdots,M$)组中与第一投影方向相对应的系数向量为 $\boldsymbol{\alpha}^i$:

$$\boldsymbol{\alpha}^i=(\alpha_1^i,\alpha_2^i,\cdots,\alpha_{N1}^i),\qquad i=1,2,\cdots,M$$

并假设每一组中欲保留的样本数目为 $L_i(i=1,2,\cdots,M)$,L_i 由下式决定

$$\frac{\sum_{j=1}^{L_i}\beta_j^2}{\|\boldsymbol{\alpha}^i\|^2}\geqslant\delta$$

其中,δ 值为阈值,可根据问题需要研究,其值越小,筛选掉的样本越多,但也有可能产生较大的误差。β 由 $\boldsymbol{\alpha}^i$ 排序获得,满足 $\beta_1\geqslant\beta_2\geqslant\cdots\geqslant\beta_M$。

5.3 基于核的 Fisher 判别方法

5.3.1 Fisher 判别方法

在第 2 章中我们已经对 Fisher 判别方法进行了介绍。对于两类 d 维样本集 $\boldsymbol{\Xi}$,包含 N 个样本 $\boldsymbol{x}_1,\boldsymbol{x}_2,\cdots,\boldsymbol{x}_N$,其中 N_1 个属于 ω_1 类,记为 $\boldsymbol{\Xi}_1$,N_2 个属于 ω_2 类,记为 $\boldsymbol{\Xi}_2$。Fisher 判别方法讨论是如何将样本投影到一条直线上,形成一维空间,使样本的投影能分得最好。

两类样本的均值向量 $\boldsymbol{m}_i$ 为

$$\boldsymbol{m}_i=\frac{1}{N_i}\sum_{x\in\Xi_i}\boldsymbol{x},\qquad i=1,2$$

样本类内离散度矩阵 $\boldsymbol{S}_i$ 和总类内离散度矩阵 $\boldsymbol{S}_\mathrm{w}$ 分别为

$$\boldsymbol{S}_i=\sum_{x\in\Xi_i}(\boldsymbol{x}-\boldsymbol{m}_i)(\boldsymbol{x}-\boldsymbol{m}_i)^\mathrm{T},\qquad i=1,2$$

$$\boldsymbol{S}_\mathrm{w}=\boldsymbol{S}_1+\boldsymbol{S}_2$$

样本类间离散度矩阵 $\boldsymbol{S}_\mathrm{b}$ 为

$$\boldsymbol{S}_\mathrm{b}=(\boldsymbol{m}_1-\boldsymbol{m}_2)(\boldsymbol{m}_1-\boldsymbol{m}_2)^\mathrm{T}$$

设投影直线的方向为 $\boldsymbol{w}$,则投影后应有

$$\max J_\mathrm{F}(\boldsymbol{w})=\frac{\boldsymbol{w}^\mathrm{T}\boldsymbol{S}_\mathrm{b}\boldsymbol{w}}{\boldsymbol{w}^\mathrm{T}\boldsymbol{S}_\mathrm{w}\boldsymbol{w}}$$

$J_\mathrm{F}(\boldsymbol{w})$称为 Fisher 准则函数。利用 Lagrange 乘子法求解可得最优投影方向 $\boldsymbol{w}^*$

$$\boldsymbol{w}^*=\boldsymbol{S}_\mathrm{w}^{-1}(\boldsymbol{m}_1-\boldsymbol{m}_2)$$

$\boldsymbol{x}$ 在 $\boldsymbol{w}^*$ 上的投影为 $\boldsymbol{y}=(\boldsymbol{w}^*)^\mathrm{T}\boldsymbol{x}$。

利用先验知识确定分界阈值点,并进而判别未知样本的类别,此即 Fisher 线性判别方法。

5.3.2 基于核的 Fisher 判别方法分析

Fisher 线性判别过于简单,往往不能满足处理非线性数据的要求。改进的途径有两条:一是对样本集进行复杂的概率密度估计,在此基础上再使用 Bayes 最优分类器,这种方法在理论上是最理想的,然而由于需要极多的数据样本,在实际中常常是不可行的;二是采用非线性投影,使投影后的数据线性可分。

设非线性函数 Φ 实现由输入空间 X 到特征空间 F 的映射,即 $\Phi: X\rightarrow F$。

通过非线性映射,输入空间中的向量集合 $\boldsymbol{x}_1,\boldsymbol{x}_2,\cdots,\boldsymbol{x}_N$ 映射为特征空间中的向量集合 $\Phi(\boldsymbol{x}_1),\Phi(\boldsymbol{x}_2),\cdots,\Phi(\boldsymbol{x}_N)$。同样,在特征空间中也可定义 Fisher 判别中的各参量,两类样本的均值向量 $\boldsymbol{m}_i^{\Phi}$ 为

$$\boldsymbol{m}_i^{\Phi}=\frac{1}{N_i}\sum_{x\in\Xi_i}\Phi(\boldsymbol{x}),\qquad i=1,2$$

样本类内离散度矩阵 $\boldsymbol{S}_i^{\Phi}$ 和总类内离散度矩阵 $\boldsymbol{S}_{\mathrm{w}}^{\Phi}$ 分别为

$$\boldsymbol{S}_i^{\Phi}=\sum_{x\in\Xi_i}[\Phi(\boldsymbol{x})-\boldsymbol{m}_i^{\Phi}][\Phi(\boldsymbol{x})-\boldsymbol{m}_i^{\Phi}]^{\mathrm{T}},\qquad i=1,2$$

$$\boldsymbol{S}_{\mathrm{w}}^{\Phi}=\boldsymbol{S}_1^{\Phi}+\boldsymbol{S}_2^{\Phi}$$

样本类间离散度矩阵 $\boldsymbol{S}_{\mathrm{b}}^{\Phi}$ 为

$$\boldsymbol{S}_{\mathrm{b}}^{\Phi}=(\boldsymbol{m}_1^{\Phi}-\boldsymbol{m}_2^{\Phi})(\boldsymbol{m}_1^{\Phi}-\boldsymbol{m}_2^{\Phi})^{\mathrm{T}}$$

设投影直线的方向为 $\boldsymbol{w}$,则投影后应有

$$\max J_{\mathrm{F}}(\boldsymbol{w})=\frac{\boldsymbol{w}^{\mathrm{T}}\boldsymbol{S}_{\mathrm{b}}^{\Phi}\boldsymbol{w}}{\boldsymbol{w}^{\mathrm{T}}\boldsymbol{S}_{\mathrm{w}}^{\Phi}\boldsymbol{w}}$$

由上式解得的最优投影方向为 $\boldsymbol{w}=(\boldsymbol{S}_{\mathrm{w}}^{\Phi})^{-1}(\boldsymbol{m}_1^{\Phi}-\boldsymbol{m}_2^{\Phi})$。

$\Phi(\boldsymbol{x})$在 $\boldsymbol{w}^*$ 上的投影为 $\boldsymbol{y}=(\boldsymbol{w}^*)^{\mathrm{T}}\Phi(\boldsymbol{x})$。

以上的计算都是在特征空间中进行的。由于特征空间具有很高的维数,甚至维数为无穷大,因此实际上直接操作是不可能的。考虑到可由 $\Phi(\boldsymbol{x}_1),\Phi(\boldsymbol{x}_2),\cdots,\Phi(\boldsymbol{x}_N)$线性表示,即有 $\boldsymbol{w}=\sum_{i=1}^{N}\alpha_i\Phi(\boldsymbol{x}_i)$,则

$$\boldsymbol{w}^{\mathrm{T}}\boldsymbol{m}_i^{\Phi}=\frac{1}{N_i}\sum_{j=1}^{N}\sum_{k=1}^{N_i}\boldsymbol{\alpha}_j k(\boldsymbol{x}_j,\boldsymbol{x}_k)=\boldsymbol{\alpha}^{\mathrm{T}}\boldsymbol{M}_i,\qquad i=1,2;\quad j=1,2,\cdots,N;\quad \boldsymbol{x}_k\in\Xi_i$$

上式中,有 $(\boldsymbol{M}_i)_j\triangleq\frac{1}{N_i}\sum_{k=1}^{N_i}k(\boldsymbol{x}_i,\boldsymbol{x}_k),\qquad i=1,2;\quad j=1,2,\cdots,N;\quad \boldsymbol{x}_k\in\Xi_i$

从而可得

$$\boldsymbol{w}^{\mathrm{T}}\boldsymbol{S}_{\mathrm{b}}^{\Phi}\boldsymbol{w}=\boldsymbol{w}^{\mathrm{T}}(\boldsymbol{m}_1^{\Phi}-\boldsymbol{m}_2^{\Phi})(\boldsymbol{m}_1^{\Phi}-\boldsymbol{m}_2^{\Phi})^{\mathrm{T}}\boldsymbol{w}=$$
$$\boldsymbol{\alpha}^{\mathrm{T}}(\boldsymbol{M}_1-\boldsymbol{M}_2)(\boldsymbol{M}_1-\boldsymbol{M}_2)^{\mathrm{T}}\boldsymbol{\alpha}=\boldsymbol{\alpha}^{\mathrm{T}}\boldsymbol{M}\boldsymbol{\alpha}$$

其中,$\boldsymbol{M}=(\boldsymbol{M}_1-\boldsymbol{M}_2)(\boldsymbol{M}_1-\boldsymbol{M}_2)^{\mathrm{T}}$,则

$$\boldsymbol{w}^{\mathrm{T}}\boldsymbol{S}_{\mathrm{b}}^{\Phi}\boldsymbol{w}=\boldsymbol{w}^{\mathrm{T}}\sum_{i=1,2}\sum_{x\in\Xi_i}[\boldsymbol{\Phi}(\boldsymbol{x})-\boldsymbol{m}_i^{\Phi}][\boldsymbol{\Phi}(\boldsymbol{x})-\boldsymbol{m}_i^{\Phi}]^{\mathrm{T}}\boldsymbol{w}=\boldsymbol{\alpha}^{\mathrm{T}}\boldsymbol{L}\boldsymbol{\alpha}$$

上式中,$\boldsymbol{L}\triangleq\sum_{j=1}^{2}\boldsymbol{K}_j(\boldsymbol{I}-1_{N_j})\boldsymbol{K}_j^{\mathrm{T}}$,而$(\boldsymbol{K}_j)_{nm}\triangleq k(\boldsymbol{x}_n,\boldsymbol{x}_m)$,$(\boldsymbol{x}_m\in\Xi_j)$,$\boldsymbol{I}$ 为 $N_j\times N_j$ 单位矩阵,1_{N_j} 为 $N_j\times N_j$ 大小的矩阵,其所有元素均为 $1/N_j$。

可见,$\boldsymbol{\alpha}$ 实质上是矩阵 $\boldsymbol{L}^{-1}\boldsymbol{M}$ 的最大特征值对应的特征向量,可以直接如下求得

$$\boldsymbol{\alpha}=\boldsymbol{L}^{-1}(\boldsymbol{M}_1-\boldsymbol{M}_2)$$

为了求解 $\boldsymbol{w}$,需要使 $\boldsymbol{L}$ 为正定。为此可以简单地对矩阵 $\boldsymbol{L}$ 加上一个量 $\boldsymbol{\mu}$,即

$$\boldsymbol{L}_\mu=\boldsymbol{L}+\boldsymbol{\mu I}$$

其中,$\boldsymbol{I}$ 为单位矩阵。

最终特征空间中 Φ 在 $\boldsymbol{w}$ 上的投影变换为 $k(\cdot,\boldsymbol{x})$ 在 $\boldsymbol{\alpha}$ 上的投影,即

$$\boldsymbol{w}^{\mathrm{T}}\cdot\Phi(x)=\sum_{i=1}^{N}\alpha_i k(x_i,x)$$

上式也表明转换回到了数据空间。对于 Fisher 线性判别法,分界点阈值点 y_0 可选为

$$y_0=\frac{N_1\widetilde{\boldsymbol{m}}_1+N_2\widetilde{\boldsymbol{m}}_2}{N_1+N_2}$$

$\widetilde{\boldsymbol{m}}_i(i=1,2)$为投影后的各类别的平均值,满足

$$\widetilde{\boldsymbol{m}}_i=\frac{1}{N_i}\sum_{y\in\Xi_i}y=\frac{1}{N_i}\sum_{y\in\Xi_i}\boldsymbol{w}^{\mathrm{T}}x=\boldsymbol{w}^{\mathrm{T}}\left(\frac{1}{N_i}\sum_{y\in\Xi_i}x\right)=\boldsymbol{w}^{\mathrm{T}}\boldsymbol{m}_i$$

对于基于核的 Fisher 判别方法,分界阈值点 y_0 可选为

$$y_0=\frac{N_1\widetilde{\boldsymbol{m}}_1^{\Phi}+N_2\widetilde{\boldsymbol{m}}_2^{\Phi}}{N_1+N_2}$$

$\widetilde{\boldsymbol{m}}_i^{\Phi}(i=1,2)$为投影后的各类别的平均值,满足

$$\widetilde{\boldsymbol{m}}_i^{\Phi}=\frac{1}{N_i}\sum_{x\in\Xi_i}\sum_{j=1}^{N}\boldsymbol{\alpha}_j k(\boldsymbol{x}_j,\boldsymbol{x})$$

综合上述,可得两类基于核的 Fisher 算法步骤如下:

① 求$(\boldsymbol{M}_i)_j=\dfrac{1}{N_i}\sum_{k=1}^{N_i}k(\boldsymbol{X}_j,\boldsymbol{X}_k^{\omega_i})(i=1,2;j=1,2,\cdots,N)$。核函数取高斯径向基核函数。

② 求 $\boldsymbol{L}=\sum_{j=1}^{2}\boldsymbol{K}_j(\boldsymbol{I}-1_{N_j})\boldsymbol{K}_j^{\mathrm{T}}$ 及 $\boldsymbol{L}_\mu=\boldsymbol{L}+\boldsymbol{\mu I}$。

③ 求 $\boldsymbol{\alpha}=\boldsymbol{L}_\mu^{-1}(\boldsymbol{M}_1-\boldsymbol{M}_2)$。

④ 求训练集内各类样本投影。$y_j=\boldsymbol{w}^{\mathrm{T}}\cdot\Phi(X_j)=\sum_{i=1}^{N}\boldsymbol{\alpha}_i k(\boldsymbol{X}_i,\boldsymbol{X}_j),j=1,2,\cdots,N$。

⑤ 求均值 $\widetilde{\boldsymbol{m}}_i^{\Phi}=\dfrac{1}{N_i}\sum_{y_j\in\omega_i}y_j$。

⑥ 求阈值点 y_0。

⑦ 对于特定样本 $\boldsymbol{X}$,求它的投影点。

⑧ 根据决策规则分类。

对于多类分类,则首先实现两类分类,返回最接近待测样本的类别,然后用返回的类别和新的类别做两类分类,又能够得到比较接近的类别,以此类推,最后得到未知样本的类别。

5.4 基于核的投影寻踪方法

5.4.1 投影寻踪分析

投影寻踪分析(Projection Pursuit,PP)是分析和处理高维数据,尤其是处理来自非正态总

体的高维数据的一种统计方法。PP 的基本思想是把高维数据投影到 1～3 维子空间上，寻找能反映原来数据的结构或特征的投影，以达到研究、分析高维数据的目的。

传统的多元分析是建立在正态分布的基础上的，而实际上有许多数据并不满足这个假定，因此需要用稳健的、实用的方法来解决。但当数据的维数较高时，这些方法都面临三个方面的困难：一是随着维数的增加，计算量迅速增加，而且不可能将其画出可视的分布图或其他图形；二是维数较高时，即使数据的样本点很多，散在高维空间中仍显得非常稀疏。高维空间中数据的稀疏性使许多在一维情况下比较成功的传统方法不能适用处理高维数据；三是在低维时稳健性很好的统计方法应用到高维空间，其稳健性变差，因此需要对高维数据进行降维处理。

现在降维方法应用较多的有聚类分析、因子分析、典型相关分析等，但这些方法仅着眼于变量的距离，而忽略了不相关变量的存在，使人无法确定结果的正确性。

投影寻踪是根据实际问题的需要，通过确定某个准则函数，将高维数据投影到低维子空间，使得投影后的数据可以很好地进行分类或预测，并且信息损失最小。其中的关键是准则函数即投影指标的确定，它应能衡量投影到低维空间上的数据是否是有意义的目标函数，即应能找到一个或几个投影方向，使它的指标值达到最大或最小。

设 $\boldsymbol{X}=\{\boldsymbol{x}_1,\boldsymbol{x}_2,\cdots,\boldsymbol{x}_n\}$ 是 n 个 p 维向量，其分布函数记为 F_x。设 $\boldsymbol{\alpha}\in\mathbf{R}^p$ 为一方向向量，满足 $\boldsymbol{\alpha}^{\mathrm{T}}\boldsymbol{\alpha}=1$；$\boldsymbol{X}$ 在 $\boldsymbol{a}$ 方向上的投影为 $\boldsymbol{Y}$，则 $\boldsymbol{Y}=\boldsymbol{\alpha}^{\mathrm{T}}\boldsymbol{X}$。对于投影方向 $\boldsymbol{\alpha}$，投影数据 $\boldsymbol{\alpha}^{\mathrm{T}}\boldsymbol{X}$ 的投影指标记为 $Q(\boldsymbol{Y})$ 或 $Q(\boldsymbol{\alpha}^{\mathrm{T}}\boldsymbol{X})$，它有三种类型：

第Ⅰ类指标是位移、尺度同变的，即对任何 α、$\beta\in\mathbf{R}$，有

$$Q(\alpha\boldsymbol{Y}+\beta)=\alpha Q(\boldsymbol{Y})+\beta$$

第Ⅱ类指标是位移不变、尺度同变的，即

$$Q(\alpha\boldsymbol{Y}+\beta)=|\alpha|Q(\boldsymbol{Y})$$

第Ⅲ类指标是投影不变的，即

$$Q(\alpha\boldsymbol{Y}+\beta)=Q(\boldsymbol{Y})$$

从计算角度，可以将投影指标分为密度型投影指标和非密度型投影指标。

1. 密度型投影指标

计算时需估计投影数据的密度函数的投影指标称为密度型投影指标，常用的有下列几种。

(1) K－L 绝对信息散度

K－L 绝对信息散度可以很好地度量两个分布之间的距离。一般认为服从正态分布的数据含有的有用信息最小，因而人们感兴趣的是与正态分布差别大的结构。不同的高维数据在不同方向上的一维投影与正态分布的差别是不一样的，因此可以用投影数据的分布与正态分布的差别作为投影指标。

$p(x)$、$q(x)$间的绝对信息散度定义为

$$J(p,q)=|KL(p;q)|+|KL(q;p)|$$

而

$$KL(q;p)=\int_R \ln\left[\frac{q(x)}{p(x)}\right]q(x)\mathrm{d}x$$

如果给出的是离散估计，则 K－L 的绝对信息散度的离散形式为

$$KL(q;p)=\sum q_i \lg\frac{q_i}{p_i}$$

(2) Friedman - Tukey 指标

该投影指标为

$$Q_{FT}(a)=S(a)D(a)$$

其中,$S(a)$表示投影数据总体的离散度;$D(a)$为投影数据的局部密度。

(3) 一阶熵投影指标

该投影指标为

$$Q_E(a)=-\int f(y)\lg f(y)\mathrm{d}y$$

(4) Cook 投影指标族

设 X 为将多维数据中心化和球化后的投影数据,其分布函数为 $F(x)$,密度函数为 $f(x)$,令广义变换 T 为: $\mathbf{R}\to\mathbf{R}$ 将 X 映射到 Y,记 Y 的分布函数为 $F(y)$,密度函数为 $f(y)$,同时令$g(y)$为标准正态密度 $\varnothing(y)$的经 T 变换后的密度函数,Cook 投影指标族为

$$Q(y)=\int_{\mathbf{R}}[f(y)-g(y)]^2 g(y)\mathrm{d}y$$

该投影指标的逆变换为

$$Q(x)=\int_{\mathbf{R}}[f(y)-\varnothing(x)]^2\frac{\varnothing(x)}{T'(x)^2}\mathrm{d}x$$

(5) Hall 投影指标

Hall 投影指标为 Cook 投影指标族的一个特例,其形式为

$$Q(a)=\int_{-\infty}^{\infty}[f(y)-\varnothing(y)]^2\mathrm{d}y$$

2. 非密度型投影指标

不需要估计投影数据的密度函数的投影指标称为非密度型投影指标。这类指标可以大大降低计算的复杂度。其中最常用的是方差指标,即

$$Q(\boldsymbol{a}^{\mathrm{T}}X)=\mathrm{var}(\boldsymbol{a}^{\mathrm{T}}x)$$

根据各种投影指标的定义可看出,投影寻踪指标的实质是度量一个分布与其同方差的正态分布间的距离。常用的度量方法是计算它们之间的负熵,即

$$J_I(p)=H(p_G)-h(p)=\frac{1}{2}\lg(2\pi)+\lg(\sigma)+\int p(x)\lg p(x)\mathrm{d}x$$

其中,σ 是分布的标准差;$p(x)$是分布密度函数,它一般是未知的,必须由样本数据来估计,常用三阶、四阶累计量或 Gram - Charlier 展开式来估计

$$p(x)\approx\delta(x)\left[1+\frac{k_3}{3!}H_3(x)+\frac{k_4}{4!}H_4(x)\right]$$

其中,k_3、k_4 是三阶、四阶累计量; $H_i(x)$是 Chebyshev - Hermite 多项式

$$k_3=\frac{E[(x-\bar{x})^3]}{\sigma^3},\qquad k_4=\frac{E[(x-\bar{x})^4]}{\sigma^4}-3$$

$$H_3(x)=4x^3-3x,\qquad H_4(x)=8x^4-8x^2+1$$

$\delta(x)$由下式定义

$$\delta(x)=\frac{1}{\sqrt{2\pi}}\exp\left(\frac{x^2}{2}\right)$$

据此还可以计算负熵的近似值

$$\overline{J_I}(p)\approx\sigma-\frac{(k_3)^2}{2\cdot 3!}-\frac{(k_4)^2}{2\cdot 4!}+\frac{5}{8}(k_3)^2k_4+\frac{1}{16}(k_4)^3$$

投影寻踪分析的过程包括以下几步：

(1) 数据预处理

为消除各指标值的量纲和统一各指标值的变化范围，需要对原始数据进行极值归一化处理。

设分类数据矩阵为

$$\boldsymbol{X}=\begin{bmatrix} x_{11} & \cdots & x_{1m} \\ \vdots & & \vdots \\ x_{n1} & \cdots & x_{nm} \end{bmatrix}$$

其中，n 为样品数；x_{ij} 为每个样品测得 m 项指标（变量）的观察数据，$i=1,2,\cdots,n$，$j=1,2,\cdots,m$。归一化公式有

对于越大越优的指标，$x_{ij}^*=\dfrac{x_{ij}-x_{\min}(j)}{x_{\max}(j)-x_{\min}(j)}$；

对于越小越优的指标，$x_{ij}^*=\dfrac{x_{\max}(j)-x_{ij}}{x_{\max}(j)-x_{\min}(j)}$。

(2) 构造投影指标函数

PP 方法就是把 m 维数据 $\{x^*(i,j)|j=1,2,\cdots,m\}$ 综合成以 $\boldsymbol{a}=\{a(1),a(2),\cdots a(m)\}$ 为投影方向的一维投影值 $z(i)$

$$z(i)=\sum_{j=1}^{m}a(j)x^*(i,j),\qquad i=1,2,\cdots,n$$

其中，$\boldsymbol{a}$ 为单位长度向量。然后根据 $z(i)$ 的一维散布图进行分类。

确定投影指标时，要求投影值 $z(i)$ 在局部的投影点尽可能密集，最好凝聚成若干个点团，而在整体上投影点团之间尽可能散开。因此，投影指标函数可以表示成 $Q(\boldsymbol{a})=S_zD_z$，其中，S_z 为投影值 $z(i)$ 的标准差，D_z 为投影值 $z(i)$ 的局部密度，即

$$S_z=\sqrt{\frac{\sum_{i=1}^{n}[z(i)-E_z]^2}{n-1}}$$

$$D_z=\sum_{i=1}^{n}\sum_{j=1}^{n}\{R-r(i,j)\cdot u[R-r(i,j)]\}$$

其中，E_z 为序列 $z(i)$ 的平均值，R 为局部密度的窗口半径。在一定范围内不同的密度窗口取值，必然得到不同的投影方向向量，也即从不同方向观察数据样本特征，有可能得到不同的结果。所以 R 的选取既要使包含在窗口内的投影点的平均个数不能太少，避免滑动平均偏差太大，但又不能使它随着 n 的增加而增加太高，它可以根据试验来确定，在实际计算中可选取

$$r_{\max}+m/2\leqslant R\leqslant 2m$$

其中，$r(i,j)$ 表示样本之间的距离，$r(i,j)=|z(i)-z(j)|$，$r_{\max}=\max[r(i,j)]$；$u(t)$ 为一单位阶跃函数，当 $t\geqslant 0$ 时，其值为 1，当 $t<0$ 时其值为 0。

投影指标的构造并没有固定的形式和标准，在实际应用中可以根据具体情况灵活选择，所构造的投影指标必须能够反映问题的特性，以达到对数据样本进行合理聚类的目的。

(3) 优化投影指标函数

当各指标值的样本集给定时,投影指标函数 $Q(\boldsymbol{a})$ 只随着投影方向 $\boldsymbol{a}$ 的变化而变化。不同的投影方向反映不同的数据结构特征,最佳投影方向就是能最大程度地反映高维数据某类特征结构的投影方向,因此可以通过求解投影指标函数最大化问题来估计最佳投影方向,即

最大化目标函数: $\max Q(\boldsymbol{a})=S_z D_z$。

约束条件: $\sum_{j}^{m}\boldsymbol{a}^2(j)=1$。

可以采用各种有效的方法进行优化,常用的是遗传算法。

(4) 分 类

把所求得的最佳投影方向 a^* 代入

$$z(i)=\sum_{j=1}^{m}a(j)x^*(i,j),\qquad i=1,2,\cdots,n$$

计算出各样本点的投影值 $z^*(i)$,将 $z^*(i)$ 与 $z^*(j)$ 比较,二者越接近,表示样本 i 与 j 越倾向于分为同一类。若按 $z^*(i)$ 值从大到小排序,则可以将样本从优到劣进行排序。

5.4.2 基于核的投影寻踪分析

从上面的讨论可以看出,PP 法主要包括两个方面:一是寻找投影方式,一般用线性投影;二是选定 PP 指标,使各样本点的投影值在 PP 指标下是最优的。

类似地,基于核的 PP 方法也可以采取两种方法进行:一是将核函数方法应用到投影过程中,即采用非线性投影方式,而 PP 指标采用一般的指标;二是设置基于核的 PP 指标,在此之前的则可以采用线性的投影方式。下面对第二种方法进行研究。

对于 $d(d>2)$ 维的观察数据集合 $\boldsymbol{\Xi}_1=\{\boldsymbol{X}_1,\boldsymbol{X}_2,\cdots,\boldsymbol{X}_{N1}\}$ 和 $\boldsymbol{\Xi}_2=\{\boldsymbol{X}_{N1+1},\boldsymbol{X}_{N1+2},\cdots,\boldsymbol{X}_{N1+N2}\}$,$\boldsymbol{\Xi}_1$ 和 $\boldsymbol{\Xi}_2$ 分别对应于两类样本集合,$\boldsymbol{\Xi}=\boldsymbol{\Xi}_1+\boldsymbol{\Xi}_2$,$N=N_1+N_2$。设存在投影方向 $\boldsymbol{b}_1$,有

$$\boldsymbol{y}_{1i}=\boldsymbol{b}_1^{\mathrm{T}}\cdot\boldsymbol{X}_i\qquad(i=1,2,\cdots,N)$$

同时存在投影方向 $\boldsymbol{b}_2$,并满足 $\boldsymbol{b}_2\perp\boldsymbol{b}_1$,有

$$\boldsymbol{y}_{2i}=\boldsymbol{b}_2^{\mathrm{T}}\cdot\boldsymbol{X}_i\qquad(i=1,2,\cdots,N)$$

对于分类而言,选择合适的核函数,应使样本集 $\{(\boldsymbol{y}_{1i},\boldsymbol{y}_{2i})^{\mathrm{T}}\}(i=1,2,\cdots,N)$ 具有最小的分类误差。这实际上是设计一个支持向量机模型。投影指标可设定为

$$\min J(\boldsymbol{b}_1,\boldsymbol{b}_2)=C\sum_{i=1}^{N}\xi_i$$

其中,C 为惩罚系数;ξ 为由于分类错误而引入的松弛因子,对于正确的分类,$\xi_i=0$。

如果进一步考虑到错分样本和泛化能力的折中,可进一步将投影指标设定为

$$\min J(\boldsymbol{b}_1,\boldsymbol{b}_2)=C\left(\sum_{i=1}^{N}\xi_i\right)+\frac{1}{2}(\boldsymbol{w}\cdot\boldsymbol{w})$$

由于待优化的参数太多,使得上述的优化问题难以进行。为了使问题简化,可以将上述问题化为两个独立的过程即投影过程和分类过程。在投影过程中,第一个由 Fisher 法获得,此时的投影指标为

$$\frac{\boldsymbol{b}_1^{\mathrm{T}}\boldsymbol{S}_{\mathrm{b}}\boldsymbol{b}_1}{\boldsymbol{b}_1^{\mathrm{T}}\boldsymbol{S}_{\mathrm{w}}\boldsymbol{b}_1}=\max\left(\frac{\boldsymbol{b}_1^{\mathrm{T}}\boldsymbol{S}_{\mathrm{b}}\boldsymbol{b}_1}{\boldsymbol{b}_1^{\mathrm{T}}\boldsymbol{S}_{\mathrm{w}}\boldsymbol{b}_1}\right)$$

约束条件: $|\boldsymbol{b}|=1$

第二个方向不妨选为 PCA 的第一个投影方向。这样选择的好处是充分考虑了分类和特征值离散程度较大的要求。

5.5　核函数方法在科学研究中的应用

例 5.1　为了进行土壤分析、研究质量，取了 20 个样本，每个样本有 4 个指标：淤泥含量、黏土含量、有机物、酸性指标 pH 值。原始数据见表 5.1。试对其进行主成分分析。

表 5.1　原始数据表

编　号	淤泥含量/%	黏土含量/%	有机物/%	pH 值
1	13.0	9.7	1.5	6.4
2	10.0	7.5	1.5	6.5
3	20.6	12.5	2.3	7.0
4	33.3	19.0	2.8	5.8
5	20.5	14.2	1.9	6.9
6	10.0	6.7	2.2	7.0
7	12.7	5.7	2.9	6.7
8	36.5	15.7	2.3	7.2
9	37.1	14.3	2.1	7.2
10	25.5	12.9	1.9	7.3
11	26.5	14.9	2.4	6.7
12	22.3	8.4	4.0	7.0
13	30.8	7.4	2.7	6.4
14	25.3	7.0	4.8	7.3
15	31.2	11.6	2.4	6.3
16	22.7	10.1	3.3	6.2
17	31.2	9.6	2.4	6.0
18	13.2	6.6	2.0	5.8
19	11.1	6.7	2.2	7.2
20	20.7	9.6	3.1	5.9

解： MATLAB 中进行主成分分析的函数为 princomp。

进行主成分分析，如果各变量的数量级和量纲等存在较大差异，则需要首先进行数据标准化。在本例中数据差异较小，可以不进行标准化。

```
>> load mydata;
>> [pcs,newdata,var,t2] = princomp(x);          % 主成分分析
```

其中 pcs、newdata、var、t2 分别为主成分、主成分得分、主成分方差及 Hotelling's T^2 检验。

```
>> pcs                                                    % 四个主成分
pcs = 0.9559    - 0.2878    - 0.0581    0.0084
      0.2934      0.9456      0.1391  - 0.0214
      0.0150    - 0.1518      0.9762  - 0.1542
      0.0005    - 0.0007      0.1559    0.9878
>> plot(newdata(:,1),newdata(:,2),'+')                    % 得分用图 5.3 表示,并用 gname 命令进行标注
>> percent_explained = 100 * var/sum(var);                % 各主成分的解释方差
>> pareto(percent_explained)                              % 解释方差的帕累托图
```

从图5.3中可看出,由第一个主成分所解释的方差占到总方差的90%以上,第三、四主成分所解释的方差可忽略,所以可以将四维的原数据矩阵降为二维的数据矩阵。

```
>> x = pcs(1:2,:) * mydata';                              % 降维后的数据
```

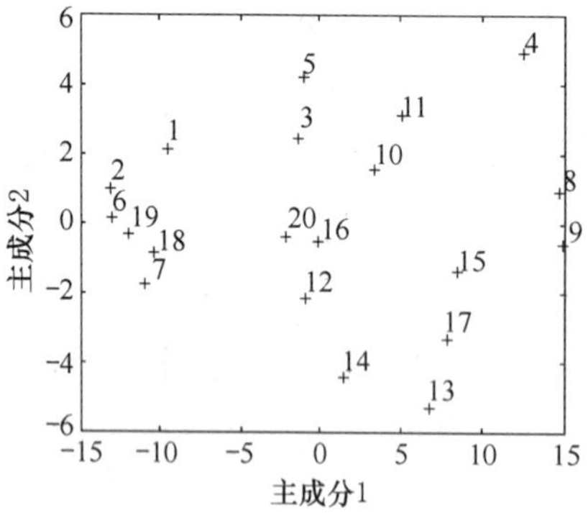

(a) 数据在前两个主成分构成的体系内的分布

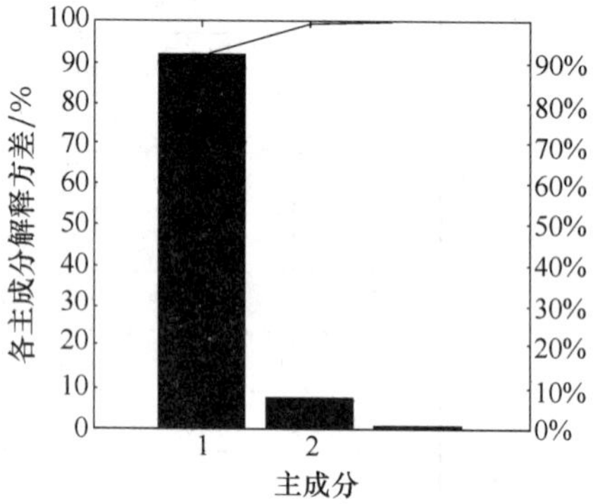

(b) 各主成分解释方差的帕累托图

图5.3 主成分分析图

例5.2 确定城市防洪标准,就是综合考虑政治、社会、经济、文化和环境等众多不确定影响因素,选取城市所防御洪水的合适频率或重现期。有一城市,非农业人口不少于368万人,1915年曾发生过80年一遇的特大洪水,现需从20年、30年、50年和80年一遇4个城市防洪标准方案进行优选,各方案评价指标的优属度值如表5.2所列,试用PPC模型对该方案集进行优选。

表5.2 城市防洪标准方案集及其各参数值

方案序号	评价指标的相对优属度											
	x_1	x_2	x_3	x_4	x_5	x_6	x_7	x_8	x_9	x_{10}	x_{11}	x_{12}
1	0.182	0.143	0.192	0.167	0.200	0.357	0.143	0.389	0.444	0.333	0.143	0.318
2	0.227	0.214	0.231	0.222	0.233	0.286	0.214	0.389	0.444	0.286	0.214	0.273
3	0.273	0.286	0.270	0.278	0.267	0.214	0.286	0.191	0.112	0.238	0.286	0.227
4	0.318	0.357	0.307	0.333	0.300	0.143	0.357	0.031	0.000	0.143	0.357	0.182

注:x_1—对国际交往改革开放的影响;x_2—对国际投资环境的影响;x_3—对稳定社会的影响;x_4—促进社会经济发展的影响;x_5—保护人民生命财产安全;x_6—施工占地居民搬迁及安置问题;x_7—土地增加对城市发展的影响;x_8—经济效用费用比;x_9—投资回收期;x_{10}—贷款偿还年限;x_{11}—对改善美化环境的影响;x_{12}—对维持生态平衡的影响。

解：优化方法采用遗传算法，首先编写优化目标函数 my8(a)。

```
function q = my8(a)
x = [0.182  0.143  0.192  0.167  0.200  0.357  0.143  0.389  0.444  0.333  0.143  0.318
     0.227  0.214  0.231  0.222  0.233  0.286  0.214  0.389  0.444  0.286  0.214  0.273
     0.273  0.286  0.270  0.278  0.267  0.214  0.286  0.191  0.112  0.238  0.286  0.227
     0.318  0.357  0.307  0.333  0.300  0.143  0.357  0.031  0.000  0.143  0.357  0.182];
[m,n] = size(x);a1 = max(x);b = min(x);
for i = 1:m                          % 归一化处理,其中第 6、9 个指标为越小越优
  for j = 1:n
     if j == 6||j == 9,x1(i,j) = (a1(j) - x(i,j))/(a1(j) - b(j));else,x1(i,j) = (x(i,j) - b
(j))/(a1(j) - b(j));end
  end
end
for i = 1:m                          % 求 z 序列
   z(i) = 0;for j = 1:n,z(i) = z(i) + a(j) * x1(i,j);end
end
s = std(z);                          % 求 Sz
for i = 1:m                          % 求 r
   for j = 1:m,r(i,j) = abs(z(i) - z(j));end
end
r_max = max(max(r));R = r_max + n/2; % 求窗口 R
d = 0;
for i = 1:m                          % 求 Dz
   for j = 1:m;if R - r(i,j)>= 0,d = d + (R - r(i,j));else,d = d;end;end
end
q = - s * d;                         % 将最大化转化为最小化
```

再编写约束文件 my9(a)。

```
function [c,ceq] = my9(a)
   c = [a(1)^2 + a(2)^2 + a(3)^2 + a(4)^2 + a(5)^2 + a(6)^2 + a(7)^2 + a(8)^2 + ...
   a(9)^2 + a(10)^2 + a(11)^2 + a(12)^2 - 1];
   ceq = [];
```

在 MATLAB 工作空间输入下列命令：

```
>> optimtool
```

选择遗传算法的 GUI，在 Fitness function 窗口输入@my8，在 Number of variables 窗口输入变量数目 12，在约束条件(Constrainta)的 Bounds 中的 Lower 窗口中输入 zeros(1,12)，Upper 窗口中输入 ones(1,12)，Nonlinear constraint function 窗口中输入@my9。其他条件可以采用默认值，也可以作相应调整。然后单击 Start 按钮，就可以进行相应的计算。计算后得到的最佳投影方向 $\boldsymbol{a}^*$ 为

$\boldsymbol{a}^*$ =(0.3237 0.3257 0.3310 0.3344 0.3274 0.3387 0.3219 3.0341e−007 0.3726 2.7653e−006 0.3217 1.3927e−006)

并计算出各方案的投影值 $\boldsymbol{z}^*$ 为

$$\boldsymbol{z}^* = (0.0000 \quad 0.8722 \quad 2.0367 \quad 2.9971)$$

根据 z^* 值可以得出最佳方案为方案 4,即城市防洪标准取 80 年一遇,并且因为最佳方案与次优方案的投影值相差较大,有利于决策,这一点要好于模糊综合优选模型等其他方法。

例 5.3 水质评价就是根据某些对水质影响较大的指标值,通过建立数学模型,对具体的水体质量等级进行综合评判。由于水质类型往往由多个非线性水质指标来决定,采用传统的数据分析建立水质评价模型时,会受到过于数字化的限制,难以找到数据的内在规律,此时也可以采用寻踪投影等级评价模型评价方法。

湖泊营养状态程度的评价标准见表 5.3。现根据某湖泊的具体测量数据(见表 5.4),判断其营养状态情况。

表 5.3 湖泊营养状态程度的评价标准

等　级	Ⅰ	Ⅱ	Ⅲ	Ⅳ	Ⅴ	Ⅵ	Ⅶ	Ⅷ
营养类型	贫营养	贫一中营养	中营养	中一富营养	富营养	重富营养	严重富营养	异常富营养
化学需氧量/(mg·L^{-1})	0.48	0.96	1.80	3.60	7.10	14.0	27.0	54.0
总氮/(mg·L^{-1})	0.079	0.16	0.31	0.65	1.20	2.30	4.60	9.10
总磷/(mg·L^{-1})	0.004 6	0.01	0.023	0.05	0.11	0.25	0.56	1.23

表 5.4 某湖泊的测量数据

测量时间	化学需氧量/(mg·L^{-1})	总氮/(mg·L^{-1})	总磷/(mg·L^{-1})
1997.6	39.63	6.38	0.25
1997.7	40.73	2.85	0.36
1997.8	23.15	9.56	0.16
1997.9	35.24	5.76	0.13
1997.10	32.42	2.40	1.15
1997.11	17.35	2.08	0.52
1997.12	0.67	2.05	0.63

解: 用与例 5.2 相似的方法及步骤,求出最佳投影方向 $\boldsymbol{a}^*$ 为

$\boldsymbol{a}^*=(0.5755\quad 0.5763\quad 0.5802)$,并计算出各类水质的投影值 $\boldsymbol{z}^*$ 为

$\boldsymbol{z}^*=(1.7320\quad 1.7191\quad 1.6943\quad 1.6405\quad 1.5393\quad 1.3285\quad 0.8950\quad 0)$

然后在 MATLAB 工作空间中输入

```
>> cftool
```

打开曲线拟合工具箱的 GUI,可以很方便地建立图 5.4 所示的湖泊水质营养化的投影寻踪模型为

$$y^*=-7.97\times10^{-8}\exp(10.29*z^*)+8.088\exp(-0.2087\,z^*),\qquad R^2=0.987$$

对表 5.4 中的测量数据进行归一化处理,然后利用最佳投影值,求出各月水质综合评价投影值及相应的等级值:

$\boldsymbol{z}=(0.783\,0\quad 0.964\,3\quad 0.995\,9\quad 1.006\,9\quad 0.754\,0\quad 1.507\,8\quad 0.873\,6)$

$\boldsymbol{y}=(6.868\,4\quad 6.612\,0\quad 6.568\,0\quad 6.552\,5\quad 6.910\,2\quad 5.468\,1\quad 6.739\,4)=$

(Ⅶ　Ⅶ　Ⅶ　Ⅶ　Ⅶ　Ⅵ　Ⅶ)

另外，最佳投影方向各分量的大小反映了各水质指标对水质等级的影响程度，值越大，则对应的水质指标对水质等级的影响程度越大。在本例中，由于最佳投影方向的各分量值比较接近，说明化学需氧量、总氮和总磷对水质等级的影响基本相同。

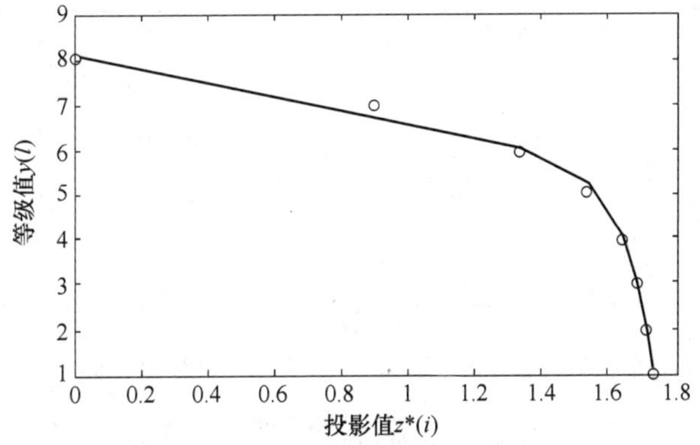

图 5.4　湖泊水质富营养化评价模型

例 5.4　某综合评价系统中有 30 个样本，每个样本由 8 个百分比指标表示，见表 5.5，试用 KPCA 法对其进行降维处理。

表 5.5　某综合评价系统样本数据集

样本序号	x_1	x_2	x_3	x_4	x_5	x_6	x_7	x_8
1	48.16	10.58	11.29	9.26	4.62	3.04	11.61	1.44
2	53.31	9.54	15.98	6.10	3.39	2.54	7.59	1.63
3	58.39	7.50	13.86	5.16	6.32	1.63	5.90	1.23
4	57.36	11.20	11.89	5.80	3.57	2.00	6.74	1.44
5	58.40	8.14	14.04	4.56	3.76	1.83	8.15	1.12
6	55.14	10.47	12.34	4.79	4.30	1.98	8.91	2.07
7	60.63	9.70	9.99	4.03	4.44	1.94	8.15	1.12
8	61.40	8.88	15.25	3.88	3.38	1.56	5.04	0.97
9	46.43	7.14	16.24	11.75	2.28	2.98	9.99	3.19
10	50.12	7.40	17.89	8.58	3.32	2.81	7.76	2.03
11	50.16	7.46	17.35	7.63	3.97	3.05	6.83	3.54
12	63.90	6.95	10.09	5.41	3.31	1.87	6.84	1.62
13	60.60	4.99	13.44	5.04	2.43	2.90	7.46	3.13
14	61.35	5.94	13.36	5.00	3.45	2.41	7.27	1.22
15	57.36	8.31	13.64	5.60	3.41	2.04	8.32	1.31
16	59.21	8.15	13.27	5.32	4.01	1.55	6.94	1.54
17	61.85	6.46	10.75	5.43	3.07	1.51	9.88	1.0
18	61.10	5.56	13.23	4.91	2.98	1.98	9.08	1.14
19	52.77	3.73	16.98	6.69	3.17	4.28	9.41	2.97
20	64.33	4.31	10.70	5.24	2.77	2.01	9.89	0.75
21	67.17	4.67	7.06	4.87	2.55	2.66	9.08	1.94

续表 5.5

样本序号	x_1	x_2	x_3	x_4	x_5	x_6	x_7	x_8
22	63.29	6.33	12.20	5.23	3.13	1.95	6.99	0.88
23	70.98	6.46	8.37	4.32	1.87	1.49	4.92	1.60
24	61.20	6.92	13.20	6.50	3.22	1.65	5.96	1.35
25	66.53	8.78	18.21	3.40	0.49	0.98	0.62	1.00
26	57.13	7.75	15.39	5.50	4.58	1.33	7.08	1.24
27	55.36	7.35	19.24	5.13	4.01	1.62	6.02	1.28
28	55.50	9.54	20.86	4.43	3.84	1.75	3.01	1.08
29	58.75	8.87	12.00	5.57	4.67	2.04	7.11	0.95
30	52.15	12.94	14.70	5.37	4.22	2.77	6.24	1.61

解：直接采用一般的 PCA 算法，得到前 4 个特征值及累积贡献率。

```
>> xx = guiyi(x); [pc,lamda1] = pcacov(cov(xx));
>> lamda1(1:4,:) = 3.8808   1.8446   0.9684   0.5976
  48.51 %   71.57 %   83.67 %   91.14 %
```

第一主元所占比例太低，降维的效果不理想。

采用 KPCA 法进行降维，得到如下的结果，其中特征值的累积贡献率为 80%。

```
>> opts.KernelType = 'RBF';opts.gamma = 200;              % 核函数类型及参数
>> [y1, y2,y] = myKPCA(x,opts);
>> y2 = 0.0571   0.0150                                    % 降为 2 维
```

KPCA 函数如下：

```
function [e_vector, e_value,y] = myKPCA(x,opts)     % KPCA 函数
% x: N ×d 维样本
% opts: 核函数类型及参数,形式为结构体
[N,d] = size(x);K = myKernel(x,[],opts);             % 核计算函数
One_N = ones(N)./N;Kc = K - One_N * K - K * One_N + One_N * K * One_N;
if N>1000 && d                                       % 加速计算
    opts.disp = 0;[e_vector, e_value] = eigs(Kc,d,'la',opts);e_value = diag(e_value);
else
    [e_vector, e_value] = eig(Kc);e_value = diag(e_value);[a, index] = sort( - e_value);
    e_value = e_value(index);e_vector = e_vector(:,index);
end
if d < length(e_value);e_value = e_value(1:d);e_vector = e_vector(:, 1:d);end
max_e_Value = max(abs(e_value));eigIdx = find(abs(e_value)/max_e_Value < 1e - 6);
e_value (eigIdx) = [];e_vector (:,eigIdx) = [];
sum_latent = sum(e_value);
temp = 0;con = 0;m = 0;
for i = 1:d
    if con < 0.80;temp = temp + e_value(i);con = temp/sum_latent;m = m + 1;else;break; end
end
e_vector(:,m + 1:d) = [];e_value = e_value(1:m);
for i = 1:length(e_value);e_vector(:,i) = e_vector(:,i)/sqrt(e_value(i));end    % 归一化
if nargout >= 3;y = (e_vector' * K)';end                                       % 数据重构
```

例 5.5　对某汽轮机械减速箱运动运行状态进行监控，得到了 2 类 20 个样本，如表 5.6 所列。其中类别为 1 表示正常，类别为 2 表示故障。试用基于核的 PP 方法对数据集进行分析。

表 5.6　减速箱运行状态特征数值

样本序号	样本输入特征								类　别
1	−1.781 7	−0.278 6	−0.259 4	−0.239 4	−0.184 2	0.157 2	−0.158 4	−0.199 8	1
2	−1.871 0	−0.295 7	−0.349 4	−0.290 4	−0.146 0	−0.138 7	−0.149 2	−0.222 8	1
3	−1.834 7	−0.281 7	−0.356 6	−0.347 6	−0.182 0	−0.143 5	−0.177 8	−0.184 9	1
4	−1.523 9	−0.197 9	−0.109 4	−0.140 2	−0.099 4	−0.139 4	−0.167 3	−0.281 0	1
5	−1.678 1	−0.204 7	−0.118 0	−0.153 2	−0.173 2	−0.171 6	−0.185 1	−0.200 6	1
6	−1.347 9	−0.288 3	−0.247 9	−0.153 4	−0.068 9	−0.046 3	−0.032 6	−0.146 4	1
7	−1.147 6	−0.202 6	−0.194 8	−0.217 3	−0.080 8	−0.017 3	−0.080 0	−0.080 1	1
8	−1.408 7	−0.277 3	−0.275 9	−0.218 1	−0.057 5	−0.082 9	−0.059 2	−0.124 0	1
9	0.204 5	0.107 8	0.224 6	0.203 1	0.242 8	0.205 0	0.070 4	0.040 3	2
10	0.160 5	−0.092 0	−0.016 0	0.124 6	0.180 2	0.208 7	0.223 4	0.100 3	2
11	−0.791 5	−0.101 8	−0.073 7	−0.094 5	−0.095 5	0.004 4	0.046 7	0.071 9	2
12	−1.024 2	−0.146 1	−0.108 1	−0.077 8	−0.036 3	−0.047 6	0.016 0	−0.025 3	2
13	−1.415 1	−0.228 2	−0.212 4	−0.214 7	−0.127 1	−0.068 0	−0.087 2	−0.168 4	1
14	−1.880 9	−0.246 7	−0.231 6	−0.241 9	0.193 8	−0.210 3	−0.201 0	−0.253 3	1
15	−1.287 9	−0.225 2	−0.201 2	−0.129 8	−0.024 5	−0.039 0	−0.076 2	−0.167 2	1
16	−1.744 3	−0.176 6	−0.150 6	−0.194 4	−0.153 3	−0.167 2	−0.214 7	−0.279 2	1
17	−1.806 9	−0.240 8	−0.149 8	−0.208 8	−0.196 6	−0.172 3	−0.193 5	−0.250 7	1
18	−1.725 9	−0.194 3	−0.137 3	−0.217 2	−0.195 2	−0.177 6	−0.163 2	−0.255 0	1
19	−0.514 7	−0.183 9	−0.143 2	−0.069 4	0.028 5	0.099 1	0.132 6	0.059 2	2
20	0.274 1	0.144 2	0.191 6	0.166 2	0.212 0	0.163 1	0.031 8	0.033 7	2

解：将样本分为两部分，前 12 个样本用于学习，后 8 个样本用于检验。

根据基于核的 PP 方法的原理，首先利用 Fisher 法求得第 1 个投影方向，然后通过主成分分析求第 2 个投影方向。

```
>> xx = guiyi(x); xx = xx(1:12,:); x1 = xx(1:8,:);x2 = xx(9:12,:); r1 = size(x1,1);r2 = size(x2,1);
>> a1 = mean(x1)';a2 = mean(x2)';s1 = cov(x1) * (r1 - 1);s2 = cov(x2) * (r2 - 1);sw = s1 + s2;
>> w = inv(sw) * (a1 - a2);                  %第 1 个投影方法
>> [y1,y2] = pcacov(cov(xx));                %y1 为第 2 个投影方向
>> y = schmidt([w y1(:,1)]);                 %将 2 个投影方法正交化
>> t1 = y(:,1)'* x'; t2 = y(:,2)' * x';      %样本数据在 2 个投影方向上的投影值,见图 5.5(a)
```

从图 5.5 中可明显地看出分类效果良好，如果第 1 个投影方向的计算采用 KPCA 法，则可得到图 5.5(b)。

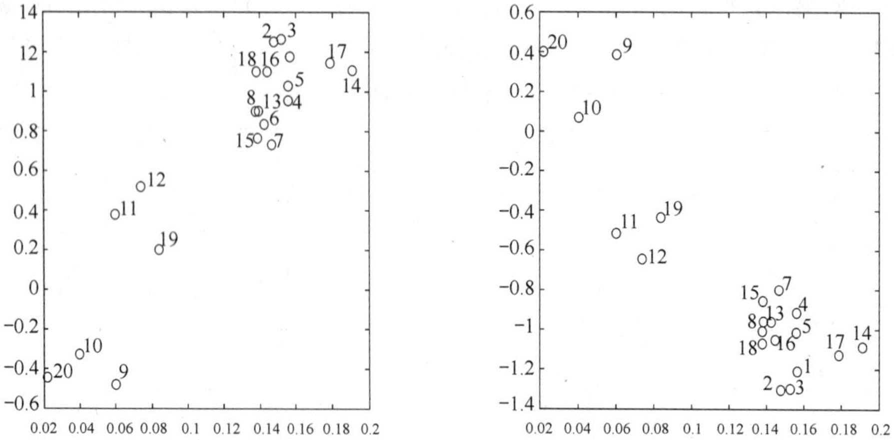

(a) PCA法计算第1个投影方向　　(b) KPCA法计算第1个投影方向

图 5.5　样本状态的分类图

例 5.6　鸢尾属植物样本数据，也称为 Iris 数据，是模式识别文献中最著名的数据集之一。该数据集有 150 个样本，有 3 个类，每个类有 50 个样本属于一种类型的鸢尾属植物。3 个类分别是山鸢尾、变色鸢尾和维吉尼亚鸢尾，其中山鸢尾与变色鸢尾、维吉尼亚鸢尾是线性可分的，变色鸢尾与维吉尼亚鸢尾是线性不可分的。表 5.7 列出了其中的一部分数据。试用基于核的 Fisher 方法进行分类分析。

表 5.7　三类鸢尾属植物的特征数据

序　号	山鸢尾				变色鸢尾				维吉尼亚鸢尾			
	x_1	x_2	x_3	x_4	x_1	x_2	x_3	x_4	x_1	x_2	x_3	x_4
1	0.2	1.4	3.5	5.1	1.4	4.7	3.2	7.0	2.5	6.0	3.3	6.3
2	0.2	1.4	3.0	4.9	1.5	4.5	3.2	6.4	1.9	5.1	2.7	5.8
3	0.2	1.3	3.2	4.7	1.5	4.9	3.1	6.9	2.1	5.9	3.0	7.1
4	0.2	1.5	3.1	4.6	1.3	4.0	2.3	5.5	1.8	5.6	2.9	6.3
5	0.2	1.4	3.6	5.0	1.5	4.6	2.8	6.5	2.2	5.8	3.0	6.5
6	0.4	1.7	3.9	5.4	1.3	4.5	2.8	5.7	2.1	6.6	3.0	7.6
7	0.3	1.4	3.4	4.6	1.6	4.7	3.3	6.3	1.7	4.5	2.5	4.9
8	0.2	1.5	3.4	5.0	1.0	3.3	2.4	4.9	1.8	6.3	2.9	7.3
9	0.2	1.4	2.9	4.4	1.3	4.6	2.9	6.6	1.8	5.8	2.5	6.7
10	0.1	1.5	3.1	4.9	1.4	3.9	2.7	5.2	2.5	6.1	3.6	7.2
11	0.2	1.5	3.7	5.4	1.0	3.5	2.0	5.0	2.0	5.1	3.2	6.5
12	0.2	1.6	3.4	4.8	1.5	4.2	3.0	5.9	1.9	5.3	2.7	6.4
13	0.1	1.4	3.0	4.8	1.0	4.0	2.2	6.0	2.1	5.5	3.0	6.8
14	0.1	1.1	3.0	4.3	1.4	4.7	2.9	6.1	2.0	5.0	2.5	5.7
15	0.2	1.2	4.0	5.8	1.3	3.6	2.9	5.6	2.4	5.1	2.8	5.8

注：x_1 为花瓣宽；x_2 为花瓣长；x_3 为萼片宽；x_4 为萼片长。

解：

```
>> load mydata;
>> y = fisher_ker(mydata(1:13,:),mydata(16:30,:),mydata(31:45,:),mydata(14:15,:))
y = 1    1

function result = fisher_ker(varargin)                              % 基于核的 Fisher 分类函数
if (~exist('opts','var'))                                           % 缺省核函数为高斯型函数
   opts.KernelType = 'Gaussian';opts.gamma = 0.5;patternum = length(varargin) - 1;
   sample = varargin{end};Training = {varargin{1:end - 1}};
else                                                                % 核函数的输入形式为结构体
   if ~isstruct(opts);error('parameter error! ');end
   patternum = length(varargin) - 2;sample = varargin{end - 1};Training = {varargin{1:end - 2}};
end
num = nchoosek(1:patternum,2);                                      % 类别配对
for kk = 1:size(sample,1)
  for i = 1:size(num,1)
     y = f(Training{num(i,1)},Training{num(i,2)},sample(kk,:),opts); % 两两分类
     temp(i) = num(i,1). * ~y + num(i,2). * y; %
  end
   result(kk) = mode(temp,2);                                       % 最终分类结果
end

function y = f(class1,class2,sample,opts)                           % 两类问题的核 Fisher 分类函数
r1 = size(class1,1);r2 = size(class2,1);r = r1 + r2;x = [class1;class2];
for i = 1:r
    m1(i) = 0;
    for j = 1:r1
        k1(i,j) = myKernel(x(i,:),class1(j,:),opts);m1(i) = m1(i) + k1(i,j)/r1;
    end
end
for i = 1:r
    m2(i) = 0;
    for j = 1:r2
        k2(i,j) = myKernel(x(i,:),class2(j,:),opts);m2(i) = m2(i) + k2(i,j)/r2;
    end
end
I1_1 = eye(r1);I2_2 = eye(r2);I1 = ones(r1)./r1;I2 = ones(r2)./r2;n = k1 * (I1_1 - I1) * k1'+ k2 *
(I2_2 - I2) * k2';
n = n + 0.001. * eye(r);a = inv(n) * (m1 - m2)';
for i = 1:r1
    y1(i) = 0;
    for j = 1:r
        y1(i) = y1(i) + a(j) * myKernel(x(j,:),class1(i,:));
    end
end
for i = 1:r2
    y2(i) = 0;
    for j = 1:r
        y2(i) = y2(i) + a(j) * myKernel(x(j,:),class2(i,:));
```

```
    end
end
mean1 = mean(y1,2);mean2 = mean(y2,2);y0 = (r1 * mean1 + r2 * mean2)/(r1 + r2);y = 0;
for i = 1:r
    y = y + a(i) * myKernel(x(i,:),sample);
end
if y>y0
    y = 0;
else
    y = 1;
end
```

例 5.7 投影寻踪方法还可以与其他方法联用。例如与主成分分析联用就可以通过对原始变量的一维投影的研究，找出起主要作用的几个综合指标。这几个综合指标是原始变量的线性组合，不仅保留了原始变量的主要信息，彼此之间不相关，又比原始变量具有某些更优越的性质。投影寻踪主成分分析的优化目标函数如下：

$$Q(\boldsymbol{a}_1) = \frac{\max \sum_{i=1}^{n} [z(i) - E_z]^2}{n-1}, \quad \text{s.t.} \quad \sum_{j=1}^{m} a_1^2(j) = 1$$

$$Q(\boldsymbol{a}_2) = \frac{\max \sum_{i=1}^{n} [z(i) - E_z]^2}{n-1}, \quad \text{s.t.} \quad \sum_{j}^{m} a_2^2(j) = 1; \quad \boldsymbol{a}_2 \perp \boldsymbol{a}_1$$

$$\vdots$$

可以求出指标函数值大于零的 $d(d \leqslant m)$ 个相互正交的主成分 $Q(\boldsymbol{a})$ 及相应的特征向量 $\boldsymbol{a}_d$，然后按下式计算主成分 $F_{i'i}$ 和各个样本的综合评价函数值 F_i：

$$F_{i'i} = \sum_{j=1}^{m} a_{i'j} x'(i,j), \qquad i = 1,2,\cdots,n; \quad i' = 1,2,\cdots,d; \quad d \leqslant m$$

$$F_i = \sum_{i'=1}^{d} \alpha_{i'} F_{i'i}, \qquad i = 1,2,\cdots,n; \quad i' = 1,2,\cdots,d; \quad d \leqslant m$$

其中，$\alpha_{i'}$ 为每个主成分 $Q(a_{i'})$ 的贡献率。

某地待评价的水利投资方案有 4 个，其评价指标值见表 5.8。试用投影寻踪主成分分析法评价各方案。

表 5.8 各评价方案的指标值

方案	评价指标							
	装机容量/kW	保证出力/kW	年发电量/亿 kW·h	投资/(元/kW)	迁移人口/(万人/kW)	淹没耕地/(万 km²/kW)	净现值/万元	投资回收期/年
A	38 400	15 640	16 420	1 800	237	9.27	9 328	9.72
B	37 200	14 950	15 960	1 940	245	9.16	7 340	11.75
C	36 700	14 688	15 810	1 868	63	6.07	7 580	11.26
D	30 900	9 918	14 030	1 845	74	5.48	9 346	7.47

解：同样采用遗传算法进行优化。在求出第一个主成分后，要在遗传算法的 GUI 中 Linear Equalities 增加向量相互正交约束条件后再求解第二、第三个主成分。计算结果如下：

$$Q(\boldsymbol{a}_1)=5.3525 \quad Q(\boldsymbol{a}_2)=1.0998 \quad Q(\boldsymbol{a}_3)=0.9420$$

$$\boldsymbol{a}_1=[-0.4152 \quad -0.4143 \quad -0.4060 \quad 0.1448 \quad 0.3225 \quad 0.3779 \quad 0.2443 \quad 0.4045]$$

$$\boldsymbol{a}_2=[0.0722 \quad 0.0710 \quad 0.1655 \quad 0.9752 \quad -0.0552 \quad -0.0664 \quad 0.0168 \quad 0.0596]$$

$$\boldsymbol{a}_3=[-0.1490 \quad 0.0354 \quad -0.1499 \quad 0.0836 \quad 0.2654 \quad 0.1723 \quad -0.9127 \quad -0.1184]$$

各主成分的贡献率分别为 72.39%、14.87%、12.74%。

评价函数值分别为−0.798 4、−1.511 5、−0.039 7、2.349 5。

也即方案 D 最优，方案 C、A、B 依次减弱。

第6章

支持向量机及其模式识别

传统的统计研究方法都是建立在大数定理这一基础上的渐近理论，要求学习样本数目足够多。然而在实际应用中，由于各个方面的原因，这一前提往往得不到保证，因此在小样本的情况下，建立在传统统计学基础上的机器学习方法，也就很难取得理想的学习效果和泛化性能。

针对小样本问题，以 Bell 实验室 V.Vapnik 教授为首的研究小组从 20 世纪 60 年代开始，就致力于这个问题的研究，并提出了统计学习理论(Statistical Learning Theory，SLT)。支持向量机(Support Vector Machine，SVM)即是统计学习理论发展的产物。针对有限样本的情况，SVM 建立了一套完整的、规范的基于统计的机器学习理论和方法，大大减少了算法设计的随意性，克服了传统统计学中经验风险与期望风险可能具有较大差别的不足。目前，SLT 和 SVM 已成为继人工神经网络以来机器学习领域中的研究热点，在模式识别、函数逼近、概率密度估计、降维等方面获得越来越广泛的应用。

6.1 统计学习理论基本内容

设存在 n 个二类模式识别问题的学习样本

$$(\boldsymbol{X}_1,y_1),(\boldsymbol{X}_2,y_2),\cdots,(\boldsymbol{X}_n,y_n),\quad y_i\in\{-1,1\}$$

学习的目的是从一组函数中$\{f(\boldsymbol{X},W)\}$求出一个最优函数 $f(\boldsymbol{X},W_0)$，使在对未知样本进行估计时，下列的期望风险最小：

$$R(W)=\int L(y,f(\boldsymbol{X},W))\mathrm{d}F(\boldsymbol{X},y)$$

其中，$F(\boldsymbol{X},y)$是联合概率，$L(y,f(\boldsymbol{X},W))$是用 $f(\boldsymbol{X},W)$对 y 进行预测而造成的损失，称为损失函数。对于两类模式识别问题，可定义

$$L(y,f(\boldsymbol{X},W))=\begin{cases}0, & \text{当 } y=f(\boldsymbol{X},W)\text{ 时}\\ 1, & \text{当 } y\neq f(\boldsymbol{X},W)\text{ 时}\end{cases}$$

在传统的学习方法中，学习的目标使经验风险 R_{emp} 最小，即采用所谓的经验风险最小化原则(Empirical Risk Minimization，ERM)，有

$$\min R_{\text{emp}}(W)=\frac{1}{n}\sum_{i=1}^{n}L(y_i,f(x_i,W))$$

事实上，在学习过程中用 ERM 准则代替期望风险最小化这一学习目的并没有充分的理论依据，而只是感觉上合理的假设，训练误差小并不总能导致好的预测结果。

进一步的研究表明，用一个十分复杂的模型去拟合有限的样本，会导致学习机器在泛化能力上的损失。如何设计一个好的分类器，使其具有很好的泛化能力，便是支持向量机的研究范畴。

统计学习理论提出：在最坏的分布情况下，经验风险和实际风险至少以概率 $1-\eta$ 满足

关系

$$R(W) \leqslant R_{emp}(W) + \sqrt{\left|\frac{h[\ln(2n/h)+1]-\ln(\eta/4)}{n}\right|}$$

简记为

$$R(W) \leqslant R_{emp}(W) + \varnothing$$

上式表明，实际风险由两部分组成：经验风险和置信风险（也称 VC 信任）。置信范围不仅受置信水平 $1-\eta$ 的影响，而且还是函数集 VC 维 h 和训练样本数目 n 的函数，h 增大或 n 减少会导致其增大。

VC 维是指对于一个指示函数集，如果存在 h 个样本能够被函数集中的函数按所有可能的 2^h 种形式分开，则函数集的 VC 维就是它所能打散的最大样本数目 h。

通常，对于一个实际的分类问题，样本数是固定的，此时分类器的 VC 维越大（即分类器的复杂程度越高），则置信范围也相应增大，导致真实风险与经验风险之间可能的差距也就越大。因此在设计分类器时，不但要使经验风险最小，还要使 VC 维尽量小，从而缩小置信范围，使期望风险最小，这种思想即为结构风险最小化（Structural Risk Minimization）原则，简称 SRM 最小化。

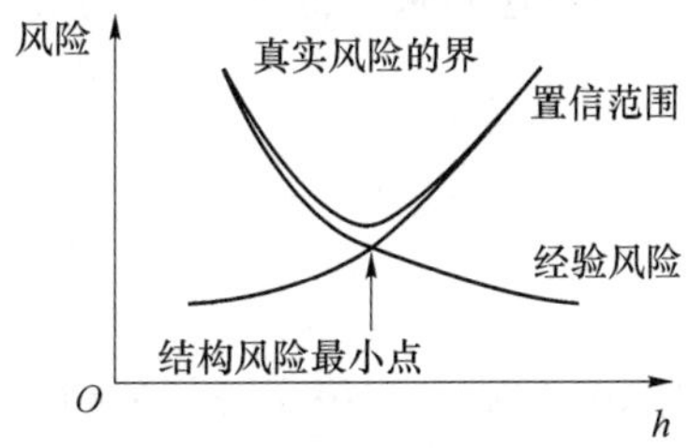

图 6.1　结构风险最小化

SVR 原则定义了在对给定的数据的精度和逼近函数的复杂性之间的一种折中，如图 6.1 所示。这也说明了神经网络训练中出现过的学习问题：神经网络学习过程中选择的模型具有太高的 VC 维。

在 SRM 原则下，一个分类器的设计过程分为两步：

① 选择分类器的模型，使其 VC 维较小，即置信范围较小；

② 对模型进行参数估计，使经验风险最小。

6.2　支持向量机

6.2.1　最优分类面

对于两类线性可分问题，如图 6.2 所示，分割线 1（平面 1）和分割线 2（平面 2）都能正确地将两类样本分开，即都能保证使经验风险最小（为 0），这样的线（平面）有无限多个，但分割线 1 离两类样本的间隙最大，称之为最优分类线（平面）。最优分类线（平面）的置信范围最小。

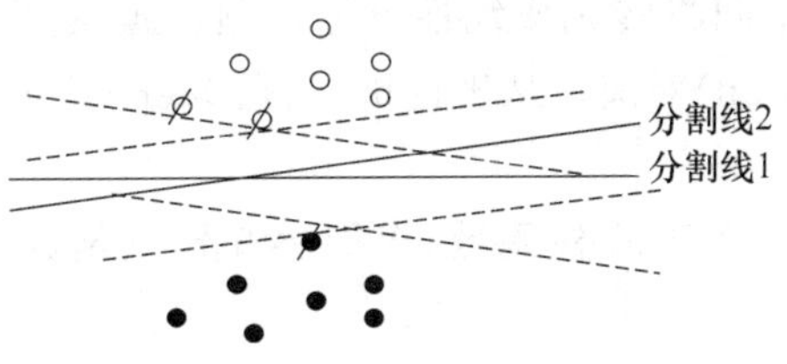

图 6.2　支持向量机原理示意图

设线性可分样本集为 $(\boldsymbol{X}_i, y_i)(i=1,2,\cdots,n;\ \boldsymbol{X}\in\mathbf{R}^d, y\in\{-1,1\}$ 是类别标号)。d 维空间中线性判别函数的一般形式为 $g(\boldsymbol{X})=\boldsymbol{W}\cdot\boldsymbol{X}+b$，分类面方程为

$$\boldsymbol{W}\cdot\boldsymbol{X}+b=0$$

将判别函数归一化，然后等比例调节系数 $\boldsymbol{W}$ 和 b，使两类所有样本都能满足 $|g(\boldsymbol{X})|\geqslant 1$，这时分类间隔为 $2/\|\boldsymbol{W}\|$。这样将求间隔最大变为求 $\|\boldsymbol{W}\|$ 最小。

满足 $|g(\boldsymbol{X})|=1$ 的样本点，离分类线（平面）距离最小。它们决定了最优分类线（平面），

称之为支持向量(Support Vectors,SV),图 6.2 中带斜线的 3 个样本即为 SV。

可见,求最优分类面的问题转化为优化问题:

$$\min \varnothing(\boldsymbol{W})=\frac{1}{2}\|\boldsymbol{W}\|^2=\frac{1}{2}\langle\boldsymbol{W}\cdot\boldsymbol{W}\rangle$$

$$\text{s.t.}\quad y_i[\langle\boldsymbol{W}\cdot\boldsymbol{X}_i\rangle+b]-1\geqslant 0,\qquad i=1,2,\cdots,n$$

本优化问题可转化为对偶化问题:

$$\min Q(\boldsymbol{\alpha})=\frac{1}{2}\sum_{i,j=1}^{n}\alpha_i\alpha_j y_i y_j\langle\boldsymbol{X}_i\cdot\boldsymbol{X}_j\rangle-\sum_{i=1}^{n}\alpha_i$$

$$\text{s.t.}\quad \alpha_i\geqslant 0,\qquad i=1,2,\cdots,n$$

$$\sum_{i=1}^{n}y_i\alpha_i=0$$

为叙述和求解的方便,将上式改写成矩阵形式

$$\min Q(\boldsymbol{\alpha})=\frac{1}{2}\boldsymbol{\alpha}^{\mathrm{T}}\boldsymbol{A}\boldsymbol{\alpha}-\boldsymbol{b}^{\mathrm{T}}\boldsymbol{\alpha}$$

$$\text{s.t.}\quad \alpha_i\geqslant 0,\qquad i=1,2,\cdots,n$$

$$\boldsymbol{y}^{\mathrm{T}}\boldsymbol{\alpha}=0$$

其中,$\boldsymbol{\alpha}=(\alpha_1,\alpha_2,\cdots,\alpha_n)^{\mathrm{T}}$,$\boldsymbol{b}=(1,1,\cdots,1)^{\mathrm{T}}$,$\boldsymbol{y}=(y_1,y_2,\cdots,y_n)$,$A_{ij}=y_i y_j(\boldsymbol{x}_i\cdot\boldsymbol{x}_j)$。

由此可得到最优分类函数为

$$f(x)=\operatorname{sgn}\left\{\sum_{i=1}^{n}\alpha_i^* y_i\langle\boldsymbol{X}_i\cdot\boldsymbol{X}\rangle+b^*\right\}$$

因为对于非支持向量满足 $\alpha_i=0$,所以最优函数只需对支持向量进行,而 b^* 可根据任何一个支持向量的约束条件求出。

6.2.2 支持向量机模型

对于线性不可分问题,有两种解决途径。一种是一般线性化方法,引入松弛变量,此时的优化问题为

$$\min \varnothing(\boldsymbol{W})=\frac{1}{2}\|\boldsymbol{W}\|^2=\frac{1}{2}\langle\boldsymbol{W}\cdot\boldsymbol{W}\rangle+C\sum_{i=1}^{n}\xi_i$$

$$\text{s.t.}\quad y_i[\langle\boldsymbol{W}\cdot\boldsymbol{X}_i\rangle+b]-1+\xi_i\geqslant 0,\qquad i=1,2,\cdots,n$$

另一种是 V.Vapnik 引入的核空间理论:将低维输入空间中的数据通过非线性函数映射到高维属性空间 H(也称为特征空间),将分类问题转化到属性空间进行。可以证明,如果选用适当的映射函数,输入空间线性不可分问题在属性空间将转化成线性可分问题。属性空间中向量的点积运算与输入空间的核函数(Kernel Function)对应。从理论讲,满足 Mercer 条件的对称函数 $K(\boldsymbol{x},\boldsymbol{x}')$ 都可以作为核函数。

目前使用的核函数主要有 4 种:线性核函数、p 阶多项式核函数、多层感知器核函数和 RBF 核函数。

引入核函数后,以上各式中向量的内积都可用核函数代替:

$$\min Q(\boldsymbol{\alpha})=\frac{1}{2}\sum_{i,j=1}^{n}\alpha_i\alpha_j y_i y_j K(\boldsymbol{X}_i,\boldsymbol{X}_j)-\sum_{i=1}^{n}\alpha_i$$

$$\text{s.t.}\quad \alpha_i\geqslant 0,\qquad i=1,2,\cdots,n$$

$$\sum_{i=1}^{n} y_i \alpha_i = 0$$

相应的分类函数变为

$$f(\boldsymbol{x}) = \text{sgn}\left\{ \sum_{i=1}^{n} \alpha_i^* y_i K(\boldsymbol{X}_i, \boldsymbol{X}) + b^* \right\}$$

任选一支持向量,可从下式求出 b^*：

$$y_i \left[\sum_{i=1}^{n} \alpha_i^* y_i K(\boldsymbol{X}_i, \boldsymbol{X}) + b^* \right] = 1$$

从上述的讨论可以看出,应用 SVM 进行模式识别的步骤如下：

① 选择合适的核函数；

② 求解优化方程,获得支持向量及相应的 Lagrange 算子；

③ 写出最优分界面的方程；

④ 根据 $\text{sgn}f(\boldsymbol{X})$的值,输出类别。

图 6.3 为 SVM 的结构示意图。支持向量机利用输入空间的核函数取代了高维特征空间中的内积运算,解决了算法可能导致的"维数灾难"问题：在构造判别函数时,不是对输入空间的样本作非线性变换,然后在特征空间中求解；而是先在输入空间比较向量,对结果再作非线性变换。这样大的工作量将在输入空间而不是在高维特征空间中完成。

对于多类问题,即由 k 类 n 个独立同分布样本：$(\boldsymbol{x}_1, y_1)$, $(\boldsymbol{x}_2, y_2)$, …, $(\boldsymbol{x}_n, y_n)$(其中 $\boldsymbol{x}$ 是 d 维向量,$y_i \in \{1,2,\cdots,k\}$代表类别)构造分类函数 $f(\boldsymbol{x}, \alpha)$。

类似于两类模式识别,损失函数可取为

$$L(y, f(\boldsymbol{x}, \alpha)) = \begin{cases} 0, & \text{当 } y = f(\boldsymbol{x}, \alpha) \text{ 时} \\ 1, & \text{当 } y \neq f(\boldsymbol{x}, \alpha) \text{ 时} \end{cases}$$

SVM 的多值分类器最基本的构造方法是通过组合多个二值子分类器来实现的。

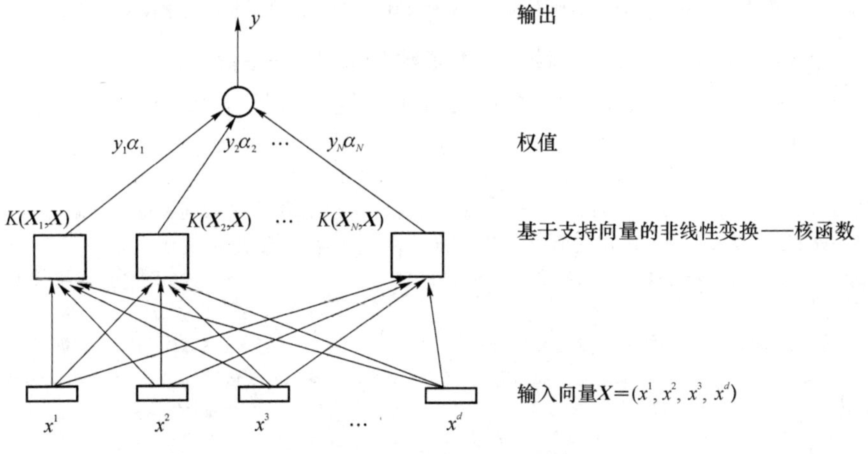

图 6.3　SVM 的结构示意图

具体的构造方法有一对一和一对多两种。一对一的方法中每次只考虑两类样本,即对每两类样本设计一个 SVM 模型,因此共需要设计 $k(k-1)/2$ 个 SVM 模型,设分类函数 $f_{ij}(\boldsymbol{x})$ 用于判别 i 和 j 两类样本。若 $f_{ij}(\boldsymbol{x})>0$,则判 $\boldsymbol{x}$ 属于第 i 类,记 i 类得一票,最后在决策时,比较哪一类得到的票最多,则将检测样本归属到该类。

在一对多的方法中,需要构造 k 个 SVM 模型,对于第 i 个 SVM 模型,将第 i 类模式的样本作为一类(正类),其余 $k-1$ 类样本作为另一类(负类),决策时,将待测样本 $\boldsymbol{x}$ 依次输入到各 SVM 模型中,比较哪一个 SVM 输出值最大,设其为第 j 个,则将待检测样本判为第 j 类。

6.3 支持向量机在模式识别中的应用

例 6.1 企业家综合素质的高低是决定企业市场竞争成败的关键。综观国内外关于企业家的理论成果,对企业家素质特性的研究已十分深入,对企业家素质的看法也更为公允。但如何客观、准确地对企业家素质作出评价,一直是企业管理中尚未彻底解决的难点问题。试用支持向量机,对表 6.1 中的企业家综合素质作出更为有效的评价,其中 I_i 为各项指标。

表 6.1 企业家素质评价指标数据

评价	I_1	I_2	I_3	I_4	I_5	I_6	I_7	I_8	I_9	I_{10}	I_{11}	I_{12}	I_{13}	I_{14}	I_{15}	I_{16}	I_{17}
高	0.8	0.8	0.9	0.7	0.8	0.7	0.8	0.8	0.8	0.7	0.8	0.7	0.9	0.8	0.7	0.8	0.6
	0.8	0.9	0.7	0.8	0.9	0.8	0.8	0.8	0.8	0.8	0.8	0.7	0.8	0.7	0.6	0.8	0.8
	0.8	0.8	0.9	0.7	0.7	0.8	0.8	0.8	0.8	0.8	0.8	0.7	0.7	0.7	0.8	0.8	0.8
中	0.7	0.7	0.6	0.7	0.8	0.7	0.6	0.8	0.7	0.6	0.7	0.7	0.6	0.8	0.7	0.7	0.7
	0.7	0.7	0.6	0.6	0.7	0.6	0.7	0.7	0.7	0.7	0.8	0.7	0.6	0.7	0.8	0.7	0.8
	0.7	0.6	0.8	0.7	0.6	0.6	0.7	0.8	0.6	0.7	0.7	0.8	0.8	0.7	0.6	0.7	0.8
低	0.4	0.5	0.5	0.5	0.6	0.5	0.5	0.5	0.5	0.5	0.6	0.5	0.5	0.6	0.7	0.6	0.6
	0.5	0.5	0.5	0.5	0.7	0.6	0.5	0.4	0.5	0.5	0.6	0.5	0.5	0.6	0.5	0.6	0.5
	0.5	0.6	0.5	0.6	0.6	0.5	0.4	0.5	0.5	0.5	0.4	0.5	0.5	0.5	0.7	0.5	0.6
未知	0.8	0.7	0.6	0.9	0.7	0.6	0.8	0.6	0.6	0.7	0.9	0.8	0.7	0.8	0.7	0.6	0.7
	0.6	0.6	0.7	0.5	0.7	0.8	0.6	0.7	0.8	0.5	0.6	0.5	0.6	0.7	0.6	0.6	0.8

(数据来自:卢毅,彭燕.基于企业生命周期理论的企业家素质评价方法[J].科学学与科学技术管理.2006,04)

解: 在 MATLAB 中,向量机的训练、分类函数分别是 svmtrain 和 svmclassify。一个向量机只能解决两类分类问题,而本例是一个三类分类问题且每类样本数较少,所以用三个分类器,核函数为较为简单的一阶多项式。

```
>> load mydata;high = mydata(1:3,:);mid = mydata(4:6,:);low = mydata(7:9,:);test = mydata(10:11,:);
>> num = nchoosek(1:3,2);   % 1,2,3 三个数字两两配对,1 代表高,2 代表中,3 代表低
>> Training = {high,mid,low};SVM = cell(size(num,1),1);               % 元胞形式的训练集及 SVM
>> for k = 1:size(num,1)
     t1 = Training{num(k,1)};t2 = Training{num(k,2)};                 % 配对组成训练集
     SVM{k} = svmtrain([t1;t2],[ones(size(t1,1),1);zeros(size(t2,1),1)],'Kernel_function',...
     'polynomial','polyorder',1);                                     % 训练函数
   end
>> for kk = 1:size(test,1)
       for k = 1:length(SVM)
           result(k) = svmclassify(SVM{k},test(kk,:));                % 分类函数
           temp(k) = num(k,1).* result(k) + num(k,2).* ~result(k);   % 每个分类器的分类结果
       end
   results(kk) = mode(temp,2);                          % 依据每个数字出现的次数,决定总的分类结果
```

```
end
>> results
   results = 2     2          % 即都为中等素质
```

例 6.2　油藏的形成是动态地质条件时间与空间匹配的结果，是一个复杂的非线性系统。在油田勘探开发过程中，需要对油田系统建模，以利于调整部署和确定油田生产投资的规模与决策方向。目前，建立非线性系统模型并没有统一的方法，用得较多的有神经网络及遗传算法等技术。但是，这些算法的有效性都是建立在大量训练样本量的基础之上的，尤其是神经网络技术容易出现过学习等现象。

选取某油田某地区的油藏进行油气水分布规律的研究。该区各油井的不同特征见表6.2。试判断另外四口油井的情况。

表 6.2　各油井各参数值

样本序号	层厚/m	泥质含量/%	有效孔隙度/%	含水饱和度/%	含油气饱和度/%	含油气孔隙度/%	解释结果
1	0.8	13.66	16.69	71.00	29.00	5.63	水层
2	0.8	13.15	15.67	68.83	31.17	5.23	水层
3	1.8	5.48	11.66	59.69	40.31	5.18	差层
4	2.2	11.21	12.71	71.59	28.41	3.55	水层
5	1.0	17.38	12.44	90.32	9.68	1.46	水层
6	0.8	14.33	10.66	57.62	42.38	5.49	干层
7	1.0	6.67	15.17	46.43	53.57	8.32	差层
8	1.0	22.04	5.94	96.87	3.13	0.25	干层
9	0.8	12.48	10.70	33.34	66.66	7.37	差层
10	0.8	34.51	6.23	60.67	39.33	4.46	干层
11	1.4	13.14	15.79	42.77	57.23	9.10	差层
12	1.6	9.99	14.67	26.23	73.77	10.83	油层
13	2.0	8.0	12.61	21.58	78.42	9.86	差层
14	2.2	8.17	12.98	37.68	62.32	8.16	差层
15	4.6	23.69	12.09	79.34	20.66	2.70	水层
16	5.8	9.23	17.49	38.13	61.87	10.79	油层
17	1.2	18.15	7.01	95.48	4.52	0.41	干层
18	1.8	14.85	13.09	23.02	76.98	10.31	油层
19	1.6	22.88	7.23	64.61	35.39	2.70	干层
20	2.6	7.00	14.04	27.69	72.31	10.28	油层
1	2.4	5.20	18.29	73.40	26.60	4.89	—
2	1.0	7.34	18.50	37.34	62.66	11.61	—
3	1.2	19.83	12.30	48.28	51.72	6.40	—
4	0.8	13.87	9.45	49.83	50.17	5.47	—

（数据来自：刘斌，等.支持向量机在油层含油识别中的应用[J].控制工程.2006，Jul.13(4)）

解：与例6.1类似的程序，用1代表水层，2代表干层，3代表差层，4代表油层，采用线性核函数，可求得分类结果如下。与实际结果相比，3号未知样分类错误。从训练样本集的数据可看出，第三类样本的第二个指标值较小，与第二类差别不大，所以在少训练样本的情况下，易发生错误。

```
>> results
   results = 1   4   2   2
```

例6.3　手写体数字的识别在社会经济的许多方面有着广泛的应用。有多种技术可以实现对手写体数字的识别。试用支持向量机方法实现对手写体数字的识别。

解：手写体数字的识别实际上就是一个多类的分类问题，因此利用支持向量机完全可以完成这项工作。

首先选取一定数目的0～9这10个数字的手写体数字图片作为训练样本，为了使其具有代表性，每个数字都应有相当数目的图片，图6.4即为其中的一组照片。由于初始图片中每个数字的区域大小不统一，而且不是二值图像，所以需要进行处理，以适应数学处理。即对每幅图片反色后进行二值化处理，以获得每个数字的特征向量值，并截取包含完整数字的最小区域，并将该区域转化成16×16像素大小的图像。转化后的图像是黑底白字的图，图中数字区域的像素为1，背景区域的则为0。

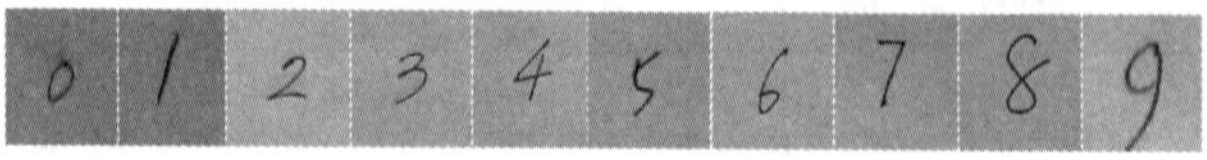

图6.4　手写体数字照片

对所有的训练图像处理后，就可以构造并训练得到一系列支持向量机，并完成对0～9这10个数字的识别。

程序如下：

```
picformat = {'*.jpg','JPEG image(*,jpg)';'*.bmp','bitmap image(*,bmp)';'*.*','All files(*,*)'};
                %可以处理图片的各种格式
[filename, filepath] = uigetfile(picformat,'导入图片','*.jpg','multiselect','on');
                %可以一次性选择多张图片输入
filename = cellstr(filename);   %图片名字,如01代表数字0的第一幅图片
n = length(filename);totalpicture = zeros(n,256);group = zeros(n,1);     %亮度255代表白色
for i = 1:n
    I = imread([filepath,filename{i}]);I = 255 - I;I = im2bw(I,0.5);      %反色处理并转化为二值图像
    [y,x] = find(I == 1);bw = I(min(y):max(y),min(x):max(x));            %含完整数字的最小区域
    bw = imresize(bw,[20,20]);                                            %20×20像素大小
    totalpicture(i,:) = double(bw(:)');                                   %将图像转化数字矩阵
    group(i) = str2double(filename{i}(1));                               %图片对应的真实数字
end
train_pic = arrayfun(@(k)totalpicture(group == k,:),0:9,'uniformoutput',false);
      %循环函数,即将指定的函数应用到给定数组的所有元素
nchk = nchoosek(0:9,2);   %将0～9两两配对
svm = cell(size(nchk,1),1);   %将0～9数字分类总共需要的向量机
for k = 1:size(nchk,1)
    t1 = train_pic{nchk(k,1) + 1};t2 = train_pic{nchk(k,2) + 1};   %构成训练样本
```

```
    svm{k} = svmtrain([t1;t2],[ones(size(t1,1),1);zeros(size(t2,1),1)],'kernel_function',…
            'polynomial','polyorder',1);   % 支持向量机训练函数,核函数可以选用其他
end
```

支持向量机训练结束后,便可对未知数字手写体的图片进行测试。同样首先对未知数字手写体的图片进行反色、二值化、截取指定区域并转化成统一大小等步骤的处理,处理结束后,便可以用训练好的支持向量机进行识别:

```
for i = 1:n
    true_num(i) = str2double(filename{i}(2));   % 每幅图片代表的真实数字,文件名为 001 等
    I = imread([filepath,filename{i}]);I = 255 - I;I = im2bw(I,0.5);[y,x] = find(I == 1);
    bw = I(min(y):max(y),min(x):max(x));bw = imresize(bw,[20,20]);test = double(bw(:)');
    for k = 1:length(svm)
        svmresult(k) = svmclassify(svm{k},test);   % 支持向量机分类函数
        temp(k) = nchk(k,1). * svmresult(k) + nchk(k,2). * ~svmresult(k);
    end
    result(i) = mode(temp);          % 两两比较,以出现次数多的为最终类别
end
```

例 6.4　在支持向量机的应用中,其中的核参数和惩罚系数的选择对结果有很大的影响。为了提高支持向量机的分类效果或回归预测精度,可以采用遗传算法、粒子群算法和蚁群算法等优化方法对其中的核参数和惩罚系数等参数进行优化。下面试用遗传种算法对数字手写体支持向量机的分类进行优化。

解:首先编写如下的适应度函数。

```
fumction  y = myf21(x)
a = 0;totalpicture = zeros(80,256);group = zeros(80,1);
for i = 0:9
    for j = 1:8
        a = a + 1;        % 图片序列号
        I = imread(['F:\手写体图片\',strcat(num2str(i),num2str(j)),'.jpg']);
        I = 255 - I;I = im2bw(I,0.5);[y,x] = find(I == 1);bw = I(min(y):max(y),min(x):max(x));
        bw = imresize(bw,[20,20]);totalpicture(a,:) = double(bw(:)');group(a) = i;
    end
end
train_pic = arrayfun(@(k)totalpicture(group == k,:),0:9,'uniformoutput',false);
nchk = nchoosek(0:9,2);svm = cell(size(nchk,1),1);
for k = 1:size(nchk,1)
    t1 = train_pic{nchk(k,1) + 1};t2 = train_pic{nchk(k,2) + 1};
    svm{k} = svmtrain([t1;t2],[ones(size(t1,1),1);zeros(size(t2,1),1)],'kernel_function','rbf','
    RBF_SIGMA',x(1),'boxconstraint',x(2));
end
a = 0;true_num = zeros(1,30);result = zeros(30,1);svmresult = zeros(length(svm),1);
for i = 0:9
    for j = 1:3
        a = a + 1;I = imread(['F:\手写体图片\',strcat(num2str(0),num2str(i),num2str(j)),'.jpg']);
        true_num(a) = i;I = 255 - I;I = im2bw(I,0.5);[y,x] = find(I == 1);
        bw = I(min(y):max(y),min(x):max(x));bw = imresize(bw,[20,20]);test = double(bw(:)');
        for k = 1:length(svm);svmresult(k) = svmclassify(svm{k},test);end
```

```
            temp = nchk(:,1).* svmresult + nchk(:,2).* ~svmresult;result(a) = mode(temp);
        end
end
result = result';y = - sum(result == true_num)/30;
```

打开遗传算法的 *GUI*,便可以进行计算。由于涉及图片的处理,计算速度较慢。可得到如下的计算结果: x=0.3273 0.1746。

再利用优化得到的参数,利用支持向量机进行识别,可以看出识别率得到了明显的提高。

例 6.5 支持向量机不仅可以用于分类问题,也可以用于回归预测。考虑样本,其中 $(\boldsymbol{x}_1,y_1),\cdots,(\boldsymbol{x}_l,y_l)$是训练样本,鉴于大多数情况下样本呈非线性关系,估计函数 f 可按如下方法确定:将每一个样本点用一个非线性函数 Φ 映射到高维特征空间,再在高维特征空间进行线性回归,从而取得在原空间非线性回归效果,即回归函数 f 可表示为

$$f(\boldsymbol{x})=\boldsymbol{w}\cdot\Phi(\boldsymbol{x})+b$$

其中,$\boldsymbol{x}\in\mathbf{R}^n$ 为输入向量,$\boldsymbol{w}\in\mathbf{R}^n$ 为权值矢量,$b\in\mathbf{R}$ 为偏差。

为了得到后两个参数,采用结构化风险最小原则,可以将原来的问题转化为

$$\min\left[\frac{1}{2}\|\boldsymbol{\omega}\|^2+C\sum_{i=1}^{l}(\xi_i+\xi_i^*)\right]$$

$$\text{s.t.}\quad y_i-\omega_i-b\leqslant\varepsilon+\xi_i$$

$$\omega_i+b-y_i\leqslant\varepsilon+\xi_i^*$$

$$\xi_i,\xi_i^*\geqslant 0$$

其中,$\|\boldsymbol{\omega}\|^2$ 是描述函数 f 的复杂度,$C>0$ 是常量,用于决定模型复杂度和经验风险的折中度。ξ_i,ξ_i^* 是松弛变量,引入的 ε 是不敏感损失函数。

对于解上述凸优化问题,其核心思想是用拉格朗日乘子法把上面的优化问题化为其对偶形式:

$$\min\left[-\frac{1}{2}\sum_{i,j=1}^{l}(\alpha_i-\alpha_i^*)(\alpha_j-\alpha_j^*)(\boldsymbol{x}_i\cdot\boldsymbol{x}_j)-\varepsilon\sum_{i=1}^{l}(\alpha_i-\alpha_j^*)+\sum_{i=1}^{l}y_i(\alpha_i-\alpha_i^*)\right]$$

$$\text{s.t.}\quad \sum_{i=1}^{l}(\alpha_i-\alpha_i^*)=0$$

$$\alpha_i,\alpha_i^*\in[0,C]$$

在此对偶式中引入核函数,使得在非线性映射函数 Φ 未知的情况下能够用高维空间的输入数据在高维特征空间完成内积运算。引入的核函数必须满足 Mercer 定理。

此优化问题可以用二次规则解决。由于支持向量机回归通过最小化避免了数据的欠拟合和过拟合,因此支持向量机是一个更为灵活和通用的解决回归问题的工具。

下面试用支持向量机对春运客流量进行预测。下列为某市火车站 2003 年春节前后 20 天的旅客数据。

$$x=[5.3425\quad 10.5679\quad 14.6753\quad 15.3289\quad 14.287\quad 13.6541\quad 12.2313\quad 9.653\quad 11.2345\quad 9.3578\quad 8.3456\quad 7.8563\quad 6.9682\quad 6.3421\quad 5.8432\quad 6.5437\quad 9.7685\quad 14.3256\quad 15.8645\quad 14.8976]$$

解: 选用前面 18 个数据作为训练值,后 2 个数据作为检验。

对于时间序列的预测,一般首先要确定时间窗口 m 的值,即利用前 m 个序列值来预测后面的序列值。可以采用求自相关系数来确定 m。

```
h = mean(x);n = length(x);a1 = 0;a2 = 0;
for i = 1:n;a2 = a2 + (x(i) - h)^2;end
for k = 1:7;for i = k + 1:n;a1 = a1 + (x(i) - h) * (x(i - k) - h);end;r(k) = a1/a2;end
```

可以由 r 值确定自相关系数的大小，从而确定 m 值。在此例中选择 $m=4$。这样就可确定输入数据矩阵：

```
m = 4;n = length(xx);
 for i = m + 1:n
    for j = 1:m;x1(i,j) = xx(i - (m - j + 1));end
 end
x1 = x1(m + 1:end,:);y = xx(m + 1:end);
```

然后就可以用下列支持向量机回归函数进行预测：

```
function svm = mysvmRegression(varargin)   % 支持向量机训练函数
options = optimset;options.LargeScale = 'off';options.Display = 'off';
svmType = varargin{1};X = varargin{2};Y = varargin{3};ker = varargin{4};
switch svmType
  case 'svr_epsilon',
    C = varargin{5};e = varargin{6};n = length(Y);Q = kernel(ker,X,X); % 核函数
    H = [Q, - Q; - Q,Q];f = [e * ones(n,1) - Y';e * ones(n,1) + Y'];
    A = [];b = [];Aeq = [ones(1,n), - ones(1,n)];beq = 0;  % 约束条件
    lb = zeros(2 * n,1);ub = C * ones(2 * n,1);a0 = zeros(2 * n,1);  % 边界条件
    a = quadprog(H,f,A,b,Aeq,beq,lb,ub,a0,options);  % 二次规划函数求支持向量机
    a = a(1:n) - a(n + 1:end);svm.type = svmType;svm.ker = ker;svm.x = X;svm.y = Y;svm.a = a';
  case 'svr_nu',
    C = varargin{5};nu = varargin{6};n = length(Y);Q = kernel(ker,X,X);
    H = [Q, - Q; - Q,Q];f = [ - Y'; + Y'];A = [];b = [];
    Aeq = [ones(1,n), - ones(1,n);ones(1,2 * n)];beq = [0;C * n * nu];
    lb = zeros(2 * n,1);ub = C * ones(2 * n,1);a0 = zeros(2 * n,1);
    a = quadprog(H,f,A,b,Aeq,beq,lb,ub,a0,options);
    a = a(1:n) - a(n + 1:end);svm.type = svmType;svm.ker = ker;svm.x = X;svm.y = Y;svm.a = a';
end
function y_out = mysvmSim(svm,Xt)   % 支持向量机仿真函数
cathe = 10e + 6; nx = size(svm.x,2);nt = size(Xt,2);block = ceil(nx * nt/cathe);
num = ceil(nt/block);
for i = 1:block
    if (i == block);index = [(i - 1) * num + 1:nt];else;index = (i - 1) * num + [1:num];end
    y_out(index) = svmSim_block(svm,Xt(:,index));
end
function Yd = svmSim_block(svm,Xt)
ker = svm.ker;X = svm.x;Y = svm.y;a = svm.a;epsilon = 1e - 8;
mysupport_v = find(abs(a)>epsilon);   % 支持向量
temp = a * kernel(ker,X,X(:,mysupport_v));b = Y(mysupport_v) - temp;b = mean(b);
temp = a * kernel(ker,X,Xt);y_out = (temp + b);
```

为了更好地得到预测结果，首先用遗传算法对支持向量机中的相关参数进行优化。编写下列适应度函数：

```
xx = [5.3425 10.5679 14.6753 15.3289 14.287 13.6541 12.2313 9.653 11.2345 9.3578 8.3456 7.8563 6.9682 6.
3421 5.8432 6.5437 9.7685 14.3256];
m = 4;[x1,y] = timeinput(xx,m);
ker  =  struct('type','gauss','width',x(1));C = x(2);nu = x(3);  % 高斯核函数及相应的参数
svm = mysvmRegression('svr_nu',x1',y,ker,C,nu);    % 训练函数
y1 = mysvmSim(svm,[5.8432 6.5437 9.7685 14.3256;6.5437 9.7685 14.3256 16.8645]');  % 仿真
y = (y1(1) - 15.8645)^2 + (y1(2) - 14.8976)^2;
```

打开遗传算法 GUI 界面，输入相关的参数就可以计算，得到如下的结果：

核参数 sigma=8.64，惩罚系数 $C=19.77$，$\mu=1.52$。

利用上述参数进行预测，结果如下，预测精度可以满意。

```
y = mysvmSim(svm,[5.8432 6.5437 9.7685 14.3256;6.5437 9.7685 14.3256 16.8645]')
y = 15.7189    14.8127
```

如果训练数据能更多些，并利用交叉法进行检验，则预测精度会更好。

例 6.6 我国煤矿依据瓦斯涌出量分类的统计数据，高瓦斯矿井占 35%，这些高瓦斯矿严重威胁着采煤工作面的安全。瓦斯涌出量的准确预测对于通风系统的设计、瓦斯防治、安全管理有着重要意义。表 6.3 是某煤矿回采工作面瓦斯涌出量与影响因素统计表，其中煤层深度、煤层厚度、煤层瓦斯含量、煤层间距、日进度、日产量分别表示为 $x_1 \sim x_6$，x_0 为瓦斯涌出量。试利用支持向量机对其进行预测。

表 6.3 煤矿回采工作面瓦斯涌出量与影响因素统计表

序 号	x_1/m	x_2/m	$x_3/(m^3 \cdot t^{-1})$	x_4/m	$x_5/(m \cdot d^{-1})$	$x_6/(t \cdot d^{-1})$	$x_0/(m^3 \cdot min^{-1})$
1	408	2.0	1.92	20	4.42	1 825	3.34
2	411	2.0	2.15	22	4.16	1 527	2.97
3	420	1.8	2.14	19	4.13	1 751	3.56
4	432	2.3	2.58	17	4.67	2 078	3.62
5	456	2.2	2.40	20	4.51	2 104	4.17
6	516	2.8	3.22	12	3.45	2 242	4.60
7	527	2.5	2.80	11	3.28	1 979	4.92
8	531	2.9	3.35	13	3.68	2 288	4.78
9	550	2.9	3.61	14	4.02	2 352	5.23
10	563	3.0	3.68	12	3.53	2 410	5.56
11	590	5.9	4.21	18	2.85	3 139	7.24
12	604	6.2	4.03	16	2.64	3 354	7.80
13	607	6.1	4.34	17	2.77	3 087	7.68
14	634	6.5	4.80	15	2.92	3 620	8.51
15	640	6.3	4.67	15	2.75	3 412	7.95
16	450	2.2	2.43	16	4.32	1 996	4.06
17	544	2.7	3.16	13	3.81	2 207	4.92
18	629	6.4	4.62	19	2.80	3 456	8.04

解：将表中1～13组样本作为训练样本，14～18组样本作为检验样本，并利用最小二乘支持向量机LSSVM进行计算。

LSSVM(Least Square SVM)是标准SVM的一种新扩展，优化指标采用平方项，并用等式约束代替标准支持向量机的不等式约束，即将二次规划问题转化为线性方程组求解，降低了计算的复杂性，加快了求解速度和抗干扰能力。

LSSVM的求解线性方程组为

$$\begin{vmatrix} 0 & \boldsymbol{\Theta}^{\mathrm{T}} \\ \boldsymbol{\Theta} & \boldsymbol{\Omega}+\gamma^{-1}\boldsymbol{I} \end{vmatrix} \begin{vmatrix} b \\ a \end{vmatrix} = \begin{vmatrix} 0 \\ y \end{vmatrix}$$

其中，$\boldsymbol{y}=[y_1,y_2,\cdots,y_n]^{\mathrm{T}}$，$\boldsymbol{\Theta}=[1,1,\cdots,1]^{\mathrm{T}}$，$\boldsymbol{a}=[a_1,a_2,\cdots,a_n]^{\mathrm{T}}$，$\boldsymbol{\Omega}$为一方阵，其中$\boldsymbol{\Omega}_{ij}=\Phi(x_i\cdot x_j)$为核函数。

利用下载的LSSVMlab1.8进行计算。首先利用遗传算法对参数进行优化，得到优化参数，然后再利用支持向量机进行预测，精度可以满足要求。

```
>> type = 'function estimation';
>> [alpha,b] = trainlssvm({xx(1:13,1:end-1),xx(1:13,end),type,165,63.85,'RBF_kernel'});
>> Yt = simlssvm({xx(1:13,1:end-1),xx(1:13,end),type,x(1),x(2),'RBF_kernel','preprocess'},…
        {alpha,b},xx(14:18,1:end-1))
Yt = 8.2881   8.1531   3.9540   4.8864   8.1795
```

第 7 章

可拓学及其模式识别

可拓学是由我国学者蔡文教授于1983年提出的。经过数十年的发展，目前以可拓论、可拓方法和可拓工程构成的可拓学已形成了以基元理论、可拓集合理论和可拓逻辑为支柱的理论框架和技术方法，广泛应用于如人工智能、检测、预测、控制、系统、信息、评价等诸多领域的研究。

可拓学的研究对象是客观世界的矛盾问题。在管理、控制、计算机技术、人工智能、机械等诸多工程领域中，都会遇到各种各样的矛盾问题，这些矛盾问题有无规律可循？有无理论可依？能否建立一套行之有效的方法来处理之？这些都是可拓学研究的出发点。

7.1 可拓学概论

数学模型能够处理大量精确性的问题，但无法处理诸如“曹冲称象”等目标和条件不相容的问题。之所以会产生这个问题，是因为在解决矛盾问题时，除了要考虑数量关系以外，还要考虑事物本身的特征，既要考虑其中的定量关系，又要考虑其中的定性关系。而由于经典数学研究的是确定性的事物，只考虑定量的部分，因此数学模型难以描述解决矛盾问题的过程。

为了用形式化方法处理客观世界中的各种矛盾问题，首先必须研究如何描述客观世界中的种种事物，为此，可拓学建立了物元、事元和关系元（统称为基元），作为描述物、事和关系的基本元，它们是可拓学的逻辑问题。

在处理各种矛盾问题时，我们一般认为它们是可以拓展的。根据事物的可拓性，人们提出了种种可以开拓的可能途径，进行了多种失败和成功的尝试，找到解决问题的方法。这种思维方式称为可拓思维方式。

解决矛盾问题，就是要根据事物的可拓性，变换问题目标或条件，使目标得以实现。因此，思维方式需要拓展：从一个点拓展到一个区间、一个区域；从小的论域拓展到大的论域；从一个事物拓展为与其蕴涵、相关的一批事物；从一维拓展到多维；从等式拓展到不等式；从事物的外延拓展到事物的内涵和内部结构，即要从传统的等量思维转向“拓展”的思维。

7.1.1 可拓工程基本思想

可拓工程基本思想是利用物元理论、事元理论的可拓集理论，结合各应用领域的理论和方法去处理该领域中的矛盾问题，化不可行为可行，化不可知为可知，化不属于为属于，化对立为共存。

(1) 化不可行为可行

已知条件物元 $r=(N_0,C_0,v_0)$，在条件 r 下，目的物元 $R=(N,c,v)$ 无法实现，即 $K(R,r)\leqslant 0$，此时称问题 $P=P*r$ 为不相容问题。解决这类问题就是要寻找物元变换 $T=(T_R,T_r)$，使问题的相容度 $K(T_R,R,T_r r)\geqslant 0$。这类不相容问题在工程领域如检测、控制和设计等中比比皆是。

(2) 化不可知为可知

勘探矿藏、诊断故障、搜索罪犯等过程中,往往从已有的信息很难判断未知的事物。根据可拓方法,可以利用信息的可拓展性去解决这类问题。设已有的物元是 $r=(N_0,C_0,v_0)$,未知物元是 $R_x=(N_x,c,v)$ 或 $R_x=(N,c,v_x)$,求 R_x 的问题 $P=R_x*r$ 构成不相容问题,要通过 R_x 的变换,或 r 的变换,或 R_x 和 r 同时变换,而使问题得到解决。

(3) 化不属于为属于

设某研究对象的全体为论域 U,T 为某一变换,$k(U)$ 为 U 到实域 I 的一个映射,在 U 上建立关于变换 T 的可拓集合为

$$A(T)=\{(u,y,y')\mid u\in U,y=k(U)\in I,y'=k(T_u)\in I\}$$

当 $T=e$ 时,称

$$A(T)=\{(u,y)\mid u\in U,y=k(U)\geqslant 0\}$$

为 $A(T)$ 的正域,表示具有某性质的元素的全体。

当 $T\neq e$ 时,称

$$A_+(T)=\{(u,y,y')\mid u\in U,y=k(U)\leqslant 0,y'=k(U)\geqslant 0\}$$

为 $A(T)$ 的正可拓域,表示不具有某性质的元素,通过变换 T 变为某性质的元素的全体。

(4) 化对立为共存

在管理、控制等领域中存在不少对立的问题,例如把两个不同运行规则的交通系统连成一个大系统、"狼鸡同笼"问题等。对立问题可以是事物的对立、物元的对立或系统运行规则的对立。使对立问题转化为共存问题,可以用转换桥方法等去解决。

7.1.2 可拓工程使用的基本工具

1. 定性工具

物元和事元是可拓学的基本概念,可拓变换是解决矛盾问题的基本工具。

(1) 物元和事元

物元是描述事物的基本元素,用一个有序三元组 $\boldsymbol{R}=(N,c,v)$ 表示,其中 N 表示事物的名称,c 表示特征的名称,$v=c(N)$ 表示 N 关于 c 所取的量值。

事元是描述事件的基本元素,用一个三元组 $\boldsymbol{I}=(d,h,u)$ 表示,其中 d 表示动词,h 是特征,u 是 d 关于 h 所取的数值。

一个客观的物有无数特征,用 n 维物元表示其有限特征及对应的量值,即

$$\boldsymbol{R}=\begin{bmatrix} N, & c_1, & v_1 \\ & c_2 & v_2 \\ & \vdots & \vdots \\ & c_n & v_n \end{bmatrix}$$

一个动词也有很多特征,以 m 维事元表示其有限特征所对应的量值,即

$$\boldsymbol{I}=\begin{bmatrix} d, & h_1, & v_1 \\ & h_2 & v_2 \\ & \vdots & \vdots \\ & h_n & v_n \end{bmatrix}$$

因此,事和物的多特征性是解决矛盾问题的重要工具。

(2) 可拓性

物元和事元都具有可拓性,包括发散性、相关性、蕴涵性、可扩性和共轭性。可拓性是进行可拓变换的依据。

(3) 可拓变换

可拓变换包括元素的变换(物元变换和事元变换)、关联函数的变换和论域的变换,它们都有4种基本变换,即增删变换、扩缩变换、置换变换和分解变换。可以进行变换的运算有积变换、“与”变换、“或”变换和逆变换及复合变换。利用可拓变换,可以将矛盾问题化为相容问题提供多条途径。

(4) 可拓方程与物元方程

根据给定的两个要素 Γ_1 和 Γ_2,$\Gamma_i \in \{R_i, I_i, k_i, U_i\}$,求未知变换 T_x,使 $T_x\Gamma_1 = \Gamma_2$。这类含有未知变换的等式称为可拓方程,求 T_x 的过程称为解可拓方程,该变换称为该方程的解变换。

把含有未知物元的物元等式称为物元方程,求物元方程的过程称为解该方程,满足上述方程的物元称为该方程的解。通过解可拓方程和物元方程,使解不相容问题成为可能。

2. 定量工具

(1) 可拓集合

可拓集合是描述事物具有某种性质的程度和量变与质变的定量化工具,其定义如下:

设 U 为论域,k 是 U 到实域 I 的一个映射,$T=(T_U, T_k, T_u)$为给定的变换,称

$$A(T)=\{(u,y,y') \mid u \in T_U U, y=k(u) \in I, y'=T_k k(T_u u) \in I\}$$

为论域 $T_U U$ 上的可拓集合,$y=k(u)$为 $A(T)$关联函数,$y'=T_k k(T_u u)$为 $A(T)$的可拓函数,其中 T_U、T_k、T_u 分别为对论域 U、关联准则 k、元素 u 的变换。

当可拓集合的元素 u 是物元时,就形成物元可拓集合。物元可拓集每个元素——物元都有自己的内部结构。它们是既描述事物量的方面,又体现事物质的方面,并将两者有机结合的统一体,其内部结构是可变的。由于物元内部结构的可变性、关联函数的可变性及论域的可变性,导致物元在集合中的“地位”是可变的。因此,物元可拓集合能较合理地描述自然现象和社会现象中各种事物的内部结构、彼此关系及它们的变化,从而描述解决矛盾问题的过程。

(2) 关联函数

在可拓集合中,建立了关联函数的概念。通过关联函数,可以定量地描述 U 中任一元素 u 属于正域、负域或零界在一个域中的哪一个;就是同属于一个域中的元素,也可以由关联函数的大小区分出不同的层次。为了建立实数域上的关联函数,首先把实变函数中距离的概念拓广为距的概念,作为把定性扩大为定量描述的基础。

设 x_0 为实轴上的任意一点,$X_0=\langle a,b\rangle$为实域上的任一区间,称

$$\rho(x_0, X_0)=\left|x_0-\frac{a+b}{2}\right|-\frac{b-a}{2}$$

为点 x_0 到区间 X_0 之距。其中$\langle a,b\rangle$既可为开区间,也可为闭区间,还可为半开半闭区间。点与区间之距 $\rho(x_0, X_0)$与经典数学“点与区间之距离” $d(x_0, X_0)$的关系如下:

当 $x_0 \notin X_0$ 或 $x_0=a,b$ 时,$\rho(x_0,X_0)=d(x_0,X_0)\geqslant 0$;

当 $x_0 \in X_0$ 或 $x_0 \neq a,b$ 时，$\rho(x_0,X_0)<0, d(x_0,X_0)=0$。

距的概念的引入，可以把点与区间的位置关系用定量的形式精确地刻画出来。当点在区间内时，经典数学中认为点与区间的距离都为0，而在可拓集合中，利用距的概念，就可以根据距的值的不同描述出点在区间的位置的不同。距的概念对点与区间的位置关系的描述，使从"类内即为同"发展到类内也有程度区别的定量描述。

在实际问题中，除了考虑点与区间的关系，还需要考虑区间与区间及一个点与两个区间的位置关系。一般地，设 $X_0=\langle a,b\rangle, X=\langle c,d\rangle$ 且 $X_0 \subset X$，则点 x 关于区间 X_0 和 X 组成的区间的位置规定为

$$D(x,X_0,X)=\begin{cases}\rho(x,X)-\rho(x,X_0), & x \notin X_0 \\ -1, & x \in X_0\end{cases}$$

$D(x,X_0,X)$ 就描述了点 x 与点 X_0 和 X 组成区间套的位置关系。

在距的基础上，就可以定义初等关联函数：

$$k(x)=\frac{\rho(x,X_0)}{D(x,X_0,X)}$$

其中，$X_0 \subset X$，且无公共端点。关联函数的值域是 $(-\infty,+\infty)$，它可以把"具有性质 P"的事物从定性描述拓展到"具有性质 P 的程度"的定量描述。

在关联函数中，$k(x)\geqslant 0$ 表示 x 属于 X_0 的程度，$k(x)\leqslant 0$ 表示 x 不属于 X_0 的程度，$k(x)=0$ 表示 x 属于 X_0 又不属于 X_0。因此，关联函数可作为定量化描述事物量变和质变的工具。

根据可拓集合的定义，对给定的变换 T，当 $k(x)\times k(Tx)\geqslant 0$ 时，说明事物的变化是量变；当 $k(x)\times k(Tx)\leqslant 0$ 时，说明事物的变化是质变。

(3) 优度评价法

利用可拓分析和可拓变换，可以提供解决矛盾问题的多种方法或策略，但这些方案或策略必须通过筛选才能应用。为此，利用可拓集合和关联函数建立了评价一个对象，包括事物、策略、方案等的优劣的基本方法——优度评价法。它的优点是：在衡量条件中，加入了"非常不可的条件"，使评价更切合实际；利用关联函数确定各对象的合格度和优度，由于关联可正可负，因此集成度可以反映一个方案或策略利弊的程度；由于可拓集合能描述可变性，因此在引入参数后，可以从发展的角度去权衡利弊。

(4) 可拓不等式

解决矛盾问题，是可拓集合论产生的背景和应用的归宿。为此，首先要应用物元这一工具，建立形式化的问题模型，并通过可拓集合研究问题的相容度。对于不相容问题，利用关联函数建立含有未知变换 T_x 的可拓不等式，通过解可拓不等式，得到解变换集合 $\{T\}$，其中的变换使不相容问题转化为相容问题。

7.2 可拓集合

7.2.1 可拓集合含义

集合是描述人脑思维对客观事物的识别与分类的数学方法。设 U 为论域，k 是 U 到实域 I 的一个映射，T 为给定的变换，称

$$\widetilde{A}(T)=\{(u,y,y')\mid u\in U,y=k(u)\in I,y'=k(T_u)\in I\}$$

为论域 U 上关于元素变换的一个可拓集合,$y=k(u)$为$\widetilde{A}(T)$的关联函数,$y'=k(T_u)$为$\widetilde{A}(T)$关于 T 的关联函数,称为可拓函数。

① 当 $T=e$(e 为幺变换)时,记$\widetilde{A}(e)=\widetilde{A}\{(u,y)|u\in U,y=k(u)\in I\}$,称 $A=\{(u,y)|u\in U,y=k(u)\geqslant 0\}$ 为$\widetilde{A}(T)$的负域;$J_0=\{(u,y)|u\in Y,y=k(u)=0\}$ 为$\widetilde{A}(T)$的零域。

② 当 $T\neq e$ 时,$A_+(T)=\{(u,y,y')|u\in U,y=k(u)\leqslant 0,y'k(T_u)\geqslant 0\}$ 为$\widetilde{A}(T)$的正可拓域;$A_-(T)=\{(u,y,y')|u\in U,y=k(u)\geqslant 0,y'k(T_u)\leqslant 0\}$ 为$\widetilde{A}(T)$的负可拓域;$A_-(T)=\{(u,y,y')|u\in U,y=k(u)\geqslant 0,y'k(T_u)\geqslant 0\}$ 为$\widetilde{A}(T)$的正稳定域;$A_-(T)=\{(u,y,y')|u\in U,y=k(u)\leqslant 0,y'k(T_u)\leqslant 0\}$为$\widetilde{A}(T)$的负稳定域;$J_0=\{(u,y,y')|u\in U,y'=k(T_u)=0\}$ 为$\widetilde{A}(T)$的拓界。

在实际工作中,由于U 和 k 是可以改变的,为了体现这两种变换下的可拓集合,设U 为论域,k 是 U 到实域 I 的一个映射,$T=(T_u,T_k,T_u)$为给定的变换,称 $\widetilde{A}(T)=\{(u,y,y')|u\in T_U U,y=k(u)\in I,y'=T_k k(T_u u)\in I\}$为论域 $T_u u$ 上的一个可拓集合,$y=k(u)$为$\widetilde{A}(T)$的关联函数,$y'=T_k k(T_u u)$为$\widetilde{A}(T)$的可拓函数,其中 T_u、T_k、T_u 分别为对论域 U、关联函数 $k(u)$和元素 u 的变换。

由上述定义可见,可拓集合描述了事物“是”与“非”的相互转化,它既可用来描述量变的过程(稳定域),又可用来描述质变的过程(可拓域)。零界或三界域描述了质变点,超越它们事物就产生质变。元素的变换(包括事元和物元的变换)、关联函数的变换和论域的变换,统称为可拓变换。

7.2.2 物元可拓集合

物元是可拓学的逻辑细胞之一,是形式化描述物的基本元,用一个有序三元组 $\boldsymbol{R}$=(物、特征的名称、量值)=(N,c,v)表示。它把物的质与量有机地结合起来,反映了物的质和量的辩证关系。物元具有发散性、相关性、共轭性、蕴涵性、可扩性等可拓性,这些性质是进行物元变换的依据。而物元变换是可拓集合中“是”与“非”相互转化的工具。当可拓集合中的元素是物元时,就形成物元可拓集合。

7.3 可拓聚类预测的物元模型

设 $I_i(i=1,2,\cdots,m)$是可拓集合 P 的 m 个子集,$I_i\subset P(i=1,\cdots,m)$对任何待测对象 $p\in P$,用以下步骤判断 P 是属于哪个子集 I_i,并计算 P 属于每一子集 I_i 的关联度。

(1) 确定经典域和节域

令

$$\boldsymbol{R}_i=(I_i,C,X_i)=\begin{bmatrix} I_i, & c_1, & X_{i1} \\ & c_2 & X_{i2} \\ & \vdots & \vdots \\ & c_n & X_{in} \end{bmatrix}=\begin{bmatrix} I_i, & c_1, & \langle a_{i1},b_{i1}\rangle \\ & c_2 & \langle a_{i2},b_{i2}\rangle \\ & \vdots & \vdots \\ & c_n & \langle a_{in},b_{in}\rangle \end{bmatrix}$$

其中，$c_1,c_2,\cdots,c_n$ 是子集 I_i 的 n 个不同特征，而 $X_{i1},\cdots,X_{in}$ 分别为子集 I_i 关于特征 $c_1,c_2,\cdots,c_n$ 的取值范围，即为经典域，并且记 $X_{ij}=<a_{ij},b_{ij}>(i=1,2,\cdots,m;j=1,2,\cdots,n)$。再令

$$\boldsymbol{R}_p=(P_i,C,X_p)=\begin{bmatrix}P, & c_1, & X_{p1}\\ & c_2 & X_{p2}\\ & \vdots & \vdots\\ & c_n & X_{pn}\end{bmatrix}=\begin{bmatrix}P, & c_1, & \langle a_{p1},b_{p1}\rangle\\ & c_2 & \langle a_{p2},b_{p2}\rangle\\ & \vdots & \vdots\\ & c_n & \langle a_{pn},b_{pn}\rangle\end{bmatrix}$$

其中，$X_{p1},X_{p2},\cdots,X_{pn}$ 分别为关于 P 取值范围，即称为 P 的节域，记作

$$X_{pj}=<a_{pj},b_{pj}>\ (j=1,2,\cdots,n)$$

(2) 确定待测样本物元

待测样本物元表示为

$$\boldsymbol{R}_x=(P,C,x)=\begin{bmatrix}P, & c_1, & x_1\\ & c_2 & x_2\\ & \vdots & \vdots\\ & c_n & x_n\end{bmatrix}$$

其中，$x_1,x_2,\cdots,x_n$ 分别为待测样本的 n 个特征的观测值。

(3) 根据距的定义，确定关联函数值

待测样本与各类的关联程度按下式计算

$$K_i(x_j)=\begin{cases}-\rho(x_j,X_{ij})/|X_{ij}|, & x_j\in X_{ij}\\ \rho(x_j,X_{ij})/\rho(x_j,X_{pj})-\rho(x_j,X_{ij}), & x_j\notin X_{ij}\end{cases}$$

其中

$$\rho(x_j,X_{ij})=|x_j-(a_{ij}+b_{ij})/2|-(b_{ij}-a_{ij})/2$$
$$\rho(x_j,X_{pj})=|x_j-(a_{pj}+b_{pj})/2|-(b_{pj}-a_{pj})/2$$

(4) 确定权重系数，计算隶属程度

权重系数由下式计算

$$\lambda_{ij}=(x_i/b_{ij})\Big/\sum_{j=1}^{n}(x_j/b_{ij})$$

其中，j 表示特征($j=1,2,\cdots,n$)；i 表示类别($i=1,2,\cdots,m$)。待测样本 p 对 I_i 类的关联程度为

$$K_i(p)=\sum_{j=1}^{n}\lambda_{ij}K_i(x_j)$$

(5) 对待测样本所属类别的判定

若 $K_i=\max K_s(p)(s=1,2,\cdots,m)$，则判定样本 p 属于第 i 类；若对一切 s，$K(p)\leqslant 0(s=1,2,\cdots,m)$，则表示样本 p 已不在划分的类别之内。

7.4 可拓学在科学研究中的应用

例 7.1 品种区域试验是作物育种过程中的一个重要环节，其评价结果是否准确可靠，往往决定着育种工作的成败。因此，长期以来，为了寻求科学合理的评价方法，人们提出了不少富有新意的好方法，例如方差分析法、联合方差分析法、稳定性分析法、品种分级分析法、非平衡资料的参数统计法、秩次分析法，等等。然而，由于它们均局限于对产量一个性状的分析，所

以当时代发展对作物品种提出高产、优质、抗病、抗虫等多目标的需求时，上述方法便显得不足。试利用可拓学评价方法对其进行分类。数据见表 7.1。

表 7.1　2001－2002 年度河南省小麦高肥冬水组区域试验结果(安阳点)

品　种	产　量	抗寒性	抗倒性	条　锈	叶　锈	白　粉	叶　枯	容　重	粒　质	饱满度
科优 1 号	424.7	0.40	0.22	1.0	0.29	0.29	0.5	795	1.00	0.33
原泛 3 号	521.5	0.40	0.33	1.0	0.29	0.33	0.5	792	1.00	0.33
驻 4	506.3	0.40	0.33	1.0	0.22	0.33	0.5	817	0.20	0.50
新 9408	509.3	0.40	0.29	1.0	1.00	0.50	0.5	810	0.33	0.33
豫麦 9901	503.3	0.67	1.00	1.0	0.67	0.40	0.5	819	1.00	0.50
安麦 5 号	571.2	0.40	1.00	0.2	0.20	0.40	0.5	812	1.00	0.33
济麦 3 号	537.2	0.50	1.00	1.0	0.67	0.40	0.4	803	1.00	0.33
00 中 13	513.3	0.40	0.50	1.0	0.67	0.67	0.5	790	0.33	0.25
豫麦 47	521.0	0.40	1.00	1.0	0.67	0.40	0.4	777	1.00	0.25
豫麦 49	498.3	0.40	1.00	1.0	0.33	0.29	0.4	798	0.33	0.50

解：

① 确定品种优劣等级的经典域和节域

根据多年积累的品种试验数据与大面积推广品种的试验数据或具体试验数据，将品种各性状划分为四个等级，即优良、较好、一般、较差，可用以下四个矩阵表示：

$$\boldsymbol{R}_{o1}=\begin{bmatrix} \text{优良品种} & \text{产量}[534.575,571.2] \\ & \text{抗寒性}[0.8,1] \\ & \text{抗倒性}[0.8,1] \\ & \text{条锈}[0.8,1] \\ & \text{叶锈}[0.8,1] \\ & \text{白粉}[0.8,1] \\ & \text{叶枯}[0.8,1] \\ & \text{容重}[808.5,819] \\ & \text{粒质}[0.8,1] \\ & \text{饱满度}[0.8,1] \end{bmatrix} \quad \boldsymbol{R}_{o2}=\begin{bmatrix} \text{较好品种} & \text{产量}[479.85,534.575) \\ & \text{抗寒性}[0.6,0.8) \\ & \text{抗倒性}[0.6,0.8) \\ & \text{条锈}[0.6,0.8) \\ & \text{叶锈}[0.6,0.8) \\ & \text{白粉}[0.6,0.8) \\ & \text{叶枯}[0.6,0.8) \\ & \text{容重}[798,808.5) \\ & \text{粒质}[0.6,0.8) \\ & \text{饱满度}[0.6,0.8) \end{bmatrix}$$

$$\boldsymbol{R}_{o3}=\begin{bmatrix} \text{一般品种} & \text{产量}[461.325,497.95) \\ & \text{抗寒性}[0.4,0.6) \\ & \text{抗倒性}[0.4,0.6) \\ & \text{条锈}[0.4,0.6) \\ & \text{叶锈}[0.4,0.6) \\ & \text{白粉}[0.4,0.6) \\ & \text{叶枯}[0.4,0.6) \\ & \text{容重}[787.5,798) \\ & \text{粒质}[0.4,0.6) \\ & \text{饱满度}[0.4,0.6) \end{bmatrix} \quad \boldsymbol{R}_{o4}=\begin{bmatrix} \text{较差品种} & \text{产量}[424.7,461.325) \\ & \text{抗寒性}[0.2,0.4) \\ & \text{抗倒性}[0.2,0.4) \\ & \text{条锈}[0.2,0.4) \\ & \text{叶锈}[0.2,0.4) \\ & \text{白粉}[0.2,0.4) \\ & \text{叶枯}[0.2,0.4) \\ & \text{容重}[777,787.5) \\ & \text{粒质}[0.2,0.4) \\ & \text{饱满度}[0.2,0.4) \end{bmatrix}$$

矩阵中各数据的来历以产量优劣等级确定为例说明：先找出产量的最大值 571.2 和最小值 424.7，其差为 146.5，将其划分为四等份，每等份为 146.5/4＝36.625。于是产量性状优良等级的值域为[534.575,571.2]，较好等级的值域为[497.95,534.575]，一般等级的值域为[461.325,497.95]，较差等级的值域为[424.7,461.325]。其余性能值域的确定方法与此类似。

② 确定待评物元集合

根据表 7.1 中的数据可以得到如下的矩阵：

$$\boldsymbol{R}_V=\begin{bmatrix} \text{小麦品种} & \text{产量}\langle 424.7,571.2\rangle \\ & \text{抗寒性}\langle 0.2,1\rangle \\ & \text{抗倒性}\langle 0.2,1\rangle \\ & \text{条锈}\langle 0.2,1\rangle \\ & \text{叶锈}\langle 0.2,1\rangle \\ & \text{白粉}\langle 0.2,1\rangle \\ & \text{叶枯}\langle 0.2,1\rangle \\ & \text{容重}\langle 777,819\rangle \\ & \text{粒质}\langle 0.2,1\rangle \\ & \text{饱满度}\langle 0.2,1\rangle \end{bmatrix}$$

③ 确定性状 c_i 的权系数

可以利用层次分析法等方法确定性状的权系数。在本例中假设各性状的权重系数为

$W_i=(0.3025,0.0437,0.1418,0.0545,0.1382,0.0561,0.0333,0.0156,0.1400,0.0743)$

④ 待评品种物元集合

$$\boldsymbol{R}=\begin{bmatrix} \text{科优一号} & \text{产量} & 424.7 \\ & \text{抗寒性} & 0.4 \\ & \text{抗倒性} & 0.22 \\ & \text{条锈} & 1 \\ & \text{叶锈} & 0.29 \\ & \text{白粉} & 0.29 \\ & \text{叶枯} & 0.5 \\ & \text{容重} & 795 \\ & \text{粒质} & 1 \\ & \text{饱满度} & 0.33 \end{bmatrix}\text{，其余类推。}$$

⑤ 计算待评品种 v_l 关于等级 j 的关联度

利用下列函数可以求得每个样品关于各等级的关联度：

$$K=[\begin{matrix} -0.7154 & -0.8648 & -0.7364 & -0.0798 \\ -0.4477 & -0.4476 & -0.4397 & -0.2146 \\ -0.6004 & -0.3748 & -0.3829 & -0.1367 \\ -0.4477 & -0.3537 & -0.3568 & -0.2195 \\ -0.2380 & -0.2139 & -0.3520 & -0.5762 \\ -0.3289 & -0.8906 & -0.7968 & -0.5788 \\ -0.1610 & -0.4080 & -0.5304 & -0.6000 \\ -0.4398 & -0.0998 & -0.1654 & -0.2637 \\ -0.2759 & -0.3599 & -0.5270 & -0.5442 \\ -0.4598 & -0.3830 & -0.2888 & -0.1993 \end{matrix}]$$

```
function y = keitu(x1,x2,x3,p)                          %计算关联度函数
[r,c] = size(x1);m = size(x3,2);y = zeros(m,c);         %x1 为经典域,x2 为节域,x3 为待测元
if size(p,1) == 1;p = repmat(p,[],c);end                %p 为权重系数
for k1 = 1:m
  for k = 1:c
      for i = 1:r
      rho1 = abs(x3(k1,i) - (x1{i,k}(1) + x1{i,k}(2))/2) - (x1{i,k}(2) - x1{i,k}(1))/2;
      rho2 = abs(x3(k1,i) - (x2(i,1) + x2(i,2))/2) - (x2(i,2) - x2(i,1))/2;
      if  x3(k1,i)>x1{i,k}(1)&&x3(k1,i)<x1{i,k}(2)
           k2 = - rho1/(abs(x1{i,k}(2) - x1{i,k}(1)));
      else
           k2 = rho1/(rho2 - rho1);
      end
      if isnan(k2);k2 = 0;end
      y(k1,k) = y(k1,k) + k2 * p(k,i);
    end
  end
end
```

⑥ 对待测元进行评价

根据每个样品对各等级的关联度值,可求出每个样品对应的等级为

$$d=[4\quad 4\quad 4\quad 4\quad 2\quad 1\quad 1\quad 2\quad 1\quad 4]$$

其中,4 代表较差,2 代表较好,1 代表优良。

例 7.2 水资源是制约经济发展的一个重要因素。根据某市水资源开发利用实际情况,选取了 10 个评价因素指标,即① 水资源开发利用率 x_1(%);② 灌溉率 x_2(%);③ 地表水控制率 x_3(%);④ 重复利用率 x_4(%);⑤ 人均占有水量 x_5(m^3/人);⑥ 人均供水量 x_6(m^3/人);⑦ 渠系水利用系数 x_7;⑧ 客水利用率 x_8(%);⑨ 可利用水量模数 x_9(万 m^3/km^2);⑩ 水利工程投资比重 x_{10}(%)。该市水资源开发利用程度综合评价因素的各指标值见表 7.2。同时,还给定了 10 个指标的三级指标标准值的评价标准,见表 7.3,其中Ⅰ~Ⅲ级分别表示水资源开发利用的 3 个不同阶段,Ⅰ级表示水资源开发利用尚处于初始阶段,Ⅱ级表示水资源开发利用处于发展阶段,Ⅲ级表示水资源开发利用处于饱和阶段。试对该城市的水资源利用程度进行评价。

表 7.2 水资源开发利用程度综合评价因素的指标值

指　标	x_1	x_2	x_3	x_4	x_5	x_6	x_7	x_8	x_9	x_{10}
指标值	64.29	23.52	7.30	44.4	411.29	264.42	0.54	2.02	17.169 2	0.48

表 7.3 综合评价因素分级指标

指　标	x_1	x_2	x_3	x_4	x_5	x_6	x_7	x_8	x_9	x_{10}
Ⅰ	50	15	5	50	300	250	0.55	0.2	10	0.1
Ⅱ	62.5	32.5	15	65	322.5	297.5	0.64	0.6	12.5	0.8
Ⅲ	75	50	25	80	345	345	0.73	1	15	1.5

解:由于各评价指标的量化值所在的区间不完全相同,并且表示的意义也不同,所以需要

对指标值及标准值进行归一化处理，然后分别求出经典域、节域、待测元和权重，再求出关联度值，并在此基础上求出评价结果。

经典域可以根据分级指标值求得：

```
    x = {[0 0.677] [0.667 0.833] [0.833 1]           %经典域
         [0 0.3] [0.3 0.65] [0.65 1]
         [0 0.2] [0.2 0.6] [0.6 1]
         [0 0.625] [0.625 0.812] [0.812 1]
         [0 0.87] [0.87 0.935] [0.935 1]
         [0 0.725] [0.725 0.862] [0.862 1]
         [0 0.753] [0.753 0.877] [0.877 1]
         [0 0.2] [0.2 0.6] [0.6 1]
         [0 0.667] [0.667 0.833] [0.833 1]
         [0 0.067] [0.067 0.533] [0.533 1]};

x1 = [50   15   5   50   300   250   0.55   0.2   10   0.1
    62.5   32.5 15   65   322.5   297.5   0.64   0.6   12.5   0.8
    75   50   25   80   345   345   0.73   1.0   15   1.5];
x3 = [64.29   23.52   7.30   44.4   233.56   330.5 0.54    2.02   17.1692   0.48]';
[r,c] = size(x1);w = zeros(r,c);a = max(x1);x2 = [0 1;0 1;0 1;0 1;0 1;0 1;0 1;0 2.02;0 1.145;0 1];
for j = 1:c
    x3(j) = x3(j)/a(j);for i = 1:r;x1(i,j) = x1(i,j)/a(j);end    %归一化
end
for i = 1:r
    for j = 1:c;w(i,j) = x1(i,j)/sum(x1(i,:));end   %权重系数
end
d = keitu(x,x2,x3,w);
```

d＝2，即该市的水资源开发正处于发展阶段。

例 7.3　空气质量的优劣和很多因素有关，并且和经济的发展以及人口的数量有着紧密的联系。我国某地区的第一、二、三大产业的历年产值以及各年度的人口总数的原始数据如表 7.4 所列。

表 7.4　我国某地区三大产业的年产值和当年人口总数

年　份	2000	2001	2002	2003	2004	2005	2006
第一产业年产值/亿元	16.94	17.93	18.74	19.62	24.48	26.35	28.78
第二产业年产值/亿元	47.45	52.43	57.64	73.2	92.30	117.73	143.03
第三产业年产值/亿元	23.34	26.31	30.25	32.6	41.17	47.54	58.21
人口总数/万人	73.31	73.6	73.4	73.47	73.76	74.50	75.55

该地区历年空气污染指数如表 7.5 所列。

表中 PM10 表示粒径在 10μm 以下的颗粒物，又称为可吸入颗粒物或飘尘。试用可拓元分析法对该地区的空气污染情况进行预测。

解：由表 7.4 和表 7.5 的原始数据，得到历年一、二、三产业值，人口总数以及各个空气污染物浓度的年增长率(即该年与上年值之比)，如表 7.6 和表 7.7 所列。

表 7.5　我国某地区各年平均空气污染指数

年　份	SO_2	级　别	NO_2	级　别	PM10	级　别
2000	0.044	优	0.032	优	0.052	良
2001	0.057	良	0.042	优	0.049	优
2002	0.078	良	0.052	优	0.083	良
2003	0.074	良	0.056	优	0.142	良
2004	0.066	良	0.044	优	0.088	良
2005	0.085	良	0.049	优	0.086	良
2006	0.108	良	0.067	优	0.106	良

表 7.6　我国某地区三大产业的年产值和各年总人口的年增长率

年　份	2001	2002	2003	2004	2005	2006
第一产业年产值/亿元	1.055	1.041	1.045	1.2477	1.071	1.058
第二产业年产值/亿元	1.095	1.164	1.228	1.261	1.216	1.205
第三产业年产值/亿元	1.113	1.130	1.084	1.263	1.115	1.150
人口总数/万人	0.996	0.997	1.001	1.004	1.014	1.014

表 7.7　我国某地区空气污染指数年平均增长率

年　份	SO_2	NO_2	PM10	年　份	SO_2	NO_2	PM10
2001	1.295	1.313	0.942	2004	0.892	0.786	0.620
2002	1.368	1.238	1.694	2005	1.288	1.114	0.977
2003	0.949	1.077	1.711	2006	1.271	1.367	1.233

根据上述历史资料(以2000—2005年的资料为聚类样本,2006年的资料为待测样本),以该地区 SO_2 的年增长率在0.8～1.4之间为例。将样本按 SO_2 的年增长率 R 分为三类:

$$0.78 < R \leqslant 1.02 \text{ 记为 I1}$$

$$1.02 < R \leqslant 1.26 \text{ 记为 I2}$$

$$1.26 < R \leqslant 1.50 \text{ 记为 I3}$$

根据表7.6和表7.7,利用经典域公式构造各个类别的经典域物元,即根据 SO_2 等级划分,将表7.6对应的样本数据进行平均化,然后根据均值及范围便可以构造各个类别的经典域物元以及节域物元;而待测样本的物元则为2006年的数据,权重系数采用比重权数,即根据某指标在所有被评价对象上的观测值比重差异大小来确定的一种数量权数,它用该指标的比重差异信息来衡量其重要性大小。对于每一个要进行判别的类来说,待测样本每个因子的权系数由其与相对应特征的经典域最大值的比值占这一类中各因子与其相对应特征值经典域最大值的比值之和的比例确定,具体计算公式如下:

$$\lambda_{ij} = \frac{m_{ij}/b_{ij}}{\sum_{j=1}^{n}(m_{ij}/b_{ij})}$$

其中,j 代表因子(特征向量);i 代表类别;m_{ij} 为待测物元值;b_{ij} 为经典域中各类别取值范围中的最大值。

根据经典域、节域和待测样本物元就可计算关联函数，得 $K_1(p)=-0.2436$，$K_2(p)=0.1425$，$K_3(p)=-0.2362$，所以 2006 年空气污染指数增长率属于第二类，增量在 1.02～1.26 之间，则 2006 年该地区各空气污染物浓度范围 SO_2 为 0.086 7～0.107，NO_2 为 0.049 98～0.061 7，PM10 为 0.087 7～0.108 4。

从以上的应用实例中可看出，在解决实际问题中，比较关注的是利用可拓元方法的预测效果如何。在此可以采用回报的方法，即利用数据集中的部分数据进行预测，应用所建立的关联函数，分别求出事物预测样本中各个体与各群体间的关联度，然后对各个体进行判别，将判别后的结果与实际情况比较就可看出预测方法的优劣。一般来说，预测效果的好坏很大程度上取决于 n 个特征的选取和经典域节域的取值范围及各权系数的确定。当预测效果不理想时可以调整上述参数，直到获得满意的预测效果为止。还可以结合判别分析法确定某种判别规则后，对结果进行有效性判别。

第 8 章

粗糙集理论及其模式识别

粗糙集理论是波兰数学家 $Z.Pawlak$ 于 1982 年提出的，它主要处理不完整和模糊数据集。从一系列已有数据中，寻找其规律或规则，预测问题的方向是粗糙集理论的基本思想。就科学和工程而言，把获得的许多不精确、不完整和不确定的粗糙信息与工程科学相互交叉渗透，预测事物发展，是智能科学研究发展的主要方向，其应用范围涉及控制系统设计、模式识别、语言和手写体识别、图像处理、数字逻辑设计、机械故障诊断、信息检索、并行计算、神经网络系统的自学习和拓扑结构优化等问题。

在自然界中，大部分事物所呈现的信息都是不完整和模糊的。对于这些信息，经典逻辑由于无法准确地描述，所以也就不能正确地处理。长期以来许多逻辑学家和哲学家都致力于研究模糊概念。在现实世界中，有许多模糊现象不能简单地用好坏、真假来表示。如何较好地表示和处理这些现象就成为一个问题。特别是在数据集合的边界上，也即存在一些个体，既不能说它属于某个子集，也不能说它不属于某个子集。

粗糙集用上、下近似两个集合来逼近任意一个集合，该集合的边界区域被定义为上近似集和下近似集的差，边界区域就是那些无法归属的个体。上、下两个近似集合可以通过等价关系给出确定的描述，边界域的元素数目可以被计算出来。

8.1 粗糙集理论基础

1. 知识表达系统和决策表

知识是对某些客观对象的认识。为了处理智能数据，需要对知识进行符号表示。知识表示系统就是研究对象的知识通过指定对象的基本特征和特征值来描述，以便通过一定的方法从大量的数据中发现有用的知识或决策规则。

知识表达系统可用下式表示：

$$S=(\widetilde{X},C,D,V,f)$$

其中，$\widetilde{X}$ 为对象的集合，即为论域；$C\cup D=R$ 是属性的集合；子集 C 和 D 分别称为条件属性和结果属性；$V=\bigcup_{r\in R}V_r$ 是属性值的集合，V_r 表示了属性 $r\in R$ 的属性范围；$f:\widetilde{X}\times R\rightarrow V$ 是一个信息函数，它指定 $\widetilde{X}$ 中每一对象 x 的属性值。

知识表达系统的数据以关系表的形式表示，关系表的行对应要研究的对象，列对应对象的属性，对象的信息通过指定对象的各属性值来表示。

设 $S=(\widetilde{X},A)$ 为一知识表达系统，且 $C,D\subseteq A$ 是两个属性子集，分别称为条件属性和决策属性。具有条件属性和决策属性的知识表可表达为决策表，记为 $T=(\widetilde{X},A,C,D)$ 或简称为 CD 决策表。关系 IND(C)和 IND(D)的等价关系分别称为条件类和决策类。

对象的特征由条件属性描述，决策属性表示该对象的分类。决策属性可能表示专家根据条件属性描述所做的分类、采取的行动或决策。

2. 等价关系

设 A 代表某种属性集合。a 代表属性中的某一种取值。如果有两个样品 X_i、X_j，满足以下关系：

对于 $\forall a \in A, A \subset R, X_i \in \widetilde{X}, X_j \in \widetilde{X}$ 它们的属性值相同，即 $f_a(X_i)=f_a(X_j)$ 成立，称对象 X_i 和 X_j 是对属性 A 的等价关系，表示为

$$\mathrm{IND}(A)=\{(X_i,X_j) \mid (X_i,X_j) \in \widetilde{X} \times \widetilde{X}, \forall a \in A, f_a(X_i)=f_a(X_j)\}$$

即属性相同的两个样品之间的关系为等价关系。

粗糙集的等价概念与传统的集合论的等价概念有本质的区别：在传统集合论中，当两个集合有完全相同的元素时，它们是等价的；而在粗糙集中，只是在某一个属性之下，集合的取值相等，它是集合间的拓扑结构，不是构成集合的元素间的比较。

在 $\widetilde{X}$ 中，对属性集 A 中具有相同等价关系的元素集合称为等价关系 IND(A)的等价集 $[X]_A$，表示在属性 A 下与 X 具有等价关系的元素集合。

$$[X]_A=\{X_j \mid (X,X_j) \in \mathrm{IND}(A)\}$$

3. 等价划分

从所采集的训练集中把属性值相同的样品聚类，形成若干个等价集，构成 A 集合。在 $\widetilde{X}$ 中对属性 A 的所有等价集形成的划分表示为

$$A=\{E_i \mid E_i=[X]_A, i=1,2,\cdots\}$$

具有特性：

① $E_i \neq \varnothing$；

② 当 $i \neq j$ 时，$E_i \cap E_j=\varnothing$；

③ $\widetilde{X}=\cup E_i$。

4. 上近似集和下近似集

属性 A 可划分为若干个等价集，与决策集 Y 对应关系分上近似集 $A^-(Y)$ 和下近似集 $A_-(Y)$ 两种。

(1) 下近似定义

对任意一个决策属性的等价集 $Y(Y \subseteq \widetilde{X})$，属性 A 的等价集 $E_i=[X]_A$，有

$$A_-(Y)=\cup\{E_i \mid E_i \in A \wedge E_i \subseteq Y\}$$

或

$$A_-(Y)=\{X \mid [X]_A \subseteq Y\}$$

表示等价集 $E_i=[X]_A$ 中的元素都属于 Y，即 $\forall X \in A_-(Y)$，则 X 一定属于 Y。$A_-(Y)$ 表示下近似集。

(2) 上近似定义

对任意一个决策属性的等价集 $Y(Y \subseteq \widetilde{X})$，属性 A 的等价集 $E_i=[X]_A$，有

$$A^-(Y)=\cup\{E_i \mid E_i \in A \wedge E_i \cap Y \neq \varnothing\}$$

或

$$A^-(Y)=\{X \mid [X]_A \cap Y \neq \varnothing\}$$

表示等价集 $E_i=[X]_A$ 中的元素可能属于 Y，即 $\forall X \in A^-(Y)$，则 X 可能属于 Y，也可能不属于 Y。$A^-(Y)$ 表示上近似。

(3) 正域、负域和边界的定义

全集 $\widetilde{X}$ 可以划分为 3 个不相交的区域,即正域(POS_A)、负域(NEG_A)和边界(BND_A)。

正域:$POS_A(Y)=A_-(Y)$。

负域:$NEG_A(Y)=\widetilde{X}-A^-(Y)$。

边界:$BND_A=A^-(Y)-A_-(Y)$。

由此可见:

$$A^-(Y)=A_-(Y)+BND_A(Y)$$

从上述的定义中可知,任意一个元素 $X\in POS(Y)$,一定属于 Y;任意一个元素 $X\in NEG(Y)$,一定不属于 Y;集合的上近似是其正域和边界的并集,即

$$A^-(Y)=POS_A(Y)\cup BND_A(Y)$$

对于元素 $X\in BND(Y)$,无法确定它是否属于 Y,因此对于任意元素 $X\in A^-(Y)$,只知道 X 可能属于 Y。

5. 粗糙集

若 $A^-(Y)=A_-(Y)$,即 $BND_A(Y)=\varnothing$,即边界为空,则称 Y 为 A 的可定义集,否则称 Y 为 A 的不可定义集,即 $A^-(Y)\neq A_-(Y)$,称 Y 为 A 的粗糙集(Rough set)。

6. 粗糙集的非确定性的精确度 $\alpha_A(Y)$ 和粗糙度 $\rho_A(Y)$

集合的不确定性是由于边界的存在而引起的,集合的边界域越大,其精确性越低。为了准确地表达这一点,常用精确度 $\alpha_A(Y)$ 和粗糙度 $\rho_A(Y)$ 来表示,即

$$\alpha_A(Y)=\frac{|\widetilde{X}|-|A^-(Y)-A_-(Y)|}{|\widetilde{X}|}$$

其中,$|\widetilde{X}|$ 和 $|A^-(Y)-A^-(Y)|$ 分别为集合 $\widetilde{X}$、$A^-(Y)-A_-(Y)$ 中的元素个数。精确度用来反映 $\widetilde{X}$ 的知识的完整程度,即根据 $\widetilde{X}$ 中各属性的属性值就能够确定其属于或不属于 Y 的比例。

也可以用粗糙度来定义集合 $\widetilde{X}$ 的不确定程度,即

$$\rho_A(Y)=1-\alpha_A(Y)$$

与概率论或模糊集合不同,不粗糙集的精确的数不是事先假定的,而是通过表达知识不精确性的概念近似计算的,这是不精确的数值表示有限知识的结果。

8.1.1 分类规则的形成

应用粗糙集理论,对数据进行学习,从中寻找隐含的模式和关系,对数据进行约简,评价数据的重要性,从数据中产生分类规则。

通过分析 $\widetilde{X}$ 中的两个划分 Y 和 X 之间的关系,把 Y 视为分类条件,X 视为分类结论,可得到下面的分类规则:

① 当 $Y\cap X\neq\varnothing$ 时,则有 $des(Y)\rightarrow des(X)$。

$des(Y)$ 和 $des(X)$ 分别是等价集 Y 和等价集 X 中的特征描述:

- 当 $Y\cap X=Y$,即 Y 全部被 X 包含时,此时建立的规则是确定的,规则的置信水平 cf 为 1;
- 当 $Y\cap X\neq Y$,即 Y 全部不被 X 包含时,此时建立的规则是不确定的,规则的置信水平为

$$\mathrm{cf}=\frac{|Y\cap X|}{|Y|}$$

② 当 $Y\cap X=\varnothing$ 时，Y 和 X 不能建立规则。

8.1.2　知识的约简

知识的约简是在保持知识库中初等范畴的情况下，消除知识库中冗余的基本范畴。这一过程可以消去知识库中非必要的知识，仅仅保留真正有用的部分，即知识的"核"。

对于知识库，可用知识表达系统形式化。知识库中任一等价关系在表中表示一个属性和用属性表示的关系的等价类。表中的列可以看作某些范畴的名称，而整个表包含了相应适应库中所有范畴的描述。能从表中数据导出的所有可能的规律，就形成了一个决策表。通过这种表达，很容易用数据表的性质来表示知识库的基本性质，用符号代替语言定义，从而对知识的约简就变成对决策表的简化。

1. 决策表的一致性

把决策表中的对象 X 按条件属性与决策属性关系看作一条决策规则，可写成

$$\wedge\ f_{C_i}(X)=f_D(X)$$

其中，C_i 表示多个条件属性，D 表示决定属性，f_{C_i} 表示对象 X 在 C_i 中的取值，$\wedge$ 表示逻辑"与"。

如果对任一个对象，若条件属性有 $f_{C_i}(X_i)=f_{C_i}(X_j)$，则决策属性必须有 $f_D(X_i)=f_D(X_j)$，即一致性决策规则说明条件属性取值相同时，决策属性取值必须相同。

一致性决策规则也允许：若条件属性有 $f_{C_i}(X_i)\neq f_{C_i}(X_j)$，则决策属性可以是 $f_D(X_i)=f_D(X_j)$ 或 $f_D(X_i)\neq f_D(X_j)$。

在决策表中如果所有对象的决策规则都是一致的，则该信息表示是一致的，否则信息表示是不一致的。在进行属性约简时，每约掉一个属性时要检查属性表，若保持一致性，则可以删除；否则不可以删除。

2. 属性约简

决策表中决策属性 D 依赖条件属性 C 的依赖度定义为

$$\gamma(C,D)=\frac{|\mathrm{POS}(C,D)|}{|\widetilde{X}|}$$

其中，$|\mathrm{POS}(C,D)|$ 表示正域 $\mathrm{POS}(C,D)$ 元素的个数，$|\widetilde{X}|$ 表示整个对象集合的个数。

$\gamma(C,D)$ 的性质如下：

- 若 $\gamma=1$，则表示在已知条件 C 下，可以将 $\widetilde{X}$ 上全部个体分类到决策属性 D 的类别中去；
- 若 $\gamma=0$，则利用条件 C 不能分类到决策属性 D 的类别中去；
- 若 $0<\gamma<1$，则在已知条件 C 下，只能将 $\widetilde{X}$ 上那些属于正域的个体分类到决策属性 D 的类别中去。

设 $C,D\subset A$，C 为条件属性集，D 为决策属性集，$a\in C$，属性 a 关于 D 的重要度定义为

$$\mathrm{SGF}(a,C,D)=\gamma(C,D)-\gamma(C-\{a\},D)$$

其中，$\gamma(C-\{a\},D)$ 表示在 C 中缺少属性 a 后，条件属性与决策属性的依赖程度；$\mathrm{SGF}(a,C,D)$ 表示 C 中缺少属性 a 后，导致不能被正确分类的对象在系统中所占的比例。

SGF(a,C,D)的性质如下：

- SGF$(a,C,D)\in[0,1]$;
- SGF$(a,C,D)=0$,表示属性 a 关于 D 是可约简的;
- SGF$(a,C,D)\neq 0$,表示属性 a 关于 D 是不可约简的。

设 C、D 分别是信息系统 S 的条件属性和决策属性集,属性集 $P(P\subseteq C)$是 C 的一个最小属性集,当且仅当 $\gamma(C,D)$并且 $\forall P'\subset P,\gamma(P',D)\neq\gamma(P,D)$时,说明若 P 是 C 的最小属性集,则 P 具有与 C 相同的区分决策类的能力。

8.2 粗糙神经网络

粗糙集理论存在容错能力与推广能力相当软弱,且只能处理量化数据等问题,而人工神经网络具有较强的自组织能力、容错能力与推广能力,但不能优选条件属性组合等特点,结合这两者将具有理论与应用价值。

粗糙神经网络系统框图如图 8.1 所示。用粗糙集理论对量化后的属性进行分类,对优化后的属性进行人工神经网络学习,再用量化参数及训练好的人工神经网络对识别样本进行分类。

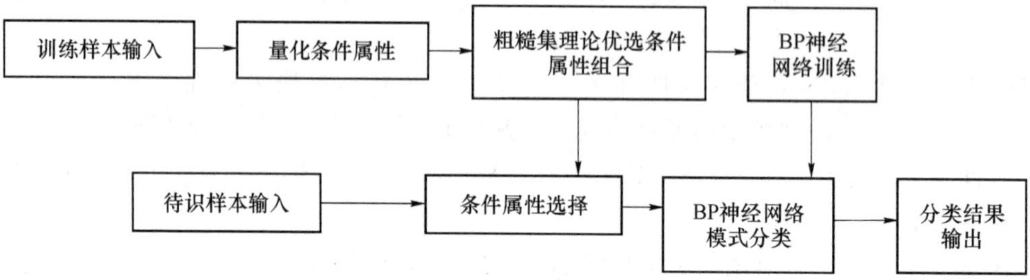

图 8.1 粗糙神经网络系统框图

粗糙集神经网络的另一种应用方式是将粗糙集数据的上下边界作为网络的输入。

经典的人工神经网络在预测模型中采用的是单值数据作为输入值,但是在一些应用中会产生问题。例如对一个物理量的测定,在某一段时间内得到的是一组数据,究竟应该采用测量值中的哪一个值作为网络的输入就难以确定。通常的方法是,将测量数据进行数学平均,以均值作为网络的输入,但这有可能导致具有重要性质的数据的泛化,而粗糙集理论则可以很好地解决这个问题。粗糙集数据的上下边界可以将这个物理量测量值的上界和下界作为粗糙神经元的输入。

8.3 系统评估粗糙集方法

选择系统最优方案和评价被评对象优劣的有效方法,是辅助决策者进行决策的有效工具。然而现实世界中的许多复杂系统具有多目标(指标)、多层次、多关联、动态、信息不完备等特点,需要人们在领域信息不完整、不确定、不精确的前提下完成对系统的分析、评估和决定,因此采用常识的缩合评估方法进行评估就有一定的困难。

粗糙集理论是一种用于不完备数据及不精确知识的表达、学习和归纳的智能信息处理方法。该方法的特点是不需要任何先验知识,而是直接从给定的数据集出发,通过数据约简,建立决策规则,从而发现给定的数据集合中隐含的知识。根据粗糙集的这个特点,对不完备信息系统进行评估是非常合适的。

8.3.1　模型结构

运用粗糙集理论的方法进行系统综合评估一般分为两个阶段：

第一阶段是学习阶段或训练阶段，就是根据样本数据(或称为历史数据)进行学习，从而提炼过程知识，形成评估规则，为评估做准备。

第二阶段是应用阶段，即应用所形成的评估规则进行系统综合评估，如图 8.2 所示。对系统进行综合评估与决策过程非常类似，可以把决策表看作评估系统，评估结果就对应着决策属性。因此从本质上讲，系统综合评估就是一个分类过程，而粗糙集理论能有效地处理这类分类问题。

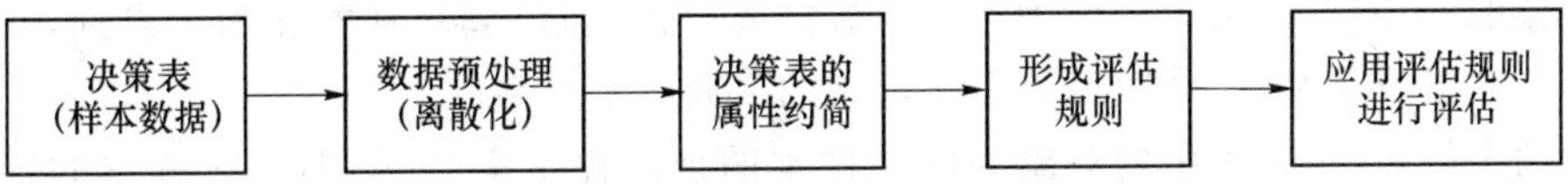

图 8.2　基于粗糙集的系统综合评估模型结构

对于粗糙集而言，所处理的属性值必须是离散化的数据，然而，如果当输出是连续数据时，在应用时必须对数据进行离散化处理。

现有的离散化方法包括等距离划分算法、等频率划分算法、Naïve Scaler 算法、Semi Naïve Scaler 算法、布尔逻辑和 Rough 集理论相结合的离散化算法、基于断点重要性的离散化算法等。

等频率划分算法是根据用户给定的参数 k 把 m 个对象分成段，每段中有 m/k 个对象。假设某个属性的最大属性值为 $x_{\max}$，最小属性值为 $x_{\min}$，用户给定的参数为 k，则需要将这个属性在所有实例上的取值按从小到大进行排列，然后进行平均划分为 k 段即得到断点集。每两个相邻断点包含的属性值的个数是相等的。

等距离划分算法是在每个属性上，根据用户给定的参数来把属性值简单地划分为距离相等的断点段，不考虑每个断点中属性值个数的多少。假设每个属性的最大属性值为 $x_{\max}$，最小属性值为 $x_{\min}$，用户给定的参数为 k，则断点间隔为 $\delta=(x_{\max}-x_{\min})/k$。由此得到此属性上的 $k+1$个断点值 $x_{\min}+i\delta(i=0,1,2,\cdots,k)$，断点之间的距离都等于断点间隔。

例如有下列 15 个连续性数据：{0.02，0.48，0.12，0.08，0.40，0.05，0.06，0.10，0.42，0.05，0.11，0.08，0.47，0.43，0.03}，给定参数 $k=3$，则依等频率划分算法可知 0.02～0.06 为第一个等级，0.08～0.12 为第二个等级，0.4～0.48 为第三个等级，据此可得到离散值为{1，3，2，2，3，1，1，2，3，1，2，2，3，3，1}。依等距离划分算法可知，0.02～0.17 为第一个等级，0.17～0.32 为第二个等级，0.32～0.48 为第三个等级，据此得到的离散值为{1，3，1，1，3，1，1，1，3，1，1，1，3，3，1}。

8.3.2　综合评估方法

系统评估采用的评估参数越多，描述越详尽，对系统的认识就越深刻，评估也就越准确。但是利用过多的系统参数作为评估系统的指标，将占用大量的存储空间和机器处理时间，并且评估系统的指标可能具有不同的重要性，这就需要去掉描述系统的重复或相关信息以及不重要的评估指标。对于决策表来说，其实质就是选择有效的属性集合来正确地表征研究的对象，以便进行评估。对于所要建立的指标体系，将所有指标的集合看成系统 S 中条件属性集合 C，

将评估结果看成 S 中的决策属性。评估体系的建立过程是选择合理的条件属性,使之可以对决策属性进行最佳描述。具体算法见相关文献。

8.4 粗糙集聚类方法

1. 聚类问题的粗糙集表达

在粗糙集理论中,知识表达系统用知识表达属性值表的表格来实现。通过一定的方法,将样本表达成知识表达属性值表的形式。知识的表格表达方法可以看作一种特殊的形式语言,用符号来表达等价关系,这样的数据表称作知识表达属性值表或决策表。在知识表达属性值表中,条件属性为样本的特征值,决策属性为类别。列表示属性,行表示对象(样本),并且每行表示该对象的一条信息,决策属性为类别。数据表可以通过试验、观察和测量得到,并且一个属性对应一个等价关系,一个表可以看作定义的一族等价关系。

对于两类问题,决策表中的对象为两类样本的训练样本集合 X,对每个样本的特征进行二值化作为条件属性。若特征值为 0,则对应条件属性也为 0;若特征值大于 0,则对应条件属性值为 1。决策属性值对两类样本分别用 0、1 表示。

2. 约　简

约简就是利用粗糙集理论,通过对决策表进行条件属性约简、决策规则约简,获取最小决策规则,作为最终分类规则。

(1) 等价集、下近似集和依赖度计算

计算条件属性 X 和决策属性 D 的等价集,并在此基础上计算决策属性的各等价集的下近似集。

计算 $\mathrm{POS}(X,D)$ 和 $\gamma(X,D)$。

(2) 属性约简

对于属性 x_i 计算其重要度:

计算条件属性 $X-x_i$ 和决策属性 D 的等价集和决策属性的各等价集的下近似集。

计算 $\mathrm{POS}(X-|x_i|,D)$、$\gamma(X-|x_i|,D)$和属性 x_i 的重要度 $\mathrm{SGF}(X-|x_i|,D)$。如果它不等于 0,则属性 x_i 不可约简;否则可约简。

对约简后的决策表进行一致性检查,如果决策表一致,则属性可约简;否则不可约简。如果该属性可约简,则从决策表删除该属性。

依上述方法对所有属性进行约简,得到简化后的决策表。

(3) 等价集计算

计算约简后的条件属性的等价集 $E'_1 \sim E'_n$ 和决策属性 $D(d)$的等价集 Y'_1 和 Y'_2。

(4) 获取规则

对某一条件属性 E'_i 等价集,如果 $E'_i \cap Y'_1 = E'_i$,则有规则 $\mathrm{Des}(E'_i) \rightarrow \mathrm{Des}(Y'_1)$;否则如果 $E'_i \cap Y'_2 = E'_i$,则有规则 $\mathrm{Des}(E'_i) \rightarrow \mathrm{Des}(Y'_2)$。

对每一条件等价集进行规则获取,保留有效规则。

(5) 规则化简

对某一条件属性 x_i,如果有两条规则满足 x_i 分别为 0 和 1 且除了 x_i 外其他所有条件属性和决策属性都相同的条件，则该属性可以从这两条规则中舍去，从而实现规则化简。

对所有属性进行规则化简，得到最终训练规则。

3. 分类判别

利用训练好的规则，对待测样品，已知条件属性(即特征)，在训练规则中检索，找到符合规则，其决策属性即为其类别。

粗糙集聚类方法算法流程框图如图 8.3 所示。

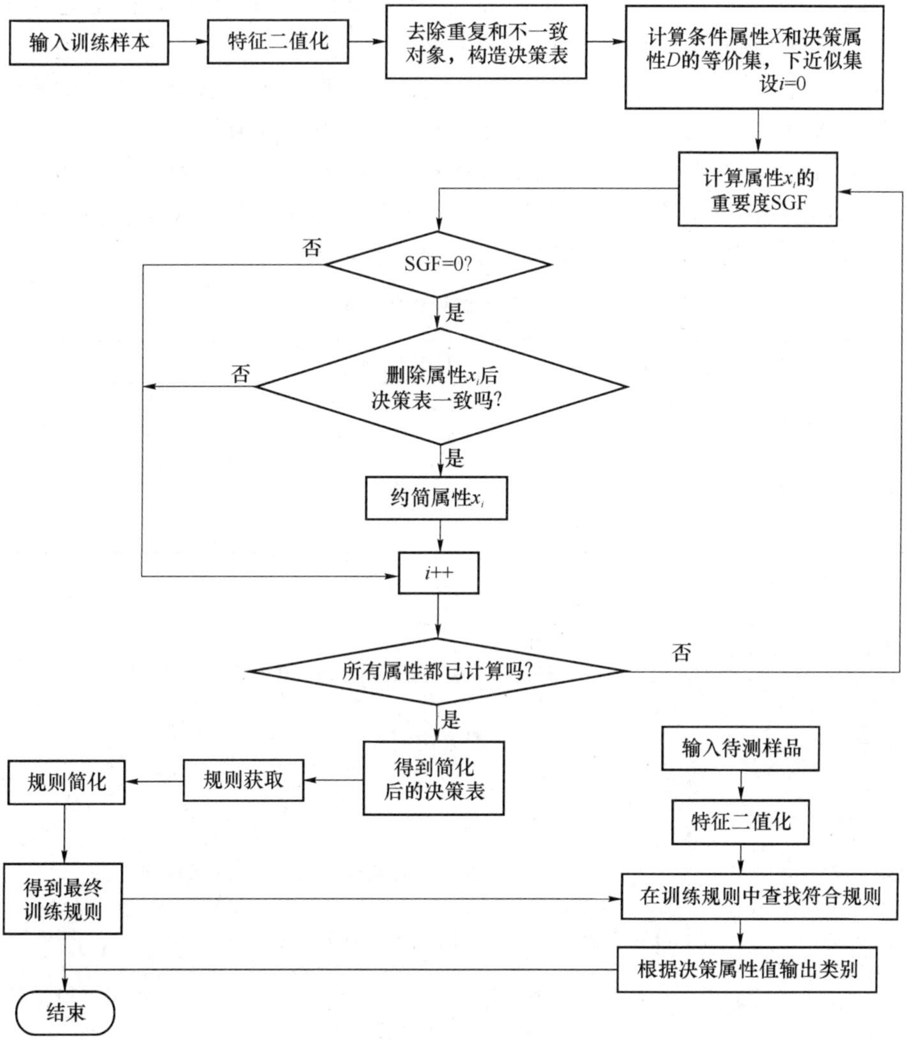

图 8.3　粗糙集聚类方法算法流程框图

8.5　粗糙集理论在科学研究中的应用

例 8.1　给定一个知识库 $K=(U,R)$ 和一个等价关系 $R\in \mathrm{ind}(K)$，其中 $U=\{x_0,x_1,\cdots,x_{10}\}$ 且有 R 的下列等价集：$E_1=\{x_0,x_1\}$，$E_2=\{x_2,x_6,x_9\}$，$E_3=\{x_3,x_5\}$，$E_4=\{x_4,x_8\}$，$E_5=\{x_7,x_{10}\}$。求集合 $X_1=\{x_0,x_1,x_4,x_8\}$，$X_2=\{x_0,x_3,x_4,x_5,x_8,x_{10}\}$，$X_3=\{x_0,x_2,x_3\}$，$X_4=\{x_0,x_1,x_2,x_3,x_4,x_7\}$的近似集及精度。

解：对于 $X_1=\{x_0,x_1,x_4,x_8\}$，因为从 E_1、E_4 看可以肯定 X_1 属于 U，所以 $R_-(X_1)=R^-(X_1)=E_1\cup E_4$。

对于 $X_2=\{x_0,x_3,x_4,x_5,x_8,x_{10}\}$，因为从 E_3、E_4 看可以肯定 X_2 中的 $\{x_3,x_5,x_4,x_8\}$ 属于 U，即 $R_-(X_2)=E_3\cup E_4$；而从所含元素分析，其上近似应为 $R^-(X_2)=E_1\cup E_3\cup E_4\cup E_5$，因此其边界域为

$$\mathrm{BND}_{X_2}=E_1\cup E_5，精确度\ \alpha_{X_2}(R)=(10-4)/10=3/5$$

对于 $X_3=\{x_0,x_2,x_3\}$，因为从 R 的等价集分析，没有元素能肯定属于 U，所以 $R_-(X_3)=\varnothing$，而上近似为 $R^-(X_3)=E_1\cup E_2\cup E_3$。

对于 $X_4=\{x_0,x_1,x_2,x_3,x_4,x_7\}$，因为从 R 的等价集分析，能肯定属于 U 的元素为 $\{x_0,x_1\}$，所以 $R_-(X_4)=E_1$。其上近似为 $R^-(X_4)=U$，因此其边界域为

$$\mathrm{BND}_{X_4}=E_2\cup E_3\cup E_4\cup E_5，精确度\ \alpha_{X_4}(R)=(10-9)/10=0.1$$

例 8.2 对某一评价系统进行离散化处理后，得到表 8.1 所列的决策表，其中 x_1、x_2、x_3 为三个条件属性(特征值)，D 为决策属性。试对其进行约简。

表 8.1 某系统评价的决策表

样　本	x_1	x_2	x_3	D	样　本	x_1	x_2	x_3	D
1	1	1	0	0	5	0	0	1	0
2	1	1	1	1	6	0	1	2	1
3	1	1	2	1	7	1	0	1	1
4	0	1	0	0	8	0	0	0	0

解：

```
>> x1 = [1 1 0;1 1 1;1 1 2;0 1 0;0 0 1;0 1 2;1 0 1;0 0 0];x2 = [0 1 1 0 0 1 1 0]';
>> [y1,y2,y3,y4] = reduction(x1,x2);
>> y1  =   - Inf       0        0                    % 最终决策表
             0         1        0
             1         1        1
           - Inf       2        1
>> y2  = 2                                           % 被约简的属性，即 x2 是可以删除的
>> y3 = [1x2 double]     [1x3 double]     [1x3 double]     [1x2 double]    % 每条规则
>> y4  = 1        0        0                         % 约简属性后的决策表
         0        0        0
         0        1        0
         1        1        1
         1        2        1
         0        2        1
function varargout = reduction(varargin)     % 约简函数
if length(varargin)>2
    x1 = varargin{1};x2 = varargin{2};sample = varargin{3};
else
    x1 = varargin{1};x2 = varargin{2};
end
```

```
temp = delrepeat([x1 x2]);      %约去重复样本函数
 x1 = temp(:,1:end - 2);x2 = temp(:,end - 1);[r,c] = size(x1); y = zeros(1,c);
 [pos1,num1,gama1] = calimport(x1,x2);   %重要度函数,求整个决策表的重要度函数
 for i = 1:c   %对每个属性求重要度
     temp = x1;temp(:,i) = []; [pos,num,gama] = calimport(temp,x2);y(i) = gama1 - gama;
 end
 temp = x1;m = [];
 for i = 1:c
    if y(i) == 0; temp(:,i) = [];y1 = consistent(temp,x2);          %一致性检验函数
      if y1 == 1;m = [m i];temp = x1;else ;temp = x1; end          %可以约简的属性
     end
 end
 l = length(m);
 for i = l: - 1:1
     y_1 = redu(x1,m(1:i)); y_2 = consistent(y_1,x2);            %redu为删除矩阵列的函数
     if y_2 == 1; m_1 = m(1:i); break; end
 end
 m = {m m_1};   %最终可以约简的属性
 temp1 = 0;for i = 1:length(m);x1(:,m(i) - temp1) = [];temp1 = temp1 + 1;end   %约简
 temp = delrepeat([x1 x2]); y1 = temp(:,1:end - 2); y2 = temp(:,end - 1);
 y3 = equvalue(y1); r1 = length(y3);y4 = equvalue(y2);r2 = length(y4);   %求等价集函数 equvalue
 rule1 = cell(1,r2);
 for i = 1:r2
    for j = 1:r1
       temp = intersect(y3{j}(:,end),y4{i}(:,end));                  %求cf值
       if isequal(temp,y3{j}(:,end));
          rule1{i} = [rule1{i};y3{j}(:,1:end - 1) y4{i}(1,1) 1];     %规则成立
       else
          rule1{i} = [rule1{i};y3{j}(:,1:end - 1) y4{i}(1,1) 0];     %规则不成立
       end
    end
 end
 rule = [];for i = 1:r2;rule = [rule;rule1{i}];end;
 r = size(rule,1);m1 = [];
 for i = 1:r;if rule(i,end) == 0;m1 = [m1 i];end;end      %求cf = 1的规则
 temp1 = 0;for i = 1:length(m1);rule(m1(i) - temp1,:) = [];temp1 = temp1 + 1;end    %约简
 rule = rule(:,1:end - 1);rule_old = rule;rule_old = delrepeat(rule_old);rule_old = rule_old(:,1:
end - 1);
 [r,c] = size(rule);
 for i = 1:c - 1;y_deg{i} = f(rule(:,i)); end      %求各属性范围函数
 for i = 1:c - 1
     temp = rule;temp(:,i) = inf;temp = delrow(temp,inf,'c');    %去掉全为inf值的列函数
     y_temp = equvalue(temp);
     for j = 1:length(y_temp)
         if size(y_temp{j},1)<length(y_deg{i})    %如果不包含某属性的全部值,则不可约简
            continue
         else
            b = y_temp{j}(:,end);b_temp = [];
            for k = 1:length(b);b_temp = [b_temp rule(b(k),i)]; end
            if  isequal(sort(b_temp),y_deg{i})
               for k = 1:length(b);rule(b(k),i) = - inf;end
```

```
            end
          end
        end
    end
    rule = delrepeat(rule);rule = rule(:,1:end - 1);[r,c] = size(rule);rule_new = cell(1,r);rule_
new1 = cell(1,r);
    for i = 1:r
        temp = [];temp1 = [];
        for j = 1:c
          if rule(i,j)~ = - inf;if j< = c - 1;temp1 = [temp1 j];end;temp = [temp rule(i,j)];end
        end
        rule_new{i} = temp; rule_new1{i} = temp1;   %最终规则及对应的序列号
    end
    if exist('sample','var');sample = delrow(sample,m,'nc');   %对测试样本删除可约简的属性
    [r,c] = size(sample);
      for i = 1:r
        for j = 1:length(rule_new1)
            temp = [];
            for k = 1:length(rule_new1{j});temp = [temp sample(i,rule_new1{j}(k))];end
            if isequal(temp,rule_new{j}(1:end - 1));s_out(i) = rule_new{j}(end);   %样本分类结果
            end
        end
      end
      varargout = {rule,m,rule_new,rule_old,s_out};   %没有测试样本时的输出
    else
      varargout = {rule,m,rule_new,rule_old};      %有测试样本时的输出
    end
```

限于篇幅,约简函数中所用到的许多函数就不再一一列出,在此只列出其中的求等价集函数。

```
    function y = equvalue(x)    %求等价集函数,x为输入矩阵
     r = size(x,1);y1 = cell(1,r);
     for i = 1:r - 1
         if isnan(x(i,:));continue;else
         m = 0;
           for j = i + 1:r
             if isnan(x(j,:))
                 continue
             elseif isequal(x(i,:),x(j,:))
                 if m> = 1
                     y1{i} = [y1{i};x(j,:) j];x(j,:) = NaN;m = m + 1;
                 else
                     y1{i} = [y1{i};x(i,:) i;x(j,:) j];m = m + 1; x(j,:) = NaN;
                 end
             else
                 if m> = 1
                   continue
                 else
                     y1{i} = [y1{i};x(i,:) i];m = m + 1;
```

```
                end
            end
          end
        end
    end
    if ~isnan(x(r,:)); y1{r} = [x(r,:) r];end
    flag = [];for i = 1:r;if ~isnan(x(i,:));flag = [flag i];end;end
    d = [];for i = 1:r;if ~isempty(y1{i});d = [d i];end;end
    y = cell(1,length(d));for i = 1:length(d);y{i} = [y{i};y1{d(i)}];end
    if length(d)<length(flag);y{length(flag)} = [x(flag(end),:) flag(end)];end
```

例 8.3　对某一预测系统，通过观察 21 年的数据并经过等距离法进行离散处理后得到表 8.2 所列的决策表，试对其进行约简。

表 8.2　某系统评价的决策表

样　本	x_1	x_2	x_3	x_4	D	样　本	x_1	x_2	x_3	x_4	D
1	1	1	3	2	2	11	3	2	3	4	1
2	1	0	0	2	2	12	1	2	4	2	1
3	1	1	3	1	2	13	0	2	1	1	2
4	2	1	1	2	1	14	0	2	3	0	2
5	1	2	3	1	1	15	0	1	2	0	2
6	2	2	4	1	0	16	0	1	0	0	2
7	0	2	1	0	0	17	0	1	1	0	1
8	1	1	2	1	0	18	0	0	2	0	1
9	2	0	3	2	1	19	0	0	0	0	0
10	4	1	1	4	1						

解：

```
>> load mydata;
>> [y1,y2,y3,y4] = reduction(x(:,1:end-1),x(:,end));
```

得到如下的约简决策表，其中 x_1 可约简，最后一列为决策属性。

```
1   3   2   2
0   0   2   2
1   3   1   2
2   1   1   2
2   3   0   2
1   2   0   2
1   0   0   2
1   1   2   1
2   3   1   1
0   3   2   1
1   1   4   1
```

若您对此书内容有任何疑问，可以登录MATLAB中文论坛与作者和同行交流。

2	3	4	1
2	4	2	1
1	1	0	1
0	2	0	1
2	4	1	0
2	1	0	0
1	2	1	0
0	0	0	0

例 8.4 舒适的室内环境一直是人们追求的目标。但因为没有一个确切的量化评价指标来评价室内环境,因此在室内环境日益改善的同时,能量消耗也逐渐增大。目前常用的室内环境评判指标有温度、有效温度(ET)、PMV-PPD 指标等。但是由于影响室内环境的因素很多,再加上评价者的主观因素,使得评价信息出现不完全、不精确的情况。

在这种情况下,粗糙集理论可以发挥其作用,通过约简不必要的属性,并通过计算测量数据矩阵中各属性的重要度来确定其权重系数,克服了主观性评价不客观性的缺点。

室内环境舒适性评价因素包括空气温度、相对湿度、平均辐射温度、气流速度、噪声和空气质量等,决策属性为很好、好、一般、差、很差 5 个评价状态。

对某一写字楼的 20 个用户进行调查问卷,并同时测量 6 个指标值。经统计后得出各个测量数据对应的舒适程度,再对测量数据进行离散化后得到如表 8.3 所列的决策表。试对其进行评价。

表 8.3 室内环境舒适度的决策表

样 本	x_1	x_2	x_3	x_4	x_5	x_6	D
1	2	4	3	3	2	3	2
2	1	3	2	1	3	3	3
3	4	2	4	3	2	4	4
4	3	1	1	2	2	5	3
5	1	2	3	3	1	2	1
6	2	4	3	2	2	3	3
7	2	3	4	2	4	5	4
8	2	1	1	2	2	5	4
9	3	3	4	2	4	5	4
10	2	2	3	3	3	5	4
11	2	4	3	2	2	3	3
12	1	2	3	3	2	2	2
13	1	4	3	3	2	3	3
14	1	2	3	3	1	2	1
15	1	3	4	2	4	5	3
16	1	1	2	1	3	3	1
17	1	3	2	1	3	3	3
18	4	2	4	3	2	4	4
19	3	3	4	2	4	5	4
20	2	2	3	3	3	4	3

解：

```
>> load mydata;
>> [y1,y2,y3,y4] = reduction(mydata(:,1:6),myda(:,end));
 y1 = 2     4     3     2     3     2       % 最终的决策表
      1     2     3     2     2     2
      1     3     1     3     3     3
      3     1     2     2     5     3
      2     4     2     2     3     3
      1     4     3     2     3     3
      1     3     2     4     5     3
      2     2     3     3     4     3
      4     2     3     2     4     4
      2     3     2     4     5     4
      2     1     2     2     5     4
      3     3     2     4     5     4
      2     2     3     3     5     4
      1     2     3     1     2     1
      1     1     1     3     3     1
```

计算结果表明，属性 3 可以约简，得到最终的决策表 y_1。然后利用 calimport 函数对决策表中的属性计算重要性，得到各属性重要性分别为 0.533、0.866 7、0.866 7、0.866 7、0.866 7，从而可得到各属性的权重分别为 0.133 3、0.216 7、0.216 7、0.216 7、0.216 7，说明风速也是影响舒适度的一个非常重要的指标。

根据权重系统及决策表，就可以采用多种方法进行评价如模糊理论等。限于篇幅，这部分的内容就不再介绍，可以参见本书其他章节的相关内容。

例 8.5　某机械常见故障有磨损、叶片断裂、动平衡破坏、同心度偏移、油膜失稳等。当发生这些故障时，会出现多种征兆，尤其以振动现象最为明显、普遍。通过研究该机械的故障振动表现为其旋转频率的倍频。因此，可以用该机械在这些频率成分上的振动能量作为特征信息来诊断识别各种故障。

通过分析测量得到表 8.4 所列的数据(已经离散化)，其中属性分别用 x_1、x_2、x_3、x_4、x_5 表示，故障用 D 表示。试用粗糙集理论分析之。

表 8.4　某机械故障的决策表

样　本	x_1	x_2	x_3	x_4	x_5	D
1	3	1	3	1	2	1
2	1	3	2	1	3	2
3	3	1	2	3	1	3
4	2	3	2	1	3	2
5	1	3	1	1	3	2
6	3	1	3	2	2	1
7	3	1	3	2	2	1
8	1	1	3	2	1	1
9	3	1	2	3	3	3

续表 8.4

样　本	x_1	x_2	x_3	x_4	x_5	D
10	2	1	3	3	1	3
11	1	2	2	3	2	3
12	1	3	1	1	3	2
13	2	1	3	2	3	1
14	1	1	3	2	2	1
15	1	3	2	1	1	2
16	3	1	3	2	3	3

解：

```
>> load x;
>> [y1,y2,y3,y4,y5] = reduction(x,d,x);
y5 = 1  2  3  2  2  1  1  1  3  3  3  2  1  1  2  3   %分类正确
```

在本例中通过 y_2 的值可知，可以约简的属性为 x_2、x_3、x_4，但不能同时约简，否则有相矛盾的规则，即不符合一致性。最后通过计算得到其中的一种约简组合，即约简 x_2、x_3，得到如下的决策表，其中第 1 列为 x_1，第 2 列为 x_4，第 3 列为 x_5，第 4 列为决策属性。

3	1	2	1
3	2	2	1
1	2	1	1
2	2	3	1
1	2	2	1
1	1	3	2
2	1	3	2
1	1	1	2
3	3	1	3
3	3	3	3
2	3	1	3
1	3	2	3
3	2	3	3

根据以上的决策表作为训练集，利用人工神经网络等方法就可以判别不同情况下的该机械的故障种类。人工神经网络方法见本书的相关章节。

例 8.6　证券公司为了更好地对不同客户服务，需要对客户进行分类。根据资金余额、总成交额、总成交量和交易频度等四个指标，确定客户为 VIP、IP 和 CP(由专家根据四个指标值的不同情况决定)。现根据相关数据得到表 8.5 所列的决策表。试求客户的分类方法。

解：可以根据决策表求出每个指标的权重，然后根据每个客户这 4 个指标的具体数值，便可以求出客户的重要程度。

```
>> x = [2 1 3 2 2;2 3 1 2 3;3 2 3 3 1;2 1 2 2 2;3 2 2 3 2;3 2 1 2 3;
      2 2 3 2 1;2 3 3 2 1; 3 2 1 3 2;3 2 3 2 2];
>> [pos,num,gama] = calimport(x(:,2:4),x(:,end));   % 第 1 个指标的重要度
gama = 0.8
```

表 8.5 决策表

样 本	x_1	x_2	x_3	x_4	D	样 本	x_1	x_2	x_3	x_4	D
1	2	1	3	2	2	6	3	2	1	2	3
2	2	3	1	2	3	7	2	2	3	2	1
3	3	2	3	3	1	8	2	3	3	2	1
4	2	1	2	2	2	9	3	2	1	3	2
5	3	2	2	3	2	10	3	2	3	2	2

类似地，可求出第 2、3、4 个指标的依赖度分别为 0.778、0.250、0.60，全部指标的依赖度为 1，从而可计算各指标的重要性为 0.2、0.222、0.750 和 0.40，相应的权重系数为 0.127 2、0.139 9、0.477 1 和 0.254 5。由于第 1、2 个指标的权重基本相同，可以将其并入一个，从而可得到决定客户重要性的各指标比例分别为 20%、70%和 10%。

粗糙集在科学研究中的应用还有很多例子，就不再一一列举，它的作用主要是进行属性约简及重要度计算，进而再结合其他的模式识别方法进行聚类、评价、检测等过程。

第 9 章

遗传算法及其模式识别

遗传算法(Genetic Algorithms,GA)是 20 世纪 70 年代初期由美国 Michigan 大学的 Holland 教授提出并发展起来的。Holland 发现,按照类似于生物界自然选择(selection)、变异(mutation)和杂交(crossover)等自然进化方式编制的计算机程序能够解决复杂的优化问题。GA 作为一种借鉴生物界自然选择思想和自然遗传机制的全局随机搜索算法,模拟自然界中生物从低级向高级的进化过程,其主要优点是优化求解问题与梯度信息无关,只需要目标函数是可计算的。对于复杂的优化问题,只需进行选择、杂交、变异三种遗传运算就可以得到优化解。基于这些显著的优点,GA 得到了人们广泛的应用和研究。

9.1 遗传算法的基本原理

遗传算法的基本思想是基于达尔文(Darwin)的进化论和孟德尔(Mendel)的遗传学说。关于生物的进化,达尔文的进化论认为:生物是通过进化演化而来的。在进化过程中,每一步由随机产生的前辈到自身的产生都足够简单。但生物从初始点到最终产物的整个过程并不简单,而是通过一步一步的演变构成了绝非是一个纯机遇的复杂过程。整个演变过程由每一步的幸存者控制,每一物种在发展中越来越适应环境。物种每个个体的基本特征由后代所继承,但后代又会产生一些异于父代的新特征。在环境变化时,只有那些能适应环境的个体方能保留下来。孟德尔遗传学说最重要的是基因遗传原理。它认为遗传以密码方式存在于细胞中,并以基因形式包含在染色体内,每个基因有特殊的位置并控制某种特殊性质。所以,每个基因产生的个体对环境具有某种适应性。基因突变和基因杂交可产生更适应于环境的后代。经过优胜劣汰,适应性高的基因结构得以保存下来。

20 世纪 70 年代初,美国 Michigen 大学的 Holland 教授受到达尔文进化论的启发,并将其用于机器的研究中,后来发展成为一个新的研究领域即遗传算法。它通过模拟生物进化过程来搜索问题的解。遗传算法中的生物群体为采用特殊编码技术编码为“串”即染色体的问题的解;进化即是对算法所产生的每个染色体进行评价,并基于一个适合的值来选择染色体,使适应性好的染色体比适应性差的染色体有更多的繁殖机会;自然进化过程中的“适者生存”选择规律在遗传算法中就是有效地利用已有的信息去搜索那些有希望改善质量的串。

遗传算法是对自然界的有效类比,并从自然界现象中抽象出来,所以它的生物学概念与相应生物学中的概念不一定等同,而只是生物学概念的简单“代用”。

下面介绍遗传算法的基本概念。

1. 名词解释

个体(individual):GA 所处理的基本对象、结构。

群体(population):个体的集合称为种群体,该集合内个体的数量称为群体的大小。例如,如果个体的长度是 100,适应度函数变量的个数为 3,就可以将这个种群表示为一个 100×3 的矩阵。相同的个体在种群中可以出现不止一次。每一次迭代,遗传算法都对当前种群执行一系列的计算，产生一个新的种群。每一个后继的种群称为新的一代。

串(bit string)：个体的表现形式，对应于生物界的染色体。在算法中其形式可以是二进制的，也可以是实值型的。

基因(gene)：串中的元素，用于表示串中个体的特征。例如有一个串 $S_{二进制}=1011$，则其中的 1、0、1、1 这 4 个元素分别称为基因，它们的值称为等位基因(alletes)。一个个体的适应度函数值就是它的得分或评价。

基因位置(gene position)：一个基因在串中的位置称为基因位置，有时也简称基因位。基因位置由串的左向右计算，例如在串 $S_{二进制}=1101$ 中，0 的基因位置是 3。基因位置对应于遗传学中的地点(locus)。

基因特征值(gene feature)：在用串表示整数时，基因的特征值与二进制数的权一致。例如在串 S=1011 中，基因位置 3 中的 1，它的基因特征值为 2；基因位置 1 中的 1，它的基因特征值为 8。

串结构空间(bit string space)：在串中，基因任意组合所构成的串的集合，基因操作是在串结构空间中进行的。串结构空间对应于遗传学中的基因型(genotype)的集合。

参数空间(parameters space)：这是串空间在物理系统中的映射，它对应于遗传学中的表现型(Phenotype)的集合。

适应度及适应度函数(fitness)：表示某一个体对于生存环境的适应程度，其值越大，即对生存环境适应程度较高的物种将获得更多的繁殖机会；反之，其繁殖机会相对较少，甚至逐渐灭绝。适应度函数是计算适应度值的函数，它与目标优化函数间有一定的关系。在一般的情况下，适应度函数就是目标优化函数。

多样性或差异(diversity)：一个种群中各个个体间的平均距离。若平均距离大，则种群具有高的多样性；否则，其多样性低。多样性是遗传算法必不可少的本质属性，它能使遗传算法搜索一个比较大的解的空间区域。

父辈和子辈：为了生成下一代，遗传算法在当前种群中选择某些个体(称为父辈)，并且使用它们来生成下一代中的个体(称为子辈)。典型情况下，算法更可能选择那些具有较佳适应度函数值的父辈。

遗传算子：遗传算法中的算法规则，主要有选择算子、交叉算子和变异算子。

2. 遗传算法的基本原理

遗传算法把问题的解表示成“染色体”，也即以二进制或浮点数编码表示的串。然后给出一群“染色体”即初始种群，也就是假设解集，把这些假设解置于问题的“环境”中，并按适者生存和优胜劣汰的原则，从中选择出较适应环境的“染色体”进行复制、交叉、变异等过程，产生更适应环境的新一代“染色体”群。这样，一代代地进化，最后收敛到最适应环境的一个“染色体”上，经过解码，就得到问题的近似最优解。

基本遗传算法的数学模型可表示为

$$\mathrm{GA}=F(C,E,P_0,M,\varphi,\Gamma,\Psi,T)$$

其中，C 为个体的编码方法；E 为个体适应度评价函数；P_0 为初始种群；M 为种群大小；φ 为选择算子；Γ 为交叉算子；Ψ 为变异算子；T 为遗传运算终止条件。

遗传算法的具体步骤如下：

① 对问题进行编码；

② 定义适应度函数后，生成初始化群体；

③ 对于得到的群体进行选择、复制、交叉、变异操作,生成下一代种群;

④ 判断算法是否满足停止准则,若不满足,则从步骤③起重复;

⑤ 算法结束,获得最优解。

整个操作过程可用图 9.1 来表示。

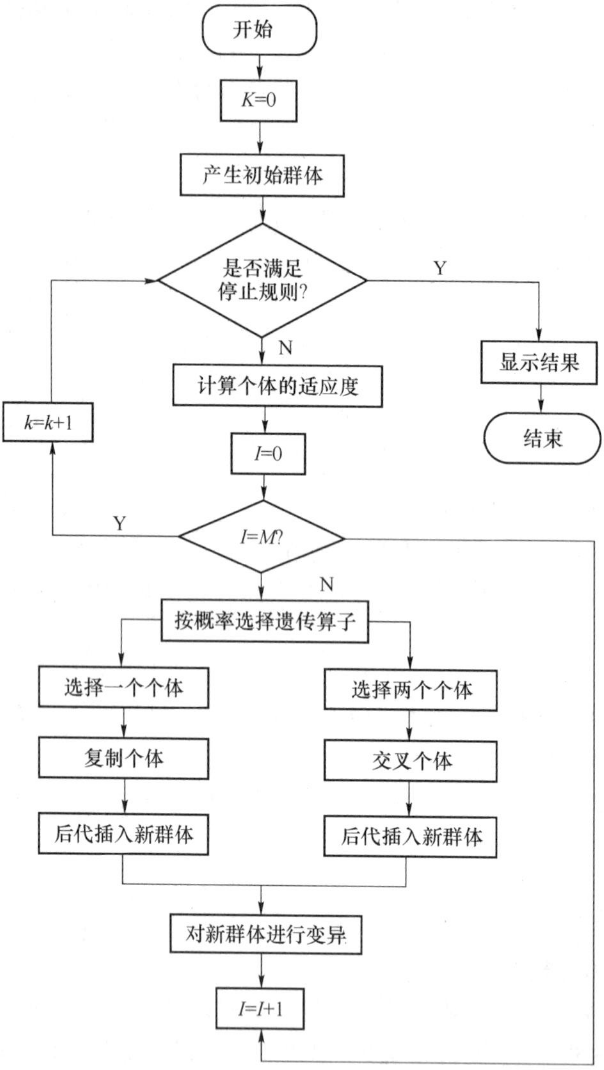

图 9.1　GA 流程图

3. 遗传算法的优点

遗传算法从数学角度讲是一种概率性搜索算法,从工程角度讲是一种自适应的迭代寻优过程。与其他方法相比,它具有以下的优点:

编码性:GA 处理的对象不是参数本身,而是对参数集进行了编码的个体,遗传信息存储在其中。通过在编码集上的操作,GA 因而不受函数条件的约束,使得具有广泛的应用领域,适用于处理各类非线性问题,并能有效地解决传统方法不能解决的某些复杂问题。

多解性和全局优化性:GA 是多点、多途径搜索寻优,且各路径之间有信息交换,因此能以很大的概率找到全局最优解或近似全局最优解,并且每次能得到多个近似解。

自适应性：GA 具有潜在的学习能力，利用适应度函数，能把搜索空间集中于解空间中期望值最高的部分，自动挖掘出较好的目标区域，适用于具有自组织、自适应和自学习的系统。

不确定性：GA 在选择、杂交和变异操作时，采用概率规则而不是确定性规则来指导搜索过程向适应度函数值逐步改善的搜索区域发展，克服了随机优化方法的盲目性，只需较少的计算量就能找到问题的近似全局最优解。

隐含并行性：对于 n 个群体的 GA 来说，每迭代一次实际上隐含能处理 $o(n^3)$ 个群体，这使 GA 能利用较少的群体来搜索可行域中较大的区域，从而只需以较少的代价就能找到问题的全局近似解。

智能性：遗传算法在确定了编码方案、适应值函数及遗传算子之后，利用进化过程中获得的信息自行组织搜索。这种自组织和自适应的特征赋予了它能根据环境的变化自动发现环境的特征和规律，消除了传统算法设计过程中的一个最大障碍，即需要事先描述问题的全部特点，并说明针对问题的不同，算法应采取的措施。于是利用遗传算法可以解决那些结构尚无人能理解的复杂问题。

9.2　遗传算法分析

基本遗传算法只使用选择算子、交叉算子和变异算子三种基本遗传算子，操作简单，容易理解，是其他遗传算法的雏形和基础。

构成基本遗传算法的要素是染色体编码、个体适应度函数、遗传算子以及遗传参数设置等。

9.2.1　染色体的编码

所谓编码，就是将问题的解空间转换成遗传算法所能处理的搜索空间。编码是应用遗传算法时要解决的首要问题，也是关键问题。它决定了个体的染色体中基因的排列次序，也决定了遗传空间到解空间的变换解码方法。编码的方法也影响到遗传算子的计算方法。好的编码方法能够大大提高遗传算法的效率。遗传算法的工作对象是字符串，因此对字符串的编码有两点要求：一是字符串要反映所研究问题的性质；二是字符串的表达要便于计算机处理。

常用的编码方法有以下几种。

1. 二进制编码

二进制编码是遗传算法编码中最常用的方法。它是用固定长度的二进制符号{0,1}串来表示群体中的个体，个体中的每一位二进制字符称为基因。例如，长度为 10 的二进制编码可以表示 0～1 023 之间的 1 024 个不同的数。若一个待优化变量的区间$[a,b]=[0,100]$，则变量的取值范围可以被离散成$(2^l)^p$ 个点，其中 l 为编码长度，p 为变量数目。离散点 0～100，依次对应于 0000000000～0001100100。

二进制编码中符号串的长度与问题的求解精度有关。若变量的变化范围为$[a,b]$，编码长度为 l，则编码精度为$\frac{b-a}{2^l-1}$。

二进制编码、解码操作简单易行，杂交和变异等遗传操作便于实现，符合最小字符集编码原则，具有一定的全局搜索能力和并行处理能力。

2. 符号编码

符号编码是指个体染色体编码串中的基因值取自一个无数值意义而只有代码含义的符号

集。这个符号集可以是一个字母表,如{A,B,C,D,…};也可以是一个数字序列,如{1,2,3,4,…};还可以是一个代码表,如{$A1$,$A2$,$A3$,$A4$,…},等等。

符号编码符合有意义的积木块原则,便于在遗传算法中利用所求问题的专业知识。

3. 浮点数编码

浮点数编码是指个体的每个基因用某一范围内的一个浮点数来表示。因为这种编码方法使用的是变量的真实值,所以也称为真值编码方法。

浮点数编码方法适合在遗传算法中表示范围较大的数,适用于精度要求较高的遗传算法,以便于在较大空间进行遗传搜索。

浮点数编码更接近于实际,并且可以根据实际问题来设计更有意义和与实际问题相关的交叉和变异算子。

4. 格雷编码

格雷编码是这样的一种编码,其连续的两个整数所对应的编码值之间只有一个码位是不同的,其余的则完全相同。例如,31 和 32 的格雷码为 010000 和 110000。格雷码与二进制编码之间有一定的对应关系。

设一个二进制编码为 $B=b_m b_{m-1}\cdots b_2 b_1$,则对应的格雷码为 $G=g_m g_{m-1}\cdots g_2 g_1$。由二进制向格雷码的转换公式为

$$g_i=b_{i+1}\oplus b_i,\qquad i=m-1,m-2,\cdots,1$$

由格雷码向二进制编码的转换公式为

$$b_i=b_{i+1}\oplus g_i,\qquad i=m-1,m-2,\cdots,1$$

其中,$\oplus$表示"异与"算子,即运算时两数相同时取 0,不同时取 1。例如:

$$0\oplus 0=1\oplus 1=0,0\oplus 1=1\oplus 0=1$$

使用格雷码对个体进行编码,编码串之间的一位差异,对应的参数值也只是微小的差异,这样与普通的二进制编码相比,格雷编码方法就相当于增强了遗传算法的局部搜索能力,便于对连续函数进行局部空间搜索。

9.2.2 适应度函数

在用遗传算法寻优之前,首先要根据实际问题确定适应度函数,即要明确目标。各个个体适应度值的大小决定了它们是继续繁衍还是消亡,以及能够繁衍的规模。它相当于自然界中各生物对环境的适应能力的大小,充分体现了自然界适者生存的自然选择规律。

与数学中的优化问题不同的是,适应度函数求取的是极大值,而不是极小值,并且适应度函数具有非负性。

对于整个遗传算法影响最大的是编码和适应度函数的设计。好的适应度函数能够指导算法从非最优的个体进化到最优个体,并且能够用来解决一些遗传算法中的问题,如过早收敛与过慢结束。

过早收敛是指算法在没有得到全局最优解之前,就已稳定在某个局部解。其原因是某些个体的适应度值大大高于个体适应度的均值,在得到全局最优解之前,它们就有可能被大量复制而占群体的大多数,从而使算法过早收敛到局部最优解,失去了找到全局最优解的机会。解决的方法是,压缩适应度的范围,防止过于适应的个体过早地在整个群体中占据统治地位。

过慢结束是指在迭代许多代后,整个种群已经大部分收敛,但是还没有得到稳定的全局最优解。其原因是整个种群的平均适应度值较高,而且最优个体的适应度值与全体适应度均值

间的差异不大，使得种群进化的动力不足。解决的方法是，扩大适应度函数值的范围，拉大最优个体适应度值与群体适应度均值的距离。

通常适应度是费用、盈利、方差等目标的表达式。在实际问题中，有时希望适应度越大越好，有时要求适应度越小越好。但在遗传算法中，一般是按最大值处理，而且不允许适应度小于零。

对于有约束条件的极值，其适应度可用罚函数方法处理。

例如，原来的极值问题为

$$\max g(x)$$
$$\text{s.t.} \quad h_i(x) \leqslant 0, \qquad i = 1, 2, \cdots, n$$

可转化为

$$\max g(x) - \gamma \sum_{i=1}^{n} \Phi\{[h_i(x)]\}$$

其中，γ 为惩罚系数；Φ 为惩罚函数，通常可采用平方形式，即

$$\Phi[h_i(x)] = h_i^2(x)$$

9.2.3 遗传算子

遗传算子就是遗传算法中进化的规则。基本遗传算法的遗传算子主要有选择算子、交叉算子和变异算子。

1. 选择算子

选择算子就是用来确定如何从父代群体中按照某种方法，选择哪些个体作为子代的遗传算子。选择算子建立在对个体的适应度进行评价的基础上，其目的是避免基因的缺失，提高全局收敛性和计算效率。选择算子是 GA 的关键，体现了自然界中适者生存的思想。

常用选择算子的操作方法有以下几种。

(1) 赌轮选择方法

此方法的基本思想是个体被选择的概率与其适应度值大小成正比。为此，首先要构造与适应度函数成正比的概率函数 $p_s(i)$：

$$p_s(i) = \frac{f(i)}{\sum_{i=1}^{n} f(i)}$$

其中，$f(i)$为第 i 个个体适应度函数值；n 为种群规模。然后将每个个体按其概率函数 $p_s(i)$ 组成面积为 1 的一个赌轮。每转动一次赌轮，指针落入串 i 所占区域的概率即被选择复制的概率为 $p_s(i)$。当 $p_s(i)$较大时，串 i 被选中的概率大，但适应度值小的个体也有机会被选中，这样有利于保持群体的多样性。

(2) 排序选择法

排序选择法是指在计算每个个体的适应度值之后，根据适应度大小顺序对群体中的个体进行排序，然后按照事先设计好的概率表按序分配给个体，作为各自的选择概率。所有个体按适应度大小排序，选择概率和适应度无直接关系而仅与序号有关。

(3) 最优保存策略

此方法的基本思想是希望适应度最好的个体尽可能保留到下一代群体中。其步骤如下：

① 找出当前群体中适应度最高的个体和适应度最低的个体；

② 若当前群体中最佳个体的适应度比总的迄今为止最好个体的适应度还要高，则以当前群体中的最佳个体作为新的迄今为止的最好个体；

③ 用迄今为止的最好个体替换当前群体中最差个体。

该策略的实施可保证迄今为止得到的最优个体不会被交叉、变异等遗传算子破坏。

2. 交叉算子

交叉算子体现了自然界信息交换的思想，其作用是将原有群体的优良基因遗传给下一代，并生成包含更复杂结构的新个体。

交叉算子有一点交叉、二点交叉、多点交叉和一致交叉等。

(1) 一点交叉

首先在染色体中随机选择一个点作为交叉点，然后在第一个父辈的交叉点前的串和第二个父辈交叉点后的串组合形成一个新的染色体，第二个父辈交叉点前的串和第一个父辈交叉点后的串形成另外一个新染色体。

在交叉过程的开始，先产生随机数并与交叉概率 p_c 比较，若随机数比 p_c 小，则进行交叉运算；否则不进行，直接返回父代。

例如下面两个串在第五位上进行交叉，生成的新染色体将替代它们的父辈而进入中间群体。

$$\left.\begin{array}{l}1010 \otimes xyxyyx \\ xyxy \otimes xxxyxy\end{array}\right\} \longrightarrow \begin{array}{l}1010xxxyxy \\ xyxyxyxyyx\end{array}$$

(2) 二点交叉

在父代中选择好两个染色体后，选择两个点作为交叉点。然后将这两个染色体中两个交叉点之间的字符串互换就可以得到两个子代的染色体。

例如下面两个串选择第5位和第7位为交叉点，然后交换两个交叉点间的串就形成两个新的染色体。

$$\left.\begin{array}{l}1010 \otimes xy \otimes xyyx \\ xyxy \otimes xx \otimes xyxy\end{array}\right\} \longrightarrow \begin{array}{l}1010xxxyxy \\ xyxyxyxyyx\end{array}$$

(3) 多点交叉

多点交叉与二点交叉相似。

(4) 一致交叉

在一致交叉中，子代染色体的每一位都是从父代相应位置随机复制而来的，而其位置则由一个随机生成的交叉掩码决定。如果掩码的某一位是1，则表示子代的这一位是从第一个父代中的相应位置复制的，否则是从第二个父代中相应位置复制的。

例如下面父代按相应的掩码进行一致交叉：

$$\left.\begin{array}{ll}\text{父代 1} & 1010xyxyyx \\ \text{父代 2} & xyxyxxxyxy \\ \text{掩码} & 1001011100\end{array}\right\} \longrightarrow 1yx0xyxyxy$$

对于实数编码的基因串，基因交换的方法可以采用与二进制数串表示时相同的方法，也可以采用不同的方法。例如“数值交叉算子”法采用了两个个体的线性组合来产生子代个体，即

个体 p 和个体 q 的基因交换结果为

$$p'=k\times p+(1-k)\times q$$
$$q'=k\times q+(1-k)\times p$$

式中，k 为 0～1 的控制参数，可以采用随机数，也可以采用与进化过程有关的数值。

3. 变异算子

变异算子是遗传算法中保持物种多样性的一个重要途径，它模拟了生物进化过程中的偶然基因突变现象。其操作过程是，先以一定概率从群体中随机选择若干个体，然后对于选中的个体，随机选取某一位进行反运算，即由 1 变为 0，0 变为 1。

采用实数编码，变异操作不像二进制数串表示时那样方便，一般采用非一致变异算子，即随着进化的过程进行调整。例如，对个体 $p=(p_1,p_2,\cdots,p_k,\cdots,p_n)$ 进行变异操作产生 $p'=(p'_1,p'_2,\cdots,p'_k,\cdots,p'_n)$ 时可采用以下的方式：

$$p'_k=\begin{cases}p_k+\Delta(t,UB-p_k), & r\leqslant 0.5\\ p_k-\Delta(t,p_k-LB), & r>0.5\end{cases}$$

式中，UB 和 LB 分别为 p_k 的上限和下限，r 为 0～1 间的随机数，t 为进化代数，$\Delta(t,y)$ 定义为

$$\Delta(t,y)=y\cdot\left[1-r^{(1-t/T)^b}\right]$$

式中，T 为最大进化代数，b 为控制非一致性的参数，一般取 0.8 左右。这样，$\Delta(t,y)$ 为 $0\sim y$ 之间的数，随着 t 的增加逐步趋向于 0。

同自然界一样，每一位发生变异的概率是很小的，一般在 0.001～0.1 之间；如果过大，会破坏许多优良个体，也可能无法得到最优解。

GA 的搜索能力主要是由选择算子和交叉算子赋予的。变异算子则保证了算法能搜索到问题解空间的每一点，从而使算法具有全局最优，进一步增强了 GA 的能力。

对产生的新一代群体进行重新评价选择、交叉和变异。如此循环往复，使群体中最优个体的适应度和平均适应度不断提高，直到最优个体的适应度达到某一限值或最优个体的适应度和群体的平均适应度不再提高，则迭代过程收敛，算法结束。

9.3 控制参数的选择

GA 中需要选择的参数主要有串长 l、群体大小 n、交叉概率 p_c 以及变异概率 p_m 等。这些参数对 GA 的性能影响较大。

（1）串长 l

串长的选择取决于特定问题解的精度。要求精度越高，串长越长，但需要更多的计算时间。为了提高运行效率，可采用变长度串的编码方式。

（2）群体大小 n

群体大小的选择与所求问题的非线性程度相关，非线性越大，n 越大。n 越大，则可以含有较多的模式，为遗传算法提供了足够的模式采样容量，改善遗传算法的搜索质量，防止成熟前收敛，但也增加了计算量。一般建议取 $n=20\sim200$。

（3）交叉概率 p_c

交叉概率控制着交叉算子的使用频率。在每一代新群体中，需要对 $p_c\times n$ 个个体的染色体结构进行交叉操作。交叉概率越高，群体中新结构的引入就越快，同时，已是优良基因的丢

失速率也相应提高;交叉概率太低,则可能导致搜索阻滞。一般取 $p_c=0.6\sim1.0$。

(4) 变异概率 p_m

变异概率是群体保持多样性的保障。变异概率太低,可能使某些基因位过早地丢失信息而无法恢复;变异概率太高,则遗传算法将变成随机搜索。一般取 $p_m=0.005\sim0.05$。

在简单遗传算法或标准遗传算法中,这些参数是不变的。但事实上这些参数的选择取决于问题的类型,并且需要随着遗传进程而自适应变化。只有这种有自组织性能的GA才能具有更高的鲁棒性、全局最优性和效率。

9.4 模拟退火算法

模拟退火算法是一种适合解决大规模组合优化问题,特别是多项式复杂程度的非确定性即 *NP* 完全类问题的通用有效近似算法。它具有描述简单、使用灵活、运用广泛、运行效率高和较少受到初始条件限制等优点,而且特别适合并行计算。

9.4.1 模拟退火的基本概念

模拟退火算法源于对固体退火过程的模拟,采用Metropolis准则,并用一组称为冷却进度表的参数控制算法的进程,使算法能在一定的时间内给出一个近似最优解。

1. 固体的退火过程

固体退火是先将固体加热到熔化,再徐徐冷却使之凝固成规整晶体的热力学过程。整个过程由以下三部分组成。

(1) 升温过程

在加热固体时,固体粒子的热运动不断增强,随着温度的升高,粒子与其平衡位置的偏离越来越大。当温度升至溶解温度后,固体的规则性被彻底破坏,固体溶解为液体,粒子排列从较有序的结晶态转变为无序的液态,这个过程称为溶解。溶解过程的目的是消除系统中原先可能存在的非均匀状态,使随后进行的冷却过程以某一平衡态为始点。

(2) 平衡过程

退火过程中系统在每一温度下达到平衡态的过程遵循应用于热平衡封闭系统的热力学定律即自由能减小定律,系统状态的自发变化总是朝着自由能减少的方向进行,当自由能达到最小时,系统达到平衡。

系统自由能是系统熵(混乱度)、能量的一种度量。温度决定着这两种因素的相对权重。在高温下,熵占统治地位,有利于变化的方向就是熵增加的方向,因而显示出粒子的无序状态;低温对应于低熵,低温下能量占统治地位,能量减少的方向有利于自发变化,因而得到有序(低熵)和低能的晶体结构。

(3) 冷却过程

与升温过程相反,使系统中粒子的热运动减弱并渐趋有序,系统能量随温度降低而下降。

2. Metropolis准则

1953年,Metropolis等提出重要性采样法,用于模拟固体在恒定温度下达到热平衡的过程。其基本思想是从物理系统倾向于能量较低的状态,而热运动又妨碍它准确落入最低态的基本思想出发,采样时着重取那些具有重要贡献的状态,则可以较快地达到较好的结果。

设以粒子相对位置表征的初始状态 i 作为固体的当前状态，该状态的能量是 E_i。然后用摄动装置使随机选取的某个粒子的位移随机地产生一个微小变化，得到一个新状态 j，其能量是 E_j。如果 $E_j<E_i$，则该新状态就作为“重要”的状态，如果 $E_j>E_i$，则考虑到热运动的影响，该状态是否为“重要”状态，要依据固体处于该状态的概率来判断，即

$$p=\exp\left(\frac{E_i-E_j}{kT}\right)$$

其中，T 为热力学温度；k 为玻耳兹曼常数。因此，$p\in[0,1]$越大，则状态是重要状态的概率就越大。若新状态 j 是重要状态，就以 i 取代成为当前状态，否则仍以 i 为当前状态。再重复以上新状态的产生过程。在大量迁移(固体状态的变换称为迁移)后，系统趋于能量较低的平衡状态，固体状态的概率分布趋于吉布斯正则分布：

$$p=\frac{1}{Z}\exp\left(\frac{-E_i}{kT}\right)$$

其中，Z 为一常数。

以上接受新状态的准则称为 Metropolis 准则，相应的算法称为 Metropolis 算法。

9.4.2 模拟退火算法的基本过程

设优化问题的一个解 i 及其目标函数 $f(i)$ 分别与固体的一个微观状态 i 及能量等价 E_i，令算法进程递减的控制参数 t 对应于固体退火过程的温度 T，则对于控制参数 t 的每一步取值，算法持续进行“产生新解—判断—接受/舍弃”的迭代过程就对应于固体在某一恒定温度下趋于热平衡的过程，也就执行了一次 Metropolis 算法。

模拟退火算法由解空间、目标函数和初始解三部分组成：

解空间：对所有可能解均为可行解的问题定义为可能解的集合；对存在不可行解的问题，则需限定空间为所有可能解的集合，或者允许包含不可行解但在目标函数中用罚函数处罚以致最终完全排除不可行解。

目标函数：对优化目标的量化描述，是解空间到某个数集的一个映射，通常表示为若干优化目标的一个和式，应正确体现问题的整体优化要求且较易计算，当解空间包含不可行解时还应包含罚函数项。

初始解：是算法迭代的起点。因为模拟退火算法不十分依赖于初始解，所以可任意选取一个初始解。

模拟退火算法的基本过程如下：

① 初始化。给定初始温度 T_0 及初始解 a_0，计算解对应的目标函数值 $f(a_0)$。初始解一般用随机的方法产生。

② 模型扰动(一般为随机)产生新解 a_0'及对应的目标函数值 $f(a_0')$。

③ 计算函数差值 $\Delta f=f(a_0')-f(a_0)$。

④ 如果 $\Delta f\leqslant 0$，则接受新解为当前解。

⑤ 如果 $\Delta f>0$，则以概率 p 接受新解。

$$p=\exp\left(\frac{-[f(a_0')-f(a_0)]}{kT}\right)$$

⑥ 对当前温度 T 降温，对第②～⑤步骤迭代 N 次，即一个马尔可夫链 L_N。

⑦ 如果满足终止条件，则输出当前解为最优解，结束算法；否则降低温度，继续迭代。

9.4.3 模拟退火算法中的控制参数

从模拟退火算法的基本过程可知,其收敛速率取决于参数 T 和 L_N 的选择。如何合理地选择一组控制算法进程的参数,用以逼近模拟退火算法的渐近收敛状态,使算法在有限的时间内返回一个近似最优解,是算法的关键。

控制参数包括以下几个参数。

(1) 控制参数初始值 T_0

充分大的 T_0 会使得算法的进程一开始就达到准平衡。

(2) 控制参数 T 的衰减函数 T_k

衰减函数的原则是以小为宜,这样可以避免过长的马尔可夫链和导致算法进程迭代次数的增加。最简单的控制参数衰减函数是

$$T_{k+1} = \alpha T_k, \qquad k = 0,1,2,\cdots$$

其中,α 是接近于 1 的常数,常用 0.5~0.99,也可以选择以下的衰减函数:

$$T_k = \frac{T_0}{\ln k}, \quad T_k = \frac{T_0}{k}, \quad T_k = T_0 \exp(-ck^{\frac{1}{D}}), \quad c = m\exp(-n/D)$$

其中,k 为步长;T_k 为第 k 步时的控制参数值;T_0 为初始温度;D 为问题的参数个数;m、n 为控制参数衰减速度的常数,可根据需要调节。

(3) 控制参数 T 的终值 T_f

终值通常由停止准则确定。合理的停止准则既要保证算法收敛于某一近似解,又要使最终解具有一定的质量。常用的是 Kirkpatrick 等提出的停止准则:在若干个马尔可夫链中解无任何变化(含优化和恶化)就终止算法。

(4) 马尔可夫链长度 L_k

马尔可夫链长度的选取原则是:在控制参数的衰减函数已确定的情况下,L_k 应选得在控制参数的每一取值上都能恢复准平衡。L_k 的选取与控制参数 T_k 的衰减量密切相关,通常选取 T_k 的小衰减量,L_k 值选得适当大。

9.5 基于遗传算法的模式识别在科学研究中的应用

9.5.1 遗传算法的 MATLAB 实现

遗传算法的 MATLAB 实现,除了自己编写程序外,还可以采用 MATLAB 中的遗传算法和直接搜索工具箱(Genetic Algorithm and Direct Search Toolbox)。使用此工具箱,可以扩展 MATLAB 及其优化工具箱在处理优化问题方面的能力,处理传统的优化技术难以解决的问题,如难以定义或不便于进行数学建模;也可以解决目标函数较复杂的问题,如目标函数不连续或具有高度非线性、随机性以及目标函数不可微等。

在 MATLAB 中,遗传算法工具箱中的函数可以通过命令行和图形用户界面(GUI)两种方式来调用。在使用图形用户界面时,通过相应窗格进行遗传算法中各参数的设置及计算。在用命令行实现遗传算法时,则通过调用相应的遗传算法函数进行算法设置并完成计算。

需要注意的是,遗传算法和直接搜索工具箱中的优化函数总是使目标函数最小化,如果要

想求出函数的最大值，则可以转化求取函数的负函数的最小值。

1. 命令行方式

遗传算法工具箱函数如表 9.1 所列。

表 9.1　遗传算法工具箱函数

函数名	功能说明
gaoptimset	设置遗传算法选项结构的属性值，即遗传算法参数
gaoptimget	获得遗传算法选项结构的属性值
ga	遗传算法求单目标函数的最优化问题
gamultiobj	遗传算法求多目标函数的最优化问题

各函数使用方法如下。

(1) gaoptimset

调用格式：

options＝gaoptimset('param1',value1,'param2',value2,……)；

参数说明：options 是输出的选项结构，为结构体数据；param1 和 param2 表示属性的名称；value1 和 value2 为对应属性值。表 9.2 中给出了各属性参数，其中花括号表示默认值。

表 9.2　函数 gaoptimset 的属性参数

属性名	说　明	取　值
DistanceMeasureFcn	个体间平均距离的函数	{@distancecrowding}
HybridFcn	备用优化函数，用于算法终止	@fminsearch|@patternsearch|@fminunc|@fmincon|{[]}
Display	显示等级	'off'|'iter'|diagnose'|{[]}
OutputFcns	每一代中调用的函数	@gaoutputgen|{[]}
PlotFcns	画出模拟中各个量的函数	@gaplotbestf|@gaplotbestindiv|@gaplotdistance|@gaplotexpectation|@gaplotgenealogy|gaplotselection|@gaplotrange|@gaplotscorediversity|@gaplotscores|@gaplotstopping|{[]}
PlotInterval	画图的代的数目	正整数|{1}
Vectorized	向量化目标函数	'on'|{'off'}
UseParallel	利用 parfor 评估目标函数和非线性约束函数	'always'|{'never}
PopulationType	输入的人口类型	'bitstring'|'custom'|{'doubleVector'}|
PopinitRange	人口可能的初始取值范围	矩阵|{[0;1]}
PopulationSize	个体数目大小	正整数
EliteCount	不变化的下一代最优个体数目	正整数|{2}
CrossoverFraction	个体间交换基因的比例	正数|{0.8}
ParetoFraction	前面非受控人口比例	正数|{0.35}
MigrationDirection	适宜个人流动的方向	'both'|{'forward'}

续表 9.2

属性名	说　明	取　值
MigrationInterval	个体移民中代的数目	正整数丨{20}
Generations	允许代的最大数目	正整数丨{100}
TimeLimit	允许的最大时间	正整数丨{inf}
FitnessLimt	期望的最小适应度函数	实数丨{−inf}
StallGenLimit	小于 TolFcn 的适应度函数下累计改变的代的数目	正整数丨{50}
StallTimeLimit	负数适应度函数值中改变的最大时间	正整数丨{20}
TolFun	适应度函数值的终止容限	正数丨{1e−6}
TolCon	约束的终止容限	正数丨{1e−6}
InitialPopulation	初始人口	矩阵丨{[]}
InitialScores	用于确定适应度量的初始评价	列向量丨{[]}
InitialPenalty	惩罚参数的初值	正数丨{10}
PenaltyFactor	罚函数更新参数	正数丨{100}
CreationFcn	产生初始人口的函数	@gacreationlinearfeasible丨{@gacreationuniform}
FitnessScallingFcn	度量适应度的函数	@fitscalingshiftlinear丨@fitscalingprop丨@fitscalingtop丨{@fitscalinggrank}
SelectionFcn	用于下一代选择父代的函数	@selectionremainder丨@selectionuniform丨@selectionroulette 丨@selectionournament丨{@selectionstochunif 丨}
CrossoverFcn	交叉算子函数	@crossoverheuristic丨 @crossoverintermediate 丨@crossoversinglepoint丨 @crossovertwopoint丨 @crossoverarithmetic丨{@crossoverscattered}丨
MutationFcn	变异算子函数	@mutationuniform丨 @mutationadaptfeasible丨{@mutationgaussian}

(2) gaoptimget

调用格式：

value=gaoptimget(options,'name');

参数说明：value 表示获取的 name 属性对应的属性值;options 是遗传算法选项结构;name 是属性名。

(3) ga

调用格式：

x=ga(fitnessfcn,nvars,***A***,***b***,***Aeq***,***beq***,Lb,ub,nonlcon,options);

[x,fval,exitflag,output,population,scores]=ga(fitnessfcn,nvars,…);

参数说明：x 是适应度(目标)函数取最小值时的参数取值。Fitnessfcn 为适应度函数的句柄,nvars 为适应度函数的维数,也即变量数,***A*** 和 ***b*** 分别是矩阵和向量,它们是约束不等式

A$x\leqslant$**b** 的系数矩阵。**Aeq** 和 **beq** 分别是约束等式 **Aeq** $*x=$**beq** 中的系数矩阵和向量。Lb 和 ub 分别是变量的下界和上界。nonlcon 是描述非线性约束的函数句柄。options 是遗传算法的选项结构。fval 是适应度函数的最小值。Exitflag 表示遗传算法退出时的情况，其可能取值及其含义是：1 表示适应度函数的平均变化在 StallGenLimit 属性值小于 TolFcn 属性值并且约束违反小于 TolCon 范围外；3 表示适应度函数在属性限值范围内不变；4 表示步长小于机器精度同时约束违反小于 TolCon 范围；5 表示适应度极限达到同时约束违反小于 TolCon；0 表示超过代的最大值；－1 表示输出或者 plot 函数终止优化；－2 表示找不到合适的点；－4 表示界限时间极限超出；－5 表示超出时间极限。Output 表示输出的结构，它包含以下信息：randstate 表示随机函数 rand 的状态值；randnstate 表示随机函数 randn 的状态值；generations 表示总的代数，不包括混合迭代；funccount 表示函数计算总次数；maxconstraitn 表示最大迭代违反；message 给出遗传算法终止信息。Population 是结束时的最终人口数目。Scores 表示最后人口数目的评价。

以上 **A**、**b**、**Aeq**、**beq**、Lb、ub、nonlcon、options 和 fval、exitflag、output、population、scores 等都是可选项，省略时选用系统默认值。设置时要按格式的顺序进行，缺省用[]代替。

(4) gamultiobj

函数 gamultiobj 的用法与 ga 函数相似，只不过它可以计算多个函数的最小值。

当用不同的参数选项运行遗传算法时，可将遗传算法的各种命令编写成 M 文件，然后通过运行 M 文件即可。例如，下列 M 文件设置了不同交叉概率来多次运行遗传算法，从而可观察、比较每次运行的结果。

```
options = gaoptimset('Generation',300)
 rand('state',7);      %这两个命令仅仅使结构成为可再现的
 rands('stae',59);
 record = [  ];
 for n = 0:0.05:1
   options = gaoptimset(options,'crossoverfraction',n);
   [x fval] = ga(@fun,10,options)   %运行 21 次
   record = [record;fval];
 end
```

2. GUI 形式

在 MATLAB 工作窗口输入命令 optimtool，再选择打开如图 9.2 所示的遗传算法 GUI 界面。此时只要在相应窗格中选择相应各参数的选项或缺省值，便可进行遗传算法的计算。

各选项如下：

(1) fitnessfun(适应度函数)

其形式为@fitnessfun。fitnessfun 是用户编写的计算适应度函数(优化目标函数)的 M 文件的名字。

(2) Number of variable(变量个数)

适应度函数输入向量列的长度。

如果其他参数选项选缺省值，单击 star，便可运行遗传算法，并将在 Status and results(状态与结果)的窗口中显示出相应的运行结果。在运行过程中，通过单击 Pause，可以使算法暂停，此时按钮的名字变为 Resume，为了从暂停处恢复算法的运行，可单击此键。

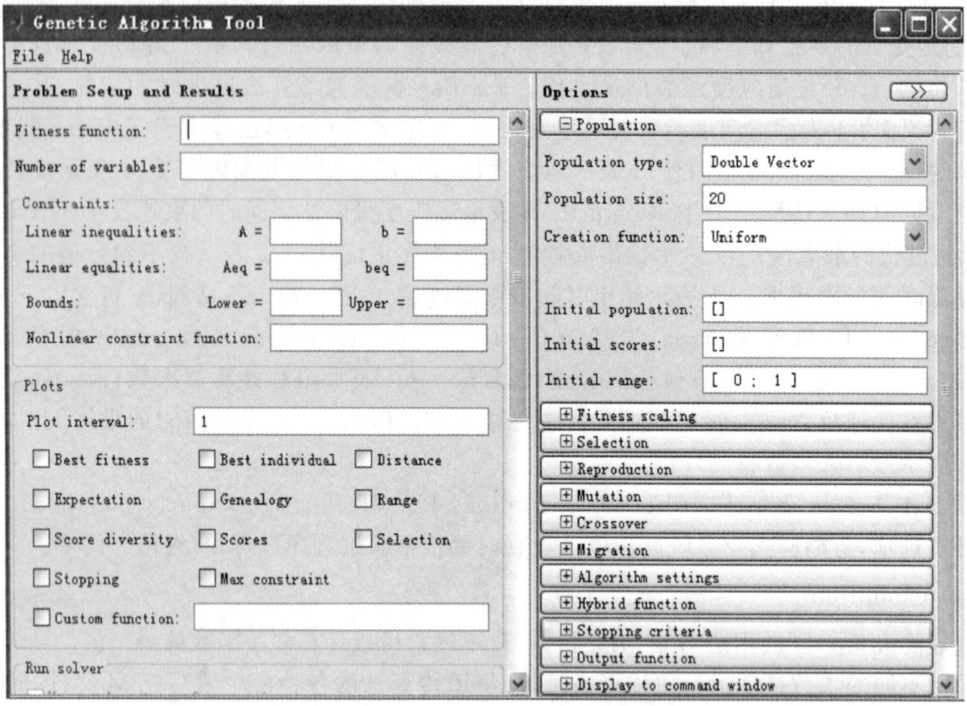

图 9.2 遗传算法 GUI 界面

由于遗传算法是一种随机性算法，所以为了复现遗传算法前一次的运行结果，选择 Use random states from previous run(使用前一次运行的随机状态)复选框，此时遗传算法的下一次运行时返回的结果与前一次运行的结果相同，但在正常情况下，不要选择此复选框，这样可充分利用遗传算法随机搜索的优点。

Plot 窗口可以显示遗传算法运行时所提供的有关信息的各种图形。这些信息可以帮助我们改变算法的选项，改进算法的性能。可以显示的图形见图形参数。

如果工具箱没有符合自己想要输出图形的绘图函数，可通过在 Plot 窗口选择 Custom function，并且在其右边的文本框中输入自己编写的绘图函数名，就可以按照自己的要求绘制图形。

(3) 参数项的设置

如果要改变相应参数的缺省值，可在 Options 窗口中改变遗传算法的选项，为了查看窗口中的各类选项，可单击与之相连的符号"+"，便出现各类参数的窗口。在窗口中可以逐一设置其中的参数项，各参数项的意义及缺省值见表 9.2。

对于数值参数的设置，可以直接在相应编辑框中输入该参数的值或者在包含该参数值的 MATLAB 工作窗口输入相应变量的名称，就可以完成设置。例如，可以利用下列两种方法之一设置 Initial range 为[1;100]：

- 在 Initial range 文本框中输入数值；
- 在 MATLAB 工作区中输入变量 x0=[1;100]，然后在 Initial point 文本框中输入变量的名字 x0。

(4) 输入/输出参数及问题

① 输出参数和问题

选用的参数和问题可以输出到 MATLAB 的工作空间，以便以后在遗传算法工具中应用，也可以以命令行方法，在函数 ga 中调用这些参数和问题。

为了输出参数和问题，单击 GUI 中的 Export to workspace 或从 File 菜单中选择此菜单项，打开对话项，对话项提供下列参数：

(a) 为了保存问题的定义和当前参数的设置，选择 Export problem and options to a matlab structure named(输出问题与参数到已命名的 MATLAB 结构)，并为这个结构体命名。单击 OK 按钮，即把这个信息保存到工作空间的一个结构体，如果以后要把这个结构体输入到遗传算法工具，那么当输出这个结构时，所设置的 Fitness function 和 Number of variable 以及所有的参数设置都被恢复到原来值。

如果想要遗传算法在输出问题之前从上一次运行的最后种群恢复运行，可选择 Export to workspace 下的 Include information needed to resume this run，然后当输入问题结构体并单击 Start 按钮时，算法就从前次运行的最后种群继续运行。为了恢复遗传算法产生随机初始种群的缺省行为，可删除在 Initial population 字段所设置的种群，并代之以空的中括号。

(b) 如果只是为了保存参数设置，可选择 Export options to a MATLAB structure named，并为这个参数结构体输入一个名字。

(c) 为了保存遗传算法最近一次运行的结果，可选择 Export results to a MATLAB structure named，并为这个结构体命名。

② 输入参数

为了从 MATLAB 工作窗口输入一个参数结构体，可从 File 菜单中选 Import options 菜单项。在 MATLAB 工作窗口中打开一个对话框，列出遗传算法参数结构体的一系列选项。当选择参数项结构体并单击 Import 按钮时，在遗传算法工具中的参数域就被更新，且显示所输入参数的值。

③ 输入问题

为了从遗传算法工具输入一个以前输出的问题，可从 File 菜单选择 Import problem 参数项，在 MATLAB 工作窗口中，打开一个对话框，显示遗传算法问题结构体的一个列表。当选择了问题结构体并单击 OK 按钮时，遗传算法工具箱中的适应度函数、变量个数和参数域等文本框就被更新。

9.5.2　遗传算法在科学研究中的应用实例

1. 函数的优化

例 9.1　利用遗传算法求解下列函数在区间[−60,60]的极大值：

$$f(x)=0.5+\left[\frac{\sin^2\sqrt{x^2+y^2}-0.5}{1+0.001(x^2-y^2)^2}\right]$$

此函数的二维图像如图 9.3 所示，可以看出此函数在大部分区域的值为 0.5，在对角线上有多个局部极大值，全局极大值为 1 且位置不唯一。

解：下面利用遗传算法函数 ga 求全局极大值。

首先编写目标函数并以文件名 myfun 存盘。

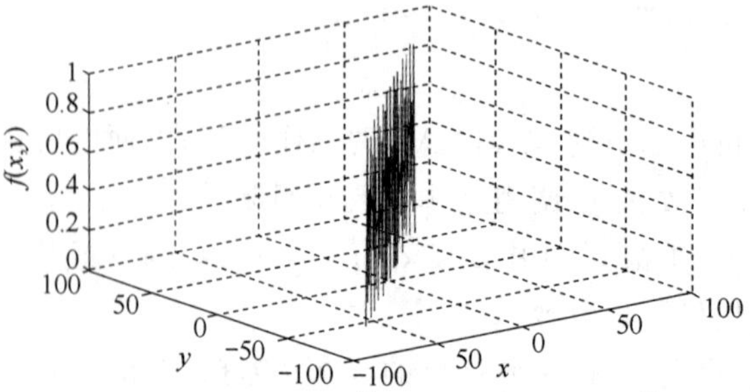

图 9.3 函数 $f(x)=0.5+\left[\frac{\sin^2\sqrt{x^2+y^2}-0.5}{1+0.001(x^2-y^2)^2}\right]$的图像

```
function y = myfun(x)
 if x(1)< = 60 & x(1)> = - 60
        if x(2)< = 60 & x(2)> = - 60
 y = - (0.5 + ((sin(sqrt(x(1).^2 + x(2).^2))).^2 - 0.5)…
 /(1 + 0.001 * (x(1).^2 - x(2).^2).^2));    % 要转化对 - f(x) 求极小
    else
       y = 0;
     end
 end
```

然后在 MATLAB 工作窗口输入下列命令:

```
[x fval] = ga(@myfun,2)   % 参数设置为缺省值
 Optimization terminated: maximum number of generations exceeded.
 x =                      % x,y 的值
     1.1166    - 1.1058
 fval  =                  % 1.000 即为函数的极大值
    - 1.0000
```

改变参数,再进行运算:

```
>> options = gaoptimset('Generation',200,'CrossoverFraction',0.6,'PopInitRange',[40;41]);
 % 改变代数、交叉概率和初始种群范围
 >> [x fval] = ga(@myfung1,2,options)
Optimization terminated: stall generations limit exceeded.
x =
   41.0799   41.0759
fval  =
   - 0.9992
```

若要改变其他参数,则按类似方法设置。

例 9.2 利用遗传算法计算下面函数的最大值:

$$f(x)=x\sin(10\pi x)+2.0,x\in[-1,2]$$

解: 首先编写目标函数的 M 文件并以文件名 myfun 存盘。

```
 function    y = myfun1(x)                      % 计算目标函数值的函数名
if  x<= 2 & x>= -1
          y = -(x * sin(10 * pi * x) + 2.0);     % 把问题的最大化转化为最小化
        else
           y = 0;
       end
```

利用遗传算法工具箱的 GUI 进行计算。

在 MATLAB 工作窗口输入：

```
>> optimtool
```

选择遗传算法的 GUI，在 Fitness function 窗口输入@myfun1，在 Number of variables 窗口输入变量数目 1，其他参数选缺省值，然后单击 Start 按钮运行遗传算法，得到如图 9.4 所示的结果。

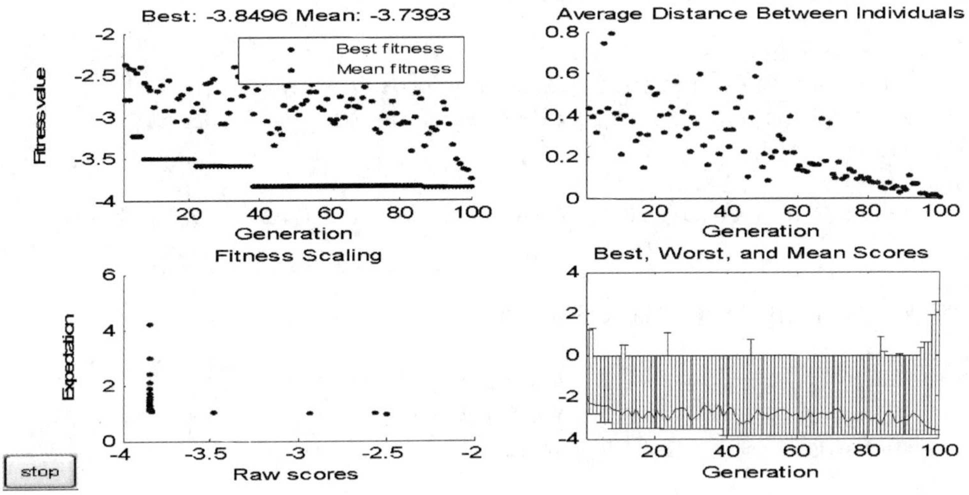

图 9.4　遗传算法运行结果

Fitness function value(函数值)：−3.849 619 541 712 781。对于本问题为 3.849 6。

Optimization terminated：maximum number of generations exceeded。

final point(变量值)：1.851 39。

该函数的曲线如图 9.5 所示。

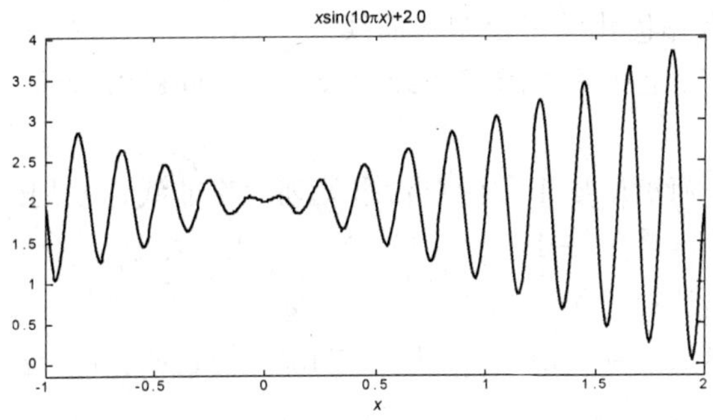

图 9.5　$f(x)=x\sin(10\pi x)+2.0$ 的图像

2. 优化参数及优化问题

例 9.3 体重约 70 kg 的某人在短时间内喝下 2 瓶啤酒后，隔一段时间测量他的血液中酒精含量(mg/100 ml)，得到如表 9.3 所列的数据。

表 9.3 酒精在人体血液中分解的动力学数据

时间/h	0.25	0.5	0.75	1.0	1.5	2.0	2.5	3.0	3.5	4.0	4.5	5.0	6.0	7.0
酒精含量/(mg/100 ml)	30	68	75	82	82	77	68	68	58	51	50	41	38	35
时间/h	8.0	9.0	10.0	11.0	12.0	13.0	14.0	15.0	16.0					
酒精含量/(mg/100 ml)	28	25	18	15	12	10	7	7	4					

根据酒精在人体血液分解的动力学规律可知，血液中酒精浓度与时间的关系可表示为

$$c(t)=k(e^{-qt}-e^{-rt})$$

试根据表中数据求出参数 k、q、r。

解：编写目标函数并以文件名 myfun2 存盘。

```
function y = myfun2(x)
c = [30 68 75 82 82 77 68 68 58 51 50 41 38 35 28 25 18 15 12 10 7 7 4];
t = [0.25 0.5 0.75 1.0 1.5 2.0 2.5 3.0 3.5 4.0 4.5 5.0 6.0 7.0 8.0 9.0 10.0 11.0 12.0 13.0 14.0 15.0 16.0];
[r,s] = size(c);y = 0;
for i = 1:s
    y = y + (c(i) - x(1) * (exp( - x(2) * t(i)) - exp( - x(3) * t(i))))^2;    % 残差的平方和
end
```

然后在 MATLAB 工作窗口输入下列命令：

```
>> Lb = [ - 1000, - 10, - 10];            % 定义下界
>> Lu = [1000,10,10];                      % 定义上界
>> x_min = ga(@myfun2,3,[],[],[],[],Lb,Lu)
```

得到结果：x_min =72.9706　　0.0943　　3.9407

由于遗传算法是一种随机性的搜索方法，所以每次运算可得到不同的结果。为了得到最终的结果，用直接搜索工具箱中的 fminsearch 函数求出最佳值：

```
>> fminsearch(@myfun2,x_min)   % 利用遗传算法得到的值作为搜索初值
ans = 114.4325    0.1855    2.0079  % 最终结果
```

图 9.6 为原始数据及用优化结果绘制的曲线。

从这个例子可看出，用遗传算法求解非线性最小二乘问题时，对最终的结果要用其他方法进行验证。

例 9.4 沈阳南部浑河沿岸 4 个排污口污水处理效率非线性规划问题。

$$\begin{aligned}\min\quad F=&696.744x_1^{1.962}+10\,586.71x_1^{5.989\,8}+63.927x_2^{1.881\,5}+9\,054.54x_2^{5.989\,8}+\\&375.658x_3^{2.997\,2}+57.428x_3^{1.873\,1}+5\,200.91x_3^{5.989\,8}+113.471x_4^{1.881\,5}+\\&223.825x_4^{5}+23.626x_4^{4.834\,4}+5\,431.427x_4^{5.989\,8}+398\,2(\text{万元})\end{aligned}$$

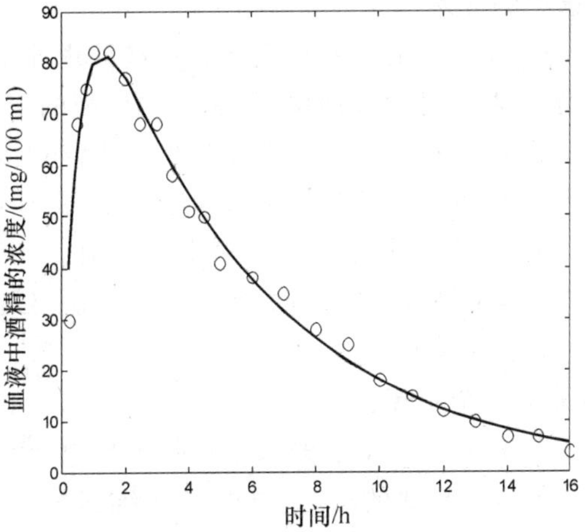

图 9.6 酒精在人体血液中分解的动力学曲线

$$\text{s.t.}\begin{cases} g_1 = 20.475(1-x_1) \leqslant 22.194 \\ g_2 = 17.037(1-x_1) + 12.998(1-x_2) \leqslant 23.505 \\ g_3 = 15.660(1-x_1) + 11.942(1-x_2) + 8.822(1-x_3) \leqslant 24.031 \\ g_4 = 14.229(1-x_1) + 10.855(1-x_2) + 8.026(1-x_3) + 21.965(1-x_4) \leqslant 24.576 \\ g_5 = x_i \in [0,0.9](i=1,2,3,4) \end{cases}$$

(杨晓华,陆桂华,等.自适应基因算法在环境优化问题的应用[J].河海大学学报.2002,30(2):39～41)

解:首先编写目标函数文件 myfun3。

```
function y = myfun3(x)
 y = 696.744 * x(1)^1.962 + 10586.71 * x(1)^5.9898 + 63.927 * x(2)^1.8815 + 9054.54 * x(2)^5.9898...
  + 375.658 * x(3)^2.9972 + 57.428 * x(3)^1.8731 + 5200.91 * x(3)^5.9898 + 113.471 * x(4)^1.8815...
  + 223.825 * x(4)^5 + 23.626 * x(4)^4.8344 + 5431.427 * x(4)^5.9898 + 3982;
```

然后在工作窗口输入以下命令:

```
>> Lb = [0,0,0,0];Lu = [9,9,9,9];
>> A = [ - 20.475 0 0 0; - 17.037  - 12.998 0 0; - 15.660  - 11.942  - 8.822 0; - 14.229  - 10.855
- 8.026  - 21.965];
>> b = [1.7190; - 6.532; - 12.3930; - 30.499];
>> options = gaoptimset('TolFun',1e - 12);              % 改变参数
>> [x,fval] = ga(@myfun3,4,A,b,[],[],Lb,Lu);
x =  0.4725     0.5100     0.4714     0.6585            % 其中一次的结果
fval = 5.0776e + 003
```

可以多运行几次,以求得最好的结果。如果要使运算结果重复,可使用以下方法:

```
>> [x,fval,reason,output] = ga(@myfun3,4,A,b,[],[],Lb,Lu);                  % 改变输出结构
>> rand('twister', output.randstate); randn('state', output.randnstate);  % 设置随机函数
```

再运行,就可以得到与前一次同样的结果。

3. 遗传算法在变量筛选中的应用

在科学研究中,经常会遇到非线性的多变量问题。目前处理非线性问题最流行的方法是人工神经网络法,然而该方法易发生过拟合现象,即建立的模型的误差很小,但对未知样本的预报误差则较大。其他方法如偏最小二乘和主成分分析也不能得到较理想的结果。变量扩维-筛选方法是一种简单实用的处理非线性相关关系问题的方法。

变量扩维-筛选方法是采用先扩维,即引入变量的非线性项,如变量的平方项、二次交叉项等形成新的变量,作为候选变量,再筛选,从大量的候选变量中选出最优的变量子集,用这些变量子集建立含非线性因子的拟线性模型。

变量扩维-筛选方法可分为两个步骤:

① 变量扩维:将含有变量 $x_1, x_2, \cdots, x_n$ 的数据矩阵 $\boldsymbol{X}$ 扩维,引入变量的非线性项如 x_1^2, $x_2^2, \cdots, x_1x_2, \cdots, x_1/x_2$ 和其他函数形式的项,这样将 $\boldsymbol{X}$ 扩维到 $\boldsymbol{X}'$。

② 从矩阵 $\boldsymbol{X}'$ 的变量筛选出一些重要的变量,或最佳变量组合形成的矩阵 $\boldsymbol{X}''$ 来建立模型,使得所建立的模型有较强或最好的预报能力。

变量扩维较为简单,关键是变量筛选。变量筛选问题,特别是当变量的数目比较大时,是十分复杂的问题。解决这个问题可以采用多种方法,其中遗传算法是其中的一种。

在处理变量筛选问题时,遗传算法的编码一般采用二进制编码。对变量数为 n 的问题,可用一个含有 n 个0或1的字符串表示一个变量组合,1和0分别表示此变量选中和未选中,1在字符串的位置表示变量的序号。如00110110,表示有8个变量,其中第3、4、6和7变量被选中。

编码结束后,再利用一般的遗传算法的基本步骤,就可以求出最佳个体,即变量数及含义。

适应度函数用PRESS值。此值的含义如下:将 m 样本中 $m-1$ 个样本用作训练样本,剩下的一个样本作检验样本。利用 $m-1$ 样本建模,用检验样本代入模型,可求得一个估计值 y_1。然后换另外一个样本作为检验样本,用其余样本建模,检验样本检验,得到第二个估计值 y_2。如此循环 m 次,每次都留下一个样本做估计,最后可求得 m 个估计值,并可求出 m 个预报残差 $y_i - y_{i-1}$,再将这 m 个残差平方求和,即为PRESS。此值越小,表示模型的预报能力越强。

$$\text{PRESS} = \sum_{i=1}^{m}(y_i - y_{i-1})^2$$

为了减少计算量,在实际中可以通过普通残差来求PRESS,即

$$\text{PRESS} = \sum_{i=1}^{m}\left(\frac{e_i}{1-h_{ii}}\right)^2$$

其中,e_i 为普通残差;h_{ii} 为第 i 个样本点到样本点中心的广义化距离,$h_{ii} = \boldsymbol{x}_i^{\mathrm{T}}(\boldsymbol{X}^{\mathrm{T}}\boldsymbol{X})^{-1}\boldsymbol{x}_i$。$\boldsymbol{X}$ 为数据矩阵,$\boldsymbol{x}_i$ 为 $\boldsymbol{X}$ 中的某一行矢量。

例 9.5 某钢铁公司炼钢转炉的炉龄按30天炉/天炼钢规模,大约一个月就需等炉一次进行检修。为了减少消耗,厂方希望建立炉龄的预测模型,以便适当地调节参数,以延长炉龄。通过实际测定,得到表9.4所列的数据,其中 x_1 为喷补料量,x_2 为吹炉时间,x_3 为炼钢时间,x_4 为钢水中含锰量,x_5 为渣中含铁量,x_6 为作业率,目标变量 y 为炉龄(炼钢炉次/炉)。

表 9.4 转炉炉龄数据

序 号	x_1	x_2	x_3	x_4	x_5	x_6	y
1	0.292 2	18.5	41.4	58.0	18.0	83.3	1 030
2	0.267 2	18.4	41.0	51.0	18.0	91.7	1 006
3	0.268 5	17.7	38.6	52.0	17.3	78.9	1 000
4	0.183 5	18.9	41.8	18.0	12.8	47.2	702
5	0.234 8	18.0	39.4	51.0	17.4	57.4	1 087
6	0.138 6	18.9	40.5	39.0	12.8	22.5	900
7	0.208 3	18.3	39.8	64.0	17.1	52.6	708
8	0.418 0	18.8	41.0	64.0	16.4	26.7	1 223
9	0.103 0	18.4	39.2	20.0	12.3	35.0	803
10	0.489 3	19.3	41.4	49.0	19.1	31.3	715
11	0.205 8	19.0	40.0	40.0	18.8	41.2	784
12	0.092 5	17.9	38.7	50.0	14.3	66.7	535
13	0.185 4	19.0	40.8	44.0	21.0	28.6	949
14	0.196 3	18.1	37.2	46.0	15.3	63.0	1 012
15	0.100 8	18.2	37.0	46.0	16.8	33.9	716
16	0.270 2	18.9	39.5	48.0	20.2	31.3	858
17	0.146 5	19.1	38.6	45.0	17.8	28.1	826
18	0.135 3	19.0	38.6	42.0	16.7	39.7	1 015
19	0.224 4	18.8	37.7	40.0	17.4	49.0	861
20	0.215 5	20.2	40.2	52.0	16.8	41.7	1 098
21	0.031 6	20.9	41.2	48.0	17.4	52.6	580
22	0.049 1	20.3	40.6	56.0	19.7	35.0	573
23	0.148 7	19.4	39.5	42.0	18.3	33.3	832
24	0.244 5	18.2	36.6	41.0	15.2	37.9	1 076
25	0.222 2	18.4	37.0	40.0	13.7	42.9	1 376
26	0.129 8	18.4	37.2	45.0	17.2	44.3	914
27	0.230 0	18.4	37.1	47.0	22.9	21.6	861
28	0.243 6	17.7	37.2	45.0	16.2	37.9	1 105
29	0.280 4	18.3	37.5	46.0	17.3	20.3	1 013
30	0.197 0	17.3	35.9	46.0	13.8	57.4	1 249
31	0.184 0	16.2	35.3	43.0	16.6	44.8	1 039
32	0.167 9	17.1	34.6	43.0	20.3	37.3	1 502
33	0.152 4	17.6	36.0	51.0	14.2	36.7	1 128

解：由于自变量与目标变量间可能存在非线性关系，因此采用变量扩维-筛选方法处理。变量扩维引入原变量的非线性因子，即引入自变量的平方项及二次项交叉项参加建模，原自变量加上下列的非线性因子共 27 个因子，其编号如下：

变　量	非线性因子	变　量	非线性因子	变　量	非线性因子
x_7	$x_1{}^2$	x_{14}	x_2x_3	x_{21}	x_3x_6
x_8	x_1x_2	x_{15}	x_2x_4	x_{22}	x_4^2
x_9	x_1x_3	x_{16}	x_2x_5	x_{23}	x_4x_5
x_{10}	x_1x_4	x_{17}	x_2x_6	x_{24}	x_4x_6
x_{11}	x_1x_5	x_{18}	x_3^2	x_{25}	x_5^2
x_{12}	x_1x_6	x_{19}	x_3x_4	x_{26}	x_5x_6
x_{13}	$x_2{}^2$	x_{20}	x_3x_5	x_{27}	x_6^2

根据以上数据就可以通过遗传算法筛选最终的变量数，即哪些变量对炉龄的影响最大。

首先编写一个适应度函数：

```
function y = myf_4(x)                      % x 为二进制的个体
 load mydata;                              % 读入数据
 a = guiyi(a);y1 = guiyi(y1);              % 自编的归一化函数
 aa = find(x == 1);                        % 找每个个体中 1 的位，即选中的变量
 bb = a(:,aa(:));                          % 找到对应的数据
 y = press(bb,y1);                         % 求 PRESS 值，此值要小
```

然后打开遗传算法的 GUI 就可以计算，注意此时界面中的 Options 的 Population type 要选择 Bit string，其余参数按情况设定，有些可以采用默认值。

```
function [y1,b] = press(x,y)               % 求 PRESS 的函数
 x1 = [ones(length(y),1),x];               % 回归式中有常数项，所以数据阵的第一列为 1
 [b,bint,r] = regress(y,x1,0.01);          % 多元线性回归
 y1 = 0;
 for i = 1:length(y)
    hi(i) = x1(i,:) * inv(x1' * x1) * x1(i,:)';
    y1 = y1 + (r(i)/(1 - hi(i)))^2;        % 求 PRESS 值
 end
```

通过运算得到其中的一次结果如下：$x=[0\ 0\ 1\ 1\ 0\ 0\ 1\ 0\ 0\ 1\ 1\ 1\ 1\ 1\ 1\ 0\ 0\ 0\ 0\ 0\ 0\ 1\ 0\ 0\ 0\ 0\ 0]$，即变量序号为 3、4、7、10、11、12、13、14、15 和 22，其 PRESS 值为 10.129 3。

对求出的变量的原始数据(即不进行归一化，这样在实际中应用更方便)进行多元线性回归，可得到以下的关系式：

$$y=50\,144-2\,391x_3-131x_4-8\,757x_1^2+140x_1x_4-124x_1x_5+11x_1x_6-139x_2^2+127x_2x_3+8x_2x_4-0.456\,8x_4^2$$

在实际工作中，可以通过逐步回归(Stepwise)或其他方法验证上述的结果。

4. 基于遗传算法的聚类分析

例 9.6　在科学研究中，聚类分析是非常重要的方法。利用遗传算法也可以进行聚类分析。

人类对二维、三维图像有很强的识别能力，如果有可能将高维空间数据分布的结构特征用

二维(或三维)图像显示,利用人类对二维(或三维)图像的识别能力考察高维空间数据分布结构的特征,就可能构成一种极方便的模式识别方法。

设有高维空间数据点 $X_i(x_{i1},x_{i2},\cdots,x_{im})$,其二维显示的对应点是 $Y_i(y_{i1},y_{i2})$,则 y_{i1},y_{i2}应是 $x_{i1},x_{i2},\cdots,x_{im}$的某种函数。如果 y 值是各 x 的某一线性组合,则二维图像是高维图像的投影,如果 y 值和 x 值是非线性函数,则二维图像是高维图像的非线性映射(Non-Linear Mapping,NLM)。现利用 NLM 方法分析表 9.5 所列的数据。

表 9.5 15 个标准中国茶叶样品的化学成分

样品	浓度/(%w/w)					
	纤维素	半纤维素	木质素	茶多酚	咖啡因	氨基酸
1	9.50	4.90	3.53	29.03	4.44	3.82
2	10.06	5.11	3.57	27.84	4.29	3.70
3	10.79	5.46	4.62	26.53	3.91	3.46
4	10.31	4.92	5.02	25.16	3.72	3.29
5	11.50	6.08	5.48	23.28	3.50	3.10
6	12.10	5.64	5.61	22.23	3.38	3.02
7	13.30	5.68	6.32	21.10	3.14	2.87
8	9.07	5.33	4.42	27.23	4.20	3.18
9	10.75	5.80	5.29	25.99	4.00	3.00
10	10.78	5.72	5.79	24.77	3.86	2.91
11	12.00	6.68	7.20	24.05	3.49	2.81
12	12.17	5.86	7.71	23.02	3.42	2.60
13	10.32	10.66	5.07	21.55	4.23	4.43
14	10.99	10.11	5.60	20.64	4.14	4.35
15	12.32	10.12	6.53	20.06	4.02	4.12

解:根据 NLM 方法,映射时的误差函数为

$$E=f(d_{ij}^{*}-d_{ij})=\frac{1}{\sum\limits_{i<j}^{n}d_{ij}^{*}}\sum_{i<j}^{n}\frac{[d_{ij}^{*}-d_{ij}]^2}{d_{ij}^{*}}$$

其中,d_{ij}^{*}、d_{ij}分别为高维数据和二维数据的欧氏距离。据此可利用遗传算法对该函数进行最小化处理,找到合适的二维数据结构,完成高维数据到二维数据的非线性映射。

首先编写目标函数并以文件名 myfun 存盘。

```
function y = myfun(x)
        load mydata;                        % 导入数据
        d = squareform(pdist(p));           % 求样本的欧氏距离
        for i = 1:15                        % 设置映射二维数据结构
             y1(i,1) = x(:,i);
        end
        for i = 16:30
              y1(i - 15,2) = x(:,i);
        end
```

若您对此书内容有任何疑问,可以登录MATLAB中文论坛与作者和同行交流。

```
        d1 = squareform(pdist(y1));          % 求映射二维数据的欧氏距离
        a = 0;b = 0;                         % 求误差函数
        for i = 1:14
            for j = i + 1:15
          a = a + (d(i,j) - d1(i,j))^2/d(i,j);
          b = b + d(i,j);
        end
    end
    y = a/b;
```

然后利用遗传算法的 GUI 就可计算,其中变量数设置为 30(样品数×映射维数)。一次的计算结果如下:

$x=-3.6698\quad -2.4521\quad -1.3034\quad -1.1289\quad 1.5278\quad 2.3494\quad 3.0598\quad -1.2933$
$-0.3876\quad 0.1088\quad 0.4796\quad 1.0188\quad 6.0391\quad 6.4994\quad 6.7350\quad 3.5407\quad 3.4968$
$1.9320\quad 0.5881\quad -0.2300\quad -1.2397\quad -3.0616\quad 3.5620\quad 1.5918\quad 0.4698$
$-1.6132\quad -2.5442\quad 0.5995\quad -0.2989\quad 1.4899$

```
>> x1(:,1) = x(1:15);x1(:,2) = x(16:30);
>> plot(x1(:,1),x1(:,2),'o')              % 二维数据点的空间分布
>> hold on
>> gname                                  % 显示空间各点对应的样品序号
```

运行程序得到如图 9.7 所示的结果,从图中可看出各样本的聚类情况,如 1、2、8 三个样本在二维空间距离比较接近,可以认为是一类,以此类推。此分类情况与普通的聚类分析的结果相同。

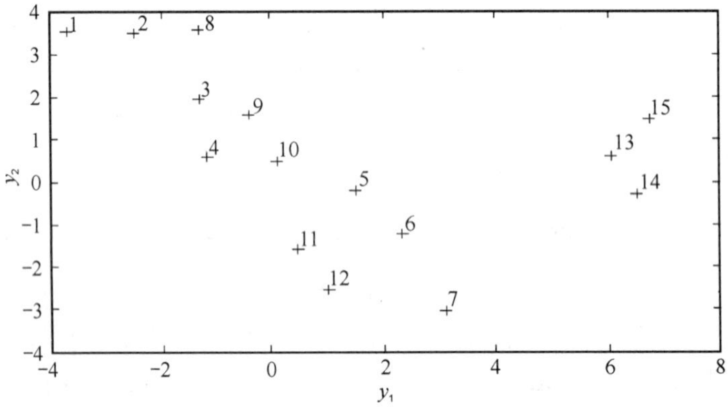

图 9.7　高维数据映射到二维空间的结果图像

例 9.7　在模式识别中,其中有一类是无管理方法,即只有一大批已知样本,事先没有规定分类标准,也没有规定要分成几类,却要通过信息处理将样本分为合适的若干类。

如对 15 个人的三类人群进行某 4 项指标的测定,结果如表 9.6 所列。可以认为他们可分为健康、亚健康和不健康三类,但不知道具体哪一人对应的类别,试对他们进行自动归类。

表 9.6　原始数据　mg/kg

序　号	x_1	x_2	x_3	x_4
1	11.853	0.480	14.360	25.210
2	45.596	0.526	13.850	24.040
3	3.525	0.086	24.400	49.300
4	3.681	0.327	13.570	25.120
5	48.287	0.386	14.500	25.900
1	4.741	0.140	6.900	15.700
2	4.223	0.340	3.800	7.100
3	6.442	0.190	4.700	9.100
4	16.234	0.390	3.400	5.400
5	10.585	0.420	2.400	4.700
1	48.621	0.082	2.057	3.847
2	288.149	0.148	1.763	2.968
3	316.604	0.317	1.453	2.432
4	307.310	0.173	1.627	2.729
5	82.170	0.105	1.217	2.188

解：由于有 15 个样品，3 个种类，所以设计的编码是长度为 15，数字为 1、2、3 组成的随机组合。如(1 2 3 3 3 2 1 3 3 3 3 3 2 2 1)表明序号为 1、7 和 15 的为第一类，第 2、6、13、14 序号的为第二类。适度值函数采用类间距离之和及类内距离之和。

由于本题的编码与一般问题不同，所以采用下列自编的程序进行计算。限于篇幅，其中一些函数的源程序就不再列出。其中选择算子并不是按适应度函数的大小来进行选择的，而是将函数值转化为适应性概率，并且函数值越大，对应的概率越大。计算公式如下：

$$P=\frac{q}{1-(1-q)^N}(1-q)^{r-1}$$

其中，P 为个体的适应性概率；q 为几何排序常数，一般取 0.08；r 个体按从大到小排列序号，函数值最大的个体序号为 1，概率最大；N 为种群中个体数目。另外，在常规的变异算子中要进行适当的修改，使之不出现 0。

类间距离则是求两类间中心的距离，类内距离则是求样品到类中心的距离。类中心是指类的各特征向量的平均值。

```
load myda;a = guiyi(a);maxterm = 300;num = 50;numvar = 15;   % 输入数据及设置参数
pop = fix(1 + 3 * rand(num,numvar));                         % 产生种群
pm = 0.1;px = 0.95;xtype = 2;                                % 变异概率、交叉概率和交叉方式
for k = 1:maxterm
    for i = 1:num
      b1 = find(pop(i,:) == 1);b2 = find(pop(i,:) == 2);b3 = find(pop(i,:) == 3);   % 找类别
      a1 = a(b1(:),:);a2 = a(b2(:),:);a3 = a(b3(:),:);      % 找类别对应的数据
      d1 = dis1(a1,a2) + dis1(a1,a3) + dis1(a2,a3);         % 求类间距离
      d2 = dis2(a1) + dis2(a2) + dis2(a3);                  % 求类内距离
      d(i) = - (d1 + d2);                                   % 适应度函数
    end
[topfit1,topi1] = max(d);                                   % 求最大值及对应的个体序号
bestchrome = pop(topi1,:);                                  % 最佳个体
```

```
    if k>maxterm                                              %退出条件
        y=[bestchrome,-topfit1,k];
        break
    end
  oldpop=[pop,d'];                                            %选择算子的要求
  pop=normgeomselect(oldpop);                                 %选择算子
  pop=pop(:,1:15);
  [child,txnum]=gacrossover(pop,px,xtype);                    %交叉算子
  [child,tnum]=gamutation1(child,pm);                         %变异算子
  pop=child;
  pop(num,:)=bestchrome;                                      %将上一代的最佳个体传入下一代
    for i=1:num                                               %求进化后的个体适应度值
      b1=find(pop(i,:)==1);b2=find(pop(i,:)==2);b3=find(pop(i,:)==3);
      a1=a(b1(:),:);a2=a(b2(:),:);a3=a(b3(:),:);
      d1=dis1(a1,a2)+dis1(a1,a3)+dis1(a2,a3);
      d2=dis2(a1)+dis2(a2)+dis2(a3);
      d(i)=-(d1+d2);
    end
  [topfit2,topi2]=max(d);
    if abs(topfit2-topfit1)<1e10-6                            %退出条件
      bestchrome=pop(topi2,:);
      y=[bestchrome,-topfit2,k];
    end
  end
  function d=dis2(x)          %求类内距离的函数
  if size(x,1)~=1             %要考虑到可能只有一个样品,否则会出错
    m1=mean(x);               %类中心
  else
    m1=x;
  end
  d=0;
  for i=1:size(x,1)
      for j=1:size(x,2)
          d=d+(x(i,j)-m1(j))^2;   %各样品到类中心的距离
      end
  end
```

运行以上程序,得到其中的一次结果:

y=[1 1 1 1 1 1 3 3 3 3 2 2 2 2 2],即最终样品的分类情况,其函数值为41.326 1。

与其他算法求得的结果相同。

5. 模拟退火算法的应用

例9.8 试用模拟退火算法求解不重复历经我国31个省会城市,并且路径最短的线路,即邮递员难题(TSP问题)。其中城市坐标为

cityposition=[1304 2312;3639 1315;4177 2244;3712 1399;3488 1535;3326 1556;3238 1229;4196 1044;4312 790;4386 570;3007 1970;2562 1756;2788 1491;2381 1676;1332 695;3715 1678;3918 2179;4061 2370;3780 2212;3676 2578;4029 2838;4263 2931;3429 1908;3507 2376;3394 2643;3439 3201;2935 3240;3140

3550;2545 2357;2778 2826;2370 2975]。

解: 根据模拟退火算法的原理,编写如下函数。

```
function  [fval,route] = MainAneal(cityposition)
 d = squareform(pdist(cityposition));                        % 求城市间距离
 n = length(d);                                              % the number of cities
 route = randperm(n);                                        % the initial traveling route
 fval = value(route,d);                                      % the initial goal value
 t = 1;                                                      % 初始温度
 for i = 1:30000
      [fval_after,route_after] = exchange(route,d,2);
      e = fval_after - fval;
      if  e<0
          route = route_after;
          fval = fval_after;
      elseif exp( - e/t)>rand
          route = route_after;
          fval = fval_after;
      end
      t = 0.999 * t;
      if t<0.1^30                                            % 终止温度
          break
      end
 end
 for i = 1:n + 1
     if i< = n
        x(i) = cityposition(route(i),1);y(i) = cityposition(route(i),2);
     else
         x(i) = cityposition(route(1),1);y(i) = cityposition(route(1),2);
     end
 end
 plot(x,y,'o -');
 % ------------------------------------------------------------------
 function fval = value(route,d)                              % 计算路径长度
 n = length(d);
 fval = 0;
 for i = 1:n
     if i == n
         fval = fval + d(route(i),route(1));
     else
         fval = fval + d(route(i),route(i + 1));
     end
 end
 function [fval_after,route_after] = exchange(route,d,type)  % 改变路径
 n = length(d);
 switch type
     case 1                                                  % 交换两个城市
         location = unidrnd(n,1,2);
         loc1 = min(location);loc2 = max(location);
         temp = route(loc1);route(loc1) = route(loc2);route(loc2) = temp;
```

```
            route_after = route;
        case 2                                              % 插入一段城市
            loc = sort(unidrnd(n,1,3));
            temp = matrixinsert(route,{route(loc(1):loc(2))},loc(3));
            route_after = redu(temp,loc(1):loc(2),'c');
    end
    fval_after = value(route_after,d);
```

运行便可得到结果,其中一次的结果如图 9.8 所示。

route =[10 9 8 4 16 19 17 3 18 22 21 26 28 27 25 20 24 23 11 29 30 31 1 15 14 12 13 7 6 5 2]

d = 1.5848e+004。

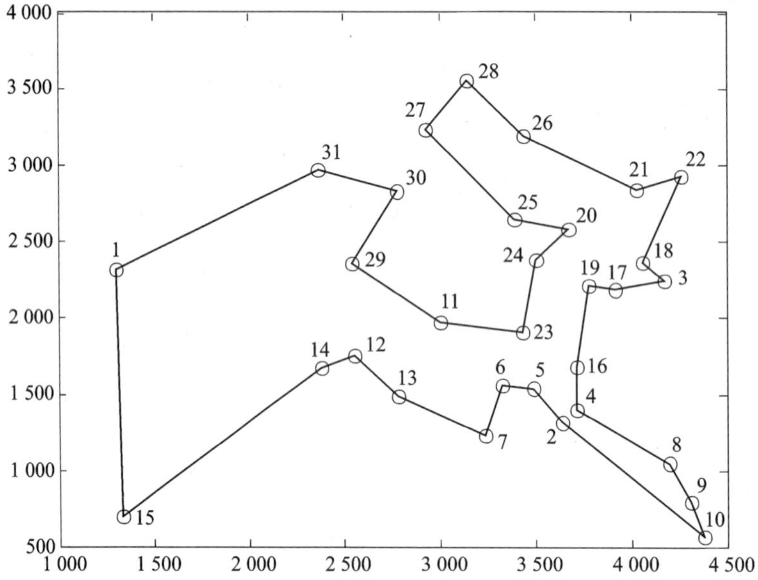

图 9.8　城市坐标及最短路径

例 9.9　用模拟退火算法求解下列函数的极小值：

$$y=4x_1^2-2.1x_1^4+\frac{x_1^6}{3}+x_1x_2-4x_2^2+4x_2^4,\quad -5\leqslant x_i\leqslant 5$$

解：利用较高版本 MATLAB 中优化工具箱的模拟退火函数求解。首先编写下列函数：

```
function y = my_f2(x)
   y = 4 * x(1)^2 - 2.1 * x(1)^4 + x(1)^6/3 + x(1) * x(2) - 4 * x(2)^2 + 4 * x(2)^4;
```

然后在命令窗口输入下列命令：

```
>> lb = [-5 -5];ub = [5 5];    % 边界约束
>> x0 = [0 0];                 % 初值
>> [x,fval,exitFlag,output] = simulannealbnd(@my_f2,x0,lb,ub);   % 模拟退火函数
```

结果为：在 x =(−0.090 4　0.712 6)处有最小值 fval=−1.031 6。

例 9.10　利用模拟退火算法对表 9.7 所列的某年我国 20 个地区的三次产业产值数据进行聚类分析。

表 9.7　某年我国 20 个地区的三次产业产值

地　区	x_1	x_2	x_3	地　区	x_1	x_2	x_3
北京	86.56	786.85	1 137.91	浙江	631.31	2 709.08	1 647.11
天津	74.03	660.03	602.35	安徽	739.70	1 253.53	812.22
河北	790.60	2 084.33	1 381.08	福建	610.04	1 444.73	1 275.41
山西	207.26	856.13	537.72	江西	450.44	740.33	661.21
内蒙古	341.62	479.53	371.14	山东	1 215.81	3 457.03	2 489.36
辽宁	531.46	1 855.22	1 495.05	湖北	748.82	1 752.91	1 203.08
吉林	429.50	597.29	530.99	湖南	828.31	1 294.17	1 088.92
黑龙江	463.05	1 506.76	863.03	广东	1 004.92	3 991.97	2 922.23
上海	78.50	1 847.20	1 762.50	广西	574.25	678.19	650.60
江苏	1 016.27	3 640.10	2 543.58	海南	164.00	90.63	184.29

解：对题中的数据作图，可以看出分成二类或者三类。与例 9.8 类似，编制相应的程序。限于篇幅，不再列出全部的程序，其中目标函数为

$$J_{\omega}=\sum_{i=1}^{M}\sum_{\boldsymbol{X}\in\omega_i}d(\boldsymbol{X},\overline{X^{(\omega_i)}})$$

其中，$\boldsymbol{X}$ 为样本向量；ω 为聚类划分；$X^{(\omega_i)}$ 为第 i 个聚类的中心，即类内所有样本特征值的平均值；$d(\boldsymbol{X},\overline{X^{(\omega_i)}})$为样本到对应聚类中心距离。

首先将前三个样本分为三类，再计算其余样本与各类中心的距离，按距离远近划分三类（也可以随机对所有样本进行分类）。然后用模拟退火算法对初始分类的结果进行修正，得到最终的分类结果。其中一次将数据分成三类的结果为

第 1 类：1　3　6　8　9　11　12　13　16　17

第 2 类：10　15　18

第 3 类：2　4　5　7　14　19　20

```
function m = cluster_center(x,pattern,centernum)        %求聚类中心函数
 n = length(x);
 for i = 1:n
   for j = 1:centernum
      if size(x(find(pattern == j),:),1) == 1           %只有1个样本时
         m(j,:) = x(find(pattern == j),:);
       else
         m(j,:) = mean(x(find(pattern == j),:));
       end
     end
 end
```

```
function d = cluster_dis(x,pattern,m_center)          %求距离函数
n = size(x,1);[centern,c] = size(m_center);d = zeros(n,centern);
for j = 1:centern
    for i = 1:n
        for k = 1:c;d(i,j) = d(i,j) + (x(i,k) - m_center(j,k))^2;end   %每个样本到各类中心的距离
    end
end
a1 = zeros(1,centern);
for i = 1:n
    for j = 1:centern
       if pattern(i) == j;a1(1,j) = a1(1,j) + d(i,pattern(i));else;continue;end   %类内距离
    end
end
a2 = 0;
for i = 1:centern
    for j = i + 1:centern
        for k = 1:c;a2 = a2 + (m_center(i,k) - m_center(j,k))^2;end    %类间距离
    end
end
d = sum(a1);  %目标函数,其中类间距离为选项
```

第 10 章

蚁群算法及其模式识别

蚁群算法(Ant Colony Optimization,ACO)是近年来提出的一种基于种群寻优的启发式搜索算法。该算法受到自然界中真实蚁群通过个体间的信息传递、搜索从蚁穴到食物间的最短距离的集体寻优特征的启发,解决一些离散系统中优化的困难问题。目前,该算法已被应用于求解旅行商问题、指派问题以及调度问题等,取得了较好的结果。

10.1 蚁群算法原理

蚁群算法是受到真实的蚁群行为的研究的启发而提出的。像蚂蚁、蜜蜂、飞蛾等群居昆虫,虽然单个昆虫的行为极为简单,但由单个的个体所组成的群体却表现出极其复杂的行为。这些昆虫之所以有这样的行为,是因为它们个体之间能通过一种称之为外激素的物质进行信息的传递。蚂蚁在运动过程中,能够在它所经过的路径上留下该种物质,而且蚂蚁在运动过程中能够感知这种物质,并以此指向自己的运动方向。所以大量蚂蚁组成的蚁群的集体行为便表现出一种信息正反馈现象:某路径上走过的蚂蚁越多,后来者选择该路径的概率就越大。蚂蚁个体之间就是通过这种信息的交流达到搜索食物的目的的。

蚁群算法就是根据真实蚁群的这种群体行为而提出的一种随机搜索算法,与其他随机算法相似,通过对初始解(候选解)组成的群体来寻求最优解。各候选解通过个体释放的信息不断地调整自身结构,并且与其他候选解进行交流,以产生更好的解。

作为一种随机优化方法,蚁群算法不需要任何先验知识,最初只是随机地选择搜索路径,随着对解空间的了解,搜索更加具有规律性,并逐渐得到全局最优解。

10.1.1 基本概念

1. 信息素

蚂蚁能在其走过的路径上分泌一种化学物质即信息素,并形成信息素轨迹。信息素是蚂蚁之间通信的媒介。蚂蚁在运动过程中能感知这种物质的存在及其强度,并以此指导自己的运动路线,使之朝着信息素强度大的方向运动。信息素轨迹可以使蚂蚁找到它们返回食物源(或蚁穴)的路径。当同伴蚂蚁进行路径选择时,会根据路径上不同的信息素进行选择。

2. 群体活动的正反馈机制

个体蚂蚁在寻找食物源时只提供了非常小的一部分贡献,但是整个蚁群却表现出具有找出最短路径的能力,其群体行为表现出一种信息的正反馈现象,即某一路径上走过的蚂蚁越多,信息素就越强,对后来的蚂蚁就越有吸引力;而其他路径由于通过的蚂蚁较少,路径上的信息素就会随时间而逐渐蒸发,以致最后没有蚂蚁通过。蚂蚁这种搜索路径的过程就称为自催化过程或正反馈机制。寻优过程与这个过程极其相似。

3. 路径选择的概率策略

蚁群算法中蚂蚁从节点移动到下一个节点,是通过概率选择策略实现的。该策略只利用当前的信息去预测未来的情况,而不能利用未来的信息。

10.1.2 蚁群算法的基本模型

1. 蚁群算法的常用符号

- $q_i(t)$——t 时刻位于节点 i 的蚂蚁个数;
- m——蚁群中的全部蚂蚁个数,$m=\sum_{i=1}^{n}q_i(t)$;
- τ_{ij}——边(i,j)上的信息素强度;
- η_{ij}——边(i,j)上的能见度;
- d_{ij}——节点 i,j 间的距离;
- P_{ij}^k——蚂蚁 k 由节点 i 向节点 j 转移的概率。

2. 每只蚂蚁具有的特征

- 蚂蚁根据节点间距离和连接边上的信息素强度作为变量概率函数选择下一个将要访问的节点;
- 规定蚂蚁在完成一次循环以前,不允许转到已访问过的节点;
- 蚂蚁在完成一次循环时,在每一条访问的边上释放信息素。

3. 蚁群算法流程

蚁群算法的流程如图 10.1 所示。

① 初始化蚁群。初始化蚁群参数,设置蚂蚁数量,将蚂蚁置于各节点上,初始化路径信息素。

② 蚂蚁移动。蚂蚁根据前面蚂蚁留下的信息素强度和自己的判断选择路径,完成一次循环。

③ 释放信息素。对蚂蚁所经过的路径按一定的比例释放信息素。

④ 评价蚁群。根据目标函数对每只蚂蚁的适应度进行评价。

⑤ 若满足终止条件,即最优解,则输出最优解;否则,算法继续。

⑥ 信息素的挥发。信息素会随着时间延续而不断挥发。

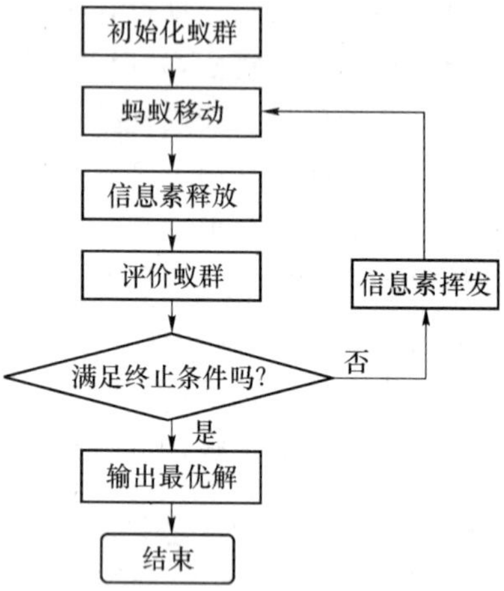

图 10.1 基本蚁群算法框图

初始时刻,各条路径上的信息素相等,即 $\tau_{ij}(0)=C$(常数)。蚂蚁 $k(k=1,2,\cdots,m)$在运动过程中根据各条路径上的信息素决定移动方向,在 t 时刻,蚂蚁 k 在节点 i 选择节点 j 的转移概率 P_{ij}^k 为

$$P_{ij}^k(t)=\begin{cases}\dfrac{\tau_{ij}^{\alpha}(t)\eta_{ij}^{\beta}(t)}{\sum\limits_{s\in \text{allowed}_k}\tau_{is}^{\alpha}(t)\eta_{is}^{\beta}(t)}, & 若\ j\in \text{allowed}_k\\ 0, & 否则\end{cases}$$

其中,$\text{allowed}_k=[1,2,\cdots,n-1]-\text{tabu}_k$ 表示蚂蚁 k 下一步允许选择的节点,tabu_k 记录蚂蚁 k 当前所经过的节点,tabu_k 随着进化过程作动态调整;η_{ij} 为能见度因数,用某种启发式算法得到,一般取 $\eta_{ij}=1/d_{ij}$;α 和 β 为两个参数,反映了蚂蚁在活动过程中信息素轨迹和能见度在蚂蚁选择路径中的相对重要性。经过 n 个时刻,蚂蚁完成了一次循环,各路径上信息素根据下

式进行调整：

$$\tau_{ij}(t+n)=(1-\rho)\tau_{ij}(t)+\Delta\tau_{ij}$$

$$\Delta\tau_{ij}=\sum_{k=1}^{m}\Delta\tau_{ij}^{k}$$

其中，$\Delta\tau_{ij}^{k}$ 表示第 k 只蚂蚁在本次循环中留在路径 (i,j) 上的信息素量，其值视蚂蚁的优劣程度而定，路径越短，释放的信息素就越多；$\Delta\tau_{ij}$ 表示本次循环中路径 (i,j) 的信息素量的增量；ρ 为信息素轨迹的衰减系数，通常设置 $\rho<1$ 来避免路径上信息素的无限累积。

根据具体算法不同，$\Delta\tau_{ij}$、$\Delta\tau_{ij}^{k}$ 和 P_{ij}^{k} 的表达形式可以不同，要根据具体问题而定。

10.1.3　蚁群算法的特点

蚁群算法具有以下的优点：

① 它本质上是一种模拟进化算法，结合了分布式计算、正反馈机制和贪婪式搜索算法，在搜索的过程中不容易陷入局部最优，即在所定义的适应函数是不连续、非规划或有噪声的情况下，也能以较大的概率发现最优解，同时贪婪式搜索有利于快速找出可行解，缩短了搜索时间。

② 蚁群算法采用自然进化机制来表现复杂的现象，通过信息素合作而不是通过个体之间的通信机制，使算法具有较好的可扩充性，能够快速可靠地解决困难的问题。

③ 蚁群算法具有很高的并行性，非常适合于巨量并行机。

但它也存在缺陷：

① 通常该算法需要较长的搜索时间。由于蚁群中个体的运动是随机的，当群体规模较大时，要找出一条较好的路径就需要较长的搜索时间。

② 蚁群算法在搜索过程中容易出现停滞现象，表现为搜索到一定阶段后，所有解趋向一致，无法对解空间进行进一步搜索，不利于发现更好的解。

因此，在实际工作中，要针对不同优化问题的特点，设计不同的蚁群算法，选择合适的目标函数、信息更新和群体协调机制，尽量避算法缺陷。

10.2　蚁群算法的改进

10.2.1　自适应蚁群算法

基本蚁群算法在构造解的过程中，利用随机选择策略，这种选择策略使得进化速度较慢。正反馈原理旨在强化性能较好的解，却容易出现停滞现象，这是造成蚁群算法不足之处的根本原因。因而可从选择策略方面进行修改，采用确定性选择和随机选择相结合的选择策略，并且搜索过程中动态地调整确定性选择的概率；当进化到一定代数后，进化方向已经基本确定，这时对路径上信息量作动态调整，缩小最好和最差路径上信息量的差异，并且适当加大随机选择的概率，有利于对解空间的更完全搜索，从而可以有效地克服基本蚁群算法的两个不足。这就是自适应蚁群算法。此算法按照下式确定蚂蚁由城市 i 转移到下一个城市 j，即

$$j=\begin{cases}\operatorname{argmax} x_{u\in \text{allowed}_k}\{\tau_{iu}^{\alpha}(t)\eta_{iu}^{\beta}(t)\}, & r\leqslant p_0\\ \text{依概率 } p_{ij}^{k}(t), & \text{其他}\end{cases}$$

其中，$p_0\in(0,1)$，r 是 $(0,1)$ 中均匀分布的随机数。当问题规模比较大时，由于信息量的挥发系数 p 的存在，使那些从未被搜索到的解上信息量会减小到接近于 0，降低了算法的全局搜索

能力,而且如果 p 过大,当解的信息量增大时,以前搜索过的解被选择的可能性过大,也会影响到算法的全局搜索能力。因此,可自适应地改变 p 的初始值 $p(t_0)=1$;当算法求得的最优解在 N 次循环内没有明显改进时,则

$$p(t)=\begin{cases}0.95p(t-1), & 0.95p(t-1)\geqslant p_{\min}\\ p_{\min}, & \text{其他}\end{cases}$$

式中,$p_{\min}$ 为 p 的最小值,可以防止 p 过小降低算法的收敛速度。

10.2.2 遗传算法与蚁群算法的融合

遗传算法与蚁群算法融合(GAAA)的基本思想是,在算法的前半程采用遗传算法,充分利用遗传算法的快速性、随机性、全局性和收敛性,其结果产生有关问题的初始信息素分布;在有一定初始信息素分布的情况下,再采用蚁群算法。这种算法以两种算法的优点,克服各自的缺陷,优劣互补,在时间效率上优于蚁群算法,在求解效率上优于遗传算法。

遗传算法与蚁群算法融合算法的总体框架如图10.2所示。

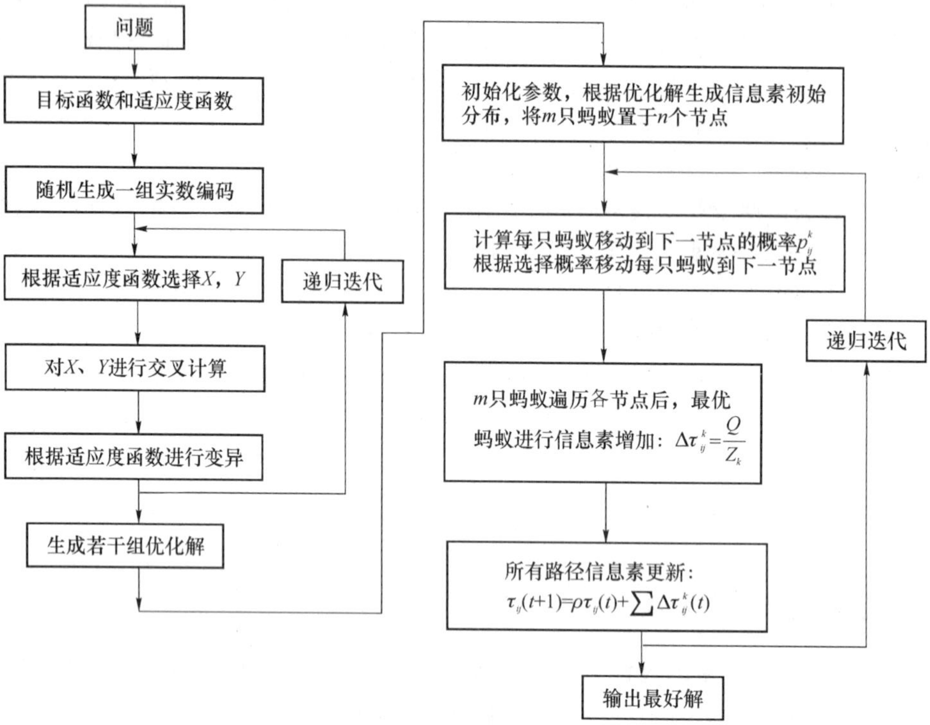

图10.2 GAAA算法总体框架

10.2.3 蚁群神经网络

蚁群神经网络是将蚁群算法和人工神经网络方法结合起来,可兼有人工神经网络的广泛映射能力和蚁群算法的快速、全局收敛以及启发式学习等特点,在某种程度上避免了人工神经网络收敛速率慢、易陷入全局极小点的问题。

算法的基本思想是:假定网络中 m 个参数,它包括所有权重值和阈值。首先,将神经网络参数 $P_i(1\leqslant i\leqslant m)$ 设置为 N 个随机非零值,形成集合 I_{pi}。每只蚂蚁在集合 I_{pi} 中选择一个

值，在全部集合中选择一组神经网络权重值，蚂蚁的数目为 n，$\tau_j(I_{pj})$的信息素。蚂蚁搜索时，不同的蚂蚁选择元素是相互独立的，每只蚂蚁从集合 I_{pi} 出发，根据集合中每个元素的信息素和路径选择规则，从每个集合 I_{pi} 中选择一个元素，当蚂蚁在所有集合中完成选择元素后，它就到达食物源，然后调节集合中元素的信息素。这一过程反复进行，当全部蚂蚁收敛到同一路径，或达到给定的迭代数时搜索结束。

10.3　聚类问题的蚁群算法

聚类问题从本质上讲是一个非线性规划问题，可以有多种方法进行求解，而且每种方法都有其特点。在实际应用时要根据具体情况作合适的选择。

蚁群算法作为一种分布式寻优算法，表现出其优良的搜索最优解的能力，并具有其他通用型算法不具备的特征，已广泛应用于各种优化组合问题，当然也可以解决聚类问题。

基于蚁群算法的聚类问题可分为"聚类数目已知"和"聚类数目未知"两大类。

10.3.1　聚类数目已知的聚类问题的蚁群算法

聚类数目已知的聚类问题是指通过先验知识已知样本集的总类数，但各样本的具体分类情况未知。

1. 蚂蚁结构

每只蚂蚁都表示一种可能的聚类结果。与遗传算法一样，首先对每个样本随机生成类别号，以组成每只蚂蚁的结构。例如有 10 个样本，聚类数为 4，其中的一只蚂蚁用如下的结构表示：$S_i=[2\quad 2\quad 4\quad 4\quad 1\quad 3\quad 4\quad 2\quad 3\quad 1]$，表示第 1、2 和 8 个样本为第 2 类，第 3、4 和 7 为第 4 类，以此类推。

2. 信息素矩阵

信息素是一个在迭代过程不断更新的 $N\times n$ 矩阵，其中 N 为样本数，n 为类别数。算法开始时，矩阵被初始化为设定的同一值 τ_{ij}，表示样品 i 分配到它所属的类 j 的信息素值。

3. 目标函数

已知样品集有 N 个样本和 M 个分类，每个样本有 n 个特征。以每个样本到聚类中心的距离之和的最小值作为目标函数，即

$$\min J(w,c)=\sum_{j=1}^{m}\sum_{i=1}^{N_j}\sum_{p=1}^{n}w_{ij}\,\|x_{ip}-c_{jp}\|^2$$

其中

$$c_{jp}=\frac{\sum_{i=1}^{N_j}w_{ij}x_{ip}}{\sum_{i=1}^{N_j}w_{ij}},\qquad j=1,2,\cdots,M;\quad p=1,2,\cdots,n$$

$$w_{ij}=\begin{cases}1, & \text{若样品 } i \text{ 类属于 } j \text{ 类}\\ 0, & \text{否则}\end{cases},\qquad j=1,\cdots,M;\quad i=1,\cdots,N_j$$

其中，x_{ip} 为第 i 个样本的第 p 个属性；c_{jp} 为第 j 个类中心的第 p 个属性。

4. 更新蚁群

在每一次蚁群更新中，蚂蚁将通过信息素的间接通信实现把样本集划分为 M 个近似划分。当 m 只蚂蚁迭代结束后，再进行局部搜索以进一步提高类划分的质量，然后根据类划分

的质量更新信息素矩阵。如此循环,直到满足循环条件后结束。

设 t 表示迭代的次数,每只蚂蚁依赖于第 $t-1$ 次迭代提供的信息素来实现分类。对每只蚂蚁所构成的每个样本,系统产生一个随机数 q,与预先定义一个数值在 0～1 间的概率 q_0 比较,决定每只蚂蚁的更新:

- 若 q 小于 q_0,则选择与样本间具有最大信息素的类为样本要归属的类。
- 若 q 大于 q_0,则根据转换概率随机选择样本要转换的类。

转换概率由下述公式计算:

$$p_{ij}=\frac{\tau_{ij}}{\sum_{l=1}^{M}\tau_{il}},\qquad j=1,\cdots,M$$

其中,τ_{ij} 为样品 i 和所属类 j 间的标准化信息素。每个样本 i 根据转换概率分布,选择要转换到的类别。

从上可看出,第一种方式为利用已有的知识,第二种方式则是开发新解的空间。

5. 局部搜索

为提高蚂蚁算法寻找最优解的效率,很多改进的蚁群算法都加入了局部搜索。局部搜索可对所有解进行,也可以只对部分解执行,此时执行的部分解为具有小的目标函数的前 L 个解。

对部分解执行局部搜索解的方法如下:

① 为解集中的每个样本产生随机数,与预先设定一个 0～1 间的随机数 p_s 相比。如果第 i 个样本被分配的随机数小于 p_s,那么这个样本要被分配到其他类中。

② 选择类中心与这个样本的距离最短的类为第 i 个样本被分配的类,重新聚类。

③ 重新计算变换操作后的目标函数值,与原解集的目标函数值进行比较,若比原解集的目标函数小,则保留新解集;否则还原旧解集。

④ 对前 L 个解集进行上述操作。在前 L 只蚂蚁中选择具有最小目标函数的蚂蚁作为最优解。

6. 信息素更新

执行过局部搜索之后,利用前 L 个蚂蚁对信息素进行更新,其公式为

$$\tau_{ij}(t+1)=(1-\rho)\tau_{ij}(t)+\sum_{s=1}^{L}\Delta\tau_{ij}^{s},\qquad i=1,2,\cdots,N;\quad j=1,2,\cdots,M$$

其中,$\rho(0<\rho<1)$为信息素蒸发参数;τ_{ij} 为样品 i 和所属类在 t 时刻的信息素浓度。设 J_s 为蚂蚁 s 目标函数值,Q 为一参数常量值,若蚂蚁 s 中的样本 i 属于 j 类,则 $\Delta\tau_{ij}^{s}=Q/J_s$;否则$\Delta\tau_{ij}^{s}=0$。

至此,一次迭代结束。继续迭代,直到最大迭代次数,返回最优解为结果。

10.3.2 聚类数目未知的聚类问题的蚁群算法

在聚类问题中,还有一种情况是聚类数目为未知的。在这种问题的蚁群算法中,可以将样本视为具有不同属性的蚂蚁,聚类中心为蚂蚁要寻找的“食物源”。所以样本聚类过程就是蚂蚁寻找食物源的过程。

设 $\boldsymbol{X}$ 是待分类的数据集,N 为样品的特征数。聚类算法过程如下:

① 初始分配 N 个样本各自为一类,共有 N 类。

② 计算类 w_i 与类 w_j 之间的欧氏距离:

$$d_{ij}=\sqrt{\sum_{k=1}^{n}(\overline{\boldsymbol{X}_k^{w_i}}-\overline{\boldsymbol{X}_k^{w_j}})^2}$$

$$\overline{X^{w_i}} = \frac{1}{N_i}\sum_{k=1}^{N_i} X_k, \qquad X_k \in \omega_i$$

其中，d_{ij} 表示类 i 到类 j 之间的欧氏距离；$\overline{X^{w_i}}$ 为聚类中心向量；N_i 为类 w_i 中样本数量。

③ 计算各路径上的信息素量。设 r 为聚类半径，$\tau_{ij}(t)$ 是 t 时刻 w_i 到 w_j 路径上残留的信息素，路径(i,j)上的信息素量为

$$\tau_{ij}(t) = \begin{cases} 1, & d_{ij} \leqslant r \\ 0, & d_{ij} > r \end{cases}$$

其中，$r = A + d_{\min} + (d_{\max} - d_{\min}) \cdot B$，$A$、$B$ 为常量参数，$d_{\min} = \min(d_{ij})$，$d_{\max} = \max(d_{ij})$。

④ 计算类 w_i 归并到 w_j 的概率：

$$p_{ij}(t) = \frac{\tau_{ij}^{\alpha}(t)\eta_{ij}^{\beta}(t)}{\sum_{s\in S}\tau_{is}^{\alpha}(t)\eta_{is}^{\beta}(t)}$$

其中，$S = \{s \mid d_{sj} \leqslant r, s = 1, 2, \cdots, j-1, j+1, \cdots, M\}$，$s$ 代表某一类号，S 代表到第 j 类距离小于或等于 r 的所有类号集合；M 为当前的总类数；$\eta_{is}(t)$为权重参数。

⑤ 若 $p_{ij}(t) \geqslant p_0$，则 w_i 归并于 w_j 邻域，类别数减 1。p_0 为一给定的概率值。重新计算归并后聚类中心。

⑥ 判断是否有归并。若无归并，则停止循环；否则，转到第②步继续迭代。

10.4 蚁群算法在科学研究中的应用

例 10.1 已知 n 个城市之间的相互距离，现有一个推销员必须遍访 31 个城市，并且每个城市只能访问一次，最后又必须返回出发城市。如何安排他对这些城市的访问次序，可使其旅行路线的总长度最短，即旅行商问题(TSP)。

31 个城市坐标为：C=[1304 2312;3639 1315;4177 2244;3712 1399;3488 1535;3326 1556;3238 1229;4196 1004;4312 790;4386 570;3007 1970;2562 1756;2788 1491;2381 1676;1332 695;3715 1678;3918 2179;4061 2370;3780 2212;3676 2578;4029 2838;4263 2931;3429 1908;3507 2367;3394 2643;3439 3201;2935 3240;3140 3550;2545 2357;2778 2826;2370 2975]。

解：

```
>> load city
>> [Shortest_Route,Shortest_Length] = myanttsp(city,100,30,1,5,0.1,100);
```

运行程序得到如图 10.3 所示的结果，函数 anttsp 的源程序如下：

```
function [Shortest_Route,Shortest_Length] = myanttsp(city,iter_max,m,Alpha,Beta,Rho,Q);
%city: n个城市的坐标,n×2 的矩阵
% iter_max: 最大迭代次数
% m: 蚂蚁个数
%Alpha: 表征信息素重要程度的参数
%Beta: 表征启发式因子重要程度的参数
% Rho: 信息素蒸发系数
% Q: 信息素增加强度系数
% R_best: 各代最佳路线
% L_best: 各代最佳路线的长度
```

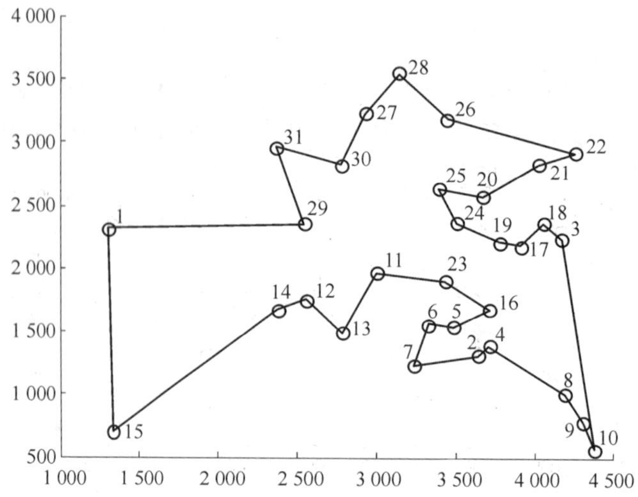

图 10.3 最佳路线

```
n = size(city,1);D = zeros(n,n);                    % 初始化
 D = squareform(pdist(city));                        % 城市距离矩阵
 Eta = 1./D;                                          % Eta 为能见度因数,这里设为距离的倒数
 Tau = ones(n,n);                                     % Tau 为信息素矩阵
 Tabu = zeros(m,n);                                   % 存储并记录路径的生成
 nC = 1;                                              % 计数器
 R_best = zeros(iter_max,n);L_best = inf. * ones(iter_max,1); % 各代最佳路线及长度
```

```
 while nC< = iter_max
 route = randperm(n);                 % 蚁群初始化
 Tabu(:,1) = (route(1,1:m))';
  % m 只蚂蚁按概率函数选择下一座城市,完成各自的周游
   for j = 2:n
   for i = 1:m
   visited = Tabu(i,1:(j - 1));  % 已访问的城市
       J = zeros(1,(n - j + 1));  % 待访问的城市
       P = J; Jc = 1;              % 待访问城市的选择概率分布
         for k = 1:n
           if length(find(visited == k)) == 0
             J(Jc) = k;Jc = Jc + 1;
           end
         end
        for k = 1:length(J)
        P(k) = (Tau(visited(end),J(k))^Alpha) * (Eta(visited(end),J(k))^Beta); % 待选城市概率分布
        end
        P = P/(sum(P)); Pcum = cumsum(P);Select = find(Pcum> = rand); % 按概率选取下一个城市
         if  isempty(Select)
          Tabu(i,j) = round(1 + (n - 1) * rand)
         else
 next_visit = J(Select(1));Tabu(i,j) = next_visit;
 end
         end
     end
       if nC> = 2;Tabu(1,:) = R_best(nC - 1,:);end
```

```
% 记录本次迭代
L = zeros(m,1);
  for i = 1:m;R = Tabu(i,:);
    for j = 1:(n - 1);L(i) = L(i) + D(R(j),R(j + 1));end
    L(i) = L(i) + D(R(1),R(n));
    end
    L_best(nC) = min(L);pos = find(L = = L_best(nC));R_best(nC,:) = Tabu(pos(1),:);nC = nC + 1;
```

```
% 更新信息素,本例采用的蚁周系统
Delta_Tau = zeros(n,n);
   for i = 1:m
      for j = 1:(n - 1)
         Delta_Tau(Tabu(i,j),Tabu(i,j + 1)) = Delta_Tau(Tabu(i,j),Tabu(i,j + 1)) + Q/L(i);
      end
     Delta_Tau(Tabu(i,n),Tabu(i,1)) = Delta_Tau(Tabu(i,n),Tabu(i,1)) + Q/L(i);
   end
Tau = (1 - Rho). * Tau + Delta_Tau;
```

```
% 禁忌表清零
Tabu = zeros(m,n);
end
```

```
% 输出结果
Pos = find(L_best = = min(L_best));Shortest_Route = R_best(Pos(1),:)
Shortest_Length = L_best(Pos(1));
```

例 10.2　有一个货物配送中心需要用车辆向 8 个配送点进行配货。设每辆车出车的单位成本为 a_0,行驶的单位成本为 a,每辆车限重 8 t,行驶最长距离为 450 km,每个配送点的货物需要量及配送中心与各配送点的距离分别见表 10.1 和表 10.2,其中 0 代表配送中心,其余为各配送点。请设计最佳的配送方案,要求车辆从配送中心出发最后又回到配送中心。

表 10.1　各配送点的货物需要量

任务点	1	2	3	4	5	6	7	8
需要量/t	2	1.5	4.5	3.5	1	4	2.5	3

表 10.2　配送中心及各个配送点之间的距离(x,y)　km

配送点＼距离＼配送点	0	1	2	3	4	5	6	7	8
0	0	40	60	75	90	200	100	160	80
1	40	0	65	40	100	50	75	110	100
2	60	65	0	75	100	100	75	75	75
3	75	40	75	0	100	50	90	90	150
4	90	100	100	100	0	100	75	75	100
5	200	50	100	50	100	0	70	90	75
6	100	75	75	90	75	70	0	70	100
7	160	110	75	90	75	90	70	0	100
8	80	100	75	150	100	75	100	100	0

解：首先建立数学模型，设出车的单位成本用 a_0 表示；车辆行驶的单位成本用 a 表示；第 i 个配送点的货物需求量用 q_i 表示；配送点 i 与 j 之间的距离用 d_i 表示；车辆到达第 i 个配送点的时间用 t_i 表示；配送货物所需的车辆数目用 m 表示；单辆运输车的最大载重量用 Q 表示；极限行驶路程用 L 表示。配送中心与 n 个配送点的编号分别为 $1,1,2,\cdots,i,\cdots,n+1$，配送的目标函数为

$$\min \quad Z = a_0 m + \sum_{i=0}^{n}\sum_{j=0}^{n}\sum_{k=1}^{m} a d_{ij} x_{ijk}$$

$$\text{s.t.} \quad \sum_{i=1}^{n}\sum_{k=1}^{m} x_{0ik} = \sum_{j=1}^{n}\sum_{k=1}^{m} x_{j0k}\text{，即要求车辆从配送点出发，最后又回到配送点}$$

$$\sum_{i=1}^{n} y_{ik} q_i \leqslant Q, \qquad k=1,2,\cdots,m\text{，即每辆车的货不能超过载重量}$$

$$\sum_{j=1}^{n}\sum_{k=1}^{m} x_{ijk} d_{ij} \leqslant L\text{，即每辆的行驶距离不超过极限}$$

$$y_{ik} = \begin{cases} 1, & \text{若 } i \text{ 点由第 } k \text{ 车辆服务} \\ 0, & \text{其他} \end{cases}$$

$$y_{ijk} = \begin{cases} 1, & k \text{ 辆由 } i \text{ 点驶向 } j \text{ 点} \\ 0, & \text{其他} \end{cases}$$

不失一般性，此问题实际上就是求在满足条件下车辆行驶的最短路径。现用蚁群进行求解。如果用一辆车配送，其他参数 $m=30$，Alpha=1，Beta=5，Rho=0，$Q=100$，iter_max=100，则对例 10.1 中的程序稍作修改，便可进行计算，结果如下：

图 10.4 所示为最佳路径：1－4－6－8－1－3－1－2－1－7－1－5－1－9－1，共为1 115 km。

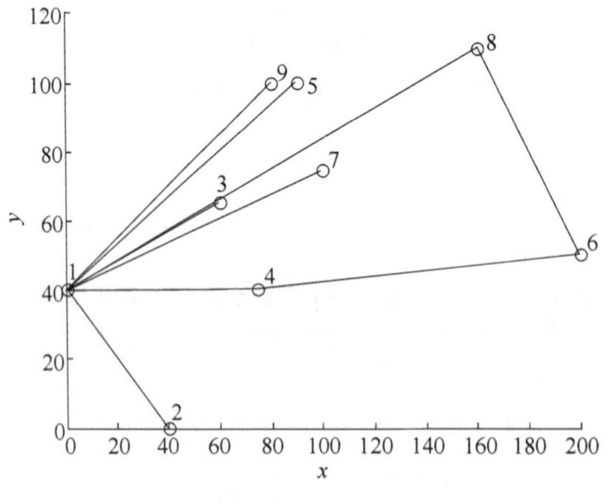

图 10.4　一次配送路径图

程序主要修改处：

① 计算已配送点的总路径。

```
if visited(end) = = 1      % 表示从原点出发
        d = 0;q_tol = 0;
    elseif length(visited)>1
        d = 0; q_tol = 0;
```

```
        for k = 1:length(visited) - 1
            d = d + D(visited(k),visited(k + 1)); q_tol = q_tol + q(visited(k + 1));
        end
    end
```

② 从未配送点中找出符合条件的配送点。

```
J = [];
for k = 1:length(J1)        % J1 为所有未配送点,J 为其中符合约束条件的城市
if d + D(visited(end),J1(k))<= L_max/2&&q_tol + q(J1(k))<= q_max   % 车辆能返回到配送中心
J = [J J1(k)];
end
end
```

③ 如果没有符合条件的配送点,则回到配送中心,并准备下一次配送。

```
if isempty(J)
    for k = 2:length(visited)       % 寻找还有没有未配送的点
        f = 0;
        for kk = 2:n;if find(visited == kk);f = f + 1;end;end
    end
if f~ = n;Tabu(i,j) = 1;continue;else;break;end % 若有未配送的点,则继续;否则结束本次配送
end
```

如果有两车辆配送,则结果为:1—3—5—1—7—1—9—1,1—2—4—6—1—8—1,共为1 260 km。

当然在实际中,要比本例设定的情况复杂,比如对货物时间限制、剩余的货物可以在回来的路上卸下等。对这些问题都可以根据本例的思路进行计算。

例 10.3　蚁群算法也可以用于函数的优化。试用蚁群算法优化下列函数:

$$\max f(x) = |(1-x)x^2\sin(200\pi x)|, \qquad x \in [0,1]$$

解: 此函数有许多局部极值,其图像见图 10.5。

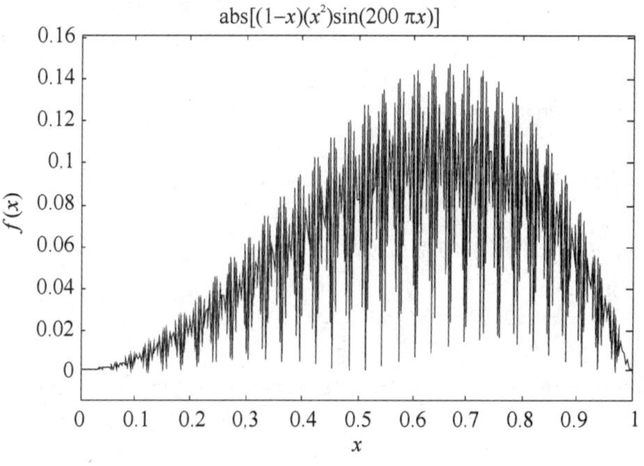

图 10.5　所求函数的图像

利用蚁群算法求解问题的关键是设计好蚁群系统。假设本例中优化结果要达到自变量的小数点后第 7 位。设计 9 层城市,其中第一层、末层分别为起始和终止城市,而中间的 7 层城

市,每层城市分别有 10 个城市,分别代表数字 0～9,而每层从左到右代表小数点后的十分位,百分位,…,并且让每只蚂蚁只能从左往右移动,这样,从起始城市到终止城市的一次游走,就可以找到小位点后的各位数字。让 m 只蚂蚁经过一定次数循环寻找,就可以找到符合要求的结果。其中城市选择的概率计算公式为

$$p(a,b)=\frac{\tau_{ab}^{k}}{\sum_{x=0}^{9}\tau_{ax}^{k}}$$

其中,a 为当前城市;b 为下次选择城市,τ_{ab}^{k} 为这两个城市的信息素;τ_{ax}^{k} 为当前城市与下一层所有 10 个城市间的信息素。除了起始城市与下一层之间只有 10 个信息素,每层间的信息素为 10×10 的矩阵,并且蚂蚁在游走的过程中,要不断地在经过的路径上减弱所留下的信息素,其计算公式为

$$\tau_{k,k-1}^{k}\leftarrow(1-\rho)\tau_{k,k-1}^{k}+\rho\tau_{0}$$

其中,k 代表层数;ρ 为(0,1)间的常数,代表信息素减弱的速度;τ_0 为初始信息素。这个过程称为信息素的局部更新。当所有 m 只蚂蚁按上述过程完成一次循环后,就对信息素进行全局更新。首先对每只蚂蚁经过的过程解码,得到自变量的值,然后计算函数值,并得到其中的最小值,再按下列公式更新信息素:

$$\tau_{ij}^{k}\leftarrow(1-\rho)\tau_{ij}^{k}+\alpha\times f_{\min}^{-1}$$

其中,α 为(0,1)的常数;$f_{\min}^{-1}$ 为最小函数值的倒数。

至此就完成了一次循环。反复进行上面的步骤直到达到指定的循环次数或得到的解在一定循环次数后没有改进。

因为对于任何一个连续函数优化问题都可以通过一定的变换而成为一个在[0,1]上的函数最小化问题,所以上述的设计不失一般性,并且也可以用于多元函数的优化问题。

根据以上的思路,编制以下的程序就可以进行计算:

```
function [y_best,x_best] = mymin
 alpha = 0.9;rho = 0.9;q0 = 0.9;tau0 = 0.01;d = 7;m = 20;iterm = 1000;tau1(1:10) = tau0;NC = 1;
 for i = 1:10;for j = 1:10;tau(i,j) = tau0;end;end ;tabu = zeros(m,d);     %初始信息素和记录表
 while NC< = iterm
 for i = 1:m        %对每只蚂蚁
    for j = 1:d    %对每层城市
        if j == 1
           for k = 1:10;p(k) = tau1(k)/sum(tau1);end     %起始城市与下个城市的概率
        else
           for k = 1:10     %中间层的城市概率
                if tabu(i,j-1) == 0
                    p(k) = tau(10,k)/sum(tau(10,:));
                else
                    p(k) = tau(tabu(i,j-1),k)/sum(tau(tabu(i,j-1),:));
                end
           end
        end
      q = rand;
      if q< = q0        %路径选择规则之一
           if j == 1   %选路径,并更新
```

```
        [aa,idex] = max(tau1);tau1(idex) = (1 - rho) * tau1(idex) + rho * tau0; 信息素
        else
          if tabu(i,j - 1) == 0
            [aa,idex] = max(tau(10,:));tau(10,idex) = (1 - rho) * tau(10,idex) + rho * tau0;
          else
              [aa,idex] = max(tau(tabu(i,j - 1),:));
tau(tabu(i,j - 1),idex) = (1 - rho) * tau(tabu(i,j - 1),idex) + rho * tau0;
          end
        end
        if idex == 10;tabu(i,j) = 0;else;tabu(i,j) = idex;end
      else   % 路径选择规则之二
        Pcum = cumsum(p); select = find(Pcum >= rand);
        if isempty(select);tabu(i,j) = round(1 + 9 * rand);else;tabu(i,j) = select(1);end
        if j == 1
            tau1(tabu(i,j)) = (1 - rho) * tau1(tabu(i,j)) + rho * tau0;
        else
          if tabu(i,j - 1) == 0
            tau(10,tabu(i,j)) = (1 - rho) * tau(10,tabu(i,j)) + rho * tau0;
          else
            tau(tabu(i,j - 1),tabu(i,j)) = (1 - rho) * tau(tabu(i,j - 1),tabu(i,j)) + rho * tau0;
          end
        end
        if tabu(i,j) == 10;tabu(i,j) = 0;end
      end
    end
end
format long   % 计算函数值和最小值
for i = 1:m; x(i) = 0;for k = 1:d;x(i) = x(i) + tabu(i,k) * 10^( - k);end;y(i) = f(x(i));end
[y_min(NC),y_min_idex] = min(y);y_min(NC) = y_min(NC);x_min(NC) = 0;
for k = 1:d;x_min(NC) = x_min(NC) + tabu(y_min_idex,k) * 10^( - k);end    % 路径解码
for k = 1:d - 1   % 信息素全局更新
  if tabu(y_min_idex,k) == 0;tabu(y_min_idex,k) = 10;end
if tabu(y_min_idex,k + 1) == 0tabu(y_min_idex,k + 1) = 10;end
tau(tabu(y_min_idex,k),tabu(y_min_idex,k + 1)) = (1 - alpha) * tau(tabu(y_min_idex,k),…
tabu(y_min_idex,k + 1)) + alpha * y_min(NC)^( - 1);
end
NC = NC + 1;
end
[y_best,y_bestidex] = min(y_min);y_best = - y_best;x_best = x_min(y_bestidex);   % 输出结果
function y = f(x)      % 优化函数,改为求最小值
y = - abs((1 - x) * (x^2) * sin(200 * pi * x));
```

一次计算结果为：x=0.667 444 400 000 000 时,有最大值 0.148 057 150 889 282。

例 10.4　为了解耕地的污染状况与水平,从 3 块由不同水质灌溉的农田里共取 16 个样品,每个样品均作土壤中铜、镉、氟、锌、汞和硫化物等 7 个变量的浓度分析,原始数据见表 10.3。试用蚁群算法对 16 个样品进行分类。

表 10.3 原始数据 mg/kg

序号	x_1	x_2	x_3	x_4	序号	x_1	x_2	x_3	x_4
1	11.853	0.480	14.360	25.210	9	48.621	0.082	2.057	3.847
2	3.681	0.327	13.570	25.120	10	288.149	0.148	1.763	2.968
3	48.287	0.386	14.500	25.900	11	316.604	0.317	1.453	2.432
4	4.741	0.140	6.900	15.700	12	307.310	0.173	1.627	2.729
5	4.223	0.340	3.800	7.100	13	82.170	0.105	1.217	2.188
6	6.442	0.190	4.700	9.100	14	3.777	0.870	15.400	28.200
7	16.234	0.390	3.400	5.400	15	62.856	0.340	5.200	9.000
8	10.585	0.420	2.400	4.700	16	3.299	0.180	3.000	5.200

解: 首先通过MATLAB中的聚类函数,求出样品间的聚类情况。当用最小距离法时,样品间的聚类树见图10.6。可见根据不同的标准,可以有多种划分方法。

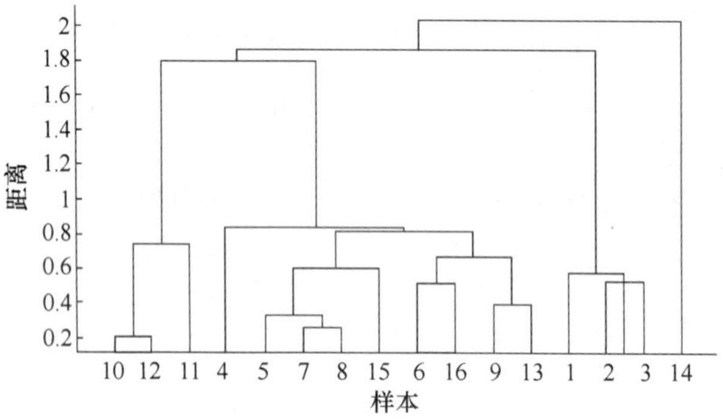

图 10.6 样品聚类树

为了简单起见,本例用蚁群算法聚类时分为3类。

与例10.3的思路类似,设计17层城市,其中除了前后两座城市,其余各层均为3个城市,代表类别数。每只蚂蚁从左到右所找到的路径即代表各样品所对应的类别,而每次移动的路径,则受层间信息素和各样品与类之间的信息素的共同作用。每次移动后对路径间的信息素进行局部更新。

当所有 m 只蚂蚁按上述过程完成一次循环后,就对样品与各类别间的信息素进行全局更新。首先对每只蚂蚁经过的路径解码,得到各样品所对应的类别,由此计算优化函数,并得到最小值。根据函数最小值对应的路径更新样品与类别间的信息素。以上过程所涉及的计算公式与例10.3的类似,就不在列出。

优化函数为类内距离与类间距离的比值为最小,即分类时各类间的距离要大,但类内各样品间的距离要小:

$$\min J(w,c)=\sum_{i=1}^{N_j}\sum_{p=1}^{n}w_{ij}\parallel x_{ip}-c_{jp}\parallel^2\Big/\sum_{j=1}^{M-1}\sum_{p=1}^{n}\parallel c_{j+1,p}-c_{jp}\parallel^2$$

其中

$$c_{jp}=\frac{\sum_{i=1}^{N_j}w_{ij}x_{ip}}{\sum_{i=1}^{N_j}w_{ij}},\qquad j=1,2,\cdots,M;\quad p=1,2,\cdots,n$$

$$w_{ij}=\begin{cases}1, & \text{若样品 } i \text{ 类属于 } j \text{ 类} \\ 0, & \text{否则}\end{cases}$$

其中，x_{ip} 为第 i 个样本的第 p 个属性；c_{jp} 为第 j 个类中心的第 p 个属性。

根据蚁群算法的基本原理，可以编制相应的程序计算，结果得到如下的路径：2—2—2—1—1—1—1—1—1—1—1—1—1—3—1—1，所对应的函数值为 0.558 1。

实际上可以找到更好的分类，即 1—1—1—1—1—1—1—1—1—3—3—3—1—2—1—1，所对应的函数值为 0.472 1。这两者的判别在于 1、2、3、10、11、12 这六个样本的划分，从分类树也可以看出其差异。

如果事先不知道聚类的数目，则可以根据样本间的距离矩阵确定一个阈值距离。当多个类之间的距离小于此值时，根据概率选择其中两个类的归并，而概率大小与路径的信息素有关，规定当两类之间的距离小于阈值时，信息素为 1，否则为 0。

```
load x;x = guiyi(x);num = size(x,1);iterm = 20;d = squareform(pdist(x));        %样品间距离
for i = 1:num - 1
    temp1(i) = min(d(i,i + 1:end));temp2(i) = max(d(i,i + 1:end));
    end
m_min = min(temp1);m_max = max(temp2);r = m_min + (m_max - m_min)/2;              %阈值
alpha = 0.8;beta = 1;q0 = 0.8;NC = 1;tau = zeros(num,num);h = ones(num,num);    %初始化
p = zeros(num,num);centernum = num;temp = zeros(1,centernum);m_pattern = 1:num; %模式
m_center = cluster_center(x,m_pattern,num);                        %求聚类中心函数
while NC< = iterm || centernum = = 1
   for i = 1:centernum - 1
      temp(i) = 0;
      for j = i + 1:centernum
          y(i,j) = center_dis(m_center(i:j,:));                    %求类间距离函数
          if y(i,j)<r;tau(i,j) = 1;else;tau(i,j) = 0;end           %信息素
          h(i,j) = 1;temp(i) = temp(i) + (tau(i,j)^alpha) * (h(i,j)^beta);
      end
   end
   flg = 1;
   for i = 1:centernum - 1
      for j = i + 1:centernum
         p(i,j) = (tau(i,j)^alpha) * h(i,j)^beta/temp(i);   %选择概率
           if p(i,j)>q0
             for k = 1:num    %类的并归
               if m_pattern(k) = = j;m_pattern(k) = i;
elseif m_pattern(k)>j;m_pattern(k) = m_pattern(k) - 1;
end
             end
               b1 = 0;k1 = 0;      %整理模式序号
                 for k = 1:num;b = find(m_pattern = = k);
                  if isempty(b);b1 = b1 + 1;continue;
                  else
                      k1 = k1 + 1;for kk = 1:length(b);m_pattern(b(kk)) = k - b1;end
                  end
                end
               flg = 0;centernum = centernum - 1;break
             end
```

```
    end
        if flg == 0;break;end
    end
    if flg == 1;break;end
    for i = 1:centernum;m_center = cluster_center(x,m_pattern,centernum);end
end
```

计算结果如下：1　1　1　2　2　2　2　2　2　3　3　3　4　5　6　6，即分为 6 类。

例 10.5　试用蚁群算法对下列二元函数进行优化：

$$\min f(x,y)=(x-1)^2+(y-2.2)^2+1$$

解：用蚁群算法对连续函数的优化，常规的方法是用多组蚁群，每组蚁群负责寻找一个自变量的最佳值。其步骤如下：

① 初始化：根据每个自变量的范围，组成函数解的空间，并将蚁群随机设置在解空间中，设函数值就为信息素。

② 蚁群转移规则：每只蚂蚁每次移动都是根据信息素大小来判断的，转移概率 p 为最大信息素(即最大函数值)与下一转移点的信息素(函数值)之差与最大信息素的比值。

③ 当 p 大于某个随机数时，进行全局搜索，即扩大函数值的范围，否则进行局部搜索。

④ 判断全局或局部搜索的结果是否超过自变量的边界，若超过，则将其置于边界。

⑤ 判断蚂蚁是否移动，即全局或局部搜索的结果是否比原来的值大，若是，则蚂蚁移动。

⑥ 更新信息素：$\tau_i^k \leftarrow (1-\rho)\tau_i^k + f_i$，其中 f 为函数值。

⑦ 至此，完成一次循环，直到达到一定的循环次数。

据此，可以编制相应的程序进行计算。限于篇幅不再列出程序，结果如图 10.7 所示。

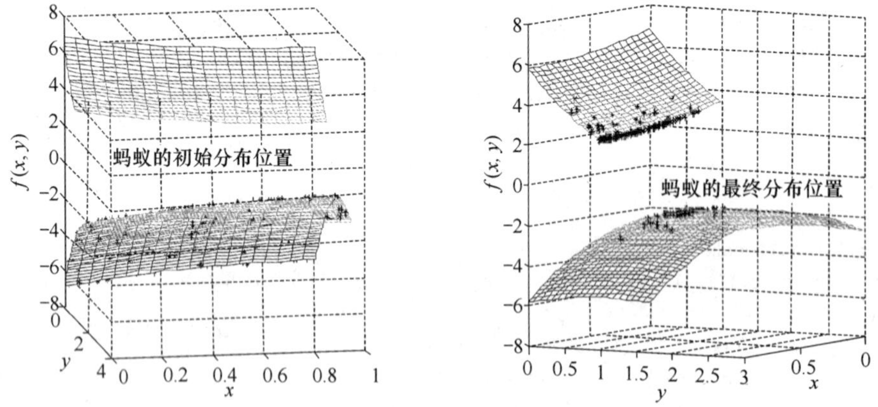

图 10.7　蚁群搜索结果

第 11 章 粒子群算法及其模式识别

粒子群算法(Particle Swarm Optimiztion,PSO)是一种有效的全局寻优算法,最初由美国学者 Kennedy 和 Eberhart 于 1951 年提出。它是基于群体智能理论的优化算法,通过群体中粒子间的合作与竞争产生的群体智能指导优化搜索。与传统的进化算法相比,粒子群算法保留了基于种群的全局搜索策略,但是采用的速度-位移模型操作简单,避免了复杂的遗传操作,它特有的记忆可以动态跟踪当前的搜索情况而相应调整搜索策略。由于每代种群中的解具有"自我"学习提高和向"他人"学习的双重优点,从而能在较少的迭代次数内找到最优解。目前该方法已广泛应用于函数优化、数据挖掘、人工神经网络训练等领域。

11.1 粒子群算法的基本原理

粒子群算法具有进化计算和群体智能的特点。与其他进化算法类似,粒子群算法也是通过个体间的协作和竞争,实现复杂空间中最优解的搜索。

在粒子群算法中,每一个优化问题的解被看作是搜索空间的一只鸟,即"粒子"。算法开始时,首先生成初始解,即在可行解空间中随机初始化 m 粒子组成的种群 $Z=\{Z_1,Z_2,\cdots,Z_m\}$,其中每个粒子所处的位置 $Z_i=\{z_{i1},z_{i2},\cdots,z_{in}\}$都表示问题的一个解,并且根据目标函数计算每个粒子的适应度值。然后每个粒子都将在解空间中迭代搜索,通过不断调整自己的位置来搜索新解。在每一次迭代中,粒子将跟踪两个"极值"来更新自己,一个是粒子本身搜索到的最好解 p_{id},另一个是整个种群目前搜索到的最优解 p_{gd},这个极值即全局极值。此外,每个粒子都有一个速度 $V_i=\{v_{i1},v_{i2},\cdots,v_{in}\}$,当两个最优解都找到后,每个粒子根据下式来更新自己的速度:

$$v_{id}=wv_{id}(t)+\eta_1\mathrm{rand}()[p_{id}-z_{id}(t)]+\eta_2\mathrm{rand}()[p_{gd}-z_{id}(t)]$$

$$z_{id}(t+1)=z_{id}(t)+v_{id}(t+1)$$

其中,$v_{id}(t+1)$表示第 i 个粒子在 $t+1$ 次迭代中第 d 维上的速度;w 为惯性权重,η_1、η_2 为加速常数,rand()为 0~1 之间的随机数。此外,为使粒子速度不致过大,可设置速度上限,即当 $v_{id}(t+1)>v_{\max}$时,$v_{id}(t+1)=v_{\max}$;$v_{id}(t+1)<-v_{\max}$时,$v_{id}(t+1)=-v_{\max}$。

从粒子的更新公式可看出,粒子的移动方向由三部分决定:自己原有的速度 v_{id};与自己最佳经历的距离 $p_{id}-z_{id}(t)$;与群体最佳经历的距离 $p_{gd}-z_{id}(t)$,并分别由权重系数 w、η_1 和 η_2 决定其相对重要性。

当达到算法的结束条件,即找到足够好的最优解或达到最大迭代次数时,算法结束。

粒子群算法的基本流程如图 11.1 所示。

参数选择对算法的性能和效率有较大的影响。在粒子群算法中有 3 个重要参数即惯性权重 w、速度调节参数 η_1 和 η_2。惯性权重 w 使粒子保持运动惯性;速度调节参数 η_1 和 η_2 表示粒子向 p_{id} 和 p_{gd} 位置的加速项权重。如果 $w=0$,则粒子速率没有记忆性,粒子群将收缩到当前的全局最优位置,失去搜索更优解的能力。如果 $\eta_1=0$,则粒子失去"认知"能力,只具有"社会"性,粒子群收敛速度会更快,但是容易陷入局部极值。如果 $\eta_2=0$,则粒子只具有"认知"能力,而不具有"社会"性,等价于多个粒子独立搜索,因此很难得到最优解。

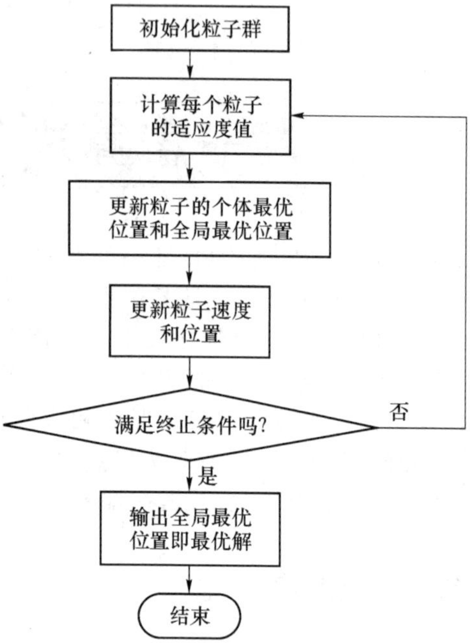

图 11.1 粒子群算法流程

实践证明,没有绝对最优的参数,针对不同的问题选取合适的参数才能获得更好的收敛速度和鲁棒性,一般情况下 w 取 0～1 之间的随机数,η_1 和 η_2 分别选取 2。

11.2 全局模式与局部模式

Kennedy 等在对鸟群觅食的观察中发现,每只鸟并不总是能看到鸟群中其他所有鸟的位置和运动方向,而往往只是看到相邻的鸟的位置和运动方向。由此而提出了两种粒子群算法模式即全局模式(Global Version PSO)和局部模式(Local Version PSO)。

全局模式是指每个粒子的运动轨迹受粒子群中所有粒子的状态影响,粒子追寻两个极值即自身极值和种群全局极值。前述算法的粒子更新公式就是全局模式。而在局部模式中,粒子的轨迹只受自身的认知和邻近的粒子状态的影响,而不被所有粒子的状态所影响。粒子除了追寻自身极值 p_{id} 外,不是追随全局极值 p_{gd},而是追随邻粒子当中的局部极值 p_{nd}。在该模式中,每个粒子需记录自己及其邻居的最优解,而不需要追寻粒子当中的局部极值,此时,速度更新过程可用下式表示:

$$v_{id}=wv_{id}(t)+\eta_1\text{rand}()[p_{id}-z_{id}(t)]+\eta_2\text{rand}()[p_{nd}-z_{id}(t)]$$

$$z_{id}(t+1)=z_{id}(t)+v_{id}(t+1)$$

全局模式具有较快的收敛速度,但是鲁棒性较差;相反,局部模式具有较高的鲁棒性,而收敛速度相对较慢。因而在运用粒子群算法解决不同的优化问题时,应针对具体情况采用相应模式。

11.3 粒子群算法的特点

粒子群算法有以下特点:

① 粒子群算法和其他进化算法都是基于"种群"的概念,用于表示一组解空间中的个体集

合。采用随机初始化种群方法，使用适应度值来评价个体，并且据此进行一定的随机搜索，因此不能保证一定能找到最优解。

② 具有一定的选择性。在粒子群算法中通过不同代种群间的竞争实现种群的进化过程。若子代具有更好的适应度值，则子代将替换父代，因而具有一定的选择机制。

③ 算法具有并行性，即搜索过程是从一个解集合开始的，而不是从单个个体开始的，不容易陷入局部极小值，并且这种并行性易于在并行计算机上实现，提高算法的性能和效率。

④ 收敛速度更快。粒子群算法在进化过程中同时记忆位置和速度信息，并且其信息通信机制与其他进化算法不同。在遗传算法中染色体互相通过交叉、变异等操作进行通信，蚁群算法中每只蚂蚁以蚁群全体构成的信息轨迹作为通信机制，因此整个种群比较均匀地向最优区域移动，而在全局模式的粒子群算法中，只有全局最优粒子提供信息给其他的粒子，整个搜索更新过程是跟随当前最优解的过程，因此所有的粒子很可能更快地收敛于最优解。

11.4 基于粒子群算法的聚类分析

11.4.1 算法描述

设有 N 个样品集 $\boldsymbol{X}=\{\boldsymbol{X}_i, i=1,2,\cdots,N\}$，其中 $\boldsymbol{X}_i$ 为 n 维的特征向量。聚类问题就是要找到一个划分 $w=\{w_1,\cdots,w_M\}$，使得总的类内离散度 J 和达到最小值：

$$J=\sum_{j=1}^{M}\sum_{\boldsymbol{X}_i\in w_j} d(\boldsymbol{X}_i,\overline{\boldsymbol{X}^{(w_j)}})$$

其中，$\overline{\boldsymbol{X}^{(w_j)}}$为第 j 个聚类的中心；$d(\boldsymbol{X}_i,\overline{\boldsymbol{X}^{(w_j)}})$为样品到对应聚类中心的距离；聚类准则函数 J 即为各类样品到对应聚类中心距离的总和。

当聚类中心确定时，聚类的划分可由最近邻法则决定，即对样品 X_i，若第 j 类的聚类中心 $\overline{\boldsymbol{X}^{(w_j)}}$满足下式，则 $\boldsymbol{X}_i$ 属性类 j。

$$d(\boldsymbol{X}_i,\overline{\boldsymbol{X}^{(w_j)}})=\min_{l=1,2,\cdots,M} d(\boldsymbol{X}_i,\overline{\boldsymbol{X}^{(w_l)}})$$

在粒子群算法求解聚类问题中，每个粒子作为一个可行解组成整个粒子群。根据解的含义不同，可以分为两种方法：一种是以聚类结果为解，另一种是以聚类中心集合为解。

一个具有 M 个聚类中心，样品向量维数为 n 的聚类问题中，每个粒子 i 由三部分组成，即粒子位置、速度和适应度值。粒子结构为

$$\text{particle}(i)=\{\text{location}[\,],\text{velocity}[\,],\text{fitness}\}$$

粒子的位置编码结构表示为

$$\text{particle}(i).\text{location}[\,]=[\overline{\boldsymbol{X}^{(w_1)}},\overline{\boldsymbol{X}^{(w_2)}},\cdots,\overline{\boldsymbol{X}^{(w_M)}}]$$

其中，$\overline{\boldsymbol{X}^{(w_j)}}$表示为第 j 类的聚类中心，是一个 n 维矢量。同时每个粒子还有一个速度，其编码结构为

$$\text{particle}(i).\text{velocity}[\,]=[\boldsymbol{V}_1,\boldsymbol{V}_2,\cdots,\boldsymbol{V}_M]$$

其中，$\boldsymbol{V}_j$ 表示第 j 个聚类中心的速度值，它也是一个 n 维矢量。

粒子适应度值 particle.fitness 为一实数，表示粒子的适应度值，可以采用以下方法计算其适应度值：

① 按照最近邻公式计算该粒子与各聚类中心的距离，确定该粒子的聚类划分。

② 根据聚类划分，重新计算聚类中心，并根据新的分类计算总的类内离散度。

③ 粒子的适应度可表示为

$$\text{particle.fitness} = k/J$$

其中,J 是总的离散度和;k 为常数,根据具体情况而定。可以看出,粒子所代表的聚类划分的总类间离散度越小,粒子的适应度越大。

此外,每个粒子在进化过程还记忆一个个体最优解 p_{id},表示该粒子经历的最优位置和适应度值。整个粒子群也存在一个全局最优解 p_{gd},表示粒子群经历的最优位置和适应度。

$$p_{id} = \{\text{location}[\,], \text{fitness}\}$$

$$p_{gd} = \{\text{location}[\,], \text{fitness}\}$$

粒子的速度和位置更新公式为

$$\text{particle}(i).\text{velocity}[\,]' = w \times \text{particle}(i).\text{velocity}[\,] + \eta_1 \times \text{rand}()(p_{id}(i).\text{location})[\,] - \text{particle}(i).\text{location}) + \eta_2 \times \text{rand}()(p_{gd}.\text{location}[\,] - \text{particle}(i).\text{location}[\,])$$

$$\text{particle}(i).\text{location}[\,]' = \text{particle}(i).\text{location}[\,] + \text{particle}(i).\text{velocity}[\,]'$$

根据已定义好的粒子群结构,采用粒子群算法,便可求得聚类问题的最优解。

11.4.2 实现步骤

粒子群算法的流程见图 11.2。其中,η_1 和 η_2 分别取 2,w 按下式计算:

$$w = w_{\max} - \text{iter}\,\frac{w_{\max} - w_{\min}}{\text{iter}_{\max}}$$

其中,iter 为当前迭代次数;$\text{iter}_{\max}$ 为最大迭代次数;$w_{\max}=1$,$w_{\min}=0$。

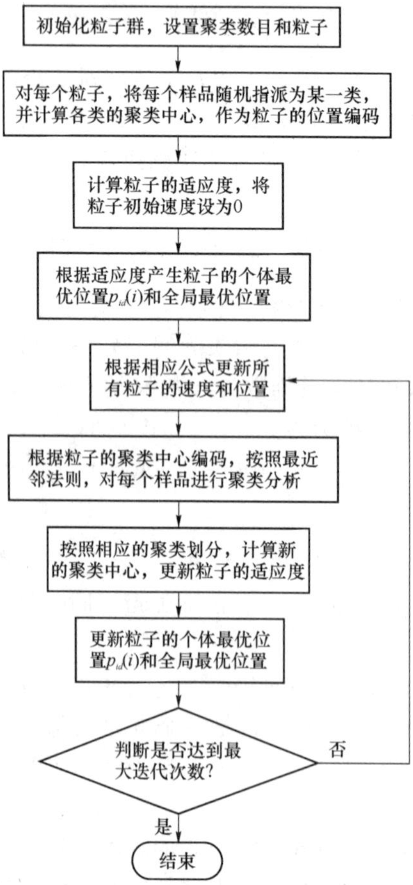

图 11.2 粒子群聚类算法流程

11.5　粒子群算法在科学研究中的应用

例 11.1　试用粒子群算法求下列 Rastrigin 函数的极小值：

$$\min f = 8n + \sum_{i=1}^{n}[x_i^2 - 8\cos(2\pi x_i)], \qquad -5.12 \leqslant x_i \leqslant 5.12$$

解：此函数在 $n=2$ 时，有 50 多个局部极小值，全局极小值为 0，位于 $x_i=0$，其图像见图 11.3。

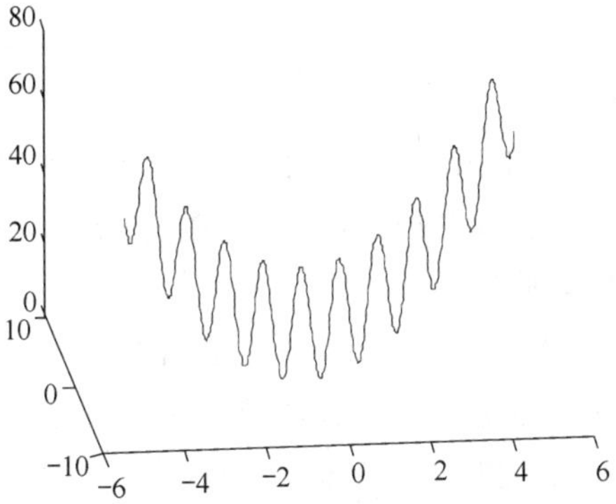

图 11.3　Rastrigin 函数图像

根据粒子群算法的原理，编制以下函数进行计算：

```
function [z_best,y_z_best] = mypso      % 粒子群算法求极值

max_iterm = 100;sizepop = 20;popmax = 5.12;popmin = -5.12;vmax = 1;vmin = -1;   % 设置各参数
for i = 1:sizepop   % 初始化
    pop(i,:) = -5.12 + 2 * 5.12 * rands(1,2);v(i,:) = rands(1,2);y(i) = fun(pop(i,:));
end
[best_y best_index] = min(y);            % 适应度函数的最小值
z_best = pop(best_index,:);              % 群体极值
g_best = pop;                            % 个体极值
y_g_best = y;                            % 个体极值适应度值
y_z_best = best_y;                       % 群体极值适应度值
w_max = 0.9;w_min = 0.4;                 % 惯性权重的初始及终止值
for i = 1:max_iterm
    w = w_max - i * (w_max - w_min)/max_iterm;   % 线性递减惯性权重
    for j = 1:sizepop   % 速度更新和粒子更新
        v(j,:) = w * v(j,:) + 2 * rand * (g_best(j,:) - pop(j,:)) + 2 * rand * (z_best - pop(j,:));
        v(j,find(v(j,:)>vmax)) = vmax;v(j,find(v(j,:)<vmin)) = vmin;
        pop(j,:) = pop(j,:) + 0.5 * v(j,:);p(j,find(pop(j,:)>popmax)) = popmax;
        p(j,find(pop(j,:)<popmin)) = popmin;
        if rand>0.9;k = ceil(2 * rand);pop(j,k) = rand;end    % 粒子变异
        y(j) = fun(pop(j,:));              % 新粒子适应度值
    end
    for j = 1:sizepop                      % 极值更新
        if y(j)<y_g_best(j);g_best(j,:) = pop(j,:);y_g_best(j) = y(j);end
        if y(j)<y_z_best;z_best = pop(j,:);y_z_best = y(j);end
```

```
    end
end
function y = fun(x) % 适应度函数
y = 16 + (x(1)^2 - 8 * cos(2 * pi * x(1))) + (x(2)^2 - 8 * cos(2 * pi * x(2)));
```

计算结果如下：自变量值为1.0e−004 *(0.147 1,−0.007 4)时，有极小值3.449 4e−8。

例 11.2 某水文站有13组水位流量原始观察数据，试用水位流量关系式 $Q=aH^b$ 进行拟合。其中 Q 为流量，H 为水位，a、b 为常数。

H/m	15.5	14.9	14.1	14.55	12.6	12.47	12.67	8.3	11.4	10.3	10.7	9.48	7.77
$Q/(m^3 \cdot s^{-1})$	596	561	542	574	435	433	448	204	372	309	331	258	182

解： 在模型参数进行拟合时，常用的方法是最小二乘法。但当观察数据存在极端值时，最小二乘法会产生严重偏差，此时可采用其他的拟合准则，例如残差平方和准则、绝对残差绝对值和准则、相对残差绝对值和准则等。

用例11.1给出的粒子群算法作适当修改，分别采用残差平方和准则、绝对残差绝对值和准则及相对残差绝对值和准则对数据进行拟合，得到结果如下：

绝对残差绝对值准则：$a=4.028\,7, b=1.851\,5$。

残差平方和准则：$a=5.372\,3, b=1.732\,5$。

相对残差绝对值和准则：$a=4.265\,7, b=1.830\,8$。

例 11.3 旅行商问题(Traveling Salesman Problem，TSP)一直以来是具有广泛应用价值和重要理论价值的组合优化NP难题之一，常用来验证智能启发式算法的有效性。其形式化定义为：给定 n 个城市和两两城市之间的距离，求一条访问各城市一次且仅一次的最短路线。现有14城市距离(km)的坐标值，试用粒子群算法求解这个TSP问题。

14个城市距离(km)的坐标为

$x=$[16.47 16.47 20.09 22.39 25.23 22.0 20.47
17.2 16.3 14.05 16.53 21.52 19.41 20.09];

$y=$[96.1 94.44 92.54 93.37 97.24 96.05 97.02 96.29
97.38 98.12 97.38 95.59 97.13 94.55]

解： 粒子群算法中最关键的是惯性权重的确定，为此提出了各种计算方法。一般来说，当群体的最优适应度值长时间未发生变化(停滞)时，应根据群体早熟收敛程度自适应地调整惯性权重。但若对整个群体采用同样的自适应操作，有可能会破坏优秀粒子群体的性能，从而使算法的性能有所下降。

为了充分发挥自适应调节的效能，应该对处于不同状态的粒子采用不同的惯性权重。根据个体适应度值的不同，可以将群体分为两个子群，分别采用不同的自适应操作，使得群体始终保持惯性权重的多样性。惯性权重较小的粒子用来进行局部寻优，加速算法收敛；惯性权重较大的粒子早期用来进行全局寻优，后期用来跳出局部最优，避免早熟收敛。这样，具有不同惯性权重的粒子各尽其责，全局寻优和局部寻优同时进行，在保证算法能全局收敛和收敛速度之间做了一个很好的折衷。

具体做法是，设粒子群的大小为 n，第 k 次迭代中粒子 P_i 的适应度值为 f_i，最优粒子的适

应度值为 f_{max}；粒子群的平均适应度值为 $\bar{f}$。将适应度值高于 $\bar{f}$ 的适应度值再求平均得到 $\overline{f'}$，将适应度值低于 $\bar{f}$ 的适应度值再求平均得到 $\overline{f''}$。

当粒子的适应度值好于 $\bar{f}$ 时，表示已接近全局最优，此时应被赋予较小的惯性权重，以加速向全局最优收敛，计算公式如下：

$$w = w_{min} \times \frac{f_{max} - \overline{f'}}{|f_i - \overline{f'}|}$$

其中，w_{min} 为 w 的最小值，本文取 0.10。

当粒子的适应度值差于 $\bar{f}$ 时，这些粒子为群体中较差的粒子，对其惯性权重的调整采用自适应调整遗传算法控制参数的方法，即如下的计算公式：

$$w = -\frac{1}{1 + \exp[-k_1(f_{max} - \overline{f''})]} + 1.5$$

其中，k_1 为一适当的常数。

根据以上思路进行编程计算，适应度函数为路径的总长，$k_1 = 0.01$。其程序与例 11.1 中的相似，在此就不再列出。其中一次的计算结果为：1—2—14—3—4—12—6—5—7—13—8—9—11—10—1，其路长为 31.807 2 km，见图 11.4。

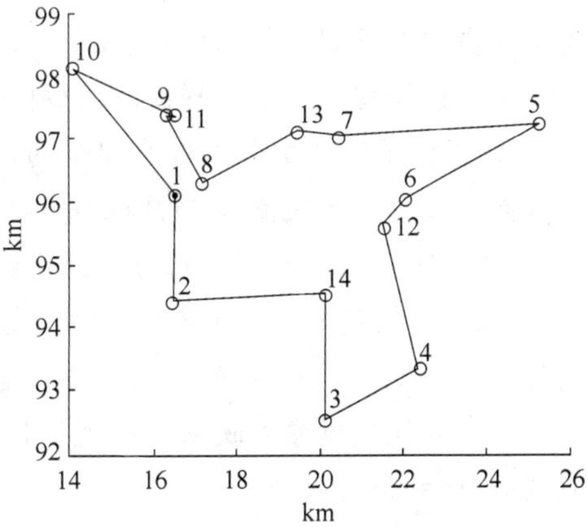

图 11.4　一次的计算结果

例 11.4　粒子群算法直观，易于理解，寻优策略简单，调试参数少，收敛速度快且简单易行，因此被广泛应用于求解各种非线性、不可微的复杂优化问题。但是算法本身也有局限性，在优化早期，能迅速向最优值靠拢，但在最优值附近收敛较慢，容易出现所谓的“早熟”，即局部收敛。粒子群算法出现早熟现象的主要原因就是缺乏种群的多样性。

改进的方法是：① 引入动态改变惯性权重的概念，使权重随粒子位置的改变而改变，更易摆脱局部极值的干扰；② 同时鉴于混沌运动的遍历性特点，将其引入粒子群算法中，简单来说即是混沌初始化和混沌扰动，利用混沌运动的遍历性，产生大量种群，根据粒子间欧式距离，从中提取分布均匀的粒子群初始粒子，使粒子在解空间分布均匀，然后在进化过程中，对粒子最优位置进行局部搜索，提高粒子群算法的开发能力，防止算法早熟，增强算法的全局探测能力。

试用上述思想，对下列函数进行优化。

$$\min f(x) = 0.5 + \frac{\left(\sin\sqrt{x_1^2 + x_2^2}\right)^2 - 0.5}{[1 + 0.001(x_1^2 + x_2^2)]^2}, \qquad -100 \leqslant x_i \leqslant 100$$

解： 函数的图像见图 11.5。

(1) 动态惯性权重的计算公式如下：

$$w^t = e^{-\alpha t/\alpha t-1}$$

$$\alpha^t = \frac{1}{N}\sum_{i=1}^{N} | f(x_i^t) - f(x_{\min}^t) |$$

其中,N 为粒子数目;$f(x_i^t)$为第 t 次迭代时 i 粒子的函数值;$f(x_{\min}^t)$为 t 次迭代时最优粒子的函数值。

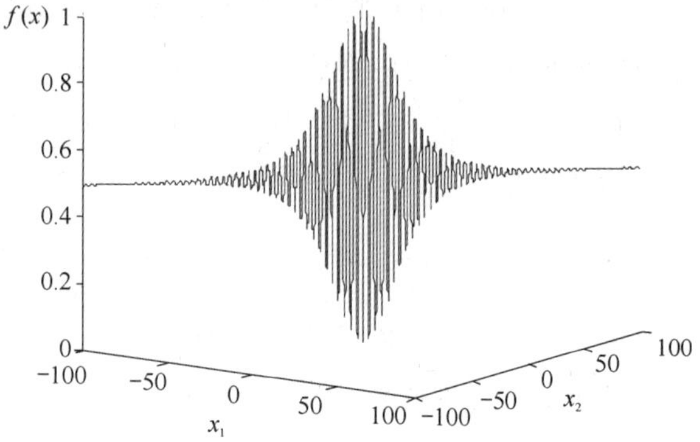

图 11.5　函数的图像

(2) 改进的粒子群算法流程如下:

① 混沌初始化。设需要优化的变量为 D 维。随机产生一个 D 维向量 $\boldsymbol{z}_1=[z_{11},z_{12},\cdots,z_{1D}]$,每个分量的范围为$[0,1]$。然后根据 Logistic 方程得到 M 个分量,$z_1,z_2,\cdots,z_M$:

$$\boldsymbol{z}_{n+1}=\mu \boldsymbol{z}_n(1-\boldsymbol{z}_n), \qquad n=0,1,2,\cdots; \quad 0<\boldsymbol{z}_n<1; \quad \mu\in[0,4]$$

并根据下列公式将混沌区间映射到变量的取值范围:$x_{ij}=a_j+(b_j-a_j)z_{ij}$,其中 b_j、a_j 分别为优化变量的上下限,$i=1,2,\cdots,M$;$j=1,2,\cdots,D$)。根据目标函数计算每个粒子的适应度值,从 M 个初始粒子群中选择性能较好的 N 个作为初始解,随机产生粒子的速度。

② 设置粒子的初始个体极值和全局极值。定义各粒子的当前位置为个体极值 P_i,根据目标函数计算各个体极值 P_i 对应的适应度值,选其最好值的粒子位置定义为全局极值 P_g。

③ 根据速度和位置的更新公式更新粒子的飞行速度和位置。

④ 对最优位置 P_g 进行混沌优化。先将最优位置映射到 Logistic 方程的定义域[0,1],即使用公式 $z_g=(P_g-a_i)/(b_i-a_i)$,再根据 Logistic 方程进行迭代产生 m 个混沌变量序列,最后把产生的混沌变量序列映射返回到优化变量的取值区间,得到 m 个粒子,计算每个粒子的适应度值,得到最优解 p'。

⑤ 用 p'代替当前群体中任意粒子的位置。

⑥ 返回步骤③,直到满足粒子群终止条件则停止计算,输出计算结果。

根据改进的粒子算法流程,编制相应程序进行计算。限于篇幅,在此只列出混沌化的程序,其余与基本的粒子群算法相差不大。

```
z = rand(1,2);x1(1,:) = - 100 + 200.* z;
for i = 2:100
    z(i,1) = 4 * z(i-1,1) * (1 - z(i-1,1));x1(i,1) = - 100 + 200 * z(i,1);   % 混沌迭代
    z(i,2) = 4 * z(i-1,2) * (1 - z(i-1,2));x1(i,2) = - 100 + 200 * z(i,2);
end
for i = 1:100;y1(i) = fun(x1(i,:));end
[a,b] = sort(y1);for i = 2:51;pop(i,:) = x1(b(i),:);end;pop = pop(2:51,:);   % 初始化粒子群
zg(1,1) = (z_best(1,1) + 100)/200; zg(1,2) = (z_best(1,2) + 100)/200;   % 对全局最优值混沌化
for i = 2:50
    zg(i,1) = 4 * zg(i-1,1) * (1 - zg(i-1,1));x(i,1) = - 100 + 200 * zg(i,1);
    zg(i,2) = 4 * zg(i - 1,2) * (1 - zg(i - 1,2));x(i,2) = - 100 + 200 * zg(i,2);y2(i) = fun(x
(i,:));
end
   [best_y best_index] = min(y2);pop(ceil(1 + (sizepop - 1) * rand),:) = x(best_index,:);
```

经试验,迭代计算 20 次左右就可以得到较为满意的结果:

$a=1.0e-003*(0.0767\quad -0.4004), b=2.6414e-005$

例 11.5　求下列函数的最小值：

$$\min f(x)=100(x_2-x_1{}^2)^2+(1-x_1)^2$$
$$\text{s.t.}\quad g_1(x)=-x_1-x_2{}^2\leqslant 0$$
$$g_2(x)=x_1{}^2-x_2\leqslant 0$$
$$-0.5\leqslant x_1\leqslant 0.5, x_2\leqslant 1$$

解：此函数的图像见图 11.6。

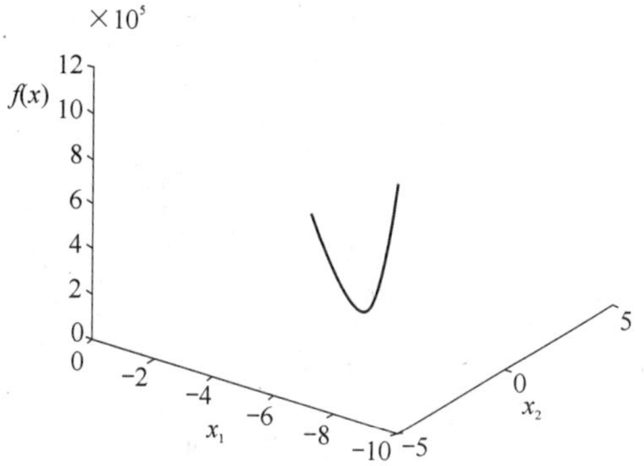

图 11.6　函数的图像

本例是带约束条件的优化问题。对于求解这类问题的核心就是如何处理约束条件。传统的方法有梯度映射法、梯度下降法、惩罚函数法和障碍函数法等。

常用的是惩罚函数法，即先是不考虑约束条件地去产生潜在解，然后通过降低评价函数的"好坏度"对其进行惩罚。惩罚方法有两种：一种是通过引入对违反约束条件的惩罚将约束问题转换为非约束问题，这些惩罚包含在评价函数里，且惩罚函数可以是多样的；另一种惩罚方法是从群体中消去不可行解，即最严重的死亡惩罚。

本文采用如下的惩罚函数作为 PSO 算法的适应度函数：

$$F(x)=\begin{cases} f(x), & \text{若 } g_j(x)\leqslant 0,\quad \forall j=1,2,\cdots,m \\ f_{\max}+\sum\limits_{j=1}^{m}|g_j(x)|, & \text{否则} \end{cases}$$

其中，$|g_j(x)|$表示当 $g_j(x)\geqslant 0$ 时(不满足约束条件)取$|g_j(x)|$的值，当 $g_j(x)<0$ 时(满足约束条件)取 0；$f_{\max}$是群体中最差可行粒子的适应值，群体中没有可行粒子时为 0。进化群体中不可行粒子在 $f_{\max}+\sum\limits_{j=1}^{m}|g_j(x)|$ 的选择压力下逐渐向可行域靠近，进入可行域后在 $f(x)$ 作用下接近最优解。计算结果如下：$x_1=0.500\ 0, x_2=0.707\ 1$ 时，函数值为 0.250 0。限于篇幅，下面只列出计算适应度值的程序。

```
for i = 1:sizepop
     pop(i,1) = - 0.5 + rand;pop(i,2) = rand;v(i,:) = rands(1,2);          % 初始化
     if - pop(i,1) - pop(i,2)^2 < 0&&pop(i,1)^2 - pop(i,2) < 0             % 约束条件
       y1(i) = fun(pop(i,:));g(i) = 0;
     else
       g(i) = abs( - pop(i,1) - pop(i,2)^2) + abs(pop(i,1)^2 - pop(i,2));
     end
 end
 if exist('y1','var') == 0;fmax = 0;else;fmax = max(y1);end
 for i = 1:length(g)                                                       % 适应度函数值
     if g(i) == 0;g(i) = y1(i);else;g(i) = g(i) + fmax;end
 end
```

例 11.6 某镇是一个重要的工业化城镇园区,园区内工厂企业、学校、科研单位较多,且大多涉及化学品或化学有害物;并且紧挨高速公路,运输化学品(化学危险品)、油料和天然气等的车辆较多。该镇人口较多且较为集中,是某城市重要的二级水源地;毗邻重要的历史文物旅游胜地,周围有大片的农作物作业区。一旦有化学物环境污染突发事件,带来的严重后果可想而知。因此,计划在此建立突发应急服务点,应对可能发生的突发事故,保障人民生命财产安全,保护生态环境良好。图 11.7 所示为该镇的布局坐标图,图中"•"代表化学品环境污染应急救援点。

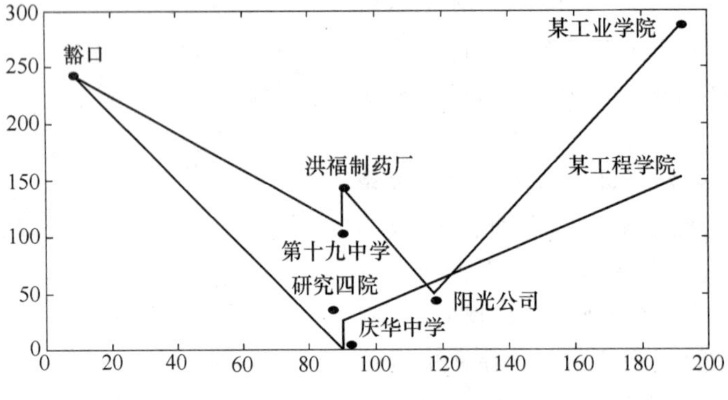

图 11.7 该镇的布局坐标图

根据地图比例尺,将实际距离缩小,得到各应急点的坐标(坐标数字单位全为 mm)如表 11.1 所列,其比例尺为 1(mm) : 10(m)。

表 11.1 各应急点的坐标值

单　位	某工程学院	研究四院	庆华中学	豁口(高速路口)	第十九中学	洪福制药厂	阳光公司	某工业学院
坐　标	(190,150)	(90,27)	(90,0)	(10,240)	(90,110)	(90,139)	(117.5,50)	(190,280)

解: 首先对各应急点进行分析,采用 AHP 法确定其在救援过程的相对重要性,即确定各应急点的权重。通过计算可以得到表 11.2 所列的权重。

表 11.2 各应急点的应急权重

单　位	某工程学院	研究四院	庆华中学	豁口	第十九中学	洪福制药厂	阳光公司	某工业学院
w_i	0.151 5	0.221 6	0.051 2	0.124	0.042 9	0.091 0	0.254 9	0.062 9

考虑到平面选址,用二维坐标表示应急救援点及应急服务点。应急服务点坐标用(x,y)表示,其中 x 为直角坐标系中的横坐标,y 为纵坐标;各应急点 v_i 用(x_i,y_i)表示,则模型为

$$f(x)=\min\sum_{i=1}^{n} w_i\sqrt{(x-x_i)^2+(y-y_i)^2}$$

$$\text{s.t.}\quad \max\sum_{i=1}^{n}\sqrt{(x-x_i)^2+(y-y_i)^2}-\lambda\leqslant 0$$

其中,λ 是常数,即应急服务点至图中最远的点距离。考虑实际意义,以 110 出警为依据(目前国内尚无关于化学环境污染应急时间的规定):"110 报警服务接到群众报警,处警人员在市区,必须 5 分钟内到达现场;在郊区,必须 10 分钟内到达现场。"结合本文实例,对于小规模的

城镇，以处突时车速 60 km/h 计(扣除交通、车辆本身等因素)，设应急范围 $\lambda=2.5$ km。按照比例尺，在图中 $\lambda=250$ mm。

本例对约束条件采取如下惩罚函数

$$F(x)=\begin{cases} f(x), & \text{若 } g_j(x)\leqslant 0,\quad \forall j=1,2,\cdots,m \\ f_{\max}+\sum_{j=1}^{m}[g_j(x)], & \text{否则} \end{cases}$$

结合本例实际要求，最终可得罚函数为

$$F(x)=\begin{cases} f(x), & \text{若 } \max\sum_{i=1}^{n}\sqrt{(x-x_i)^2+(y-y_i)^2}-\lambda\leqslant 0 \\ f(x)+M\left|\max\sum_{i=1}^{n}\sqrt{(x-x_i)^2+(y-y_i)^2}-\lambda\right|, & \text{否则} \end{cases}$$

根据以上模型，利用粒子群算法进行优化计算，其中 M 取 5 000，得到如下的结果：应急服务点的坐标为(113.448 3　55.755 1)，此时距离为 83.018 6。

例 11.7　对某地区井田的煤层地质条件进行分析，得到表 11.3 所列的数据，试利用粒子群算法对其进行分类。

表 11.3　各煤层块段的特性指标值

煤层块段序号	平均煤厚/m	煤层倾角/(°)	离差系数/%	煤层合标准率/%	含矸系数/%
1	0.80	17	0.22	0.67	0.09
2	9.42	18	0.06	1.00	0.14
3	5.91	11	0.36	1.00	0.21
4	1.12	17	0.52	0.67	0.12
5	2.96	17	0.57	1.00	0.02
6	2.42	11	0.54	1.00	0.01
7	0.99	13	0.23	0.63	0.06
8	1.00	13	0.49	0.60	0.02
9	1.26	13	0.55	1.69	0.15
10	1.05	16	0.30	0.71	0.11
11	1.06	12	0.43	0.67	0.02
12	1.45	15	0.25	0.92	0.08
13	1.21	12	0.24	0.97	0.04
14	2.28	15	0.16	1.00	0.01
15	2.25	12	0.18	1.00	0.05
16	2.58	15	0.19	1.00	0.08
17	3.02	13	0.16	1.00	0.05
18	3.55	15	0.31	1.00	0.27
19	3.79	13	0.31	0.98	0.11
20	1.05	13	0.29	0.80	0.02

解:在基于粒子群算法的聚类分析中,每个粒子代表 K 个类的中心点,每个粒子的结构可以表示为 $z_i=(c_{i1},c_{i2},\cdots,c_{iK})$,其中 c_{ij} 代表第 i 个粒子的第 j 类中心点坐标向量,它具有 n 维(即样品特征数)。粒子群由许多候选分类方案构成。对分类方案优劣进行评价是应用优化算法进行聚类的关键。一般可以采用如下的适应度函数:

$$f(z_i)=1\Big/\sum_{i=1}^{K}\sum_{\forall x_l\in c_{ij}} d(x_l,c_{ij})$$

这一适应度函数代表了所有类的类内距离和。虽然聚类的结果与类内距离和类间距离具有一定的关系,但这种关系是不确定的,导致应用这个适应度函数来对聚类结果进行评价策略不十分充分。

本例对样品的聚类由下列适应度函数 f 决定:

$$f(z_i)=w_1\overline{d_{\max}}(z_i)/w_2 d_{\min}(z_i)$$

其中,w_1 和 w_2 为适当的正常数;$\overline{d_{\max}}=\max\limits_{j=1,2,\cdots K}\left\{\sum\limits_{\forall x_l\in c_{ij}}\dfrac{d(x_l,c_{ij})}{|c_{ij}|}\right\}$,$|c_{ij}|$ 为聚合类 c_{ij} 中元素的个数,$\overline{d_{\max}}(z_i)$ 代表 z_i 对应分类的最大的类内平均距离,$d_{\min}(z_i)=\min\limits_{\forall l,p,l\neq p}\{d(c_{il},c_{ip})\}$ 代表 z_i 对应分类的最小的类间距离。这样,通过搜索 f 的最小值,可以使分类方案同时满足类内距离小和类间距离大。调整 w_1 和 w_2 可以方便地给出不同的优先搜索策略。

利用基本的粒子群算法对表中的数据行聚类分析,其中类别数为 3,粒子个数取为 30。w_1 和 w_2 分别取 0.2 和 0.6,样品对应分类计算结果为[1 3 3 1 1 1 1 1 2 1 1 1 1 1 1 3 3 3 3 1]。

第 12 章
可视化模式识别技术

随着计算机和互联网技术的迅猛发展，各个研究领域的多维多元数据正在以一种前所未有的速度迅速积累，它的处理已成为科学研究领域的当务之急。为了探索繁杂的抽象数据信息之间的关系，经常需要对大量的信息进行分析、归纳，并发现其中的本质、特征和规律。在人的五官中，视觉最发达，海量的数据只有通过可视化模式变成图形，才能激发人的形象思维，并有助于科学发现。因此最近几年，一门结合计算机图形学、人机交互、数据挖掘和认知科学等诸多学科理论和方法的新学科分支——信息可视化技术应运而生。

在传统的模式识别中，图表示方法只是起一个辅助的作用，如果能充分发挥图的优越性，就可以实现可视化模式识别，即以图表示方法为主要手段，结合图像处理技术，最终提供图表示、机器算法、专家信息互通和统一的模式识别过程，从而实现从数据到模型、结果整个过程的可视化。

12.1 高维数据的图形表示方法

图形有助于对所研究的数据进行直观了解。如何将多维数据用平面图来表示，从而显示它的规律，一直是人们关注的问题。从 20 世纪 70 年代以来，发展了大量多维数据的图形表示方法，包括轮廓图、雷达图、星座图、树形图、三角多项式、散点图和脸谱图等。但是目前这方面的研究还不成熟，尚未有公认的方法，并且许多图形表示方法还缺乏完善的数学理论基础。

12.1.1 轮廓图

轮廓图又称平行坐标，它将 m 维欧氏空间的点 $\boldsymbol{x}_i(x_{i1},x_{i2},\cdots,x_{im})$ 映射到二维平面上的一条曲线，具体步骤如下：

① 作笛卡儿坐标系，横坐标取 m 个点，以表示 m 个变量。

② 对给定的一个样本(或观察值)，其 m 个点的纵坐标(即高度)与变量取值成正比。

③ 连接 m 个点得一折线，即为该样本的一条轮廓线。

④ 对于具有 n 个样本的数据集，重复以上步骤，可画出 n 条折线，构成整个数据集的轮廓图。对于不同的样本，可以用不同的颜色、线条类型等加以区分。

轮廓图中每个变量都被一致对待，便于使用者可以通过观察多维数据之间的联系进行数据挖掘。它还可以作为其他方法的预处理。

轮廓图的优点是将多维数据用二维的坐标图简单地表示出来，从而达到降维的效果。但是当维数增加即所观察的变量增加时，映射到平行坐标上表现为平行坐标轴的增加，而随着轴数的增加必然导致轴间距离过于接近，使得图形凌乱，有碍于有用信息的发现，并且坐标轴刻度虽然也表示变量相互间的关系，但是容易造成混淆，数据点连接也可能出现错误。

12.1.2 雷达图

雷达图又称蜘蛛网图,是一种能对多变量数据进行综合分析的形象直观的图形表示方法。由于它有多个坐标轴,可以在二维平面上表示多维数据,因此利用雷达图可以很方便地研究各样本点之间的关系。

绘制雷达图的具体步骤如下:

① 设原始数据共有 n 个变量,先画一个圆,由 n 个点把圆周等分成 n 个部分。

② 将圆心和 n 个点连接起来,就可以得到 n 个辐射状的半径,这 n 个半径就作为 n 个变量的坐标轴。这里的坐标轴只有正半轴,因此只能表示非负数据,若要表示负数据,则要通过适当的变换。

③ 为划分刻度方便,在标记坐标轴前需要对原始数据进行归一化处理,然后对归一化后的数据 y_i 用下式作非线性变换,

$$f_i = \frac{2}{\pi}\arctan y_i + 1$$

通过该变换将无限区间$(-\infty,+\infty)$内的数据变换到有限区间$[0,2]$,并使其在均值附近具有良好线性,而偏离均值越远的压缩性越强。

将 n 维数据的各个维规范化的数值刻在对应的坐标轴上,依次连接起来得到一个 n 边形,即得到用平面表示的 n 维数据的雷达图。

当要分析的多维数据的个数较少时,可以在同一个雷达图中将它们表示出来;当维数较大时,为使图形清晰,每张图形可以只画少数几个样本数据,甚至每张图形只画一个样本值;或者根据数据的相关性将它们分组,同一组的用同一个雷达图表示,其中不同的多维数据可用不同颜色的多边形来区别。同时,为了获得更好的效果,在雷达图中适当地分配变量的坐标轴,并选取合适的尺度是十分重要的。例如,把要进行对比的指标分别放在其坐标轴左和右或正上方和正下方,以便根据图形偏左、偏右或偏上、偏下进行对比和分析。

如果各参数的权重不一样,则可以根据变量权重的大小分配角度。权重系数或者由其他方法确定,或者根据下式求得:

$$r_i = \left(\frac{x_i}{x_{i\max}}\right)^2$$

其中,x_i 为第 i 变量;$x_{i\max}$为它的最大值。

雷达图表示方法的主要特点是直观,它能将多维数据映射到二维图形中,可以形象地得到样本数据的状况,并可以对数据得出初步的判断。

12.1.3 树形图

雷达图中,变量的次序是任意的,有时变量的安排使图形显得茫然,不利于从整体上比较和评估数据变化的规律性。树形图可以克服这个缺陷。

树形图是用一棵树来表达多个变量,树上每一个末树枝对应一个变量,这棵树的分叉的位置与角度,即变量的次序是根据层次聚类的原则确定的,主干树取决于分枝聚类时的主导变量,而分支按相关程度依次从高到低排列。末枝的长度表示变量的观察值,分支的长度是其上末枝长度的平均值,分叉的角度等价于两变量间相关系数 r_{ij} 的夹角余弦。令 θ_{ij} 表示变量 x_i 和变量 x_j 之间的夹角,则

$$\theta_{ij} = \arccos r_{ij}$$

即相关性强则夹角小,相关性弱则夹角大。如此依相关程度层层聚类,直至最后的树枝而形成一棵完整的树。图 12.1 即为树形图,图中:

$$x_{12} = \frac{x_1 + x_2}{2},\qquad x_{34} = \frac{x_3 + x_4}{2},\qquad x_0 = \frac{x_1 + x_2 + x_3 + x_4}{2}$$

$\theta_{12} = \arccos r_{12}$,$\theta_{34} = \arccos r_{34}$,$\theta_0 = \arccos r_{18}$(假设大枝是由分量 x_1 和 x_8 决定)

画树形图前,首先对数据进行层次聚类以得到聚类树,由聚类树画出多元树形图是很容易的。

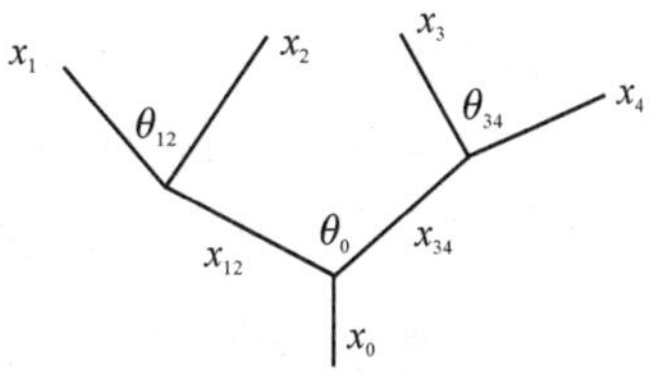

图 12.1　树形图

12.1.4　三角多项式图

三角多项式图又称调和曲线图,它是以三角多项式作图来实现的。通过三角多项式把多维空间中的一个样品用二维平面中的一条曲线来表示,并希望这条曲线能够保留原数据的全部信息。它既可以应用于数据的分类和聚类,也可以用来发现异常点。

绘制三角多项式曲线的具体步骤如下:

设有 p 维数据:

$$x = (x_1, x_2, \cdots, x_p)$$

则其对应的平面曲线为

$$f_x(t) = \frac{x_1}{\sqrt{2}} + x_2 \sin t + x_3 \cos t + x_4 \sin 2t + x_5 \cos 2t + \cdots,\qquad -\pi \leqslant t \leqslant \pi$$

当 t 在区间$[-\pi,\pi]$上变化时,其轨迹是一条曲线。若多个数据按照同样办法作图,就会在平面上对应多条曲线,这就构成了调和曲线图。

12.1.5　散点图

散点图是将多维数据以平面或空间中的点来表示,最常用的是二维数据在笛卡儿坐标系内表示的情况,称为直角散点图或 XY 散点图。有时为了更好地描述多维数据的变化趋势,用直线或平滑曲线将各数据点连接起来,而成为折线图和平滑线散点图。XY 散点图能描述的是包含两个变量的二维数据,在使用这种方法描述高于二维的多维数据时,常用散点图矩阵来表示。

另一类散点图称为三角散点统计图或 XYZ 散点统计图,它用等边三角形的三条高为坐标构成的"三角坐标系"内描述三个变量,每一散点代表三个对应的变量值。该方法常用来描述一类称为概率单纯形的数据,这类数据所包含的若干个变量指标之和为一个常数。

(1) 直角散点图

直角散点图实际上就是多维数据在多维空间中的坐标点表示,各维坐标对应多维数据中的各变量值。实际上应用最多的是平面直角散点图,即 XY 散点图。

二维数据的平面散点图表示方法非常简单,实际上就是将二维数据(x,y)在笛卡儿坐标中描点表示。

(2) 散点图矩阵

平面直角散点图所能描述的是包含两个变量的二维数据,对于高于二维的多维数据,常用散点图矩阵来表示。散点图矩阵可以看作一个大的图形方阵,其每一个非主对角元素的位置是对应行的变量与对应列的变量的散点图,而主对角元素的位置上是各变量名,这样借助于散点图矩阵能清楚地看到所研究的多个变量两两间的关系。

散点图矩阵的各元素位置散点作图方法和两变量散点图完全相同。

(3) 三角形散点图

三角形散点图表示多维数据仍以平面或空间内的一点来表示,应用较多的是三维概率单纯形的数据在平面的表示,即 XYZ 散点统计图。

三角形散点图中正三角形的三条高分别表示三个变量的坐标轴,高的底为 0,顶点为 1(即 100%)。很明显,三条坐标轴交于坐标为(1/3,1/3,1/3)的一点,同时三角形内任意一点 A 到三边的距离之和为常数 1,这样任何三维概率单纯形的数据均可用等边三角形内的一点表示。

12.1.6 星座图

星座图就是将 n 个样品点在一个半圆内表示,一个样品用一颗星表示,同类的样品组成一个星座,不同类的样品组成不同的星座,所以形象地比喻为星座图。

星座图是一种非常直观的方法,在对多个指标的数据在不同的权重下进行汇总时,具有既能体现统计数据的统计结果,还能反映数据的均衡性的优点,因此,使用极其方便。根据样本点的位置可以直观地对各样本点之间的相关性进行分析,利用星座图还可以方便地对样本点进行分类,在星座图上比较靠近的样本点比较相似,可以分为一类,相距较远的点相应样本的差异性较大。

绘制星座图的具体步骤如下:

① 为消除量纲的影响,将数据作线性变换,使更换后的数据落在某一线性范围内。常用的线性变换方法为极差标准化,使变换后的数据落在[0,π]闭区间内,其变换公式为

$$y_{ij}=\frac{x_{ij}-x_{\min,j}}{R_j}\cdot\pi$$

其中,R_j 为数据矩阵每列的极差。

② 适当选取一组路径权重$\{\omega_j\}$,使满足

$$\sum_{j=1}^{p}\omega_j=1,\qquad \omega_j\geqslant 0;\quad j=1,\cdots,p(\text{特征向量})$$

重要变量相应的权重可以取得大一点,但一般情况下可以取等权,即

$$\omega_1=\omega_2=\cdots=\omega_p=\frac{1}{p}$$

③ 画一个半径为 1 的上半圆及半圆底边的直径,使每个样本对应半圆内的一个点,称为星,这些星就落在这个半圆内。设有模式 X_1,首先以 O 为圆心,ω_1 为半径,画上一半圆,在圆周上对应弧度为 y_{11} 的点为 O_1,然后再以 O_1 为圆心,以 ω_2 为半径画一个半圆,在圆周上对应弧度为 y_{12} 的点为 O_2,以此类推,直至 O_p 为止。O_p 即为 X_1 与对应星座的位置。由 O 点通过上述作图步骤,到达星的路线称作该星座的路径,由以上可得出与任一模式 X_α 对应的星座位置坐标为 $\left(\sum_{j=1}^{p}\omega_j\cos y_{\alpha j},\sum_{j=1}^{p}\omega_j\sin y_{\alpha j}\right)$($\alpha$ 为类别)。

通过星的位置和路径就可以全面地刻画该样本的特征。根据星座图上点的位置及路径判断各样本间的接近程度,进而可以对样本点进行归类分析。在实际工作中,人们往往去掉样本点的路径部分而仅保留其在星座上的位置,并根据各点位置的接近程度分析样本点间的接近

程度。

当样本数较大时，数据在一个半圆内显得比较“拥挤”，且易造成“殊途同归”的现象，给分类带来了一定的困难。此时，可以通过适当“拉开”样本距离，即将数据扩充到半径为 1 的整个圆内（2π 区间），就可充分利用原始数据的信息，各样本间的区别与联系将更加清楚，为合理分类提供了方便。

12.1.7 脸谱图

脸谱图是用脸谱来表达多变量的样品。一个人的脸谱可以具有非常生动的表情及形象，脸的胖瘦、喜怒哀乐给人留下深刻的印象。用脸谱来表达多变量首先是由美国统计学家 H.Chernoff 于 1970 年提出的，他将样品的 p 个变量用人脸的某一个部位的形状或大小来表示，一个样品用一张脸谱来表达。他首先将脸谱图用于聚类分析之中，引起了各国统计学家的极大兴趣，并得到了广泛的应用。

绘制脸谱图（见图 12.2）的具体步骤如下：

脸谱图各部分至少由 18 个变量（$x_1, x_2, \cdots, x_{18}$）构成，当变量数少于 18 个时，可将脸中的某几个部位固定；而当变量数多于 18 个时，可以设法在脸谱中再添加一些部位。

脸谱主要由 6 个部分构成：脸的轮廓、鼻、嘴、眼、眼球及眉。

（1）脸的轮廓

它由上、下两个椭圆来构成，它们的短轴均在 y 轴上，长轴平行于 x 轴，两椭圆交于 P 和 P'，这两点关于 y 轴对称。P 到原点 O 的位置由距离 h^* 和 OP 与 x 轴夹角 θ^* 决定，其中

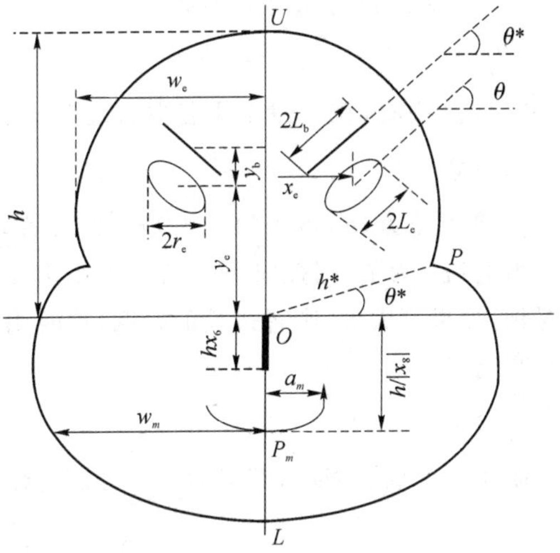

图 12.2 脸谱图的绘制

$$h^* = \frac{1}{2}(1 + x_1)H, \qquad \theta^* = (2x_2 - 1)\frac{\pi}{4}$$

其中，H 为常数，H 大，脸也大。

脸的两个椭圆与 y 轴分别交于 U 和 L，且

$$h \triangleq \overline{OU} = \overline{OL}, \qquad h = \frac{1}{2}(1 + x_3)H$$

由上述条件还不能确定脸的两个椭圆，进一步规定，脸的上半部椭圆的离心率为 x_4，下半部的离心率为 x_5。

椭圆的标准方程为

$$\frac{x^2}{a^2} + \frac{y^2}{b^2} = 1$$

其中，a 和 b 分别为椭圆的长轴和短轴。

离心率 e 的定义为

$$e = \frac{\sqrt{a^2 - b^2}}{a}$$

根据离心率 e,椭圆的标准方程可以表示为

$$(1-e^2)x^2+y^2=b^2$$

给了上述条件后,便可以作脸的两个椭圆。现以作下半部椭圆来说明,记下椭圆的长轴、短轴分别为 a 和 b,记 $d\cong h-b$,P 点的坐标为(X^*,Y^*),则

$$X^*=h^*\cos\theta,\qquad Y^*=h^*\sin\theta$$

椭圆中心的坐标为$(0,-d)$,故椭圆方程为

$$x^2(1-e^2)+(y+d)^2=b^2=(h-d)^2$$

它过 P 点,应有

$$X^{*2}(1-e^2)+(Y^*+d)^2=(h-d)^2$$

可解得

$$d=\frac{(h^2-Y^{*2})-(1-e^2)X^{*2}}{2(Y^*+h)}$$

e 为离心率(x_5),求出 d 后就可以得到脸下半部的椭圆方程,据此便可以画出其图形。脸上半部的椭圆绘制方法与此类似。

(2) 鼻

以 O 为中心,在 y 轴上下各取长度 hx_6,画一条粗线。

(3) 嘴

在 O 点下方,$h[x_7+(1-x_7)x_6]$的位置,用半径为 $h/|x_8|$ 的圆弧来描述,规定 x_8 为正,圆弧为上;x_8 为负,圆弧向下。嘴的大小由 a_m 来决定,$a_m=x_9(h/|x_8|)$。嘴的圆弧关于 y 轴对称,如果嘴太大,则超过脸的轮廓,这时用 x_9w_m 来代替,其中 w_m 为点 P_m 到脸轮廓处的水平距离。

(4) 眼

眼用两个椭圆表示,椭圆的中心分别为(x_e,y_e)和$(-x_e,y_e)$,其中规定

$$y_e=h[x_{10}+(1-x_{10})x_6],\qquad x_e=\frac{w_e(1+2x_{11})}{4}$$

其中,w_e 为点$(0,y_e)$到脸轮廓的水平距离。

两眼椭圆的长轴与 x 轴的夹角分别为 θ 和 $\pi-\theta$,其中

$$\theta=\frac{(2x_{12}-1)\pi}{5}$$

其长轴为 L_e,且

$$L_e=x_{14}\min(x_e,w_e-x_e)$$

椭圆的离心率为 x_{13}。

(5) 眼　球

从眼的椭圆中心,沿着椭圆的长轴到$\pm r_e(2x_{15}-1)$的位置,其中

$$r_e=\left(\cos^2\theta+\frac{\sin^2\theta}{x_{13}^2}\right)^{-\frac{1}{2}}L_e$$

其中,r_e 为眼的长轴在 x 轴上投影的长度。

(6) 眉

从眼的椭圆中心向上到 y_b 的高度决定了眉的中心,其长度为 $2L_b$,它与水平的夹角为

θ^{**}，其中：

$$\theta^{**}=\theta+\frac{2(x_{17}-1)\pi}{5}$$

$$y_b=2(x_{16}+0.3)L_e x_{13}$$

$$L_b=\frac{r_e(2x_{18}+1)}{2}$$

需要说明的是，上述的步骤只是脸谱最主要部位的画法。可以根据变量的多寡及容易程度对画法进行改正。

脸谱图在应用上存在的最大问题是变量安排的次序，用哪个变量来画脸的哪个部位存在着人的主观性，而不同的用法给人留下的脸谱的印象大不相同，严重时可能会失真。研究表明，随机地安排变量大约会造成 25%的误差变动。所以在某个领域的实际应用过程中，都要经过一定的探索才能绘制出合理的脸谱图，工作量比较大，并且不一定适合其他领域的应用。可以采用主成分分析方法来解决对应变量的分配问题。经过主成分分析后，取 L 个最大的特征值对应的特征矢量作为新变量输入，L 的取值范围为 $k\leqslant L\leqslant d$，其中 d 为维数，k 为主成分数，k 一般取方差贡献率在 96%以上的主成分数目，$L=d$ 表示全部保留所有主成分，当 $d>18$ 时，可以增加脸谱特征，也可以只保留 $L(L\leqslant 18)$ 个主成分。但是当 $L(L\leqslant 18)$ 个主成分的方差累贡献率低于 95%时，则只有增加脸谱特征。

脸谱图中数据的大小对图形有很大的影响，各变量的范围如表 12.1 所列。如果希望第 j 个变量的取值范围为$[a_j,b_j]$，可以对原始数据作如下的线性变换：

$$x'_{ij}=a_j+(b_j-a_j)\frac{x_{ij}-x_{\min j}}{R_j},\qquad i=1,2,\cdots,n$$

其中，R_j 为极差。这时$\{x'_{ij},1\leqslant i\leqslant n\}$已落入$[a_j,b_j]$中。

表 12.1　脸谱图各变量的定义及范围

变　量	变量在脸谱上的定义	数值范围	变　量	变量在脸谱上的定义	数值范围
x_1	OP 的长度	0～1	x_{10}	眼的位置(纵坐标)	0～1
x_2	x 轴与 OP 的角度	0～1	x_{11}	眼的位置(横坐标)	0～1
x_3	$OU=OL$ 的长度	0～1	x_{12}	眼的倾斜角	0～1
x_4	脸的上椭圆离心率	0.2～0.8	x_{13}	眼的椭圆离心率	0.4～0.8
x_5	脸的下椭圆离心率	0.2～0.8	x_{14}	眼的长轴的长度	0～1
x_6	鼻子的长度	0.1～0.7	x_{15}	眼球的位置	0～1
x_7	嘴的位置	0～1	x_{16}	眼到眉的高度	0～1
x_8	嘴的曲率	−5～5	x_{17}	眉的倾斜角	0～1
x_9	嘴的大小	0～1	x_{18}	眉的长度	0～1

12.2　图形特征参数计算

在应用图形进行可视化模式识别时，必须对图形的特征进行计算或描述。多元图的特征主要有图形形状、图形面积、最大值方向、最小值方向、图形重心矢量等。在这些特征量中，除图形面积是标量外，其余都为矢量。通过比较标准多元图和待分析样本图形的特征参数，就可以计算出样本间的相似性,从而得出待分析样本的归属。

1. 图形面积

图形面积可采用图 12.3 所示的三角形面积法和扇形面积方法求得。

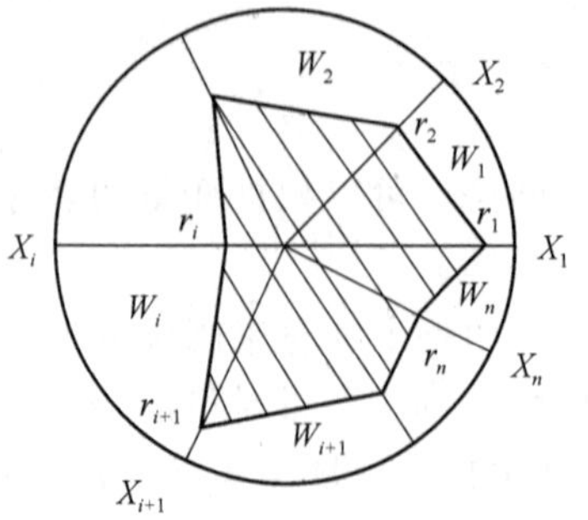

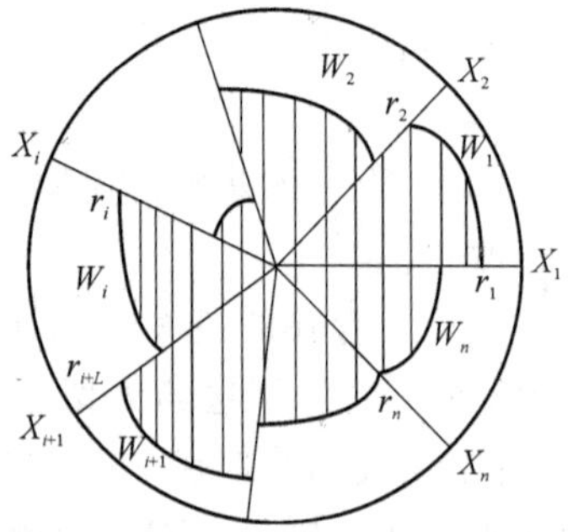

图 12.3　三角形和扇形面积求解

① 三角形面积：$S_i=\frac{1}{2}r_i r_{i+1}\sin\alpha$。

② 扇形面积：$S=w_i\pi r_i^2$。

其中各参数意义见图中表示,α 为 r_i、r_{i+1} 两边的夹角;整个阴影面积则为各三角形或扇形面积之和。

2. 重　心

规则图形的重心可以根据有关公式计算,而对于不规则多边形按下式计算:

$$G(x,y)=(x,y)\begin{cases} x=\dfrac{\sum\limits_{i=1}^{d} m_i x_i}{\sum\limits_{i=1}^{d} m_i}=\dfrac{\sum\limits_{i=1}^{d} m_i(abs_i\cdot\sin\theta_i)}{\sum\limits_{i=1}^{d} m_i} \\ y=\dfrac{\sum\limits_{i=1}^{d} m_i y_i}{\sum\limits_{i=1}^{d} m_i}=\dfrac{\sum\limits_{i=1}^{d} m_i(abs_i\cdot\cos\theta_i)}{\sum\limits_{i=1}^{d} m_i} \end{cases}$$

其中,abs_i、θ_i 分别表示子重心的幅值和角度;m_i 为各子图的质量,可以简单认为都相等,具体值由实验决定,以有利于分类。

扇形重心的计算公式为

$$G=\frac{4r_i}{3\varphi_i}\sin\frac{\varphi_i}{2}$$

其中,r_i 为第 i 个变量在坐标轴上的值;φ_i 为扇形的圆心角。

利用图形特征进行模式识别时,有时由于数值太小而使得图形的特征不明显,需要根据下列方法增强图形特征:

① 假设有 N 个 d 维数据 $x_{ij}(i=1,\cdots,N;j=1,\cdots,d)$ 被分成 c 类,每一类记为 x_{ij}^c。

② 将所有数据的各维归一化到[0,1]。

③ 求出这一维数据的最大值、次大值、最小值和次小值。

④ 如果|(最大值－次大值)－(次小值－最小值)|$>a$,其中 a 为常数,则对所有样本的这

一维数据都进行增强;否则所有样本的这一维数据都保持不变。

如果用 x 表示需要增强的某一维变量,将这一维的数据乘以 2,变量将由[0,1]区间映射到[0,2]区间;再平方运算,则将[0,2]区间映射到[0,4]区间。

12.3 显示方法

一种多维样本总是定义为多维空间中的一个点,但在多维空间中点的分布(即数据结构)的具体图形则超出了人类视觉判别能力。若能用某种办法将这些点投影到低维,如二维或三维空间中,则可借助于图示进行多维样本的分类。

12.3.1 线性映射

主成分分析有多种形式,它们构成了多维数据分析的数学基础。K-L 转换是其中的一种形式。K-L 转换是将二维空间中的两个坐标 y_1 和 y_2(或三维空间中的三个坐标 y_1,y_2 和 y_3)转换成高维空间中原坐标 $x_1,x_2,\cdots,x_n$ 的线性组合,并且 y_1 和 y_2 之间相互正交。K-L 转换是二维(或三维)坐标中引入均方差最小的一种转换。

例如在 m 维空间中 n 个点的矩阵为

$$\boldsymbol{X}=\begin{bmatrix} x_{11} & x_{12} & \cdots & x_{1m} \\ x_{21} & x_{22} & \cdots & x_{2m} \\ \vdots & \vdots & & \vdots \\ x_{n1} & x_{n2} & \cdots & x_{nm} \end{bmatrix}$$

它的协方差阵为

$$\boldsymbol{S}=\sum_{k=1}^{n}(x_{ik}-\bar{\boldsymbol{x}}_i)(x_{jk}-\bar{\boldsymbol{x}}_j),\qquad i,j=1,2,\cdots,m$$

其中,$\bar{\boldsymbol{x}}_i$ 为 m 维空间中 n 个点的重心。

$$\bar{\boldsymbol{x}}_i=\frac{1}{n}\sum_{k=1}^{n}x_{ik},\qquad i=1,2,\cdots,m$$

将协方差矩阵特征分解,求得各特征量及相应的特征矢量。为了在低维如二维空间进行样本点的显示,取与两个最大特征值相对应的特征矢量 $\boldsymbol{t}^{(1)}$ 和 $\boldsymbol{t}^{(2)}$ 来计算新的坐标 y_1 和 y_2:

$$y_1=\sum_{k=1}^{m}t_k^{(1)}x_k,\qquad y_2=\sum_{k=1}^{m}t_k^{(2)}x_k$$

有时可根据情况取第 1,3;2,3 或 3,4 等与特征值相对应的特征矢量进行计算。应用此方法所得图形的可信度可用下式判定:

$$\text{比率}=\frac{\lambda_1+\lambda_2}{\sum_{k=1}^{m}\lambda_k}\times 100\%$$

此值越大,说明 $\boldsymbol{t}^{(1)}$ 和 $\boldsymbol{t}^{(2)}$ 的代表性越强,即所包含的信息量越大,则所得映射图越接近于理想情况。经验表明,其值一般应大于 80%。

12.3.2 非线性映射

与线性映射一样,非线性映射(Non-Liner Mapping,NLM)的目的也是将 m 维空间的点投影到低维空间如二维或三维空间,以使人们易于观察样本的数据结构。

设在 m 维空间矢量 x_i 与 x_j 的距离为

$$d_{ij}^* = \mathrm{dis}(\boldsymbol{x}_i, \boldsymbol{x}_j)$$

在二维空间中,矢量 y_i 和 y_j 的距离为

$$d_{ij} = \mathrm{dis}(\boldsymbol{y}_i, \boldsymbol{y}_j)$$

在 NLM 方法中,多维空间中的点经过投影(即在低维如二维或三维空间中)力图保持点与点间的距离不变,在理想情况下 $d_{ij}^* = d_{ij}$。但在事实上这是不可能的,因为经过投影后必然会产生误差:

$$e_{ij} = d_{ij}^* - d_{ij}$$

为此定义误差函数:

$$E = f(d_{ij}^* - d_{ij}) = \frac{1}{\sum\limits_{i<j}^{n} d_{ij}^*} \sum_{i<j}^{n} \frac{(d_{ij}^* - d_{ij})^2}{d_{ij}^*}$$

通过不断地调整在 d 空间中的 n 个矢量,使 E 达到最小值或预定值。此时 y 即为 $\boldsymbol{x}$ 在 d 维空间中的转换矢量。有关非线性映射的实际应用见本书的第 9 章"遗传算法及模式识别"。

例 12.1 对太子河本溪市区段河道的 15 个采样点采集的样本进行了 7 种污染元素的分析,并根据测定结果和指数公式求出了各采样点的各种重金属的地积累指数,即分级结果(见表 12.2),表中的 0~6 级表示水质污染程度从无污染到极强污染。请对此进行定量评价。

解: 为了减少篇幅,用前面介绍的每种方法对此例进行分析。

① 数据的表示,见图 12.4。

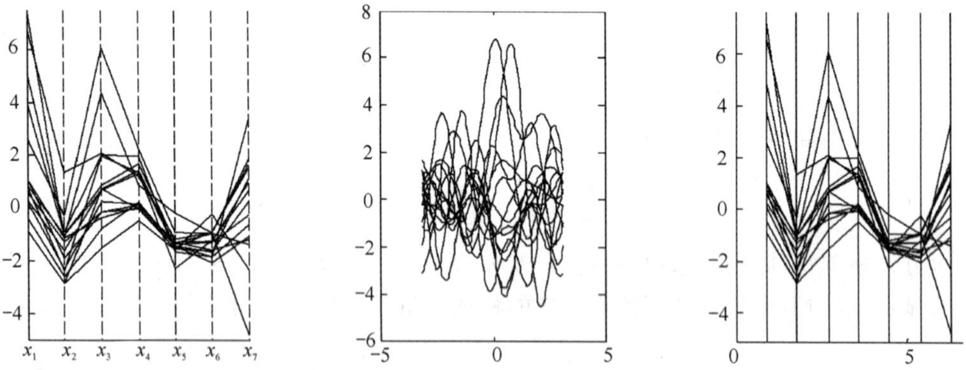

(a) 平行坐标图　　(b) 三角多项式图　　(c) 雷达图的内积坐标图

图 12.4 数据的可视化表示

```
[n,m] = size(x);theta = 2 * pi/m;
for i = 1:m, theta1(i) = i * theta;end
subplot(131);parallelplot(x);             % 平行坐标图
subplot(132);triangleplot(x);             % 三角多项式图
subplot(133)                              % 雷达图的内积坐标图
for i = 1:m, xx = [i * theta i * theta];yy = [min(min(x)) - 0.3 max(max(x)) + 0.3];line(xx,yy);hold
on;end
for i = 1:n, plot(theta1,x(i,:));end, axis([0 m * theta + 0.3 min(min(x)) - 0.33 max(max(x))
+ 0.33]);
```

② 模式识别，可绘制图 12.5 所示的树形图、雷达图和星座图，并得到雷达图中各测试点样品的面积及周长（见表 12.3）。从这些图及数据可看出，测试点（2，3）、（4，5，6，7）、（8，15）、（12，13）等基本上属于一类，这些测试点的设置值得商榷。

表 12.2　各采样点重金属污染元素的地积累指数及其分级

采样点	Cu	Cd	Pb	Zn	Cr	As	Hg
1	−0.90/0	−2.85/0	−1.51/0	−0.49/0	−1.58/0	−2.07/0	−2.31/0
2	−0.90/0	−2.84/0	0.72/1	−0.04/0	−1.44/0	−2.06/0	−1.050
3	−0.45/0	−2.60/0	−0.76/0	0.23/1	−1.44/0	−1.82/0	−0.62/0
4	0.56/1	−1.28/0	−0.14/0	−0.05/0	−1.54/0	−1.60/0	0.24/0
5	1.01/2	−1.90/0	−0.13/0	0.11/1	−1.29/0	−1.56/0	−1.18/0
6	1.04/2	−1.15/0	−0.37/0	0.04/1	−1.34/0	−1.27/0	−0.27/0
7	0.14/1	−2.31/0	0.24/1	0.15/1	−1.32/0	−0.95/0	−1.37/0
8	0.81/1	−1.02/0	0.70/1	1.30/2	−1.49/0	−0.86/0	1.53/2
9	0.26/1	−1.61/0	0.73/1	1.43/2	−1.42/0	−1.66/0	1.14/2
10	0.71/1	−2.36/0	1.98/2	1.35/2	−2.25/0	−1.19/0	0.64/1
11	4.95/5	−0.93/0	2.00/2	1.98/2	−1.64/0	−1.84/0	3.31/4
12	6.65/6	1.36/2	2.09/3	1.20/2	−1.18/0	−0.91/0	1.88/2
13	7.31/6	−1.14/0	4.36/5	0.88/1	−0.18/0	−0.93/0	1.68/2
14	2.57/3	−0.30/0	6.08/6	2.26/3	−0.91/0	−0.95/0	−4.79/0
15	3.83/4	−1.03/0	0.88/1	1.68/2	−1.27/0	−1.25/0	0.99/1

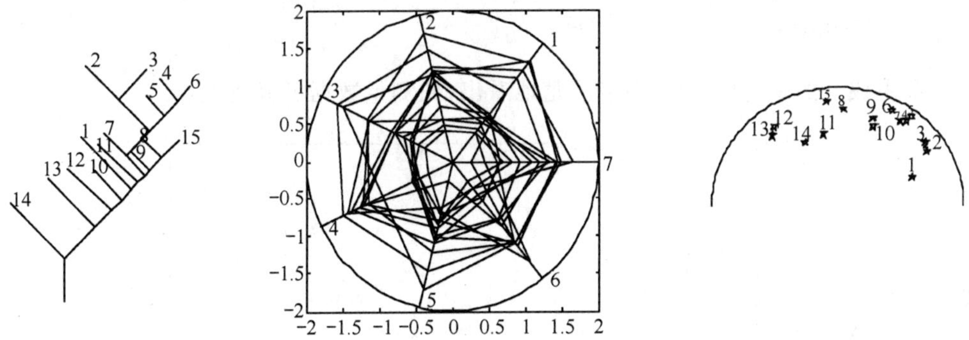

(a) 树形图　(b) 雷达图　(c) 星座图

图 12.5　各测试点数据的聚类分析图

表 12.3　各测试点数据雷达图的面积及周长

采样点	面　积	周　长	采样点	面　积	周　长
1	1.084 8	4.539 3	5	1.266 9	4.114 7
2	0.790 5	3.716 9	6	1.739 5	4.859 1
3	0.848 3	3.405 7	7	1.612 6	4.710 9
4	1.297 3	4.266 1	8	2.918 9	6.412 6

续表 12.3

采样点	面　积	周　长	采样点	面　积	周　长
9	2.022 4	5.472 4	13	4.718 0	7.970 3
10	1.908 4	5.901 1	14	4.798 9	7.995 1
11	3.003 1	6.857 5	15	3.301 9	6.482 4
12	4.804 6	7.505 3			

例 12.2　对某河段的九个断面进行采样，监测 BOD_5、COD、DO、T－N 等四个指标，对河流总体的有机污染现状进行监测，得到表 12.4 的结果，试用线性映射方法分析测定结果。

表 12.4　河流水质监测平均值　　mg/L

断面 / 变量	1	2	3	4	5	6	7	8	9
BOD_5	4.23	2.59	2.92	3.11	3.10	3.15	3.14	4.08	2.33
COD	4.74	4.61	3.94	3.92	4.02	3.75	4.44	4.35	4.24
DO	4.30	5.90	7.60	6.90	7.40	6.90	6.70	6.80	6.20
T-N	3.66	2.92	1.71	1.32	1.26	1.05	1.02	1.27	0.71

解：

```
>> load mydata;
>> z = x * x';                           % 求协方差矩阵
>> pcs = pcacov(z);                      % 主成分分解
>> plot(pcs(:,1),pcs(:,2),'o');          % 取两个主成分
```

从两个主成分的映射图 12.6 中可清楚地看出，此测量数据可分成五类。

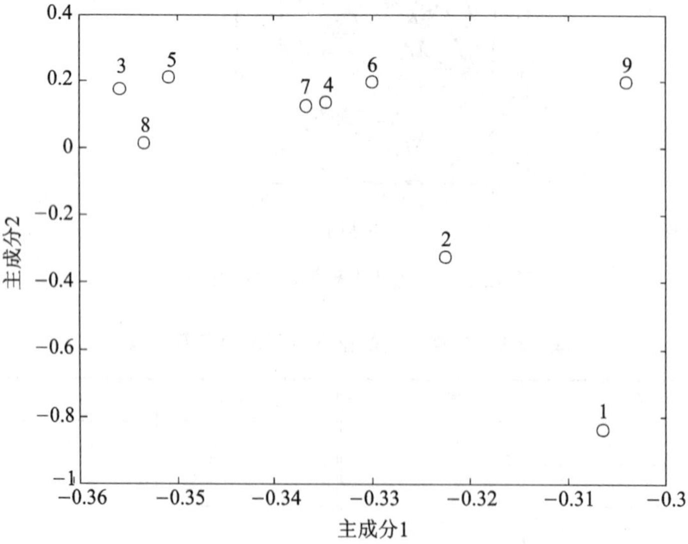

图 12.6　两个主成分图

第13章

灰色系统方法及应用

由于人们所处的环境不同,拥有的知识水平不同,因此对客观世界中的许多自然现象了解程度是不一样的。按照人们对研究具体系统的了解程度,一般分为“白箱系统”、“黑箱系统”和“灰箱系统”。“白箱系统”是指该系统的内部结构已被充分了解,很多情况下已经建立了该系统的数学模型;“黑箱系统”是指那些系统内部结构一点都不被了解,只能获取该系统的激励与响应信息,有的甚至这些信息都很难获取;“灰箱系统”是介于“白箱系统”与“黑箱系统”之间,即知道系统的一些简单信息,但是并没有完全了解该系统,只能根据统计推断或某种逻辑思维来研究该系统,研究的方法即为灰色系统方法。

13.1 灰色系统的基本概念

由于自然现象的复杂性,因此人们不可能对所有的自然系统都有充分的了解,必定存在许多灰色系统甚至黑色系统。很明显,对于灰色系统的描述是有别于白色系统的。

13.1.1 灰　数

灰色系统理论中的一个重要概念是灰数。灰数是灰色系统理论的基本单元。人们把只知道大概范围而不知道其确切值的数称为灰数。在应用中,灰数实际上指在某一个区间或某个一般的数集内取值的不确定数。灰数是区间数的一种推广,通常用记号“$\otimes$”表示。

有以下几类灰数:

① 仅有下界的灰数。有下界而无上界的灰数,记为$\otimes \in [\underline{a},\infty)$,其中$\underline{a}$为灰数的下确界,它是一个确定的数,$[\underline{a},\infty)$称为$\otimes$的取数域,简称$\otimes$的灰域。

② 仅有上界的灰数。有上界而无下界的灰数记为$\otimes \in (\infty,\overline{a}]$,其中$\overline{a}$为灰数的上确界,是一个确定的数,而$(\infty,\overline{a}]$是它的灰域。

③ 区间灰数。既有上界又有下界的灰数称为区间灰数,记为$\otimes \in [\underline{a},\overline{a}]$。

④ 连续灰数与离散灰度。在某一个区间内取有限个值或可数个值的灰数称为离散灰数;取值连续地充满某一区间的灰数称为连续灰数。

⑤ 黑数与白数。当$\otimes \in (-\infty, \infty)$或$\otimes \in (\otimes_1,\otimes_2)$,即当$\otimes$的上、下界皆为无穷或上、下界都是灰数时,称$\otimes$为黑数,可见,黑数是上、下界都不确定的数。当$\otimes \in [\underline{a},\overline{a}]$且$\underline{a}=\overline{a}$时,称$\otimes$为白数,即取值为确定的值。可以把白数和黑数看成特殊的灰数。

⑥ 本征灰数与非本征灰数。本征灰数是指不能或暂时还不能找到一个白数作为其“代表”的灰数,比如一般的事前预测值。非本征灰数是指凭先验信息或某种手段,可以找到一个白数作为其代表的灰数。此白数称为相应灰数的白化值。记为$\tilde{\otimes}$,并用$\otimes(a)$表示以a为白化值的灰数。

从本质上看,灰数又可以分为信息型、概念型和层次型三类。信息型灰数是指由于信息缺乏而不能肯定其取值的数;概念型灰数是由人们的某种意愿、观念形成的灰数;层次型灰数是由层次改变而形成的灰数。

13.1.2 灰数白化与灰度

当灰数是在某个基本值附近变动时,这类灰数白化比较容易,可以其基本值 a 为主要白化值,记为$\otimes(a)=a\pm\delta_a$ 或$\otimes(a)\in(-,a,+)$,其中 δ_a 为扰动灰元,此灰数的白化值为$\tilde{\otimes}(a)=a$。

对于一般的区间灰数$\otimes\in[a,b]$,将白化值$\tilde{\otimes}$取为

$$\tilde{\otimes}=\alpha a+(1-\alpha)b,\qquad \alpha\in[0,1]$$

也可称为等权白化。在等权白化中,取 $\alpha=1/2$ 而得到的白化值称为等权均值白化值。当区间灰数取值的分布信息缺乏时,常采用等权均值白化。

一般而言,灰数的白化取决于信息的多少,如果信息量较大,则白化较为容易。一般用白化权函数(α 即为权)来描述一个灰数对其取值范围内不同数值的“偏爱”程度。一个灰数的白化权函数是研究者根据已知信息设计的,没有固定的格式。

灰度即为灰数的测度。灰数的灰度在一定程度上反映了人们对灰色系统的行为特征的未知程度。一个灰数的灰度大小应与该灰数产生的背景或论域有关。在实际应用中,会遇到大量的白化权函数未知的灰数。灰数的灰度主要与相应定义信息域的长度及其基本值有关。

13.2 灰色序列生成算子

灰色系统理论的主要任务之一是根据社会、经济、生态等系统的行为特征数据,寻找不同系统变量之间或某些系统变量自身的数学关系和变化规律。灰色系统理论认为,任何随机过程都是在一定幅度范围内和一定时区内变化的灰色量,并把随机过程看成灰色过程。

由于受到噪声的干扰,需要采用统计的方法研究给定的某一数据序列。但是统计的方法要求数据量非常大,并且计算量大,也无法对动态数据的发展趋势进行预测,尤其是对小样本数据,统计方法更显得力不从心。灰色系统可以克服上述缺憾,它利用一定的数据处理方法去寻找数据间的发展演变规律。

灰色系统理论通过对原始数据的挖掘(预处理),生成新的数据序列,以便挖掘出原始数据中的规律,发现隐匿在数据中的趋势,这样一种以数据寻找数据现实规律的途径被称为灰色序列生成。灰色系统认为,尽管客观系统表象复杂,数据离乱,但它总是有整体功能的,因而必然蕴含某种内在规律,关键在于如何选择适当的方式去挖掘它和利用它。一切灰色序列都能通过某种生成,弱化其随机性,显现其规律性。

设 $X=(x(1),x(2),\cdots,x(n))$为原始数据序列,$D$ 为作用于 X 的算子,X 经过算子 D 的作用后所得的序列为 $XD=(x(1)d,x(2)d,\cdots,x(n)d)$,称 D 为序列算子,称 XD 为一阶算子作用序列。

序列算子可以作用多次,得到相应的序列称为二阶、三阶序列……,相应的算子称为一阶、二阶序列算子……。

13.2.1 均值生成算子

在收集数据时,常常由于一些不易克服的困难导致数据序列出现空缺(即空穴);而有些数

据序列虽然完整，但由于系统行为在某个时间点上发生突变而形成异常数据，剔除异常数据后就会留下空穴。如何填补序列空穴自然成为数据处理过程中首先遇到的问题，均值生成是常用的构造新数据、填补原序列空穴、生成新序列的方法。

设序列在 k 处出现空穴，记为 $\varnothing(k)$，即

$$X=(x(1),x(2),\cdots,x(t-1),\varnothing(k),\ x(t+1),\cdots,x(n))$$

称 $x(t-1)$ 和 $x(t+1)$ 为 $\varnothing(t)$ 的界值，前者为前界，后者为后界。

当 $\varnothing(k)$ 是 $x(t-1)$ 和 $x(t+1)$ 生成时，称生成值 $x(t)$ 为 $[x(t-1),\ x(t+1)]$ 的内点。而当 $\varnothing(k)=x^*(t)=0.5x(t-1)+0.5x(t)$ 时称为非紧邻均值生成数。

设序列 $X=(x(1),x(2),\cdots,x(n),x(n+1))$，$Z$ 是 X 的均值生成序列

$$Z=(z(1),z(2),\cdots,z(n))$$

其中，$z(t)=0.5x(t-1)+0.5x(t)$，X^* 是某一可导函数的代表序列，d 为 n 维空间的距离，将 X 删除 $x(n+1)$ 后提到的序列仍记为 X，若 X 满足

① 当充分大时，$x(t)<\sum\limits_{i=1}^{t-1}x(i)$；

② $\max\limits_{l\leqslant t\leqslant n}|x^*(t)-x(t)|\geqslant\max\limits_{l\leqslant t\leqslant n}|x^*(t)-z(t)|$，

则称 X 为光滑序列，称 $\rho(t)=\dfrac{x(t)}{\sum\limits_{i=1}^{t-1}x(i)}$，$t=2,3,\cdots,n$ 为 X 的光滑比。

13.2.2　累加生成算子

累加生成可以看出灰量积累过程的发展趋势，使杂乱的原始数据中蕴涵的积分特性或规律充分表现出来。

设 $X^0=(x^0(1),x^0(2),\cdots,x^0(n))$，$D$ 为序列算子，即

$$X^0D=(x^0(1)d,x^0(2)d,\cdots,x^0(n)d)$$

其中

$$x^0(t)=\sum_{i=1}^{t}x^0(i),\qquad t=1,2,\cdots,n$$

则称 D 为 X^0 的一次累加算子，记为 1-AGO。同样可以有二阶、三阶、r 阶的累加生成算子，可以记为

$$x^r(t)d=\sum_{i=1}^{t}x^{r-1}(i),\qquad t=1,2,\cdots,n$$

累加生成算子生成的序列称为累加生成数。如果原始序列为非负准光滑序列，则其一次累加生成序列具有准指数性质。原始序列越光滑，生成后指数规律也越明显。

13.2.3　累减生成算子

设 $X^0=(x^0(1),x^0(2),\cdots,x^0(n))$，$D$ 为序列算子，即

$$X^0D=(x^0(1)d,x^0(2)d,\cdots,x^0(n)d)$$

其中

$$x^0(k)=x^0(t)-x^0(t-1),\qquad t=1,2,\cdots,n(\text{规定 } x^{(1)}(0)=0)$$

则称 D 为 X^0 的一次累减算子，记为 1-IAGO。同样可以有二阶、三阶、r 阶的累减生成算子。

由累减生成算子生成的序列称为累减生成数。

13.3 灰色分析

13.3.1 灰色关联度分析

在实际系统中,其性能指标常常取决于多个因素。人们常常希望知道众多的因素中,哪些是主要因素,哪些是次要因素,哪些因素对系统发展影响大,哪些因素影响小,哪些因素对系统发展起推动作用需加强,哪些因素对系统发展起阻碍作用需抑制,等等。关联分析的主要目的就是从众多的系统影响因素中找出对性能指标影响比较大的因素,从而为进一步的决策服务。

灰色关联分析的基本思想是根据序列曲线几何形状的相似程度来判断其联系是否紧密。曲线越接近,相应序列之间的关联度就越大,反之就越小。在客观世界中,有许多因素之间的关系是灰色的,分不清哪些因素关系密切,哪些因素关系不密切,这样就难以找到主要矛盾和主要特性。灰色因素关联分析,目的是定量地表述诸多因素之间的关联程度,从而揭示灰色系统的主要特性。关联分析是灰色系统分析和预测的基础。

选取参考数列 $x_0=(x_0(t)|t=1,2,\cdots,n)$,假设有 m 个比较数列 $x_i=(x_i(t)|t=1,2,\cdots,n)$,$i=1,2,\cdots,m$,则称

$$\zeta_i(t)=\frac{mm+\rho\cdot MM}{|x_0(t)-x_i(t)|+\rho\cdot MM}$$

为比较数列 x_i 对参考数列 x_0 在时刻 t 的关联系数。其中,$mm=\min\limits_i\min\limits_t|x_0(t)-x_i(t)|$ 称为两级最小差;$MM=\max\limits_i\max\limits_t|x_0(t)-x_i(t)|$ 称为两级最大差;$\rho\in[0,+\infty)$ 为分辨系数。

一般而言,$\rho\in[0,1]$,ρ 越大,分辨率越高,反之亦然。

上式定义的关联系统由于是不同时刻的关联系数,为了比较两个数列之间的关联关系,需要综合考虑各个时刻的关联系数,为此定义 $r_i=\frac{1}{n}\sum\limits_{i=1}^{n}\zeta_i$ 为数列 x_i 和数列 x_0 之间的关联度。

从定义中可看出,两个数列之间的关联度是不同时刻关联关系的综合,将分散的信息集中处理。利用关联度的概念可以进行各种问题的因素分析,找出影响性能指标的关键因素,也可能对各个因素的重要程度进行排序。

13.3.2 无量纲化的关键算子

在进行关联度分析时,由于不同的数列采用不同的量纲,数量级上可能差别很大,因此首先要将不同的数列无量纲化,同时还需要能够区分两个数列之间的相关是正相关还是负相关,但是根据关联度的定义无法看出这种情况,下面几个关键算子正是为了解决上述问题而提出的。

设 $X_i=(x_i(1),x_i(2),\cdots,x_i(n))$,$D_1$ 为序列算子,即

$$X_iD_1=(x_i(1)d_1,x_i(2)d_1,\cdots,x_i(n)d_1)$$

其中

$$x_i(t)d_1=\frac{x_i(t)}{x_i(1)},\qquad x_i(1)\neq 0,\quad t=1,2,\cdots,n$$

则称 D_1 为初值化算子,X_iD_1 为 X_i 在初值化算子 D_1 的像,简称初值像。

设 $X_i=(x_i(1),x_i(2),\cdots,x_i(n))$，$D_2$ 为序列算子，即

$$X_iD_2=(x_i(1)d_2,x_i(2)d_2,\cdots,x_i(n)d_2)$$

其中

$$x_i(t)d_2=\frac{x_i(t)}{\frac{1}{n}\sum_{t=1}^{n}x_i(t)},\qquad t=1,2,\cdots,n$$

则称 D_2 为均值化算子，X_iD_2 为 X_i 在均值化算子 D_1 的像，简称均值像。

设 $X_i=(x_i(1),x_i(2),\cdots,x_i(n))$，$D_3$ 为序列算子，即

$$X_iD_3=(x_i(1)d_3,x_i(2)d_3,\cdots,x_i(n)d_3)$$

其中

$$x_i(t)d_3=\frac{x_i(t)-\min\limits_t x_i(t)}{\max\limits_t x_i(t)-\min\limits_t x_i(t)},\qquad t=1,2,\cdots,n$$

则称 D_3 为区间化算子，X_iD_3 为 X_i 在区间化算子 D_3 的像，简称区间值像。

设 $X_i=(x_i(1),x_i(2),\cdots,x_i(n))$，$D_4$ 为序列算子，即

$$X_iD_4=(x_i(1)d_4,x_i(2)d_4,\cdots,x_i(n)d_4)$$

其中

$$x_i(t)d_4=1-x_i(t),\qquad t=1,2,\cdots,n$$

则称 D_3 为逆化算子，X_iD_4 为 X_i 在逆化算子 D_4 的像，简称逆化像。

设 $X_i=(x_i(1),x_i(2),\cdots,x_i(n))$，$D_5$ 为序列算子，即

$$X_iD_5=(x_i(1)d_5,x_i(2)d_5,\cdots,x_i(n)d_5)$$

其中

$$x_i(t)d_5=\frac{1}{x_i(t)},\qquad x_i(t)\neq 0,\quad t=1,2,\cdots,n$$

则称 D_3 为倒数化算子，X_iD_5 为 X_i 在倒数化算子 D_5 的像，简称倒数化像。

13.3.3　关联分析的主要步骤

① 根据评价目的确定评价指标值，收集评价数据。

② 确定参考数列 X_0。参考数列应该是一个理想的比较标准，可以以各指标的最优值(或最劣值)构成，也可以根据评价目的选择其他参照值。

③ 对指标数列用关联算子进行无量纲化(也可以不进行无量纲化)，常用的无量纲化方法有均值化像法、初值化像法等。

④ 逐个计算每个被评价对象指标序列与参考序列对应元素的绝对差值，即

$$\Delta_i(t)=|x'_0(t)-x'_i(t)|,\qquad t=1,2,\cdots,n;\quad i=1,2,\cdots,m$$

⑤ 确定 $mm=\min\limits_i^m\min\limits_t^n|x'_0(t)-x'_i(t)|$ 和 $MM=\max\limits_i^m\max\limits_t^n|x'_0(t)-x'_i(t)|$。

⑥ 计算关联系数。分别计算每个比较序列与参考序列对应元素的关联系数，即

$$r(x'_0(t),x'_i(t))=\frac{mm+\rho\cdot MM}{\Delta_i t+\rho\cdot MM},\qquad t=1,2,\cdots,n$$

其中，ρ 为分辨系数，在(0,1)内取值，其值越小，关联系数间的差异越大，区分能力越强，通常取 0.5。

⑦ 计算关联度,即

$$r(X_0,X_i)=\frac{1}{n}\sum_{i=1}^{n}r_{0i}(t)$$

⑧ 依据各观察对象的关联度,得出综合评价结果。

13.3.4 其他几种灰色关联度

(1) 灰色绝对关联度

设 X_0 与 X_i 的长度相同,且皆为时间间距为 1 的序列,而

$$X_0^0=(x_0^0(1),x_0^0(2),\cdots,x_0^0(n))$$
$$X_i^0=(x_i^0(1),x_i^0(2),\cdots,x_i^0(n))$$

分别为 X_0 与 X_i 的始点零化像,则称

$$\varepsilon_{0i}=\frac{1+|s_0|+|s_i|}{1+|s_0|+|s_i|+|s_i-s_0|}$$

为 X_0 与 X_i 的灰色绝对关联度,简称绝对关联度,其中

$$|s_0|=\left|\sum_{k=2}^{n-1}x_0^0(k)+\frac{1}{2}x_0^0(n)\right|,\qquad |s_i|=\left|\sum_{k=2}^{n-1}x_i^0(k)+\frac{1}{2}x_i^0(n)\right|$$

$$|s_i-s_0|=\left|\sum_{k=2}^{n-1}[x_i^0(k)-x_0^0(k)]+\frac{1}{2}[x_i^0(n)-x_0^0(n)]\right|$$

当 X_0 与 X_i 的长度不相同或时距不相同时,可以通过均值生成填补其中的空穴。

(2) 灰色相对关联度

设序列 X_0 与 X_i 的长度相同,且初值皆不等于零,X_0' 与 X_i' 分别为 X_0 与 X_i 的初值像,则称 X_0' 与 X_i' 的灰色绝对关联度为 X_0 与 X_i 的灰色相对关联度,简称为相对关联度 r_{0i}。

(3) 灰色斜率关联度

设 $X(t)$ 为系统特征函数,$Y_i(t)(i=1,2,\cdots,m)$ 为相关因素函数,称

$$\xi_i(t)=\frac{1+\left|\frac{1}{\bar{x}}\cdot\frac{\Delta x(t)}{\Delta t}\right|}{1+\left|\left|\frac{1}{\bar{x}}\cdot\frac{\Delta x(t)}{\Delta t}\right|+\left|\frac{1}{\bar{x}}\cdot\frac{\Delta x(t)}{\Delta t}\right|-\left|\frac{1}{\bar{y}_i}\cdot\frac{\Delta y_i(t)}{\Delta t}\right|\right|},\qquad i=1,2,\cdots,m$$

为灰色斜率关联系数,其中 $\bar{x}=\frac{1}{n}\sum_{t=1}^{n}x_i(t)$,$\Delta x(t)=x(t+\Delta t)-x(t)$;$\frac{\Delta x(t)}{\Delta t}$ 为系统特征函数 $X(t)$ 在 t 到 $t+\Delta t$ 的斜率;$\bar{y}=\frac{1}{n}\sum_{t=1}^{n}y_i(t)$,$\Delta y_i(t)=y_i(t+\Delta t)-y_i(t)$;$\frac{\Delta y_i(t)}{\Delta t}$ 为相关因素函数 $Y_i(t)$ 在 t 到 $t+\Delta t$ 的斜率。

设 $X(t)$ 为系统特征函数,$Y_i(t)(i=1,2,\cdots,m)$ 为相关因素函数,称

$$\varepsilon_i=\frac{1}{n-1}\sum_{t=1}^{n-1}\xi_i(t)$$

为 $X(t)$ 与 $Y_i(t)$ 的灰色斜率关联度。

(4) 灰色点关联度

设因素集 X,$x_i,x_j\in X$,$x_i(t)\geqslant 0$,$x_j(t)\geqslant 0$,$\forall t\in T=\{1,2,\cdots,n\}$,且 $x_i(1)$ 和 $x_j(1)$ 均

不为 0,则称下式为 t 点处两因素的点关联系数

$$\xi_{ij}(t)=\frac{1+\left|\frac{1}{\bar{x}}\cdot\frac{\Delta x(t)}{\Delta_t}\right|}{1+\left|\left|\frac{\Delta x_i(t)}{x_i(1)}\right|-\left|\frac{\Delta x_j(t)}{x_j(1)}\right|\right|}$$

其中,$\Delta x_i(t)=x_i(t+\Delta t)-x_i(t)$,$\Delta x_j(t)=x_j(t+\Delta t)-x_j(t)$。

13.4 灰色聚类

灰色聚类是根据关联矩阵或灰数的白化权函数将一些观测指标或观测对象分为若干个可定义类别的方法。

下面介绍灰色关联聚类。

设有 n 个观测对象,每个对象观测 m 个特征数据,得到序列如下:

$$X_1=(x_1(1),x_1(2),\cdots,x_1(n))$$
$$X_2=(x_2(1),x_2(2),\cdots,x_2(n))$$
$$\vdots$$
$$X_m=(x_m(1),x_m(2),\cdots,x_m(n))$$

对所有的 $i\leqslant j,i,j=1,2,\cdots,m$,计算出 X_i 与 X_j 的灰色绝对关联度 ε_{ij},得到形为三角矩阵的特征变量关联矩阵:

$$\boldsymbol{A}=\begin{pmatrix}\varepsilon_{11} & \varepsilon_{12} & \cdots & \varepsilon_{1m}\\ & \varepsilon_{22} & \cdots & \varepsilon_{2m}\\ & & \ddots & \vdots\\ & & & \varepsilon_{nm}\end{pmatrix}$$

其中,$\varepsilon_{ii}=1,i=1,2,\cdots,m$。

取定临界值 $r\in[0,1]$,一般要求 $r>0.5$,当 $\varepsilon_{ij}\geqslant r(i\neq j)$时,视 X_i 与 X_j 为同类特征。

r 可根据实际问题的需要确定。r 越接近 1,分类越细,每一组分类中的变量相对地越少,反之亦然。

如果各个指标在评价系统中的重要性不相同,或者各指标的意义、量纲不同,且在数量上悬殊较大,则需要考虑各指标的权重,以便更准确地分类。

13.5 灰色系统建模

灰色系统建模是通过数据序列建立微分方程来拟合给定的时间序列,从而对数据的发展趋势进行预测。

灰色建模常用的模型是 GM(1,N),其中 G 代表灰色,1 代表微分方程的阶数,N 代表变量的个数。

13.5.1 GM(1,1)模型

给定数列

$$X^0=(x^0(1),x^0(2),\cdots,x^0(n))$$

$$X^1=(x^1(1),x^1(2),\cdots,x^1(n))$$
$$Z^1=(Z^1(1),Z^1(2),\cdots,Z^1(n))$$

其中,$x^0(k)$为原始数据序列;X^1 为 X^0 的 1-AGO 序列;$Z^1(k)=0.5x^1(k)+0.5x^1(k-1)$为 X^1 的近邻生成序列。称方程 $x^0(k)+a\,Z^1(k)=b$ 为灰微分方程,其中$-a$ 为发展灰数,反映了序列的发展趋势;b 为内生控制灰数,它反映了数据变化的关系,其确切内涵是灰色的。

设 $\hat{a}=(a,b)$为参数列,令

$$\boldsymbol{Y}=\begin{bmatrix}x^0(2)\\x^0(3)\\\vdots\\x^0(n)\end{bmatrix},\qquad \boldsymbol{B}=\begin{bmatrix}-z^1(2) & 1\\-z^1(3) & 1\\\vdots & \vdots\\-z^1(n) & 1\end{bmatrix}$$

则灰微分方程 $x^0(k)+a\,Z^1(k)=b$ 的最小二乘估计参数列满足

$$\hat{a}=(\boldsymbol{B}^{\mathrm{T}}\boldsymbol{B})^{-1}\boldsymbol{B}^{\mathrm{T}}Y$$

给定数列 $X^0=(x^0(1),x^0(2),\cdots,x^0(n))$,$X^1$ 为 X^0 的 1-AGO 序列,Z^1 为 X^1 的紧邻生成序列,称

$$\frac{\mathrm{d}x^{(1)}}{\mathrm{d}t}+ax^{(1)}=b$$

为灰微分方程的白化方程,也称影子方程;其解

$$x^{(1)}(t)=\left(x^{(1)}(0)-\frac{b}{a}\right)\mathrm{e}^{-at}+\frac{b}{a}$$

称为时间响应函数。

GM(1,1)灰微分方程 $x^0(t)+a\,Z^1(t)=b$ 的时间响应序列为

$$\hat{x}^{(1)}(t+1)=\left(x^{(1)}(0)-\frac{b}{a}\right)\mathrm{e}^{-at}+\frac{b}{a},\qquad t=1,2,\cdots,n$$

取 $x^{(1)}(0)=x^{(1)}(1)$,则

$$\hat{x}^{(1)}(t+1)=\left(x^{(1)}(1)-\frac{b}{a}\right)\mathrm{e}^{-at}+\frac{b}{a},\qquad t=1,2,\cdots,n$$

还原值为

$$\hat{x}^{(0)}(t+1)=x^{(1)}(t+1)-\hat{x}^{(1)}(t),\qquad t=1,2,\cdots,n$$

通过大量的实际问题验证,对于 GM(1,1)的使用范围如下:

- 当$-a\leqslant 0.3$ 时,可用于中长期预测;
- 当 $0.3<-a\leqslant 0.5$ 时,可用于短期预测,中长期预测慎用;
- 当 $0.5<-a\leqslant 0.8$ 时,作短期预测应十分谨慎;
- 当 $0.8<-a\leqslant 1$ 时,应采用残差修正 GM(1,1)模型;
- 当$-a>1$ 时,不宜采用 GM(1,1)模型。

13.5.2 GM(1,1)模型检验

GM(1,1)模型的检验有残差检验、关联度检验和后验差检验。

1. 残差检验

残差大小检验是对模型值与实际值的残差进行逐点检验。

绝对残差序列为

$$\Delta^{(0)}=\{\Delta^{(0)}(i),i=1,2,\cdots,n\},\qquad \Delta^{(0)}(i)=|\Delta^{(0)}(i)-\hat{x}^{(0)}(i)|$$

相对残差序列为

$$\phi=\{\phi_i,i=1,2,\cdots,n\},\qquad \phi_i=\left[\frac{\Delta^{(0)}(i)}{x^{(0)}(i)}\right]\%$$

相对残差为

$$\bar{\phi}=\frac{1}{n}\sum_{i=1}^{n}\phi_i$$

给定 α，当 $\bar{\phi}<\alpha$ 且 $\phi_n<\alpha$ 成立时，称模型为残差检验合格模型。

2. 关联度检验

关联度检验是通过考察模型值曲线和建模序列曲线的相似程度进行检验。按前面所述的关联度计算方法，计算出 $\hat{x}^{(0)}(i)$ 与原始数列 $x^{(0)}(i)$ 的关联系数，然后计算出关联度。根据经验，关联度大于 0.6 是可以接受的。

3. 后验差检验

后验差检验是对残差分布的统计特性进行检验。

(1) 计算出原始数列的平均值

$$\bar{x}^{(0)}=\frac{1}{n}\sum_{i=1}^{n}x^{(0)}(i)$$

(2) 计算原始数列的均方差

$$S_1=\left(\frac{\sum_{i=1}^{n}[x^{(0)}(i)-\bar{x}^{(0)}]^2}{n-1}\right)^{\frac{1}{2}}$$

(3) 计算残差的均值

$$\bar{\Delta}=\frac{1}{n}\sum_{i=1}^{n}\Delta^{(0)}(i)$$

(4) 计算残差的方差

$$S_2=\left(\frac{\sum_{i=0}^{n}[\Delta^{(0)}(i)-\bar{\Delta}]^2}{n-1}\right)^{\frac{1}{2}}$$

(5) 计算方差比

$$C=S_1/S_2$$

(6) 计算小残差概率

$$p=P\{|\Delta^{(0)}(i)-\bar{\Delta}|<0.674\,5S_1\}$$

令 $S_0=0.674\,5S_1$，$e_i=|\Delta^{(0)}(i)-\bar{\Delta}|$，即 $p=P\{e_i<S_0\}$。

对于给定的 $C_0>0$，当 $C<C_0$ 时，称模型为均方差比合格模型；对于给定的 $p_0>0$，当 $p>p_0$ 时，称为小残差概率合格模型。

若相对残差、关联度、后验差检验在允许的范围内，则可以用所建立的模型进行预测；否则应进行残差修正。

13.5.3 残差GM(1,1)模型

当GM(1,N)模型的精度不符合要求时，可以用参差序列建立GM(1,N)模型对原来的模型进行修正，以提高精度。

设 $X^0=(x^0(1),x^0(2),\cdots,x^0(n))$ 为模型的原始序列，X^1 为 X^0 的1-AGO序列，Z^1 为 X^1 的紧邻生成序列，灰色微分方程 $x^0(t)+a\,Z^1(t)=b$ 的时间响应序列为

$$\hat{x}^{(1)}(t+1)=\left(x^{(1)}(0)-\frac{b}{a}\right)\mathrm{e}^{-at}+\frac{b}{a},\qquad t=1,2,\cdots,n$$

其参差序列为

$$\varepsilon^{(0)}=(\varepsilon^{(0)}(1),\varepsilon^{(0)}(2),\cdots,\varepsilon^{(0)}(n))$$

其中，$\varepsilon^{(0)}(t)=x^{(1)}(t)-\hat{x}^{(1)}(t)$，若存在 t_0，满足

① 对任意的 $t\geqslant t_0$，$\varepsilon^{(0)}(t)$，符号一致；

② $n-t_0\geqslant 4$，

则称

$$(|\varepsilon^{(0)}(t_0)|,|\varepsilon^{(0)}(t_0+1)|,\cdots,|\varepsilon^{(0)}(n)|)$$

为可建模参差尾段，仍记为

$$\varepsilon^{(0)}=(\varepsilon^{(0)}(t_0),\varepsilon^{(0)}(t_0+1),\cdots,\varepsilon^{(0)}(n))$$

对于可建模参差尾段，其1-AGO序列

$$\varepsilon^{(1)}=(\varepsilon^{(1)}(k_0),\varepsilon^{(1)}(k_0+1),\cdots,\varepsilon^{(1)}(n))$$

的GM(1,1)时间响应式为

$$\hat{\varepsilon}^{(1)}(t+1)=\left(\varepsilon^{(0)}(t_0)-\frac{b_\varepsilon}{a_\varepsilon}\right)\mathrm{e}^{-a(t-t_0)}+\frac{b_\varepsilon}{a_\varepsilon}$$

则参差尾段的模拟序列为 $\hat{\varepsilon}^{(0)}=(\hat{\varepsilon}^{(0)}(t_0),\hat{\varepsilon}^{(0)}(t_0+1),\cdots,\hat{\varepsilon}^{(0)}(n))$，其中

$$\hat{\varepsilon}^{(0)}(t+1)=-a_\varepsilon\left(\hat{\varepsilon}^{(0)}(t_0)-\frac{b_\varepsilon}{a_\varepsilon}\right)\mathrm{e}^{-a(t-t_0)},\qquad t\geqslant t_0$$

若用 $\varepsilon^{(0)}(k)$ 修正 $\hat{X}^{(1)}$，则称修正后的时间响应式

$$\hat{x}^{(1)}(t+1)=\begin{cases}\left(x^{(0)}(1)-\dfrac{b}{a}\right)\mathrm{e}^{-at}+\dfrac{b}{a}, & t<t_0\\ \left(X^{(0)}(1)-\dfrac{b}{a}\right)\mathrm{e}^{-at}+\dfrac{b}{a}\pm a_\varepsilon\left(\varepsilon^{(0)}(t_0)-\dfrac{b_\varepsilon}{a_\varepsilon}\right)\mathrm{e}^{-a_\varepsilon(t-t_0)}, & t\geqslant t_0\end{cases}$$

为参差修正GM(1,1)模型。

13.5.4 GM(1,N)模型

设 $X_1{}^0=(x_1{}^0(1),x_1{}^0(2),\cdots,x_1{}^0(n))$ 为系统特征数据序列，$X_i{}^0=(x_i{}^0(1),x_i{}^0(2),\cdots,x_i{}^0(n))$，$i=2,3,\cdots,N$ 为相关因素数列序列，对 $X_i{}^0$ 作累加生成 $X_i{}^{(1)}$，称为 $X_i{}^0$ 的累加生成序列

$$x_i^{(0)}(t)=\sum_{m=1}^{t}x_i^{(0)}(m),\qquad t=1,2,\cdots,n;\quad i=1,2,\cdots,N$$

$$X_i^{(1)}=(x_i^{(1)}(x),x_i^{(1)}(2),\cdots,x_i^{(1)}(n)),\qquad i=1,2,\cdots,N$$

$Z_1^{(1)}$ 为 $X_1^{(1)}$ 的紧邻均值生成序列，建立如下形式的微分方程模型

$$\frac{\mathrm{d}x_1^{(1)}(t)}{\mathrm{d}t}+az_1^{(1)}(t)=b_1x_2^{(1)}(t)+b_2x_3^{(1)}(t)+\cdots+b_{n-1}x_N^{(1)}(t)$$

这是一阶 N 个变量的微分方程模型，称为 GM(1,N)模型。

利用最小二乘法对该方程求解，可得到系数矩阵

$$\hat{\boldsymbol{a}}=(\boldsymbol{B}^{\mathrm{T}}\boldsymbol{B})^{-1}\boldsymbol{B}^{\mathrm{T}}\boldsymbol{Y}$$

其中，$\hat{\boldsymbol{a}}=(a,b,\cdots,b_{n-1})^{\mathrm{T}}$；$\boldsymbol{y}=[x_1^{(0)}(2),x_1^{(0)}(3),\cdots,x_1^{(0)}(N)]^{\mathrm{T}}$。

$$\boldsymbol{B}=\begin{bmatrix} -\frac{1}{2}[z_1^{(1)}(1)+z_1^{(1)}(2)] & \frac{1}{2}[x_2^{(1)}(1)+x_2^{(1)}(2)] & \cdots & \frac{1}{2}[x_N^{(1)}(1)+x_N^{(1)}(2)] \\ -\frac{1}{2}[z_1^{(1)}(2)+z_1^{(1)}(3)] & \frac{1}{2}[x_2^{(1)}(2)+x_2^{(1)}(3)] & \cdots & \frac{1}{2}[x_N^{(1)}(2)+x_N^{(1)}(3)] \\ \vdots & \vdots & & \vdots \\ -\frac{1}{2}[z_1^{(1)}(n-1)+z_1^{(1)}(n)] & \frac{1}{2}[x_2^{(1)}(n-1)+x_2^{(1)}(n)] & \cdots & \frac{1}{2}[x_N^{(1)}(n-1)+x_N^{(1)}(n)] \end{bmatrix}$$

模型建立后，通过求解微分方程得 $\hat{x}_1^{(1)}(t)$，并将其作累减得模型还原值 $\hat{x}_1^{(0)}(t)$，并与实测原始值比较，看是否满足精度要求，若不满足，则对残差继续建立 GM 模型进行修正。

13.6　灰色灾变预测

灰色灾变预测的任务是给出下一个或几个异常值出现的时刻，以便人们提前准备，采取对策，减少损失。

设原始数列为 $X=\{x(1),x(2),\cdots,x(n)\}$，给定上限异常值(灾变值)$\boldsymbol{\zeta}$，称 X 的子序列

$$X=\{x(q(1)),x(q(2)),\cdots,x(q(m))\}=\{x(q(i))\mid x(q(i))\geqslant\boldsymbol{\zeta},\quad i=1,2,\cdots,m\}$$

为上灾变序列。

如果给定下限异常值(灾变值)$\boldsymbol{\xi}$，则称 X 的子序列

$$X=\{x(q(1)),x(q(2)),\cdots,x(q(l))\}=\{x(q(i))\mid x(q(i))\leqslant\boldsymbol{\xi},\quad i=1,2,\cdots,l\}$$

为下灾变序列。

如原始序列 $X_\zeta=\{x(q(1)),x(q(2)),\cdots,x(q(m))\}\subset X$ 为灾变序列，相应的数列 $Q^{(0)}=\{q(1),q(2),\cdots,q(m)\}$为灾变日期序列。

对于灾变日期序列，其 1-AGO 序列为 $Q^{(1)}=\{q(1),q(2),\cdots,q(m)\}$的紧邻生成序列 $Z^{(1)}$，则 $q(t)+a\,Z^1(t)=b$ 为灾变 GM(1,1)模型。

设 $\boldsymbol{\alpha}=[a,b]^{\mathrm{T}}$ 为灾变 GM(1,1)模型参数序列的最小二乘估计，则灾变日期序列的 GM(1,1)序号响应式为

$$\hat{q}^{(1)}(t+1)=\left(q(1)-\frac{b}{a}\right)\mathrm{e}^{-at}+\frac{b}{a}$$

$$\hat{q}(t+1)=\hat{q}^{(1)}(t+1)-\hat{q}^{(1)}(t)$$

$$\hat{q}(t+1)=\left(q(1)-\frac{b}{a}\right)\mathrm{e}^{-at}-\left(q(1)-\frac{b}{a}\right)\mathrm{e}^{-a(t-1)}=(1-\mathrm{e}^{a})\left(q(1)-\frac{b}{a}\right)\mathrm{e}^{-at}$$

设 $X=\{x(1),x(2),\cdots,x(n)\}$为原始数列，$n$ 为现在时刻，给定异常值 ζ，相应的灾变日期序列 $Q^{(0)}=\{q(1),q(2),\cdots,q(m)\}$，其中 $q(m)\leqslant n$ 为最近一次灾变日期，则称 $\hat{q}(m+1)$为下一次灾变的预测日期，对任意 $t>0$，称 $\hat{q}(m+t)$为未来第 t 次灾变的预测日期。

13.7 灰色系统的应用

例 13.1 某市工业、农业、运输业、商业各部门的行为数据如下：

工业 $X_1=\{x_1(1),x_1(2),x_1(3),x_1(4)\}=(45.8,43.4,42.3,41.9)$

农业 $X_2=\{x_2(1),x_2(2),x_2(3),x_2(4)\}=(39.1,41.6,43.9,44.9)$

运输业 $X_3=\{x_3(1),x_3(2),x_3(3),x_3(4)\}=(3.4,3.3,3.5,3.5)$

商业 $X_4=\{x_4(1),x_4(2),x_4(3),x_4(4)\}=(6.7,6.8,5.4,4.7)$

分别以 X_1、X_2 为系统特征序列，计算灰色关联度。

解：

```
>> x = [45.8 43.4 42.3 41.9;39.1 41.6 43.9 44.9;3.4 3.3 3.5 3.5;6.7 6.8 5.4 4.7];
>> y = grayasso(x,[1 2]);
>> y{1} = 0.5509    0.7162    0.6215    %农业、运输业和商业分别与工业的灰色关联度
>> y{2} = 0.6688    0.7658    0.6418    %工业、运输业和商业分别与农业的灰色关联度

function y = grayasso(x,type)    %计算灰色相对关联度函数
[r,c] = size(x);
for i = 1:r; a = x(i,1);for j = 1:c;x(i,j) = x(i,j)/a;end;end
for k = 1:length(type)
  for i = 1:r
    if i == type(k);continue;else;for j = 1:c;delta(i,j) = abs(x(type(k),j) - x(i,j));end;end
  end
  mm = min(min(delta));MM = max(max(delta));
  for  i = 1:r
    if i == type(k);continue;else;for j = 1:c;b(i,j) = (mm + 0.5 * MM)/(delta(i,j) + 0.5 * MM);
end;end
  end
  b(type(k),:) = [];y{k} = mean(b,2);
end
```

例 13.2 设序列

$$X_0=\{x_0(1),x_0(2),x_0(3),x_0(4),x_0(5),x_0(7)\}=(10,9,15,14,14,16)$$

$$X_1=\{x_1(1),x_1(3),x_0(4),\ x_1(7)\}=(46,70,98)$$

试求其绝对关联度。

解：

```
>> x1 = [10 9 15 14 14 NaN 16];
>> x2 = [46 NaN 70 NaN NaN NaN 98];
>> y = grayabsasso(x1,x2)
y = 0.5581
function y = grayabsasso(varargin)   %绝对关联度计算函数
%序列为单一,如时距不相等或不为1,则用NaN补齐,并以第一个输入为X0
num = length(varargin);
for i = 1:num
  a = find(isnan(varargin{i}));
```

```
    while ~isempty(a)
      for j = 1:length(a)
        if ~isnan(varargin{i}(a(1) + j))
   m = round(mean([a(1) - 1 a(1) + j]));
   varargin{i}(m) = mean([varargin{i}(a(1) - 1),varargin{i}(a(1) + j)]); break
            else
             continue
            end
          end
        a = find(isnan(varargin{i}));
    end
    b = varargin{i}(1);
    for j = 1:length(varargin{i});varargin{i}(j) = varargin{i}(j) - b;end
    s(i) = abs(sum(varargin{i}(2:end - 1)) + 0.5 * varargin{i}(end));
end
for i = 2:num
si(i) = abs(sum(varargin{i}(2:end - 1) - varargin{1}(2:end - 1))
... + 0.5 * (varargin{i}(end) - varargin{1}(end)));
     y(i) = (1 + s(1) + s(i))/(1 + s(1) + s(i) + si(i));
end
y(1) = [];
```

例 13.3　改革开放后某乡镇的企业经济发展较快,具体数据见表 13.1。试分析表中四个因素的重要性排序,为今后经济的进一步发展政策提供决策。

表 13.1　经济发展数据

因素 \ 数据/万元 \ 年份	1983	1984	1985	1986
产值(X_0)	10 155	12 588	23 408	35 388
固定资产(X_1)	3 799	3 605	5 460	6 982
流动资产(X_2)	1 752	2 160	2 213	4 753
劳动力(X_3)	24 186	45 590	57 685	85 540
企业留利(X_4)	1 164	1 788	3 134	4 478

解: 对该问题进行灰色综合关联度计算,可得到如下的结果:

```
>> x1 = [10155 12588 23408 35388];x2 = [3799 3605 5460 6982];
>> x3 = [1752 2160 2213 4653];x4 = [24186 45590 57685 85540];x5 = [1164 1788 3134 4478];
>> y = grayallasso(x1,x2,x3,x4,x5);    % 灰色综合关联度函数,限于篇幅不再列出
>> y = 0.6263     0.6592     0.7862     0.7355
```

从结果中可知,劳动力对该乡镇的产值影响最大,企业留利的影响次之,固定资产的影响最小,符合实际情况。所以积极发展密集型产业,是该乡镇发展的大方向,并且加大企业留利以便于提高职工福利和进行企业的技术改造。

例 13.4　评定某一职位的任职资格时,提出了 15 个指标,即 x_1 为申请书印象,x_2 为学术能力,x_3 为讨人喜欢,x_4 为自信程度,x_5 为精明,x_6 为诚实,x_7 为推销能力,x_8 为经验,x_9 为积极性,x_{10} 为抱负,x_{11} 为外貌,x_{12} 为理解能力,x_{13} 为潜力,x_{14} 为交际能力,x_{15} 为适应能力。

但这些指标是否合适值得商榷。希望通过相应的分析,考察各指标的重要性以减少指标值。表 13.2 是 9 名考察对象 15 项指标得分情况,请对此进行分析。

表 13.2　9 名考察对象 15 项指标得分情况

指标 \ 得分 \ 观察对象	1	2	3	4	5	6	7	8	9
x_1	6	9	7	5	6	7	9	9	9
x_2	2	5	3	8	8	7	8	9	7
x_3	5	8	6	5	8	6	8	8	8
x_4	8	10	9	6	4	8	8	9	8
x_5	7	9	8	5	4	7	8	9	8
x_6	8	9	9	9	9	10	8	8	8
x_7	8	10	7	2	2	5	8	8	5
x_8	3	5	4	8	8	9	10	10	9
x_9	8	9	9	4	5	6	8	9	8
x_{10}	9	9	9	5	5	5	10	10	9
x_{11}	7	10	8	6	8	7	9	9	9
x_{12}	7	8	8	8	8	8	8	9	8
x_{13}	5	8	6	7	8	6	9	9	8
x_{14}	7	8	8	6	7	6	8	9	8
x_{15}	10	10	10	5	7	6	10	10	10

解:

```
>> x1 = [6 9 7 5 6 7 9 9 9];x2 = [2 5 3 8 8 7 8 9 7];x3 = [5 8 6 5 8 6 8 8 8];
>> x4 = [8 10 9 6 4 8 8 9 8];x5 = [7 9 8 5 4 7 8 9 8];x6 = [8 9 9 9 9 10 8 8 8];x7 = [8 10 7 2 2 5 8 8 5];
>> x7 = [8 10 7 2 2 5 8 8 5];x8 = [3 5 4 8 8 9 10 10 9];x9 = [8 9 9 4 5 6 8 9 8];
>> x10 = [9 9 9 5 5 5 10 10 9];x11 = [7 10 8 6 8 7 9 9 9];x12 = [7 8 8 8 8 8 8 9 8];
>> x13 = [5   8 6 7 8 6 9 9 8];x14 = [7 8 8 6 7 6 8 9 8];x15 = [10 10 10 5 7 6 10 10 10];
>> y = graycluster(x1,x2,x3,x4,x5,x6,x7,x8,x9,x10,x11,x12,x13,x14,x15);   % 阈值默认为 0.8
>> y = 1   2   1   3   4   1   5   2   5   5    1   1   1   1   5   % 分类结果
>> y = graycluster(x1,x2,x3,x4,x5,x6,x7,x8,x9,x10,x11,x12,x13,x14,x15,0.58);
>> y = 1   1   1   2   1   1    2   1   2   2   1   1   1   1   2
```

可以将同一类指标并于一个统一的指标,就可以大大减少指标的数量,以减少模型的可靠性。但需要考虑的是选择的阈值,使分类比较合理。

```
function y = graycluster(varargin)   % 灰色聚类函数
if length(varargin{end})>1;sita = 0.8;num = length(varargin);   % 设置阈值
else;sita = varargin{end};num = length(varargin) - 1;end
for i = 1:num;for j = i:num;y1(i,j) = grayabsasso(varargin{i},varargin{j});end;end   % 求关联度
矩阵
a = cell(num,1);   % 大于阈值的序列细胞元
for i = 1:num - 1;a{i} = [i find(y1(i,i + 1:end)> = sita) + i];end
for i = 1:num - 1
```

```
    if isempty(a{i})
        continue
    else
      for j = i + 1:num - 1;if ~isempty(intersect(a{i},a{j}));a{i} = union(a{i},a{j});a{j} = [];
%归类
      elseif  isempty(intersect(a{i},a{j}));continue;end;end
    end
  end
  m = 0;
  for i = 1:num - 1     %将各样本归类
  if isempty(a{i});continue;else;m = m + 1;for j = 1:length(a{i});y(a{i}(j)) = m;end;end
  end
```

例 13.5　某县油菜发病率数据为 $X_0=(6,20,40,25,40,45,35,21,14,18,15.5,17,15)$，试建立 GM(1,1)模型进行模拟。

解：

```
  >> x = [6 20 40 25 40 45 35 21 14 18 15.5 17 15];[a,b,c,d] = gm(x);  % GM(1,1)模型函数
  得到 a = (0.064 8,23.387 8)
  其中 a 为模型参数,b 为模拟值及残差,c 为残差平方和,d 为平均相对误差
  function [a,y,s,delt] = gm(x)
  num = length(x);a = f(x);  % f 为解模型参数函数,限于篇幅不再列出
  for i = 1:num
    y(1,i) = (x(1) - a(2)/a(1)) * exp( - a(1) * (i - 1)) + a(2)/a(1);
    if i> = 2;y(2,i) = y(1,i) - y(1,i - 1);y(2,i) = x(i) - y(2,i);y(3,i) = abs(y(2,i))/x(i) * 100;
end  %残差
  end
  s = y(2,2:end) * y(2,2:end)';delt = mean(y(3,2:end),2);  %残差平方和及平均相对误差
  while delt>20
     [t,flag] = f1(y(2,2:end)); t = t + 1;      % f1 为求符号相同的数组及长度,限于篇幅不再列出
    if num - t> = 4
     t = num - 4;x1 = abs(y(2,t:end));a1 = f(x1);
     for i = 1:num
       if i<t
         y(1,i) = (1 - exp(a(1))) * (x(1) - a(2)/a(1)) * exp( - a(1) * i);
       elseif i> = t
          temp = abs(a1(1) * (x1(1) - a1(2)/a1(1)));
          y(1,i) = (1 - exp(a(1))) * (x(1) - a(2)/a(1)) * exp( - a(1) * i) + flag * temp * exp( - a1
(1) * (i - t));
       end
       if i> = 2;y(2,i) = y(1,i) - y(1,i - 1);y(3,i) = abs(y(2,i))/x(i) * 100;end
     end
     s = y(2,2:end) * y(2,2:end)';delt = mean(y(3,2:end),2);
    else
      error('残差不可建模');
    end
  end
  if (exist('a1','var'));a = a1;end
```

例 13.6 某地区平均降雨量数据(单位为 mm)序列为 $X=$(390.6 412.0 320.0 559.2 380.8 542.4 553.0 310.0 561.0 300.0 632.0 540.0 406.2 313.8 576.0 587.6 318.5),取 $\xi=320$ mm 为下限异常值(旱灾),试作旱灾预测。

解:

```
>> x=[390.6  412.0  320.0  559.2  380.8  542.4  553.0  310.0  561.0  300.0  632.0  540.0
406.2  313.8  576.0  587.6  318.5];
>> [a,b,c]=graynorm(x,320,1)
a =     3.0000    10.9896    21.2856    34.5538    51.6520    73.6860
             0     7.9896    10.2960    13.2681    17.0983    22.0340
             0     0.0104    -0.2960     0.7319    -0.0983          0
             0     0.1296     2.9600     5.2276     0.5780          0
b = -0.2536   6.2585
c=5   %即从最近一次旱灾发生的日期算起,5 年之后可能发生灾变,或从数列的第 1 年算起的第 22 年
可以发生灾变
```

```
function [y,a,d]=graynorm(x,kisi,type)    %灾变预测函数
 if type==1
     x1=find(x<=kisi);    %下限
 else
     x1=find(x>=kisi);    %上限
 end
 num=length(x1);a=f(x1);    %求模型参数函数,即为例 13.5 中同一个函数
 for i=1:num
     y(1,i)=(x1(1)-a(2)/a(1))*exp(-a(1)*(i-1))+a(2)/a(1);
     if i>=2;y(2,i)=y(1,i)-y(1,i-1);y(3,i)=x1(i)-y(2,i);y(4,i)=abs(y(3,i))/x1(i)*
100;end
 end
 s=y(3,2:end)*y(3,2:end)';delt=mean(y(4,:),2);m1=100-delt;m2=100-y(4,end);
 if m1>0.9 || m2>0.9
     y(1,num+1)=(x1(1)-a(2)/a(1))*exp(-a(1)*(num))+a(2)/a(1);
     y(2,num+1)=(y(1,num+1)-y(1,num));
     d=round(y(2,num+1)-y(2,num));    %间隔年限
 end
```

例 13.7 灰色系统理论可以与其他方法组合,以克服单一模型难以全面揭示研究对象的发展变化规律的不足。灰色人工神经网络模型即是其中的一种,它主要是利用人工神经网络对 GM(1,1)模型进行残差修正。

已知其一序列 $X_0=$(110.2,146.34,185.36,221.14,255.16,288.18,320.54,352.79),试用灰色网络模型进行拟合。

解:

```
>> [a,y,s,delt]=gm(x);        %其中 y 为第三行为残差值
 >> y=1.0e+003 *
    0.1102    0.2746    0.4623    0.6765    0.9210    1.2002    1.5189    1.8827
         0    0.1644    0.1877    0.2142    0.2446    0.2792    0.3187    0.3638
         0   -0.0181   -0.0023    0.0069    0.0106    0.0090    0.0019   -0.0110
         0    0.0123    0.0012    0.0031    0.0042    0.0031    0.0006    0.0031
 >> e=y(3,2:end);m=3;    %数列延迟为 3,即用前 3 个数列预测第 4 个数列值
```

```
>> n = length(e);   % 下列中的 x1 即为人工神经网络的输入,y 为输出值
>> for i = m + 1:n;for j = 1:m;x1(i,j) = e(i - (m - j + 1));end;end;x1 = x1(m + 1:end,:); y = e(m + 1:end);
>> net = newff(x1',y,6);net.trainParam.epochs = 1000;net.trainParam.lr = 0.05;
>> net.trainParam.goal = 1e - 5; net = train(net,x1',y);
>> y1 = sim(net,x1');
y1 =  6.9754     9.0130     1.8573    - 7.0804
>> y5 = 1000 * [0.2446  0.2792  0.3187  0.3638];    % GM(1,1)模型模拟值
>> y5 + y1       % 修正后的值,已大有改进,基本可以接受
ans = 251.5754  288.2130  320.5573  356.7196
>> y5 + y1 - x(5:end)                % 与原始值的差异
ans = - 3.5846   0.0330  0.0173  3.9296
```

第 14 章

人工鱼群等群体智能算法

自 20 世纪 50 年代中期以来，人们从生物进化激励中受到启发，提出采用模拟人及其他生物种群的结构、进化规律、思维结构、觅食过程的行为方式，按照自然机理，直观地构造计算模型。一些新颖的优化算法，如人工神经网络、混沌、遗传算法、进化规划、模拟退火、禁忌搜索、免疫算法、蚁群算法、粒子群算法及其混合优化策略等所具有的独特优点和机制，为现代优化等问题的解决提供了新的思路，引起了国内外学者的广泛重视，并掀起了该领域的研究热潮，且在诸多领域得到了成功的应用。

在这些算法中，模拟自然界中社会性生物种群的生物行为的群体智能算法尤其引起人们的兴趣。自然界中有许多社会性生物种群，虽然它们的个体行为简单，能力非常有限，但当它们一起协同工作时，则体现出非常复杂的智能行为特征，而不是简单的个体能力的叠加。例如：蜂群能够协同工作，完成诸如采蜜、御敌等任务；当个体能力有限的蚂蚁组成蚁群时，能够完成觅食、筑巢等复杂行为；鸟群在没有集中控制的情况下能够很好地协同飞行等都是这类群体智能的表现。通过对这种社会性生物种群群体体现出来的社会分工和协同机制的模拟，便可以开发出各种群体智能算法。群体智能是用分布搜索优化空间的点来模拟自然界中的个体，用个体的进化或觅食过程类比为随机搜索最优解的过程，用求解问题的目标函数判断个体对于环境的适应能力，根据适应能力采取优胜劣汰的机制类比于用好的可行解代替差的可行解，将整个群体逐步向最优解靠近的过程类比于迭代的随机搜索过程。

与传统的优化方法相比，群体智能算法具有以下的特点：

(1) 简单的迭代式寻优

从随机产生的初始可行解出发，群体智能算法通过迭代计算，逐渐得出最优的结果，这是一个逐渐寻优的过程；同时由于系统中单个个体的能力比较简单，因此单个个体的执行时间比较短，实现起来比较方便，且较简单，可以很快地找出所要求的最优解。

(2) 环境自适应性和系统自调节性

在寻优过程中，借助选择、交叉、变异等简单的算子，就能使适应环境的个体的品质不断地得到改进，具有自动适应环境的能力，系统对搜索空间自适应性强，使寻优过程始终向着最终的目标进行。

(3) 有指导的随机并行式全局搜索

群体智能算法在适应度函数（即目标函数）驱动下，利用概率指导各群体的搜索方向，使得寻优过程朝着更宽广的优化区域移动，逐步接近目标值；同时各种群分别独立进化，不需要相互之间进行信息交换，可以同时搜索可行解空间的多个区域，并通过相互交流信息，充分利用个体局部信息或群体全局信息，使得算法不容易陷入局部最优解而得到全局最优解。

(4) 系统通用性和鲁棒性强

群体智能算法不过分依赖于问题本身的严格数学性质（如连续性、可导性）以及目标函数和约束条件的精确描述，而只有一些简单的原则要求，因此当利用群体智能算法求解不同问题时，只需要设计相应的目标评价函数，而基本上无需修改算法的其他部分，通用性强；而且对初值、参数选择不敏感，可以剔除适应度很差的个体，使可行解不断地向最优解逼近，容错能力极强，不会由于个别个体的错误或误差而影响群体对整个问题的求解，具有较强的鲁棒性。

(5) 智能性

群体智能算法提供了噪声忍耐、无教师学习、自组织学习等进化学习机理，能够清晰地表达所学习的知识和结构，适应于不同的环境、多种类型的优化问题，并且在大多数情况下都能得到比较有效的解，具有明显的智能性特点。

(6) 易于与其他算法相结合

群体智能算法对问题定义的连续性无特殊要求，实现简单，易于与其他智能计算方法相结合，既可以方便地利用其他方法特有的一些操作算子，也可以很方便地与其他各种算法相结合产生新的优化算法。

本章将对人工鱼群算法等若干群体智能算法加以分析，在阐述各种群体智能理论的基础上，着重通过实例介绍各群体智能算法的设计方法与实现技术。

14.1 人工鱼群算法

14.1.1 鱼群模式的提出

生物的集群通常定义为一群自治体的集合。它们利用相互间的直接或间接通信，从而通过全体的活动来解决一些分布式的难题。定义中的自治体是指在一个环境中具备自身活动的一个实体，其自身力求简单，不具有高级智能，但它们的群体活动所表现出来的则是一种高级智能才能达到的活动，这种活动可称为群体智能。

动物自治体通常是指自主机器人或动物模拟实体，它主要是用来展示动物在复杂多变的环境里能够自主产生自适应的智能行为的一种方式。自治体的行为受到环境的影响，同时每一个自治体又是环境的构成要素。环境的下一个状态是当前状态和自治体的函数，自治体的下一个刺激是环境的当前状态及其自身活动的函数，自治体的合理架构就是能在环境的刺激下做出最好的应激活动。

将动物自治体的概念引入鱼群优化算法中，采用自上而下的设计思路，应用基于行为的人工智能方法，形成了一种新的解决问题的模式，因为是从分析鱼类活动出发的，所以称为鱼群模式。在一片水域中，鱼聚集数目最多的地方一般就是该水域中富含营养物质的地方，依据这一特点来模仿鱼群的觅食、聚群、追尾等行为，从而实现全局寻优。

14.1.2 人工鱼的四种基本行为算法描述

鱼类不具备人类所具有的复杂逻辑推理能力和综合判断能力等高级智能，它们的目的是通过个体的简单行为或通过群体的简单行为而达到或突现出来的。

观察鱼类的活动可以发现它们有四种基本的行为，即觅食行为、聚群行为、追尾行为和随机行为，这些行为在不同的条件下会相互转换。鱼类通过对行为评价，选择一种当前最优的行为进行执行，以到达食物浓度更高的位置。

模拟鱼类的这四种基本行为,就可以构成基本人工鱼群算法中的核心算子。

1. 觅食行为

这是人工鱼的一种基本行为,也就是趋向食物的一种活动。一般认为人工鱼是通过视觉或味觉来感知水中的食物量或浓度来选择趋向的。

设人工鱼 i 当前状态为 $\boldsymbol{X}_i$,适应度值为 $\boldsymbol{Y}_i$,在其感知范围内随机选择一个状态 X_j,适应度值为 Y_j,则

$$\boldsymbol{X}_j = \boldsymbol{X}_i + \text{Visual} \cdot \text{Rand}()$$

其中,Rand()是一个介于 0 与 1 之间的随机数;Visual 为视野范围。

如果在求极大值问题中,$Y_i < Y_j$(在求极小值时为 $Y_i > Y_j$,它们之间可以转换),则向该方向前进一步:

$$\boldsymbol{X}_i^{t+1} = \boldsymbol{X}_i^t + \frac{\boldsymbol{X}_j - \boldsymbol{X}_i^t}{\|\boldsymbol{X}_j - \boldsymbol{X}_i^t\|} \cdot \text{Step} \cdot \text{Rand}()$$

其中,Step 为步长。

反之,再重新随机选择状态 $\boldsymbol{X}_j$,判断是否满足前进条件,反复尝试 Try_number 次后,若仍不满足前进条件,则随机行动一步:

$$\boldsymbol{X}_i^{t+1} = \boldsymbol{X}_i^t + \text{Visual} \cdot \text{Rand}()$$

2. 聚群行为

鱼在游动过程中会自然地聚集成群,这也是为了保证群体的生成和躲避危险而形成的一种生活习性。在人工鱼群算法中对每条人工鱼做如下规定:一是尽量向邻近伙伴的中心移动;二是避免过分拥挤。

设人工鱼 i 的当前位置为 $\boldsymbol{X}_i$,适应度值为 $\boldsymbol{Y}_i$,以自身位置为中心,其感知范围内的工人鱼的数目为 n_f,这些人工鱼形成集合 S_i,$S_i = \{\boldsymbol{X}_j \mid \|\boldsymbol{X}_j - \boldsymbol{X}_i\| \leqslant \text{Visual}\}$

若集合 $S_i \neq \varnothing$(即不为空集),表明第 i 条人工鱼 $\boldsymbol{X}_i$ 的感知范围内存在其他伙伴,即 $n_f \geqslant 1$,则该集合的中心位置(伙伴中心)为

$$\boldsymbol{X}_{\text{center}} = \frac{\sum_{j=1}^{n_f} \boldsymbol{X}_j}{n_f}$$

计算该中心位置的适应度值 $\boldsymbol{Y}_{\text{center}}$,如果满足 $\boldsymbol{Y}_{\text{center}} > \boldsymbol{Y}_i$ 且 $\boldsymbol{Y}_{\text{center}}/n_f < \delta \times \boldsymbol{Y}_i$($\delta$ 为拥挤因子),表明伙伴中心有很多食物并且不太拥挤,则向该中心位置方向前进一步,否则执行觅食算子,即

$$\boldsymbol{X}_i^{t+1} = \boldsymbol{X}_i^t + \frac{\boldsymbol{X}_{\text{center}} - \boldsymbol{X}_i^t}{\|\boldsymbol{X}_{\text{center}} - \boldsymbol{X}_i^t\|} \cdot \text{Step} \cdot \text{Rand}()$$

3. 追尾行为

当某一条鱼或几条鱼发现食物较多且周围环境不太拥挤的区域时,附近的人工鱼会尾随其后快速游到食物处。在人工鱼的感知范围内,找到处于最优位置的伙伴,然后向其移动一步;如果没有,则执行觅食算子。追尾算子加快了人工鱼向更优位置的游动,同时也能促使人工鱼向更优位置移动。

设人工鱼 i 的当前位置为 $\boldsymbol{X}_i$,适应度值为 $\boldsymbol{Y}_i$,探索当前邻域内的伙伴中 $\boldsymbol{Y}_j$ 为最大值的伙伴 $\boldsymbol{X}_j$,若 $\boldsymbol{Y}_{\text{center}}/n_f > \delta \times \boldsymbol{Y}_i$ 表明伙伴 $\boldsymbol{X}_j$ 的状态具有较高的食物浓度并且其周围不太拥挤,则向 $\boldsymbol{X}_j$ 的方向前进一步:

$$\boldsymbol{X}_i^{t+1}=\boldsymbol{X}_i^t+\frac{\boldsymbol{X}_j-\boldsymbol{X}_i^t}{\|\boldsymbol{X}_j-\boldsymbol{X}_i^t\|}\cdot \text{Step}\cdot \text{Rand}()$$

否则执行觅食行为。

4. 随机行为

平时会看到鱼在水中自由地游来游去，表面看是随机的，其实它们也是为了在更大的范围内寻觅食物或同伴。随机行为的描述比较简单，就是在视野中随机地选择一个状态，然后向该方向移动，其实它是觅食行为的一个缺省行为。

以上四种行为在不同的条件下会相互转换，鱼类通过对行为的评价选择一种当前最优的行为进行执行，以到达食物浓度更高的位置，这是鱼类的生存习惯。

对行为的评价是用来反映鱼自主行为的一种方式。在解决优化问题时，可选用两种简单的评价方式：一种是选择最优行为进行执行，也就是在当前的状态下，哪一种行为向最优的方向前进最大，就选择哪一种行为；另一种是选择较优方向前进，也就是任选一种行为，只要能向较优的方向即可。

14.1.3 人工鱼群算法概述

从人工鱼群的四种行为的描述可知，在人工鱼算法中，觅食行为奠定了算法收敛的基础，聚群行为增强了算法收敛的稳定性，追尾行为则增强了算法收敛的快速性和全局性。

人工鱼群算法模型中包括三个主要算子，即聚群算子、追尾算子和觅食算子。这三个算子是算法的核心思想，并且决定算法的性能和最优解探寻的准确度。

假设在一个 D 维的目标搜索空间中，由 N 条人工鱼组成一个群体，其中第 i 条人工鱼的位置向量为 $\boldsymbol{X}_i$，$i=1,2,\cdots,N$。人工鱼当前所在位置的食物浓度(即目标函数适应度值)表示为 $\boldsymbol{Y}=f(\boldsymbol{X})$，其中人工鱼个体状态为欲寻优变量，即每条人工鱼的位置就是一个潜在的解。根据适应度值的大小衡量 $\boldsymbol{X}_i$ 的优劣，两条人工鱼个体之间的距离表示为 $\|\boldsymbol{X}_i-\boldsymbol{X}_j\|$。$\delta$ 为拥挤度因子，代表某个位置附近的拥挤程度，以避免与邻域伙伴过于拥挤。Visual 表示人工鱼的感知范围，人工鱼每次移动都要观察感知范围内其他鱼的运动情况及适应度值，从而决定自己的运动方向。Step 表示人工鱼每次移动的最大步长，为了防止运动速度过快而错过最优解，步长不能设置得过大，当然，太小的步长也不利于算法的收敛。Try_number 表示人工鱼在觅食算子中最大的试探次数。

人工鱼群算法的步骤如下：

① 进行初始化设置，包括人工鱼群的个体数 N、每条人工鱼的初始位置、人工鱼移动的最大步长 Step、人工鱼的视野 Visual、试探次数 Try_number 和拥挤度因子 δ。

② 计算每条人工鱼的适应度值，并记录全局最优的人工鱼的状态。

③ 对每条鱼进行评价，对其要执行的行为进行选择，包括觅食行为、聚群行为、追尾行为和随机行为。

④ 执行人工鱼选择的行为，更新每条鱼的位置信息。

⑤ 更新全局最优人工鱼的状态。

⑥ 若满足循环结束条件，则输出结果；否则跳转到步骤②。

基本人工鱼群算法的流程图如图 14.1 所示。

人工鱼群算法对初始条件要求不高，算法的终止条件可以根据实际情况设定，如通常的方法是判断连续多次所得值的均方差小于允许的误差，或判断聚集于某个区域的人工鱼的数目

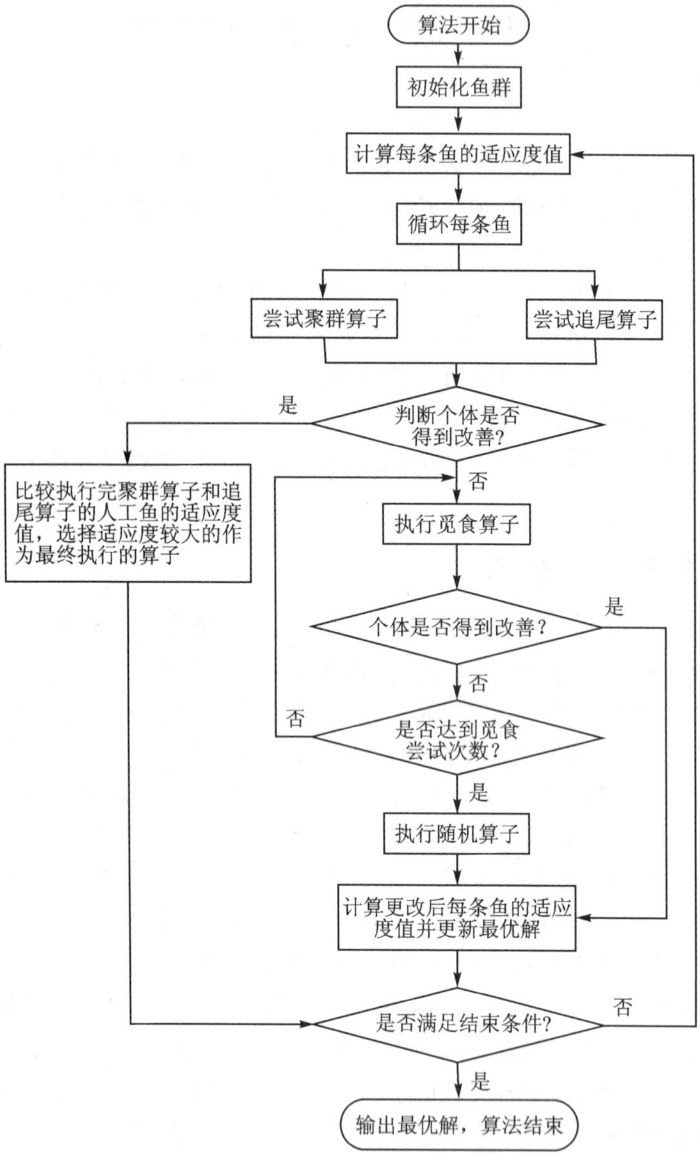

图 14.1　人工鱼群算法流程图

达到某个比率,或连续多次所获得的值均不超过已寻找的极值,或限制最大迭代次数等。为了记录最优人工鱼的状态,算法中引入一个公告牌。人工鱼在寻优过程中,每次迭代完成后,就对自身的状态与公告牌的状态进行比较,如果自身状态优于公告牌状态,就将自身状态写入并更新公告牌,这样公告牌就记录下了历史最优的状态,最终公告牌记录的值就是系统的最优值,公告牌状态就是系统的最优解。

人工鱼在决定执行行为时需要进行评价。在解决优化问题时,可以采用简单的评价方式,也就是在当前状态下,哪一种行为向最优方向前进最大就选择哪一种行为,根据所要解决问题的性质,对人工鱼所处的环境进行评价,从而选择一种行为。对于求解极大值问题,最简单的评估方法可以使用试探法,以便模拟执行聚群、追尾等行为,然后评价行动后的值,选择最优行为来实际执行,缺省行为为觅食行为。

14.1.4　各种参数对算法收敛性能的影响

人工鱼群算法有 5 个基本参数：视野 Visual、步长 Step、人工鱼总数 N、尝试次数 Try_number 及拥挤度因子 δ。

1. 视　野

人工鱼的各种行为都是在视野范围内进行的，因此视野的选取对算法收敛性的影响比较大。一般来讲，当视野范围较小时，人工鱼的追尾行为和聚群行为受到了很大的局限，而其在邻近区域内的搜索能力则得到了加强，此时觅食行为和随机行为比较突出；而当视野范围较大时，追尾行为和聚群行为变得比较突出，而人工鱼在较大的区域内执行觅食行为和随机行为，不利于全局极值附近的人工鱼发现邻近范围内的全局极值点。总体来看，视野越大，越容易使人工鱼发现全局极值并收敛。

2. 步　长

选择大步长，有利于人工鱼快速向极值点收敛，收敛的速度得到了一定的提高。随着步长的增加，超过一定范围之后，收敛速度会减缓，有时会出现振荡现象而大大影响收敛速度。但在收敛后期，会造成人工鱼在全局极值点来回振荡而影响收敛的精度。选择小步长，易造成人工鱼收敛速度慢，但精度会有所提高。

采用随机步长的方式在一定程度削弱了振荡现象对优化精度的影响，并使得该参数的敏感度大大降低，但其收敛速度也同样降低了。所以对于特定的优化问题，可以考虑采用合适的固定步长或变步长方法来提高收敛的速度和精度。

3. 人工鱼总数

人工鱼的数目越多，鱼群的群体智能越突出，收敛的速度越快，精度越高，跳出局部极值的能力也越强，但是算法每次迭代的计算量也越大。因此，在具体的优化应用中，应在满足稳定收敛的前提下，尽可能地减少人工鱼个体的数目。

4. 尝试次数

尝试次数越多，人工鱼执行觅食的能力越强，收敛的效率也越高，但在局部极值突出的情况下，人工鱼易在局部极值点聚集而错过全局极值点。所以对于一般的优化问题，可以适当地增加尝试次数，以加快收敛速度；在局部极值突出的情况下，应减少尝试次数，以增大人工鱼随机游动的概率，从而克服局部极值的影响。尝试次数越多，人工鱼摆脱局部极值的能力就会越弱，但是对于局部极值不是很突出的问题，增加尝试次数可以减少人工鱼随机游动的概率而提高收敛的效率。

5. 拥挤度因子

拥挤度因子是用来限制人工鱼群聚集规模，使在较优状态的领域内聚集较多的人工鱼，而在次优状态的领域内聚集较少的人工鱼或不聚集人工鱼。

在求极大值问题时，一般拥挤度因子可定义为 $\delta=\dfrac{1}{\alpha n_{\max}}$；在求极小值问题时，一般设 $\delta=\alpha n_{\max}$，$\alpha\in(0,1]$。其中 α 为极值接近水平，$n_{\max}$ 为该邻域内聚集的最大人工鱼数目。例如，如果希望在接近极值 90% 水平的领域内不会有超过 10 条人工鱼聚集，那么取 $\delta=\dfrac{1}{0.9\times10}=0.11$。这样若 $\boldsymbol{Y}_c/(\boldsymbol{Y}_i n_f)<\delta$，则算法就认为 $\boldsymbol{Y}_c$ 状态过于拥挤，其中 $\boldsymbol{Y}_i$ 为人工鱼自身状态的值，$\boldsymbol{Y}_c$ 为人工鱼所感知的某状态的值，n_f 为人工鱼邻域内伙伴的数目。

以求极大值的情况为例,拥挤度因子对算法的影响,可以分以下三种情况:

① 当$\delta_{nf}>1$时,拥挤度因子越大,算法执行追尾行为和聚群行为的机会越小,鱼群的聚集能力越弱,致使收敛速度和精度明显下降,克服局部极值的能力也有所降低;但同时由于觅食行为的增加,又使得算法的收敛能力和克服局部极值的能力得到了一定的补偿。

② 当$0<\delta_{nf}<1$时,拥挤度因子的变化对追尾行为不会产生影响,从而保证了算法能快速收敛;而拥挤度因子越小,聚群行为越强,越来越多的比中心值位置更优的人工鱼向中心移动,会使收敛速度逐渐下降;同时,由于觅食行为受到了削弱,故会抵消因聚群行为增强所带来的克服局部极值的优势,甚至使克服局部极值的能力有所下降。

③ 当忽略拥挤的因素,即令$\delta_{nf}=1$时,人工鱼主要比较以下两种行为的值:一是执行追尾行为后的值(最优人工鱼执行觅食行为);二是比中心食物浓度低的人工鱼执行聚群行为的值,比中心食物浓度值高的人工鱼执行缺省的觅食行为的值。与$0<\delta_{nf}<1$时相比,第一种行为的效果是相同的,而在第二种行为中执行聚群行为的人工鱼的个数比$0<\delta_{nf}<1$时少。此时,算法由于聚群行为减少所导致的克服局部极值能力的减弱又因为觅食行为的增加得到了补偿。因此忽略拥挤的因素,算法的复杂度、收敛速度、优化精度和克服局部极值的能力都是比较理想的。

以上5个基本参数,特别是前4个对算法收敛度的影响是较大的,在实际应用过程中,需要根据不同的寻优函数和寻优精度来合理地配置人工鱼的各个参数,不能一成不变。

14.1.5 人工鱼群算法在科学研究中的应用

人工鱼群算法作为一种模拟生物活动而抽象出来的搜索算法,仅使用了问题的目标函数,对搜索空间有一定的自适应能力,可以并行搜索,具有较好的全局寻优能力;不需要关于命题的先验知识的启发,对初值、参数选择不敏感,鲁棒性较强。在具体的应用中,可以针对问题的性质对鱼群算法进行灵活的简化,也可以与其他算法进行融合。

例 14.1 求下列函数的全局最优值:

$$\max f(x,y)=\frac{\sin x}{x}\cdot\frac{\sin y}{y},\qquad -10\leqslant x,y\leqslant 10$$

解:

该函数的图像如图14.2所示,从图像中可看出,该函数在[0,0]处有唯一极大值1,在周围散布着一些局部极值。

下面编写人工鱼群算法的程序求解此函数的最优解,限于篇幅,各种子函数不予列出。

```
>> zfun = inline('((sin(x)/x) * (sin(y)/y))'); ezmesh(zfun,100)              % 作图
>> af.visual = 10;af.step = 0.7;af.try_number = 5;af.delta = 0.2;           % 定义各种参数
>> af.x_lower = - 10;af.x_upper = 10;af.y_lower = - 10;af.y_upper = 10;     % 定义边界条件
>> [best_x,best_y,afs_val] = fish1(20,af,200);
```

运行程序得到结果:best_x = 0.0016,best_y =0.0017,afs_val = 1.0000

```
function [best_x,best_y,afs_val] = fish1(af_total,af,iterate_times)
global af_total;af;
passed_times = 0;
for i = 1:af_total
```

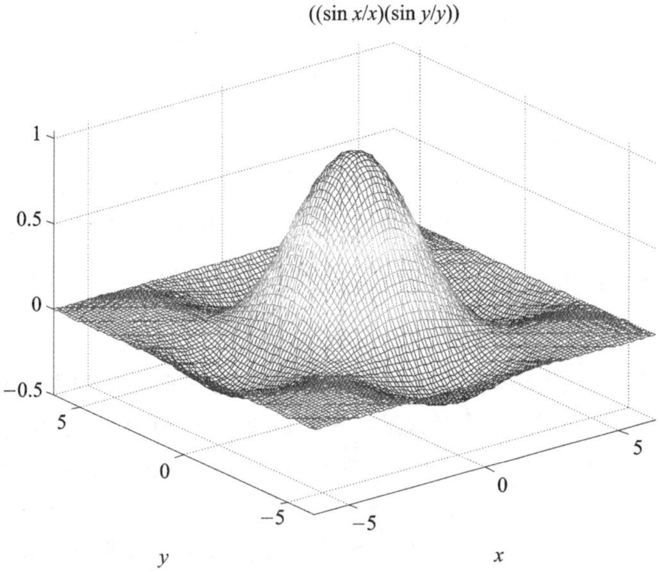

图 14.2　函数的图像

```
        af.x(i) = af.x_lower + (af.x_upper - af.x_lower) * rand();
        af.y(i) = af.y_lower + (af.y_upper - af.y_lower) * rand();
        af_value(i) = foo(af.x(i),af.y(i));                           %初始值
    end
    [afsvalue,best_num] = max(af_value);best_x = af.x(best_num);best_y = af.y(best_num);
    for j = 1:iterate_times
        passed_times = passed_times + 1;
        if passed_times>1
            b_value(passed_times) = b_value(passed_times - 1);   %收敛曲线
        else
            b_value(1) = -1;
        end
        for i = 1:af_total
          [af.x(i),af.y(i)] = fishevaluate(af.x(i),af.y(i));
                if foodconsistence(af.x(i),af.y(i))>foodconsistence(best_x,best_y)
                  best_x = af.x(i);best_y = af.y(i);
                end
                if foodconsistence(af.x(i),af.y(i))>b_value(passed_times)
                    b_value(passed_times) = foodconsistence(af.x(i),af.y(i));
                end
          end
            for i = 1:af_total
              if fishdstc([af.x(i) af.y(i)],[best_x best_y])<2
                  best_x = best_x + af.x(i); best_y = best_y + af.y(i); best_num = best_num + 1;
              end
            end
      best_x = best_x/best_num;best_y = best_y/best_num;afs_value(passed_times) = foo(best_x,best_y);
    end
    afs_val = afs_value(end);
```

例 14.2　在优化问题中，经常会遇到有约束的优化问题。通常一个约束优化问题可以描

述如下：

$$\min f(x)$$

$$\text{s.t.}\begin{cases} g_j(X) \geqslant 0, & j=1,2,\cdots,q \\ h_p(X)=0, & p=1,2,\cdots,m \\ x_i^l \leqslant x_i \leqslant x_i^u, & i=1,2,\cdots,n \end{cases}$$

其中，$\boldsymbol{X}=(x_1,x_2,\cdots,x_n)\in\mathbf{R}^n$ 为 n 维实向量；$f(X)$为目标（适应值）函数；g_j 为第 j 个不等式约束；h_p 为第 p 个等式约束；变量 x_i 在区间$[x_i^l,x_i^u]$中取值。$S=\prod_{i=l}^{n}[x_i^l,x_i^u]$ 表示搜索空间，S 中所有满足约束条件的可行解构成的可行域记为 $F\subseteq S$。

对于约束优化问题，一类重要的求解方法就是通过解一系列无约束优化问题以获取原非线性约束问题解的罚函数方法，其基本思想是：根据约束的特点构造某种惩罚函数，并把惩罚函数加到目标函数上，从而得到一个增广目标函数，使约束优化问题的求解转化为一系列优化问题的求解。故称此类算法为序列无约束极小化方法（Sequential Unconstrained Minimization Technique，SUMT）。常用的 SUMT 方法有两种，即外点法和内点法。

外点法的惩罚策略是：对违反约束条件的点在目标函数中加入相应的惩罚，而对可行点不予惩罚，其迭代点一般在可行域外部移动。随着迭代的进行，惩罚也逐次加大，以迫使迭代点不断逼近并最终成为可行点，以便找到原约束优化问题的最优解。

内点法的惩罚策略是：从一切可行点开始迭代，设法使迭代过程始终保持在可行域内部进行。为此，在可行域的边界设置一道“墙”。对企图穿越这道“墙”的点，在目标函数中加入相应的障碍，越接近边界，障碍就越大，从而就保证迭代点始终在可行域内部进行迭代。

本题采用罚函数外点法来优化约束问题，增广目标函数表达式为

$$\min F(x,\sigma)=f(x)+\sigma p(x)$$

$$p(x)=\sum_{i=1}^{m}[\max\{0,-g_i(x)\}]^\alpha+\sum_{j=1}^{l}|h_j(x)|^\beta$$

其中，$f(X)$为原适应值函数；σ 为惩罚因子，是一个很大的正数；$p(x)$为惩罚函数。一般地 $\alpha=\beta=2$。

利用此方法求解下列函数的最优解：

$$\min f(x)=100(y-x^2)^2+(1-x)^2$$

$$\text{s.t.}\begin{cases} g_1(x,y)=-x-y^2\leqslant 0 \\ g_2(x,y)=-x^2-y\leqslant 0 \\ -0.5\leqslant x\leqslant 0.5, \quad y\leqslant 1 \end{cases}$$

解：

根据题意，可编写下列程序：

```
>> af.visual = 1.5;af.step = 0.8;af.try_number = 100;af.delta = 0.2;
>> af.x_lower = - 0.5;af.x_upper = 0.5;af.y_upper = 1;af.y_lower = - inf;
>> [best_x,best_y,afs_val] = fish2(20,af,200)
```

运行程序得到结果：best_x=0.5000，best_y = 0.2500，afs_val=0.25。

限于篇幅，在此只列出求目标函数的函数：

```
function out = foo1(x,y)
g1 = gcon1(x,y);g2 = gcon2(x,y);punishment1 = 100;punishment2 = 200; punishment3 = 1000;
  punishment4 = 3000;q1 = max(0,g1); gamma1 = 1;
    if q1<= 1e-9
        theta1 = 0;
    elseif q1>1e-9&&q1<0.001
        theta1 = punishment1;
    elseif q1>= 0.001&&q1<0.1
        theta1 = punishment2;
    elseif q1>= 0.1&&q1<1
        theta1 = punishment3;
    else
        theta1 = punishment4;
        gamma1 = 2;
    end
lamda1 = theta1 * q1^gamma1;q2 = max(0,g2); gamma2 = 1;
  if q2<= 1e-9
        theta2 = 0;
    elseif q2>1e-9&&q2<0.001
        theta2 = punishment1;
    elseif q2>= 0.001&&q2<0.1
        theta2 = punishment2;
    elseif q2>= 0.1&&q2<1
        theta2 = punishment3;
    else
        theta2 = punishment4;gamma2 = 2;
  end
    lamda2 = theta2 * q2^gamma2;out = 100 * (y - x^2)^2 + (1 - x)^2 + (lamda1 + lamda2);

    function result = gcon1(x,y)                    % 约束函数 1
        result = - x - y^2;
    function result = gcon2(x,y)                    % 约束函数 2
        result = - x^2 - y;
```

例 14.3 试用鱼群算法求解不重复历经 14 城市,并且路径最短的线路,即邮递员难题(TSP 问题),其中城市坐标如表 14.1 所列。

表 14.1 城市坐标

城 市	1	2	3	4	5	6	7
X	16.47	16.47	20.09	22.39	25.23	22.00	20.47
Y	96.10	94.44	92.54	93.37	97.24	96.05	97.02
城 市	8	9	10	11	12	13	14
X	17.20	16.30	14.05	16.53	21.52	19.41	20.09
Y	96.29	97.38	98.12	97.38	95.59	97.13	94.55

解:

根据此问题的特点,对前两题所使用的程序进行适当的修改,便可以求出问题的解。

```
>> city = [16.47 16.47 20.09 22.39 25.23 22.00 20.47 17.20 16.30 14.05 16.35 21.52 19.41 20.09
          96.10 94.44 92.54 93.37 97.24 96.05 97.02 96.29 97.38 98.12 97.38 95.59 97.13 94.55];
>> iterate_times = 50;af = [1.5 14 200 9 10];
>> [best_route,best_value] = fish3(city,af,iterate_times)
```

运行程序得到如图 14.3 所示的结果。

best_route=10—1—2—14—3—4—5—6—12—7—13—8—11—9—10; best_value=30.8013

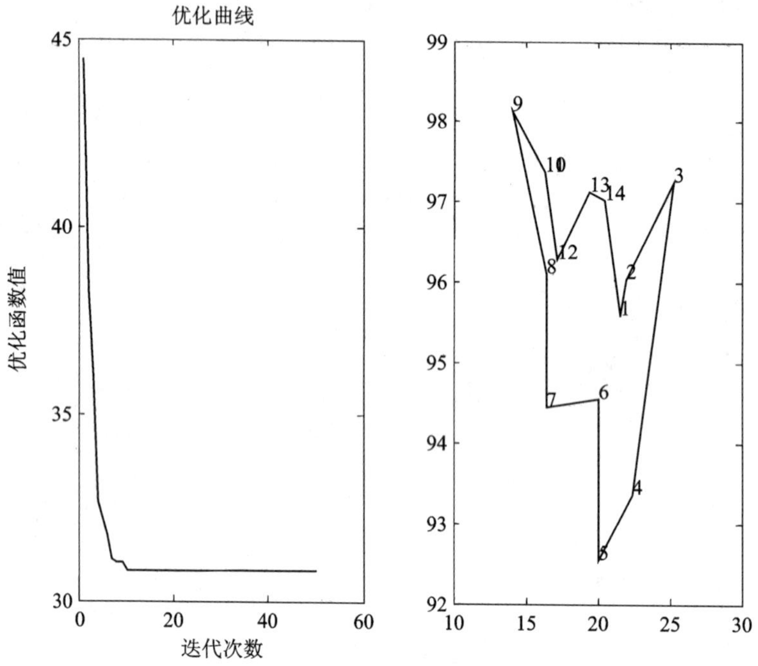

图 14.3　计算结果曲线

例 14.4　利用人工鱼群算法对表 14.2 所列的 Iris 数据进行分类处理。

表 14.2　Iris 数据

特征 类别	萼片长	萼片宽	花瓣长	花瓣宽
Iris-setosa	5.0	3.4	1.6	0.4
	5.2	3.5	1.5	0.2
	5.2	3.4	1.4	0.2
	4.7	3.2	1.6	0.2
	4.8	3.1	1.6	0.2
	5.4	3.4	1.5	0.4

续表 14.2

类别 \ 特征	萼片长	萼片宽	花瓣长	花瓣宽
versicolor	7.0	3.2	4.7	1.4
	6.4	3.2	4.5	1.5
	6.9	3.1	4.9	1.5
	5.5	2.3	4.0	1.3
	6.5	2.8	4.6	1.5
	5.7	2.8	4.5	1.3
	6.3	3.3	4.7	1.6
virginica	6.5	3.0	5.8	2.2
	7.6	3.0	6.6	2.1
	4.9	2.5	4.5	1.7
	7.3	2.9	6.3	1.8
	6.7	2.5	5.8	1.8
	7.2	3.6	6.1	2.5
	6.5	3.2	5.1	2.0

解：

设有 N 个样品集 $\boldsymbol{X}=\{\boldsymbol{X}_i, i=1,2,\cdots,N\}$，其中 $\boldsymbol{X}_i$ 为 n 维的特征向量。聚类问题就是要找到一个划分 $w=\{w_1,\cdots,w_M\}$，使得总的类内离散度 J 的和达到最小值：

$$J=\sum_{j=1}^{M}\sum_{\boldsymbol{X}_i\in w_j} d(\boldsymbol{X}_i,\overline{\boldsymbol{X}^{(w_j)}})$$

其中，$\overline{\boldsymbol{X}^{(w_j)}}$ 为第 j 个聚类的中心；$d(\boldsymbol{X}_i,\overline{\boldsymbol{X}^{(w_j)}})$ 为样品到对应聚类中心的距离；聚类准则函数 J 即为各类样品到对应聚类中心距离的总和。

当聚类中心确定时，聚类的划分可由最近邻法则决定，即对样品 $\boldsymbol{X}_i$，若第 j 类的聚类中心 $\overline{\boldsymbol{X}^{(w_j)}}$ 满足下面公式，则 $\boldsymbol{X}_i$ 属于第 j 类。

$$d(\boldsymbol{X}_i,\overline{\boldsymbol{X}^{(w_j)}})=\min_{l=1,2,\cdots,M} d(\boldsymbol{X}_i,\overline{\boldsymbol{X}^{(w_l)}})$$

利用鱼群算法对数据进行聚类的过程，是对每条鱼所代表的聚类中心进行迭代寻优，最终找到最优鱼所代表的聚类中心，然后再依据此聚类中心计算每个样品与各类聚类中心的距离，最后确定类别。

```
>> x1 = [5.0 3.4 1.6 0.4;5.2 3.5 1.5 0.2;5.2 3.4 1.4 0.2;4.7 3.2 1.6 0.2;4.8 3.1 1.6 0.2;
        5.4 3.4 1.5 0.4;7.0 3.2 4.7 1.4;6.4 3.2 4.5 1.5;6.9 3.1 4.9 1.5;5.5 2.3 4.0 1.3;
        6.5 2.8 4.6 1.5;5.7 2.8 4.5 1.3;6.3 3.3 4.7 1.6;6.5 3.0 5.8 2.2;7.6 3.0 6.6 2.1;
        4.9 2.5 4.5 1.7;7.3 2.9 6.3 1.8;6.7 2.5 5.8 1.8;7.2 3.6 6.1 2.5;6.5 3.2 5.1 2.0];
>> iterate_times = 50;af = [0.7 3 50 8 10];x2 = 3;
>> [best_class,best_value] = fish4(x1,af,iterate_times,x2);
   best_class = [2 2 2 2 2 2 1 1 1 1 1 1 1 3 3 1 3 3 3 3]
```

从结果看，有一个结果分错，但从这个样品的数据可看出它分在第 2 类较为合适。

14.2 人工免疫算法

14.2.1 人工免疫算法的生物学基础

1. 生物免疫系统

生物免疫系统是由具有免疫功能的器官、组织、细胞、免疫效应分子和有关的基因等组成的。它是生物在不断的进化过程中,通过识别"自己"和"非己",排除抗原性"异物",保护自身免受致病细菌、病毒或病原性异物的侵袭,维持机体的环境平衡,维护生命系统的正常运作。生物免疫系统是机体的保护性生理反应,也是机体适应环境的体现,具有对环境不断学习、后天积累的功能,它的结构及其行为特性极为复杂,关于其内在规律的认识,人们仍在进行不懈的努力。

为了便于了解免疫系统的基本原理,促进基本免疫机理的算法和模型用于解决实际工程问题,有必要先简单介绍一些基本概念和技术术语。

(1) 免疫淋巴组织

免疫淋巴组织按照作用不同分为中枢淋巴组织和周围淋巴组织。前者包括胸腺、腔上囊,人类和哺乳类的相应组织是骨髓和肠道淋巴组织;后者包括脾脏、淋巴结和全身各处的弥散淋巴组织。

(2) 免疫活性细胞

免疫活性细胞是能接受抗原刺激,并能引起特异性免疫反应的细胞。按发育成熟的部位及功能不同,免疫活性细胞分成 T 细胞和 B 细胞两种。

(3) T 细胞

T 细胞又称胸腺依赖性淋巴细胞,由胸腺内的淋巴干细胞在胸腺素的影响下增殖分化而成,它主要分布在淋巴结的深皮质区和脾脏中央动脉的胸腺依赖区。T 细胞受抗原刺激时首先转化成淋巴细胞,然后分化成免疫效应细胞,参与免疫反应,其功能包括调节其他细胞的活动以及直接袭击宿主感染细胞。

(4) B 细胞

B 细胞又称免疫活性细胞,由腔上囊组织中的淋巴干细胞分化而成,来源于骨髓淋巴样前体细胞,主要分布在淋巴结、血液、脾、扁桃体等组织和器官中。B 细胞受抗原刺激后,首先转化成浆母细胞,然后分化成浆细胞,分泌抗体,执行细胞免疫反应。

(5) 抗原与抗体

抗原一般是指诱导免疫系统产生免疫应答的物质,包括各种病原性异物以及发生了突变的自身细胞(如癌细胞)等。抗原具有刺激机体产生抗体的能力,也具有与其所诱生的抗体相结合的能力。

抗体又称免疫球蛋白,是指能与抗原进行特异性结合的免疫细胞,其主要功能是识别、消除机体内的各种病原性异物。抗体可分为分泌型和膜型,前者主要存在于血液及组织液中,发挥各种免疫功能;后者构成 B 细胞表面的抗原受体。各种抗原分子都有其特异结构 Idiotype —抗原化学基,又称 Epitope—表位,而每个抗体分子 V 区也存在类似的机构受体,或称 Paratope一对位。抗体根据其受体与抗原化学基的分子排列相互匹配情况识别抗原。当两种分子排列的匹配程度较高时，两者亲和度(Affinity)较大，亲和度大的抗体与抗原之间会产生生物化学反应，通过相互结合形成绑定(Banding)结构，并促使抗原逐步凋亡。

(6) 亲和力

免疫细胞表面的抗体和抗原化学基都是复杂的含有电荷的三维结构，抗体和抗原的结构与电荷之间互补就有可能结合，结合的强度即为亲和力。

(7) 亲和力成熟

数次活化后的子代细胞仍保持原代 B 细胞的特异性，中间可能会发生重链的类转换或点突变，这两种变化都不影响 B 细胞对抗原识别的特异性，但点突变影响其产生抗体对抗原的亲和力。高亲和性突变的细胞有生长增殖的优先权，而低亲和性突变的细胞则选择性死亡，这种现象被称为亲和力成熟，它有利于保持在后继应答中产生高亲和性的抗体。

(8) 变 异

在生物免疫系统中，B 细胞与抗原之间结合后被激活，然后产生高频变异。这种克隆扩增期间产生的变异形式，使免疫系统能适应不断变化的外来入侵。

(9) 免疫应答

免疫应答是指抗原进入机体后，免疫细胞对抗原分子的识别、活化、分化和效应等过程。它是免疫系统各部分生理的综合体现，包括了抗原提呈、淋巴细胞活化、特异识别、免疫分子形成、免疫效应以及形成免疫记忆等一系列的过程。

(10) 免疫耐受

免疫耐受是指免疫活性细胞接触抗原物质时所表现的一种特异性的无应答状态。免疫耐受现象是指由于部分细胞的功能缺失或死亡而导致的机体对该抗原反应功能丧失或无应答的现象。

(11) 自体耐受

自体耐受是抗体对抗原不应答的一种免疫耐受，它的破坏将导致自体免疫疾病。

2. 生物免疫基本原理

抗原入侵机体后会刺激免疫系统发生一系列复杂的连锁反应，这个过程即为免疫应答(又称免疫反应)。

免疫应答有两种类型：一种是遇到病原体后首先并迅速起防卫作用的固有性免疫应答；另一种是适应性免疫应答。前者在感染早期执行防卫功能；后者是继固有性免疫应答之后发挥效应的，以最终消除病原体，促进疾病治愈及防止再感染起主导作用。

适应性免疫应答又分为初次应答和二次应答。

抗原初次进入机体后，免疫系统就产生应答(初次应答)，通过刺激有限的特异性克隆扩增，迅速产生抗体，以达到足够的亲和力阈值，消除抗原，并对其保持记忆，以便下次遭到同样的抗原时更加快速地做出应答。初次应答比较慢，使得免疫系统有时间建立更加具有针对性的免疫应答。机体受到相同的抗原再次刺激后，多数情况下会产生二次应答。由于有了初次应答的记忆，因此二次应答反应更加及时、迅速，无须重新学习。应答的基本过程如图 14.4 所示。

免疫系统通过免疫细胞的分裂和分化作用，可产生大量的抗体来抑制各种抗原，具有多样

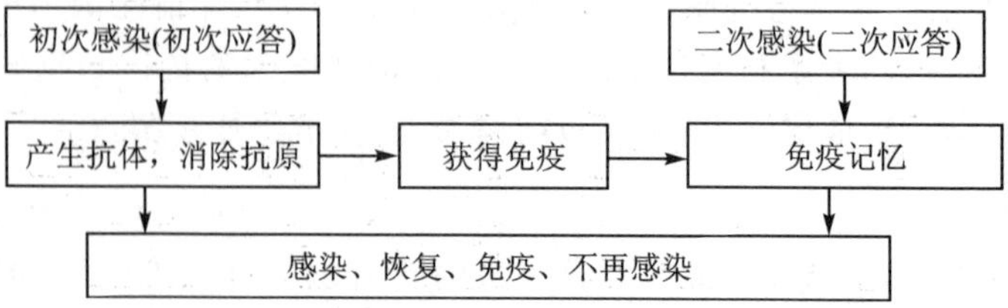

图 14.4　免疫应答的基本过程

性。免疫系统执行免疫防卫能力的比较细胞为淋巴细胞(包括 T 细胞和 B 细胞),B 细胞的主要作用是识别抗原和分泌抗体,T 细胞能够促进和抑制 B 细胞的产生与分化。抗原入侵体内后,B 细胞分泌的抗体与抗原发生结合作用,当它们之间的结合力超过一定限度时,分泌这种抗体的 B 细胞将会发生克隆扩增。克隆细胞在其母体的亲和力影响下,按照与母体亲和力成正比的概率对抗体的基因多次重复随机突变及基因块重组,进而产生种类繁多的免疫细胞,并获得大量识别抗原能力比母体强的 B 细胞。这些识别能力较强的细胞能有效地缠住入侵抗原,这种现象称为亲和成熟。

一旦有细胞达到最高亲和力,免疫系统就会通过记忆进行大量的复制,并直接保留,因而具有记忆功能和克隆能力。B 细胞的一部分克隆个体分化为记忆细胞,再次遇到相同抗原后能够迅速被激活,实现对抗原的免疫记忆。B 细胞的克隆扩增受 T 细胞的调节,当 B 细胞的浓度增加到一定程度时,T 细胞对 B 细胞产生抑制作用,从而防止 B 细胞的无限复制。当有新的抗原入侵或某些抗体大量复制而被破坏免疫平衡时,通过免疫系统的调节,可以抑制尝试过高或相近的抗体的再生能力,并实施精细进化达到重新平衡,因而具有自我调节的能力。

除了机体本身的免疫功能,还可以人为地接种疫苗,起到免疫的作用。疫苗是将细菌、病毒等病原体微生物及其代谢产物,经过人工减毒、灭活或利用基因工程的方法制备的用于预防传染病的自动免疫制剂。疫苗保留了病原菌刺激动物免疫系统的特性,当动物体接触到这种不具有伤害力的病原菌后,免疫系统便会产生一定的保护物质,如免疫激素、活性物质、特殊抗体组织的。当动物再次接触到这种病原菌时,动物体的免疫系统便会依循其原有的记忆,制造更多的保护物质来阻止病原菌的伤害。

14.2.2　人工免疫优化算法概述

1. 人工免疫系统的定义

目前关于人工免疫系统的定义已经有多种表述,以下是几种比较贴切的定义:

① De Castro 给出的第二个人工免疫系统定义:人工免疫系统是受生物免疫系统启发而来的用于求解问题的适应性系统。

② Timmis 给出的第二个人工免疫系统定义:人工免疫系统是一种由理论生物学启发而来的计算范式,借鉴了一些免疫系统的功能、原理和模型并用于复杂问题的解决。

③ 黄宏伟给出的人工免疫系统的定义:人工免疫系统是基于免疫系统机制和理论免疫学而发展的各种人工范例的特称。

生物世界为计算问题求解提供了许多灵感和源泉。人工免疫系统作为一种智能计算方法,它与人工神经网络、进化计算及群集智能一样,都属于基于生物隐喻的仿生计算方法,且都来源于自然界中的生物信息处理机制的启发,并用于构造能够适应环境变化的智能信息处理系统，也是现代信息科学与生命科学相互交叉渗透的研究领域。

2. 免疫算法的提出

20 世纪 80 年代中期，美国密歇根大学的 Holland 教授提出的遗传算法，虽然具有使用方便、鲁棒性强、便于并行处理等特点，但在对算法的实施过程中不难发现，两个主要遗传算子都是在一定发生概率的条件下，随机地、没有指导地迭代搜索，因此它们在为群体中的个体提供进化机会的同时，也无可避免地产生了退化的可能，在某些情况下，这种退化现象还相当明显。另外，每一个待求的实际问题都会有自身一些基本的、明显的特征信息或知识，然而，遗传算法的交叉和变异算子却相对固定，在求解问题时，可变的灵活程度较小，这无疑对算法的通用性是有益的，但却忽视了问题的特征信息对求解问题的辅助作用，特别是在求解一些复杂问题时，这种忽视所带来的损失往往是比较明显的。实践也表明，仅仅使用遗传算法或者以其为代表的进化算法，在模仿人类智能处理事物的能力方面还远远不够，还必须更加深层次地挖掘与利用人类的智能资源。所以，研究者力图将生命科学中的免疫概念引入到工程实践领域，借助其中的有关知识与理论并将其与已有的一些智能算法有机地结合起来，以建立新的进化理论与算法来提高算法的整体性能。基于这个思想，将免疫概念及其理论应用于遗传算法，在保留原算法优良特性的前提下，力图有选择、有目的地利用待求问题中的一些特征信息或知识来抑制其优化过程中出现的退化现象，这种算法称为免疫算法（Immune Algorithm，IA）。

3. 免疫算法的基本思想

免疫算法主要包括以下几个关键步骤：

① 产生初始群体。对初始应答，初始抗体随机产生；而对再次应答，则借助于免疫机制的记忆功能，部分初始抗体由记忆单元获取。由于记忆单元中抗体具有较高的适应度和较好的群体分布，因此可提高收敛速度。

② 根据先验知识抽取疫苗。

③ 计算抗体适应度。

④ 收敛判断。

若当前种群中包含最佳个体或达到最大进化代数，则算法结束，否则继续进行以下步骤：

⑤ 产生新的抗体。每一代新抗体主要通过以下两条途径产生：

- 途径一：基于遗传操作生成新抗体。采用赌轮盘选择机制，当群体相似度小于阈值时，多样性满足要求，则抗体被选中的概率正比于适应度；反之，按下述途径二的方式产生新抗体，交叉和变异算子均采用单点方式。
- 途径二：随机产生 P 个新抗体。为保证抗体多样性，模仿免疫系统细胞的新陈代谢功能，随机产生 P 个新抗体，使抗体总数为 $N+P$，再根据群体更新，产生规模为 N 的下一代群体。

⑥ 群体更新。对种群进行接种疫苗和免疫选择操作，得到新一代规模为 N 的父代种群，返回步骤③。

免疫算法的流程图如图 14.5 所示。

4. 免疫算子

免疫算法通常包括多种免疫算子：提取疫苗算子、接种疫苗算子、免疫平衡算子、免疫选择算子、克隆算子等。增加免疫算子可以提高进化算法的整体性能，并使其有选择、有目的地利用特征信息来抑制优化过程中的退化现象。

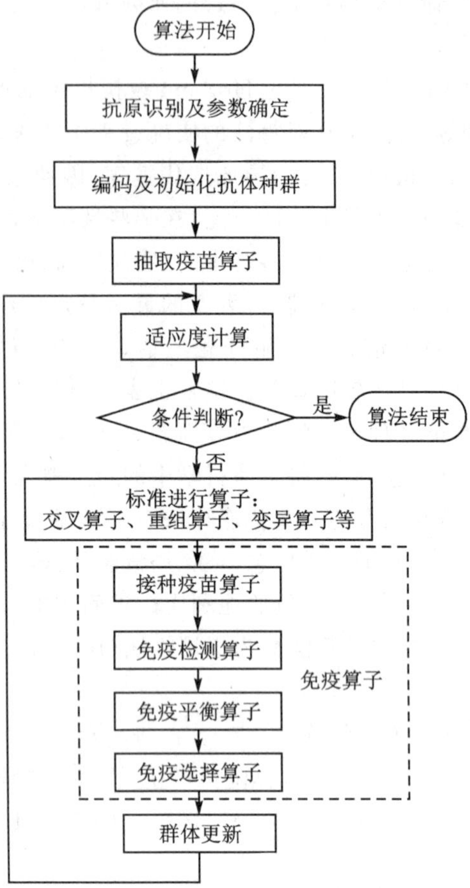

图 14.5 免疫算法的流程图

(1) 提取疫苗算子

疫苗是依据人们对待求问题所具备的或多或少的先验知识来确定的,它所包含的信息量及其准确性对算法的运行效率和整体性能起着重要的作用。

首先对所求解的问题进行具体分析,从中提取出最基本的特征信息;然后对此特征信息进行处理,以将其转化为求解问题的一种方案;最后将此方案以适当的形式转化为免疫算子,以实施具体的操作。例如在求解 TSP 问题时,可以依据不同城市之间的距离作为疫苗;在应用于模式识别的分类与聚类时,可以依据样品与模板之间或样品与样品之间的特征值距离作为疫苗。由于每一个疫苗都是利用局部信息来探求全局最优解的,即估计该解在某一分量上的模式,所以没有必要对每个疫苗做到精确无误。如果为了精确起见,则可以尽量将原问题局域化处理得更彻底,这样局部条件下的求解规律就会更明显。但是这使得寻找这个疫苗的计算量会显著增加。还可以将每一代的最优解作为疫苗,动态地建立疫苗库,若当前的最优解比疫苗库中的最差疫苗的亲和力高,则取代该最差疫苗。

值得指出的是,由于待求问题的特征信息往往不止一个,所以疫苗也可能不止一个,在接种过程中可以随机地选取一个疫苗进行接种,也可以将多个疫苗按照一定的逻辑关系进行组合后再予以接种。

（2）接种疫苗算子

接种疫苗主要是为了提高适应度，利用疫苗所蕴含的指导问题求解的启发式信息，对问题的解进行局部调整，使得候选解的质量得到明显的改善。接种疫苗有助于克服个体的退化现象和有效地处理约束条件，从而可以加快优化解的搜索速度，进一步提高优化计算效率。

设个体 x，接种疫苗是指按照先验知识来修改 x 的某些基因位上的基因或其分量，使所得个体以较大的概率具有更高的适应度。这一操作应满足两点：① 若个体 y 的每一基因位上的信息都是错误的，即每一位码都与最佳个体不同，则对任何一个个体 x，转移为 y 的概率为 0；② 若个体 x 的每个基因位都是正确的，即 x 已经是最佳个体，则 x 以概率 1 转移为 x。设群体 $c=(x_1, x_2, \cdots, x_n)$ 对 c 接种疫苗是指在 c 中按比例 α 随机抽取 $n_\alpha=\alpha_n$ 个个体而进行的操作。

（3）免疫检测算子

免疫检测是指对接种了疫苗的个体进行检测，若其适应度仍不如父代，则说明在交叉、变异的过程中出现了严重的退化现象，这时该个体将被父代中所对应的个体所取代，否则原来的个体直接成为下一代的父代。

（4）免疫平衡算子

免疫平衡算子是对抗体中浓度过高的抗体进行抑制，而对浓度相对较低的抗体进行促进的操作。在群体更新中，由于适应度高的抗体的选择概率高，因此浓度逐渐提高，这样会使种群中的多样性降低。当某抗体的浓度达到一定值时，就抑制这种抗体的产生；反之，则相应地提高浓度低的抗体的产生和选择概率。这种算子保证了抗体群体更新中的抗体多样性，在一定程度上避免了早熟收敛。

① 浓度计算

对于每一个抗体，统计种群中适应度值与其相近的抗体的数目，则浓度为

$$c_i=\frac{\text{与抗体 } i \text{ 具有最大亲和力的抗体数}}{\text{抗体总数}}$$

② 浓度概率计算

设定一个浓度阈值 T，统计浓度高于该阈值的抗体，记数量为 HighNum。规定这 HighNum 个浓度较高的抗体浓度概率为

$$P_{\text{density}}=\frac{1}{\text{抗体总数}}\left(1-\frac{\text{HighNum}}{\text{抗体总数}}\right)$$

其余浓度较低的抗体浓度概率为

$$P_{\text{density}}=\frac{1}{\text{抗体总数}}\left(1+\frac{\text{HighNum}}{\text{抗体总数}}\cdot\frac{\text{HighNum}}{\text{抗体总数}-\text{HighNum}}\right)$$

（5）免疫选择算子

免疫选择算子是对经过免疫检测后的抗体种群，依据适应度和抗体浓度确定的选择概率选择出个体，组成下一代种群。

概率的计算公式

$$P_{\text{choose}}=\alpha\cdot p_{\text{f}}+(1-\alpha)\cdot p_{\text{d}}$$

其中，p_{f} 为抗体的适应度概率，定义为抗体的适应度值与适应度部和之比；p_{d} 为抗体的浓度概率，抗体的浓度越高则越受到抑制，浓度越低则越受到促进；α 为比例系数，决定了适应度与浓

度的作用大小。

然后再利用赌轮盘选择方式,依据计算出的选择概率对抗体进行选择,选出相对适应度较高的抗体作为下一代的种群抗体。

(6) 克隆算子

克隆算子源于对生物具有的免疫克隆选择机理的模仿和借鉴。在抗体克隆选择学说中,当抗体侵入机体中,克隆选择机制在机体内选择出识别和消灭相应抗原的免疫细胞,使之激活、分化和增殖,进行免疫应答,以最终消除抗原。免疫克隆的实质是在一代进行中,在候选解的附近,根据亲和度的大小,产生一个变异解的群体,从而扩大了搜索范围,避免了遗传算法对初始种群敏感、容易出现早熟和搜索限于局部极小值的现象,具有较强的全局搜索能力。该算子在保证收敛速度的同时又能维持抗体的多样性。

通过不同的免疫算子和进化算子(交叉算子、重组算子、变异算子和选择算子)的重组融合,可形成不同的免疫进化算法。其中免疫算子可以优化其他智能算法,这样不仅保留了原来智能算法的优点,同时也弥补了原算法的一些不足和缺点。

5. 免疫算法与免疫系统的对应

免疫算法是借鉴了免疫系统学习性、自适应性以及记忆机制等特点而发展起来的一种优化组合方法。在使用免疫算法解决实际问题时,各步骤都与免疫系统有对应关系。表 14.3 所列为免疫算法与免疫系统的对应关系表。其中根据疫苗修正个体基因的过程即为接种疫苗,其目的是消除抗原在新个体产生时带来的负面影响。

表 14.3 免疫算法与免疫系统的对应关系

免疫系统	免疫算法
抗原	要解决的问题
抗体	最佳解向量
抗原识别	问题分析
从记忆细胞产生抗体	联想过去的成功解
淋巴细胞分化	优良解(记忆)的复制保留
细胞抑制	剩余候选解消除
抗体增加(细胞克隆)	利用免疫算子产生新抗体
亲和力	适应度
疫苗	含有解决问题的关键信息

14.2.3 人工免疫算法与遗传算法的比较

人工免疫算法作为一种进化算法,所用的遗传结构与遗传算法中的类似,采用重组、变异等算子操作解决抗体优化问题,但也存在以下区别:

- 人工免疫算法起源于抗原与抗体之间的内部竞争,其相互作用的环境包括内部环境和外部环境;而遗传算法起源于个体和自私基因之间的外部竞争。
- 人工免疫算法假设免疫元素互相作用,即每一个免疫细胞等个体可以互相作用,而遗传算法不考虑个体间的作用。

- 人工免疫算法中，基因可以由个体自己选择，而在遗传算法中基因由环境选择。
- 人工免疫算法中，基因组合是为了获得多样性，一般不用交叉算子，因为人工免疫算法中基因是在同一代个体进行进化，这种情况下，设交叉概率为 0；而遗传算法后代个体基因通常是父代交叉的结果，交叉用于混合基因。
- 人工免疫算法选择和变异阶段明显不同，而遗传算法中它们是交替进行的。

因此，也可以把人工免疫算法看作是遗传算法的补充。

与遗传算法相比，人工免疫算法在个体理论以及选择算子、维持多样性等方面有很大的改进。

(1) 个体更新

在遗传算法中的交叉、变异算子之后，人工免疫算法利用先验知识，引入疫苗接种算子，这样对随机选出的个体的某些基因位，用疫苗的信息来替换，从而使个体向最优解逼近，加快了算法的收敛速度，实现了个体更新的过程。

(2) 选择算子

在遗传算法中，个体更新后并没有判断其是否得到了优化，以至于经过交叉、变异后的个体不如父代个体，即出现退化现象。而在人工免疫算法中，在经过交叉、变异、疫苗接种算子的作用后，新生成的个体需要经过免疫检测算子操作，即判断其适应度是否优于父代个体，如果发生了退化，则用父代个体替换新生成的个体，然后利用抗体的适应度值和浓度值所共同确定的选择概率，参加轮盘赌选择操作，最终选择出新一代种群。

(3) 维持多样性

在遗传算法中，适应度高的个体在一代中被选择的概率高，相应的浓度高，适应度低的个体在一代中被选择的概率低，相应的浓度低，没有自我调节功能。而在人工免疫算法中，除了抗体的适应度，还引入了免疫平衡算子参与到抗体的选择中。免疫平衡算子对浓度高的抗体进行抑制，反之对浓度低的抗体进行促进。免疫平衡算子的引入，使得抗体与抗体之间相互促进或抑制，维持了抗体的多样性及免疫平衡，体现了免疫系统的自我调节功能。

正是存在着与遗传算法不同的特点，人工免疫算法具有分布式、并行性、自学习、自适应、自组织、鲁棒性和凸显性等特点。与传统数学方法相比，人工免疫算法在进行问题求解时，与进化计算方法相似，不需要依赖于问题本身的严格数学性质，如连续性和可导性等，不需要建立关于问题本身的精确数学描述，一般也不依赖于知识表示，而是在信号或数据层直接对输入信号进行处理，属于求解那些难以有效建立形式化模型、使用传统方法难以解决或根本不能解决的问题。人工免疫算法是一种随机概率型的搜索方法，这种不确定性使其能有更多的机会求得全局最优解；人工免疫算法又是利用概率搜索来指导其搜索方向，概率作为一种信息来引导搜索过程朝搜索空间更优化的解区域移动，有着明确的搜索方向，算法具有潜在的并行性，并且易于并行化。

14.2.4 人工免疫算法在科学研究中的应用

例 14.5 利用人工免疫算法对下列函数寻优：

$$\max f(x,y)=\left(\frac{3}{0.05+x^2+y^2}\right)^2+(x^2+y^2)^2,\qquad -5.12\leqslant x,y\leqslant 5.12$$

解： 此函数的图形见图 14.6，在(0,0)处有极大值 3 600。

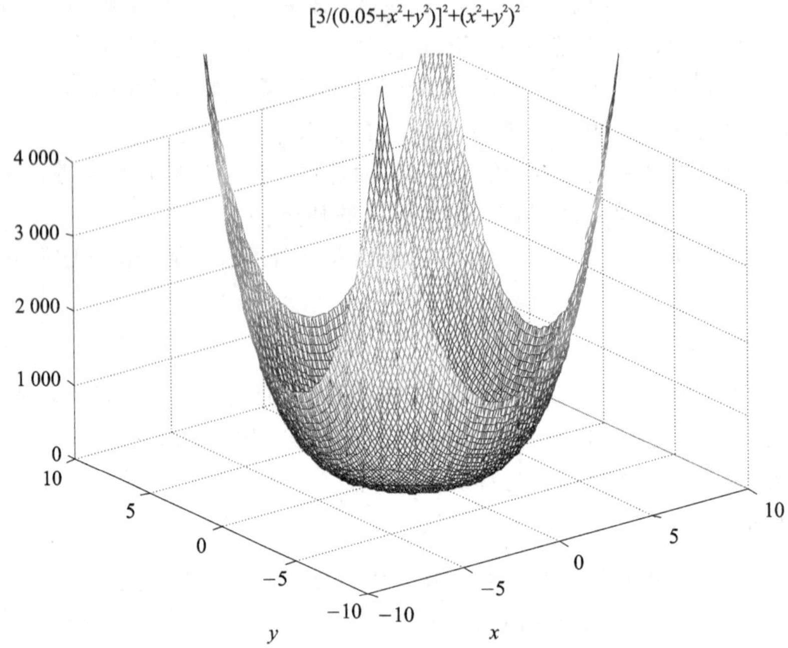

图 14.6 所求函数的图形

在使用人工免疫算法时要解决以下问题:

(1) 抗体个体的编码

虽然可以采用二进制编码,其搜索能力较强,但需要频繁地交替进行编码与解码,计算工作量大且只能产生有限的离散值,所以在此采用十进制(实数编码)。它利用如下线性变换进行编码:

$$x_j = a_j + u_0(j)(b_j - a_j)$$

把初始变化区间$[a_j, b_j]$第 j 个优化变量 x_j 映射到区间[0,1]上的实数 $u_0(j)$,即基因编码。

(2) 抗体浓度的计算

在计算中一般根据以下的标准判断抗体的相似性:

$$\frac{f_i}{f_j} \leqslant 1 + \varepsilon$$

其中,ε 为一个较小的正数,如为 0.02,表示抗体 i 与抗体 j 之间的相似度有 98%。

(3) 疫苗的建立及接种

不同的问题可能有不同的疫苗,所以要根据具体的先验知识来确定疫苗。在此为了使其算法具有更好的通用性,根据以下方法建立疫苗:

① 建立疫苗库。一般将数目为 20%~40%群体规模的第 $k-1$ 代迭代过程中所产生的较优抗体作为疫苗库。

② 根据轮盘赌选择策略从疫苗库中选出某较优的个体作为疫苗。

③ 将疫苗接种于选择的个体,此时可以将疫苗全部替换被选择个体基因位,也可以替换部分基因位。

根据人工免疫算法的原理,编程进行计算,并得到以下的结果(其中一次的结果):

```
>> zfun = inline('(3/(0.05 + x^2 + y^2))^2 + (x^2 + y^2)^2'); ezmesh(zfun,100);
>> axis([-10 10 -10 10 0 4000]);myvar = [300 0.4 0.05 300 2]; a = myICA(myvar)
   var: [5.6320e-004  -7.6800e-004]      fitness: 3.5999e+003
```

例 14.6 利用人工免疫算法求解例 14.3 的 TSP 问题。

解：对例 14.5 中的程序作一些相应的修改，便可以解决 TSP 问题。主要有两处修改：一是编码及适应度函数的计算；二是疫苗的建立及注射。

编码与适应度函数的计算程序与例 14.3 相似。而本题的疫苗从一般的角度讲可以根据各城市间的距离来构建。在要注射疫苗抗体中随机选择基因位(即城市位)，然后根据与该城市距离最短的另一个城市的位号作为其邻近的基因值，但这个方法只适用于局部区域(如两三个城市间)。最通用的方法还是采用最优个体作为疫苗。另外，在交叉及注射过程中，编码中不能出现重复的城市或缺失的城市编号。

```
>> myvar = [300 0.3 0.04 300]; a = myICA_TSP(myvar)
a = route: [6 5 4 3 14 2 1 10 9 11 8 13 7 12 6]      fitness: 41.7220
```

此答案与例 14.3 中的答案有所差异，但分析可知，只是路径的起点不同而已。

例 14.7 利用人工疫苗克隆选择算法求解 0—1 背包问题。

人工疫苗算法有许多改进或衍生方法，疫苗克隆选择算法就是其中的一种。它的基本原理是：种群中的每个抗体，依据与抗原亲和力的强弱，复制一定数目的克隆个体。抗体繁殖克隆的数目与其亲和力成正比，即拥有较高亲和度的抗体，其复制的数目也相对较多；反之，复制的就较少。然后对克隆的个体进行变异，其变异受其母体的亲和力制约。亲和度较高的抗体，其变异概率较小；反之，亲和度较低的个体，其变异概率较大。变异的方法有单点突变、超突变及基因块重组等。最后对变异后的抗体进行选择确定下一代进化的父代。另外，在疫苗克隆选择算法中也可以引入疫苗的注射。

背包问题(knapsack problem)是指给出一套实体及其价值和尺寸，选择一个或多个互不相干的子集，使每个子集的尺寸不超过给定边界，而被选择的价值总和最大。下面为经典的 0—1 背包问题。

$$\max f(x) = \sum_{j=1}^{n} x_j \times p_j$$

$$\text{s.t.} \quad \sum_{j=1}^{n} x_j \times a_j \leqslant c, \qquad x_j \in \{0,1\}, \quad j = 1,2,\cdots,n$$

其中，a_j 为物体的体积(重量)，c 为背包的最大容积(重量)。现有一组物体的价值与重量的数据如下，$c=582$，则选择哪些物品装入该背包可在背包的约束限制之内装入的总价值最大？

解：人工疫苗克隆选择程序与人工疫苗算法基本相似，主要增加了有关克隆的一些算子，如克隆、克隆选择等算子。

抗体的克隆主要是根据每个单体复制一定数量的抗体，其数量 n 由下式决定：

$$n = p \times \text{int}\left(\sqrt{\frac{N}{i}}\right)$$

其中，p 为克隆参数，可选择为 1；N 为抗体的数量；i 为抗体按亲和力(适应度)大小排列的序号；int(•)表示取整。

克隆的选择是从每个子克隆群中选择比原来抗体适应值大的抗体代替原来的抗体，作为下一代迭代的父代。

```
>> myvar = [300 0.4 0.05 300];a = myClone(myvar)
[0 0 0 0 0 1 0 1 0 1 1 1 1 1 0 1 1 1 0 0 1 0 1 0 1 1 1 0 0 1 0 0 1 1 1 1 1 1 0 1 0 0 1 0 1 1 1 0]
fitness: 891(1 表示取,0 表示放弃)
```

限于篇幅,在此只列出克隆算子。

```
function cloneantibody = clone(m_antibody)
global antibodynum;cloneantibodynum;
cloneantibodynum = 0;
for i = 1:antibodynum
    n = floor(sqrt(antibodynum/i));cloneantibodynum = cloneantibodynum + n;
    for j = 1:n
        cloneantibody(cloneantibodynum - n + j) = m_antibody(i);
    end
end
```

例 14.8 拟对陕西省进行喷灌区划,其一级区预分 3 类。从陕南、关中、陕北地区选择 27 种作物作为样本,数据如表 14.4(各变量代表的物理意义及作物名称从略)所列。试用基于动态疫苗提取的疫苗遗传算法对其进行分类。

表 14.4 原始数据

样本编号	地区	X_1	X_2	X_3
1	陕南	45	0.2	1903
2		250	10.88	208.92
3		225	19.2	146.92
4		49.6	7.75	146.05
5		240	26.4	6.25
6		220	26.4	223.1
7		240	26.4	203.1
8		16.5	12.29	−17.29
9		20.5	6.91	−5.41
10	关中	22.71	3.0	0.71
11		36.68	5.2	15.48
12		97.85	3.0	68.85
13		240	39.6	219.9
14		220	39.6	189.9
15		240	39.6	209.9
16		110	4.95	67.05

续表 14.4

样本编号	地 区	X_1	X_2	X_3
17	陕北	11.82	5.2	−2.91
18		12.38	5.2	−2.41
19		6.78	5.2	−8.00
20		21.9	5.2	7.12
21		9.35	5.2	−2.80
22		14.7	4.4	−13.70
23		8.48	5.2	−3.66
24		132	5.2	92.72
25		107.2	5.2	65.42
26		130.0	8.25	127.25
27		120.0	8.25	117.75

解：所谓动态疫苗，是指建立动态的疫苗库（数量可以固定，也可以变化），将每一代的最优个体放入疫苗库中，在每次向疫苗库中加入新的疫苗后，都要按适应度对疫苗进行排序，淘汰适应度较小的疫苗。接种时，随机选取动态疫苗库的疫苗，对子代种群进行接种，随机指定某位基因，依据选择疫苗中相应的基因来修改抗体对应基因位上的值。

用疫苗遗传算法求解聚类时，随机指定各样本的类号，再进行交叉、变异、接种等操作，得到新的分类方式，并根据适应度的变化确定最佳的分类方式。

据此，可以编程计算并得到以下的结果：

```
>> a = dyICA(myvar)
   pattern: [1 1 1 2 1 1 2 1 1 1 3 1 1 3 3 1 1 3 2 3 1 1 1 1 3 2 2]
   fitness: 37.8777
```

14.3　进化计算

一直以来，人类从大自然中不断地得到启迪，通过发现自然界中的一些规律，或模仿其他生物的行为模式，从而获得灵感来解决各种问题。进化计算（Evolutionary Algorithm，EA）即为其中的一种，它是通过模仿自然界生物基因遗传与种群进化的过程和机制而产生的一种群体导向随机搜索技术和方法。

进化计算的基本思想是基于达尔文的生物进化学说，认为生物进化的主要原因是基因的遗传与突变，以及“优胜劣汰，适者生存”的竞争机制。能在搜索过程中自动获取搜索空间的知识，并积累搜索空间的有效知识，缩小搜索空间范围，自适应地控制搜索过程，动态、有效地降低问题的复杂度，从而求得原问题的最优解。另外，由于进化计算具有高度并行性、自组织、自适应、自学习等特征，效率高，易于操作，简单通用，有效地克服了传统方法解决复杂问题时的障碍，因此被广泛应用于不同的领域。

进化计算模仿生物的进化和遗传过程，通过迭代过程得到问题的解。每一次迭代都可以看作一代生物个体的繁殖，因此称为“代”。在进行算法中，一般是从问题的一群解出发，改进到另一群较好的解，然后重复这一过程，直至达到全局的最优解，每一群解被称为一个“解群”，每一个解被称为一个“个体”。每个个体要求用一组有序排列的字符串来表示，因此它是用编码方式进行表示的。进化计算的运算基础是字符串或字符段，它就相当于生物学的染色体，字符串或字符段由一系列字符组成，每个字符都有自己的含义，相当于基因。

进化计算中，首先利用交叉算子、重组算子、变异算子由父代繁殖出子代，然后对子代进行性能评价，选择算子挑选出下一代的父代。在初始化参数后，进化计算能够在进化算子的作用下进行自适应调整，并采用优胜劣汰的竞争机制来指导对问题空间的搜索，最终达到最优解。进化计算的算法流程如图 14.7 所示。

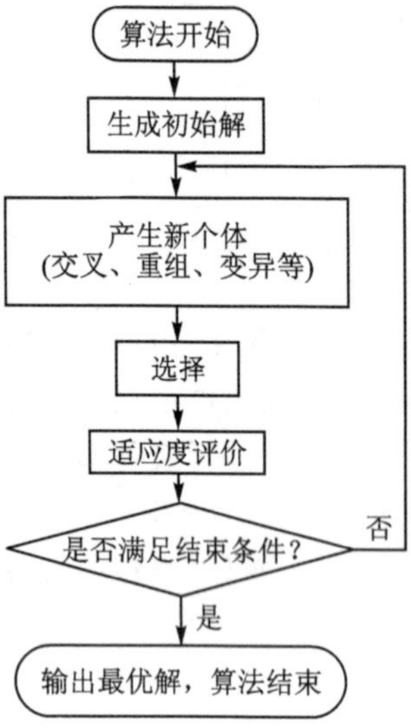

图 14.7 进化计算流程图

进化计算具有如下的优点：

① 渐近式寻优。它和传统的方法有很大的不同，它不要求研究的问题是连续、可导的；进化计算从随机产生的初始可行解出发，一代代地反复迭代，使新一代的结果优越于上一代，逐渐得出最优的结果，这是一个逐渐寻优的过程，但却可以很快地得出所要求的最优解。

② 体现“适者生存，劣者淘汰”的自然选择规律。进化计算在搜索中，借助进化算子操作，不需要添加任何额外的作用，就能使群体的品质不断地得到提高，具有自动适应环境的能力。

③ 有指导的随机搜索。进化计算既不是一种盲目式的乱，也不是穷举式的全面搜索，而是一种有指导的随机搜索，指导进化计算执行搜索的依据是适应度函数，也即目标函数。

④ 并行式搜索。进化计算每一代运算都针对一组个体同时进行，而不是只针对单个个体。因此，进化计算是一种多点并进的并行算法，这大大提高了进化计算的搜索速度。

⑤ 直接表达问题的解，结构简单。进化计算根据所解决问题的特性，用字符串表达问题及选择适应度，一旦完成这两项工作，其余的操作都可按固定方式进行。

⑥ 黑箱式结构。进化计算只研究输入与输出的关系，并不深究造成这种关系的原因，具有黑箱式结构。个体的字符串表达如同输入，适应度计算如同输出，因此，从某种意义上讲，进化计算是一种只考虑输入与输关系的黑箱问题，便于处理因果关系不明确的问题。

⑦ 全局最优解。进化计算由于采用多点并行搜索，而且每次迭代借助交换和突变产生新个体，不断扩大探寻搜索范围，因此进化计算很容易搜索出全局最优解而不是局部最优解。

⑧ 通用性强。传统的优化算法，需要将所解决的问题用数学式表示，而且要求该函数的一阶导数或二阶导数存在。采用进化计算，只用某种字符表达问题，然后根据适应度区分个体优劣，其余的交叉、变异、重组、选择等操作都是统一的，由算法自动完成。

进化计算基于其发展历史，有 4 个重要的分支：遗传算法、进化规划、进化策略和差分进化。

遗传算法是由 Holland 教授于 1975 年提出的，它在 20 世纪 80 年代以后被广泛研究和应用，取得了丰硕的成果，并且在实际应用中得到了很大的完善和发展。

进化规划算法最早由 L. J. Fogel 于 1966 年提出，但当时并没有得到重视。直至 20 世纪

90 年代，才逐步被认可，并在一定范围内开始解决一些实际问题。D. B. Fogel 将进化规划思想拓展到实数空间，使其能用来解决实数空间中的优化计算问题，并在变异运算中引入正态分布技术，从而使进化规划成为一种优化搜索算法，并作为进化计算的一个分支在实际领域中得到了广泛的应用。

进化策略是独立于遗传算法和进化规划之外，在欧洲独立发展起来的。1963 年德国柏林大学的两名学生 I. Reehenberg 和 H. P. Schwefel 进行风洞实验时，由于设计中描述物体形状的参数难以用传统的方法进行优化，因此提出按照自然突变和自然选择的生物进化思想，对物体的外形参数进行随机变化并尝试其效果，获得了良好的效果。随后，他们便对这种方法进行了深入的研究和发展，形成了进化计算的另一个分支——进化策略。

差分进化算法是由 Rainer Storn 和 Kenneth Price 为求解切比雪夫多项式而于 1996 年共同提出的一种采用浮点矢量编码在连续空间中进行随机搜索的优化算法。差分进化的原理简单，受控参数少，实施随机、并行、直接的全局搜索，易于理解和实现。差分进化已成为一种非线性、不可微、多极值和高维复杂函数的一种有效和鲁棒的方法，引起了人们的广泛关注，在国内外各研究领域得到了广泛的应用，已成为进行计算的一个重要分支。

进化计算的各种实现方法是相对独立提出的，相互之间有一定的区别，各自的侧重点不尽相同，生物进化背景也不相同，虽然各自强调了生物进化过程的不同特性，但本质上都是基于进化思想的，都是较强的计算机算法，适应面比较广，因此统称进化计算。

遗传算法已在本书的第 9 章作了较为详细的介绍，在此只介绍进化规划、进化策略这两种算法。

14.3.1 进化规划算法

作为进化计算的一个重要分支，进化规划算法具有进化计算的一般流程。在进化规划中，用高斯变异方法代替平均变异方法，以实现种群内个体的变异，保持种群中丰富的多样性。在选择操作上，进化规划算法采用父代与子代一同竞争的方式，采用锦标赛选择算子最终选择适应度较高的个体，其基本流程如图 14.8 所示。与其他进化算法相比，进化规划有其特点，它使用交叉、重组之类体现个体之间相互作用的算子，而变异算子是最重要的算子。

进化规划可应用于组合优化问题和复杂的非线性优化问题，它只要求所求问题是可计算的，使用范围比较广。

进化规划算法中的算子有变异算子和选择算子。

(1) 变异算子

在标准进化规划算法中，变异操作使用的是高斯变异算子。在变异过程中，计算每个个体适应度函数值的线性变换的平方根获得该个体变异的标准差 σ_i，将每个分量加上一个服从正态分布的随机数。

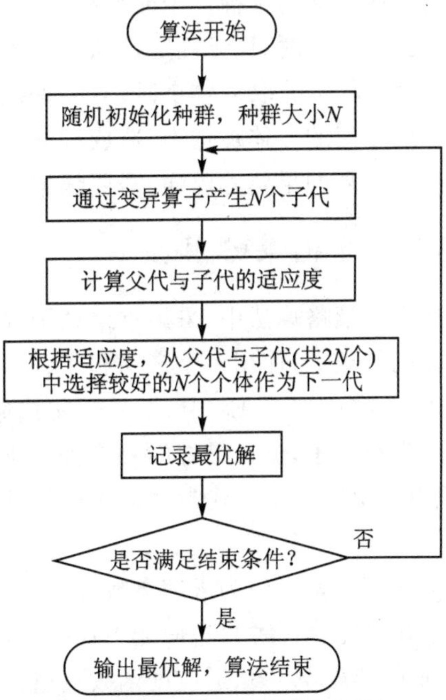

图 14.8 进化规划算法流程图

设 X 为染色体个体解的目标变量,有 L 个分量(即基因位),在 $t+1$ 时有

$$X(t+1)=X(t)+N(0,\sigma)$$

$$\sigma(t+1)=\sqrt{\beta F(X(t))+\gamma}$$

$$x_i(t+1)=x_i(t)+N(0,\sigma(t+1))$$

式中,σ 为高斯变异的标准差;x_i 为 X 的第 i 个分量;$F(X(t))$为当前个体的适应度值(在这里,越接近目标解的个体,其适应度值越小);$N(0,\sigma)$是概率密度为 $p(\sigma)=\frac{1}{\sqrt{2\pi}}\exp\left(-\frac{\sigma^2}{2}\right)$的高斯随机变量;系数 β_i 和 γ_i 是待定参数,一般将它们的值分别设为1和0。

根据以上的计算方法,就可以得到变量 X 的变异结果。

(2) 选择算子

在进化规划算法中,选择操作是按照一种随机竞争的方式,根据适应度函数值,从父代和子代的 $2N$ 个个体中选择 N 个较好的个体组成下一代种群。选择的方法有依概率选择、锦标赛选择和精英选择三种。锦标赛选择方法是比较常用的方法,其基本原理如下:

① 将 N 个父代个体组成的种群和经过一次变异运算后得到的 N 个子代个体合并,组成一个共含有 $2N$ 个个体的集合 I。

② 对每个个体 $x_i\in I$,从 I 中随机选择 q 个个体,并将 q 个个体的适应度函数值与 x_i 的适应度函数值相比较,计算出这 $q(q\geqslant 1)$个个体中适应度函数值比 x_i 的适应度差的个体的数目 w_i,并把 w_i 作为 x_i 的得分,$w_i\in(0,1,\cdots,q)$。

③ 在所有的 $2N$ 个个体都经过这个比较后,按每个个体的得分 w_i 进行排序,选择 N 个具有最高得分的个体作为下一代种群。

通过这个过程,每代种群中相对较好的个体被赋予了较大的得分,从而能保留到下一代的群体中。

为了使锦标赛选择算子能发挥作用,需要适当地设定 q 值。q 值较大时,算子偏向确定性选择,当 $q=2N$ 时,算子确定地从 $2N$ 个个体中选择 N 个适应度较高的个体,容易造成早熟等弊端;相反,q 的取值较小时,算子偏向于随机性选择,使得适应度的控制能力下降,导致大量低适应度值的个体被选出,造成种群退化。因此,为了既能保持种群的先进性,又能避免确定性选择带来的早熟等弊病,需要根据具体问题,合理地选择 q 值。

14.3.2 进化策略算法

在进化策略算法中,采用重组算子、高斯变异算子实现个体更新。1981年,Schwefel在早期研究的基础上,使用多个亲本和子代,后来分别构成$(\mu+\lambda)$-ES和(μ,λ)-ES两种进化策略算法。在$(\mu+\lambda)$-ES中,由 μ 个父代通过重组和变异,生成 λ 个子代,并且父代与子代个体均参加生存竞争,选出最好的 μ 个作为下一代种群。在(μ,λ)-ES中,由 μ 个父代生成个子代后,只有 $\lambda(\lambda>\mu)$个子代参加生存竞争,选择最好的 μ 个作为下一代种群,代替原来的 μ 个父代个体。

进化策略是专门为求解参数优化问题而设计的,而且在进化策略算法中引入了自适应机制。进化策略是一种自适应能力很好的优化算法,因此更多地应用于实数搜索空间。进化策略在确定了编码方案、适应度函数及遗传算法以后,算法将根据"适者生存,劣者淘汰"的自然选择规律,利用进化中获得的信息自行组织搜索,从而不断地向最佳方向逼近,隐含并行性和

群体全局搜索性这两个显著特征，而且有较强的鲁棒性，对于一些复杂的非线性系统求解具有独特的优越性能。

1. 基本流程

进化策略算法的流程如图 14.9 所示。

2. 算法的构成要素

(1) 染色体构造

在进行策略算法中，常采用传统的十进制实数型表达问题，并且为了配合算法中高斯变异算子的使用，染色体一般用以下二元表达方式：

$$(X,\sigma)=((x_1,x_2,\cdots,x_L),(\sigma_1,\sigma_2,\cdots,\sigma_L))$$

式中，X 为染色体个体的目标变量；σ 为高斯变异的标准差。每个 X 有 L 个分量，即染色体的 L 个基因位；每个 σ 有对应的 L 个分量，即染色体每个基因位的方差。

(2) 进化策略的算子

① 重组算子

重组是将参与重组的父代染色体上的基因进行交换，形成下一代的染色体的过程。目前常见的有离散重组、中间重组、混杂重组等重组算子。

(a) 离散重组

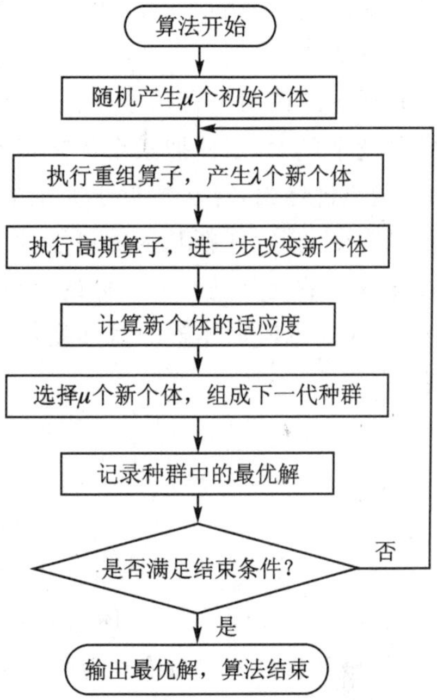

图 14.9 进化策略算法的流程图

离散重组是随机选择两个父代个体来进行重组产生新的子代个体，子代上的基因随机从其中一个父代个体上复制。

两个父代：

$$(X^i,\sigma^i)=((x_1^i,x_2^i,\cdots,x_L^i),(\sigma_1^i,\sigma_2^i,\cdots,\sigma_L^i))$$

$$(X^j,\sigma^j)=((x_1^j,x_2^j,\cdots,x_L^j),(\sigma_1^j,\sigma_2^j,\cdots,\sigma_L^j))$$

然后将其分量进行随机交换，构成子代新个体的各个分量，从而得到以下的新个体：

$$(X,\sigma)=((x_1^{iorj},x_2^{iorj},\cdots,x_L^{iorj}),(\sigma_1^{iorj},\sigma_2^{iorj},\cdots,\sigma_L^{iorj}))$$

很明显，新个体只含有某一个父代个体的因子。

(b) 中间重组

中间重组是通过对随机两个父代对应的基因进行求平均值，从而得到子代对应基因的方法，进行重组产生子代个体。

两个父代：

$$(X^i,\sigma^i)=((x_1^i,x_2^i,\cdots,x_L^i),(\sigma_1^i,\sigma_2^i,\cdots,\sigma_L^i))$$

$$(X^j,\sigma^j)=((x_1^j,x_2^j,\cdots,x_L^j),(\sigma_1^j,\sigma_2^j,\cdots,\sigma_L^j))$$

新个体：

$$(X,\sigma)=(((x_1^i+x_1^j)/2,(x_2^i+x_2^j)/2,\cdots,(x_L^i+x_L^j)/2),$$
$$((\sigma_1^i+\sigma_1^j)/2,(\sigma_2^i+\sigma_2^j)/2,\cdots,(\sigma_L^i+\sigma_L^j)/2))$$

这时，新个体的各个分量兼容两个父代个体信息。

(c) 混杂重组

混杂重组方法的特点是在父代个体的选择上。混杂重组时先随机选择一个固定的父代个体,然后针对子代个体每个分量再从父代群体中随机选择第二个父代个体,也即第二个父代个体是经常变化的。关于父代个体的组合方式,既可以采用离散方式,也可以采用中值方式,甚至可以把中值重组中的 1/2 改为[0,1]之间的任一权值。

② 变异算子

变异算子的作用是在搜索空间中随机搜索,从而找到可能存在于搜索空间中的优良解。但若变异概率过大,则使搜索个体在搜索空间内大范围跃迁,使得算法的启发性和定向性作用不明显,随机性增强,算法接近于完全的随机搜索;而若变异概率过小,则搜索个体仅在很小的邻域范围内变动,发现新基因的可能性下降,优化效率很难提高。

进化策略的变异是在旧个体的基础上增加一个正态分布的随机数,从而产生新个体。

设 X 为染色体个体解的目标变量,有 L 个分量(即基因位),σ 为高斯变异的标准差,在 $t+1$ 时有

$$X(t+1)=X(t)+N(0,\sigma)$$

即

$$\sigma_i(t+1)=\sigma_i(t)\cdot\exp(N(0,\tau')+N_i(0,\tau))$$
$$x_i(t+1)=x_i(t)+N(0,\sigma_i(t+1))$$

其中,$(x_i(t),\sigma_i(t))$为父代个体第 i 个分量;$(x_i(t+1),\sigma_i(t+1))$为子代个体的第 i 个分量,$N(0,1)$是服从标准正态分布的随机数;$N_i(0,1)$是针对第 i 个分量生产一次符合标准正态分布的随机数;τ'、τ 是全局系数和局部系数,通常都取 1。

③ 选择算子

选择算子为进化规定了方向,只有具有高适应度的个体才有机会进行进化繁殖。在进化策略中,选择过程是确定性的。

在不同的进行策略中,选择机制也有所不同。

在$(\mu+\lambda)$-ES 策略中,在原有 μ 个父代个体及新产生的 λ 个新子代个体中,再择优选择 μ 个个体作为下一代群体,即精英机制。在这个机制中,上一代的父代和子代都可以加入到下一代父代的选择中,$\mu>\lambda$ 和 $\mu=\lambda$ 都是可能的,对子代数量没有限制,这样就最大程度地保留了那些具有最佳适应度的个体,但是它可能会增加计算量,降低收敛速度。

在(μ,λ)-ES 策略中,因为选择机制依赖于出生过剩的基础上,所以要求 $\mu>\lambda$。在新产生的 λ 个新子代个体中择优选择 μ 个个体作为下一代父代群体。无论父代的适应度和子代相比是好是坏,在下一次迭代时都被遗弃。在这个机制中,只有最新产生的子代才能加入选择机制中,从 λ 中选择出最好的 μ 个个体,作为下一代的父代,而适应度较低的 $\lambda-\mu$ 个个体被放弃。

14.3.3 进化计算在科学研究中的应用

例 14.9 求下列函数的最优值:

$$f(x,y)=x\sin(4\pi x)-y\sin(4\pi y+\pi+1),\qquad x,y\in[-1,2]$$

解:

此函数的图像见图 14.10,有极大值为 $f(1.628\,9,2)=3.309\,9$。

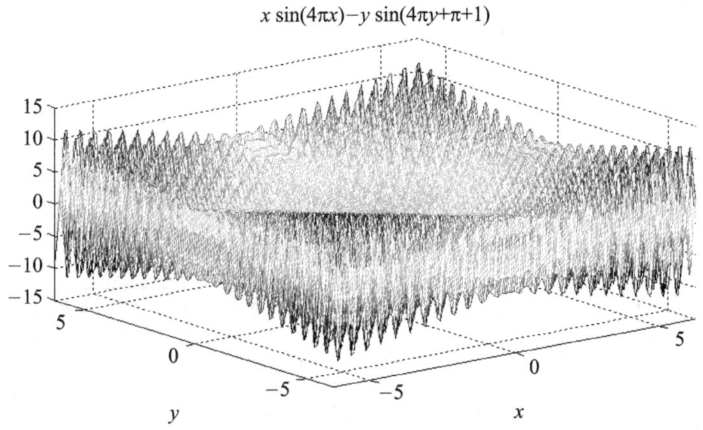

图 14.10 函数的图像

```
>> zfun = inline('x * sin(4 * pi * x) - y * sin(4 * pi * y + pi + 1)'); ezmesh(zfun,100)
>> myvar = [300 400 100];c_best = myEP(myvar);
>> x: 1.6289   y: 2     fitness: 3.3099
```

限于篇幅,在此只列出变异算子。

```
function new_antibody = mutation_EP(m_antibody)
global x_up; x_low; y_up;y_low;
num = size(m_antibody,2);
for i = 1:num
    gama = exp( - m_antibody(i).fitness)/5; new_antibody(i).x = m_antibody(i).x + rand * gama;
    new_antibody(i).y = m_antibody(i).y + rand * gama;
   if new_antibody(i).x>x_up
      new_antibody(i).x = x_up;
   elseif new_antibody(i).x<x_low
    new_antibody(i).x = x_low;
   end
  if new_antibody(i).y>y_up
        new_antibody(i).y = y_up;
    elseif new_antibody(i).y<y_low
        new_antibody(i).y = y_low;
    end
end
```

例 14.10 预测某个事物的发展趋势是非常重要的研究问题。但由于事物的复杂性,目前没有任何一种方法能保证在任何情况下都能获得令人满意的预测结果。如果简单地将预测误差较大的一些方法舍弃掉,将会丢失一些有用的信息,这种做法应予以避免。因此,在做具体规划时,往往先对同一问题采用几种不同的方法进行预测,由于不同方法的预测精度往往不同,可以将不同的预测方法进行适当地组合,从而形成所谓的组合预测方法。其目的是充分利用各个预测模型的有用信息,尽可能地提高预测精度。

假设在某一负荷预测问题中,在历史时段 t 的实际值为 $y_t(t=1,2,\cdots,n)$,对未来时段有 m 种预测方法,其中利用第 i 种方法对 t 时段的预测值为 $y_{it}(i=1,2,\cdots,m;t=1,2,\cdots,n)$,其预测误差为 $e_{it}=y_t-y_{it}$,组合预测方法就是寻求一组权重系数 $W=[w_1,w_2,\cdots,w_m]$,也即组

合预测模型可以表示为

$$\hat{y}_t = \sum_{i=1}^{m} w_i y_{it}, \qquad t = 1, 2, \cdots, n$$

其中

$$\sum_{i=1}^{m} w_i = 1$$

现利用进化规划算法对表 14.5 所列的地区的供电量进行预测。

表 14.5　某城市某区供电量历史数据和各模型拟合值

年　份	实际值	线性回归	灰色模型	指数模型
2005	14.87	15.46	14.24	15.63
2006	16.66	17.96	16.46	16.13
2007	19.10	18.66	19.78	18.80
2008	20.56	20.26	20.72	20.99
2009	22.32	21.86	23.01	23.73

解:

根据进化规划的要点,对例 14.9 中的程序作一些改正,便可以计算本题。

```
>> myvar = [300 200 100];[a,b,c] = myEP1(myvar);
   a = 14.7435    16.6015    19.0669    20.4647    22.6644          % 预测值
   b = 0.1265     0.0585     0.0331     0.0953     - 0.3444         % 预测误差
   c = 0.2544     0.4965     0.2392                                 % 权重值
```

例 14.11　利用进化规划算法对例 14.8 中的数据进行聚类分析。

解:

对于聚类问题,进化规划算法中的变异可以采用两种方法:一种是对编码进行变异;另一种是对样本所形成的聚类中心进行变异,然后再计算各样本与各聚类中心的距离,从而求出各样本所对应的新聚类号。本题中采用第一种方法,此方法较为简单。

```
>> cbest = myEP3(myvar);
>> cbest  = pattern: [1 3 3 2 3 3 3 2 2 2 2 2 2 3 3 3 3 2 2 2 2 2 2 2 2 3 2 3 3]
```

由于适应度函数的不同,此结果与例 14.8 有差异。

例 14.12　求下列函数的最大值:

$$\min f(x,y) = 100(y - x^2)^2 + (1 - x)^2$$

$$\text{s.t.} \quad g_1(x) = -x - y^2 \leqslant 0$$

$$g_2(x) = -x^2 - y \leqslant 0$$

$$-0.5 \leqslant x \leqslant 0.5, \quad y \leqslant 1$$

解:

根据外罚函数的原理,对例 14.9 中的程序作一些修改,便可以计算得到如下结果,其中 fitness 值为罚函数的值,fitness1 为原函数的极小值。

```
>> myvar = [300 100 100];c_best = myEP2(myvar)
c_best  =  x: [0.5000 0.2500];fitness: - 0.2500;fitness1: 0.2500
```

例 14.13 利用进化策略算法估计渐进回归模型 $f(x)=\alpha-\beta\gamma^x$ 的参数进行估计，实验估计如表 14.6 所列。

表 14.6 实验数据

x	12	23	40	92	156	215
y	0.094	0.119	0.199	0.260	0.309	0.331

解：

根据进化策略算法的原理，可编程计算得到以下的结果：

```
    α = 0.2734   β = 0.2336   γ = 0.9788
u = 50;lenda = 350;
a = 2 * rand(u,1);b = rand(u,1);c = rand(u,1);A = zeros(u,3);A = [a b c];sigma = 0.5 * ones(u,3);
x = [12 23 40 92 156 215];y = [0.094 0.119 0.199 0.260 0.309 0.331];
y1 = y(ones(u,1),:);x1 = x(ones(u,1),:);f1 = zeros(u,6);
for i = 1:u                                           %适应度函数计算
    for j = 1:6;f1(i,j) = A(i,1) - A(i,2) * A(i,3)^x1(i,j);end
end
g = zeros(u,1);g = sum((f1 - y1).^2,2); [g,index] = sort(g);zuijie(1,:) = A(index(1),:);jie = g(1);
                                                      %最优解
t = 0;AA = zeros(lenda,3);sigma1 = zeros(lenda,3);
while t<500
    if jie<1e - 6;break;end
    for k = 1:lenda                                   %混合重组
        k1 = randperm(u); AA(k,:) = (A(k1(1),:) + A(k1(2),:))./2;
        sigma1(k,:) = (sigma(k1(1),:) + sigma(k1(2),:))./2;
    end
    r = 1;r1 = 1;ra = randn(lenda,3);ra1 = randn(lenda,3);sigma1 = sigma1. * exp(r1 * ra1 + r * ra);
    AA = AA + sigma1. * ra;                           %高斯变异
    for i = 1:lenda                                   %边界处理
        if AA(i,1)>2||AA(i,1)<0;AA(i,1) = 2 * rand;end
        if AA(i,2)>1||AA(i,2)<0;AA(i,2) = rand;end
        if AA(i,3)>1||AA(i,3)<0;AA(i,3) = rand;end
    end
    yy1 = y(ones(lenda,1),:); xx1 = x(ones(lenda,1),:);G = zeros(lenda,1);ff1 = zeros(lenda,6);
    for i = 1:lenda
        for j = 1:6;ff1(i,j) = AA(i,1) - AA(i,2) * AA(i,3)^xx1(i,j);end
    end
    G = sum((ff1 - yy1).^2,2); [G,index] = sort(G);zuijie(1,:) = AA(index(1),:);jie = G(1);
    A = AA(index(1:u),:);sigma = sigma1(index(1:u),:);  %(u,λ)策略
    t = t + 1;
end
```

例 14.14 利用进化策略算法求解下列非线性方程组：

$$\begin{cases}\sin(x+y)-6e^x y=0\\ 5x^2-4y-100=0\end{cases}$$

解：

对例 14.13 的程序作相应修改，运行两次后便可以得到以下的两个根：

$x_1=-4.592\,8$ $y_1=1.367\,7$ $x_2=-4.271\,0$ $y_2=-2.197\,9$

例 14.15 差分进化计算也是一种非常常见的群体智能方法。它的特点在于构建差分变异算子。常见的差分方法有以下 4 种：

① 随机向量差分法

$$\boldsymbol{X}^i(t+1)=\boldsymbol{X}^i(t)+F\cdot(\boldsymbol{X}^j(t)-\boldsymbol{X}^k(t))$$

其中，F 为放大因子，一般在[0,2]之间取值；j、k 表示种群中除去当前个体外，随机选取的两个互不相同的个体。

② 最优解加随机向量差分法

$$\boldsymbol{X}^i(t+1)=\boldsymbol{X}^{\text{best}}(t)+F\cdot(\boldsymbol{X}^j(t)-\boldsymbol{X}^k(t))$$

③ 最优解加多个随机向量差分法

$$\boldsymbol{X}^i(t+1)=\boldsymbol{X}^{\text{best}}(t)+F\cdot(\boldsymbol{X}^j(t)+\boldsymbol{X}^k(t)-\boldsymbol{X}^m(t)-\boldsymbol{X}^n(t))$$

④ 最优解与随机向量差分法

$$\boldsymbol{X}^i(t+1)=\boldsymbol{X}^i(t)+F\cdot(\boldsymbol{X}^{\text{best}}(t)-\boldsymbol{X}^j(t)+\boldsymbol{X}^m(t)-\boldsymbol{X}^n(t))$$

利用差分进化方法求解下列多项式的根：

$$x^4-3x^3-4x^2+9x+1=0$$

解：

利用差分进化计算的原理，编程并多次运行后可得到以下的结果：

```
>> y = my_DE(N,NC,max_iterm,pc,F,val_bound)
   x1 = - 0.1065      x2 = 1.5441      x3 = - 1.8057      x4 = 3.3681
```

例 14.16 利用差分进化计算方法求解下列定积分：

$$\int_0^1 x\sin(100x)\sin x\,\mathrm{d}x$$

解：

该积分函数为振荡函数，如图 14.11 所示。

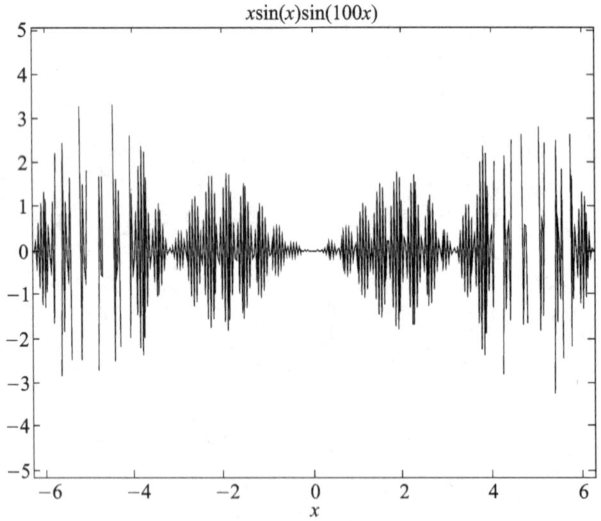

图 14.11 函数的图像

利用差分进化计算求解定积分，是将区间分割多个区间。当区间分割比较合理时，可用各中点的函数值代替整个区间的函数值，然后对下列各区间的值求和便可得到定积分值：

$$\int_{x_k}^{x_{k+1}} f(x)\mathrm{d}x \approx (x_{k+1}-x_k)f\left(\frac{x_k+x_{k+1}}{2}\right)$$

```
>> y = my_DE1(N,NC,max_iterm,pc,val_bound)
   y = - 0.007358
```

14.4 混合蛙跳算法

混合蛙跳算法(Shuffled Frog Leaping Algorithm,SFLA)是 Muzaffar Eusuff 和 Kevin Lansey 在 2003 年提出的一种基于青蛙群体的协同搜索方法。它的基本思想来源于文化基因传承,其显著特点是具有局部搜索与全局信息混合的协同搜索策略。经过大量的仿真测试表明,混合蛙跳算法在解决高维、病态、多局部极值等函数问题方面具有优越性,是一种行之有效的优化技术。

14.4.1 基本原理

SFLA 的基本思想是通过模拟一群青蛙(解)在一片湿地(解空间)中跳动觅食的行为而得到问题的解。每一只青蛙在觅食行为中被看作元或思想的载体,每只青蛙可与其他的青蛙交流思想,并且可通过传递信息的方式来改进其他青蛙的元信息。该元信息是指文化信息或者智力信息,这些信息可通过诸如模仿等行为在人脑中进行传递。

在 SFLA 中,元信息的改变是通过改变个体的位置来实现的。在算法执行初期,一群青蛙被分成多个子群,不同的子群被认为是具有不同思想的青蛙的集合。子群中的青蛙按照一定的元进化策略,采用类似粒子群算法的进化方法,在解空间中进行局部深度搜索及内部思想交流。在达到预先定义的局部搜索迭代步数之后,采用随机联合体进化算法的混合过程,将局部思想在各个子群间进行思想交流。这一过程不断地重复演进,直到预先定义的收敛性条件得到满足为止。全局性的信息交换和内部思想交流机制的结合,使得算法具有避免过早陷入局部极值点的能力,从而指引算法搜索过程向着全局最优点的方向进行搜索。SFLA 是一种结合了确定性方法和随机性方法的进化计算方法。确定性策略使得算法能够有效地利用响应信息来指导搜索,随机元素保证了算法搜索模式的柔性和鲁棒性。

混合蛙跳算法按照种群分类进行信息传递,将这种局部进化和重新混合过程交替进行,有效地将全局信息交互与局部进化搜索相结合,具有高效的计算性能和优良的全局搜索能力。

14.4.2 基本术语

(1) 青蛙个体

每只青蛙称为一个单独的个体,在算法中每只青蛙代表问题的一个解。

(2) 青蛙群体

一定数量的青蛙个体组合在一起构成一个群体,青蛙是群体的基本单位。

(3) 群体规模

群体中的个体数目的总和称为群体规模,又称为群体大小。

(4) 模因分组

青蛙群体分成若干个小的群体,每个青蛙子群称为模因分组。

(5) 食物源

食物源为青蛙要搜索的目标,在算法中体现为青蛙位置的最优解。

(6) 适应度

适应度是青蛙对环境的适应程度,在算法中体现为青蛙距离目标解的远近。

(7) 分级算子

混合蛙跳算法根据一定的分级规则,把整个种群分为若干个模因组。

(8) 局部位置更新算子

每个模因组中最差青蛙位置的更新与调整的策略称为局部位置更新算子。

14.4.3 算法的基本流程及算子

1. 基本流程

混合蛙跳算法的标准步骤如图 14.12 所示。具体步骤如下:

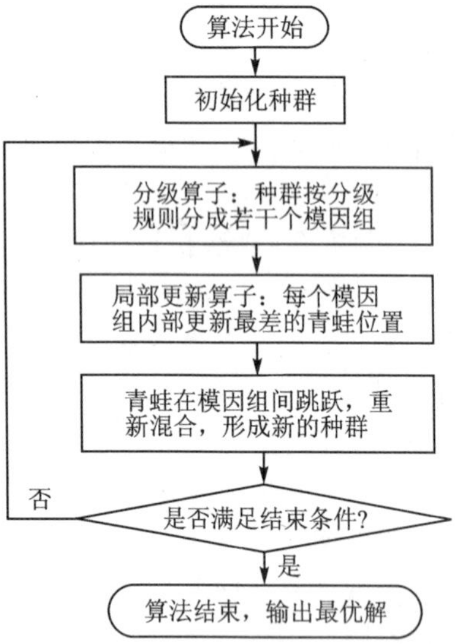

图 14.12 基本混合蛙跳算法流程图

Step1 初始化:根据问题特征和规模设置合适的子种群个数 m 和每个子种群中的青蛙数量 n。

Step2 生成一个规模为 F 的种群,其中 $F=m\times n$。对于 d 维优化问题,种群中的个体为 d 维变量,表示青蛙当前所处的位置。利用适应度函数 $f(i)$的大小来衡量第 i 个个体位置 $P(i)$的性能的好坏。

Step3 对整个青蛙种群划分等级,按照适应度大小降序排列个体。

Step4 将青蛙循环分组生成子种群。将种群分成 m 个子种群:$Y_1,Y_2,\cdots,Y_m$,每个子种群中包含 n 只青蛙。例如 $m=3$,那么第 1 只青蛙进入第 1 个种群,第 2 只青蛙进入第 2 个种群,第 3 只青蛙进入第 3 个种群,第 4 只青蛙进入第 1 个种群,…,依次类推,直至分配完毕。

Step5 在每个子种群内部执行 memetie 进化。通过 memetie 进化,使得子种群中个体的位置得到改善。以下是子种群中 memetie 进化的详细步骤。

Step5.0 设 im=0,im 表示对子群体的计数,在 0 到 m 之间变化。设 in 为进化次数,且 in=0。每个子种群中允许的最大进化次数为 N。在每个子种群中,用 P_b表示性能(位置)最好的青蛙,而用 P_w表示性能(位置)最坏的青蛙,整个群体性能(位置)最好的青蛙用 P_g,表示。在每一次的进化中,利用当前子种群中最好的青蛙 P_b来指导最坏的青蛙 P_w位置的改善。

Step5.1 im=im+1。

Step5.2 in=in+1。

Step5.3 尝试调整最坏的青蛙的位置。最坏的青蛙尝试移动的距离:

$$D_i(t+1)=\text{rand}()\times(P_b-P_w)$$

其中,rand()是 0 到 1 之间的随机数。最坏的青蛙移动后新的位置:

$$P_w(t+1)=P_w(t)+D_i,\qquad D_{max}\geqslant D_i\geqslant -D_{max}$$

其中，D_{max}是青蛙移动步长的上限。

Step5.4　如果 Step5.3 能够产生一个更好的解，那么就用新位置的青蛙取代原来的最差的青蛙；否则，用 P_g代替 P_b，然后重复 Step5.3。

Step5.5　如果尝试上述方法仍不能生成更好的青蛙，那么就随机生成一个新个体取代原来最坏的青蛙 P_w。

Step5.6　如果 in<N，那么执行 Step5.2。

Step5.7　如果 im<m，那么执行 Step5.1。

Step6　执行混合运算。当每个子种群执行了一定次数的 memetic（文化基因）进化之后，将各个子群 $Y_1,Y_2,\cdots,Y_m$合并到 X，即 $X=\{Y_k,k=1,2,\cdots,m\}$。将 X 重新按降序排列，并更新种群中最好的青蛙 P_g。

Step7　检查终止条件。若迭代终止条件满足，则停止算法，输出结果；否则，重新执行 Step4。通常达到定义的最大进化次数或者代表全局最优解的青蛙不再发生改变时，混合蛙跳算法停止。

由以上步骤可知，混合蛙跳算法的群体进化行为与传统的进化算法不同，它并不是通过选择操作选取适应度较高的部分个体作为父代来产生下一代以提高每一代中整体的解的质量，而是通过分组算子和模因组融合成群体的机制进行信息的传递，形成独特的进化机制，即把整个种群分为若干个小的模因组，每个模因组在每次迭代过程中独立进化，不受其他模因组的影响；而模因组混合成整个群体后，群体的适应度必然得到相应的改善，使得群体向着最优解靠近，而且通过这种信息的交流与共享机制，使得算法不易陷入局部最优，有利于搜索全局最优解。

2. 算　子

(1) 分组算子

设在定义空间内分布着 P 只青蛙组成的种群，第 i 只青蛙的位置代表定义空间的一个解 $X_i=(x_{i1},x_{i2},\cdots,x_{is})$，$s$ 为维数空间。首先计算出每只青蛙（即每个解）的适应度值（即目标函数值）$F(X_i)$，将 P 只青蛙按目标函数值降序排列，然后将整个青蛙种群划分为 M 个子群（模因组），每个子群包含 N 个解。迭代过程中，第一个解进入到第一个子群，第二个进入到第二个子群，分配直到第 M 个解进入第 M 个子群，之后，第 $M+1$ 个解到第一个子群，第 $M+2$ 个解进入到第二个子群，以此类推，直到所有解分配完为止。

(2) 局部位置更新算子

设每个子群中，适应度值最好的解和适应度值最差的分别为 P_b和 P_w，群体中适应度值最好的解记为 P_g。每次迭代过程中，对每个子群的 P_w按下式进行更新：

$$P_w(t+1)=P_w(t)+D_i,\qquad D_{max}\geqslant D_i\geqslant -D_{max}$$

$$D_i(t+1)=\text{rand}()\times(P_b-P_w)$$

其中，t 为迭代次数；rand()是 0 到 1 之间的随机数；D_i是 P_w的移动步长；D_{max}是青蛙移动步长的上限。在迭代过程中，如果 $P_w(t+1)$的适应度值优于 $P_w(t)$的适应度值，则用 $P_w(t+1)$代替 $P_w(t)$，否则用 P_g替换 P_b。重复执行以上过程，即用下式更新最差的青蛙：

$$P_w(t+1)=P_w(t)+D_i,\qquad D_{max}\geqslant D_i\geqslant -D_{max}$$

$$D_i(t+1)=\text{rand}()\times(P_g-P_w)$$

如果仍不能产生位置更好的青蛙或在调整过程中青蛙的移动距离超过了最大移动步长，

那么就在定义域内随机产生一个新解取代 P_w,在固定迭代次数内继续执行以上操作,完成 SFLA 的一次局部搜索。

经过规定次数的局部搜索后,将各子群青蛙个体混合在一起,按目标函数值降序排列后,重新划分子群,这样使得青蛙个体间的信息得到充分交流,然后继续进行局部搜索,如此反复,直到满足收敛条件为止。

一般情况下,当代表最好解的青蛙位置不再改变时,或算法达到了预定的进化次数时,算法结束并输出结果。

14.4.4 算法控制参数的选择

混合蛙跳算法具有全局寻优能力强和局部搜索细致的特点。它具有较强的鲁棒性,对硬件的要求不高,便于应用。但是,混合蛙跳算法容易陷入早熟无法跳出,运算时间较长。实际应用时,要根据问题的具体要求来进行设计,主要是对各算法参数进行适当的调整。

(1) 青蛙的数量 n

青蛙的数量越多,算法找到或接近全局最优的概率越大,但是算法的复杂度也就相应地越高,所以应根据问题的特点选择合适的青蛙数量。

(2) 模因组的数量 m

模因组的数量 m 也要合适,如果太大,每个模因组中的个数会很少,会减少子种群内部信息的交流,无法发挥 memetic 进化的优点。进行局部搜索的优点就会丢失,相反,会增加搜索陷入局部最优的可能性。

(3) 模因组内的进化次数

如果此值太小,每个模因组内执行很小的进化次数就会重新混合成新的群体,然后再按照分组算子重新分组,这样会使模因组之间频繁地跳跃,减少了模因组内部信息之间的交换;但如果此值太大,则模因组将多次执行局部位置更新算子,不仅增加了算法的搜索时间,而且会使模因组容易陷入局部极值。

(4) 青蛙能够移动的最大距离

此参数直接影响着算法的全局收敛性能。如果这个参数设置得较大,会有利于个体在全局范围内进行的搜索,但可能跳过全局最优解;如果这个参数设置得较小,算法将在局部区域内进行细致的搜索,但容易陷入局部最优。

(5) 整个种群最大进化代数

此参数的设置与问题的规模相关。如果待求解问题的规模越大,那么整个种群的最大进化代数也应该设置得越大,但同时算法的执行速度会相应地变慢。

参数对混合蛙跳算法的性能影响很大。目前参数选择没有普遍性的方法,往往依靠经验得出。参数的设置不仅对问题有很强的依赖性,而且要求算法设计者有一定的使用经验。

14.4.5 混合蛙跳算法在科学研究中的应用

例 14.17 利用混合蛙跳算法求解例 14.3 的 TSP 问题。

解:

在利用混合蛙跳算法求解 TSP 时,根据下列公式进行青蛙局部位置更新:

$$\begin{cases} F_w = F_w + \min\{\mathrm{int}[\mathrm{rand} * (F_b - F_w), \mathrm{step}\}, & F_b - F_w \geqslant 0 \\ F_w = F_w + \max\{\mathrm{int}[\mathrm{rand} * (F_b - F_w), -\mathrm{step}\}, & F_b - F_w < 0 \end{cases}$$

并且在青蛙重新混合后，对每只青蛙进行变异，以增加算法的有效性。

根据混合蛙跳算法的原理，编程并运行后，得到以下的结果：

```
>> myval = [40 5 200 10];
N = myval(1);m = myval(2);max_iterm = myval(3);L = myval(4);
>> [y_g,x_g] = SFLA_TSP(N,m,max_iterm,L)
y_g = 30.8013
x_g = 4 - 3 - 14 - 2 - 1 - 10 - 9 - 11 - 8 - 13 - 7 - 12 - 6 - 5 - 4
```

例 14.18　利用混合蛙跳算法求解下列函数的最优值：

$$\max f(x,y) = \frac{\sin x}{x} \cdot \frac{\sin y}{y}, \qquad -10 \leqslant x, y \leqslant 10$$

解：

通过编程计算，可得以下结果：

```
>> myval = [40 4 200 10]; N = myval(1);m = myval(2);max_iterm = myval(3);L = myval(4);
>> [y_g,x_g] = SFLA(N,m,max_iterm,L)
    y_g = 1.0000      x_g = 1.0e - 004 * (0.0801,0.1378)
```

值得注意的是，混合蛙跳存在容易陷入局部极值、解不唯一等缺点，所以在利用程序求其他函数的极值时可能不成功，可以对基本的蛙跳算法进行改进，以求得最佳的结果。

例 14.19　表 14.7 为 1999—2002 年西部 12 省市信息化水平指数标准化数据，利用混合蛙跳算法对此进行聚类分析。

表 14.7　12 省市信息化水平指数标准化数据

区域	信息化基础设施	信息产业水平	信息资源水平	信息经济效用水平
内蒙	−0.537	−0.066 9	−0.769 4	−0.128 9
广西	−0.551 3	−0.334 5	0.246 3	0.599 1
重庆	1.190 3	−0.037 2	1.511 2	1.069 3
四川	0.279 8	1.687 4	0.807 3	−2.161 3
贵州	−1.741 3	−0.750 8	−0.696 0	0.447 4
云南	−0.629 6	−0.899 4	−0.476 0	1.220 9
西藏	1.764 7	0.765 6	−1.007 7	−0.978 3
陕西	0.099 8	2.079 3	1.841 2	−0.629 4
甘肃	−0.910 2	−0.869 7	−0.175 4	0.947 9
青海	−0.537 0	−0.810 2	−1.374 4	−0.856 9
宁夏	0.724 5	−0.572 4	−0.384 4	0.128 9
新疆	0.847 3	−0.185 8	0.477 3	0.341 3

解：

求解聚类问题，可以利用两种方法：一种是对各类的类中心进行优化，最终确定各样本的归属；另一种是对代表各样本的类号编号进行优化，最终确定各样本的归属。本例采用第一种方法。第二种方法与例14.18类似。

对基本的混合蛙跳程序作适当的修改可得到聚类的程序,运行后得到以下的结果,即各样品对应的类别号,与其他方法得出的结果相同。

```
>> myval = [50 4 200 10];N = myval(1);m = myval(2);max_iterm = myval(3);L = myval(4);
>> out = SFLA_cluster(N,m,max_iterm,L)
out =2  2  4  3  2  2  1  3  2   2  4  4
```

14.5 猫群算法

猫群优化算法最早是由台湾人Shu—Chuan Chu通过观察猫在日常生活中的行为而提出的群体智能算法,现在主要应用于函数优化问题,并取得了很好的效果。

猫群算法将猫的主要活动行为分为模式休息和捕猎两种,分别对应于算法中的两种不同的模式,即搜寻模式和跟踪模式,而猫的位置信息即为待求优化问题的可能解。仿照真实世界中猫的行为,整个猫群中的大部分执行搜寻模式,剩下的少部分执行跟踪模式。在搜寻模式下,通过对自身位置的复制,之后再对每一个复制副本通过变异算子改变基因来产生新的邻域位置,并将新产生的位置放在记忆池中,进行适应度计算,利用选择算子在记忆池中选择适应度值最高的候选点,作为猫所要移动到的下一个位置,以此方式来进行猫的位置更新。在跟踪模式下,利用猫群自身的速度信息和当前的位置信息来不断地更新猫的位置信息,使得解不断地向着最优解的方向逼近。在进行完搜寻模式和跟踪模式后,计算每一只猫的适应度并保留当前最好的解,之后混合成整个群体,再根据分组概率,随机地将猫群分为搜寻模式下和跟踪模式下的两组,直至算法执行完预定的种群进化次数为止。

14.5.1 基本术语

(1) 编码和解码

编码是一种能把问题的可行解从其解空间转化到算法所能处理的搜索空间的转换方法;而解码是一种能把问题的可行解从算法所能处理的搜索空间重新转换到问题解空间的方法,它是编码的逆操作。

(2) 群体及群体规模

一定数量的猫个体组合而成一个群体。群体中个体的总数目称为群体规模,又称群体大小。

(3) 适应度及适应度值

适应度是指个体对环境的适应程度,可以作为对于所求问题中个体的评价。适应度值由优化目标决定,用于评价个体的优化性能,指导种群的搜索过程。算法迭代停止时,适应度值最优的解变量即为优化搜索的最优解。

(4) 搜寻模式

搜寻模式代表猫在休息时,环顾四周以寻找下一个转移地点的行为。在算法中,猫将复制自身的位置,将复制的位置放在记忆池中,通过变异算子,改变记忆池中复制的副本,使所有的副本都到达一个新的位置点,从中选取一个适应度值最高的位置来代替它的当前位置,具有竞争机制。

(5) 记忆池

在搜寻模式下，存储猫所搜寻过邻域位置点的地方。它的大小代表猫能够搜索的地点数量，通过变异算子，改变原值，使记忆池存储了猫在自身的邻域内能够搜索的新地点。猫将依据适应度值的大小从记忆池中选择一个最好的位置点。

(6) 跟踪模式

在跟踪模式下，在每一次迭代中，猫将跟踪一个“极值”来更新自己，这个“极值”是目前整个种属找到的最优解，使得猫的移动向着全局最优解逼近，利用全局最优的位置来更新猫的位置，具有向“他人”学习的能力。

(7) 算　子

算法中为了某种目的而设立的一种操作。在猫群算法中，主要有变异算子、选择算子。

变异算子是一种局部搜索操作，每只猫经过复制、变异产生邻域候选解，在邻域中找出最优解，即完成了变异算子。

选择算子是指在搜寻模式下，由猫自身位置的副本产生新的位置放在记忆池中，从记忆池中选取适应度最高的位置来代替当前位置。

(8) 分组率

将猫群分成搜寻模式和跟踪模式两组的一个比例关系，一般是指执行跟踪模式的猫在整个猫群中所占的比例。该值一般较小，以符合现实世界中猫的行为。

14.5.2 基本流程

猫群算法的基本流程如图 14.13 所示，可分为以下 5 个步骤：

① 初始化猫群。

② 根据分组率将猫群随机分成搜寻模式和跟踪模式两组。

③ 根据猫的模式特点更新位置更新，如果猫在搜寻模式下，则执行搜寻模式；否则，执行跟踪模式。

④ 通过适应度函数来计算每一只猫的适应度，记录保留适应度最优的猫。

⑤ 判断是否满足终止条件：若满足，则输出结果，算法结束；否则，继续执行步骤②。

下面介绍搜寻模式和跟踪模式的工作步骤。

(1) 搜寻模式

该模式主要是通过模拟猫在休息时不断地搜寻周围的环境，以便下一次向目标位置移动。本模式需要使用的参数和主要步骤如下：

参数：SMP(Seeking Memory Pool)为记忆池，定义了每只猫所观察的范围，为一个整数，用来存放猫所搜寻的位置点，猫将根据适应度值的大小从记忆池中选择一个最好的位置点；SRD(Seeking Range of The Selected Dimension)表示所选维数的变化率，它为(0,1)区间的某一值，在观察模式下某一维数的值发生变化，新值和旧值的差值必须在可变范围内；CDC(Count of Dimension to Change)是维度的变化比率，是(0,1)区间的某一值；SPC(Self-Position Considering)为自身位置思考，是一个逻辑变量，其值为 0 或 1，用于表示猫当前所处的位置是否会成为其中一个猫需要移入的候选点。

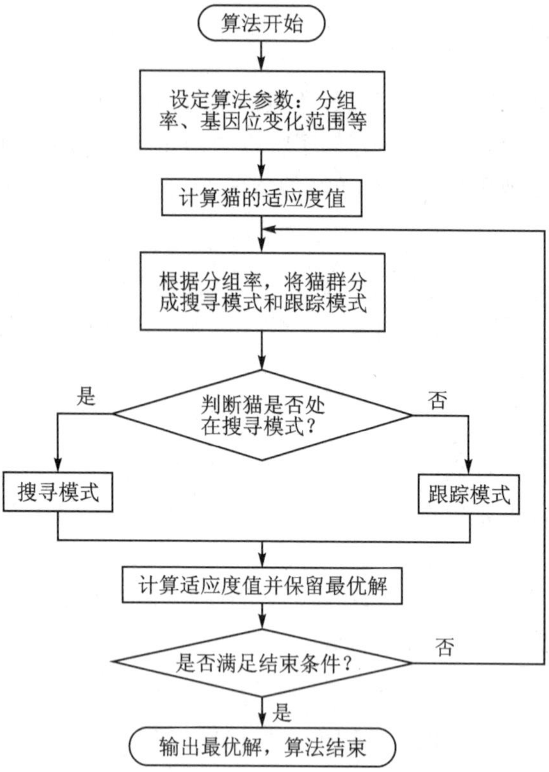

图14.13 猫群算法的基本流程图

搜寻模式的工作可分为以下5个步骤：

① 对于第 k 只猫的当前位置复制 j 份，这里记忆池的大小为 j，即 $j=\text{SMP}$。如果自身位置思考的值为真，则令 $j=\text{SMP}-1$，然后保留当前的位置作为一个候选点。

② 执行变异算子，对于步骤①中的每一个副本，根据维数改变的个数和维数的变化率，随机地在原来位置增加一个扰动，到达新的位置来代替原来位置。

③ 计算记忆池中所有候选点的适应度值。

④ 如果所有的适应度值并不完全相等，则根据下式计算候选点被选择的概率，否则将所有候选点的选择概率置为1：

$$P_i=\frac{|FS_i-FS_b|}{FS_{max}-FS_{min}},\qquad 0<i<j$$

P_i 代表第 i 只猫被选择的概率，FS_i 表示第 i 只猫的适应度值，如果适应度函数越大越好，则此时 $FS_b=FS_{min}$，否则 $FS_b=FS_{max}$。

⑤ 根据步骤④中计算出来的候选点的概率，从候选点中选择一个位置，并且替代当前第 k 只猫的位置。

(2) 跟踪模式(Tracing Mode)

跟踪模式是对猫跟踪目标时所建立的一个模型。一旦猫进入了跟踪模式，它就会按照自身的速度进行移动。其具体活动行为描述如下：

① 由下式更新第 k 只猫每一维的速度 $V_{k,d}$

$$V_{k,d}(t+1)=V_{k,d}(t)+c\times \text{rand}\times[x_{best,d}(t)-x_{k,d}(t)],\qquad d=1,2,\cdots,M$$

其中，$V_{k,d}(t+1)$表示更新后第 k 只猫的第 d 位基因的速度值；M 为个体上总基因长度；$x_{\text{best},d}(t)$表示适应度值最高的猫 $X_{\text{best}}(t)$所处的第 d 个分量；$x_{k,d}(t)$指的是第 k 只猫 $X_k(t)$所处位置的第 d 个分量；c 是一个常量，其值需要根据不同的问题而定；rand 为[0,1]区间上的随机数。

检查速度的大小是否在最大可变范围，如果超出了最大值，则将它设置为最大值。

② 根据下式更新第 k 只猫的位置：

$$x_{k,d}(t+1)=x_{k,d}(t)+v_{k,d}(t+1)$$

其中，$x_{k,d}(t+1)$代表位置更新后第 k 只猫的第 d 个位置分量。

14.5.3　控制参数选择

在猫群算法中，关键参数主要有群体规模、分组率、个体上每个基因的改变范围、最大迭代次数等。这些参数都是在算法开始前就设计好的，对于算法的运算性能有很大的影响。

(1) 群体规模

群体规模的大小要根据具体的求解优化问题来决定。较大的群体规模虽然可以增大搜索的空间，使所求得的解更逼近最优解，但是这也同样增加了算法的时间和空间的复杂度；较小的群体规模，虽然能够使算法较快地收敛，但容易陷入局部最优。

(2) 分组率

真实世界中大多数猫处于搜索觅食状态，分组率就是为了使猫群算法更加逼近真实世界猫的行为而定的一个参数，该参数一般取一个很小的值，使少量的猫处于跟踪模式，保证猫群中的大部分猫处于搜寻模式。

(3) 个体上每个基因的改变范围

该项参数类似于传统进化算法中的变异概率，进行基因的改变主要是为了增加解的多样性，它在猫群算法中起着非常重要的作用。若个体上每个基因的改变范围太小，则很难产生新解；若个体上每个基因的改变范围太大，则会使得算法变成随机搜索。

(4) 最大进化次数

最大进化次数的选取是根据具体问题的实验得出的。若进化次数过少，则使算法还没有取得最优解就提前结束，出现“早熟”现象；若进化次数过多，则可能算法早已收敛到了最优解，之后进行的迭代对于最优解的改进几乎没有任何效果，但增加了算法的运算时间。

14.5.4　猫群算法在科学研究中的应用

例 14.20　利用猫群算法求解下列方程全部的根：

$$x^7+x^5-10x^4-x^3-x+10=0$$

解：

根据猫群算法的原理，可以编程并运行后得到以下结果（其中的一次结果，有两个根没有找到）。从运行结果分析，只要根的边界设置得较合理，应该可以得到所有的根。

```
>> myval = [300 6 0.3 600];y = mycat(cat_num,SMP,SRD,iter_max)
y = 2.0000   1.0000   0 - 1.0000i   0 + 1.0000i   - 1.0000   - 0.2416 + 0.7247i   - 0.0236 - 1.0066i
```

例 14.21　求解下列函数的极大值：

$$f(x,y)=-\left\{\sum_{i=1}^{5} i\cos[(i+1)x+i]\right\}\left\{\sum_{i=1}^{5} i\cos[(i+1)y+i]\right\}$$

解:

对例 14.20 中的程序作一些修改,运行后可以得到以下的结果:

```
>> myval = [300 6 0.3 600];
>> cat_num = myval(1);SMP = myval(2);SRD = myval(3);iter_max = myval(4);
>> [y_max,x_max] = mycat1(cat_num,SMP,SRD,iter_max)
   y_max = 186.7011    x_max = ( - 7.0838, 4.8545)
```

例 14.22 多目标优化是对一个以上的目标同时进行优化,它是优化问题的主要研究领域之一。从广义上讲,多目标优化问题一般由多个目标函数、多个决策变量和多个约束条件构成。在大多数情况下,各个目标是相互冲突的,某个目标的性能改善极有可能引起其他目标的性能损失。要想使各个目标同时得到理想状态下的最优是绝对不可能的,只能是在各个目标之间进行折中,尽量使所有的目标达到最优的性能,这就导致多目标问题解的不唯一性。因此,与单目标问题不同的是,多目标问题的解由一个集合构成,集合中的每个解都是不太坏的,并且可接受程度不一样。

求解下列多目标优化问题:

$$\min\begin{cases} f_1(x)=\sum_{i=1}^{2}\left[-10\exp\left(-0.2\sqrt{x_i^2+x_{i+1}^2}\right)\right] \\ f_2(x)=\sum_{i=1}^{3}\left[|x_i|^2+5\sin(x_i^3)\right] \end{cases}$$

解:

将多目标优化问题,转化为下列优化问题:

$$\min y=\sum_{i=1}^{M}\omega_i f_i(x)$$

$$\text{s.t.}\quad\begin{cases}\sum_{i=1}^{M}\omega_i=1 \\ x\in\Omega, \qquad \Omega\text{ 为可行解域}\end{cases}$$

据此,对例 14.21 程序中的适应度求解函数及边界条件等语句作一些修改,便可利用猫群算法对上述优化问题进行计算,可得到其中的一次结果:

```
 >> myval = [300 6 0.3 600];
cat_num = myval(1);SMP = myval(2);SRD = myval(3);iter_max = myval(4);
 >> [y,x_max] = mycat1(cat_num,SMP,SRD,iter_max)
y = - 3.6421   - 9.4208     x_max = 3.1434   - 3.0235   - 1.1375     0.5497     0.4524
```

14.6 细菌觅食算法

细菌觅食优化算法(Bacteria Foraging Optimization, BFO)是由 Passino 于 2002 年提出来的一种基于大肠杆菌觅食行为模型的一种新型智能算法。它具有对初值和参数选择不敏感、鲁棒性强、简单、易于实现,以及并行处理和全局搜索等优点。目前,BFO 算法已经被应用于电气工程与控制、滤波器问题、模式识别、图像处理和车间调度问题等优化问题。

大肠杆菌是目前研究得比较透彻的微生物之一，细菌的表面遍布着纤毛和鞭毛。纤毛是一些用来传递细菌之间某种基因的能运动的突起状细胞器，而鞭毛是一些用来帮助细胞移动的细长而弯曲的丝状物。另外，大肠杆菌在觅食过程中的行为可受到其自身控制系统的指引，且该控制系统能保证细菌始终朝着食物源的方向前进并及时地避开有毒的物质。例如，它会向着中性的环境移动，避开碱性和酸性的环境，并且在改变每一次状态之后及时对效果进行评价，为下一次状态的调整提供决策信息。

生物学研究表明，大肠杆菌的觅食行为主要包括以下 4 个步骤：

① 寻找可能存在食物源的区域。

② 决定是否进入此区域。若进入，则进行下一步骤；若不进入，则返回上一步。

③ 在所选定的区域中寻找食物源。

④ 消耗掉一定量的食物后，决定是继续在此区域觅食还是迁移到一个更理想的区域。

通常大肠杆菌在觅食过程所遇到的觅食区域存在下面两种情形：

第一种是觅食区域营养丰盛。当大肠杆菌在该区域停留了一段时间之后，区域内的食物已被消耗完，大肠杆菌不得不离开当前区域去寻找另一个可能有更丰富食物的区域。

第二种是觅食区域营养缺乏。大肠杆菌根据自身以往的觅食经验，判断出在其他区域可能会有更为丰盛的食物，于是适当地改变搜索方向，向着其认为可能有丰富食物的方向前进。

总的来说，大肠杆菌所移动的每一步都是在其自身生理和周围环境的约束下，尽量使其在单位时间内所获得的能量达到最大。细菌觅食算法正是分析和利用了大肠杆菌的这一觅食过程而提出的一种仿生随机搜索算法，它主要是依靠细菌特有的趋化、繁殖、迁徙三种行为为基础的三种算子进行位置更新和最优解的搜索，进而实现种群的进化。

14.6.1　细菌觅食算法基本原理

为了求解无梯度优化问题，BFO 算法模拟了真实的细菌系统中的四个主要操作：趋向、聚集、复制和迁徙。为了模拟实际细菌的行为，首先引入以下记号：j 表示趋向性操作、k 表示复制操作、l 表示迁徙操作。此外，令 p 为搜索空间的维数；S 为细菌种群大小；N_c 为细菌进行趋向性行为的次数；N_s 为趋向性操作中在一个方向上前进的最大步数；N_{re} 为细菌进行复制性行为的次数；N_{ed} 为细菌进行迁徙性行为的次数；P_{ed} 为迁徙概率；$C(i)$ 向前游动的步长。

设 $P(j,k,l)=\{\theta^i(j,k,l)\mid i=1,2,\cdots,S\}$，表示种群中个体在第 j 次趋向性操作、第 k 次复制操作和第 l 次迁徙操作之后的位置，$J(i,j,k,l)$ 表示细菌 i 在第 j 次趋向性操作、第 k 次复制操作和第 l 次迁徙操作之后的适应度函数值。

(1) 趋向性操作

大肠杆菌在整个觅食过程中有两个基本运动：旋转(tumble)和游动(swim)。旋转是找一个新的方向运动，而游动是指保持方向不变的运动。BFO 算法的趋向性操作就是对这两种基本动作的模拟。通常，细菌会在食物丰盛或环境的酸碱性适中的区域中较多地游动，而在食物匮乏或环境的酸碱性偏高的区域则会较多地旋转。其操作方式如下：先朝某随机方向游动一步，如果该方向上的适应度值比上一步所处位置的适应值低，则进行旋转，朝另外一个随机方向游动；如果该方向上的适应值比上一步所处位置的适应值高，则沿着该随机方向向前移动；如果达到最大尝试次数，则停止该细菌的趋向性操作，跳转到下一个细菌执行趋向性操作。

细菌 i 的每一步趋向性操作表示如下：

$$\theta^i(j+1,k,l)=\theta^i(j,k,l)+C(i)\frac{\boldsymbol{\Delta}(i)}{\sqrt{\boldsymbol{\Delta}^{\mathrm{T}}(i)\boldsymbol{\Delta}(i)}}$$

其中，$\boldsymbol{\Delta}$ 表示随机方向上的一个单位向量。

(2) 聚集性操作

在菌群寻觅食物的过程中，细菌个体通过相互之间的作用来达到聚集行为。细胞与细胞之间既有引力又有斥力。引力使细菌聚集在一起，甚至出现“抱团”现象。斥力使每个细胞都有一定的位置，令其能在该位置上获取能量来维持生存。在 BFO 算法中模拟这种行为称为聚集性操作。细菌间聚集行为的数学表达式为

$$\begin{aligned}J_{cc}(\theta,P(j,k,l))=&\sum_{i=1}^{S}J_{cc}(\theta,\theta^i(j,k,l))=\\&\sum_{i=1}^{S}\left[-d_{\text{attractant}}\exp\left(-w_{\text{attractant}}\sum_{m=1}^{p}(\theta_m-\theta_m^i)^2\right]+\right.\\&\sum_{i=1}^{S}\left[-h_{\text{repellant}}\exp\left(-w_{\text{repellant}}\sum_{m=1}^{p}(\theta_m-\theta_m^i)^2\right]\right.\end{aligned}$$

其中，$d_{\text{attractant}}$ 为引力的深度；$w_{\text{attractant}}$ 为引力的宽度；$h_{\text{attractant}}$ 为斥力的高度；$w_{\text{repellant}}$ 为斥力的宽度；θ_m^i 为细菌 i 的第 m 个分量；θ_m 为整个细菌中其他细菌的第 m 个分量。实质上，上述公式描述了整体菌群在细菌 i 所处位置产生的作用力之和，一般情况下，取 $d_{\text{attactant}}=h_{\text{attactant}}$。

由于 $J_{cc}(\theta,P(j,k,l))$ 表示种群细菌之间传递信号的影响值，所以在趋向性循环中引入聚集操作后，第 i 个细菌的适应度值的计算公式变为

$$J(i,j+1,k,l)=J(i,j,k,l)+J_{cc}(\theta^i(j+1,k,l),P(j+1,k,l))$$

(3) 复制性操作

生物进化过程一直是“优胜劣汰，适者生存”。经过一段时间的觅食过程后，部分寻找食物能力弱的细菌会被自然淘汰，而为了维持种群规模不变，剩余的寻找食物能力强的细菌会进行繁殖。在 BFO 算法中模拟这种现象称为复制性操作。对给定的 k、l 以及每个 $i=1,2,\cdots,S$，定义

$$J_{\text{health}}^i=\sum_{j=1}^{N_c+1}J(i,j,k,l)$$

为细菌 i 的健康度函数(或能量函数)，以此来衡量细菌所获得的能量。此值越大，表示细菌 i 越健康，其觅食能力越强。将细菌能量按从小到大的顺序排列，淘汰掉前 $S_r=S/2$ 个能量值较小的细菌，复制后 S_r 个能量值较大的细菌，使其又生成 S_r 个与原能量值较大的母代细菌完全相同的子代细菌，即生成的子代细菌与母代细菌具有相同的觅食能力，或者说子代细菌与母代细菌所处的位置菌相同。

(4) 迁徙性操作

实际环境中的细菌所生活的局部区域可能会逐渐发生变化(如食物消耗殆尽)或者发生突如其来的变化(如温度突然升高等)，这样可能会导致生活在这个局部区域的细菌种群被迁徙到新的区域中去或者集体被外力杀死。在 BFO 算法中模拟这种现象称为迁徙性操作。

迁徙性操作虽然破坏了细菌的趋向性行为，但是细菌也可能会因此寻找到食物更加丰富的区域。所以从长远来看，这种迁徙性操作是有利于菌群觅食的。为模拟这一过程，在算法中菌群经过若干代复制后，细菌以给定概率 P_{ed} 执行迁徙性操作，被随机重新分配到寻优区间。

也就是说，若种群中的某个细菌个体满足迁徙发生的概率，则这个细菌个体灭亡，并随机地在解空间的任意位置生成一个新个体，新个体与原个体可能具有不同的位置，即不同的觅食能力。迁徙行为随机生成的这个新个体可能更靠近全局最优解，从而更有利于趋向性操作跳出局部最优解，进而寻找全局最优解。

14.6.2 算法主要步骤与流程

细菌觅食算法主要计算步骤如下：

Step1 初始化参数 p、S、N_c、N_s、N_{re}、N_{ed}、P_{ed}、$C(i)(i=1,2,\cdots,S)$、θ^i。

Step2 迁徙性操作循环：$l=l+1$。

Step3 复制性操作循环：$k=k+1$。

Step4 趋向性操作循环：$j=j+1$。

① 令细菌如下趋向一步。

② 计算适应度函数值 $J(i,j,k,l)$。

$$J(i,j,k,l)=J(i,j,k,l)+J_{cc}(\theta^i(j,k,l),P(j,k,l))$$

即增加细菌间斥引力来模拟聚集行为，其中 J_{cc}的计算公式见前。

③ 令 $J_{last}=J(i,j,k,l)$，存储为细菌 i 目前最好的适应度值。

④ 旋转：生成一个随机向量 $\boldsymbol{\Delta}(i)\in\mathbf{R}^p$，其每一个元素 $\Delta_m(i)$，$(m=1,2,\cdots,p)$都是分布在$[-1,1]$上的随机数。

⑤ 移动。令

$$\theta^i(j+1,k,l)=\theta^i(j,k,l)+C(i)\frac{\Delta(i)}{\sqrt{\Delta^T(i)\Delta(i)}}$$

其中，$C(i)$为细菌 i 沿旋转后随机产生的方向游动一步长的大小。

⑥ 计算 $J(i,j+1,k,l)$，且令

$$J(i,j+1,k,l)=J(i,j,k,l)+J_{cc}(\theta^i(j+1,k,l),P(j+1,k,l))$$

⑦ 游动：

(a) 令 $m=0$。

(b) 若 $m<N_s$，则

令 $m=m+l$

若 $J(i,j+1,k,l)<J_{last}$，则令 $J_{last}=J(i,j+1,k,l)$且

$$\theta^i(j+1,k,l)=\theta^i(j,k,l)+C(i)\frac{\boldsymbol{\Delta}(i)}{\sqrt{\boldsymbol{\Delta}^T(i)\boldsymbol{\Delta}(i)}}$$

返回第⑥步，用此计算新的 $J(i,j+1,k,l)$；

否则，令 $m=N_s$。

⑧ 返回第②步，处理下一个细菌 $i+1$。

Step5 若 $j<N_c$，则返回 Step4 进行趋向性操作。

Step6 复制：

对给定的 k、l 以及每个 $i=1,2,\cdots,S$，将细菌能量值 J_{health}按从小到大的顺序排列，淘汰掉前 $S_r=S/2$ 个能量值较小的细菌，选择后 S_r个能量值较大的细菌进行复制，每个细菌分裂成两个完全相同的细菌。

Step7 若 $k<N_{re}$，则返回 Step3。

Step8　迁徙：菌群经过若干代复制操作后，每个细菌以概率 P_{ed} 被重新随机分布到寻优空间中。若 $l<N_{ed}$，则返回 Step2；否则结束寻优。

细菌觅食算法流程如图 14.14 所示。

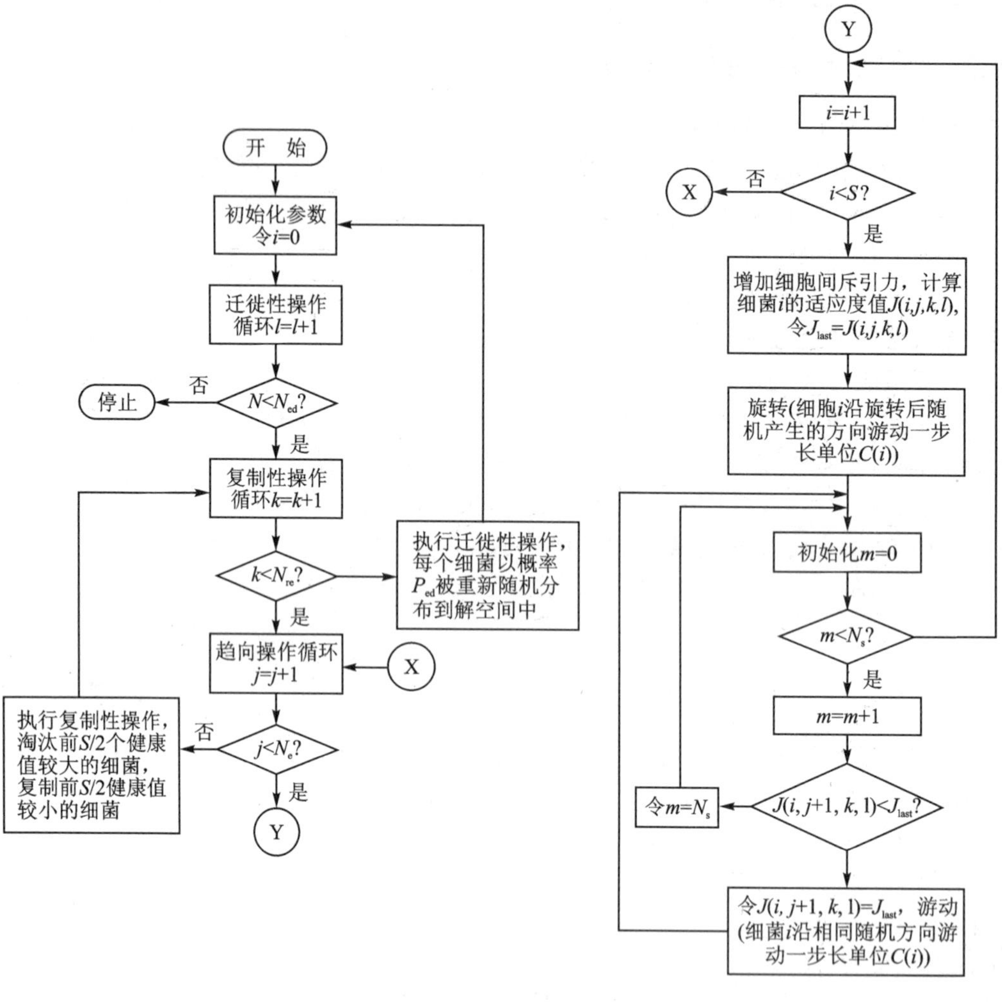

图 14.14　细菌觅食算法流程图

14.6.3　算法参数选取

算法参数是影响算法性能和效率的关键，如何确定最佳参数使得算法性能达到最优本身就是一个极其复杂的优化问题。细菌觅食优化算法的参数有：游动步长大小 C，种群大小 S，趋向性、复制性和迁徙性操作的执行次数 N_c、N_{re}、N_{ed}，种群细菌之间传递信号的影响值 J_{cc}^{i} 的 4 个参数($d_{attractant}$、$w_{attractant}$、$h_{repellant}$ 和 $w_{repellant}$)，以及每次向前游动的最大步长数 N_s 和迁徙概率 P_{ed}。BFO 算法的优化性能和收敛效率与这些参数值的选择密切相关。但由于参数空间的大小不同，目前在 BFO 算法的实际应用中还没有确定最佳参数的通用方法，往往只能凭经验选取。

(1) 种群大小 S

种群规模 S 表示 BFO 算法中同时进行搜索的细菌数目，其大小影响算法效能的发挥。

如果种群规模小，虽然可以提高 BFO 算法的计算效率，但由于降低了种群的多样性，算法的优化性能受到削弱；如果种群规模大，虽然增加了靠近最优解的机会，越能避免算法陷入局部极小值，但种群规模大的同时，也使得算法的计算量增大。因而，如何选择适当的种群大小 S 是 BFO 算法参数设置的关键问题之一。

(2) 游动步长 C

游动步长 C 表示细菌觅食基本步骤的长度，它控制种群的收敛性和多样性。一般来说，C 不应小于某一特定值，这样能够有效地避免细菌仅在有限的区域寻优，导致不易找到最优解。然而，C 太大时，虽使细菌迅速向目标区域移动，却也容易因步长太大而离开目标区域，以致陷入局部最优而找不到全局最优解。例如，当全局最优解位于一个狭长的波谷中，C 太大时算法可能会直接跳过这个波谷而到其他区域进行搜索，从而丧失全局寻优的机会。

(3) 种群细菌之间传递信号的影响值 J_{cc}^{i} 的 4 个参数

引力深度 $d_{attractant}$、引力宽度 $w_{attractant}$、斥力高度 $h_{repellant}$ 和斥力宽度 $w_{repellant}$ 代表了细菌间的相互影响的程度。引力的两个参数 $d_{attractant}$ 和 $w_{attractant}$ 的大小决定算法的群聚性。如果这两个值太大，则周围细菌对某细菌个体的影响过多，这样会导致该细菌个体向群体中心靠拢产生“抱团”现象，影响单个细菌的正常寻优。在这种情况下，算法虽有能力达到新的搜索空间，但是碰到复杂问题时更容易陷入局部极小值。反之，如果这两个值太小，细菌个体将完全按照自己的信息去搜寻某区域，而不会借鉴群体智慧。细菌群体的社会性降低，个体间的交互太少，使得一个规模为 S 的群体近似等价于 S 个单个细菌的寻优，导致找到最优解的概率减小。斥力的两个参数 $h_{repellant}$ 和 $w_{repellant}$ 与引力的两个参数作用相反。

(4) 趋向性操作中的两个参数 N_c 和 N_s

若趋向性操作的执行次数 N_c 的值过大，尽管可以使算法的搜索更细致、寻优能力增强，但是算法的计算量和复杂度也会随之增加；反之，若 N_c 的值过小，则算法的寻优能力减弱，更容易早熟收敛并陷入局部最小值，而算法的性能好坏就会更多地依赖于运气和复制性操作。另一个参数 N_s 是每次在任意搜索方向上前进的最大步长数（$N_s=0$ 时不会有趋向性行为），N_s 取决于 N_c，取值 $N_c>N_s$。

(5) 复制操作执行的次数 N_{re}

N_{re} 决定了算法能否避开食物缺乏或者有毒的区域而去食物丰富的区域搜索，这是因为只有在食物丰富的区域里的细菌才具有进行繁殖的能力。在 N_c 足够大时，如果 N_{re} 越大，则算法越易收敛于全局最优值。但是 N_{re} 太大，同样也会增加算法的计算量和复杂度；反之，如果 N_{re} 太小，则算法容易早熟收敛。

(6) 迁徙性操作中的两个参数 N_{ed} 和 P_{ed}

若迁徙性操作执行的次数 N_{ed} 的值太小，则算法没有发挥迁徙性操作的随机搜索作用，算法易陷入局部最优；反之，若 N_{ed} 的值越大，则算法能搜索的区域越大，解的多样性增加，能避免算法陷入早熟，当然算法的计算量和复杂度也会随之增加。迁徙概率 P_{ed} 选取适当的值能帮助算法跳出局部最优而得到全局最优，但是 P_{ed} 的值不能太大，否则 BFO 算法会陷于随机“疲劳”搜索。

上述参数与问题的类型有着直接的关系，问题的目标函数越复杂，参数选择就越困难。通过大量的仿真试验，得到 BFO 算法参数的取值范围为：$N_s=3\sim8$，$P_{ed}=0.05\sim0.3$，$N_{ed}=$

$(0.15\sim0.25)N_{re}$, $d_{attractant}=0.01\sim0.1$, $w_{attractant}=0.01\sim0.2$, $h_{repellant}=d_{attractant}$, $w_{repellant}=2\sim10$。此外,趋向性操作的执行次数 N_c、复制性操作执行的次数 N_{re} 常作为算法的终止条件,需要根据具体问题并兼顾算法的优化质量和搜索效率等多方面的性能来确定。实际上,从理论上讲,不存在一组适用于所有问题的最佳参数值,而且随着问题特征的变化,有效参数值的差异往往非常显著。因此,如何设定 BFO 算法的控制参数来改善 BFO 算法的性能,还需要结合实际问题深入研究,并且要基于 BFO 算法理论研究的发展。

14.6.4 细菌觅食算法在科学研究中的应用

例 14.23 求解下列函数的极大值:

$$f(x,y)=x\sin(4\pi x)-\sin(4\pi y+\pi+1),\qquad x,y\in[-1,2]$$

解:

根据细菌觅食算法的基本原理,可编程计算,得到如下的结果(其中一次结果):

```
>> myval = [100 0.05 10 5 3 3 0.25 0.5];
>> bacterialnum = myval(1);step = myval(2);nc = myval(3);ns = myval(4);
>> nre = myval(5);ned = myval(6);ped = myval(7);sr = myval(8);
>> y = myBFO(bacterialnum,step,nc,ns,nre,ned,ped,sr);
y = x: [1.6299 2]   fitness: 3.3098
```

例 14.24 粒子群算法与细菌觅食算法都属于群体智能方法,虽然都具有不少的优点,但也存在一些缺点。粒子群算法的主要缺点是局部搜索能力差,搜索精度不够高,容易陷入局部极值;而细菌觅食算法的全局搜索能力较差,不如粒子群算法。在实际应用中,可以将这两种方法结合(混合算法),取长补短,以达到理想的结果。

利用融合粒子群算法和细菌觅食算法的混合算法,求解下列函数的极优值:

$$\min f(x)=(9x_1^2+2x_2^2-11)^2+(3x_1+4x_2^2-7)^2,\qquad x_1,x_2\in[-1,2]$$

解:

将细菌觅食算法中趋化算子的细菌位置更改公式用粒子群算法中的粒子位置更改公式来替换,便组成了混合算法。据此可编程计算,得到以下的结果:

```
>> myval = [100 0.05 10 5 3 3 0.25 0.5];
>> bacterialnum = myval(1);step = myval(2);nc = myval(3);ns = myval(4);
>> nre = myval(5);ned = myval(6);ped = myval(7);sr = myval(8);
>> [zbest,fitnesszbest] = myBFO1(bacterialnum,nc,ns,nre,ned,ped,sr)
zbest = 1.0000  - 1.0000   fitnesszbest =  - 5.2683e - 014
```

例 14.25 利用细菌觅食算法求解例 14.3 的 TSP 问题。

解:

对例 14.24 的程序作相应的修改,便可用来计算例 14.3 的 TSP 问题,其中一次结果如下:

```
>> myval = [200 0.05 10 5 5 5 0.25 0.5];
>> bacterialnum = myval(1);step = myval(2);nc = myval(3);ns = myval(4);
>> nre = myval(5);ned = myval(6);ped = myval(7);sr = myval(8);
[y,zbest] = myBFO_TSP(bacterialnum,nc,ns,nre,ned,ped,sr)
y = 30.8801
zbest = 3 - 4 - 5 - 6 - 12 - 7 - 13 - 8 - 9 - 11 - 10 - 1 - 2 - 14
```

14.7 人工蜂群算法

人工蜂群算法(Artificial Bee Colony Algorithm,ABC)是由 Karaboga 于 2005 年提出的基于蜜蜂群体觅食行为的一种新的启发式仿生算法,它建立在蜜蜂群体生活习性的模型基础上,算法中的每一个蜜蜂个体视为一个智能体,它们通过不同个体间的分工协作、角色转换和舞蹈行为实现群体智能。

蜜蜂是一种群居生活的昆虫,单个蜜蜂的生活行为非常简单,不过由单个简单的个体所组成的群体却表现出极其复杂的行为。在任何环境下蜜蜂种群能够以极高的效率从食物源(花粉)中采集花蜜;同时,它们能根据环境的变化而改变自己的生活习性,能够非常好地适应环境。蜜蜂繁殖机理流程图如图 14.15 所示。

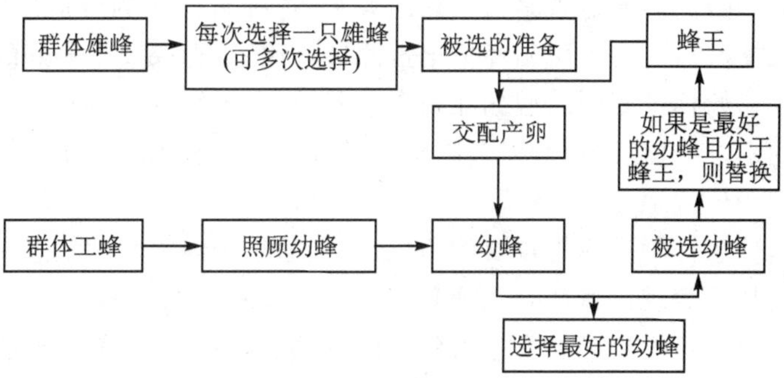

图 14.15 蜜蜂繁殖机理流程图

蜂群采蜜过程中产生非常高的群体智慧,它在采蜜过程中去寻找蜜源这个最小搜索模型包含三个基本组成要素:食物源、雇佣蜂(employed foragers)和未被雇佣的蜜蜂(unemployed foragers)。两种最基本的行为模型:为食物源招募(recruit)蜜蜂和放弃(abandon)某个食物源。为了更好地说明蜜蜂的采蜜机理,图 14.16 给出了详细的蜜蜂采蜜过程。

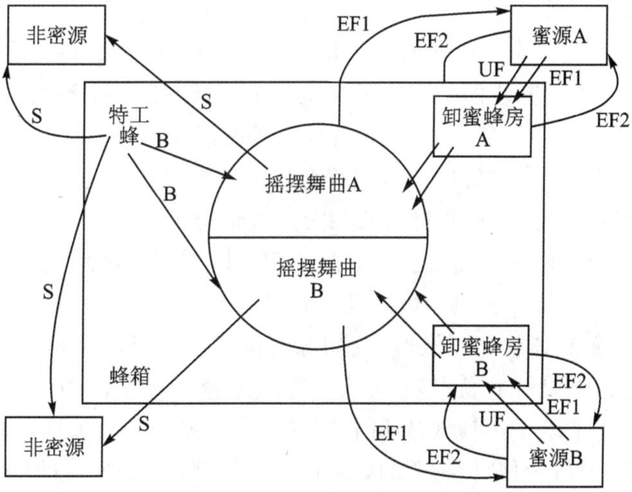

图 14.16 蜜蜂采蜜过程

在人工智能算法中,主要通过模拟引领蜂、跟随蜂和侦察蜂三类蜜蜂的两种最为基本的蜂群行为实现群体智能。引领蜂、跟随蜂主要负责对蜜源的开采，侦察蜂则主要侦查蜜源，尽量找到多个蜜源。两种最为基本的蜂群行为：第一种是当某一只蜜蜂找到一处食物丰富的食物源时，会引导其他蜜蜂也跟随它到达此处；另一种是当觉得某处食物源食物不够丰富时，放弃这一食物源，继续找寻另一处食物源来代替。其中食物源可以从食物源的丰富程度、距离蜂巢的远近、取得食物的困难程度等几个方面来评价，算法中用食物源的收益率(profitability)来综合体现这些因素。

引领蜂的数量一般是与食物源相对应的，它能够记录自己已经搜索到的食物源的有关信息(如距离蜂巢的方向、远近，食物丰富程度等)，选择比较好的蜜源作为初始蜜源并标记，再释放与标记的蜜源成正比的路径信息，以招募其他的跟随蜂。而侦察蜂通常在蜂巢周围搜索附近的食物源，在算法的初始化和搜索过程中，始终伴随着侦察蜂对食物源的"探索"行为，依据经验，蜂群中的侦察蜂数量占整个种群数目的 5%～20%。跟随蜂是在蜂巢附近等待引领蜂共享食物源信息的蜜蜂，它们通过观察引领蜂的舞蹈，选择自己认为合适的蜜蜂进行跟随，同时在其附近搜索新的蜜源，与初始引领蜂标记蜜源进行比较，选取其中较好的收益度较大的蜜源，更改本次循环的初始标记蜜源。假如在采蜜过程中，蜜源经过一段时间后它的蜜源搜索方式还不变，则相应的引领蜂就变成侦察蜂，随机搜索去寻找新蜜源来代替初始标记蜜源中的相应位置，确定最终蜜源位置地点。

在群体智能中，信息交换扮演着重要的角色，正是通过个体之间的信息交换才使得群体的整体智慧得以提高，从而表现出群体智能现象。蜂群中蜜蜂进行信息交换的主要场所就是蜂巢附近的舞蹈区，同时在这里也频繁发生着各种蜂的角色转换。蜜蜂是通过舞蹈来共享相关信息、进行信息交互的。侦察蜂寻找到食物源并飞回蜂巢，在舞蹈区通过摇摆舞的形式将食物源的信息传递给其他蜜蜂，周围的蜜蜂通过观察进行选择，选定自己要成为的角色并进行转换。食物源的收益率越大，被选择的可能性就越大。所以，蜜蜂被吸引到某一食物源的概率与这一食物源处的食物丰富程度成正比，越丰富的食物源，吸引到的蜜蜂越多。在自然界的生物模型中，这三种蜜蜂的角色是可以互换的。

14.7.1 人工蜂群算法的基本原理

ABC 算法将全局搜索和局部搜索的方法相结合，从而使得蜜蜂在食物源的开采和探索这两方面取得了很好的平衡。算法的每一次循环迭代中，跟随蜂和引领蜂的数目都相等，它们负责执行开采过程；而侦察蜂的个数为 1，负责执行探索过程。

在 ABC 算法中，蜜蜂对食物源的寻找过程分以下 3 种：

① 引领蜂搜索到一处食物源，并将此处花蜜的数量记录下来；

② 跟随蜂根据引领蜂所共享的花蜜信息来决定跟随哪只引领蜂去采蜜；

③ 当放弃某个食物源时，变成侦察蜂，随机找寻新的食物源。

应用 ABC 算法求解具体优化问题时，食物源的位置被映射成优化问题的一个解，那么蜜蜂采蜜(食物源)的过程便是寻找优化问题最优解的过程。对具体的一个全局优化问题(P) $\min\{f(x):\boldsymbol{X}\in\boldsymbol{S}\subset\mathbf{R}^n\}$来说，将问题($P$)所有解的集合抽象为一个种群，种群中每个个体的位置(可行解)对应一个食物源，每个食物源的好坏由优化问题(P)所确定的适应度函数值来决定，跟随蜂或引领蜂的个数与解的个数(SN)一致。食物源的位置用向量 $\boldsymbol{X}_i=(x_{i1},x_{i2},\cdots,x_{id})^{\mathrm{T}}\in S$ 表示。首先，ABC 算法初始化，随机生成一个含有 SN 个解(食物源)的初始种群，每个解 $\boldsymbol{X}_i(i=1,2,\cdots,\mathrm{SN})$是一个 d 维的向量。然后，蜜蜂循环搜索所有的食物源，循环次数为 C

(最大迭代次数为 MCN)。先是引领蜂对相应食物源的邻域进行一次搜索,如果搜索到的食物源(解)的花蜜质量(适应度值)比之前的要优,那么就用新的食物源的位置替代之前的食物源位置,否则保持旧的食物源位置不变。所有的引领蜂完成搜索之后,回到舞蹈区把食物源花蜜质量的信息通过跳摇摆舞的方式传递给跟随蜂。跟随蜂依据得到的信息按照一定的概率选择食物源。花蜜越多的食物源,被跟随蜂选择的概率也就越大。跟随蜂选中食物源后,跟引领蜂采蜜过程一样,也进行一次邻域搜索,用较优的解代替较差的解。通过不断地重复上述这个过程来实现整个算法的寻优,从而找到问题的全局最优解。

引领蜂和跟随蜂依据下式进行食物源位置的更新:

$$V_{ij}=x_{ij}+R_{ij}(x_{ij}-x_{kj})$$

其中,V_{ij}是新的食物源的位置;R_{ij}是一个$[-1,1]$范围内的随机数;$k\in\{1,2,\cdots,\mathrm{SN}\}$,并且$k\neq i$, $j\in\{1,2,\cdots,d\}$。

ABC 算法中,跟随蜂对食物源的选择是通过观察完引领蜂的摇摆舞来判断食物源的收益率的,然后根据收益率大小,按照轮盘赌的选择策略来选择到哪个食物源采蜜。收益率是通过函数适应度值来表示的,而选择概率 p_i按照下式确定:

$$p_i=\frac{\mathrm{fit}_i}{\sum_{i=1}^{\mathrm{SN}}\mathrm{fit}_i}$$

其中,fit_i是第 i 个解的适应度函数值;SN 是解的个数。

在 ABC 算法中,还有一个控制参数 limit,它用来记录某个解未被更新的次数。如果某个解连续经过 limit 次循环之后没有得到改善,表明这个解陷入局部最优,那么这个解就要被放弃,与这个解相对应的引领蜂也转变为侦察蜂。假设被放弃的解是 x_i,且 $j\in\{1,2,\cdots,d\}$,那么就由侦察蜂通过下式随机产生一个新的解来代替 x_i

$$x_i^j=x_{\min}^j+\mathrm{rand}\times(x_{\max}^j-x_{\min}^j)$$

式中,rand 是 0~1 之间的随机数。

如上所述,ABC 算法的寻优过程由下面 4 个选择过程构成:

① 局部选择过程:引领蜂和跟随蜂按照食物源更新计算公式进行食物源的领域搜索。

② 全局选择过程:跟随蜂按照选择概率的计算公式发现较好的食物源。

③ 贪婪选择过程:所有人工蜂对新旧食物源进行比较判断,保留较优解、淘汰较差解。

④ 随机选择过程:侦察蜂按照随机更新解的方法发现新的食物源。

14.7.2 人工蜂群算法的流程

Step1 算法初始化。包括初始化种群规模,控制参数 limit,最大迭代次数;随机产生初始解 $\boldsymbol{X}_i(i=1,2,\cdots,\mathrm{SN})$,并计算每个解的适应度函数值。

Step2 引领蜂根据下式对邻域进行搜索产生新解 V_i,并且计算其适应度值:

$$V_{ij}=x_{ij}+R_{ij}(x_{ij}-x_{kj})$$

如果 V_i的适应度值优于 x_i,则用 V_i代替 x_i,将 V_i作为当前最好解;否则保留 x_i不变。

Step3 计算所有 x_i的适应度值,并按下式计算与 x_i相关的概率值 p_i:

$$p_i=\frac{\mathrm{fit}_i}{\sum_{i=1}^{\mathrm{SN}}\mathrm{fit}_i}$$

Step4　跟随蜂根据 p_i 选择食物源，并根据位置更新计算公式对邻域进行搜索产生新解 V_i，并计算其适应度值。如果 V_i 的适应度值优于 x_i，则用 V_i 代替 x_i，将 V_i 作为当前最好解，否则保留 x_i 不变。

Step5　判断是否有要放弃的解，即如果某个解连续经过 limit 次循环之后没有得到改善，那么侦察蜂根据下式产生一个新解 x_i 来替换它：

$$x_i^j = x_{\min}^j + \text{rand} \times (x_{\max}^j - x_{\min}^j)$$

Step6　一次迭代完成之后，记录到目前为止最好的解。

Step7　判断是否满足循环终止条件，若满足，则输出最优结果；否则返回 Step2。从上面的流程可以看出，在人工蜂群算法中，适应度函数在整个群体进化的过程中起着至关重要的作用，群体的进化方向也由它来决定。另外，像种群规模、迭代次数这些参数是按照先前研究的经验来给出的，它们直接影响着算法的收敛速度和算法鲁棒性。

蜂群算法流程图如图 14.17 所示。

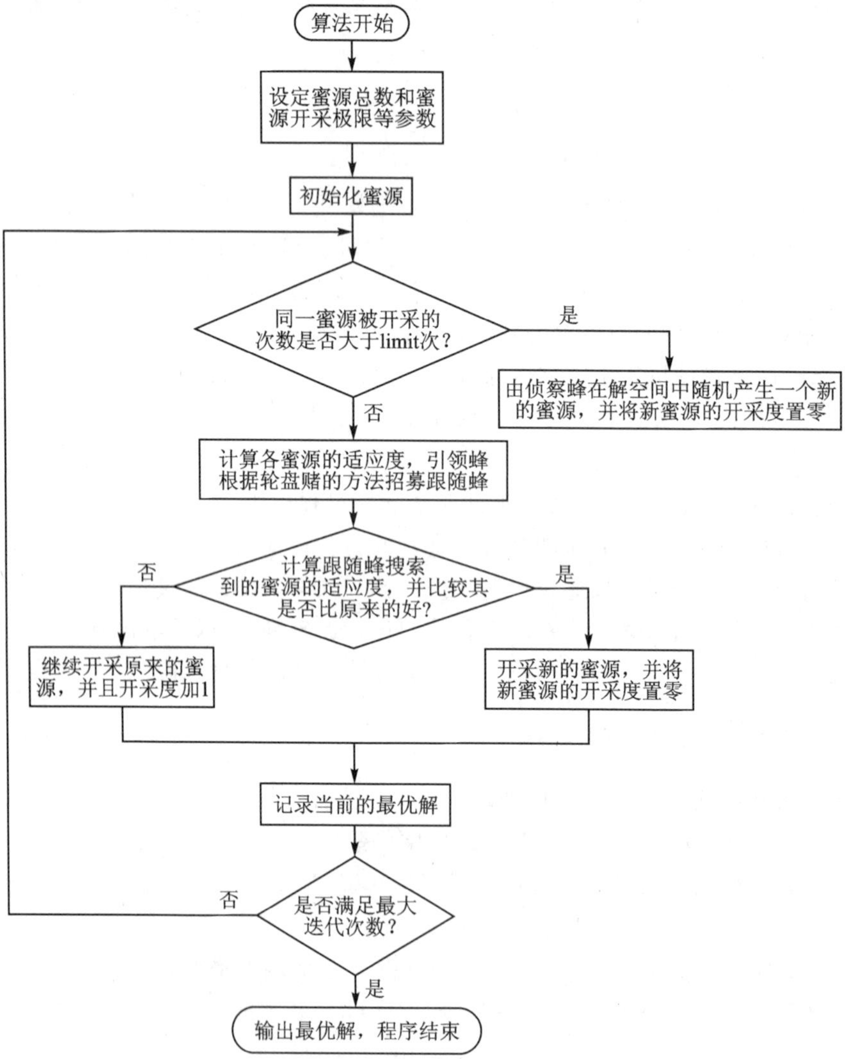

图 14.17　蜂群算法流程图

14.7.3 控制参数选择

人工蜂群算法的主要参数有群体规模、同一蜜源被限定的采蜜次数、最大进化次数等。这些参数都是在算法开始之前就设定好的，对于算法性能有很大的影响。人工蜂群算法参数的设置与问题本身的性质有很大的关系，常用的方法是根据经验设置控制参数值，由于蜂群算法是一个动态寻优过程，因此参数也应随着蜂群的迭代过程进行自适应调节。

（1）群体规模

不同的问题适用于不同的群体规模。群体规模过大，虽然可以增大搜索空间，使所求得的解更逼近最优解，但是这也同样增加了求解的计算量；群体规模过小，虽然可以较快地收敛到最优，但是这样所求得的解很容易陷于局部最优，不能很好地得出全局最优解。

（2）同一蜜源被限定的采蜜次数

对于蜜源的开采次数，要进行适当的设定。若开采次数过少，则不能很好地进行局部搜索；若开采次数过多，则不但增加了算法的时间复杂度，而且对于局部最优解也没有很好的改进作用。

（3）最大进化次数

最大进化次数的选取是根据某一具体问题的实验得出的。进化次数过少，使得算法无法取得最优解；进化次数过多，可能导致算法早已收敛到了最优解，之后进行的迭代对于最优解的改进几乎没有什么效果，只是增加了算法的运算时间。

14.7.4 人工蜂群算法在科学研究中的应用

例 14.26　利用人工蜂群算法求解下列函数的极值：

$$\min f(x)=\sum_{i=1}^{30}(x_i^2-10\cos(2\pi x_i)+10),\qquad |x_i|\leqslant 5.12$$

解：

根据人工蜂群算法的基本原理，可编程进行计算，其中一次的结果如下：

```
>> myval = [300,500,10];beenum = myval(1);iter_max = myval(2);limit = myval(3);
>> [y_max,x_max] = myABC(beenum,iter_max,limit)
y_max  = 1.2346e-012   x_max  = 1.0e-007 * (0.0755,0.1747,-0.2546,0.0943,-0.1026,…, 0.0962)
```

例 14.27　对于未知函数表达式，仅通过相应的输入输出数据是难以准确地寻找函数极值的。例如：

$$\min f(x)=x_1^2+x_2^2,\qquad |x_i|\leqslant 5$$

虽然从函数表达式及其图形中很容易找出函数的极值，但如果给出的是从该函数表达式随机产生的输入输出数据，函数极值及其对应坐标就很难找到。对于这类问题可以结合人工神经网络、优化算法来进行寻优。

利用人工神经网络和人工蜂群算法对该函数所产生的 4 000 组输入输出数据找到此函数的最优值。

解:

对于由输入输出数据组成的函数极值求解可以有两种方法:一种是根据输入输出关系求出函数关系式,然后根据函数关系式求解极值,但要找到准确的函数比较困难;另一种方法是利用人工神经网络对非线性函数的拟合性能,即利用人工神经网络的预测作为人工蜂群算法适应度函数。据此可编程进行计算,并得到如下的结果:

```
>> myval = [50,10,10];beenum = myval(1);iter_max = myval(2);limit = myval(3);
>> [y_min,x_max] = myABC1(beenum,iter_max,limit)
y_min = 0.1036    x_min = 0.0072    - 0.0001
```

14.8 量子遗传算法

量子遗传算法(Quantum Genetic Algorithm,QGA)是以量子计算的一些概念和理论为基础,将量子计算和遗传算法相结合,利用量子位编码来表示染色体,用量子旋转门作用更新种群来完成进化搜索的一种概率优化方法,具有很重要的意义和研究价值。和传统的遗传算法相比,QGA 具有以下三个优点:

- 可以以很少的个体数表示较大的解空间,即使一个个体也可以搜索到最优解或者接近最优解;
- 具有较强的全局搜索能力;
- 具有较快的收敛速度,可以在较短的时间间隔内搜索到全局最优解。

14.8.1 量子计算的基础知识

量子计算的概念最早是 Richard Feynman 在 1982 年提出的,它最本质的特征就是利用了量子态的叠加性和相干性,以及量子比特之间的纠缠性,是量子力学直接进入算法领域的产物。它和其他经典算法最本质的区别就在于,它具有量子并行性。我们也可以从概率算法去认识量子算法,在概率算法中,系统不再处于一个固定的状态,而是对应于各个可能状态有一个几率,即状态几率矢量。如果知道初始状态几率矢量和状态转移矩阵,通过状态几率矢量和状态转移矩阵相乘可以得到任何时刻的几率矢量。量子算法与此类似,只不过需要考虑量子态的几率幅,因为它们是平方归一的,所以几率幅度相对于经典几率有 N 倍的放大,状态转移矩阵则用 Walsh - Hadamard 变换、旋转相位操作等酉正变换实现。

(1) 状态叠加

在经典数字计算机中,信息被编码为位(bit)链,1 比特信息就是两种可能情况中的一种,即 0 或 1,假或真,对或错。例如,一个脉冲可以代表 1 比特信息:上升沿表示 1,而下降沿表示 0。在量子计算机中,基本的存储单元是一个量子位(qubit),一个简单的量子位是一个双态系统,例如半自旋或两能级原子:自旋向上表示 0,向下表示 1;或者基态代表 0,激发态代表 1。不同于经典比特,量子比特不仅可以处于 0 或 1 的两个状态之一,而且更一般地可以处于两个状态的任意叠加形式。一个 n 位的普通寄存器处于唯一的状态中,而由量子力学的基本假设,一个 n 位的量子寄存器可处于 2^n 个基态的相干叠加态 $|\Phi\rangle$ 中,即可以同时表示 2^n 个数。叠加态和基态的关系可以表示为:

$$|\Phi\rangle = \sum C_i \mid \Phi_i\rangle$$

其中，C_i 表示状态 $|\Phi_i\rangle$ 的概率幅；$|C_i|^2$ 表示 φ 在受到量子计算机系统和纠缠的测量仪器观测时坍塌到基态的概率，即对应得到结果 i 的概率，因此有 $\sum_i |c_i|^2=1$。

(2) 状态相干

量子计算的一个主要原理就是：使构成叠加态的各个基态通过量子门的作用发生干涉，从而改变它们之间的相对相位。例如一个叠加态为

$$|\Phi\rangle=\frac{2}{\sqrt{5}}|0\rangle+\frac{1}{\sqrt{5}}|1\rangle=\frac{1}{\sqrt{5}}\begin{pmatrix}2\\1\end{pmatrix}$$

设量子门 $\hat{U}=\frac{1}{2}\begin{bmatrix}1 & 1\\1 & -1\end{bmatrix}$ 作用其上，则两者的作用结果是 $|\Phi'\rangle=\frac{3}{\sqrt{10}}|0\rangle+\frac{1}{\sqrt{10}}|1\rangle$。可以看出，基态 $|0\rangle$ 的概率幅增大，而 $|1\rangle$ 的概率幅减少。若量子系统 $|\Phi\rangle$ 处于基态的线性叠加的状态，称系统为相干的。当一个相干的系统和它周围的环境发生相互作用(测量)时，线性叠加就会消失，具体坍塌到某个 $|\Phi_i\rangle$ 基态的概率由 $|C_i|^2$ 决定。例如对上述 $|\Phi'\rangle$ 进行测量，其坍塌到 0 的概率为 0.9，这个过程称为消相干。

(3) 状态的纠缠

量子计算另一个重要的机制是量子纠缠态，它违背我们的直觉。对于发生相互作用的两个子系统中所存在的一些态，若不能表示成两个子系统态的张量积，即每个子系统的状态不能单独表示出来，则两个子系统彼此关联，量子态是两个子系统的共有的状态，这种量子态就称为纠缠态。例如叠加状态 $\frac{1}{\sqrt{2}}|01\rangle+\frac{1}{\sqrt{2}}|10\rangle$，因无论采用什么方法都无法写成两个量子比特的乘积，所以为量子纠缠状态。

对处于纠缠态的量子位的某几位进行操作，不但会改变这些量子位的状态，还会改变与它们相纠缠的其他量子位的状态。量子计算能够充分实现，也是利用了量子态的纠缠特性。

(4) 量子并行性

在经典计算机中，信息的处理是通过逻辑门进行的。量子寄存器中的量子态则是通过量子门的作用进行演化，量子门的作用与逻辑电路门类似，在指定基态条件下，量子门可以由作用于希尔伯特空间中向量的矩阵描述，由于量子门的线性约束，量子门对希尔伯特空间中量子状态的作用将同时作用于所有基态上，对应到 n 位量子计算机模型中，相当于同时对个数进行运算，而任何经典计算机为了完成相同的任务必须重复此相同的计算，或者必须使用各不同的并行工作的处理器，这就是量子并行性。换言之，量子计算机利用了量子信息的叠加和纠缠的性质，在使用相同时间和存储量的计算资源时提供了巨大的增益。

14.8.2 量子计算

量子的重叠与牵连原理产生了巨大的计算能力。普通计算机中的 2 位寄存器在其一时间仅能存储 4 个二进制数(00，01，10，11)中的一个，而量子计算机中的 2 位量子位寄存器可同时存储这 4 个数，因为每一个量子位可以表示两个值。如果有更多量子位，计算能力就呈指级数提高。量子计算具有天然的并行性，极大地加快了对海量信息处理的速度，使得大规模复杂问题能够在有限的指定时间内完成。

1. 量子信息

用量子比特来存储和处理信息，称为量子信息。区别量子信息与经典信息最大的不同是

在于：经典信息，比特只能处在一个状态，非 0 即 1，而在量子信息中，量子比特可以同时处在 $|0\rangle$和$|1\rangle$两个状态，量子信息的存储单元称为量子比特(qubit)。一个量子比特的状态是一个二维复数空间的矢量，它的两个极化状态$|0\rangle$和$|1\rangle$对应于经典状态的 0 和 1。

量子比特不仅可以表示 0 和 1 两种状态，也可以同时表示两个量子的叠加态，即“0”态和“1”态的任意中间态。一般情况下，用 n 个量子位就可以同时表示 2^n个状态，其叠加态可以描述为

$$|\varphi\rangle=\alpha|0\rangle+\beta|1\rangle$$

式中，(α,β)是一对复数，表示相应比特状态的概率幅，且满足归一化条件，即$|\alpha|^2+|\beta|^2=1$；$|0\rangle$和$|1\rangle$分别表示两个不同的比特态，且$|\alpha|^2$ 表示$|0\rangle$的概率，$|\beta|^2$ 表示$|1\rangle$的概率。利用不同的量子叠加态记录不同的信息，量子比特在同一位置可拥有不同的信息。

量子态可用矩阵的形式表示。

一对量子比特$|0\rangle\equiv\begin{bmatrix}1\\0\end{bmatrix}$和$|1\rangle\equiv\begin{bmatrix}0\\1\end{bmatrix}$能够组成 4 个不重复的量子比特对$|00\rangle$、$|01\rangle$、$|10\rangle$、$|11\rangle$。它们的张量积的矩阵表示如下：

$$|00\rangle\equiv|0\rangle\otimes|0\rangle=\begin{bmatrix}1\\0\end{bmatrix}\otimes\begin{bmatrix}1\\0\end{bmatrix}=\begin{bmatrix}1\times\begin{bmatrix}1\\0\end{bmatrix}\\0\times\begin{bmatrix}1\\0\end{bmatrix}\end{bmatrix}=\begin{bmatrix}1\\0\\0\\0\end{bmatrix}$$

$$|01\rangle\equiv|0\rangle\otimes|1\rangle=\begin{bmatrix}1\\0\end{bmatrix}\otimes\begin{bmatrix}0\\1\end{bmatrix}=\begin{bmatrix}1\times\begin{bmatrix}0\\1\end{bmatrix}\\0\times\begin{bmatrix}0\\1\end{bmatrix}\end{bmatrix}=\begin{bmatrix}0\\1\\0\\0\end{bmatrix}$$

$$|10\rangle\equiv|1\rangle\otimes|0\rangle=\begin{bmatrix}0\\1\end{bmatrix}\otimes\begin{bmatrix}1\\0\end{bmatrix}=\begin{bmatrix}0\times\begin{bmatrix}1\\0\end{bmatrix}\\1\times\begin{bmatrix}1\\0\end{bmatrix}\end{bmatrix}=\begin{bmatrix}0\\0\\1\\0\end{bmatrix}$$

$$|11\rangle\equiv|1\rangle\otimes|1\rangle=\begin{bmatrix}0\\1\end{bmatrix}\otimes\begin{bmatrix}0\\1\end{bmatrix}=\begin{bmatrix}0\times\begin{bmatrix}0\\1\end{bmatrix}\\1\times\begin{bmatrix}0\\1\end{bmatrix}\end{bmatrix}=\begin{bmatrix}0\\0\\0\\1\end{bmatrix}$$

很明显，集合$|00\rangle$、$|01\rangle$、$|10\rangle$、$|11\rangle$是 4 维向量空间的生成集合。

2. 量子比特的测定

对于量子比特，给定一个量子比特$|\varphi\rangle=\alpha|0\rangle+\beta|1\rangle$，通常不可能正确地知道 α 和 β 的值。通过一个被称为测定或观测的过程，可以把一个量子比特的状态以概率幅(概率区域)的方式变换成 bit 信息，即$|\varphi\rangle$以概率$|\alpha|^2$ 取值 bit0，以概率$|\beta|^2$ 取值 bit1。特别地，当 $\alpha=1$ 时，$|\varphi\rangle$取值 0 的概率为 1，当 $\beta=1$ 时，$|\varphi\rangle$取值 1 的概率为 1。在这样的情况下，量子比特的行为与经典比特的行为完全一致。从这个意义上讲，量子比特包含了经典比特，是信息状态更一般性的表示。

3. 量子门

在量子计算中，某些逻辑变换功能是通过对量子比特状态进行一系列的幺正变换来实现

的。而在一定时间间隔内实现逻辑变换的量子装置称为量子门，它是在物理上实现量子计算的基础。

量子门的作用与经典计算机中的逻辑电路门类似，量子寄存器中的量子态则是通过量子门的作用进行操作的。量子门可以由作用于希尔伯特空间中的矩阵描述。由于量子态可以叠加的物理特性，量子门对希尔伯特空间中量子状态的作用将同时作用于所有基态上。描述逻辑门的矩阵都是幺正矩阵，即 $\boldsymbol{U}^*\boldsymbol{U}=\boldsymbol{I}$，式中 $\boldsymbol{U}^*$ 是 $\boldsymbol{U}$ 的伴随矩阵，$\boldsymbol{I}$ 是单位矩阵。根据量子计算理论可知，只要能完成单比特的量子操作和两比特的控制非门操作，就可以构建对量子系统的任一幺正操作。

量子门的类型很多，分类方法也不相同，按照量子逻辑门作用的量子比特数目，可以把其分为单比特门、二比特门和三比特门等。

(1) 单比特门

常见的单比特门主要有量子非门（Quantum NOT gate）$\boldsymbol{X}$、Hadamard 门（Hadamard gate）$\boldsymbol{H}$ 和相转移门（Quantum Rotation gate）$\boldsymbol{\Phi}$。在基矢 $|0\rangle=\begin{bmatrix}1\\0\end{bmatrix}$，$|1\rangle=\begin{bmatrix}0\\1\end{bmatrix}$ 下，可以用矩阵来表示这几个常见的单比特门。

量子非门（X）：

$$\boldsymbol{X}=|0\rangle\langle 1|+|1\rangle\langle 0|=\begin{bmatrix}0 & 1\\1 & 0\end{bmatrix}$$

Hadamard 门：

$$H=\begin{bmatrix}\frac{1}{\sqrt{2}} & \frac{1}{\sqrt{2}}\\ \frac{1}{\sqrt{2}} & -\frac{1}{\sqrt{2}}\end{bmatrix}$$

相转移门：

$$\boldsymbol{\Phi}=\begin{bmatrix}1 & 0\\0 & e^{i\varphi}\end{bmatrix}$$

(2) 二比特门

量子“异或”门是最常用的二比特门之一，其中的两个量子位分别为控制位 $|x\rangle$ 与目标位 $|y\rangle$，其特征是控制位 $|x\rangle$ 不随门操作而改变。当控制位 $|x\rangle$ 为 $|0\rangle$ 时，它不改变目标位 $|y\rangle$；当控制位 $|x\rangle$ 为 $|1\rangle$ 时，它将随翻转目标位 $|y\rangle$，所以量子异或门又可称为量子受控非门。在两量子位的基矢下 $|00\rangle\equiv|0\rangle\otimes|0\rangle=\begin{bmatrix}1\\0\\0\\0\end{bmatrix}$，$|01\rangle\equiv|0\rangle\otimes|1\rangle=\begin{bmatrix}0\\1\\0\\0\end{bmatrix}$，$|10\rangle\equiv|1\rangle\otimes|0\rangle=\begin{bmatrix}0\\0\\1\\0\end{bmatrix}$，$|11\rangle\equiv|1\rangle\otimes|1\rangle=\begin{bmatrix}0\\0\\0\\1\end{bmatrix}$ 用矩阵表示为

$$\boldsymbol{C}_{\text{Cnot}}=\begin{bmatrix}1&0&0&0\\0&1&0&0\\0&0&0&1\\0&0&1&0\end{bmatrix}$$

(3) 三比特门

三比特门,即三比特量子逻辑门是由作用到三个量子位上的所有可能的幺正操作构成的。它有三个输入端$|x\rangle$、$|y\rangle$、$|z\rangle$。两个输入量子位$|x\rangle$和$|y\rangle$(控制位)控制第三个量子位$|z\rangle$(目标位)的状态,两控制位$|x\rangle$和$|y\rangle$不随门操作而改变。当两控制位$|x\rangle$和$|y\rangle$同时为$|1\rangle$时,目标位改变;否则保持不变。用矩阵表示为

$$\boldsymbol{CC}_{\text{not}}=\begin{bmatrix}1&0&0&0&0&0&0&0\\0&1&0&0&0&0&0&0\\0&0&1&0&0&0&0&0\\0&0&0&1&0&0&0&0\\0&0&0&0&1&0&0&0\\0&0&0&0&0&1&0&0\\0&0&0&0&0&0&1&0\\0&0&0&0&0&0&0&1\end{bmatrix}$$

因为三比特门只有当$|x\rangle$和$|y\rangle$同时为$|1\rangle$时,$|z\rangle$才变为相反的态,所以又称为"受控门"。

14.8.3 量子遗传算法流程

量子计算具有天然的并行性,极大地加快了对海量信息处理的速度,使得大规模复杂问题能够在有限的指定时间内完成。利用量子计算的这一思想,将量子算法与经典算法相结合,通过对经典表示方法进行相应的调整,使得其具有量子理论的优点,从而成为有效的算法。

量子遗传算法是在传统的遗传算法中引入量子计算的概念和机制后形成的新算法。目前,融合点主要集中在种群编码和进化策略的构造上。种群编码方式的本质是利用量子计算的一些概念和理论,如量子位、量子叠加态等构造染色体编码,这种编码方式可以使一个量子染色体同时表征多个状态的信息,隐含着强大的并行性,并且能够保持种群多样性和避免选择压力,以当前最优个体的信息为引导,通过量子门作用和量子门更新来完成进化搜索。在量子遗传算法中,个体用量子位的概率幅编码,利用基于量子门的量子位相位旋转实现个体进化,用量子非门实现个体变异以增加种群的多样性。

与传统的遗传算法一样,量子遗传算法中也包括个体种群的构造、适应度值的计算、个体的改变以及种群的更新。而与传统遗传算法不同的是,量子遗传算法中的个体是包含多个量子位的量子染色体,具有叠加性、纠缠性等特性,一个量子染色体可呈现多个不同状态的叠加。通过不断的迭代,每个量子位的叠加态将坍塌到一个确定的态,从而达到稳定,趋于收敛。量子遗传算法就是通过这样的一个方式,不断地进行探索、进化,最后达到寻优的目的。

量子遗传算法的流程图如图14.18所示。

下面具体介绍量子遗传算法的步骤:

① 给定算法参数,包括种群大小、最大迭代次数,交叉概率,变异概率。

② 种群初始化。

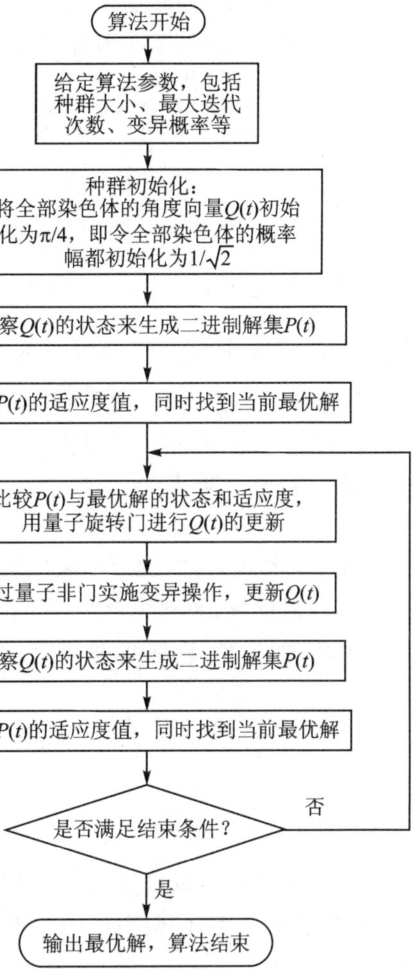

图 14.18 量子遗传算法的流程图

初始化 N 条染色体 $P(t)=(X_1^t, X_2^t, \cdots, X_N^t)$，将每条染色体 X_i^t 的每一个基因用二进制表示，每一个二进制位对应一个量子位。设每个染色体有 m 个量子位，$X_i^t=(x_{i1}^t, x_{i2}^t, \cdots, x_{im}^t)(i=1,2,\cdots,N)$是一个长度为 m 的二进制串，有 m 个观察角度 $Q_i^t=(\varphi_{i1}^t, \varphi_{i2}^t, \cdots, \varphi_{im}^t)$，其值决定量子位的观测概率$|\alpha_i^t|^2$ 或$|\beta_i^t|^2(i=1,2,\cdots,m)$，$\begin{pmatrix}\alpha_i\\\beta_i\end{pmatrix}=\begin{pmatrix}\cos\varphi\\\sin\varphi\end{pmatrix}$，通过观察角度 $Q(t)$的状态来生成二进制解集 $P(t)$。初始化使所有量子染色体的每个量子位的观察角度 $\varphi_{ij}^0=\dfrac{\pi}{4}(i=1,2,\cdots,N;j=1,2,\cdots,m)$。概率幅都初始化为$\dfrac{1}{\sqrt{2}}$，它表示在 $t=0$ 代，每条染色体以相同的概率$\dfrac{1}{\sqrt{2^m}}$处于所有可能状态的线性叠加态之中，即 $|\varphi_{qj}^0\rangle=\sum_{k=1}^{2m}\dfrac{1}{\sqrt{2^m}}|s_k\rangle$，其中 s_k 是由二进制串$(x_1, x_2, \cdots, x_m)$描述的第 k 个状态。

③ 计算 $P(t)$中每个解的适应度，存储最优解。

④ 开始进入迭代。

⑤ 量子旋转门。量子旋转门操作是以当前最优解为引导的旋转角度作为量子染色体变

异的表现,通过观测最优个体和当前个体相应量子位所处的状态,以及比较它们的适应度值来确定其旋转角度的变化方向和大小。量子门可根据实际问题具体设计,令 $\boldsymbol{U}(\Delta\theta)=\begin{bmatrix}\cos(\Delta\theta) & -\sin(\Delta\theta)\\ \sin(\Delta\theta) & \cos(\Delta\theta)\end{bmatrix}$ 表示量子旋转门,设 φ 为原量子位的幅角,旋转后的角度调整操作为

$$\begin{bmatrix}\alpha_i'\\ \beta_i'\end{bmatrix}=\begin{bmatrix}\cos(\Delta\theta) & -\sin(\Delta\theta)\\ \sin(\Delta\theta) & \cos(\Delta\theta)\end{bmatrix}\begin{bmatrix}\alpha_i\\ \beta_i\end{bmatrix}=\begin{bmatrix}\cos(\varphi+\Delta\theta)\\ \sin(\varphi+\Delta\theta)\end{bmatrix}$$

式中,$\begin{bmatrix}\alpha_i\\ \beta_i\end{bmatrix}=\begin{bmatrix}\cos\varphi\\ \sin\varphi\end{bmatrix}$ 为染色体中第 i 个量子位,且 $|\alpha_i|^2+|\beta_i|^2=1$;$\Delta\theta$ 为旋转角度。

⑥ 通过量子非门进行变异操作,更新 $P(t)$。为避免陷入早熟和局部极值,在此基础上进一步采用量子非门实现染色体变异操作,这样能够保持种群多样性和避免选择压力。

⑦ 通过观察角度 $Q(t)$ 的状态来生成二进制解集 $P(t)$,即对于每一个比特位,随机产生一个[0,1]之间的随机数 r。比较 r 与 $|\alpha_i^t|^2$ 的大小,如果 $r<|\alpha_i^t|^2$,则令该比特位值为1;否则令其为0。

⑧ 计算 $P(t)$ 的适应度值,最后选择 $P(t)$ 中的当前最优解。若该最优解于优于目前存储的最优解,则用该最优解替换存储的最优解,更新全局最优解。

⑨ 判断是否达到最大迭代次数,如果是,则跳出循环,输出最优解;否则,则转到步骤⑤,继续进行。

14.8.4 控制参数

(1) 量子染色体

与传统进化算法不同,量子遗传算法不直接包含问题,而是引入量子计算中的量子位,采用基于量子位的编码方式来构造量子染色体,以概率幅的形式来表示某种状态的信息。

一个量子位可由其概率幅定义为 $\begin{bmatrix}\alpha\\ \beta\end{bmatrix}$,同理 m 个量子位可定义为 $\begin{bmatrix}\alpha_1 & \alpha_2 & \cdots & \alpha_m\\ \beta_1 & \beta_2 & \cdots & \beta_m\end{bmatrix}$,其中 $|\alpha_i|^2+|\beta_i|^2=1,i=1,2,\cdots,m$。因此,染色体种群中第 t 代的个体 X_j^t 可表示为 $\boldsymbol{X}_j^t=\begin{bmatrix}\alpha_1^t & \alpha_2^t & \cdots & \alpha_m^t\\ \beta_1^t & \beta_2^t & \cdots & \beta_m^t\end{bmatrix}(j=1,2,\cdots,m)$,其中 N 为种群大小,t 为进化代数。

量子比特具有叠加性,因此通过量子位的概率幅产生新个体,使得每一个比特位上的状态不再是固定的信息,一个染色体不再仅对应于一个确定的状态,而变成了一种携带着不同叠加态的信息。由于这种性质,使得基于量子染色体编码的进化算法比传统遗传算法具有更好的种群多样性。经过多次迭代后,某一个量子比特上的概率幅 $|\alpha|^2$ 或 $|\beta|^2$ 趋近于0或1时,这种不确定性产生的多样性将逐渐消失,最终坍塌到一个确定状态,从而使算法最终收敛,这就表明量子染色体同时具有探索和开发两种能力。

(2) 量子旋转门

在量子计算中,各个量子状态之间的转移变换主要通过量子门来实现。而量子门对量子比特的概率幅角度进行旋转,同样可以实现量子状态的改变。因此,在量子遗传算法中,使用量子旋转门来实现量子染色体的变异操作。同时,由于在角度旋转时考虑了最优个体的信息,因此,在最优个体信息的指导下,可以使种群更好地趋向最优解,从而加快了算法收敛。在0,

1 编码的问题中，令 $\boldsymbol{U}(\Delta\theta)=\begin{bmatrix}\cos(\Delta\theta) & -\sin(\Delta\theta)\\ \sin(\Delta\theta) & \cos(\Delta\theta)\end{bmatrix}$ 表示量子旋转门，旋转角度变异的角度 θ 可由表 14.8 得到。

表 14.8 变异角 θ(二值编码)

旋转角度				旋转角度符号 $s(\alpha_i\beta_i)$			
x_i	x_i^{best}	$f(X)\geqslant f(X^{\text{best}})$	$\Delta\theta_i$	$\alpha_i\beta_i>0$	$\alpha_i\beta_i<0$	$\alpha_i=0$	$\beta_i=0$
0	0	假	0	0	0	0	0
0	0	真	0	0	0	0	0
0	1	假	0	0	0	0	0
0	1	真	0.05π	−1	+1	±1	0
1	0	假	0.05π	−1	+1	±1	0
1	0	真	0.05π	+1	−1	0	±1
1	1	假	0.05π	+1	−1	0	±1
1	1	真	0.05π	+1	−1	0	±1

表 14.8 中，x_i 为当前量子染色体的第 i 位；x_i^{best} 为当前最优染色体的第 i 位，均为观察值；$f(X)$ 为适应度函数；$\Delta\theta_i$ 为旋转角度的大小，控制算法收敛的速度，取值太小将造成收敛速度过慢，但太大可能会使结果发散，或“早熟”收敛到局部最优解；$\Delta\theta_i$ 取值可固定，也可自适应调整大小；α_i、β_i 为当前染色体第 i 位量子位的概率幅；$s(\alpha_i\beta_i)$ 为旋转角度的方向，保证算法的收敛。

(3) 量子非门操作

采用量子非门实现染色体的变异。首先从种群中随机选择出需要实施变异操作的量子染色体，并在这些量子染色体的若干量子比特上实施变异操作。假设 $\begin{bmatrix}\alpha_i\\ \beta_i\end{bmatrix}$ 为该染色体的第 i 个量子位，使用量子非门实施变异操作的过程可描述为

$$\begin{bmatrix}0 & 1\\ 1 & 0\end{bmatrix}\begin{bmatrix}\alpha_i\\ \beta_i\end{bmatrix}=\begin{bmatrix}\beta_i\\ \alpha_i\end{bmatrix}$$

由上式可以看出，量子非门实施的变异操作，实质上是量子位的两个概率幅互换。由于更改了量子比特态叠加的状态，使得原来倾向于坍塌到状态“1”变为倾向于坍塌到状态“0”，或者相反，因此起到了变异的作用。显然，该变异操作对染色体的所有叠加态具有相同的作用。

从另一角度看，这种变异同样是对量子位幅角的一种旋转：如假设某一量子位幅角为 q，则变异后的幅角变为 $(\pi/2)-q$，即幅角正向旋转了 $\pi/2$。这种旋转不与当前染色体比较，一律正向旋转，有助于增加种群的多样性，降低“早熟”收敛的概率。

基因的染色体概率幅可以定义为

$$\boldsymbol{q}_j^t=\begin{bmatrix}\alpha_1^t & \alpha_2^t & \cdots & \alpha_m^t\\ \beta_1^t & \beta_2^t & \cdots & \beta_m^t\end{bmatrix},\qquad j=1,2,\cdots,n$$

其中，$\boldsymbol{q}_j^t$ 代表第 t 代、第 j 个染色体、m 为染色体的基因个数，n 是每个基因的量子比特编码数，且 $|\alpha_i|^2+|\beta_i|^2=1$。

量子遗传算法采用这种量子比特染色体表示形式，使得染色体可以同时表示多个状态，这

样就减少了染色体的数量,从而使得种群规模变小,即减少迭代次数,也进一步保持了种群个体的多样性,克服早熟收敛。

14.8.5 量子遗传算法在科学研究中的应用

例 14.28 利用量子遗传算法求解下列函数的极值:

$$\min f(x_i) = -20e^{-0.2\sqrt{\frac{x_1^2+x_2^2}{2}}} - e^{\frac{1}{2}[\cos(2\pi x_1)+\cos(2\pi x_2)]} + 22.712\ 82, \qquad |x_i| \leqslant 5$$

解:

此函数是一个多峰函数,其全局有一个极小值:

$$f(0,0) = 0$$

根据量子遗传算法的原理,可编程计算得到以下的结果:

```
>> myval = [20 0.052000 16];
>> popsize = myval(1);pm = myval(2);iter_max = myval(3);num = myval(4);
>> [y_max,x_max] = QGA(popsize,pm,iter_max,num)
y_max  = 0.0207      x_max = - 0.0114   0.0002
```

例 14.29 在解决一些实际优化问题时,不仅需要找到一个全局最优解,而且需要找到其他的多个优化解,但是,传统的优化算法仅仅以找到单一的最优解作为优化目标。小生境技术可以用来解决这个问题。所谓小生境,是指在特定环境下的一种组织结构,在自然界中往往特征和形状相似的特种相聚在一起,并在同类中繁衍后代。在多模域中,每一个极值可以看作一个小生境,而物种则是居住于一个小生境的由相似个体组成的子群。

利用小生境技术,计算下列函数的极大值:

$$\max f(x,y) = x\sin(4\pi x) + y\sin(20\pi y), \qquad 5 \leqslant x \leqslant 12.1, \quad 4 \leqslant y \leqslant 5.8$$

解:

根据小生境技术,将变量的定义域分成 n 个区间,然后对每一个区间用一个种群去搜索局部最优解,然后从局部最优值中选出全局最优值。据此,可编程计算,得到以下结果。在本题中,将区间分成 10 个区间,每个区间用 10 个个体去寻优。

```
>> myval = [10 0.05 300 8];popsize = myval(1);pm = myval(2);iter_max = myval(3);num = myval(4);
>> [z_y_m,z_x_m] = QGA1(popsize,pm,iter_max,num)
z_y_m = 17.3476      z_x_m = 11.6239   5.7252
```

利用此方法,可大大提高搜索速度,减少迭代次数,并可以得到多个极值。

例 14.30 利用量子遗传算法求解例 14.3 的 TSP 问题。

解:

根据量子遗传算法的原理,可编程计算,得到以下结果,如图 14.19 所示。此结果与例 14.3 有所差异,并不是最优点。从运行情况分析,量子遗传算法易陷入局部极值。

```
>> myval = [30 0.08 3000 8];popsize = myval(1);pm = myval(2);iter_max = myval(3);num = myval(4);
>> [y,x] = QGA2(popsize,pm,iter_max,num);
y  = 32.0739     x = 2 - 3 - 14 - 4 - 5 - 6 - 12 - 7 - 13 - 9 - 11 - 10 - 8 - 1
```

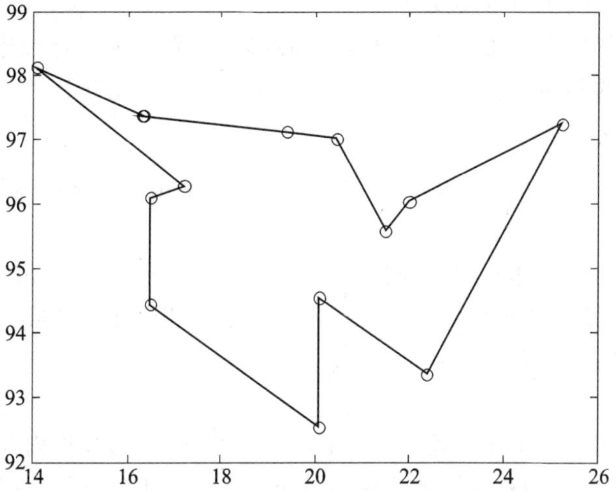

图 14.19　TSP 问题的解

14.9　Memetic 算法

Memetic 算法是一种结合遗传算法和局部搜索策略的新型算法，也称为混合遗传算法。Memetic 算法通过与局部优化策略的结合，可以局部调整进化后产生的新个体，强化了算法的局部搜索能力。同时，该算法提出的是一种框架，采用不同的搜索策略可以构成不同的算法，如全局搜索可以采用遗传算法、进化规划等。局部搜索策略可以采用模拟退火、爬山算法、禁忌算法等。对于不同的问题，可以灵活地构建适合该问题的 Memetic 算法。

14.9.1　Memetic 算法的构成要素

Memetic 算法的主要构成要素包括选择算子、交叉算子、变异算子和局部搜索算子。前 4 个算子属于遗传操作，对于整个群体的进化起着关键的作用，而局部搜索算子是 Memetic 算法对遗传算法的改进。通过局部搜索提高了对解空间的搜索深度，进一步提高了解的质量。

下面具体介绍搜索算子，其他算子与遗传算法的相关算子完全一致，可参考本书的相关章节。

(1) 局部搜索算子

局部搜索是 Memetic 算法区别于遗传算法的关键部分，局部搜索的效率和可靠性直接决定着 Memetic 算法的求解速度和质量。对于不同的优化问题，局部搜索策略的选取尤为重要，在实际的求解问题中要适当地选择合适的局部搜索策略，才更利于求解到最优解。

选择局部搜索策略的关键问题主要有以下几个方面：

① 局部搜索策略的确定

常用的局部搜索策略有爬山法、禁忌搜索算法、模拟退火算法等，要根据不同的问题来选择合适的搜索方法。

② 搜索邻域的确定

对于每一个个体而言，搜索的邻域越大，能够找到最优解的可能性就越大，但是这样会增加算法的时间复杂度，使计算量增多；搜索邻域太小，又不容易找到全局最优点。

③ 局部搜索在算法中位置的确定

在遗传算法与局部搜索策略结合的过程中,在哪个位置加入局部搜索方法也是一个很重要的问题。根据问题的不同,在适合的位置加入局部搜索才能发挥其最大的作用。

(2) 局部搜索策略

要根据不同的问题来选择合适的搜索方法。下面为常用的局部搜索策略。

① 爬山算法

爬山算法是从当前的个体开始,与周围的邻域个体值进行比较。如果当前个体是最优的,则将其作为最优个体(即山峰最高点);反之就用最高的相邻个体来替换当前个体,从而实现向山峰攀爬的目的,如此循环,直至达到最高点。

② 模拟退火算法

模拟退火算法从当前的个体开始,计算其对应的适应度函数,将内能E模拟为适应度函数值,初始适应度函数值作为初始温度。对当前个体扰动产生新个体,计算其对应的适应度函数值。计算两个个体适应度函数值的差异,即内能差 ΔE,比较两个个体。若新个体优于当前个体,则将新个体作为当前个体;否则,以概率 $P=\mathrm{e}^{-\frac{\Delta E}{kT}}$ 接受新个体。对当前个体重复以上过程,并逐步降低温度 T 的值,算法终止时当前个体为近似最优解。

③ 禁忌搜索算法

禁忌算法是在邻域搜索的基础上,为避免陷入死循环和局部最优,构造一个短期循环记忆表即禁忌表。禁忌表中存放刚刚进行过的 n 个最佳候选解,对于当前的最佳候选解,在以后的 n 次循环内是禁止的,以避免回到原先的解,n 次以后利用藐视准则来奖励赦免一些被禁忌的优良状态,进而保证多样化的有效搜索,以最终实现全局优化。禁忌表是一个循环(动态)表,搜索过程中被循环(动态)地修改,使禁忌表始终保存 n 个最佳候选解。

14.9.2 Memetic 算法的基本流程

算法的基本流程如下:

① 确定问题的编码方案,设置相关的参数。

② 初始化群体。

③ 执行遗传算法的交叉算子,生成下一代种群。

④ 执行局部搜索算子,对种群中的每一个个体进行局部搜索,更新所有个体。

⑤ 执行遗传算法的变异操作,产生新的个体。

⑥ 再次执行局部搜索算子,对种群中的每一个个体进行局部搜索,更新所有个体。

⑦ 根据适应度函数计算种群中所有个体的适应度。

⑧ 执行选择算子,进行群体更新。

⑨ 判断选择算子是否满足终止条件,若满足,则退出程序,输出最优解;否则继续执行步骤③。

14.9.3 控制参数选择

(1) 种群规模

群体规模的大小要根据具体的问题来决定,不同的问题适用于不同的群体规模。规模过大,虽然可以增大搜索空间,使得所求的解更逼近于最优解,但是这也同样增加了求解的计算量；规模过小，虽然可以较快地收敛到最优解，但是又不容易求得最优解。

（2）交叉概率

交叉概率主要用来控制交叉操作的频率。若此值过大，则群体中个体的更新速度过快，这样很容易使一些高适应度的个体结构遭到破坏；若此值过小，则表示交叉操作很少进行，会使搜索很难前进。

（3）变异概率

变异概率在进化阶段起着非常重要的作用。此值太小，很难产生新的基因结构；太大，则会使算法变成单纯的随机搜索。

（4）最大进化次数

最大进化次数的选取是根据具体问题的实验得出的。此值过少，使得算法还没有取得最优解就已经结束；过大，可能算法早已收敛到了最优解，之后进行的迭代对于最优解的改进几乎没有什么效果，徒然增加了算法的执行时间。

因此在实际问题求解中，一定要根据具体的优化问题合理地选择群体规模、交叉概率、变异概率和最大进化次数，以使算法更好地寻找到最优解。

14.9.4 Memetic 算法在科学研究中的应用

例 14.31　求解下列函数的最小值：

$$\min f(x_i)=\left(4-2.1x^2+\frac{1}{3}x^4\right)x^2+xy+(4y^2-4)y^2,\qquad |x|\leqslant 3,\quad |y|\leqslant 2$$

解：

根据 Memetic 算法的原理，可编程计算，得到以下结果：

```
>> myval = [100 3 0.7 0.05 800 16];
>> popsize = myval(1);searchnum = myval(2);pc = myval(3);pm = myval(4);
>> iter_max = myval(5);num = myval(6);
>> [y,x] = memetic(popsize,searchnum,pc,pm,iter_max,num)
   y = - 1.0310      x = 0.1000     - 0.7080
```

例 14.32　利用 Memetic 算法求解例 14.3 的 TSP 问题。

解：

为了提高算法全局极值的搜索能力，本题对算法中的交叉算子作如下改进：随机选择两个个体，并进行交叉，产生一个后代，对其进行局部优化；对后代和当前最优个体进行交叉，产生一个后代，对其进行局部优化。

据此，可编程计算，得到以下结果。从运行结果分析，通过这样的改进，可以很快地找到最优点。

```
>> myval = [80 3 0.6 0.05300];
>> popsize = myval(1);searchnum = myval(2);pc = myval(3);pm = myval(4);iter_max = myval;
>> [y,x] = memetic_TSP(popsize,searchnum,pc,pm,iter_max)
y = 30.8013      x = 2 - 14 - 3 - 4 - 5 - 6 - 12 - 7 - 13 - 8 - 11 - 9 - 10 - 1
```

例 14.33　求解下列非线性方程组：

$$\begin{cases}(x_1-5x_2)^2+40\sin^2(10x_3)=0\\(x_2-2x_3)^2+40\sin^2(10x_1)=0, \qquad |x_1,x_2,x_3|\leqslant 1\\(3x_1+x_3)^2+40\sin^2(10x_2)=0\end{cases}$$

解：

对例 14.31 中的程序作一些修改，便可以计算，得到以下结果：

```
>> myval = [50 4 0.6 0.08 2000 8];
>> popsize = myval(1);searchnum = myval(2);pc = myval(3);pm = myval(4);
>> iter_max = myval(5);num = myval(6);
>> [y,x] = memetic_1(popsize,searchnum,pc,pm,iter_max,num)
y = - 0.0617   x = - 0.0039    - 0.0039    - 0.0039
```

例 14.34 在传统的旅行商问题(TSP)中，若考虑每个城市要求在一定的时间范围内被访问，提前或延后到达都要受到相应的惩罚，称为有时间约束 TSP 问题。根据时间约束的严格与否，问题可分为软时间约束和硬时间约束的 TSP 问题。有时间约束 TSP 问题具有广泛的应用前景，如物流配送、加工排序、计算机网络、电线布线、通信调度等。

设 c_{ij} 表示旅行商从城市 i 到 j 的运输成本，t_{ij} 表示从城市 i 到 j 所需的时间，s_j 表示从城市 i 到 j 所需的时间，要求尽可能落在时间范围$[E_{T_j}、L_{T_j}]$内，设 c_1 和 c_2 分别表示等待和推迟执行的惩罚值，则有时间约束的 TSP 可描述为

$$\min f=\sum_{i=1}^{l}\sum_{j=1}^{l}c_{ij}+c_1\sum_{j=1}^{l}\max[E_{T_j}-s_j,0]+c_2\sum_{j=1}^{l}\max[s_j-L_{T_j},0]$$

其中数据见表 14.9。

表 14.9 各城市的距离坐标及时间约束条件

客户点	1	2	3	4	5	6
坐标值	[38,20]	[16,24]	[40,15]	[63,24]	[52,43]	[30,35]
时间约束	[65,130]	[106,297]	[43,230]	[140,263]	[63,186]	[96,346]
客户点	7	8	9	10	11	12
坐标值[76,53]	[63,97]	[37,12]	[101,62]	[13,43]	[93,69]	
时间约束	[103,236]	[28,96]	[65,130]	[146,269]	[43,163]	[142,263]
客户点	13	14	15	16	17	18
坐标值	[23,14]	[97,16]	[26,76]	[15,76]	[46,67]	[35,53]
时间约束	[63,186]	[73,152]	[103,236]	[228,396]	[172,396]	[235,400]
客户点	19	20	21	22	23	24
坐标值	[6,73]	[79,26]	[40,97]	[72,36]	[113,121]	[18,8]
时间约束	[256,396]	[293,588]	[364,528]	[279,403]	[342,500]	[373,452]

解：

根据优化目标，可编程计算，得到如图 14.20 所示的结果：

```
>> myval = [100 3 0.85 0.05 500];popsize = myval(1);searchnum = myval(2);
>> pc = myval(3);pm = myval(4);iter_max = myval(5);
>> [y,x,t] = memetic_TSP_T(popsize,searchnum,pc,pm,iter_max)
Route = 10 - 12 - 23 - 8 - 21 - 19 - 16 - 11 - 2 - 24 - 13 - 9 - 3 - 1 - 6 - 18 - 15 - 17 - 5 - 7 - 22 - 4 - 20 - 14
```

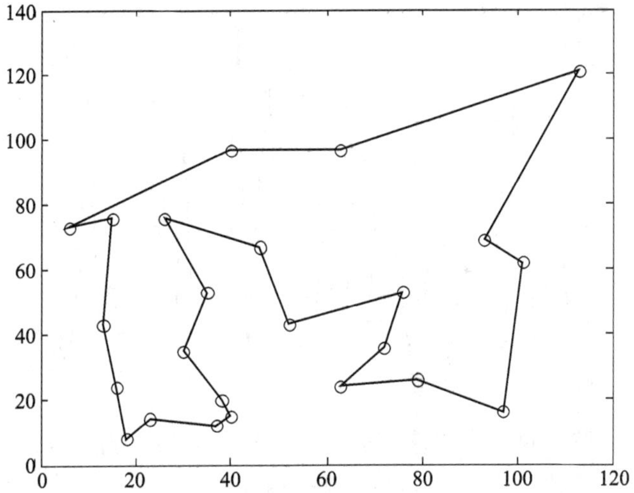

图 14.20 计算结果图

例 14.35 结合粒子群算法(PSO)和 Memetic 算法,求解下列函数的最优值:

$$\min f(x,y)=(x^2+y^2)^{0.25}\{\sin^2[(x^2+y^2)^{0.1}]+0.1\},\qquad |x,y|\leqslant 10$$

解:

设定一定数量的群体,然后群体中性能最好的 20%个体进行 Memetic 优化算法,然后在下述动态的范围内随机产生剩余的 80%个体,进行粒子群优化算法。

$$x_{\min,j}=\max\{x_{\min,j},x_{g,j}-\sigma(x_{\max,j}-x_{\min,j})\}$$

$$x_{\max,j}=\min\{x_{\max,j},x_{g,j}+\sigma(x_{\max,j}-x_{\min,j})\}$$

根据以上原理,可编程计算(本题用实数编码),得到以下的结果:

```
>> myval = [300 6 0.8 0.05 1000];
>> popsize = myval(1);searchnum = myval(2);pc = myval(3); pm = myval(4);iter_max = myval(5);
>> [y,x] = memetic_2(popsize,searchnum,pc,pm,iter_max)
y = 0.0264      x = ( - 0.2796 0.1977) * 1e - 3
```

例 14.36 人工神经网络是常用的一种智能计算方法,但在实际应用中也存在一些问题,例如有可能收敛到局部极值、网络权值不唯一、有些值的选择没有理论指导等。为了克服这些缺点,可以将人工神经网络方法与其他优化方法相结合,取长补短,以期取得更好的结果。

利用量子遗传算法优化 BP 神经网络权值和阀值,对下列函数进行逼近:

$$y=x_1^2+x_2^2,\qquad -5\leqslant x_1\leqslant 5,\quad -5\leqslant x_2\leqslant 5$$

解:

本例中,由于拟合非线性函数有 2 个输入参数、1 个输出参数,所以设置的 BP 神经网络结构为 2—10—1,即输入层有 2 个节点,隐含层有 10 个结点,输出层有 1 个节点,共有 30 个权值,11 个阈值。所以在量子遗传算法中维数为 41,采用实数编码。据此可编程,并计算如图 14.21 所示的结果(因为对参数没有优化,所以结果不理想)。

```
>> myval = [80 3 0.6 0.05 500];
>> popsize = myval(1);searchnum = myval(2);pc = myval(3);pm = myval(4);iter_max = myval(5);
>> y = MTC_BP(popsize,searchnum,pc,pm,iter_max)
```

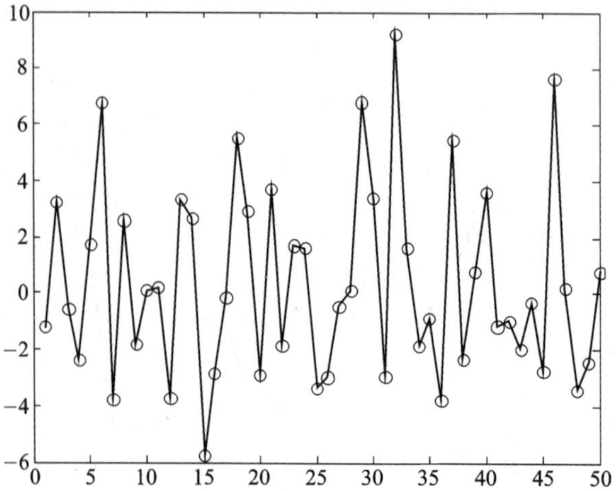

图 14.21 预测误差图

例 14.37 利用 Memetic 算法对下列城市(可分 3 类)进行聚类分析,其中每个城市的特征值有平均每户家庭人口(x_1)、平均每户就业人口(x_2)、平均每一就业者负担人数(x_3)、平均每人实际月收入(x_4)、人均可支配收入(x_5)、人均消费支出(x_6)等 6 项指标,具体数据见表 14.10。

解:

根据 Memetic 算法的原理,可编程计算,得到各城市对应的分类结果(见表 14.10):

```
>> myval = [80 3 0.8 0.05 1000];
>> popsize = myval(1);searchnum = myval(2);pc = myval(3);
>> pm = myval(4);iter_max = myval(5);
>> y = MTC_C(popsize,searchnum,pc,pm,iter_max)
y = 2 2 2   2   1   2   1   2   3   2   3   3   2   2   3   2   2   2   2   2   2
```

表 14.10 各城市数据表

x_1	x_2	x_3	x_4	x_5	x_6
3.03	1.45	0.48	734.33	695.10	489.58
2.99	1.47	0.49	618.1	573.70	463.13
2.96	1.50	0.51	579.92	553.29	407.53
2.79	1.33	0.48	532.93	517.62	368.85
3.04	1.83	0.60	585.01	534.97	479.76
3.04	1.68	0.55	670.63	633.49	554.89
3.07	1.76	0.57	633.01	603.72	410.61
3.01	1.50	0.50	552.66	534.04	414.32
2.92	1.55	0.53	1 115.54	1 025.21	717.62
2.90	1.62	0.56	782.37	720.79	607.94
2.98	1.53	0.51	942.56	828.78	737.96
3.02	1.74	0.58	1 084.63	975.45	626.24

续表 14.10

x_1	x_2	x_3	x_4	x_5	x_6
2.96	1.53	0.52	570.18	536.12	474.56
3.11	1.64	0.53	668.7	633.68	581.22
3.22	1.79	0.56	901.09	818.94	689.21
2.88	1.47	0.51	729.53	651.53	531.23
2.94	1.25	0.43	696.35	661.43	475.17
3.06	1.45	0.47	669.39	639.87	536.19
2.92	1.43	0.49	616.81	582.17	483.98
3.01	1.50	0.50	549.06	505.14	427.19
2.98	1.45	0.49	523.32	494.39	400.51

第 15 章

仿生模式识别

中国科学院王守觉院士针对传统模式识别的缺陷，经过多年的独立研究，发展了一套全新的模式识别理论体系。他从人类的形象思维识别方法和传统模式识别方法的差异中，提出了一种基于"认识"事物的模式识别理论的新模型——仿生模式识别，并提出了"多权值神经元网络"算法。

仿生模式识别从"认识"的角度出发进行模式识别。这种方法已被广泛用于地面目标识别、人脸识别、语音识别、图像前处理和特征提取等各方面，取得了很好的效果。

15.1 仿生模式识别基本理论

仿生学主要是观察、研究和模拟自然界生物各种各样的特殊本领，包括生物本身的结构、原理、行为、各种器官功能、体内的物理和化学过程、能量的供给、记忆与传递等，从而为在科学技术中利用这些原理，提供新的设计思路、工作原理和系统架构的技术科学。而仿生模式识别就是利用仿生学的含义，从"认识"的概念出发，提出了同族在高维空间中的同源连续性原则和这种连续性的维数推测原理，自然界任何欲被认识的事物(包括事物、图像、语音等)若存在两个"同源"、"同类"而不完全相等的事物，而这两个事物的判别是可以渐变的或非量子化的，则这两个同类事物之间必然至少存在一个渐变过程，在这个渐变过程中的各事物都是属于同一类的。

在特征空间中同类样本点之间所存在的这个连续性原理超出了传统模式识别与机器学习理论的基本假定。该假定认为可用的信息都包含在训练集中，就是说样本之间没有任何先验知识，但这个连续性原理却与客观世界中人类直观认识范围内的客观规律相符合，因而被仿生模式识别用来作为样本点分布的先验知识，从而提高对事物的认识能力。

仿生模式识别基于"认识"事物而不是基于"区分"事物，与传统以"最佳划分"为目标的统计模式识别相比，它更接近于人类认识事物的特性，因此被称为仿生模式识别。它的数学方法在于研究特征空间中样本集合的拓扑性质，因此又称为拓扑模式识别。它将模式识别问题看作是模式"认识"，而不是分类划分，不是模式分类，是一类一类样本的认识，根据事物间的同源连续性原理，分析事物在特征空间中分布的拓扑特征，对同族事物采用复杂几何体进行覆盖识别，即根据某类样本在特征空间中的分布形成一个覆盖，从而达到认识该类样本的效果。

15.1.1 仿生模式识别的连续性规律

在自然界中，当我们接触到一个从没有见过的新事物时，就会判断是否认识或者见过这个事物，而对一些相似的东西就会加以区别，这是我们认识事物的一个认识范畴。仿生模式识别之所以能成功地应用，是因为它蕴涵一个先验知识，即特征空间中同类样本全体具有连续性规律。同类事物的两个不完全相同的样本之间肯定存在有限或无限个属于同类事物的样本点，称为"同源"，人对事物的认识，其中重要的一个过程就是"同源"分类的过程。例如同一个人的脸，他的两个不同姿态对应两个不同样本点之间一定存在若干或者无穷个姿态，所以这些姿态的脸都同属于同一个人，都是属于一个渐变的过程，用数学语言描述，即设在特征空间 $\mathbf{R}^n$ 中，所有属于 A 类事物的都为集合 A 的元素，若在集合 A 中存在任意的两个元素 x 与 y，，则对于任意大于零的 i 值，必定存在一个集合 B，使得 $B=\{x_1,x_2,\cdots,x_n/x_1=x,x_n=y,n\subset\mathbf{N},\rho(x_m,x_{m+1})<\varepsilon,\varepsilon\geqslant0,n-1\geqslant m\geqslant1,m\subset\mathbf{N}\}$，$B\subset A$ 其中 A 是特征空间 $\mathbf{R}^n$ 的属于 A 类事物的全部所构成的点集，$\mathbf{N}$ 为自然数集，x 与 y 是集合 A 中的任意两个元素，参数 ε 为任意大小的正数。

显然，在传统的模式识别理论中，不存在这样的先验知识，它认为所有的可用信息都包含在训练集里，但在客观世界中，绝大多数事物都符合这一“同源”规律，这便是仿生模式识别的基本落脚点。

基于仿生模式识别的先验知识，在数学模型上采用“多维空间中非超球复杂几何形体覆盖”识别原理，对一类事物的认识本质上就是对该类事物的全体在特征样本空间中所构成的几何形体的认识与分析。研究具有连续性特征的样本点集就是一个拓扑空间的问题，所以仿生模式识别的基本数学分析工具就是点集拓扑学中的流形，在实际的仿生模式识别中，为了判断某待识样本是否属于 A 类，将 A 看作一个集合，那么集合 A 中样本点在特征空间的分布根据仿生模式识别的具体应用对象可以是不同维数的流形，所以必须在特征空间中构筑一个能覆盖集合 A 的维空间几何形体 P。

15.1.2　多自由度神经元

仿生模式识别的基本任务是判断待识别的样本点是否属于该事物，反映在数学上就是判断在特征空间中点的像是否在能覆盖集合 A 的维空间几何形体 P 内。因此，仿生模式识别的关键是如何寻找这样的复杂几何形体，以达到最好的或者最优的覆盖。

设 $A=\{P_1,\cdots,P_n\}$ 为一类事物的所有的样本点集，其中 P_i 为 n 维空间的点，则空间中点 P_i 和 P_j 间的欧氏距离为

$$d(P_i,P_j)=\sqrt{(x_{i1}-x_{j1})^2+\cdots+(x_{in}-x_{jn})^2}$$

此距离越接近，表示它们越相似。

在特征空间的样本点之间，相似程度高的点会相对聚集在一起，可以称为一个类的类群。假设在特征空间中存在 K 类样本事物，并且也知道它们的位置(坐标)，仿生模式识别过程就是设法找到分布在特征空间中属于同一类的类群，然后用近似的几何形体来覆盖每个样本点的类群，该几何体外表面所包含的空间就表示该类样本事物的空间分布。在样本特征空间 E^n 中，如果属于同类事物的每个类群的覆盖几何体为 $U_i(i=1,2,\cdots,K)$，那么称 $\bigcup U_i$ 为已知空间，与之对应的 E^n/U_i 称为未知空间。

定义： 假设在特征空间 E^n 中，V 是一个多面体，$x\in E^n/V$，点 x 到 V 的最短距离需满足

$$d(x,V)=\{d_{\min}\mid d_{\min}=\min(d(x,y)),\forall y\in V\}$$

若 U 满足

$$U=\left\{x\mid x\in d(x,V)<\theta,x\in\frac{E^n}{V}\right\}$$

则称 U 为一个多面体的覆盖，实际上是一个覆盖的凸胞体。

由此可以得到以下推论：

① 当 V 是一个线段时，得到的 U 是一个双权值神经元模型；

② 当V是一个三角形时,得到的U是一个$\psi3$-神经元模型;

③ 当V是一个四面体时,得到的U是一个三自由度神经元模型。

目前仿生模式识别已经采用该三个神经元模型来实现具体的识别任务,均取得了较好的效果。

1. 双权值神经元模型

RBF神经元模型在模式识别应用中对应的是一个超球模型,在实际应用中具有局限性——超球的覆盖比较适合于样本点分布,只呈现各向同性的简单情形。此外,一个超球的覆盖很可能导致很多非样本分布区域也被包含入内,在高维几何计算中一个超球所包含进去的这些体积是非常大的,这样势必带来很大的误差。一般情况下,样本分布区域是介于超球覆盖的两个极端之间的一种几何状态,这两个极端分别是一个大超球覆盖所有的空间样本和一个超球仅覆盖一个空间样本点(共需n个超球)。

所以在超球覆盖拓扑关系的基础上,引进双权值模型,它是超球与一维流形拓扑乘积得到的几何模型,如图15.1所示。

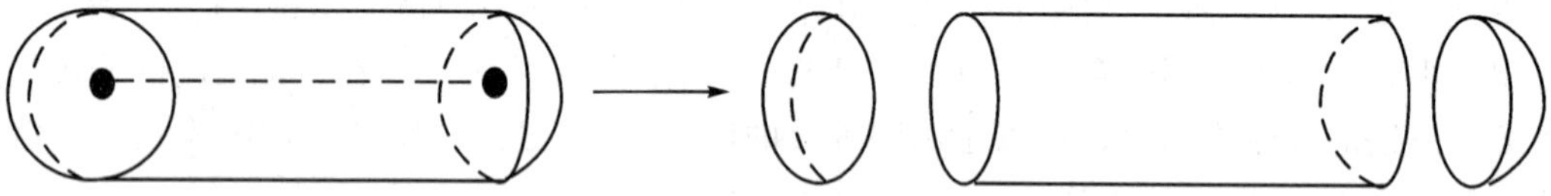

图15.1 双权值神经元在三维空间中的示意图

由图15.1可知,双权值几何模型的两端是两个超半球面,中间是一个超柱面。从几何上讲,双权值模型是一个超球在一维流形上的拓扑乘积,即一个超球沿着一直线走过的区域,它在空间覆盖的体积为

$$KV=\frac{4\pi}{3}r^3+\pi d_{AB}r^2$$

其中,r为超球的半径;d_{AB}为双权值链中折线两端点间的距离。

双权值神经元与RBF神经元的覆盖效率比较如图15.2所示,很明显双权值的覆盖效率高于RBF神经元。

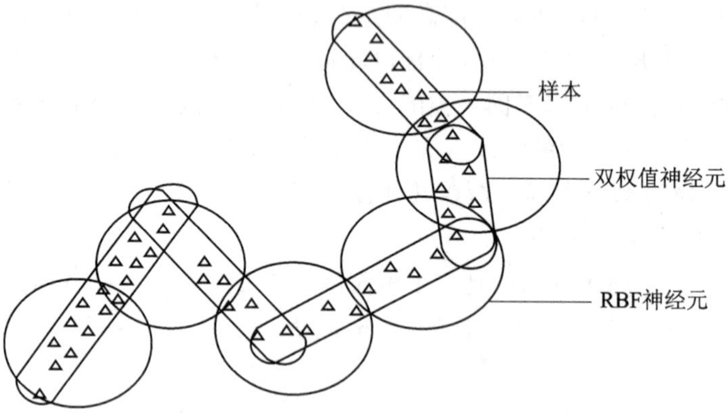

图15.2 双权值神经元与RBF元的覆盖效率比较

2. ψ3-神经元模型

$\psi3$-神经元模型在三维空间的示意图如图15.3所示。

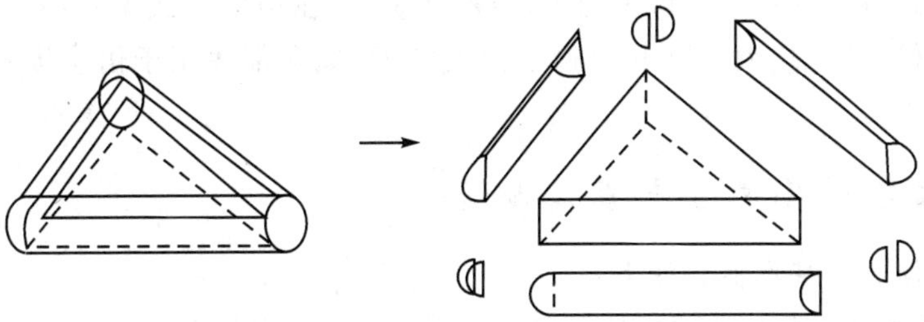

图 15.3　ψ3－神经元模型三维几何图与几何分解

例如把 ψ3－神经元模型进行几何分解，在数学上其本质就是一个超球与一个三角形的拓扑乘积，其体积为

$$KV=\frac{4\pi}{3}r^3+\frac{\pi}{2}(d_{AB}+d_{BC}+d_{CA})r^2+2S_{\Delta}r$$

其中，$S_{\Delta}=\frac{abc}{4R}=\sqrt{p(p-a)(p-b)(p-c)}$，$p=\frac{1}{2}(a+b+c)$。

3. 三自由度神经元模型

三自由度神经元模型在三维空间的示意图如图 15.4 所示。

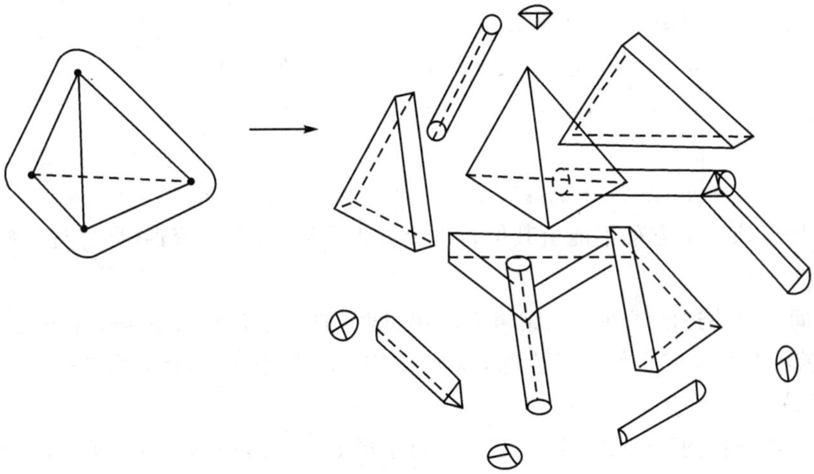

图 15.4　三自由度神经元模型三维几何图与几何分解

在数学上它是一个超球与一个四面体的拓扑乘积，其体积为

$$KV=\frac{4\pi}{3}r^3+Sr^2+2(S_{\Delta 1}+S_{\Delta 2}+S_{\Delta 3}+S_{\Delta 4})r^2+V_{\text{tetrahedron}}$$

其中

$$V_{\text{tetrahedron}}=\frac{1}{12}\sqrt{\begin{aligned}&4a^2b^2c^2-a^2(b^2+c^2-m^2)-\\&b^2(a^2+c^2-n^2)-c^2(b^2+a^2-l^2)+\\&(b^2+a^2-l^2)a^2(b^2+c^2-m^2)(a^2+c^2-m^2)\end{aligned}}$$

15.2　仿生模式识别的数学工具

实现仿生模式识别的方法是“高维空间复杂几何形体覆盖”方法，它研究某类事物在特征

空间的性质,给出合理的覆盖,使得事物可以被“认识”。在仿生模式识别中,把涉及的空间全部限定在欧几里德空间中,因此欧几里德几何的定理、概念都适用于仿生模式识别中的高维空间。

15.2.1 高维空间几何分析基本概念

高维空间几何分析基本概念如下:

① **维数**。维数是一个基本的拓扑概念。对于一个度量空间而言,维数是确定点或者点集位置所需要的参数的个数。对于向量空间,是指空间中不相关的向量的最大个数。点的维数为0。

② **自由度**。自由度等于维数,n 维空间的自由度为 n。

③ **约束**。点 $P(x_1,\cdots,x_n)$ 是 n 维空间中的一点,若存在 $f(x_1,\cdots,x_n)=c$,则称 f 是 P 的一个完全约束;若存在 $f(x_1,\cdots,x_n)\geqslant c$ 或 $f(x_1,\cdots,x_n)\leqslant c$,则称 f 是 P 的一个不完全约束。

④ **超平面**。在 n 维空间里,超平面是通过一组线性完全约束来定义的。下式的线性约束,在 n 维空间中得到的是一个 $n-1$ 维的超平面。

$$a_{11}x_1+a_{12}x_2+\cdots+a_{1n-1}x_{n-1}+b_1=0$$

而 $n-k$ 个线性完全约束组成的方程组

$$\begin{cases}a_{11}x_1+a_{12}x_2+\cdots+a_{1,n-1}x_{n-1}+b_1=0\\a_{21}x_1+a_{22}x_2+\cdots+a_{2,n-1}x_{n-1}+b_2=0\\\vdots\\a_{n-k,1}x_1+a_{n-k,2}x_2+\cdots+a_{n-k,n-1}x_{n-1}+b_{n-k}=0\end{cases}$$

满足独立性(即任何一个方程不能由其他若干个方程推导出)和相容性(即方程有解)时可以确定 k 个维的超平面。

⑤ **子空间**。由前述的线性方程组可以看出,确定的 k 维超平面也是一个 k 维的空间。这个 k 维空间就称为是 n 维空间的子空间,以三维空间为例,任意一个平面是一个2维超平面,也是三维空间的一个子空间。

⑥ **有限低维子空间和无限低维子空间**。对于形如 $f(x_1,\cdots,x_n)\geqslant c$ 或 $f(x_1,\cdots,x_n)\leqslant c$ 的不完全约束,并不减少空间中点轨迹的自由度,只是限制轨迹的范围。如果点轨迹的范围被限制在一个有限的空间中,该空间称之为有限低维子空间;如果点轨迹在空间中某个方向是无限延伸的,则该空间为无限低维子空间。

⑦ **超球面**。超球面是指到定点距等于定长的点集。

超球。超球是指到定点距离小于或等于定长的点集。

⑧ **单纯性**。$n+1$ 个不共 $n-1$ 维超平面的点,它们的凸包络称为单纯形,如平面中的三角形和三维空间中的四棱锥。

⑨ **高维空间的体积**。把边长为1的 n 维超立方体的体积定义为单位体积,各边长分别等于 $a_1,\cdots,a_n$ 的超立方体体积为 $\prod_{i=1}^{n}a_i$。

任意形状的 n 维立体可以通过分层求极限得到:

$$\overset{(n)}{V}=\int_0^{H(n-1)}V(h)\,\mathrm{d}h$$

这样,就可以得到利用低维体积概念表达的高维体积的递推定义。特别地,n 维超球体积为

$$V_1=\begin{cases}\dfrac{2^{\frac{k+1}{2}}\pi^{\frac{k-1}{2}}}{k!!}r_1^k, & k=2m+1\\[2ex] \dfrac{\pi^{\frac{k}{2}}}{\left(\dfrac{k}{2}\right)!}r_1^k, & k=2m\end{cases}$$

15.2.2 高维空间中点、线、超平面的关系

高维空间中点、线、超平面相关的理论很多,现简单介绍如下:

(1) 无限低维子空间的垂直

定义:超平面 θ_1 与超平面 θ_2 相交于点 A,对于在超平面 θ_1 中经过点 A 的任意直线 AX 和超平面 θ_2 中经过点 A 的任意直线 AY,均有 AX 与 AY 垂直,则称超平面 θ_1 与超平面 θ_2 垂直。

n 维空间中,某 k 维无限低维子空间,经过不在 θ_1 中的点 A 作直线 AB 垂直于 θ_1,AB 与 θ_1 相交于点 B,则称 AB 为子空间 θ_1 的垂线,称点 B 为点 A 在子空间上的垂足,也叫做点 A 在 θ_1 中的射影或投影。

(2) 低维子空间的距离

在 n 维欧几里得空间中,如点 A 的坐标为$(a_1,\cdots,a_n)$,点 B 的坐标为$(b_1,\cdots,b_n)$,则 A、B 两点的距离为

$$d_{AB}=\sqrt{\sum_{i=1}^{n}(a_i-b_i)^2}$$

根据点与点之间距离的定义,相似地可以得到低维子空间距离的定义:两个低维子空间的距离即为分别属于两个空间中的点和点之间的最小距离。

(3) 点到直线的距离

设点 A 的坐标为$(a_1,\cdots,a_n)$,点 B 的坐标为$(b_1,\cdots,b_n)$,点 C 的坐标为$(c_1,\cdots,c_n)$,根据线性代数内积的定义

$$(x,y)=\sum_{i=1}^{n}a_ib_i$$

则由点 C 到直线 AB 的距离为

$$\rho_{C\overrightarrow{AB}}=\sqrt{\rho_{CA}^2-\left(\frac{(\overrightarrow{AC},\overrightarrow{AB})}{\rho_{AB}}\right)^2}$$

(4) 点到超平面的距离

设有不在 $k-2$ 维空间的 k 个点 A_1、A_2、$\cdots$、A_k 决定的一个 $k-1$ 维超平面 $\theta_{k-1}=\theta_{\overline{A_1A_2\cdots A_k}}$,求此超平面外一点 O 到此超平面的距离。

计算步骤如下。

① 以 A_1 为坐标原点,作以下的坐标转换:

$$O'=O-A_1$$
$$A_1'=A_1-A_1$$
$$A_2'=A_2-A_1$$

$$\vdots$$

$$A'_k = A_k - A_1$$

② 使向量 O'减去其在向量 $A'_1A'_2$上的分量

$$B_1 = O' - \prod_{O'A'_1A'_2}$$

其中，$\prod_{O'\overline{A'_1A'_2}}$ 表示点 O'在 $A'_1A'_2$上的投影。

③ 重复以上步骤，直到计算精度达到要求：

$$B_2 = B_1 - \prod_{B'_1\overline{A'_1A'_3}}$$

$$B_3 = B_2 - \prod_{B'_2\overline{A'_1A'_4}}$$

$$\vdots$$

迭代终止判断条件：

$$\rho_{B_{m-1}\overline{A'_1A'_x}} \leqslant \varepsilon\sqrt{(B_m, B_m)}$$

其中，$\rho_{B_{m-1}\overline{A'_1A'_x}}$ 是向量 B_{m-1} 到 $A'_1A'_x$ 的距离，ε 是一个非常小的常数。

此时

$$B_m = B_{m-1} - \prod_{B'_{m-1}\overline{A'_1A'_x}}$$

$$\rho = \| B_m \|$$

ρ 即为所求的距离。

15.2.3 高维空间几何覆盖理论

基于高维空间复杂几何体覆盖的神经网络的基础是要得到有限个高维空间点的最佳覆盖。下面介绍覆盖的一些基本概念和公式。

(1) 覆　盖

假设 n 维空间中有两个几何体 α、β，有 $\alpha \subset \beta$，则称 β 是 α 的一个覆盖或 α 被 β 覆盖，其中 β 为覆盖图形，α 为被覆盖图形。

如果对于几何体 α、β，存在全等变换(平衡、旋转或镜像)P：$\alpha \rightarrow \varepsilon$，使得 $\alpha \subset \beta$，则称 β 能够覆盖 ε 或 ε 能被覆盖；如果被覆盖后 $\varepsilon = \beta$，则称为全等覆盖。

对 n 维空间中离散的点集，如果用固定的几何形体对其进行覆盖，若该点集全部都属于几何形体，且几何形体的体积最小，则将该几何形体定义为该点集的最小覆盖。常用的几何形体有三角形、球形等。如果点集中有部分点已经分布到了几何形体的边缘上，说明该几何形体已经不能再收缩，这种覆盖方式为顶点 覆盖。当用几何形体去覆盖点集时，即为点覆盖。

(2) 覆盖比

定义Ⅰ：被覆盖图形 α 是一个封闭几何体，β 是用来覆盖 α 的几何形体，它与 α 是同维的，覆盖比定义为 α 与 β 的体积之比：

$$P_{\alpha/\beta} = \frac{V_\alpha}{V_\beta}$$

此值越大，说明覆盖区 β 越接近真实区 α。当为 1 时，说明 β 中几乎不存在非 α 的元素(可能在边界上存在非 α 的元素)，即为全等覆盖。

当被覆盖图形为有限个离散的点集时，因为点是没有体积的，此时不管覆盖图形的体积多小，覆盖得多好，其覆盖比为 0。这样的覆盖比是没有意义的。所以当被覆盖图形为有限个离散的点集时，覆盖比采用Ⅱ所定义的。

定义Ⅱ： 当被覆盖的图形 α 是由 N 个离散的点组成时（$N\in\mathbf{Z}^{+}$，$0<N<\infty$），假设这 N 个点属于在同一个 M 维的空间中（$M\leqslant N-1$），此时可以用大于或等于 M 维的两种同维但不同类型的图形 γ 和 β 去覆盖图形 α，两种覆盖图形都是最小点覆盖（顶点覆盖），则称 γ 和 β 之间的体积比为这两种覆盖图形对 α 的覆盖比，记为

$$P_{\gamma/\beta}=\frac{V_{\gamma}}{V_{\beta}}$$

此值小于 1 时，表示 γ 比 β 覆盖 α 覆盖得更好。

(3) 局部顶点覆盖

虽然采用球形的几何形体去覆盖已知点集是最简单的覆盖，但是随着维数的增加，点的分布变得稀疏，球形覆盖对点集的覆盖比却在减小。逼近能力也在减弱，即在高维空间中使用超球去覆盖某一个有限的几何图形，其空间利用率是非常小的，并且随着维数的增加，超球体对其他不同类点的排斥能力越来越弱。特别是当不同类别的样本点之间的距离较近，使用超球去覆盖已知的同类样本点集时，很难实现只将同类点包含在一个球域内，而将不同类点划分到球域外，将其应用到识别领域，就很难达到好的识别效果。应用仿生模式识别中的“超香肠”覆盖，可以得到一个既简单又尽可能真实地反映点在空间中的分布情况的覆盖，从而很好地改善这种情况，这种覆盖即为局部覆盖。

局部覆盖，首先要分析点集在空间中的分布情况，根据点的分布特性确定一种或几种覆盖图形，用这些图形分别覆盖点集中某一部分的点，然后按照一定规律依次将点集中其他所有的点都覆盖完毕，最后将得到的所有覆盖的并集作为空间中这一类点的覆盖集。

(4) 覆盖积

已知的点往往只是特征空间中极少的一部分，如果采用全等的顶点覆盖会容易遗漏特征空间中其他未知点的信息。因此在实际应用中，为了使图形有一定的容错性，需要在一定程度上扩大覆盖范围，可以将得到覆盖一个半径为 Th 的超球相乘（Th 的大小就是识别中常用的阈值）。

在实际应用中，为了得到更好的效果，将覆盖积作为最后的覆盖区域，取代了只用全等的顶点覆盖来划定特征点的特征区域。这样不但可以保证在特征空间中已知点的完全覆盖，还可以保留一定的容错性，即允许其他未知的同类点存在于顶点覆盖集外的一定范围内（即超球内）。

15.3　仿生模式识别的实现方式

15.3.1　高维空间复杂几何形体覆盖

仿生模式识别的实现方法是“高维空间复杂几何形体覆盖”方法，它研究某类事物在特征空间的性质，给出合理的覆盖，使得事物可以被“认识”。在特征空间 $\mathbf{R}^{n}$ 中，一个覆盖 P_{a} 的 n 维几何形状可以用一个低维的流形和一个 n 维的超球的拓扑乘积来构造。

根据维数理论，要把 n 维空间 $\mathbf{R}^{n}$ 分成两部分，其界面必须是一个 $n-1$ 维的超平面或超曲

面,而人工神经网络中的神经元正是在 n 维空间中作一个 $n-1$ 维的超平面或超曲面把 $\mathbf{R}^n$ 分成两部分。一个神经元,也可以是多种多样的复杂的封闭超曲面。因此,人工神经网络是实现仿生模式识别的十分合适的手段。

要想对高维特征空间同类样本点实施有效覆盖,就要针对不同的情况构造不同的基函数神经元来实现实际的应用。

一个神经元模型从广义的角度可以描述为

$$\boldsymbol{Y}=f[\phi(x_1,x_2,\cdots,x_n)-\theta]$$

其中,f 为传递函数;θ 为阈值;$\phi(x_1,x_2,\cdots,x_n)$为包括权值 $\boldsymbol{W}$ 在内的神经元基函数。

例如对于 BP 神经网络,神经元的基函数为

$$\phi(x_1,x_2,\cdots,x_n)=\sum_{i=1}^{n}w_ix_i$$

BP 神经网络在高维空间中形成一个超平面。

而对于 RBF 网络神经元,基函数为

$$\phi(x_1,x_2,\cdots,x_n)=\left[\sum_{i=1}^{n}(x_i-w_i)^2\right]^{\frac{1}{2}}$$

RBF 网络在高维空间中形成一个超球面。

因此,可以把一个神经元对应于高维空间中的一个超平面或超曲面,其形状由神经元的基函数决定。上述神经元的基函数可以用向量的形式表示为

$$\boldsymbol{Y}=f[\phi(\boldsymbol{W},\boldsymbol{X})-\theta]$$

实际上,这是一个单权值的神经元模型。如果要建立一个多权值的神经元模型,可以对单权值模型进行推广,得到多权值神经元模型的通用表达式为

$$\boldsymbol{Y}=f[\phi(\boldsymbol{W}_1,\boldsymbol{W}_2,\cdots,\boldsymbol{W}_m,\boldsymbol{X})-\theta]$$

其中,$\boldsymbol{W}_1,\boldsymbol{W}_2,\cdots,\boldsymbol{W}_m$ 为 m 个权值矢量;$\boldsymbol{X}$ 是输入向量;ϕ 为多权值神经元的基函数(多个矢量输入,一个标量输出);θ 为多权值神经元的阈值;f 为非线性传递函数。仿生模式识别“认识事物”的过程可以看成是利用多权值神经网络,建立高维空间封闭超曲线完成对“事物”的最佳覆盖的过程。

设特征空间是 n 维实数空间 $\mathbf{R}^n$,即 $\boldsymbol{X}\in\mathbf{R}^n$,则矢量函数方程为

$$\phi(\boldsymbol{W}_1,\boldsymbol{W}_2,\cdots,\boldsymbol{W}_m,\boldsymbol{X})-\theta=\mathbf{0}$$

可视为由 $\boldsymbol{W}_1,\boldsymbol{W}_2,\cdots,\boldsymbol{W}_m$ 等 m 个权值矢量所决定的在特征空间 $\mathbf{R}^n$ 中 $\boldsymbol{X}$ 矢量一种轨迹,此轨迹为 $\mathbf{R}^n$ 空间中的 $n-1$ 维超曲面,把 $\mathbf{R}^n$ 分成两部分。

一个双权值神经元具有两个权值:方向权值和核心权值。它所采用的基本计算模型如下:

$$\boldsymbol{Y}=f\left\{\sum_{j=1}^{n}\left[\frac{w_j(x_j-w'_j)}{|w_j(x_j-w'_j)|}\right]^s|w_j(x_j-w'_j)|^p-\theta\right\}$$

其中,$\boldsymbol{Y}$ 为神经元的输出;f 为神经元的激励函数;θ 为神经元的激活阈值,w_j 和 w'_j 为第 j 个神经元的方向权值和核心权值;x_j 为第 j 个神经元的输入;n 为空间的维数;s 为决定单项正负号方法的参数;p 为幂参数。

函数的基设定为定值时,输入点的轨迹是封闭超曲面,它的核心位置由核心权值决定;当所有权值均相等时,该封闭超曲面可以用 p 的值来改变它的形状。

仿生模式识别正是利用多权值神经元形成复杂几何形状的覆盖区域来完成对特征空间中

同类样本点的覆盖，并达到“认识事物”的目的的。多权值神经元神经网络是仿生模式识别实现的有力手段。

图 15.5 是两个覆盖几何体，其中超球体是点（0 维流形）和 n 维超球的拓扑乘积，它可以由单个神经元来实现，表示这种形状的神经元的数学表达式为

$$|\overline{X}-\overline{W}|^2=K$$

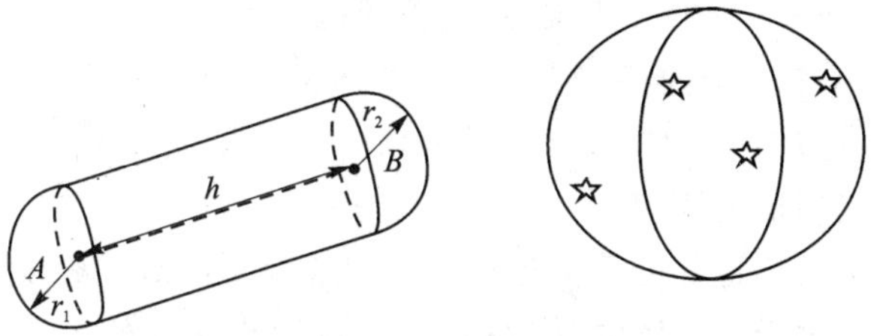

图 15.5 超球体和超香肠体示意图

超香肠体是线段（1 维流形）和超球的拓扑乘积，这个线段的端点由学习样本 A 和 B 决定。超香肠可以由双权值神经元实现。这个神经元的形状由三部分组成：S_1是到线段距离的平方等于常量 K 的点集；S_2是到样本点 A 的距离的平方等于 K 的点集；S_3是到样本点 B 的距离的平方等于 K 的点集。其数学表达式为

$$S_1:|\overline{X}-\overline{W}|^2-(\overline{X}-\overline{W})^2\cdot\frac{\overline{W}_1-\overline{W}_2}{|\overline{W}_1-\overline{W}_2|}=K$$

$$S_2:|\overline{X}-\overline{W_1}|^2=K$$

$$S_3:|\overline{X}-\overline{W_2}|^2=K$$

超香肠覆盖的形状是这三部分的并：

$$S=\bigcup_{i=1}^{3}S_i$$

根据高维空间理论，维超球体的体积为

$$V_1=\begin{cases}\dfrac{2^{\frac{k+1}{2}}\pi^{\frac{k-1}{2}}}{k!!}r_1^k, & k=2m+1\\[2ex] \dfrac{\pi^{\frac{k}{2}}}{\left(\dfrac{k}{2}\right)!}r_1^k, & k=2m\end{cases},\quad r_1\text{ 为圆的半径}$$

超香肠（超柱体）的体积为

$$V_1=\begin{cases}\dfrac{2^{\frac{k}{2}}\pi^{\frac{k-2}{2}}}{(k-1)!!}r^{(k-1)_2}\times h, & k=2m\\[2ex] \dfrac{\pi^{\frac{k-1}{2}}}{\left(\dfrac{k-1}{2}\right)!}r_2^{(k-1)}\times h, & k=2m+1\end{cases}$$

其中，r_2是超柱体底部（$k-1$ 维超球体）的半径；h 是它的高。

在图 15.5 中，$r_1=R$，$h=2R$，$r_2<R$，假设 $r_2=R/2$，那么当 $K=100$ 时，$V_1/V_2\approx2^{100}$，也即使用超香肠替代超球体，错误识别率将会大大减少。

15.3.2 多权值神经元的构造

步骤 1:设某类预处理后的训练样本点集为 $\alpha=\{A_1,A_2,\cdots,A_N\}$,$N$ 为样本点总数。计算这些点两两之间的距离,找到距离最小的两个点,记为 B_{11}、B_{12},计算其他点到这两个点的距离之和,将距离和最小且与 B_{11}、B_{12} 不共线的点记作 B_{13},这样构成第一个平面三角形 $B_{11}B_{12}B_{13}$,记作 θ_1,用一个 $pSi3$ 神经元来覆盖,其覆盖范围为

$$P_1=\{X \mid \rho_{X\theta_1}\leqslant Th,X\in\mathbf{R}^n\}$$

$$\theta_1=\{Y \mid Y=\alpha_2[\alpha_1 B_{11}+(1-\alpha_1)B_{12}]+(1-\alpha_2)B_{13},\alpha_1\in[0,1],\alpha_2\in[0,1]\}$$

其中,$\rho_{X\theta_1}$ 表示点 X 到空间 θ_1 的距离。

步骤 2:对于前一个已构造好的几何形体 P_1,判断剩余点是否被该形体包含,若在形体覆盖范围内,则排除该点。对于在形体之外的样本点,按照步骤 1 的方法,找出离 $B_{11}B_{12}B_{13}$ 三点距离和最小的点 B_{21},将 $B_{11}B_{12}B_{13}$ 三点中离 B_{21} 最近的两个点记为 $B_{22}B_{23}$,$B_{22}B_{23}$ 与 B_{21} 构成第二个平面三角形 $B_{21}B_{22}B_{23}$,记作 θ_2。同样用一个 $pSi3$ 神经元来覆盖,其覆盖范围为

$$P_2=\{X \mid \rho_{X\theta_2}\leqslant Th,X\in\mathbf{R}^n\}$$

$$\theta_2=\{Y \mid Y=\alpha_2[\alpha_1 B_{21}+(1-\alpha_1)B_{22}]+(1-\alpha_2)B_{23},\alpha_1\in[0,1],\alpha_2\in[0,1]\}$$

其中,$\rho_{X\theta_2}$ 表示点 X 到空间 θ_2 的距离。

步骤 3:在剩余点中排除包含在前面$(i-1)$个 pSi 神经元覆盖体积内的样本点,在覆盖体积外的样本中,找到离前面第$(i-1)$个三角形的顶点的距离和最小的点记作 B_{i1}。同理,其最近的第$(i-1)$个三角形的两个顶点记作 $B_{i2}B_{i3}$,构成第 i 个平面三角形 $B_{i1}B_{i2}B_{i3}$,记作 θ_3。同样用一个 $pSi3$ 神经元来覆盖,其覆盖范围为

$$P_3=\{X \mid \rho_{X\theta_3}\leqslant Th,X\in\mathbf{R}^n\}$$

$$\theta_3=\{Y \mid Y=\alpha_2[\alpha_1 B_{i1}+(1-\alpha_1)B_{i2}]+(1-\alpha_2)B_{i3},\alpha_1\in[0,1],\alpha_2\in[0,1]\}$$

步骤 4:重复步骤 3,直到处理完所有的样本点。

最终共产生 m 个 pSi 神经元,每一类样本的覆盖面积是这些神经元面积的并集。

$$P=\bigcup_{i=1}^{m}P_i$$

15.4 仿生模式识别与传统模式识别的区别

15.4.1 认知理论的差别

传统的模式识别于 20 世纪 30 年代 Fisher 提出的判别分析开始,后来又发展统计模式识别(其最核心的思想就是选择使平面风险达到最小的模式分类),到 20 世纪 70 年代中期发展为 Vapanik 提出的基于“最优分类平面”的支撑向量机。这些模式识别的理论基点在于模式的最优分类的划分。这种“最优划分”认为所有可用的信息(输入和输出信息)都包含在训练集中(此信息的概率分布未知),学习的目标是寻找一种分类策略,使分类出错概率最小。这种分类策略从样本特征空间上看,是以有限的学习样本为基础、对无限的特征空间进行划分,这种划分对不是训练样本集中的样本分类时,会以“就近原则”找出一类(已训练的样本某一种)来判别。即使应用技术上采用一些措施,如多决策函数共同参与决策来避免这种“就近原则”上的误判,但因为其出发点是以最优划分为目标的,所以不能从根本上解决问题,即未在训练样本

集中的样本误判问题。传统模式识别对训练集中没有出现的某一类进行判别时，需要把这类与已知的旧模式一一比较，看与哪个相像。显然这个过程会出现误判。而对于人类而言，对于新事物的判别反应极快："我从没有见过这东西！"显然，他拒绝把它列入已知的任何事物，而视它为"另类"，从无知到有知，是一瞬间完成的。人类是侧重于"认识"事物，只有在细小之处才重视"区别"（例如要区分狼与狗，或马与驴等），而不像传统模式识别那样基于比较的"区分"事物，没有重视"认识"的概念。

仿生模式识别理论就是从人的认知方式出发，对事物是一类一类地认识，而不是传统的识别方法，即对所识别的样本进行"划分"，仿生模式识别更接近于人的认知原理。在一个具有 N 类模式的样本空间里，传统模式识别是一类样本与有限类已知样本的区分，而仿生模式识别是将一类样本与无限类样本进行区别，在当 N 趋向于很大时，传统的模式识别的错误划分的可能性就加大，即误识率在增加。我们试想：一个没有看到过飞机的人是不会把飞机误认为鸟的；但采用传统模式识别的方法，假设在待识别事物中有很多种鸟，其中也包括飞机，如果飞机这类事物没经过识别训练，那么传统模式识别会错误地认为飞机就是属于与其最相似的那类鸟。而仿生模式识别就能拒绝识别，即它不认识该类事物（飞机）。这正符合人类的认知过程。

当然，仿生模式识别中"仿生"二字的含义只是在模式识别的功能和数学模型上强调了从"认识"的概念出发，更接近于人类的识别，而从实现的途径上，并没有体现"仿生"的含义。

仿生模式识别和传统模式识别的比较如表 15.1 所列。

表 15.1　传统模式识别与仿生模式识别的比较与差异

比较项	传统模式识别	仿生模式识别
基本出发点	多类样本的最优分类	一类类样本的认识
理论基础	所有可用的信息都包含在训练集中	特征空间中同类样本的连续性规律
数学工具	统计学	拓扑学
分析工具	代数、方程的理论推导（逻辑思维）	高维空间几何学（形象思维）
识别方法	划分	高维空间复杂几何形体覆盖
实现途径	支持向量机、传统神经网络等	多权值神经元网络、通用神经计算机

15.4.2　数学模式的差异

模式识别中，学习的问题是从给定的函数集中选择了能够最好地逼近训练器响应的函数，其选择是基于训练集的，而训练集则是由根据联合分布 $F(x,y)=F(x)F(y|x)$ 抽取出的 l 个独立同分布观测 $(x_1,y_1),\cdots,(x_l,y_l)$ 组成。

传统模式识别是基于风险最小化的最佳"划分"。风险最小化问题学习的目标就是，在联合概率分布函数 $F(x,y)$ 未知且所有可用的信息都包含在训练集式的情况下，寻找一个函数，使它的响应学习与训练之间的损失数学期望值最小化。这就是说同类样本点相互之间没有任何关系的先验知识存在，因此，一切都只能从特征空间中不同类样本的划分出发。然而在自然界的实际规律中并非如此，事物之间存在一定的连续性，这个连续性规律是客观世界中人类直观认识范围的客观存在的规律，因此传统的模式识别存在一定的局限性。

在仿生模式识别（拓扑模式识别）中，特征空间 $\mathbf{R}^n$ 中任何一类事物（如 A 类），全体在 $\mathbf{R}^n$ 中映射（必须是连续映射）的"象"所做成的点集被视为一个闭集，称这个闭集为 A。集合 A 根据仿生模式识别的具体应用对象可以是不同维数的“流形”。关于一般点集的维数分析在苏联数学家乌利逊所建立的“一般维数论”已有讨论。但模式识别是一门实际应用的科学。在实际工程中,无论模式识别欲解决的具体问题是什么,在采集样本和识别对象时必然会带来一定的随机“噪声”。因而,在实用的仿生模式识别中,对集合 A 中的事物“认识”的判别覆盖集合应用下列集合 P_a 取代集合 A:

$$P_a = \{x \mid \rho(x,y) \leqslant k, y \in A, x \in \mathbf{R}^n\}$$

其中,k 为选定的距离常数;集合 P_a 是 n 维的,因而仿生模式识别的任务,就是判别“被识别事物”映射在特征空间 $\mathbf{R}^n$ 中的“象”是否属于集合 P_a。

仿生模式识别引入了同类样本间存在的某些普遍规律性而建立起来的,即以同类样本点的连续性为先验知识建立“多维空间中非超球复杂几何形体覆盖”,从而达到对一类事物的“认识”。实质上就是对这类事物的全体在特征空间形成的无穷点集合 P_a 的形状的分析和“认识”,因而提高了对事物的认识能力。

由此看出,仿生模式识别理念分析数学工具是点集拓扑学中对高维流形的研究问题,这与传统的以数理统计为基础的模式识别显然在数学工具上有根本的区别。

15.5 仿生模式识别在科学研究中的应用

例 15.1 不同的动物,某种元素有一最适用的范围。当该种元素低于这个范围时,则会在生理上产生异常。表 15.2 为冠心病人和健康人体内四种元素含量,其中 1~13 为冠心病人,14~26 为健康人。试用仿生模式识别方法对数据进行分析。

表 15.2 血中 4 种元素测定结果 μg/ml

类 别	序 号	x_1(Sr)	x_2(Cu)	x_3(Mg)	x_4(Zn)
1	1	0.039	0.980	46.200	6.320
1	2	0.051	0.580	32.900	4.850
1	3	0.009	0.800	50.900	6.480
1	4	0.042	0.920	55.500	6.270
1	5	0.026	1.560	43.200	5.450
1	6	0.034	0.740	59.200	7.130
1	7	0.016	0.750	41.600	4.560
1	8	0.019	0.820	33.300	7.060
1	9	0.037	0.940	36.800	6.210
1	10	0.051	0.870	33.700	6.170
1	11	0.071	1.130	31.400	7.190
1	12	0.055	0.870	35.900	5.530
1	13	0.099	1.100	33.600	7.180
2	14	0.031	0.530	31.900	4.070
2	15	0.030	0.750	53.100	6.480
2	16	0.050	0.790	36.400	4.530
2	17	0.040	0.720	50.000	4.070

续表 15.2

类　别	序　号	x_1(Sr)	x_2(Cu)	x_3(Mg)	x_4(Zn)
2	18	0.043	0.810	65.400	6.180
2	19	0.047	0.640	53.600	4.230
2	20	0.076	0.600	63.500	6.000
2	21	0.072	0.610	44.600	4.490
2	22	0.103	0.750	68.400	7.110
2	23	0.062	0.650	62.100	7.340
2	24	0.087	0.880	70.800	7.780
2	25	0.091	0.730	70.100	6.940
2	26	0.040	0.570	36.700	3.740

解：

根据仿生模式识别的原理，自编函数 fs_net 对数据进行分析。在此函数中，需要进行点到超平面距离的计算。

15.2.2 小节中点到超平面的计算方法是一种迭代过程，较为麻烦。下面介绍其他两种方法。

(1) 不改变坐标系的点到高维超平面垂足和距离的直接求法。

① 从组成超平面的点 $\alpha_K^1=\{A_1,A_2,\cdots,A_k\}$ 中任取两点，为了简单起见，取前两点 A_1、A_2，从 $\beta_{K+1}^1=\{O,A_1,A_2,\cdots,A_k\}$ 中除 A_1、A_2 之外的所有点 O、A_3、…、A_K 分别向直线 $\overline{A_1A_2}$ 作垂线，垂足分别为

$$O_1=\pi_{O\overline{A_1A_2}}$$
$$A_3^*=\pi_{A_3\overline{A_1A_2}}$$
$$\vdots$$
$$A_K^*=\pi_{A_K\overline{A_1A_2}}$$

② 将线段 $(A_3^*A_3)$、…、$(A_K^*A_K)$ 分别沿 $\overline{A_3^*O_1}$、…、$\overline{A_K^*O_1}$ 的方向平移至 (O_1A_{31})、…、(O_1A_{K1})，其中平移后得到的点 A_{31}、…、A_{K1} 的算法为

$$A_{31}=A_3-A_3^*+O_1$$
$$\vdots$$
$$A_{K1}=A_K-A_K^*+O_1$$

③ 这样得到点集 $\alpha_{K-1}^2=\{O_1,A_{31},\cdots,A_{k1}\}$，$\beta_K^2=\{O,O_1,A_{31},\cdots,A_{k1}\}$，从 α_{K-1}^2 中顺序取两点 O_1、A_{31}，由 β_K^2 中除 O_1、A_{31} 外的所有点 O、A_{41}、…、A_{K1} 向直线 $\overline{O_1A_{31}}$ 作垂线，垂足分别为 O_2、A_{41}^*、…、A_{K1}^*，沿 $\overline{A_{41}^*O_2}$、…、$\overline{A_{K1}^*O_2}$ 的方向平移线段 $(A_{41}^*A_{41})$、…、$(A_{K1}^*A_{K1})$，得到线段 (O_2A_{42})、…、(O_2A_{K2})。

④ 此时的点集为 $\alpha_{K-2}^3=\{O_1,A_{41},\cdots,A_{k2}\}$，$\beta_{K-1}^3=\{O,O_2,A_{41},\cdots,A_{41}\}$。按同样的方法选一条直线，作出垂直于这条直线超子空间，直到 $\alpha_2^{K-1}=\{O_{K-2},A_{K(K-2)}\}$，$\beta_3^{K-1}=\{O,O_{K-2},A_{K(K-2)}\}$，由 O 作 $\overline{OO_{K-1}}\perp\overline{O_{K-2}A_{K(K-2)}}$，垂足为 O_{K-1}、O_{K-1} 即为 O 到 $K-1$ 维超平面 $\theta_{\overline{A_1A_2\cdots A_k}}$ 的垂足，$\|O-O_{K-1}\|$ 为 O 到超平面 $\theta_{\overline{A_1A_2\cdots A_k}}$ 的距离。

(2) 本章 15.2.2 小节中计算方法的改进。

① 作坐标变换 $X'=X-X_1$，X_1 为新坐标系原点。这时 $O'=O-A_1$，$A_1'=A_1-A_1=0$，…，$A_K'=A_K-A_1$。

② 求$\overrightarrow{A'_1A'_2}$、$\overrightarrow{A'_1A'_3}$、…、$\overrightarrow{A'_1A'_K}$施密特正交化向量$\overrightarrow{A'_1A''_2}$、$\overrightarrow{A'_1A''_3}$、…、$\overrightarrow{A'_1A''_K}$。

③ 计算 O'在直线$\overline{A'_1A''_2}$上的投影：

$$\overrightarrow{\pi_{O'\overline{A'_1A''_2}}} = \frac{(O',A''_2)}{(A''_2,A''_2)}A''_2$$

计算 O'到$\overline{A'_1A''_2}$的距离：

$$|B_1| = \left|O' - \frac{(O',A''_2)}{(A''_2,A''_2)}A''_2\right|$$

④ 计算：

$$|B_2| = |B_1 - \frac{(B_1,A''_3)}{(A''_3,A''_3)}A''_3|$$

……

$$|B_{K-1}| = |B_{K-2} - \frac{(B_{K-2},A''_K)}{(A''_K,A''_K)}A''_K|$$

则可得到 O 到超平面 $\theta_{\overline{A_1A_2\cdots A_k}}$ 的距离。

根据函数 fs_net，对数据进行分析可得：

```
>> load mydata;
>> pattern = x(:,end);x = x(:,1:4);
>> x = guiyi(x);
>> [y,class] = fs_net(x,pattern,x);      % y 是组成超平面的点,class 是测试样的分类结果
class = 1 1 1 1 1  1  1  1  1  1  1  1  1   % 1~13 号样本的计算结果
    1  2  2  2  2  2  2  2  2  1  2  2  2   % 14~26 号样本的计算结果
```

有两个样本计算出现错误。

例 15.2　一般仿生模式识别都是在神经网络基于神经元的仿生模式识别。下面介绍在仿生模式识别理论算法的基础上，从纯几何学的角度引进基于高维空间几何模板的仿生模式识别。因为仿生模式识别理论算法的依据是要建立一个闭集 A，在采集样本集合与待识对象集合中找到一个能近似覆盖识别对象集合的高维空间几何形体，因此，基于高维空间几何模板的仿生模式识别算法的实质就是在特征空间中以超椭球面为模板对样本进行合理的覆盖。

表 15.3 所列为人体血液中 4 处元素的测试结果，类别 1 的样本为健康人，类别 2 的样本为甲状腺病人。下面利用基于高维空间几何模板的仿生模式识别对其进行分析。

表 15.3　人体血液中 4 种元素的测试结果　　μg/ml

类　别	序　号	x_1	x_2	x_3	x_4	x_5
1	1	1.308	0.797	0.783	−0.697	−0.609
1	2	−0.626	0.748	1.939	−0.612	−0.418
1	3	0.967	1.477	1.040	−0.658	−0.735
1	4	−0.967	0.869	0.013	−0.643	−0.609
1	5	−1.422	0.627	0.783	−0.651	−0.711
1	6	−1.308	1.501	−0.629	−0.697	−0.585
1	7	−0.967	1.088	0.912	−0.697	−0.573
1	8	−0.284	0.578	1.426	−0.689	−0,519

续表 15.3

类别	序号	x_1	x_2	x_3	x_4	x_5
1	9	−0.739	0.311	0.398	−0.481	−0.651
1	10	0.398	0.699	0.013	−0.697	−0.639
2	11	0.739	−1.098	−0.886	0.506	−0.202
2	12	0.171	−0.005	0.655	0.035	1.543
2	13	0.057	−0.733	−0.629	1.007	−0.430
2	14	2.559	−2.296	0.270	−0.057	0.092
2	15	1.194	−1.292	−1.272	0.197	−0.597
2	16	−0.057	−0.782	−0.116	0.128	2.154
2	17	0.171	−1.195	−1.143	0.660	0.668
2	18	0.057	−1.462	−1.143	3.582	0.524
2	19	0.512	−0.296	−0.629	0.290	2.604
2	20	0.853	−1.535	−1.785	0.174	−0.244

解：

基于高维空间几何模板的仿生模式识别的具体算法步骤如下：

(1) 算法 1(2 维向量空间)

假设有 m 个样本，共 2 维特征矢量为(x_1, y_1)，其映射到 xOy 平面上就得到 m 个点 $P_i(x_i, y_i)(i=1,2,\cdots,m)$。

步骤 1　采用最小二乘的方法拟合数据，得直线 $y=kx+d$。

步骤 2　求出所有样本点在直线上的投影(x'_i, y'_i) $(i=1,2,\cdots,m)$，找出投影间相距最远的两个点$(\max x'_i, \max y'_i)$，$(\max x'_j, \max y'_j)$，并求出它们之间的距离 $d_{\max}$，则可得到 $a=d_{\max}/2$，椭圆圆心坐标为$(x_0, y_0)=\left(\dfrac{\max x'_i+\max x'_j}{2}, \dfrac{\max y'_i+\max y'_j}{2}\right)$。

步骤 3　计算每个样本点距直线的距离，取最大值即可得到 $b=\max\left(\dfrac{|kx_i-y_i+d|}{\sqrt{k^2+d^2}}\right)$。

椭圆两轴的方向向量分别为 a 轴$(1,k)$，b 轴$(k,-1)$，可求出两轴的所有方向余弦 $\cos\alpha_1=\dfrac{1}{\sqrt{1+k^2}}$，$\cos\beta_1=\dfrac{k}{\sqrt{1+k^2}}$，$\cos\alpha_2=\dfrac{k}{\sqrt{1+k^2}}$，$\cos\beta_2=\dfrac{-1}{\sqrt{1+k^2}}$，这里 α_1、β_1 为 a 轴在 xOy 坐标系中的方向角，α_2、β_2 为 b 轴对应的方向角。

步骤 4　至此，椭圆的方程可表示为

$$\frac{x'^2}{a^2}+\frac{y'^2}{b^2}=1$$

其中，$\begin{bmatrix}x'\\y'\end{bmatrix}=\begin{bmatrix}\cos\alpha_1 & \cos\alpha_2\\ \cos\beta_1 & \cos\beta_2\end{bmatrix}\cdot\begin{bmatrix}x-x_0\\y-y_0\end{bmatrix}$。

通过计算，可以得到使用椭圆划分的结果，其中判别函数为

$$G(x',y')=1-\frac{x'^2}{a^2}-\frac{y'^2}{b^2}$$

当 $G(x',y')\geqslant 0$ 时，表示样本点落入椭圆所覆盖的区域内，被判为属于该类别；当 $G(x',$

y')<0 时，表示样本点落入椭圆所覆盖的区域外，认为不属于该类别(拒识)。

(2) 算法 2(3 维向量空间)

该算法的目标就是要在 3 维空间中作一个椭圆，其关键就要是确定椭圆的 3 根轴的长度及其方向向量。

依照算法 1，首先拟合一平面 $z=k_1x+k_2y+d$，则该平面的法向量为 $L=(k_1,k_2,-1)$，L 同时也是椭圆的某一个轴的方向向量，假设为 a 轴。取空间上所有样本点到该平面的距离最大值为此轴的半轴长。再将空间中所有样本点投影到所确定的平面上，在此平面内参照算法 1 再确定一个椭圆。如此即可确定了椭圆的 3 根轴的方向向量。假设 3 根轴 a、b、c 所对应的方向余弦分别为 $\cos\alpha_1$、$\cos\beta_1$、$\cos\gamma_1$、$\cos\alpha_2$、$\cos\beta_2$、$\cos\gamma_2$、$\cos\alpha_3$、$\cos\beta_3$、$\cos\gamma_3$，则椭圆方程为

$$\frac{x'^2}{a^2}+\frac{y'^2}{b^2}+\frac{z'^2}{c^2}=1$$

其中，$\begin{bmatrix}x'\\y'\\z'\end{bmatrix}=\begin{bmatrix}\cos\alpha_1 & \cos\alpha_2 & \cos\alpha_3\\ \cos\beta_1 & \cos\beta_2 & \cos\alpha_3\\ \cos\gamma_1 & \cos\gamma_2 & \cos\gamma_3\end{bmatrix}\cdot\begin{bmatrix}x-x_0\\y-y_0\\z-z_0\end{bmatrix}$。

判别函数为

$$G(x',y',z')=1-\frac{x'^2}{a^2}-\frac{y'^2}{b^2}-\frac{z'^2}{c^2}$$

当样本数量比较大而特征空间较小时，所作出的椭圆很可能出现相交的情况，所以当特征空间的维数较高时，这种相交的几率就会下降。

(3) 算法 3(n 维向量空间)

假设样本量为 m，特征向量为 n 维，该算法的关键就是确定一个 n 维超椭圆的 n 个轴。

依照算法 2，首先拟合一个 $n-1$ 维的超平面，其法向量为一个轴的方向向量，再将空间内所有样本点投影到此超平面上，则投影点可视为 $n-1$ 维空间内的样本点，如此反复，最后即可将 n 维空间降为 3 维空间。再根据算法 2，就可求出 n 个轴的方向向量、n 维超椭圆的方程为

$$\frac{e_1'^2}{r_1^2}+\frac{e_2'^2}{r_2^2}+\cdots+\frac{e_n'^2}{r_n^2}=1$$

其中，$\begin{bmatrix}e_1'\\e_2'\\\vdots\\e_n'\end{bmatrix}=\begin{bmatrix}\cos\theta_{11} & \cos\theta_{12} & \cdots & \cos\theta_{1n}\\ \cos\theta_{21} & \cos\theta_{22} & \cdots & \cos\theta_{2n}\\ \vdots & \vdots & \vdots & \vdots\\ \cos\theta_{n1} & \cos\theta_{n2} & \cdots & \cos\theta_{nn}\end{bmatrix}\begin{bmatrix}e_1-e_{10}\\e_2-e_{20}\\ \\e_n-e_{n0}\end{bmatrix}$。

判别函数为

$$G(e_1',e_2',\cdots,e_n')=1-\frac{e_1'^2}{r_1^2}-\frac{e_2'^2}{r_2^2}-\cdots-\frac{e_n'^2}{r_n^2}$$

根据以上算法，自编函数 fs_super 进行分析。因为此函数只涉及 2 维数据的计算，所以需要对数据进行降维处理。降维的方法有多种，在这里采用主成分分析方法降维，并且累积特征向量阈值定的较大，目的是能将原始数据降为 2 维。在实际应用中，可以根据具体情况选用不同的降维方法或对函数进行改进以适应多维数据的分析。

```
>> load x1;
>> pattern = x1(:,1);x2 = x1(:,3:7);
>> x = myprincomp1(x2,0.70);sample = x(1:20,:);
>> [y,class] = fs_super(x,pattern,'e',sample);
```

图 15.6 所示为样品分类情况示意图，可以看出第一类有 4 个样品，第二类有 3 个样品没有被包含在椭圆中，这与分类值 class 一致。

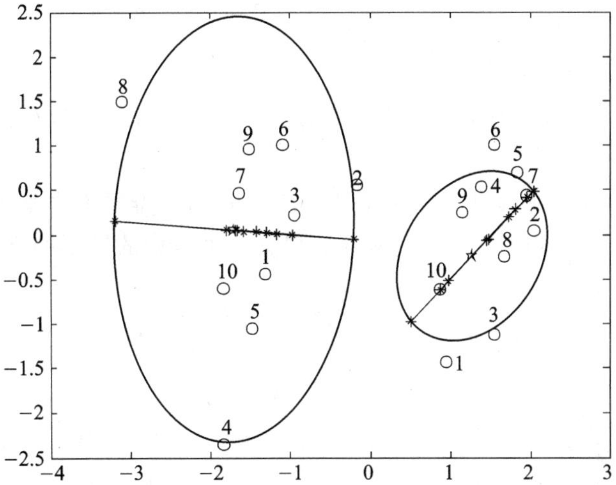

图 15.6 样品分类情况示意图

例 15.3 对例 15.2 中的数据进行基于超球串覆盖的仿生模式识别计算。

解：

基于超球串的仿生模式识别算法中，关键是求得超球串的半径和圆心。

① 在 2 维空间中，设 xOy 中有 N 个样本点，超圆串由圆心、半径均不同的 3 个圆(记为圆 A、圆 B、圆 C)组合而成。

第 1 步：曲线拟合，将样本点采用一次线性拟合得 L：$y=kx+d$，其中 k、d 为待定系数。

第 2 步：求圆 A 的圆心。

设直线 L 上存在一动点 $P(x_0,kx_0+d)$，过点 P 作一直线 L_0，使得 $L_0\perp L$，记使直线 L 可以过集合 Q 内样本点的两个临界 P 位置为 $P_1(x_{up},y_{up})$、$P_2(x_{down},y_{down})$，令 $y_{up}>y_{down}$，此时对应的直线为 L_1、L_2，则圆 A 圆心坐标为

$$(x_A,y_A)=\left(\frac{x_{up}+x_{down}}{2},\frac{y_{up}+y_{down}}{2}\right)$$

第 3 步：求圆 A 的半径。

找出 Q 中离直线 L 最大距离的点 $P_M(x_{dA},y_{dA})$，此时有

$$d_{max}=\sqrt{(x_A-x_{dA})^2+(y_A-y_{dA})^2}$$

以 A 为圆心、R_A 为半径画圆，其中 $R_A\leqslant d_{max}$。

R_A 的确定：设总样本数为 M，落在圆 A 内的点数为 m，令 $P=m/M$，改变圆 A 半径的值，求出使得 $P\geqslant 97.0\%$ 的最小的半径值，记为 R_A，即为圆 A 的半径。

圆 A 方程为 $(x-x_A)^2+(y-y_A)^2=R_A^2$。

第 4 步：求圆 B 的圆心和半径。

过 P_M 点作平行于 L 的直线 L_3 及 L_3 对称于 L 的直线 L_4，L_3、L_4 交于圆 A 点 $P_{u1}(x_{u1},y_{u1})$、$P_{u2}(x_{u2},y_{u2})$、$P_{d1}(x_{d1},y_{d1})$、$P_{d2}(x_{d2},y_{d2})$，其中点 P_{u1} 即为点 P_M，连接 P_{u1}、P_{u2} 的直线 L_5 交 L 于点 $P_u(x_u,y_u)$，设圆 B 的圆心坐标为

$$(x_B,y_B)=\left(\frac{x_{up}+x_u}{2},\frac{y_{up}+y_u}{2}\right)$$

同理，半径 R_B 的求法与 R_A 的求法类似，以 B 为圆心、r 为半径，求得覆盖 L_1、L_3、L_4 和 L_5 所围区域内的样本点大于 99% 的最小半径 r，记为 R_B，则 R_B 为圆 B 的半径，圆 B 的方程为 $(x-x_B)^2+(y-y_B)^2=R_B^2$。

第 5 步：求圆 C 的圆心及半径。

参照圆 B 圆心与半径的求法，可得到圆 C 的圆心与半径 R_C，则圆 C 的方程为 $(x-x_C)^2+(y-y_C)^2=R_C^2$。

使超圆串中，样本覆盖率大小 99.9%，图 15.7 所示为 2 维平面内某类样品超圆串的示意图，图 15.8 所示为基于超球仿生模式识别方法划分两种类型的样本的情况，其中不同圆串内的点代表不同类型的样品。

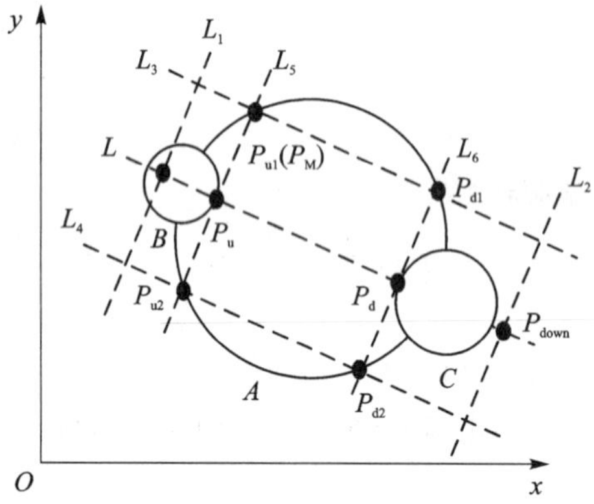

图 15.7　2 维平面超圆串示意图

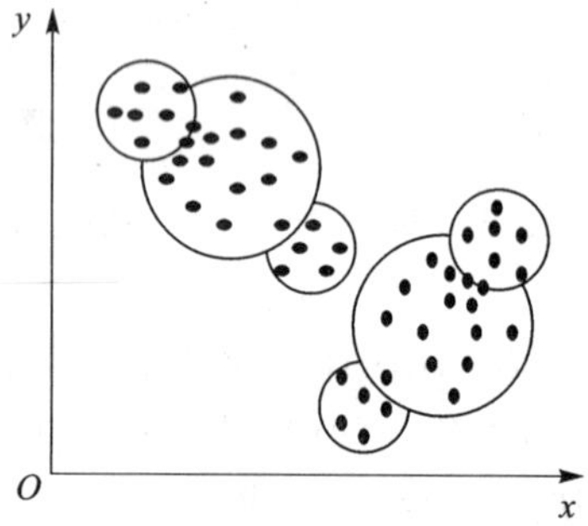

图 15.8　2 维平面内两类样本的分类情况

在 2 维平面内，若 $(x-x_A)^2+(y-y_A)^2\leqslant R_A^2$ 或 $(x-x_B)^2+(y-y_B)^2\leqslant R_B^2$ 或 $(x-x_C)^2+(y-y_C)^2\leqslant R_C^2$，则匹配成功，即属于某一类。

② 在 3 维空间中，求得一个球串，该球串由 3 个不同圆心、不同半径的球组合而成，关键在于分别求得 3 个球的圆心 (x_A,y_A,z_A)、(x_B,y_B,z_B)、(x_C,y_C,z_C) 及半径 R_A、R_B、R_C。

参照 2 维空间中的拟合方法，设一直线 L：$Z=m_1x+m_2x+m_3$，求得 m_1、m_2、m_3，则该直线的法向量为 $L=(m_1,m_2,-1)$，滑动该法平面，记使直线 L 可以过集合 Q 内样本点的两个临界为 $P_1(x_{up},y_{up},z_{up})$ 和 $P_2(x_{down},y_{down},z_{down})$，令 $z_{up}>z_{down}$，则圆 A 的圆心坐标为 $(x_A,y_A,z_A)=\left(\frac{x_{up}+x_{down}}{2},\frac{y_{up}+y_{down}}{2},\frac{z_{up}+z_{down}}{2}\right)$，半径方法如①中第 3 步确定，则

圆 A 为 $\Phi_A(x,y,z)=(x-x_A)^2+(y-y_A)^2+(z-z_A)^2=R_A^2$，参照①中第 4 步。

圆 B 为 $\Phi_B(x,y,z)=(x-x_B)^2+(y-y_B)^2+(z-z_B)^2=R_B^2$，参数①中第 5 步。

圆 C 为 $\Phi_C(x,y,z)=(x-x_C)^2+(y-y_C)^2+(z-z_C)^2=R_C^2$。

若在 3 维空间中下式成立，则样品匹配成功：

$$\Phi_A(x,y,z) \leqslant R_A^2 \quad 或 \quad \Phi_B(x,y,z) \leqslant R_B^2 \quad 或 \quad \Phi_C(x,y,z) \leqslant R_C^2$$

③ 在 n 维空间中，求得超球串，该超球串由不同圆心、不同半径的 3 个超球组成，与①中的方法类似，可写出 n 维超球的方程：

$$圆 A 为 \Phi_A(x_1,x_2,\cdots,x_n)=(x_1-x_{1A})^2+(x_2-x_{2A})^2+\cdots(x_n-x_{nA})^2=R_A^2;$$

$$圆 B 为 \Phi_B(x_1,x_2,\cdots,x_n)=(x_1-x_{1B})^2+(x_2-x_{2B})^2+\cdots(x_n-x_{nB})^2=R_B^2;$$

$$圆 C 为 \Phi_A(x_1,x_2,\cdots,x_n)=(x_1-x_{1C})^2+(x_2-x_{2C})^2+\cdots(x_n-x_{nC})^2=R_C^2,$$

在 n 维空间中若下式成立，则匹配成功：

$$\Phi_A(x_1,x_2,\cdots,x_n) \leqslant R_A^2 \quad 或 \quad \Phi_B(x_1,x_2,\cdots,x_n) \leqslant R_B^2$$

$$或 \quad \Phi_C(x_1,x_2,\cdots,x_n) \leqslant R_C^2$$

根据以上算法，自编函数 fs_super 进行分析：

```
>> load x1;
>> pattern = x1(:,1);x2 = x1(:,3:7);
>> x = myprincomp1(x2,0.70);sample = x(1:20,:);
>> [y,class] = fs_super(x,pattern,'b',sample);
```

图 15.9 所示为样本的分类情况，可以看出，分类情况比例 15.2 中所采用的方法要好。图 15.9 中第 2 类分类的 3 个球不能形成球串，主要是因为在计算圆 A 时的最大值恰好与圆 A 相切。

算法中决定圆 A、圆 B、圆 C 半径的 3 个比例值（即 $P=m/M$）可以调整，改变这 3 个数值可以改进分类情况。

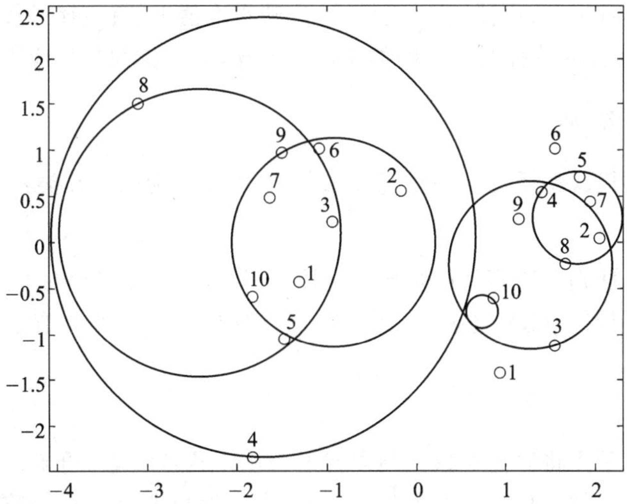

图 15.9　样品分类情况示意图

第 16 章

模式识别的特征及确定

模式识别的最终目的是实现对研究对象的分类，而分类的基础是模式类的数字表达。在模式识别理论中，模式类是通过特征来表示的，特征选择的好坏，直接影响分类器的性能。在模式识别系统设计中，特征的确定往往是一个反复的过程，是其中的难点和关键，它往往有赖于对识别问题的了解，对领域知识有较强的依赖性。

16.1 基本概念

16.1.1 特征的特点

在模式识别过程中，特征的确定比较复杂，研究领域不同，选择的特征也不同，但不论采用何种特征，都应满足以下条件：

- 特征是可获取的。特征作为研究对象的数字化表达，或者是在数字化表达基础上形成的参数性质的值，是可以通过数据采集设备输入到计算机的。
- 类内稳定。选择的特征对于同一类应具有稳定性。由于模式是由相似特性的若干个模式构成的，因此它们同属于一类模式，反映在取值上，就应该有较好的稳定性。
- 类间差异。选择的特征对不同的类应该有差异，并且类间差异应大于类内差异。

16.1.2 特征的类别

特征是用于描述模式性质的一种量，从形式上看可以分为以下几类：

(1) 物理特征

人的胖瘦、身高、性别等物理特征是比较直接、人们容易感知的特征，一般在设计模式识别系统时容易被选用；但对于较为复杂的对象，物理特征却未必能非常有效地表征分类对象的特点。

(2) 结构特征

结构特征的表达是先将研究对象分割成若干个基本构成要素，再确定基本要素间的相互连接关系。结构特征比物理特征要抽象些，表达能力一般也要高于物理特征。通过要素和相互连接关系表达对象，可以较好地表达复杂的图像图形信息，实际上已经有较多的成功应用，如指纹、手写体的识别等都是基于结构信息完成的。

(3) 数字特征

一般来说，数字特征是为了表征研究对象而设立的特征，具有较强的抽象性，不容易被人感知。数字特征有时和研究对象的固有特性没有任何关系，有时则是物理或结构特征的计算结果。

在实际工作中，可以提取一种特征，也可提取多种特征并相互结合；但应遵循一个原则，即选择的特征应能获得良好的分类结果。如在化学研究的模式识别中，用作特征的是各种化学量测数据，通常是依据化学量测的实际和经验来选取特征。化学中所用特征大体上可分为六类：

- 分子拓扑特征。此类特征由分子二维连接表派生出来，如原子及键的属性、原子的连接度以及各种拓扑指数等。
- 分子几何特征。此类特征由分子的三维模型派生出来，其中包括惯性动量、分子体积、分子表面积等。
- 原子的电子特征，如原子电荷、原子的半径、原子实半径、分子的空轨道、原子的总能等。
- 化合物的物理化学参数，如化合物的辛醇-水分配系数、熔点、沸点、相潜热等。
- 化合物的谱图特征，如化合物的红外光谱图中的波数、1H－NMR 中的化学位移、色谱的保留值等。
- 化合物的化学组成，如某类物质的无机化学组成及有机化学组成等。

(4) 图像特征

图像特征是指图像的原始特性或属性。其中，有些是视觉直接感受到的自然特征，如区域的亮度、边缘的轮廓等；有些是需要通过变换或测量才能得到的人为特征，如变换频谱、直方图等。常用的特征可以分为灰度特征、纹理特征和几何形状特征等。其中，灰度特征和纹理特征属于内部特征，需要借助于分割图像从原始图像上测量；几何形状特征属于外部特征，可以从分割图像上测量。

① 一阶灰度统计的特征提取

最常用来描述图像灰度分布情况的是一阶灰度直方图，它实际上是图像灰值的一阶概率分布。

在 MATLAB 中，可以用 imhist 函数创建图像直方图，用来显示索引图像或灰度图像的亮度分布，并可以求得直方图均值、直方图方差等。

还可以用 mean2(BW)函数计算图像 BW 矩阵中元素的均值，std2 计算矩阵中元素的标准差，corr2 计算两个相同矩阵的相关系数。而图像区域的属性可以用 regionprop(L,'属性')函数计算，其中 L 为图像的标签，可以用命令：L = bwlabel(BW)获得，'属性'为要计算的属性字符串，如 area(面积)、centroid(质心) 和 BoundingBox(包围盒)等，更多内容可参见此函数的在线帮助。

在最新的 MATLABR14 中提供了一个灰度共生矩阵的计算函数 graycomtrix，利用它可以计算灰度共生矩阵，反映出图像灰度关于方向、相邻间隔、变化幅度的综合信息。若配合 graycoprops 函数，则还可以计算灰度共生矩阵的一些统计特征值，包括对比度、相关、能量和同质性等。

② 纹理特征的提取

图像局部地域的纹理特征是识别客体的主要依据之一。例如遥感图像中的物质与地貌的区别，往往并不在于灰值的大小，而在于它们的纹理特性。

纹理是像素灰度级变化具有的空间规律性的视觉表现，即有纹理的区域像素灰度级分布具有一定的形式。通过研究图像中像素的灰度级分布，可建立直方图与纹理基元之间的对应关系，如灰度级的直方图特征、边缘方向直方图特征等。纹理分析是指用图像的纹理内容来描述图像上的区域，它可用于遥感、自动化检测和医学图像处理等方面。在 MATLAB 的图像工具箱中有 3 个纹理分析函数,它们用极差、标准差和熵等对图像进行滤波。

b=rangefilt(bw): 计算图像 bw 的局部极差。

b=stdfilt(bw): 计算图像 bw 的局部标准差。

b=entropyfilt(bw): 计算图像 bw 的局部熵。

③ 矩特征

对于计算机图像识别系统而言,物体的形状是识别的重要特征。一个图像的形状和结构特征有两种形式:一种是数字特征,主要包括几何属性(如长短、面积、距离和凹凸特性等)、统计属性和拓扑属性(如连通、欧拉数);另一种是由字符串和图来表示的特征。

对于灰度图像的形状和结构,一般可用区域和目标边界来描述其特征,其中不变矩特征是一个常用的特征指标,它可用于图像的匹配及模式识别。

$p+q$ 阶矩的定义为

$$m_{pq}=\sum_x\sum_y x^p y^q f(x,y)$$

其中,(x,y)为图像位置坐标,$f(x,y)$为图像灰度。当图像发生平移变化时,m_{pq}也将发生改变,为了使 m_{pq}具有平移不变性,定义 $p+q$ 中心矩为

$$u_{pq}=\sum_x\sum_y (x-\bar{x})^p(y-\bar{y})^q f(x,y)$$

其中

$$\bar{x}=\frac{\sum_x\sum_y xf(x,y)}{\sum_x\sum_y f(x,y)},\qquad \bar{y}=\frac{\sum_x\sum_y yf(x,y)}{\sum_x\sum_y f(x,y)}$$

即

$$\bar{x}=\frac{m_{10}}{m_{00}},\qquad \bar{y}=\frac{m_{01}}{m_{00}}$$

为物质质量中心的坐标,也表示区域灰度重心的坐标。

$f(x,y)$归一化为

$$\eta_{pq}=\frac{u_{pq}}{u_{00}^r}$$

其中,$r=\frac{p+q}{2}+1,p+q\geqslant 2$。

图像的各阶不变矩定义为

$\varphi_1=\eta_{20}+\eta_{02}$

$\varphi_2=(\eta_{20}-\eta_{02})^2+4\eta_{11}$

$\varphi_3=(\eta_{30}-3\eta_{12})^2+(3\eta_{21}-\eta_{03})^2$

$\varphi_4=(\eta_{30}+\eta_{12})^2+(\eta_{21}+\eta_{03})^2$

$\varphi_5=(\eta_{30}-3\eta_{12})(\eta_{30}+\eta_{12})[(\eta_{30}+\eta_{12})^2-3(\eta_{21}+\eta_{03})^2]+$
$(\eta_{30}-3\eta_{21})(\eta_{03}+\eta_{21})[(\eta_{03}+\eta_{21})^2-3(\eta_{12}+\eta_{03})^2]$

$\varphi_6=(\eta_{20}-\eta_{02})[(\eta_{30}+\eta_{12})^2-(\eta_{21}+\eta_{03})^2]+4\eta_{11}(\eta_{30}+\eta_{12})(\eta_{03}+\eta_{21})$

$\varphi_7=(3\eta_{21}-\eta_{03})(\eta_{30}+\eta_{12})[(\eta_{30}+\eta_{12})^2-3(\eta_{21}+\eta_{03})^2]+$
$(\eta_{30}-3\eta_{12})(\eta_{03}+\eta_{21})[(3\eta_{30}+\eta_{12})^2-(\eta_{21}+\eta_{03})^2]$

例 16.1 分别计算图 16.1 所示的两幅图像的不变矩。

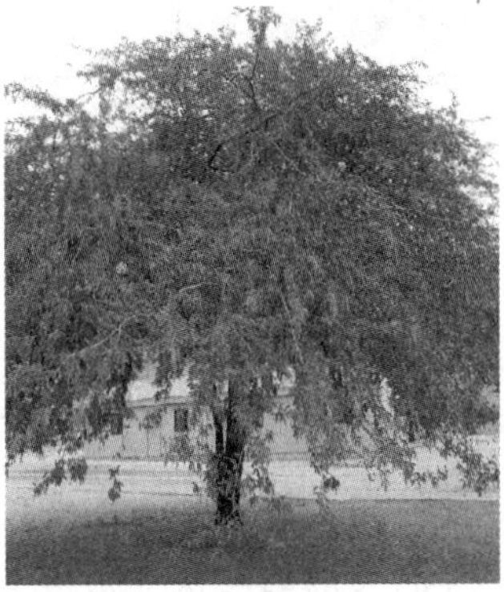

(a) 图像一

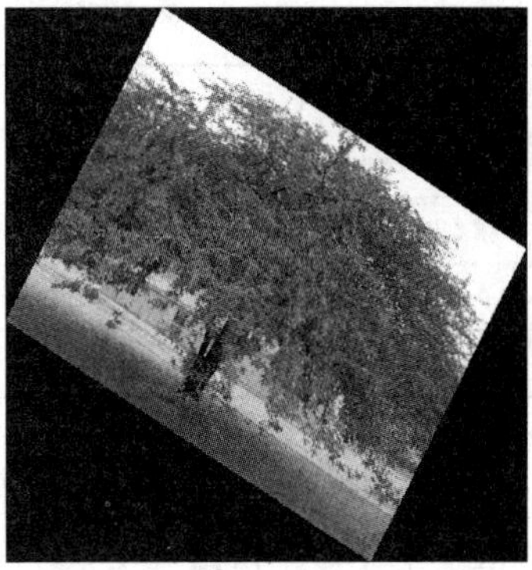

(b) 图像二

图 16.1　树的灰度图像

解：根据不变矩的定义，可求出两幅图像的不变矩如表 16.1 所列。

```
function y = imagejui(bw)                          %图像的不变矩
global x_average y_average
myI = double(bw);[y,x] = size(myI);
m00 = sum(sum(myI));m10 = 0;m01 = 0;
for i = 1:y
      for j = 1:x
          m10 = m10 + j * myI(i,j); m01 = m01 + i * myI(i,j);   %求一阶矩
      end
end
x_average = m10/m00;y_average = m01/m00;
m20 = myf(myI,2,0);m02 = myf(myI,0,2);
m11 = myf(myI,1,1);
m30 = myf(myI,3,0);m03 = myf(myI,0,3);
m12 = myf(myI,1,2);m21 = myf(myI,2,1);
m1 = m20 + m02;                                    %按定义求 7 个不变矩
m2 = (m20 - m02)^2 + 4 * m11^2;
m3 = (m30 - 3 * m12)^2 + (3 * m21 - m03)^2;
m4 = (m30 + m12)^2 + (m21 + m03)^2;
m5 = (m30 - 3 * m12) * (m30 + m12) * ((m30 + m12)^2 - 3 * (m12 + m03)^2) ...
    + (m03 - 3 * m21) * (m03 + m12) * ((m03 + m21)^2 - 3 * (m12 + m03)^2);
m6 = (m20 - m02) * ((m30 + m12)^2 - (m21 + m03)^2) + 4 * m11 * (m30 + m12) * (m03 + m21);
m7 = (3 * m21 - m03) * (m30 + m12) * ((m30 + m12)^2 - 3 * (m21 + m03)^2)...
    + (m30 - 3 * m12) * (m03 + m21) * ((3 * m30 + m12)^2 - (m21 + m03)^2);
y = [m1;m2;m3;m4;m5;m6;m7];
y = abs(log10(abs(y)));                            %利用对数的方法进行数据压缩,并给出正值

function m = myf(myI,p,q)                          %子函数,用于求和
global x_average y_average
[y,x] = size(myI);m00 = sum(sum(myI));
m = 0;
for i = 1:y
    for j = 1:x
        m = m + (i - y_average)^q * (j - x_average)^p * myI(i,j);     %求和
    end
end
m = m/m00^((p + q)/2 + 1);                         %归一化
```

表 16.1 不同图像的 7 个不变矩值

不变矩	图(a)	图(b)(图(a)旋转 30°)	不变矩	图(a)	图(b)(图(a)旋转 30°)
φ_1	2.852 2	2.852 2	φ_5	22.830 0	24.051 1
φ_2	6.908 2	6.908 2	φ_6	16.683 2	16.694 1
φ_3	10.886 0	10.886 1	φ_7	26.895 7	23.789 7
φ_4	13.228 9	13.240 0			

从表中可看出，两幅图像的 7 个不变矩的数值基本相同，完全可以用作图像的特征指标。但不变矩是指在平移、旋转和比例变换下的不变量，对于其他类别的变换如仿射变换、射影变换，上述的 7 个矩不变量是不成立的，只能作为近似的不变量。

④ 几何特征

在工件识别和其他相类似模式识别的情况下，几何特征往往是非常重要的，它描述目标区域的几何性质，与区域的灰值大小无关。因此，这类特征常在二值化的图像区域上度量，有的则仅与目标区域的边界有关。

二值图像操作只返回与二值图像的形式或结构相关的信息，如果希望对其他类型的图像进行同样的操作，则要用 im2bw 函数将其转换成二值图像。

二值图像 bw 的面积可以用 bwarea 函数计算，而二值图像的欧拉数则用 bweuler 计算，它等于图像中所有对象的总数减去这些对象中孔洞的数目。

函数 bwdist 可以计算两个像素或区域之间的各种距离，包括欧氏距离(euclidean)、准欧氏距离(quasi-euclidean)、棋盘距离(chessboard)、城区距离(cityblock)等。

函数 bwboundaries 可以对二值图像进行边界跟踪检测，并结合 regionprops 函数实现对简单几何图形(圆形、正方形、矩形等)的识别。

在二值图像中，所谓的对象，是值为 1 的像素按照一定规则连接在一起的集合，值为 0 的像素代表的是背景。像素的连接类型定义该像素是与哪些像素相连接的，即像素的邻域是由哪些像素组成的，邻域的类型将影响图像中所能找到的对象数目和对象边界，在 MATLAB 中的二值图像连接类型主要是 4 连接和 8 连接。

函数 bwlabel 可以进行连接组分的标注，标注以后，就可以识别二值图像中的每一个对象矩阵中 1 组成的区域表示第 1 个对象，2 表示第 2 个对象，以此类推。

16.1.3 特征的形成

在设计一个具体的模式识别系统时，一般是先接触一些训练样本，由研究领域的专家研究模式类所包含的特征信息，并给出相应的表述方法。这一阶段的主要目标是获取尽可能多的表述特征。在这些特征中，有些可能满足类内稳定、类间离散的要求，有的则可能不满足此要求而不能作为分类的依据。根据样例分析得到一组表述研究对象的特征值，而不论特征是否实用，这一过程称为特征形成，得到的特征为原始特征。

在原始特征中，有的特征对分类有效，有的则没有作用。若在得到一组原始特征后，不加筛选而全部用于分类函数确定，则有可能存在无效特征，这既增加了分类决策的复杂度，又不能明显改善分类器的性能。为此，需要对原始特征集进行处理，去除对分类作用不大的特征，从而可以在保持性能的条件下，通过降低空间的维数来减少分类方法的复杂度。

实现上述目的的方法有两种：特征提取和特征选择。特征提取和特征选择都不考虑针对具体应用需求的原始特征形成过程，而是假设原始特征形成工作已经完成。但是在实际工作中，原始特征的获取并不容易，因为人虽然有非常直观的识别能力，有时却很难明确描述用于分类的特性依据。

16.1.4　特征选择与提取

特征选择是指从一组特征中挑选出对分类最有利的特征，以达到降维的目的。而特征提取是指通过映射(或变换)的方法获取最有效的特征，以实现特征空间的维数从高维到低维的变换。经过映射后的特征称为二次特征，它们是原始特征的某种组合，最常用的是线性组合。

实现特征选择的前提是确定特征是否有效的标准，在这种标准下，寻找最有效的特征子集。用于特征选择的特征既可以是原始特征，也可以是经数学变换后得到的二次特征。

特征提取和特征选择的主要目的都是在不降低或很少降低分类结果性能的情况下，降低特征空间的维数，其主要作用是：

- 简化计算：特征空间的维数越高，需占用的计算机资源越多，设计和计算也就越复杂。
- 简化特征空间结构：由于特征提取和选择是去除类间差别小的特征，保留类间差别大的特征，因此在特征空间中，每类所占据的子空间结构可分离性更强，从而也简化了类间分类面形状的复杂度。

16.2　样本特征的初步分析

在进行特征选择和提取时，一般都需对原始数据进行预处理，即指对原始数据实施任何一种变换。变换后的变量通常称为特征，以区别于原始变量。对数据实施预处理的类型依赖于问题的类型，如数据的来源，来源于同一仪器或不同的仪器的测量数据预处理方法是不同的。

1. 丢失数据的弥补

一个量测数据对应于 n 维空间的一个点。要将点描述在 n 维空间中并进行比较，那么此点在表征空间的各坐标轴上均应有坐标。如果由于某种原因丢失某一数据，那么就不能在多维空间正确描绘样本所处的区域。很明显，用“0”来代替丢失的数据是不恰当的。如果数据存在丢失，那么在进行模式识别之前，必须用适当的技术来弥补丢失的数据。

最常用的数值弥补技术是均值弥补，即用数据集中变量的均值来代替丢失的数据。另一种技术则是用类的主成分模式来估计丢失的数据，这样弥补的数据具有更强的相关性。还有一种最为保守的数据弥补方法，就是随机弥补法。它是通过随机地从适当类的量测数据中抽取数据来弥补丢失的数据，但这样做可能会导致较差的计算结果。

不论采用什么方法，丢失数据的弥补将改变数据结构，并且限制了模式识别算法的成功应用。均值弥补和主成分弥补会使样本的类更为相似，而随机弥补法则增大了类别间的差异。任何一种解决丢失数据问题的方法或技术仅是找到了一种使损失最小的方式，所以实验时应注意数据的完整性。

2. 数据的预处理

(1) 中心化变换

一般都是希望数据集的均值与坐标轴的原点重合，此时可采用中心化变换方法，以改变数据相对于坐标轴的位置。其运算就是从数据矩阵的每一个元素中减去该元素所在列的均

值,即

$$x'_{ik}=x_{ik}-\overline{x_k}$$

其中,x_{ik} 为原始数据;$\overline{x_k}$ 为 n 个样本的均值。

例 16.2 有一原始数据阵,其值为 X=[0.61 1.03;0.54 0.96;0.21 0.51;0.78 1.38],试对其进行中心化处理。

解:

```
>> x = [0.61 1.03;0.54 0.96;0.21 0.51;0.78 1.38]; a = mean(x); x1 = x - a(ones(4,1),:);
```

对变换前后的数据进行作图,可得图 16.2。从图中可看出,经中心化处理后数据点经过坐标的原点。

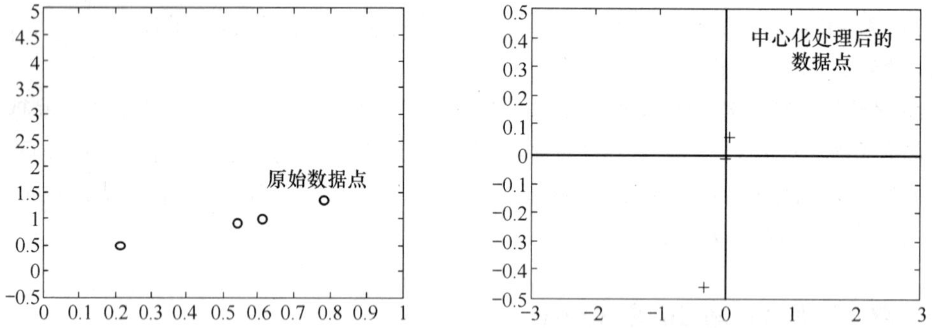

图 16.2 数据的中心化变换

(2) 归一化处理

归一化处理的目的是使数据集中各数据向量具有相同的长度,一般为单位长度。归一化公式为

$$x'_{ik}=\frac{x_{ik}}{\sqrt{\sum_{i=1}^{n}x_{ik}^2}}$$

归一化处理能有效地去除由于量测值大小不同所导致的数据集的方差,但是也可能会丢失重要的方差。

(3) 正规化处理

正规化处理使数据点布满数据空间,常用的正规化处理为区间正规化处理。其处理方法是以原数据集中的各元素减去所在列的最小值后再除以该列的极差。

$$x'_{ik}=\frac{x_{ik}-\min x_k}{\max x_k-\min x_k}$$

这种方法可将量纲不一、范围不同的各种变量表达为值均在 0~1 范围内的数据。这个方法既适用于同类型、同范围的原始数据,也适用于不同数据类型和范围差别较大的数据集的预处理。但是这种方法对界外值十分敏感,若存在界外值,则处理后的所有数据近乎相等。

例 16.3 X=[0.96 79.7;6.43 32.2;2.03 10.8;1.71 18.8;1.13 35.5;1.29 7.0],试对其进行正规化处理。

解：

```
>> x = [ 0.96 79.7;6.43 32.2;2.03 10.8;1.71 18.8;1.13 35.5;1.29 7.0]; % 其中第二行数据是界外值
>> plot(x(:,2),x(:,1),'o'); a = min(x);b = max(x); x1 = (x - a(ones(6,1),:))./(b(ones(6,1),:) - a(ones(6,1),:));
```

对变换前后的数据作图 16.3，可以看出因为原始数据中存在一个界外点，所以变换后数据的 y 坐标值相差不大。

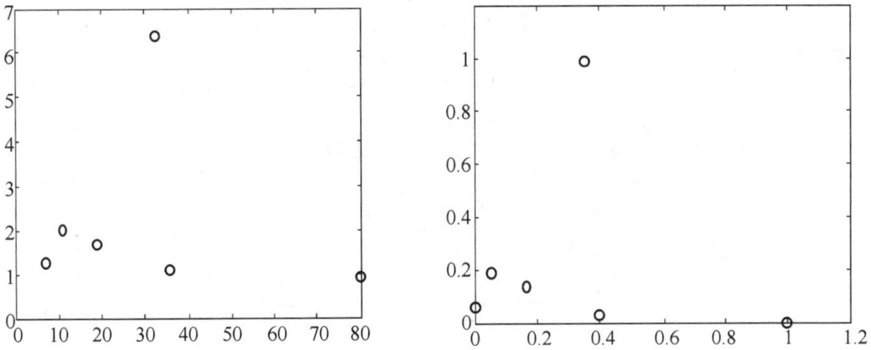

图 16.3　数据的正规化处理

(4) 标准化处理

标准化处理能去除由单位量纲不同所引起的权重，但这种方法对界外点不像区间正规化那样敏感。

标准化处理也称方差归一化。它是将原数据集各元素减去该元素所在列的元素的均值再除以该列元素的标准差，经标准化处理后的数据集，变量的权重相同，均值为 0，标准差为 1。

$$x'_{ik} = \frac{x_{ik} - x_k}{S_k}, \qquad S_k = \sqrt{\frac{1}{n-1}\sum_{i=1}^{n}(x_{ik} - \overline{x_k})^2}$$

其中，x_{ik} 为原始数据；$\overline{x_k}$ 为 n 个样本第 k 个特征的均值，也即为每列的均值。

(5) 离群点的删除

在原始数据阵中，可能有个别数据离群较远，这种数据称为异常值，又称为可疑值或极端值。如果这是由于数据测量过程中过失造成的，则这个数据应舍去。但若非这种情况，则对异常值不能随意舍去，特别是当测量数据较少时，异常值的取舍对数据分析结果有可能会产生很大的影响，必须慎重。对于不是因为过失而造成的异常值，应按一定的统计学方法进行处理。常用的是较为简单的 $4\overline{d}$、Q 检验法和 Grubbs 法。

下面是 Q 检验法的 dix 函数：

```
function y = dix(varargin)
 % alpha 为显著性水平，x 为测量矩阵，行为检验数据的批数，列为每批数据的个数
 x = varargin{1};alpha = varargin{2}; r = size(x,1); h = zeros(1,r); % 异常数据应该在数据的两端
 % 不同显著性水平下的统计量的临界值表
 z99 = [0.988 0.889 0.780 0.698 0.637 0.683 0.635 0.597 0.679 0.642 0.615 0.641 0.616 0.595 0.577 0.561 0.547 0.535 0.524 0.514 0.505 0.497 0.489];
 z95 = [0.941 0.765 0.642 0.560 0.507 0.554 0.512 0.477 0.576 0.546 0.521 0.546 0.525 0.507 0.490 0.475 0.462 0.450 0.440 0.430 0.421 0.413 0.406];
```

```
    z90 = [0.886 0.679 0.557 0.482 0.434 0.479 0.441 0.409 0.517 0.490 0.467 0.492 0.472 0.454 0.438 0.424
0.412 0.401 0.391 0.382 0.374 0.367 0.360];
    if (c<3 || c>25) ; error('c must be > = 3 or = <25');end
    for i = 1:r
    c = length(x{i,:});a = sort(x{i,:});
    if alpha = = 0.95;m1 = z95(c - 2);elseif alpha = = 0.99; m1 = z99(c - 2);elseif m1 = z90(c - 2); end
      if (c> = 3)&&(c< = 7)
     b1 = (a(c) - a(c - 1))/(a(c) - a(1)); b2 = (a(2) - a(1))/(a(c) - a(1));
      elseif (c> = 8)&&(c< = 10)
        b1 = (a(c) - a(c - 1))/(a(c) - a(2));b2 = (a(2) - a(1))/(a(c - 1) - a(1));
    elseif (c> = 11)&&(c< = 13)
        b1 = (a(c) - x(c - 2))/(a(c) - a(2));b2 = (a(3) - a(1))/(a(c - 1) - a(1));
      elseif (r> = 14)&&(r< = 25)
    b1 = (a(c) - a(c - 2))/(a(c) - a(3));b2 = (a(3) - a(1))/(a(c - 2) - a(1));
    end
    if b1>m1;y(i,1) = 1;y(i,2) = a(c);else; y(i,1) = 0;end
      if b2>m1; y(i,3) = 1;y(i,4) = a(1); else; y(i,3) = 0;end
    end
```

(6) 野点的检测

野点是数据集合中偏离大部分数据所呈现趋势的小部分数据点,又称劣值或奇异值。由于与正常状态相差太大以至于产生怀疑,认为它是由一个不同的机制产生的。如在机械设备的运行状态监测中,野点对应着一个奇异状态,往往表明该设备运行在不正常的状态。在通常的处理方法中,野点往往作为噪声进行处理,并由此提出各种所谓"稳健(robust)"的处理方法,用于克服野点的干扰,甚至将野点从数据集中剔除。但是事实上,野点能提供比正常数据更多、更重要的信息,是发现新知识、确定新状态的有力手段。

目前,野点检测的方法有以下几种:

① 常规方法,包括基于统计、距离和偏离等参量的野点检测方法。

② 计算包括全部正常数据点的最小区域的边界,边界以外的数据点则视为野点。

③ 通过一个单一分类器输出的不稳定性来检测野点。

从模式识别角度出发,野点检测可视为一类特殊的模式识别问题,即所谓的一类分类问题,从这一点考虑,野点检测实际上与正常域(正常状态数据点的范围)的确定属于同一个问题。

对于一般的分类问题,考虑的是如何将各种类别有效地分开,而在野点检测中,分类的目标是如何准确地描述一类对象,在此之外大范围的其他对象则被视为野点。因此,野点检测有时又被称为数据描述或一类分类问题。

(7) 加权重

加权重仅在有管理的方法中使用,其方法可用一定的经验式统计,给比较重要的变量赋予较大的权重。

(8) 转　换

当变量的动态范围较大时,可采用$\sqrt{x}$、$\lg x$ 或 $\lg(x+常数)$等方法进行转换,也可采用诸如傅里叶变换、小波变换等方法进行变换。

(9) 组　合

将原来的变量,按一定的方式,如变量相加、变量相减等进行组合以产生新的变量。

16.3　特征筛选处理

在模式识别的实际应用中，我们只能尽量多列一些可能有影响的因素，然后通过数据处理，筛选出作用较大的特征，删除影响不大的特征，从而建立数学模型。特征筛选的第一步是分析每个特征，考察特征间的相关性以及特征与目标相关性。各特征与目标值之间的相关系数计算式为下式，其中 x_{ij} 和 y_i 分别表示第 i 个样品的第 j 个特征值和目标值，$\overline{x_j}$ 和 $\overline{y}$ 分别表示第 j 个特征和所有样本目标值的均值，可以根据 $R(y,x_j)$ 绝对值的大小来判断各特征的重要性。

$$R(y,x_j)\ \frac{\sum_{i=1}^{n}(y_i-\overline{y})(x_{ij}-\overline{x_j})}{\sqrt{\sum_{i=1}^{n}(y_i-\overline{y})^2\sum_{i=1}^{n}(x_{ij}-\overline{x_j})^2}}$$

要注意的是，对于相关系数小的特征，还需要用其他信息才能决定是否能删除。

16.4　特征提取

特征提取作为一种特征空间维数压缩方法，其主要特点是在于通过变换的方法实现对原始特征的计算，使变换后的二次特征可以去掉一些分量(特征维数)。

对于 n 个原始特征构成的特征向量 $\boldsymbol{x}=(x_1,x_2,\cdots,x_n)^{\mathrm{T}}$，特征提取就是对 x 作变换，产生 d 维向量 $\boldsymbol{y}=(y_1,y_2,\cdots,y_d)^{\mathrm{T}}$，$d\leqslant n$，即

$$\boldsymbol{y}=\boldsymbol{W}^{\mathrm{T}}\boldsymbol{x}$$

其中，$\boldsymbol{W}=\boldsymbol{W}_{n\times d}$ 称为特征提取矩阵或简称变换矩阵。基于可分性判据的特征提取就是在一定的可分性判据下，如何求最优的变换矩阵 $\boldsymbol{W}$。

16.4.1　特征提取的依据

可分性判据的基础主要有三类：距离、概率密度函数和熵函数，因此基于可分性判据的特征提取方法也有相应的三种。

1. 基于分类误差的可分性判据

一个理想的模式识别系统应能以最低的错误率分类未知模式。贝叶斯最小错误率决策的类概率误差计算公式由下式给出：

$$e=\int[1-\max_i P(\omega_i\mid\boldsymbol{X})]P(\boldsymbol{X})\mathrm{d}\boldsymbol{X}$$

其中，$P(\omega_i|\boldsymbol{X})$ 是第 i 类后验概率，$P(\boldsymbol{X})$ 是联合概率密度函数。但由于在一般情况下，误差不易计算，所以利用此方法提取特征实际上难以进行。

2. 基于距离的可分性判据

基于距离的可分性判据的出发点是各类样本间的距离越大，类内散度越小，则类别的可分性越好。令 $D(x_i,x_j)$ 为样本 i 与 j 之间的距离，则根据不同的定义，有欧氏距离、明考斯基(Minkoski)距离、马氏距离、切比雪夫距离等，它们的具体定义见第 3 章相关内容。

为了同时反映类内距离小和类间距离大的要求，可以构成准则函数：

$$J_1=\frac{J_{\mathrm{b}}}{J_{\mathrm{W}}}=\frac{\mathrm{tr}(\boldsymbol{S}_{\mathrm{b}})}{\mathrm{tr}(\boldsymbol{S}_{\mathrm{W}})}$$

其中,J_b、J_W 分别为类间和类内总平均平方距离,$\boldsymbol{S}_b$、$\boldsymbol{S}_W$ 分别为类间和类内总散射矩阵,tr 为矩阵的迹。

由于 J_1 的值与坐标系统的选择有关,因此也可以采用以下的准则函数:

$$J_2 = \mathrm{tr}(\boldsymbol{S}_W^{-1}\boldsymbol{S}_b)$$

$$J_3 = \ln(\boldsymbol{S}_W^{-1}\boldsymbol{S}_b)$$

$$J_4 = \mathrm{tr}(\boldsymbol{S}_W^{-1}\boldsymbol{S}_t)$$

$$J_3 = \ln(\boldsymbol{S}_W^{-1}\boldsymbol{S}_t)$$

其中,$\boldsymbol{S}_t$为所有样本之间的总平均平方距离。

具体的计算过程为,首先计算 $\boldsymbol{S}_b$ 和 $\boldsymbol{S}_W$,然后对矩阵 $\boldsymbol{S}_W^{-1}\boldsymbol{S}_b$ 进行奇异值分解,得到本征值矩阵和对应的本征向量矩阵,最后取前 d 个最大的本征值对应的本征向量即可构成最佳变换矩阵$\boldsymbol{W}$,再根据公式 $\boldsymbol{y}=\boldsymbol{W}^T\boldsymbol{x}$ 完成n 维空间到d 维空间的映射。J_3 准则与 J_2 准则相比,仅是用行列式代替迹。

3. 基于概率依赖度量的可分性判据

模式向量 $\boldsymbol{X}$ 和类别 ω 的依赖性可以由条件概率密度函数 $P(\omega_i|\boldsymbol{X})(i=1,2,\cdots,m)$和联合概率密度 $P(\boldsymbol{X})$之间的距离来度量。

Chernoff 距离: $$J_C = -\ln\int P^s(\boldsymbol{X} \mid \omega_1 \mid)P^{1-s}(\boldsymbol{X} \mid \omega_2)\mathrm{d}\boldsymbol{X}$$

Bhattacharyya 距离: $$J_B = -\ln\int P(\boldsymbol{X} \mid \omega_1)P(\boldsymbol{X} \mid \omega_2)^{1/2}\mathrm{d}\boldsymbol{X}$$

4. 基于熵度量的概率可分性判据

熵的一般性定义为

$$J_E^\alpha = (2^{1-\alpha}-1)^{-1}\int\left[\sum_{i=1}^{M}P^\alpha(\boldsymbol{X} \mid \omega_1)^{-1}\right]P(\boldsymbol{X})\mathrm{d}\boldsymbol{X}$$

α 取不同值可以有不同的熵定义,如 $\alpha=1$ 称为 Shannon 熵,$\alpha=2$ 则得到平方熵。

与概率依赖度类似,熵度量也能估计模式向量 $\boldsymbol{X}$ 和类别 ω_i 之间的依赖性。

例 16.4 已知两类样本,$\boldsymbol{\omega}_1=\{(0,0,0)^T, (1,0,0)^T, (1,0,1)^T, (1,1,0)^T\}$,$\boldsymbol{\omega}_2=\{(0,0,1)^T, (0,1,0)^T, (0,1,1)^T, (1,1,1)^T\}$,试用散度 J_D 准则和通过熵最小化提取特征。

解:

(1) J_D 准则方法

```
>> x1 = [0 0 0;1 0 0;1 0 1;1 1 0];x2 = [0 0 1;0 1 0;0 1 1;1 1 1];
>> a1 = mean(x1); a2 = mean(x2);
>> w = inv(cov(x1)) * (a1 - a2)';    % 两类的协方差相等
w = 6   -6   -6
>> y1 = w' * x1' ;y2 = w' * x2'
y1  = 0  6   0   0  y2 = -6   -6   -12   -6
```

(2) 熵最小化法

```
>> x1 = [0 0 0;1 0 0;1 0 1;1 1 0];x2 = [0 0 1;0 1 0;0 1 1;1 1 1];
>> [e,lamda] = eig(cov(x1));
>> y1 = e(:,1)' * x1'      % d = 1,即为一维
y1  = 0    - 0.5774     0.0000      0.0000
```

```
>> y2 = e(:,1)' * x2'
y2 = 0.5774    0.5774    1.1547    0.5774
>> y1 = e(:,1:2)' * x1'    % d = 2,即为二维
y1 = 0   -0.5774   0.0000   0.0000; 0   -0.8066   -1.0999   -1.3198
>> y2 = e(:,1:2)' * x2'
y2 = 0.5774   0.5774   1.1547   0.5774; -0.2933   -0.5133   -0.8066   -1.6131
```

16.4.2 特征提取的方法

选择特征的方法可分为物理(或化学)的和数学的两种。前者是基于对所处理的信息的本质或主要影响因素的理解。对于不同领域的模式识别,不同专业的人会根据自己的专业知识和实际经验,选择适当的特征。但有时由于各种条件的限制,不能很好地掌握所处理信息的内涵和本质,因此人们通常根据物理(或化学)模型尽可能把一切可能有关,又易于获得数据的特征都提出来,然后借助于数学知识对这些特征进行分析,逐步删除那些不重要的特征,保留对分类贡献大的特征。数学方法筛选特征量的目的就是寻求一组数目少,而对分类有效的特征量组,然后再运用相关专业知识分析处理结果,删除那些对分类影响不大,并且没有具体物理(或化学)意义的特征。

特征的选择在模式识别中尽管研究最多,但尚无一通用的理论可以遵循。目前,在模式识别中应用较广的特征选择方法有下列几种。

(1) 偏差权重法

对于分类而言,偏差大的变量比偏差小的变量更重要。特征的标准偏差为

$$S_i = \sqrt{\frac{1}{n-1}\sum_{j=1}^{n}(x_{ij} - \overline{x_i})^2}$$

其中,$\overline{x_i}$为特征 i 的均值。

很明显,同一类样本之间的方差即类内方差($S_{j,\mathrm{I}}$)较小,而类与类之间的方差即类间方差($S_{j,\mathrm{O}}$)较大,因此可定义权重因子:

$$w_j = \frac{S_{j,\mathrm{O}}}{S_{j,\mathrm{I}}}$$

显然,w_j 越大,特征 j 就越重要,应当优先选择。

(2) Fisher 比率法

特征 j 的 Fisher 比率 F_j 为

$$F_j = \frac{n_{y=+1}(\mu^j_{y=+1} - \mu^j)^2 + n_{y=-1}(\mu^j_{y=-1} - \mu^j)^2}{n_{y=+1}(\sigma^j_{y=+1})^2 + n_{y=-1}(\sigma^j_{y=-1})^2}$$

式中,$\mu^j_{y=+1}$、$\mu^j_{y=-1}$分别是正、负两类样本第 j 个特征的均值;$\sigma^j_{y=+1}$、$\sigma^j_{y=-1}$分别是正、负两类样本第 j 个特征的标准差;$n^j_{y=+1}$、$n^j_{y=-1}$分别是正、负两类样本的数量;μ^j 是全体样本第 j 个特征的均值。F_j 值越大,意味着此特征越重要,应优先选择。

(3) 概率比率法

概率比率 R_j 的定义为

$$R_j = \lg\frac{P_{j,1}}{P_{j,2}}$$

其中,$P_{j,1}$和$P_{j,2}$分别为第j个特征在类1和类2中出现的概率。根据此值的大小可判定:如果某特征在两类分类中均不出现或出现次数很少或出现概率相等,则可以剔除。R_j绝对值越大,表明该特征量在同类中概率差最大,应优先选择。

(4) T-检验法

假设全体样本均值等于一特定值,通过下式计算均值是否不同:

$$T_j=\frac{\mu_{y=+1}^j-\mu_{y=-1}^j}{\sqrt{\frac{(\sigma_{y=+1}^j)^2}{n_{y=+1}}+\frac{(\sigma_{y=-1}^j)^2}{n_{y=-1}}}}$$

式中,$\mu_{y=+1}^j$、$\mu_{y=-1}^j$分别是正、负两类样本第j个特征的均值;$\sigma_{y=+1}^j$、$\sigma_{y=-1}^j$分别是正、负两类样本第j个特征的标准差;$n_{y=+1}^j$、$n_{y=-1}^j$分别是正、负两类样本的数量。

T_j越大说明该特征越显著。

(5) ChiSquare检验

此算法利用统计来计算特征与类标签的相关性,实现特征选择。其定义为

$$\chi_j^2=\sum_{s=1}^{l}\left\{\frac{(A_{y=+1}^s-E_{y=+1}^s)^2}{E_{y=+1}^s}+\frac{(A_{y=-1}^s-E_{y=-1}^s)^2}{E_{y=-1}^s}\right\}$$

式中,l表示$\boldsymbol{x}_j$的取值个数,$A_{y=+1}^s$、$E_{y=+1}^s$表示当$\boldsymbol{x}_j=\boldsymbol{s}$时观察到的频率和特征期望值。$\chi_j^2$值越大,说明该特征越重要。

(6) 互信息法

下面即为一种非搜索型的特征选择方法(Fast Correlation_Based Filter,FCBF)。在这里利用互信息的方法来度量两个分类特征之间的相关性。

用$P(x_i)$表示特征x取i个值x_i的概率,$P(x_i|y_j)$表示特征y取值为y_j时特征x取值为x_i的概率。x的信息熵$H(x)$及已知变量y后x的条件信息熵$H(x|y)$的计算方法如下:

$$H(x)=-\sum_i P(x_i)\log_2 P(x_i)$$

$$H(x\mid y)=-\sum_j P(y_j)\sum_i P(x_i\mid y_j)\log_2 P(x_i\mid y_j)$$

变量x、y之间的互信息$MI(x,y)$可按以下公式计算:

$$\mathrm{MI}(x,y)=H(x)-H(x\mid y)=H(y)-H(y\mid x)=\sum_{x,y}P(xy)\log_2\frac{P(xy)}{P(x)P(y)}$$

用如下公式来度量特征x与特征y之间的相关性:

$$\mathrm{Sim}(x,y)=\frac{2\mathrm{MI}(x,y)}{H(x)+H(y)}$$

采用FCBF算法,求得每个特征x_i与目标特征C(即类)的相关性$\mathrm{Sim}(x_i,C)$,找出$\mathrm{Sim}(x_i,C)\geqslant\delta$(阈值)的特征,然后再在这些特征中寻找那些较大相关性的特征(即支配性特征)直到删除所有的冗余特征。

(7) Gini

Gini是一种基于统计测量和不纯分割的方法,特征选择就是逐一计算第个特征分裂后的Gini值,其计算式如下

$$\mathrm{Gini}_j=1-P(y=+1)^2-P(y=-1)^2-$$

$$\sum_{s=1}^{l} P(x_j^s)\{P(y=+1 \mid x_j^s)(1-P(y=+1 \mid x_j^s)) +$$
$$P(y=-1 \mid x_j^s)(1-P(y=-1 \mid x_j^s))\}$$

此值越小，说明该特征判别能力越强。

(8) 逐步判别法

逐步判别分析为模式识别的一种方法，同时，该种方法亦用于变量的选择，特别是两变量共线，即相关系数较大时，用逐步判别的分析可以消去不合适的变量。

(9) 学习机械法

学习机械法也是模式识别的一种方法，同时，也可以用于特征的选取。在特征选取时，首先将判别函数系数赋予任意初值，如均为"1"，然后逐步校正，直到不能够进一步改善为止。再将值均赋予"－1"，重复上述过程，也直到不能够进一步改善为止。在两次结果中，剔除符号有改变的特征，重复上述全部过程，直到再无特征可剔除为止。

(10) 主成分分析法

初选的特征向量可能存在相关，此时亦可采用原特征的线性组合，以形成新的特征向量，并根据它们的特点，选取与问题最相关的特征参与以后的分类。

在进行特征间的线性组合时，可先采用主成分分析得到相互正交的本征矢量，然后将本征矢量作为原变量的线性组合，根据本征值的大小可以选择少量的本征矢量作为新的特征。

(11) 其他方法

利用遗传算法、神经网络、粗糙集、核函数方法等各种算法对全部特征进行分析，以提取最合适的特征数目及种类。具体的算法原理及应用见各相关章节的内容。

由于特征选择的每一种方法都有优缺点，为了进一步选择最优的特征子集，可以使用加权投票的机制来对多种特征选择方法选择出来的特征次序再进行选择。方法如下：

① 对于每一种特征选择方法，通过 C 次 k 重交叉验证，将利用前 m 个特征所产生的最低错误率作为每种特征选择方法的权重，并将前 m 个特征作为特征选择的结果；

② 根据 $W_j=\sum_{f=1}^{n} e_f r_{jf}$，产生新的集成特征权重，其中 r_{jf} 为 n 种特征选择方法第 f 个特征选择方法中第 j 个特征的排序。

③ 根据新的权重 W_j 对特征再进行排序(特征融合)。如果前 m 个特征并未包含某个特征，则该特征的排序权重被置为 2，这样可避免因未被选中的特征权重小于被选中的特征，而排序靠前的情况发生，也就是说，特征权重越小，越排在前面，说明该特征越重要。

④ 根据特征融合后权重得到的排序结果是多个特征选择的综合结果，所以可能存在冗余或不重要的特征。因此再对排序后的特征采用前向或后向搜索的方法对排序结果进行简单的增减特征操作，以最终确定特征。

特征子集一旦选定，就需要根据数据挖掘任务进行目标验证，最直接的方法就是将特征全集的结果与该子集上得到的结果进行比较(一般从分类性能上进行比较)。如果理想的话，特征子集产生的结果将比使用特征全集产生的结果要好，或者几乎一样好。

16.5 基于 K－L 变换的特征提取

16.5.1 离散 K－L 变换

离散 K－L(Karhunen－Loeve)变换又称为主成分分析,是一种基于目标统计特性的正交变换。它具有如下重要且优良的性质：变换后的新分量正交或不相关;以部分新的分量表示原向量,使得均方差误差最小;使变换向量更趋确定,能量更趋集中等。这些性质使得该方法在特征提取、数据压缩等方面都有着极为重要的应用。

假设 $\boldsymbol{x}$ 为 n 维的随机向量,可以用 n 个正交向量的加权和来表示：

$$\boldsymbol{x}=\sum_{i=1}^{n}\alpha_i\boldsymbol{\varphi}$$

其中,α_i 为加权系数,$\boldsymbol{\varphi}$ 为正交基向量,满足

$$\boldsymbol{\varphi}_i^{\mathrm{T}}\boldsymbol{\varphi}_j=\begin{cases}1, & 当\ i=j\ 时\\0, & 当\ i\neq j\ 时\end{cases}$$

将上式写成矩阵形式

$$\boldsymbol{x}=(\boldsymbol{\varphi}_1,\boldsymbol{\varphi}_2,\cdots,\boldsymbol{\varphi}_n)\begin{bmatrix}\alpha_1\\\alpha_2\\\vdots\\\alpha_n\end{bmatrix}=\boldsymbol{\Phi}\,\boldsymbol{\alpha}$$

其中,$\boldsymbol{\Phi}$ 为正交矩阵,满足 $\boldsymbol{\Phi}^{\mathrm{T}}\boldsymbol{\Phi}=\boldsymbol{I}$。

考虑到 $\boldsymbol{\Phi}$ 为正交矩阵,由 $\boldsymbol{x}=\boldsymbol{\Phi\alpha}$ 得 $\boldsymbol{\alpha}=\boldsymbol{\Phi}^{\mathrm{T}}\boldsymbol{x}$,即

$$\alpha_i=\boldsymbol{\varphi}_i^{\mathrm{T}}\boldsymbol{x},\qquad i=1,2,\cdots,n$$

要使向量 $\boldsymbol{\alpha}$ 的各个分量互不相关,应使随机向量的总体自相关矩阵满足一定的条件。设自相关矩阵为

$$\boldsymbol{R}=\boldsymbol{E}[\boldsymbol{x}\boldsymbol{x}^{\mathrm{T}}]$$

很明显,希望 $\boldsymbol{\alpha}$ 的各分量互不相关,应使$(\alpha_1\cdots\alpha_i\cdots\alpha_n)$满足

$$\boldsymbol{E}\{\alpha_j\alpha_k\}=\begin{cases}1, & 当\ j=k\ 时\\0, & 当\ j\neq k\ 时\end{cases}$$

写成矩阵形式,即应使

$$\boldsymbol{E}[\boldsymbol{\alpha}\boldsymbol{a}^{\mathrm{T}}]=\begin{bmatrix}\lambda_1 & & & & 0\\ & \ddots & & & \\ & & \lambda_i & & \\ & & & \ddots & \\ 0 & & & & \lambda_n\end{bmatrix}=\boldsymbol{D}_\lambda$$

则 $\boldsymbol{R}=\boldsymbol{\Phi}\boldsymbol{D}_\lambda\boldsymbol{\Phi}^{\mathrm{T}}$。

因为 $\boldsymbol{\Phi}$ 为正交矩阵,上式两边右乘 $\boldsymbol{\Phi}$,有 $\boldsymbol{R\Phi}=\boldsymbol{\Phi}\boldsymbol{D}_\lambda$

即

$$\boldsymbol{R}\boldsymbol{\varphi}_i=\lambda_i\boldsymbol{\varphi}_i,\quad i=1,2,\cdots,n$$

可见 $\boldsymbol{\Phi}$ 实际上是矩阵 $\boldsymbol{R}$ 的本征向量组成的,$\boldsymbol{\varphi}_i$ 对应自相关矩阵 $\boldsymbol{R}$ 的本征向量,λ_i 是自相关矩阵 $\boldsymbol{R}$ 的本征值。

综上所述，K－L 展开式的系数可用下列步骤求出：

① 求随机向量 $\boldsymbol{x}$ 的自相关矩阵 $\boldsymbol{R}$。

② 求出自相关矩阵 $\boldsymbol{R}$ 的本征值 λ_i 和对应的本征向量 $\boldsymbol{\varphi}_i$，得到矩阵 $\boldsymbol{\Phi}$。

③ 展开式即为 $\boldsymbol{\alpha}=\boldsymbol{\Phi}^{\mathrm{T}}\boldsymbol{x}$。

16.5.2　离散 K－L 变换的特征提取

从 n 个本征向量中取出 m 个组成变换矩阵 $\boldsymbol{W}$，即

$$\boldsymbol{W}=(\boldsymbol{\varphi}_1,\boldsymbol{\varphi}_2,\cdots,\boldsymbol{\varphi}_m),\qquad m<n$$

这时 $\boldsymbol{W}$ 是一个 $n\times m$ 维矩阵，$\boldsymbol{x}$ 为 n 维向量，经过 $\boldsymbol{W}^{\mathrm{T}}\boldsymbol{x}$ 变换，降至 m 维的新向量，这个过程即为主成分分析法。

MATLAB 中主成分分析可以用 princomp、pcacov 这两个函数实现，要注意的是，后一个函数的输入为样本的协方差矩阵。

主成分分析变换适用于任何概率分布，它是在均方差最小的意义下获得数据降维的最佳变量。

16.5.3　吸收类均值向量信息的特征提取

基于均方差最小的主成分分析虽然有效，但并不是最优的，因为它舍弃一部分信息。考虑到 c 个类别的类均值向量所展开的空间最多是 $(c-1)$ 维的，所以当 c 不太大时，有可能实现吸收类均值向量的全部分类信息的特征提取，而提取的特征又不太多。

其步骤如下：

① 首先进行主成分分析，得到本征向量矩阵 $\boldsymbol{U}$ 和对角矩阵 $\boldsymbol{\Lambda}$。

② 令 $\boldsymbol{B}=\boldsymbol{U}\boldsymbol{\Lambda}^{-1/2}$，对类间总散射矩阵 $\boldsymbol{S}_{\mathrm{b}}$ 进行变换：$\boldsymbol{S}'_{\mathrm{b}}=\boldsymbol{B}^{\mathrm{T}}\boldsymbol{S}_{\mathrm{b}}\boldsymbol{B}$。

③ 对 $\boldsymbol{S}'_{\mathrm{b}}$ 进行主成分分析，令 $d\leqslant c-1$，与 $\boldsymbol{S}'_{\mathrm{b}}$ 的非零本征值的数目相同，用这 d 个非零本征值对应的本征向量，可以提取类均值向量的全部分类信息。令 $\boldsymbol{V}$ 表示这 d 个本征向量构成的矩阵。

④ 最佳变换 $\boldsymbol{W}$ 为：$\boldsymbol{W}=\boldsymbol{U}\boldsymbol{\Lambda}^{-1/2}\boldsymbol{V}$。

⑤ 最后，由 $\boldsymbol{W}^{\mathrm{T}}\boldsymbol{x}$ 变换，把 n 维空间的 $\boldsymbol{x}$ 映射到 d 维空间。

例 16.5　两类样本的均值分别为 $(4,2)^{\mathrm{T}}$ 和 $(-4,-2)^{\mathrm{T}}$，协方差矩阵分别为[3 1;1 3]、[4 2;2 4]。两类的先验概率相等，试求一维特征提取。

解：

```
>> a1 = [4 2];a2 = [-4 -2]; y1 = [3 1;1 3];y2 = [4 2;2 4];Sw = (y1 + y2)/2;   %类内部散射矩阵
>> [a,b] = eig(Sw);                          %求特征值
>> Sb = (a1'* a1 + a2'* a2)/2;               %类间总散射矩阵
>> Jx1 = a(:,2)'* Sb * a(:,2)/b(2,2);        %此值为 3.6
>> Jx2 = a(:,1)'* Sb * a(:,1)/b(1,1);        %此值为 1.0
>> B = a * b^(-1/2);                         %第一次的变换矩阵
>> Sb1 = B'* Sb * B;                         %对 Sb 进行变换
>> [a1,b] = eig(Sb1);                        %非零本征值为 4.6
>> w = B * a1(:,2)                           %最优的变换矩阵
w =  0.5129    0.0466
```

16.5.4 利用总体熵吸收方差信息的特征提取

当各类的均值比较接近和各类内的散射又比较大时,各类的空间区域就会发生较大的重叠。在极端情况下,各类的均值相等,这时,从类均值向量中就提取不出分类信息。可采用"总体熵"的概念,解决此类问题。

令 $p(\boldsymbol{x})$为总体概率密度分布,并且定义总体熵为 $H_{\mathrm{p}}=-E[\lg p(\boldsymbol{x})]$。假设线性变换 $\boldsymbol{W}$ 把 R 维模式样本 $\boldsymbol{x}$ 映射到 d 维空间 $\boldsymbol{y}$,即 $\boldsymbol{y}=\boldsymbol{W}^{\mathrm{T}}\boldsymbol{x}$。映射之后,总体熵是 $\boldsymbol{W}$ 的函数,即 $H_{\mathrm{p}}=-E[\lg p(\boldsymbol{W}^{\mathrm{T}}\boldsymbol{x})]$。

对模式样本 $\boldsymbol{x}$ 的协方差矩阵进行K-L变换,得到相应的本征值 $\lambda_k(k=1,2,\cdots,R)$和对应的本征向量 $\boldsymbol{u}_k$。λ_k 实际上是各维的总方差,对各维方差进行归一化处理,有

$$\gamma_{jk}=P(\omega_j)\frac{\lambda_{jk}}{\sum_{j=1}^{c}\lambda_{jk}}=P(\omega_j)\frac{\lambda_{jk}}{\lambda_k}$$

其中,$P(\omega_j)$为 ω_j 先验概率。

γ_{jk}具有概率的性质,可用来定义各维的熵

$$J(x_k)=-\sum_{j=1}^{c}\gamma_{jk}\lg\gamma_{jk},\qquad k=1,2,\cdots,R$$

很明显,若离散程度大,γ_{jk}在各类的分布比较均匀,则 $J(\boldsymbol{x}_k)$最大,由方差 λ_k 提供的不确定性也最大;若 γ_{jk}在各类中的分布比较集中,则 $J(\boldsymbol{x}_k)$较小,由方差 λ_k 提供的不确定性也较小,可见使用 λ_k 较小的坐标做分类特征比较有利。因此在总体熵最小化的前提下,把 $J(\boldsymbol{x}_k)$按由小到大的排队为

$$J(x_1)\leqslant J(x_2)\leqslant\cdots\leqslant J(x_d)\leqslant\cdots\leqslant J(x_R)$$

取前 d 个较小的熵值确定 d 维坐标系统。

例16.6 利用例16.5的数据,通过总体熵最小化,提取方差信息,完成一维特征提取。

解:

```
>> a1 = [4 2];a2 = [-4 -2]; y1 = [3 1;1 3];y2 = [4 2;2 4];Sw = (y1 + y2)/2;   %类内部散射矩阵
>> [a,b] = eig(Sw);       %求特征值
>> y3 = a'* y1 * a
y3 =       2.0000    0
           0    4.0000
>> y4 = a'* y2 * a
y4 =      2.0000   0
           0    6.0000
>> r1 = 0.5 * y3; r2 = 0.5 * y4;         %两者的先验概率相等
>> r11 = r1(2,2)/b(2,2);                 %求 γjk
>> r12 = r1(1,1)/b(1,1); r21 = r2(2,2)/b(2,2); r22 = r2(1,1)/b(1,1);
>> Jx1 = -(r11 * log10(r11) + r21 * log10(r21))   %总体熵
Jx1 = 0.2923
>> Jx2 = -(r12 * log10(r12) + r22 * log10(r22))
Jx2 = 0.3010
>> w = a(:,2)'  %所以取第2个向量作为最佳变换阵
w = 0.7071     0.7071
```

16.6 因子分析

因子分析是一种多元统计分析方法，在解决多变量问题时，具有显著的优点。因子分析主要有以下几个优点：

- 可用于解决很复杂的问题。因子分析作为一种多变量分析方法，可同时处理许多因素相互影响的复杂体系。
- 能快速地对大量数据进行处理。借助于计算机，使用标准的因子分析程序，可以快速地分析大批量数据。
- 能研究多种类型的问题。在对原始数据了解甚少甚至对数据的本质一无所知的情况下，仍然可应用因子分析方法。这为研究一些未知体系提供了强有力的工具。
- 可压缩数据，提高数据质量。通过对数据矩阵进行因子分析，可用最少的因子来表示它们，而基本上不损失数据原来所包含的信息，并且还发掘出某些潜在的规则。
- 可获得对数据的有意义的解释。通过因子分析可对样品或变量进行分类，能够为体系建立完整的有物理意义的模型，以此来预测新的数据点。

16.6.1 因子分析的一般数学模型

假定有 p 个变量 $X_1,X_2,\cdots,X_p$，在 n 个样品中对这 p 个变量观察的结果组成了如下的原始数据矩阵：

$$\boldsymbol{X}=\begin{bmatrix} x_{11} & x_{12} & \cdots & x_{1p} \\ x_{21} & x_{22} & \cdots & x_{2p} \\ \vdots & \vdots & & \vdots \\ x_{n1} & x_{n2} & \cdots & x_{np} \end{bmatrix}$$

通常为了消除变量之间在数量级或量纲上的不同，在进行因子分析之间都要对变量进行如下公式的标准化处理：

$$z_{ji}=\frac{x_{ji}-\overline{x}_i}{\sigma_i},\qquad j=1,2,\cdots,n$$

其中，$\overline{x}_i$ 和 σ_i 分别是第 i 个变量的平均值和标准差。假定标准化以后的变量是 $z_1,z_2,\cdots,z_p$，则标准化数据矩阵为

$$\boldsymbol{Z}=\begin{bmatrix} z_{11} & z_{12} & \cdots & z_{1p} \\ z_{21} & z_{22} & \cdots & z_{2p} \\ \vdots & \vdots & & \vdots \\ z_{n1} & z_{n2} & \cdots & z_{np} \end{bmatrix}$$

标准化的目的是使每一个变量的平均值都为零，方差都为 1。

因子分析的基本假设是 p 个标准化变量 $z_1,z_2,\cdots,z_p$，可以是由 k 个新的标准化变量即因子 $F_1,F_2,\cdots,F_k$ 的线性组合，如下式表示：

$$\begin{aligned} Z_1&=a_{11}F_1+a_{12}F_2+\cdots+a_{1k}F_k \\ Z_2&=a_{21}F_1+a_{22}F_2+\cdots+a_{2k}F_k \\ &\vdots \\ Z_p&=a_{1p}F_1+a_{p2}F_2+\cdots+a_{pk}F_k \end{aligned}$$

$a_{ij}(i=1,2,\cdots,p;j=1,2,\cdots,k)$是变量 z_i 在因子 F_j 中的载荷。

可以证明

$$\frac{1}{n-1}\sum_{m=1}^{n} f_{mj} z_{mi} = a_{ij}, \qquad 1 = a_{i1}^2 + a_{i2}^2 + \cdots a_{ik}^2, \qquad i=1,2,\cdots,p$$

其中,f_{ij} 为因子在某个样品中的得分值。

由此可见,a_{ik}^2 就是因子 F_k 对变量 Z_i 所提供的方差。各个因子对同一变量 Z_i 所提供的总方差就等于该变量的方差,即 1。

${s_j}^2$ 是同一因子 F 对不同的变量 $z_1,z_2,\cdots,z_p$ 所提供的方差的总和,称为 F_j 的方差贡献,也即 n 个样品点沿 F_j 轴的方向的方差,此值越大,说明 n 个样品在 F_j 轴方向上的变化就越大,F_j 所提供的信息也就越多,越重要。

在计算因子载荷时,需要变换和旋转因子,但不改变特征间的距离,因子保持正交。在数学上这样的变换通过解特征值问题得以实现。最佳载荷因子可由因子旋转的方法获得。因子旋转的目的在于使因子的载荷的结果简单化,获取的新坐标系统是最佳的将测量数据点进行分组的方式。

若 $\boldsymbol{L}$ 表示载荷矩阵,$\boldsymbol{L}_{\text{rot}}$ 表示旋转后的载荷矩阵,$\boldsymbol{T}$ 表示变换矩阵,则对于正交旋转,有

$$\boldsymbol{L}_{\text{rot}} = \boldsymbol{LT}$$

对非正交旋转,若用 $\boldsymbol{L}_{\text{fst}}$ 表示因子结构矩阵,$\boldsymbol{L}_{\text{fst}}$ 含有公共因子特征的相关的信息,则

$$\boldsymbol{L}_{\text{fst}} = \boldsymbol{LT}$$

最常用的是方差最大正交因子旋转。它是一种以因子载荷的方差达到极大为基础的一种正交因子旋转方法。通过正交变换后,使因子载荷中尽可能多的元素接近于零,而只在少数几个特征上有较大的载荷,从而使载荷矩阵的结构简化,有利于作出有意义的解释。

因子分析和主成分分析既有共同点,也有区别。主成分分析仅仅是一种数据变换而不假定数据矩阵有什么样的结构形式,而因子分析假定数据有特定的模型,而且其中的因子满足特定的条件。

因子分析和主成分分析都是从相关矩阵(协方差矩阵)出发,找出解决问题的方法。但因子分析是利用主成分分析法从相关矩阵中提取公因子,公因子个数 q 小于变量个数 p,这 q 个不同因子对同一变量 Z_i 所提供的变量总方差作说明,其分析模型为

$$\boldsymbol{Z} = \boldsymbol{AF} + \boldsymbol{\varepsilon}$$

主成分分析是利用 p 个主成分说明 p 个变量的总方差,其分析模型为

$$\boldsymbol{Y} = \boldsymbol{AX} \quad 或 \quad \boldsymbol{X} = \boldsymbol{A}^{-1}\boldsymbol{Y}$$

因子分析和主成分分析模型中矩阵 $\boldsymbol{A}$ 的元素是不相同的。在因子分析中,因子载荷(即矩阵 $\boldsymbol{A}$ 的列向量)平方和等于对应因子的特征值。主成分分析法是将相关阵(协方差阵)“分解”为相互正交的、彼此无关的主成分,而因子分析除可“分解”为正交、独立的之外,还可“分解”为斜交的相关的因子。

事实上,当独特因子(ε)方差贡献很小时,主成分分析和因子分析会得出相同的结果,但当独特因子贡献较大时,因子分析是把公因子和独特因子严格区别,但主成分分析则把这些因子不加区别地混在一起作为主成分被保留或舍弃。

16.6.2 Q 型和 R 型因子分析

因子分析的起点是协方差或相关矩阵。对 Q、R 型因子分析,由于研究的目的有别,采用

的协方差阵也所差别。

$$C_Q = X^T X, \quad p \times p \text{ 维}$$
$$C_R = X X^T, \quad n \times n \text{ 维}$$

若采用相关矩阵，则

$$R_Q = (XV_Q)^T (XV_Q)$$
$$R_R = (V_R X)(V_R X)^T$$

这里

$$V_Q(ij) = \frac{1}{\frac{1}{p-1}\sqrt{\sum_{j=1}^{p}(x_{ij}-\bar{x}_j)^2}}$$

$$V_R(ij) = \frac{1}{\frac{1}{n-1}\sqrt{\sum_{i=1}^{n}(x_{ij}-\bar{x}_j)^2}}$$

R 型因子分析用于通过 n 次观察研究 P 个特征间的关系；而 Q 型因子分析则是通过 P 个特征来研究 n 个样本间的关系。这两者虽然输入矩阵不一，但因子分析的算法基本一致。

例 16.7　为了检测某工厂的大气质量情况，在 8 个取样点进行取样并进行分析，得到如表 16.2 所列的分析结果。试对其进行 R 型因子分析。

表 16.2　大气环境质量检测结果　μg/ml

序　号	氯	硫化氢	二氧化硫	C4 气体	环氧氯丙烷	环己烷
1	0.056	0.084	0.031	0.038	0.0081	0.022
2	0.049	0.055	0.100	0.110	0.022	0.0073
3	0.038	0.130	0.079	0.170	0.058	0.043
4	0.034	0.095	0.058	0.160	0.200	0.029
5	0.084	0.066	0.029	0.320	0.012	0.041
6	0.064	0.072	0.100	0.210	0.028	1.380
7	0.048	0.089	0.062	0.260	0.038	0.036
8	0.069	0.087	0.027	0.050	0.089	0.021

解：

```
>> load mydata;
>> [d,y] = R_factor(x);    % d 为因子，y 为各因子的得分
>> d =       0.9740    - 0.2265
          - 0.9828    - 0.1846
          - 0.2289      0.9735
            0.7305      0.6829
          - 0.9775    - 0.2110
            0.3415      0.9399
```

从分析结果不难看出：第一主因子主要由氯、硫化氢、环氧氯丙烷和环己烷等构成，而第二主因子由二氧化硫、碳 4 气体和环己烷等构成，两个主因子体现的污染源不一样。另外从

图 16.4 中也可以看出各个样本的主要污染物种类。

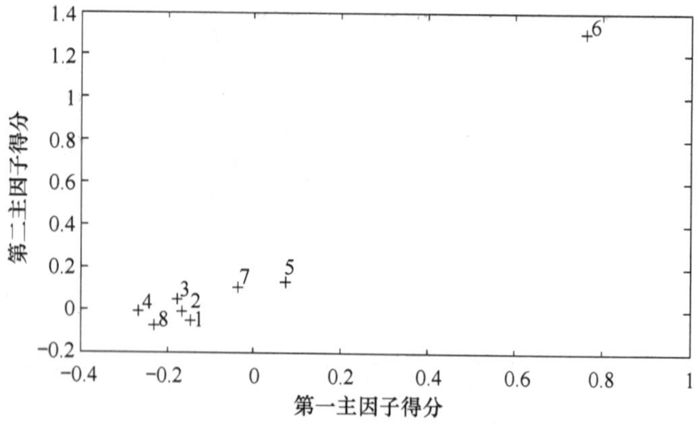

图 16.4　各因子得分图

```
function [d,y] = R_factor(x)      %R型因子分析函数
[r,c] = size(x);R = corrcoef(x);[e_vector, e_value] = eig(R);e_value = diag(e_value);
[a, index] = sort( - e_value);e_value = e_value(index);e_vector = e_vector(:,index);
for i = 1:c;d(:,i) = e_vector(:,i) * sqrt(e_value(i));end %最初因子阵
sum_latent = sum(e_value);temp = 0;con = 0;m = 0;
for i = 1:c   %求主因子
    if con<0.6;temp = temp + e_value(i);con = temp/sum_latent;m = m + 1;else;break;end
end
d(:,m + 1:c) = [];e_value = e_value(1:m);
for i = 1:length(e_vector);sigma1(i) = sum(d(i,:).^2);end        %主因子方差
for i = 1:length(e_value);sigma2(i) = sum(d(:,i).^2);;end       %公因子贡献
for i = 1:c;for j = 1:length(e_value);d(i,j) = d(i,j)/sqrt(sigma1(i));end ;end      %正规化处理
v2 = 1e + 20;          %设定的最大方差
for k = 1:20           %最大的旋转次数
c1 = 0;b = 0;          %求方差
  for j = 1:length(e_value);c2 = 0;for i = 1:c;b = b + d(i,j)^4;c2 = c2 + d(i,j)^2;end;c1 = c1 + c2 *
c2;end
  v1 = b/c - c1/c^2;
  if abs(v1 - v2)< = 1e - 5               %判断是否要旋转
    break
  else
    d = ration(d);                        %旋转函数,限于篇幅不再列出
    v2 = v1;
  end
end
y1 = d' * inv(R);                         %求因子得分系数阵
for j = 1:r
   for i = 1:length(e_value)
     f(i) = 0;
     for k = 1:c;f(i) = f(i) + y1(i,k) * x(j,k); end   %因子得分函数系数
     y(i,j) = f(i);
   end
end
```

例 16.8　对例 16.7 的数据进行 Q 型因子分析。

解： 设有 n 个样品，每个样品测定 p 个变量的数值，样品之间有相关关系，Q 型因子分析就是从样品的相似系数阵出发，找出控制所有样品的几个主要因素（主因素），通过对主因素的分析计算，对样品进行分类，并找出每类的典型代表。

所谓相似系数，实际是把第 i 指标与第 j 指标的两个观察 n 次观察值，看成是 n 维空间中的两个点，坐标原点到此两个点的两个 n 维空间向量间的夹角的余弦值即为相似系数，其计算公式如下：

$$q_{ij}=\frac{\sum_{k=1}^{p}x_{ik}x_{jk}}{\sqrt{\sum_{k=1}^{p}x_{ik}^{2}\sum_{k=1}^{p}x_{jk}^{2}}}\qquad(i,j=1,2,\cdots,n)$$

Q 型因子分析除了输入矩阵不同于 R 型因子分析处，其他运算过程完全一样。

```
>> y = Q_factor(x);   % Q 型因子分析函数,限于篇幅不再列出
>> y =      0.9637    - 0.2671
      0.9969    - 0.0790
     0.9788    - 0.2047
      0.9954    - 0.0956
      0.9835    - 0.1812
     0.1504    - 0.9886
     0.9291    - 0.1560
     0.8557    - 0.1317
```

例 16.9　无论是 R 型还是 Q 型因子分析，都未能很好地揭示变量和样品间的双重关系，并且当样品量 n 较大时，进行 Q 型因子分析时比较耗机时。

为了解决上述问题，可以采用对应因子分析方法。此方法是对原始数据进行适当标度，把 R 型和 Q 型因子分析结合起来，同时得到两个方面的结果——在同一因子平面上对变量和样品一起进行分类，从而揭示所研究的样品和变量间的内在联系。

对例 16.7 的数据进行对应因子分析。

解：

```
>> [d,e] = RQ_factor(x);   % 对应分析函数,限于篇幅不再列出
>> plot(d(:,1),d(:,2),'+',e(:,1),e(:,2),'*')     %"+"变量点,"*"样品点
```

取第一主因子的载荷为横坐标，第二主因子的载荷为纵坐标，将 8 个取样点和 6 个变量点的第一、第二主因子载荷在同一因子平面上作图（见图 16.5）。由图可看出，全部变量（污染气体）和取样点可分为三类，每一类聚合了一部分变量和样品。第Ⅰ类包含了第 1、2、3、5、7 五个取样点及第 1、2、3、4 四种污染气体，这表明这五个取样点属于同一类污染地区，该地区污染的主要气体是氯、硫化氢、二氧化硫和碳 4 气体这四种。第Ⅱ类地区包含第 4、8 两个取样点，污染气体是环氧氯丙烷，第Ⅲ类地区只有第 6 号取样点，污染气体是环己烷。

例 16.10　在 MATLAB 中因子分析的极大似然估计函数为 factoran，其调用格式为

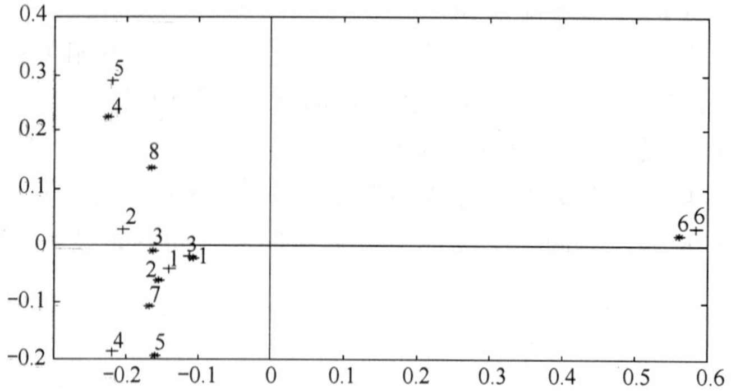

图 16.5 对应分析结果图

LAMBDA = FACTORAN(X, M)

[LAMBDA, PSI] = FACTORAN(X, M)

[LAMBDA, PSI, T] = FACTORAN(X, M)

[LAMBDA, PSI, T, STATS] = FACTORAN(X, M)

[LAMBDA, PSI, T, STATS, F] = FACTORAN(X, M)

[…] = FACTORAN(..., 'PARAM1',val1, 'PARAM2',val2, …)

其中,X 是观察向量;M 是公共因子的数目;'PARAM1'、val1 等是可选的控制模型和输出的名称及相应的数值;PSI 返回的是特殊因子负荷矩阵的估计值;T 返回的是因子负荷旋转矩阵;STATS 是一个数据结构,包含了与假设统计检验有关的信息。详细调用格式见该函数的 help。

为了监测湖泊水质,设 15 个监测点,每个监测点监测指标为 5 项(见表 16.3),用 factoran 函数确定它最佳的布设点。

解:

```
>> [a,b,c,d,f] = factoran(x,2,'rotate','promax');    % 因子数设为 2,利用最大方差旋转载荷阵
```

表 16.3 水质监测数据表 mg/L

点 位	DO	COD	BOD	T−N	T−P
1	4.3	4.74	4.23	3.66	0.105
2	5.9	4.61	2.59	2.92	0.081
3	7.0	3.94	2.92	1.71	0.072
4	6.9	3.92	3.11	1.32	0.075
5	7.4	4.02	3.10	1.26	0.076
6	6.9	3.75	3.15	1.05	0.096
7	6.7	4.44	3.14	1.02	0.072
8	6.8	4.35	4.08	1.27	0.110
9	6.2	4.24	2.33	0.71	0.068
10	7.4	3.99	2.84	0.74	0.063

续表 16.3

点　位	DO	COD	BOD	T－N	T－P
11	8.1	4.43	3.44	0.86	0.070
12	7.7	4.31	3.50	0.93	0.074
13	5.7	4.88	5.02	1.84	0.134
14	6.8	4.73	4.34	1.39	0.109
15	5.5	5.93	5.06	2.81	0.240

利用结果可分别作图 16.6 和图 16.7，从图中可看出，2、3、5 指标与因子 1 有关，1、4 指标与因子 2 有关。15 个观察点被分成六类：(3,4,5,6,7,9,10,11,12)、(8,14)、(1)、(2)、(13)、(15)。而这六类在二维平面图上是按照一定的方向和顺序邻次排列的，自右到左，污染程度逐渐增加。不同的污染类别，实质上是客观地反映了沿岸工业、人口分布对水环境的影响，两相邻类在污染类型上具有一定的相似性，而在污染程度上具有显著的差异性。

从分类结果看，尚需进一步优选的类别有(3,4,5,6,7,9,10,11,12)和(8,14)两类，可根据类间点位的载荷分值相差最大的原则选择，参考得分值，明显最佳点为(10)和(14)。至此，15 个观察点经优选后的最佳点位为(1,2,10,13,14,15)。

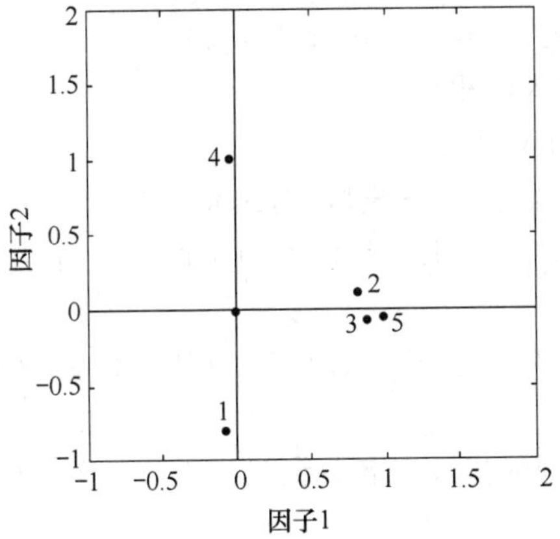

图 16.6　因子图

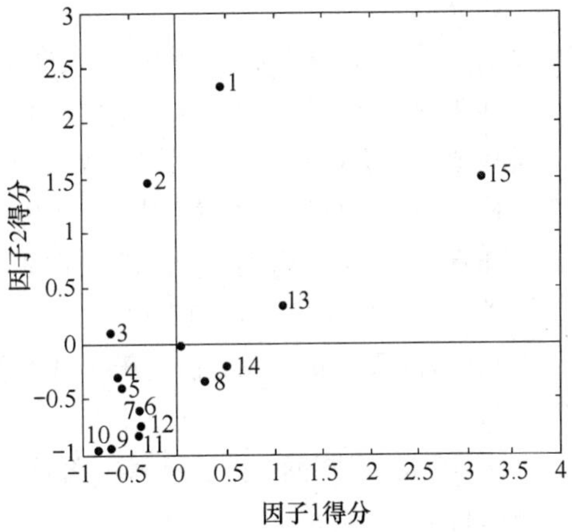

图 16.7　因子得分图

参 考 文 献

[1] 杨淑莹.模式识别与智能计算——MATLAB 实现[M]. 北京:电子工业出版社,2008.

[2] 陈守煜.中长期水文预报综合分析理论模式与方法[J].水利学报,1997(8):15-21.

[3] 杨晓华,沈珍瑶.智能算法及其在资源环境系统建模中的应用[M].北京:北京师范大学出版社,2005.

[4] 朱尔一,杨芃原,黄本立.正交递归选择法及其在转炉炉龄研究中的应用[J].计算机与应用化学.1993,10:246-252.

[5] 陈水利,李敬功,王向功.模糊集理论及其应用[M]. 北京:科学出版社,2006.

[6] 刘思峰,党耀国,方志耕,等.灰色系统理论及其应用[M].3 版.北京:科学出版社,2005.

[7] 边肇祺,张学工.模式识别[M].北京:清华大学出版社,2000.

[8] 许绿.化学计量学方法[M].北京:科学出版社,2000.

[9] 卢崇飞,高惠璇,叶文虎.环境常用数理统计学应用及程序[M].北京:高等教育出版社,1988.

[10] 倪永年.化学计量学在分析化学中的应用[M].北京:科学出版社,2004.

[11] 肖健华.智能模式识别方法[M].广州:华南理工大学出版社,2006.

[12] 熊和金,陈德军.智能信息处理[M].北京:国防工业出版社,2006.

[13] 付强,赵小勇.投影寻踪模型原理及其应用[M].北京:科学出版社,2006.

[14] 王守觉.仿生模式识别(拓扑模式识别)——一种模式识别新模型的理论与应用[J].电子学报,2002.30(10):1417-1420.

[15] 王宪保,陆飞,陈勇,等. 仿生模式识别的算法实现与应用[J].浙江工业大学学报,2011.39(1):74-74.

[16] 李丽,殷业,崔晓静. 基于超球覆盖仿生模式识别的指纹点名系统[J]. 上海师范大学学报(自然科学版), 2015.44(1):81-87.

[17] 关吉平.基于超球覆盖仿生模式识别的文本分类算法研究[硕士学位论文].上海师范大学,2013.2